中 国 国 家 标 准 汇 编

412

GB 23229～23269

（2009 年制定）

中国标准出版社　编

中 国 标 准 出 版 社

北　京

图书在版编目（CIP）数据

中国国家标准汇编：2009年制定.412：GB 23229～23269/中国标准出版社编.—北京：中国标准出版社，2010

ISBN 978-7-5066-6024-2

Ⅰ.①中… Ⅱ.①中… Ⅲ.①国家标准-汇编-中国-2009 Ⅳ.①T-652.1

中国版本图书馆CIP数据核字（2010）第166532号

中国标准出版社出版发行
北京复兴门外三里河北街16号
邮政编码:100045

网址 www.spc.net.cn
电话:68523946 68517548
中国标准出版社秦皇岛印刷厂印刷
各地新华书店经销

*

开本 880×1230 1/16 印张 38.5 字数 1 143 千字
2010年9月第一版 2010年9月第一次印刷

*

定价 220.00 元

ISBN 978-7-5066-6024-2

出 版 说 明

1.《中国国家标准汇编》是一部大型综合性国家标准全集。自1983年起，按国家标准顺序号以精装本、平装本两种装帧形式陆续分册汇编出版。它在一定程度上反映了我国建国以来标准化事业发展的基本情况和主要成就，是各级标准化管理机构，工矿企事业单位，农林牧副渔系统，科研、设计、教学等部门必不可少的工具书。

2.《中国国家标准汇编》收入我国每年正式发布的全部国家标准，分为"制定"卷和"修订"卷两种编辑版本。

"制定"卷收入上一年度我国发布的、新制定的国家标准，顺延前年度标准编号分成若干分册，封面和书脊上注明"20××年制定"字样及分册号，分册号一直连续。各分册中的标准是按照标准编号顺序连续排列的，如有标准顺序号缺号的，除特殊情况注明外，暂为空号。

"修订"卷收入上一年度我国发布的、修订的国家标准，视篇幅分设若干分册，但与"制定"卷分册号无关联，仅在封面和书脊上注明"20××年修订-1，-2，-3，……"字样。"修订"卷各分册中的标准，仍按标准编号顺序排列（但不连续）；如有遗漏的，均在当年最后一分册中补齐。需提请读者注意的是，个别非顺延前年度标准编号的新制定的国家标准没有收入在"制定"卷中，而是收入在"修订"卷中。

读者配套购买《中国国家标准汇编》"制定"卷和"修订"卷则可收齐上一年度我国制定和修订的全部国家标准。

3. 由于读者需求的变化，自1996年起，《中国国家标准汇编》仅出版精装本。

4. 2009年我国制修订国家标准共3158项。本分册为"2009年制定"卷第412分册，收入国家标准GB 23229～23269的最新版本。

中国标准出版社
2010年8月

目　　录

ICS 79.020
B 60

中华人民共和国国家标准

GB/T 23229—2009

水载型木材防腐剂分析方法

Methods for analysis of waterborne wood preservatives

2009-02-23 发布　　　　2009-08-01 实施

中华人民共和国国家质量监督检验检疫总局
中国国家标准化管理委员会　发布

前言

本标准与美国木材防腐协会标准 AWPA Standard A2-07、A17-03、A16-93、A28-05 及澳大利亚 AS/NZS1605:2006 的一致性程度为非等效。

本标准由国家林业局提出。

本标准由全国木材标准化技术委员会归口。

本标准负责起草单位:中国林业科学研究院木材工业研究所。

本标准参加起草单位:广东省林业科学研究院。

本标准主要起草人:蒋明亮、苏海涛、李晓文、张燕君、张颖、陈利芳。

水载型木材防腐剂分析方法

1 范围

本标准规定了水载型防腐剂铜铬砷(CCA)、季铵铜(ACQ)、铜唑(CuAz)、硼化物以及防腐木材中有效成分铜、二癸基二甲基氯化铵(DDAC)、十二烷基苄基二甲基氯化铵(BAC)、戊唑醇(TEB)、丙环唑(PPZ)和硼的测定方法以及防腐木材透入度的确定方法。

本标准适用于国内水载型防腐剂和防腐木材中有效成分的测定。

2 规范性引用文件

下列文件中的条款通过本标准的引用而成为本标准的条款。凡是注日期的引用文件,其随后所有的修改单(不包括勘误的内容)或修订版均不适用于本标准,然而,鼓励根据本标准达成协议的各方研究是否可使用这些文件的最新版本。凡是不注日期的引用文件,其最新版本适用于本标准。

GB/T 14019 木材防腐术语

LY/T 1635 木材防腐剂

LY/T 1636 防腐木材的使用分类和要求

SB/T 10404 水载型防腐剂和阻燃剂主要成分的测定

3 术语和定义

GB/T 14019 确立的术语和定义适用于本标准。

4 含铜防腐剂及防腐木材中铜含量的测定

4.1 滴定分析法

铜的滴定分析方法可参照 SB/T 10404 中的方法。

4.2 原子吸收光谱法

4.2.1 仪器及试剂

4.2.1.1 原子吸收光谱仪。

4.2.1.2 分析天平(精确度 0.1 mg)。

4.2.1.3 电钻或植物组织粉碎机。

4.2.1.4 250 mL 三角瓶。

4.2.1.5 200 mL 及 500 mL 容量瓶。

4.2.1.6 98%浓硫酸,分析纯。

4.2.1.7 30%过氧化氢,分析纯。

4.2.2 硫酸铜标准溶液工作曲线的绘制

称取 0.982 5 g 分析纯五水硫酸铜($CuSO_4 \cdot 5H_2O$),加蒸馏水溶解后定容至 500 mL,配制的溶液再分别稀释至 100、50、25、12.5 倍,测定铜的含量,绘制标准曲线。

4.2.3 含铜防腐剂中铜含量的测定及计算方法

含铜防腐剂原液取样前应充分摇匀,称取 $W_1 \approx 0.1$ g(精确至 0.1 mg)含铜防腐剂原液于 250 mL 三角烧瓶中,加入 50 mL 蒸馏水,再加 0.5 g 浓硫酸,转移至 200 mL 容量瓶,并加入蒸馏水定容至刻度,再稀释 5 倍(体积倍数,如果称取为稀释后的防腐液而非原液,不用再稀释),用原子吸收光谱仪测定溶液浓度,按式(1)计算防腐剂中铜的质量分数,数值以%表示。

$$c = c_1 \times n \times 0.02 / W_1 \quad \cdots\cdots (1)$$

式中：

c——防腐剂中铜的质量分数，%；

c_1——光谱仪测定的浓度，单位为毫克每升(mg/L)；

n——稀释的体积倍数；

W_1——含铜防腐剂原液或防腐液质量，单位为克(g)。

4.2.4 含铜防腐木材中铜含量的测定及计算方法

4.2.4.1 钻取(或粉碎)干燥的含铜防腐木材边材粉末(通过30目标准筛)，70 ℃时烘2 h，后在105 ℃时烘0.5 h～1 h，称取$W_2 \approx 0.5$ g粉末(精确至0.1 mg)置入250 mL的三角瓶中，加入30 mL蒸馏水，再加入5.0 g浓硫酸，如果待测样品为CCA防腐材，需另加入8 mL 30%过氧化氢。

4.2.4.2 加热三角瓶，75 ℃保持30 min，冷却至室温，移入200 mL容量瓶中。

4.2.4.3 加入蒸馏水定容至200 mL，过滤，滤液用原子吸收光谱仪测定，按式(2)计算防腐木材中铜的载药量。

$$R_{Cu} = 0.2 \times c_2 \times d / W_2 \quad \cdots\cdots (2)$$

式中：

R_{Cu}——防腐木材中铜的载药量，单位为千克每立方米(kg/m^3)；

c_2——光谱仪测定的滤液浓度，单位为毫克每升(mg/L)；

W_2——含铜防腐木材的质量，单位为克(g)；

d——防腐木材的密度，单位为克每立方厘米(g/cm^3)。

5 含硼防腐剂及防腐木材中硼含量的测定方法

5.1 含硼防腐剂硼含量滴定测定法

参照SB/T 10404的方法。

5.2 含硼防腐剂及防腐木材中硼含量测定——等离子原子发射(ICP)光谱法

5.2.1 仪器及试剂

5.2.1.1 ICP光谱仪。

5.2.1.2 分析天平(精确度0.1 mg)。

5.2.1.3 植物组织粉碎机。

5.2.1.4 150 mL三角瓶。

5.2.1.5 200 mL容量瓶。

5.2.2 含硼防腐剂中硼含量的测定及计算方法

含硼防腐剂原液取样前应充分摇匀，取$W_1 \approx 0.2$ g(精确至0.1 mg)含硼防腐剂加入蒸馏水定容至200 mL，用ICP光谱仪测定硼的含量，按式(3)计算防腐剂中硼的质量分数，数值以%表示。

$$c = c_1 \times 0.02 / W_1 \quad \cdots\cdots (3)$$

式中：

c——防腐剂中硼的质量分数，%；

c_1——ICP光谱仪测定硼的浓度，单位为毫克每升(mg/L)；

W_1——含硼防腐剂原液或防腐液质量，单位为克(g)。

5.2.3 含硼防腐木材中硼含量的测定及计算方法

将含硼$W_2 \approx 20$ mg的被测样品木芯粉末(精确至0.1 mg)置入一个150 mL的三角瓶中，加入10 mL水，加热，煮沸1 min后冷却至室温，加入蒸馏水定容至200 mL，用IPC光谱仪测定硼含量，得值c_2(mg/L)，按式(4)计算防腐木材中硼的载药量。

$$R_B = 0.2 \times c_2 \times d / W_2 \quad \cdots\cdots (4)$$

式中：

R_B——防腐木材中硼的载药量，单位为千克每立方米（kg/m^3）；

c_2——ICP 光谱仪测定的滤液浓度，单位为毫克每升（mg/L）；

W_2——防腐木材的质量，单位为克（g）；

d——防腐木材的密度，单位为克每立方厘米（g/cm^3）。

6 ACQ 防腐剂溶液中 DDAC 和 BAC 的测定方法

6.1 方法概述

此方法适用于测定 ACQ 防腐剂溶液中的 DDAC 和 BAC 的含量，采用滴定的方法，四苯硼钠作为滴定液，2,7-二氯荧光黄溶液作为指示剂。高浓度的 ACQ 溶液在分析前应作适当的稀释，因 ACQ 溶液呈碱性，在滴定前，溶液应进行中和。溶液颜色由粉紫色变为柠檬绿即达到滴定终点。

6.2 仪器

6.2.1 分析天平（精确度 0.1 mg）。

6.2.2 50 mL 滴定管。

6.2.3 125 mL 三角烧瓶。

6.2.4 10 mL 移液管。

6.2.5 1 000 mL 烧杯。

6.2.6 25 mL 量筒。

6.3 试剂

6.3.1 四苯硼钠（0.002 5 mol/L）：用蒸馏水溶解 0.865 g 四苯硼钠，定容到 1 000 mL。

6.3.2 2,7-二氯荧光黄指示剂（0.1%）：溶解 0.1 g 2,7-二氯荧光黄至 100 mL 异丙醇中。

6.3.3 0.004 mol/L 海明 1622（二异丁苯氧乙氧乙基二甲基苄基氯化铵）：在 105 ℃的烘箱中干燥海明 1622 至恒重。称取 1.75 g～1.85 g（精确至 0.1 mg），用蒸馏水溶解，定容至 1 000 mL。

6.3.4 20%的磷酸溶液：20 mL 磷酸和 80 mL 水混合配制而成。

6.4 四苯硼钠溶液的标定

6.4.1 用移液管吸取 10 mL 海明 1622 至 125 mL 三角烧瓶。

6.4.2 加入 25 mL 蒸馏水和 7 滴 2,7-二氯荧光黄指示剂。

6.4.3 缓慢用四苯硼钠溶液滴定，溶液变为柠檬绿时，即为滴定终点，通常在接近终点的时候有沉淀产生。

6.5 分析步骤

6.5.1 称取 0.2 g（样品重量 m，精确至 1 mg）防腐剂至 125 mL 的三角烧瓶中。

6.5.2 加入 25 mL 蒸馏水。

6.5.3 逐滴加入 20%的磷酸溶液对溶液进行中和，使 pH 值接近 7，溶液颜色从深蓝色变为浅蓝色，并有沉淀产生。用 pH 试纸检查 pH 值，确保溶液呈中性，避免加入过多的酸。

6.5.4 往溶液中加入 14 滴 2,7-二氯荧光黄指示剂，溶液呈现粉红色。

6.5.5 用四苯硼钠溶液滴定至溶液呈现柠檬绿，达到滴定终点，记录所用的四苯硼钠溶液的体积（mL）。

6.6 计算

6.6.1 海明 1622 标准溶液的浓度 c_1 按式（5）计算。

$$c_1 = m/448.1 \quad \cdots\cdots(5)$$

式中：

c_1——海明 1622 标准溶液的浓度，单位为摩尔每升（mol/L）；

m——海明 1622 的质量，单位为克（g）；

448.1——海明 1622 的相对分子质量。

6.6.2 四苯硼钠溶液浓度 c_2 按式(6)计算。

$$c_2 = c_1 \times V_1 / V_2 \qquad \cdots\cdots(6)$$

式中：

c_2——四苯硼钠溶液浓度，单位为摩尔每升(mol/L)；

c_1——海明 1622 标准溶液的浓度，单位为摩尔每升(mol/L)；

V_1——滴定时所用海明 1622 标准溶液的体积，单位为毫升(mL)；

V_2——滴定时所用四苯硼钠溶液的体积，单位为毫升(mL)。

6.6.3 待测 DDAC 或 BAC 的质量分数 c 按式(7)计算。

$$c = V \times c_2 \times M_W / (10 \times W) \qquad \cdots\cdots(7)$$

式中：

c——待测 DDAC 或 BAC 的质量分数，%；

V——滴定时所用四苯硼钠溶液的体积，单位为毫升(mL)；

c_2——四苯硼钠溶液浓度，单位为摩尔每升(mol/L)；

M_W——DDAC 或 BAC 的相对分子质量，其中 M_W(DDAC)＝362.1，M_W(BAC)＝340.0；

W——待测样品 DDAC 或 BAC 的质量，单位为克(g)。

6.7 精确度

6.7.1 可重复性

实验操作人员使用同一设备对同一样品的重复测定结果应有 95%的置信度。

6.7.2 可再现性

不同的实验操作人员在不同的实验室对同一样品的重复测定结果应有 85%的可信度。

7 ACQ 防腐木材中 DDAC 或 BAC 的测定——高效液相色谱法

7.1 方法概述

本方法采用高效液相色谱法测定防腐木材中 DDAC 或 BAC 的含量。DDAC 色谱峰以负峰出现。一价阳离子对检测有干扰作用。

7.2 仪器

7.2.1 高效液相色谱仪，紫外-可见检测器，Whatman SCX 强阳离子交换柱[100 mm×4.6 mm(内径)，5 μm]，或者 Venusil SCX 强阳离子交换柱[100 mm×4.6 mm(内径)，5 μm]等类似的色谱柱。

7.2.2 分析天平，精确度 0.1 mg。

7.2.3 pH 计。

7.2.4 超声波振荡仪。

7.2.5 植物组织粉碎机。

7.2.6 20 mL 移液管。

7.2.7 25 mL 带螺盖小瓶。

7.3 试剂

7.3.1 苄基三甲基氯化铵，分析纯。

7.3.2 DDAC，分析纯。

7.3.3 BAC，分析纯。

7.3.4 乙酸，分析纯。

7.3.5 甲酸，分析纯。

7.3.6 乙醇，分析纯。

7.3.7 甲醇，色谱纯。

7.3.8 二次重蒸馏水。

7.3.9 抽提溶剂，用甲酸调节乙醇 pH 值至 5.0±0.1。

7.3.10 分析 DDAC 采用的流动相为：甲醇-水(5+1)，加入 0.75 g 苄基三甲基氯化铵和 10 mL 乙酸至 1 L 容量瓶，振荡使之充分溶解，用 0.45 μm 聚四氟乙烯膜过滤。

7.3.11 分析 BAC 采用的流动相为：甲醇-水(5+1)，加入 0.60 g 氯化铵和 10 mL 乙酸至 1 L 容量瓶，振荡使之充分溶解，用 0.45 μm 聚四氟乙烯膜过滤。

7.4 待测样的制备

7.4.1 (将待测样粉碎，过 30 目标准筛，烘至绝干。)称取 500 mg(精确至 0.1 mg)烘至绝干的 30 目木粉样品至小瓶中。

7.4.2 用 20 mL 移液管取 20.0 mL 抽提溶剂至瓶中，扭紧螺盖。将小瓶一半浸入超声波振荡浴中，超声波抽提 3 h，冷却。

7.4.3 将抽提液用 0.45 μm 聚四氟乙烯膜过滤，待测。

7.5 色谱条件

流动相：根据待测物选择对应的流动相；流速：3 mL/min；检测波长：262 nm。DDAC 保留时间约 3 min，出峰为负峰；BAC 保留时间约 2 min。

7.6 工作曲线的绘制

7.6.1 用 pH 值为 5.0 的变性乙醇配制 DDAC 或 BAC(视待测样而定)标样，浓度分别为 50 mg/L、100 mg/L、500 mg/L、1 000 mg/L，0.45 μm 聚四氟乙烯膜过滤。

7.6.2 标出相对浓度的峰高和峰面积，计算标样的线性回归方程，并绘制工作曲线。每批样品应校正一次。

7.7 计算

7.7.1 通过校正后的工作曲线，计算抽提液中 DDAC 或 BAC 的浓度(mg/L)。

7.7.2 按式(8)计算防腐剂中 DDAC 或 BAC 的质量分数，数值以%表示。

$$c = c_1 \times 0.002/W \qquad \cdots\cdots (8)$$

式中：

c——防腐剂中 DDAC 或 BAC 的质量分数，%；

c_1——抽提液中 DDAC 或 BAC 的浓度，单位为毫克每升(mg/L)；

W——样品的质量，单位为克(g)。

8 防腐剂及防腐木材中三唑的测定——高效液相色谱法

8.1 方法概述

本方法适用于测定防腐木材、防腐剂中丙环唑和戊唑醇的含量。既可用于单独测定丙环唑或戊唑醇的含量，也可用于测定混合物中二者的含量。对于被测木材防腐剂或处理液，采用乙腈-水(1+1)的混合液进行稀释。对于木材样品，采用索氏抽提器用甲醇抽提。

8.2 仪器

8.2.1 高效液相色谱仪，UV 检测器，C_{18} 色谱柱[250 mm×4.6 mm(内径)，5 μm]或类似色谱柱。为延长洗脱柱寿命，可使用含相同填充料的保护柱。

8.2.2 分析天平，精确度 0.01 mg。

8.2.3 柱温箱。

8.2.4 植物组织破碎机(仅用于分析防腐木材)。

8.3 试剂

8.3.1 丙环唑：分析纯。

8.3.2 戊唑醇：分析纯。

8.3.3 乙腈:色谱纯。

8.3.4 二次重蒸馏水。

8.4 标准样的准备

称取 25 mg 丙环唑和 25 mg 戊唑醇(精确到 0.01 mg),置于 50 mL 容量瓶中。如果只需测二者中的一个,只称取所需测的一种物质即可。选取适当溶剂[如果待测样是防腐剂,采用乙腈-水(1+1)的混合液;如果是木材抽提液则采用甲醇]定容,其浓度约为 500 mg/L。用同样方法配制一组标准样品(每组至少 4 个),标样浓度范围 10 mg/L～100 mg/L,木材抽提物浓度范围 1 mg/L～30 mg/L 之间。

8.5 待测样的制备

8.5.1 防腐剂:称取 50 mg(精确到 0.1 mg)样品,用乙腈-水(1+1)的混合液稀释,使被测物浓度处于标样浓度范围之内,用 0.45 μm 聚四氟乙烯膜过滤。

8.5.2 防腐木材:将待测样粉碎,过 30 目标准筛,烘至绝干。称取 2.5 g(精确到 0.01 g)木粉置入索氏抽提器,用 120 mL 甲醇抽提 5 h。然后用 0.45 μm 聚四氟乙烯膜过滤。提取液中可适当加入甲醇或者蒸发浓缩,使有效物的浓度最终处于标样线性范围内。

8.6 色谱条件

流速 1.5 mL/min;检测波长 225 nm;柱温箱温度 35 ℃;进样量 15 μL。

流动相:

A:0.5%(质量浓度) $(NH_4)_2CO_3$ 水溶液;

B:乙腈。

流动相梯度变化见表 1。

表 1

时间/min	0	22.0	22.5	25.0	25.1	30
A/%	57.5	57.5	10	10	57.5	57.5
B/%	42.5	42.5	90	90	42.5	42.5

在上述色谱条件下,一次检测需 30 min,戊唑醇的保留时间为 13.8 min,丙环唑的是 19.5 min。进行下次分析前,应重新平衡色谱系统,约需 5 min。

8.7 计算

8.7.1 采用外标法定量。标准曲线的相关系数应该大于 0.99,如果小于 0.99,则应缩小浓度范围(由于丙环唑的两个非对应异构体可能会使峰形分裂,在这种情况下需要用多峰积分)。溶液中每种待分析有效物的浓度均应要位于所选浓度线性计算范围内。将被测样峰值代入工作曲线,计算溶液中有效物浓度 c_1。

8.7.2 按式(9)计算防腐剂样品中有效物的浓度。

$$c = c_1 \times F \qquad \cdots\cdots(9)$$

式中:

c——防腐剂样品中有效物的浓度,单位为毫克每升(mg/L);

c_1——测定的溶液中有效物的浓度,单位为毫克每升(mg/L);

F——制备防腐剂待测样品时的体积稀释倍数。

8.7.3 按式(10)计算防腐木材中有效物的含量(保持量)。

$$R = c_1 \times V \times F / W \qquad \cdots\cdots(10)$$

式中:

R——防腐木材中有效物的含量(保持量),单位为微克每克(μg/g);

c_1——测定的溶液中有效物的浓度,单位为毫克每升(mg/L);

V——抽提结束时溶剂的体积,单位为毫升(mL);

F——制备待测样时样品溶液稀释或浓缩的系数;

W——用于抽提的木材质量,单位为克(g)。

9 防腐剂及防腐木材中戊唑醇的测定——高效液相色谱法

9.1 方法概述

若防腐剂或防腐木材中三唑类化合物仅为戊唑醇时，宜采用此方法进行测定，当含有其他三唑类成分时不可采用本方法。对被测木材防腐剂或处理液，用甲醇进行稀释。对木材抽提物，采用索氏抽提器用甲醇抽提。样品中的活性成分采用 HPLC 分离，UV 检测器检测。活性成分浓度用外标法进行计算。

9.2 仪器

9.2.1 高效液相色谱仪，C_{18}色谱柱[200 mm×4.6 mm(内径)，5 μm]或类似色谱柱；为延长洗脱柱寿命，可使用含相同填充料的保护柱。

9.2.2 其他仪器同 8.2 中所列(柱温箱为可选)。

9.3 试剂

9.3.1 戊唑醇：分析纯。

9.3.2 甲醇：色谱纯(流动相用)及分析纯(制备样品用)。

9.3.3 水：二次重蒸馏水。

9.4 标准样的准备

称取 25 mg(精确到 0.01 mg)戊唑醇，置于 50 mL 容量瓶中，定容，其浓度约为 500 mg/L。用同样的方法配制一组标准样品(每组至少 4 个)，标样浓度范围 10 mg/L～100 mg/L 之间为宜。

9.5 被测样品的制备

9.5.1 防腐剂：称取 50 mg(精确到 0.1 mg)样品，用甲醇稀释，使被测物浓度处于标样浓度范围之内，用 0.45 μm 聚四氟乙烯膜过滤。

9.5.2 木材抽提物：同 8.5.2。

9.6 色谱条件

流动相：甲醇-水(9+1)混合液；流速：1 mL/min；检测波长：225 nm；戊唑醇保留时间约为 3 min。

9.7 计算

同 8.7。

10 ACQ、CuAz、CCA 等含铜防腐木材透入度的确定

10.1 显色剂的配制方法

0.1 g 铬天青和 1 g 乙酸钠加入 100 mL 蒸馏水溶解后作为显色剂备用。

10.2 透入度的确定

用直径 5 mm 或 10 mm 空心钻或生长锥取样，CCA、ACQ、CuAz 防腐木材含铜木芯部分滴加或喷洒显色剂后显示深蓝色。或将此溶液喷到新锯开的木横截面上，木材颜色显示深蓝色，根据显色部分的长度(mm)判断防腐剂在木材中的透入度。

11 含硼防腐木材透入度的确定

11.1 显色剂的配制方法

将 10 mL 盐酸与 80 mL 乙醇混和，然后用乙醇将其稀释 100 mL，加入 0.25 g 姜黄素，再加入 10 g 水杨酸，摇匀。

11.2 透入度的确定

用直径 5 mm 或 10 mm 空心钻或生长锥取样，防腐木材含硼木芯部分滴加或喷洒显色剂后显示淡红色，或将此溶液喷到新锯开的橡胶木横截面上，木材颜色显示亮红色，根据显色部分的长度(mm)判断防腐剂在木材中的透入度。

12 防腐剂技术指标及防腐木材处理质量的确定

12.1 根据防腐剂有效成分含量的测定值，计算有效成分含量的配比值，并与 LY/T 1635 比较，判定防腐剂有效成分的配比是否符合要求。

12.2 根据载药量及透入度的测定值，与 LY/T 1636 比较，判定防腐木材的处理质量是否符合要求。

ICS 65.020.40
B 64

中华人民共和国国家标准

GB/T 23230—2009

自桦速生丰产林

Fast growing and high yield plantation of *Batula platyphylla* Suk.

2009-02-23 发布　　2009-08-01 实施

中华人民共和国国家质量监督检验检疫总局
中国国家标准化管理委员会　发布

前 言

本标准的附录 B、附录 C 为规范性附录，附录 A 为资料性附录。

本标准由国家林业局提出并归口。

本标准负责起草单位：吉林省白山市林业科学研究院。

本标准参加起草单位：吉林省林业技术推广站、吉林省吉林市林业科学研究院、东北林业大学、吉林省林业科学研究院、北华大学林学院、辽宁省森林经营研究所、吉林省白山市林业局、吉林省抚松县林业局、吉林省露水河林业局、吉林省临江林业局。

本标准主要起草人：田年军、王阳、曹长清、赵宇、刘学芝、赵义发、张锦波、王皓、赵鲲、贾世昌、宋卫东、曲宾。

白桦速生丰产林

1 范围

本标准规定了白桦速生丰产林指标、培育技术措施、经营管理和档案管理等内容。

本标准适用于黑龙江、吉林、辽宁及内蒙古东部林区的白桦速生丰产林培育。

2 规范性引用文件

下列文件中的条款通过本标准的引用而成为本标准的条款。凡是注日期的引用文件，其随后所有的修改单（不包括勘误的内容）或修订版均不适用于本标准，然而，鼓励根据本标准达成协议的各方研究是否可使用这些文件的最新版本。凡是不注日期的引用文件，其最新版本适用于本标准。

GB 6000—1999 主要造林树种苗木质量分级

3 速生丰产林指标

3.1 造林成活率和保存率指标

当年造林成活率不低于98%，三年保存率不低于95%。达不到要求时，三年内要在相同立地条件下的大苗中选择同龄苗木补植定株。

3.2 产区类型

白桦速生丰产林产区区划标准参见附录A。

3.3 生长量和密度指标

白桦丰产林生长量指标见附录B。

3.4 轮伐期

白桦丰产林主要以纤维材和中、大径材为目标。其中，纤维材一般以10 a为宜；中、大径材以20 a～25 a为宜。

3.5 丰产林规模

国营丰产林基地，相对集中面积不应小于50 hm^2；集体和个体丰产林，相对集中面积不应小于20 hm^2。其中每块面积均应大于5 hm^2。

3.6 林木材质

要求丰产林内95%以上的林木干形通直、无病腐、无裂口、无折损。

4 培育技术措施

4.1 造林地选择

4.1.1 地类

适宜地类是采伐迹地、荒山荒地、退耕还林地和参后还林地。

4.1.2 立地条件

根据立地条件选择造林地，见附录C。

4.2 种苗选择

4.2.1 种子

应在白桦的优良种源、母树林或种子园内采种。

4.2.2 苗木

按GB 6000—1999规定的Ⅰ级苗木造林。或选用一年或二年生平均高在0.5 m～1.0 m优质天然更新实生苗造林。要求苗木根系完整，发育良好，生长健壮，顶芽饱满，无机械损伤、无病虫害的优质苗木。

4.3 造林密度

4.3.1 以培育纤维材为目标，造林初植密度为每公顷 6 600 株以上。

4.3.2 以培育中、大径材为目标，造林初植密度为每公顷 3 330 株～4 440 株。

4.4 整地

4.4.1 整地时间

在造林前一年的秋季或雨季前进行。

4.4.2 整地方式

在迹地和宜林地上，适用带状整地，一般规格为：带宽 80 cm，深 30 cm。在参后还林地上，采用穴状整地，穴面规格为 60 cm×60 cm×50 cm。

4.4.3 整地方法

整地要将穴内的草皮、土块打碎，捡出石块、残根，并保持原土层不变。

4.5 栽植

4.5.1 栽植时间

应在春季顶浆时进行。

4.5.2 实生苗

将苗木栽在穴中央，做到栽正扶直，深浅适中，根系舒展。覆土时要分层覆土，先填表土、湿土，后填心土、干土；培土深度要超过原根际 1 cm～2 cm。

4.5.3 天然更新实生苗

做到就地就近、随起苗、随移栽。移栽时采用带小土坨，或裸根苗沾吸水剂，栽植时做到扶正踩实、不窝根、不露根。

4.6 未成林抚育

4.6.1 原则

坚持除早、除小、除了，适时抚育。

4.6.2 抚育次数和年限

应按 4 年 8 次进行抚育，具体时间安排为 3∶2∶2∶1。第一、二年主要是穴抚、培土、除草、松土；第三、四年主要是割灌、修枝。

4.7 抚育间伐

以中、大径材为培育目标的白桦林，从第 10 年起进行间伐，间伐次数为 3 次～5 次，间伐强度为 10%～30%，间隔期为 2 年～3 年，且间伐后林分平均胸径不小于间伐前，并去除病、腐、弱木。

5 经营管理

每年按有关标准和精度进行检查和验收。丰产林要设置防火隔离带，严防森林火灾；及时准确搞好病虫害预测预报，要做到早期发现、及时防除。

6 档案管理

按照丰产林施工设计书进行造林，设置永久性标准地连续观察记载，建立健全营林技术档案。详细记载白桦的生长过程、经营活动、经济支出和收益等情况。

附　录　A
（资料性附录）
白桦速生丰产林产区区划范围

表 A.1

产　区	省　份	范　　围
Ⅰ	黑龙江	黑河、孙吴、伊春、鹤岗、汤原、铁力、集贤、桦南、宝清、通河、勃力、密山、鸡东、林口、穆棱、绥芬河、海林、宁安、东宁
	吉林	汪清、珲春、安图、和龙、图们、敦化、蛟河、永吉、桦甸、辉南、柳河、集安、通化、白山、临江、江源、抚松、靖宇、长白
	辽宁	清源、新宾、桓仁、岫岩、凤城、宽甸
Ⅱ	黑龙江	加格达奇、松岭、新林、塔河、十八站、呼中、图强、韩家园、西林吉、漠河
	内蒙古	根河、额尔古纳、牙克石、鄂伦春、鄂温克、莫力达瓦、扎兰屯、阿尔山、科尔沁右旗前旗、扎赉特旗、突泉、科尔沁右旗中旗、扎鲁特旗、锡林郭勒、巴林左旗、巴林右旗、林石、翁牛特旗、赤峰、喀喇沁旗、呼和浩特、乌拉特后旗、乌拉特中旗、武川、察哈尔右旗中旗

附 录 B
（规范性附录）
各年龄最低生长量指标

表 B.1

A	Ⅰ类产区				Ⅱ类产区			
	D	H	N	M	D	H	N	M
7	4.1	3.5	2 250	8.8	3.5	2.8	2 500	6.5
8	4.7	4.0	2 250	13.1	3.9	3.6	2 500	8.5
9	5.4	4.7	2 250	19.4	4.5	4.2	2 500	12.7
10	6.0	5.5	2 250	26.1	5.0	5.0	2 500	17.3
11	6.7	6.5	2 000	31.4	5.8	5.7	2 500	26.3
12	7.4	7.7	2 000	41.0	6.8	6.5	2 000	32.6
13	8.6	9.1	1 400	42.8	8.0	7.9	1 500	38.0
14	9.9	10.7	1 200	53.2	9.0	9.4	1 500	51.8
15	12.0	12.0	1 000	72.5	11.1	10.9	1 100	65.3
16	14.0	13.3	800	85.4	13.0	12.4	800	71.0
17	16.0	14.7	800	118.8	14.9	13.9	800	100.0
18	18.0	16.0	600	118.7	16.0	15.0	700	104.0
19	20.0	17.3	600	152.8	17.5	16.2	700	129.3
20	22.5	18.6	600	201.8	19.0	17.4	700	157.6
21	23.2	19.0	600	216.9	19.5	17.9	700	167.8
22	23.8	19.3	600	230.2	19.9	18.2	700	176.1
23	24.5	19.8	600	246.3	20.3	18.6	700	184.7
24	25.1	20.3	600	260.5	20.8	19.0	700	195.7
25	25.6	20.6	600	272.7	21.3	19.5	700	206.9

注：*A*——年龄(a)，*D*——胸径(cm)，*H*——树高(m)，*N*——株数(株/hm^2)，*M*——蓄积(m^3)。

附 录 C
（规范性附录）
白桦丰产林立地类型表

表 C.1

产 区	最佳立地类型	适宜立地类型
Ⅰ类产区	(1) 海拔：650 m以下； (2) 地貌：低山丘陵及山地； (3) 坡向：阳坡、半阳坡、阴坡、半阴坡； (4) 坡度：缓、平及20°以下； (5) 坡位：中坡、下坡、平坡； (6) 土层厚(A+B)：≥50 cm； (7) 土类：暗棕壤、棕壤、草甸土、冲积土	(1) 海拔：850 m以下； (2) 地貌：低山丘陵及山地； (3) 坡向：阳坡、半阳坡、阴坡、半阴坡； (4) 坡度：缓、平及20°以下； (5) 坡位：中坡、下坡； (6) 土层厚(A+B)：≥40 cm； (7) 土类：暗棕壤、棕壤
Ⅱ类产区	(1) 海拔：450 m以下； (2) 地貌：低山丘陵及山地； (3) 坡向：阳坡、半阳坡、阴坡、半阴坡； (4) 坡度：缓、平坡； (5) 坡位：下坡、谷地； (6) 土层厚(A+B)：≥40 cm； (7) 土类：暗棕壤、棕壤、草甸土、冲积土	(1) 海拔：650 m以下； (2) 地貌：低山丘陵及山地； (3) 坡向：阳坡、半阳坡、阴坡、半阴坡； (4) 坡度：缓、平； (5) 坡位：下坡、谷地； (6) 土层厚(A+B)：≥30 cm； (7) 土类：暗棕壤、棕壤

ICS 65.020.40
B 64

中华人民共和国国家标准

GB/T 23231—2009

退耕还林工程检查验收规则

Checking regulation in project for conversion of cropland to forest

2009-02-23 发布 2009-08-01 实施

中华人民共和国国家质量监督检验检疫总局
中国国家标准化管理委员会 发布

前 言

本标准的制定规范了退耕还林工程的各级检查验收工作，以确保工程质量和效益，把握工程实施情况，为退耕还林工程政策兑现及管理决策提供了可靠依据。

本标准明确了退耕还林工程建设中任务完成情况、保存情况的质量评价指标和具体评价方法，规定了县级、省级和国家级检查验收的内容和办法。

本标准的附录A、附录B均为规范性附录。

本标准由国家林业局提出并归口。

本标准由国家林业局退耕还林工程管理中心负责解释。

本标准负责起草单位：国家林业局退耕还林工程管理中心、国家林业局调查规划设计院。

本标准主要起草人：张鸿文、李青松、吴礼军、吴转颖、孔忠东、孙涛、樊华、杨学芸、熊志平、彭长清。

退耕还林工程检查验收规则

1 范围

本标准规定了退耕还林工程建设中年度任务完成情况、保存情况的质量评价指标和具体评价方法，同时规定了县级、省级和国家级检查验收的内容和办法。

本标准适用于经国家批准的退耕还林工程。

2 规范性引用文件

下列文件中的条款通过本标准的引用而成为本标准的条款。凡是注日期的引用文件，其随后所有的修改单(不包括勘误的内容)或修订版均不适用于本标准，然而，鼓励根据本标准达成协议的各方研究是否可使用这些文件的最新版本。凡是不注日期的引用文件，其最新版本适用于本标准。

GB/T 15776—2006　造林技术规程

林资发[2003]92号《全国营造林实绩综合核查办法》(国家林业局文件)

3 术语和定义

下列术语和定义适用于本标准。

3.1

退耕还林　conversion of cropland to forest

按照因地制宜、因害设防、注重实效的原则，将生态地位重要区域的易造成严重水土流失、风沙危害等生态问题的耕地实行退耕并采取造林种草措施，以形成稳定的森林生态系统，从根本上扭转水土流失、风沙危害等生态恶化的趋势。退耕还林的重点是江河源头及两侧和湖库周围的陡坡耕地、风沙地区的沙化耕地等。

3.2

生态林　ecological goal forest

营造以减少水土流失和风沙危害等生态效益为主要目的的森林。

3.3

经济林　economical goal forest

营造以生产果品，食用油料、饮料、调料，工业原料和药材等为主要目的的森林。

3.4

造林成活率　living rate of afforestation

造林后3年内(当年、第2年、第3年)单位面积成活株数与总株数之比。

3.5

造林保存率　remaining rate of afforestation

造林3年后单位面积保存株数与总株数之比。

4 检查验收内容

4.1　退耕还林工程年度计划任务完成情况。

4.2　历年退耕地还林保存情况。

4.3　宜林荒山荒地造林后第3年保存情况。

4.4　对上年度的补植情况。

4.5 工程管理情况。

5 检查验收指标

5.1 造林要求

5.1.1 在达到造林设计要求的前提下，造林要求以造林成活率来反映。

5.1.2 造林成活率分为合格和不合格，其中：不合格分为补植和重造（见表1）。合格的列入当年造林完成任务；其他的经补植验收合格后方可列入造林完成任务。

表1 退耕还林工程造林成活率

地区	林种	合格/%	不合格/%	
			补植	重造
干旱、半干旱地区	生态林	≥70	41～69	≤40
	经济林	≥85	41～84	≤40
其他地区	生态林、经济林	≥85	41～84	≤40
注：干旱、半干旱地区划分见 GB/T 15776—2006 的附录 D。				

5.2 造林保存要求

5.2.1 造林保存要求以造林保存率或郁闭度（覆盖度）来反映。

5.2.2 在造林保存率和郁闭度（覆盖度）两个指标中，只要其中一个指标达到表2的要求，即为造林保存合格。

表2 退耕还林工程造林保存率和郁闭度（覆盖度）

地　区	森林分类	造林保存率/%	郁闭度（覆盖度）
干旱、半干旱地区	生态林	≥65	0.2（灌木林 0.3）
其他地区		≥80	
所有地区	经济林	≥85	—

5.3 种草要求、种草保存要求

覆盖度≥0.4为当年种草合格样方，覆盖度≥0.6为种草保存合格样方；合格样方≥80%的小班为种草合格（保存合格）小班。

5.4 面积核实

5.4.1 核实面积为经核查确定的计划内实际退耕还林面积，包括合格面积、补植面积和重造面积。

5.4.2 在一个小班内，同时有生态林和经济林时，按生态林和经济林实际面积分别计算。

5.4.3 所有面积均以水平投影面积计。

5.5 允许误差及单位

5.5.1 检查误差允许范围

5.5.1.1 小班造林成活率、造林保存率调查允许误差为±2%。

5.5.1.2 小班面积调查允许误差为±5%。

5.5.1.3 未超过允许误差认可原上报数据，超过允许误差以调查数据为准。

5.5.2 计算统计要求

5.5.2.1 面积以 hm^2 为单位，保留两位小数。

5.5.2.2 造林成活率和造林保存率的百分数均取整数。

5.5.2.3 郁闭度和覆盖度最大为1，保留一位小数。

5.5.2.4 附录A和附录B中的各百分数未规定时，均保留两位小数。

6 检查验收方法

6.1 县级检查验收

6.1.1 检查验收方式

县级检查验收以小班为单位进行，对当年工程地块和对上年度补植地块全面检查验收。

6.1.2 检查验收内容

a) 退耕还林施工作业设计文件等；

b) 年度退耕还林工程施工面积、合格面积、补植面积、重造面积、成活率、合格率、覆盖度等；

c) 完成上一年度应补植任务的合格面积、合格率；

d) 退耕农户档案卡片的建立情况、政府与农户签订退耕还林合同情况及政策兑现情况；

e) 整地方式及规格、树种选择及配置、种植密度、种苗质量、栽种时间、使用良种等与作业设计的一致情况；

f) 生态林比例、经济林比例、混交林比例及经济林采取水保措施情况、工程管理、管护情况。

6.1.3 检查验收图件

用比例尺大于或等于1：25 000地形图逐个小班（地块）调绘或实测，量算小班（地块）面积，并把检查验收小班（地块）标绘在地形图上。每年的调查结果绘制在同一张图上，形成退耕还林工程建设分布图，标明乡（镇）界、小班界及乡（镇）名、村名、小班号，零星地块可按农户标注。

6.1.4 退耕还林调查方法

退耕还林采用样行和样地调查法调查造林成活率、造林保存率。

6.1.4.1 样行或样地调查的面积比例：当小班（地块）面积在10 hm^2以下时，样行或样地面积应占小班（地块）面积3%；10 hm^2～30 hm^2应占2%，且不少于0.3 hm^2；30 hm^2以上不少于1%，且不少于0.6 hm^2。

6.1.4.2 样行根据小班苗木定植情况，均匀布设在有代表性的地段，样行数按小班应调查的样行面积确定，每个小班不少于3行。

6.1.4.3 样地设置为带状，带宽5 m，机械布设，样地数按小班应调查的样地面积确定，每个小班不少于3条。

6.1.4.4 对林带样地，应设置样段进行调查，样段长20 m，样段数按小班应调查的样地面积确定，每个小班不少于3个样段。

6.1.4.5 在样行或样地内计数总的人工造林总株数（包括死苗、缺苗）以及成活（保存）株数。

6.1.4.6 栽植穴成活（保存）株数多于1株时均按1株计算。

6.1.5 退耕还草调查方法

退耕还草采用样方法调查种草覆盖度。

6.1.5.1 退耕还草地样方调查的面积比例同退耕还林地样行或样地调查的面积比例。

6.1.5.2 样方均匀布设在有代表性的地段。

6.1.5.3 种草调查样方面积为1 m^2，当年覆盖度≥0.4为合格样方，种草第二年覆盖度≥0.6的样方为种草保存合格样方，合格样方率≥80%的小班为合格小班。

6.1.6 植被类型调查

6.1.6.1 植被类型分为乔木林、灌木林、草3种类型。

6.1.6.2 只有乔木、灌木、草中的一种类型时，按乔木林、灌木林、草调查。

6.1.6.3 乔灌混交时，乔木树种达到造林密度要求的，为乔木林；乔木树种没有达到造林密度要求，而灌木树种达到了造林密度要求，为灌木林。乔木、灌木加权计算达到造林密度要求时，为乔灌混交林。

6.1.6.4 乔灌草混交时，达到造林密度或郁闭度（覆盖度）要求的，为乔木林或灌木林；乔灌加权未达到造林密度或郁闭度（覆盖度）要求，但整体达到覆盖度要求，为草。

6.1.6.5 带状林草混交时，乔木林带的行数应在 2 行以上且行距≤4 m、带距≤8 m 时、灌木林带的行数应在 2 行以上且行距≤2 m、带距≤4 m 时，均按片林计算面积。其他情况按林带、草带分别计算面积。

6.2 省级、国家级检查验收

6.2.1 检查验收方式

省级、国家级检查验收以抽查方式进行。

6.2.2 检查验收内容

a) 退耕还林工程规划、实施方案和施工作业设计、省分解计划文件等；
b) 整地方式及规格、树种选择及植被配置、种植密度、种苗质量、栽种时间等与作业设计的一致情况；
c) 年度退耕还林工程计划内核实面积、核实率、合格面积、合格率，历年退耕地还林的保存面积、保存率，荒山荒地造林后第 3 年的保存面积、保存率等；
d) 生态林比例、经济林比例、混交林比例及经济林采取水保措施情况，工程管理、管护情况等；
e) 退耕农户档案卡片的建立情况、与农户签订退耕还林合同情况及政策兑现情况。

6.2.3 省级复查县和国家级核查县的抽取

6.2.3.1 省级复查县的抽取

6.2.3.1.1 抽取方式：在县级自查基础上，以县为单位，分别按年度工程任务完成、历年退耕地还林保存和荒山荒地造林后第 3 年保存等三种情况，随机抽取不少于全省 30% 的工程县作为复查县，复查县允许重复。

6.2.3.1.2 年度面积抽取比例：年度工程任务完成情况复查面积按不少于各县年度退耕地还林和荒山荒地造林上报总面积的 10% 抽取，并计算出每个抽中县应复查的面积。

6.2.3.1.3 历年面积抽取比例：历年退耕地还林保存情况复查面积，按不少于各县工程实施以来累计退耕地还林上报总面积的 2% 抽取，并计算出每个抽中县应复查的面积；荒山荒地造林保存情况复查面积按不少于各县三年前当年度荒山荒地造林上报总面积的 2% 抽取，并计算出每个抽中县应复查的面积。

6.2.3.1.4 每年的抽查县可以重复。

6.2.3.2 国家级核查县的抽取

6.2.3.2.1 抽取方式：在县级自查和省级复查的基础上，以县为单位，分别按年度工程任务完成、历年退耕地还林保存、荒山荒地造林后第 3 年保存等三种情况，随机抽取不少于全省 20% 的工程县作为核查县，核查县允许重复，其中国家级核查县应与省级复查县部分重复。

6.2.3.2.2 年度面积抽取比例：年度工程任务完成情况核查面积按不少于全省年度退耕地还林和荒山荒地造林上报总面积的 5% 抽取，并计算出每个抽中县应核查的面积。

6.2.3.2.3 历年面积抽取比例：对历年退耕地还林保存情况的核查面积，按不少于全省工程实施以来累计退耕地还林上报总面积的 1% 抽取，并计算出每个抽中县应核查的面积；荒山荒地造林保存情况核查面积按不少于全省三年前当年度荒山荒地造林上报总面积的 1% 抽取，并计算出每个抽中县应核查的面积。

6.2.3.2.4 每年的抽查县可以重复。

6.2.4 省级复查和国家级核查被检查乡的抽取方法

6.2.4.1 抽取方式：系统抽样。

6.2.4.2 抽取过程

6.2.4.2.1 形成闭合环：检查验收人员到达被复查或核查县后，按该县各乡上报的年度工程完成面积、历年退耕地还林总面积、荒山荒地造林保存面积三项内容之和，从小到大依次排列，形成一个闭合环。

6.2.4.2.2 抽取检查面积：分 3 次按相同的起始号和间隔号(起始号和间隔号由检查验收工作组织单

位事先确定），分别抽取相应内容的被检查乡，直至抽中的被检查乡相应内容的累计面积与该县本项内容应检查面积大致相等（检查面积应在应检查面积的±5%范围内）。

6.2.4.2.3　总面积校正：如抽取的检查面积与应检查面积相差过大，最后一个被检查乡可以用其他乡来代替，使累计检查面积最接近应检查面积。

6.2.4.2.4　抽查乡校正：当重复抽取的轮次中再次抽到已抽中的乡时，则顺延改抽下一个乡。

6.2.4.2.5　行政村抽取：如果工程实施范围不足三个乡时，以村级行政单位的相应数据形成一个闭合环，按同样方法进行抽样。

6.2.5　造林种草成活率和保存率的调查与县级检查验收方法相同。

6.3　小班定位

6.3.1　将所有检查验收小班现地勾绘到大于或等于1∶25 000地形图上，并利用GPS定位技术现地核对，在地形图上标出定位坐标。

6.3.2　当现地勾绘的小班与施工设计图位置及形状基本一致时，对小班面积进行现地调绘求算，如果现地调绘求算出的小班面积与其上报小班面积误差在允许范围内，则承认原上报小班面积，否则现地调绘求算出的小班面积即为核实面积。

6.3.3　当现地勾绘的小班与施工设计图位置及形状有明显出入时，原上报小班面积不计入工程完成面积。

6.4　档案管理

对外业调查卡片及时进行检查、整理，确保外业调查卡片项目填写齐全、规范。确认无误后建立检查验收小班数据库。

7　检查验收报告

7.1　省级复查程序

县级检查验收后及时向省级上报检查验收报告，并申请省级复查。

7.2　县级检查验收报告内容

a)　退耕还林工程实施概况。

b)　检查验收工作概况。

c)　检查验收结果：

1）年度工程实施和对上年度补植的退耕地还林及荒山荒地造林年度施工面积、合格面积、面积合格率、需补植面积、重造面积；

2）林种类别：分生态林、经济林；

3）植被类型：分乔、灌、草；

4）坡度分级：分15°以下、15°～25°、25°以上；

5）分树种数据；

6）其他。

d)　分析评价。用实例和数据，分析评价退耕还林工程实施情况。

e)　问题、对策及建议。

f)　附表、图及数据库。

7.3　国家核查程序

省级复查验收成果应及时上报并申请国家核查，同时上报县级自查结果汇总表。国家核查后，及时汇总核查结果，形成核查总报告，包括核查工作报告和检查验收标准数据库文件。

7.4　省级和国家级检查验收报告内容

a)　退耕还林工程实施概况。

b)　检查验收工作概况。

c) 检查验收结果：
   1) 年度退耕地还林和荒山荒地造林的计划完成率、核实率、核实面积、合格率、合格面积、不合格面积；
   2) 林种比例：分生态林所占比例、经济林所占比例；
   3) 苗木合格率和良种使用率；
   4) 历年退耕地还林的保存率、保存面积，荒山荒地造林的保存率、保存面积；
   5) 坡度分级：分15°以下、15°～25°、25°以上；
   6) 植被类型：分乔、灌、草；
   7) 分树种数据；
   8) 其他。
d) 分析评价。用实例和数据，分析评价退耕还林工程实施情况。
e) 问题、对策及建议。
f) 附表、数据库。

7.5 资料保存

将检查(核查)验收报告、外业调查图、建设分布图、表(含面积量算记录)、卡、数据库、统计汇总表等有关资料存档保管。

7.6 调查表、统计表及填写说明

7.6.1 退耕还林工程检查验收调查表见附录A中的表A.1、表A.2。

7.6.2 退耕还林工程检查验收统计表见附录A中的表A.3～表A.15。

7.6.3 退耕还林工程检查验收调查表、统计表填写说明见附录A中的第A.3章。

7.7 计算公式

7.7.1 退耕还林工程县级自查计算公式见附录B中的第B.1章。

7.7.2 退耕还林工程国家级核查、省级复查计算公式见附录B中的第B.2章。

附 录 A
（规范性附录）
调查表、统计表及填写说明

A.1 退耕还林工程检查验收调查表

退耕还林工程检查验收调查表见表 A.1、表 A.2。

表 A.1 退耕还林复(核)查小班(地块)年度完成情况调查表

省　　　县　　　乡

村（林班）	小班（地块）		图幅号	公里网坐标		户数	坡度	造林类别	权属	植被类型	林种	树种	设计密度	上报面积/hm²	核实面积/hm²	成活率/%	承包面积/hm²	不合格原因	损失面积/hm²	管理情况					混交	苗木合格率/%	良种使用率/%	经济林水保措施实施面积/hm²	备注
	编号	小地名		横坐标	纵坐标															设计	验收	档案	管护	发放林权证面积/hm²					

调查人员：　　　　　　　　调查时间：

表 A.2 历年退耕地还林复(核)查小班(地块)保存情况调查表

省　　　县　　　乡

村（林班）	小班（地块）		图幅号	公里网坐标		造林年度	户数	坡度	权属	植被类型	林种	树种	设计密度	上报面积/hm²	保存面积/hm²	成活率株数保存率（覆盖度）	未保存原因	损失面积/hm²	管理情况					经济林水保措施实施面积/hm²	是否为补植
	编号	小地名		横坐标	纵坐标														设计	验收	档案	管护	发放林权证面积/hm²		

调查人员：　　　　　　　　调查时间：

A.2 退耕还林工程检查验收统计表

退耕还林工程检查验收统计表见表 A.3～表 A.15。

表 A.3 退耕还林工程年度核查按林种统计表

单位	造林类别		上报面积/hm²	核实面积/hm²	合格面积/hm²	面积核实率/%	面积合格率/%		有土地承包合同		经济林采取水保措施	
							上报	核实	面积/hm²	占总面积的比率/%	面积/hm²	占总面积的比率/%
	合计											
	退耕地还林	合计										
		生态林										
		经济林										
		草										
	荒山荒地造林	合计										
		生态林										
		经济林										
		草										

统计者：　　　　统计日期：

表 A.4 退耕还林工程年度核查按权属统计表

单　位	权　属	造林类别	上报面积/hm²	核　实		合格面积/hm²	面　积核实率/%	面积合格率/%	
				面积/hm²	占总面积的比率/%			上报	核实
	合计								
	国有	合计							
		退耕							
		荒山							
	集体	合计							
		退耕							
		荒山							
	个人	合计							
		退耕							
		荒山							
	其他	合计							
		退耕							
		荒山							

统计者：　　　　统计日期：

表 A.5 退耕还林工程年度核查按植被类型统计表

单位	植被类型	造林类别	上报面积/hm^2	核实		合格 面积/hm^2	面积 核实率/%	面积合格率/%	
				面积/hm^2	占总面积的比率/%			上报	核实
	合计								
	乔木	合计							
		退耕							
		荒山							
	灌木	合计							
		退耕							
		荒山							
	草	合计							
		退耕							
		荒山							

统计者：　　　　统计日期：

表 A.6 退耕还林工程年度核查按树种统计表

单位	造林树种	造林类别	上报面积/hm^2	核实		合格 面积/hm^2	面积 核实率/%	面积合格率/%	
				面积/hm^2	占总面积的比率/%			上报	核实
	合计								
		合计							
		退耕							
		荒山							
		合计							
		退耕							
		荒山							

统计者：　　　　统计日期：

表 A.7 退耕还林年度核实面积按坡度统计表

单位	坡度级	造林类别	核实		合格面积/hm^2	核实合格率/%	不合格面积/hm^2	损失面积/hm^2
			面积/hm^2	占总面积的比率/%				
	合计							
	15°以下	合计						
		退耕						
		荒山						
	15°～25°	合计						
		退耕						
		荒山						
	25°以上	合计						
		退耕						
		荒山						

统计者：　　　　统计日期：

表 A.8 退耕还林工程年度核查结果分析表

单位	造林类别	上报面积/hm^2	核实面积/hm^2	合格面积/hm^2	不合格面积/hm^2						损失面积/hm^2	管理					混交面积/hm^2	苗木合格率/%	良种使用率/%
					合计	自然	人畜破坏	种苗质量	造林技术	其他		作业设计	档案	验收	管护	林权发证率			
	合计																		
	占上报面积的比率/%	100																	
	退耕																		
	占上报面积的比率/%	100																	
	荒山																		
	占上报面积的比率/%	100																	

统计者：　　　　统计日期：

表 A.9 退耕地还林历年保存情况按造林年度统计表

单　位	造林年度	上报面积/hm^2	合格、保存		面积保存率/%
			面积/hm^2	占总面积的比率%	
	合计				

统计者：　　　　统计日期：

表 A.10 退耕地还林历年保存情况按林种统计表

单位	林种	上报面积/hm^2	合格、保存		面积保存率/%	有土地承包合同		经济林采取水保措施	
			面积/hm^2	占总面积的比率/%		面积/hm^2	占总面积的比率/%	面积/hm^2	占总面积的比率/%
	合计								
	生态林								
	经济林								
	草								

统计者：　　　　统计日期：

表 A.11 退耕地还林历年保存情况按权属统计表

单　位	权　属	上报面积/hm^2	合格、保存		面积保存率/%
			面积/hm^2	占总面积的比率/%	
	合计				
	国有				
	集体				
	个人				
	其他				

统计者：　　　　统计日期：

表 A.12 退耕地还林历年保存情况按植被类型统计表

单 位	植被类型	上报面积/hm^2	合格、保存		面积保存率/%
			面积/hm^2	占总面积的比率/%	
	合计				
	乔木				
	灌木				
	草				

统计者：　　统计日期：

表 A.13 退耕地还林历年保存情况按树种统计表

单 位	造林树种	上报面积/hm^2	合格、保存		面积保存率/%
			面积/hm^2	占总面积的比率/%	
	合计				
	—				

统计者：　　统计日期：

表 A.14 退耕地还林历年保存情况按坡度统计表

单 位	坡度级	上报面积/hm^2	合格、保存		面积保存率/%
			面积/hm^2	占总面积的比率/%	
	合 计				
	15°以下				
	15°～25°				
	25°以上				

统计者：　　统计日期：

表 A.15 退耕地还林历年保存情况结果分析表

单位	上报面积/hm^2	合格、保存面积/hm^2	未保存原因						损失面积/hm^2	管理				
			合计	自然	人畜破坏	种苗质量	造林技术	其他		作业设计	档案	验收	管护	林权证发证率/%
	占上报面积的比率/%													

统计者：　　统计日期：

A.3 退耕还林工程检查验收调查、统计表填写说明

A.3.1 村(林班):填写行政村名。

A.3.2 编号:每一行政村统一编号。

A.3.3 小地名、图幅号:按地形图的标记填写。

A.3.4 公里网坐标:填写小班(地块)所在位置纵横坐标,精确到 m。

A.3.5 户数:填写该小班(地块)包含的农户数。

A.3.6 坡度:小班的平均坡度。

A.3.7 造林类别:分退耕地还林和荒山荒地造林。

退耕地还林,是指在退耕前已承包的耕地上造林(国发明电[1998]8号文下发以后毁林开垦的耕地除外)。

荒山荒地造林,是指在宜林荒山荒地和非承包的耕地上造林(国发明电[1998]8号文下发以后毁林毁草开垦的耕地除外)。

A.3.8 权属:分国有、集体、个人和其他。

A.3.9 植被类型:分乔、灌、草填写。

A.3.10 林种:分生态林、经济林、草。

A.3.11 树种:按主要树种填写。

A.3.12 上报面积:上报的小班面积。

A.3.13 核实面积:现地核实的小班面积。

A.3.14 承包面积:退耕地有土地承包证面积。

A.3.15 成活率(覆盖度):其值百分数取整数。

A.3.16 损失面积:指在上报年度确实经过退耕还林,但因工农业建设或自然等原因而变为非林地的地块面积。如修路、建房、采矿、修河渠、水库或河流改道等。

A.3.17 不合格原因:分为自然因素、人畜破坏、种苗质量、造林技术和其他。

A.3.18 管理情况:对进行了作业设计(图、表齐全)、核查验收(有验收单),建立了造林档案及有管护措施的小班在表中相应栏目中打"√",林权发证面积指该小班内退耕土地已办理林权证的农户退耕面积之和。

A.3.19 混交:小班为混交林打"√"。

A.3.20 经济林水保措施实施面积:经济林小班采取了水保措施的,填写小班内实施水保措施的面积。

A.3.21 未保存原因:分为自然因素、人畜破坏、种苗质量、造林技术和其他。

A.3.22 苗木合格率:植苗造林小班植苗总株数中二级以上苗木所占的比例。

A.3.23 良种使用率:直播造林小班使用良种的面积占造林总面积的比例。

A.3.24 补植情况:县级自查时在调查表 A.2 最后一栏记载补植情况,如是补植造林的打"√"。省级复查、国家级核查时如该小班为补植造林的,在调查表 A.2 最后一栏中打"√"。

附　录　B
（规范性附录）
计算公式

B.1　退耕还林工程县级自查计算公式

B.1.1　年度指标计算

面积合格率＝合格总面积/调查总面积×100％

生态林比率＝合格生态林面积/合格总面积×100％

经济林比率＝合格经济林面积/合格总面积×100％

混交林比率＝混交林面积/调查总面积×100％

苗木合格率＝造林地中二级以上苗木总株数/实际用苗总株数×100％

良种使用率＝直播造林中使用良种的面积/直播造林总面积×100％

作业设计率＝有作业设计的面积/调查总面积×100％

管护率＝有管护措施的面积/调查总面积×100％

经济林水保措施率＝经济林采取水保措施面积/经济林总面积×100％

B.1.2　对上年度补植指标计算

补植合格率＝补植合格面积/应补植面积×100％

B.2　退耕还林工程国家级核查、省级复查计算公式

B.2.1　年度指标计算

面积核实率＝∑调查小班的核实面积/∑调查小班的上报面积×100％

核实总面积＝面积核实率×上报施工面积

计划完成率＝核实总面积/计划面积×100％

面积合格率＝∑调查合格小班面积/∑调查小班面积×100％

合格总面积＝面积合格率×上报施工面积

生态林核实面积＝上报生态林总面积×(∑上报生态林小班核实为生态林的小班面积/∑上报生态林小班面积)＋上报经济林总面积×(∑上报经济林小班核实为生态林的小班面积/∑上报经济林小班面积)

经济林核实面积＝上报生态林总面积×(∑上报生态林小班核实为经济林的小班面积/∑上报生态林小班面积)＋上报经济林总面积×(∑上报经济林小班核实为经济林的小班面积/∑上报经济林小班面积)

检查验收中未抽中经济林小班时，其相应内容的核实面积以上报面积计。

生态林比率＝生态林核实面积/核实总面积×100％

经济林比率＝经济林核实面积/核实总面积×100％

苗木合格率＝∑调查的二级以上造林用苗总株数/∑调查的造林用苗总株数×100％

良种使用率＝∑调查的直播造林使用良种面积/∑调查的直播造林总面积×100％

混交林比率＝∑调查混交林小班面积/∑调查小班面积×100％

经济林水保措施率＝∑调查经济林小班采取水保措施面积/∑调查经济林小班面积×100％

作业设计率＝∑调查有作业设计的小班面积/∑调查小班面积×100％

县级自查率＝∑调查有县级自查的小班面积/∑调查小班面积×100％

建档率＝∑调查建档的小班面积/∑调查小班面积×100％

管护率＝∑调查有管护措施的小班面积/∑调查小班面积×100％

林权证发证率＝∑调查小班已发林权证面积/∑调查小班面积×100％

B.2.2 历年退耕地还林保存指标计算

退耕地还林面积保存率＝∑调查的退耕地造林保存合格小班面积/∑调查的退耕地还林小班面积×100％

退耕地造林历年保存合格面积＝历年累计的退耕地还林上报施工面积×退耕地还林面积保存率

B.2.3 荒山荒地造林第3年保存指标计算

荒山荒地造林面积保存率＝∑调查的保存合格小班面积/∑调查的小班面积×100％

荒山荒地造林保存面积＝荒山荒地造林面积保存率×荒山荒地造林当年年度上报施工面积

参 考 文 献

［1］ GB 6000—1999《主要造林树种苗木质量分级》
［2］ GB 7908—1999《林木种子质量分级》
［3］ GB/T 15776—2006《造林技术规程》
［4］ GB/T 16453.1～16453.6—1996《水土保持综合治理技术规范》
［5］ LY 1000—1991《容器育苗技术》
［6］ 林资发［2003］92 号《全国营造林实绩综合核查办法》(国家林业局文件)

ICS 65.020.40
B 64

中华人民共和国国家标准

GB/T 23232—2009

班克松速生丰产林

Fast growing and high yield plantation of *Pinus banksiana* Lamb

2009-02-23 发布　　2009-08-01 实施

中华人民共和国国家质量监督检验检疫总局
中国国家标准化管理委员会　发布

前　言

本标准的附录B、附录C为规范性附录，附录A为资料性附录。

本标准由国家林业局提出并归口。

本标准起草单位：吉林省吉林市林业科学研究院、吉林省林业技术推广站、吉林省林木种苗管理站、吉林省辉南森经局、北华大学。

本标准主要起草人：王继志、陈晓波、梁学顺、李晓梅、杨励、刘玉波、杨世桢、高文韬、杨喜林、王乐祥、刘喜仁。

班克松速生丰产林

1 范围

本标准规定了班克松(*Pinus banksiana* Lamb)速生丰产林指标、主要技术措施和档案管理。

本标准适用于黑龙江、吉林和辽宁中东部地区培育班克松速生丰产林(以下简称丰产林),其他区域参照执行。

2 规范性引用文件

下列文件中的条款通过本标准的引用而成为本标准的条款。凡是注日期的引用文件,其随后所有的修改单(不包括勘误的内容)或修订版均不适用于本标准,然而,鼓励根据本标准达成协议的各方研究是否可使用这些文件的最新版本。凡是不注日期的引用文件,其最新版本适用于本标准。

LY/T 1385—1999 长白落叶松、兴安落叶松速生丰产林

LY/T 1435—1999 红松速生丰产林

LY/T 1527—1999 水杉速生丰产林

LY/T 1528—1999 湿地松速生丰产林

3 术语和定义

下列术语和定义适用于本标准。

3.1

计算年龄 calculate stand age

丰产林生长指标的计算年龄,即该树种林龄达到轮伐期的一半或树高生长变异系数趋于平稳时的年龄。

3.2

苗龄型 $S_{1\text{-}1}$ seedling age type $S_{1\text{-}1}$

苗木的年龄,指二年生在圃地移植一次的换床苗。

4 丰产林指标

4.1 计算年龄

丰产林生长指标以 20 a 为计算年龄,包括苗龄。

4.2 产区区划

根据班克松在黑龙江省、吉林省、辽宁省的生长情况,结合地理、气候因子区划为 2 个产区。

各产区区划指标及范围参见附录 A。

4.3 生长指标

Ⅰ类产区蓄积年平均生长量每公顷达到 7.91 m^3 以上,林分平均树高达到 12 m 以上;Ⅱ类产区蓄积年平均生长量每公顷达到 5.75 m^3 以上,林分平均树高达到 9 m 以上。

各产区不同林龄的下限生长指标见附录 B。

4.4 轮伐期

一般轮伐期为 30 a～40 a。

4.5 丰产林规模

丰产林面积要求相对集中,面积不少于 30 hm^2。其中每块林地面积不小于 3 hm^2。

4.6 成活率和保存率

造林成活率不低于95%,三年保存率不低于90%。

5 主要技术措施

5.1 造林地选择

根据班克松的生态学特性及各栽培区的自然条件按附录C要求选择适宜的造林地。

5.2 种苗

5.2.1 种子及苗木应按规定进行严格的检疫。

5.2.2 在班克松优良种源、优良林分、母树林、种子园中采种。

5.2.3 苗木:苗龄型 S_{1-1},苗高20 cm以上,地径0.5 cm以上,根系完整,须根发达,有一个粗壮饱满的顶芽。

5.3 苗木出圃

出圃苗木应经过包装,早春土壤解冻后起苗,用高分子吸水剂浸蘸苗根,再用草袋包装捆牢。每个苗木包要拴上标签。

出圃苗木应附苗木检验证书,外调苗木要经过检疫并附检疫证书。

5.4 整地

5.4.1 整地时间:在造林前一年的秋季进行整地。

5.4.2 整地方法:在采伐迹地、荒山荒地上,割除杂草灌木,顺山按株行距确定栽植点;在疏林、灌木林地上带状割除灌木,根据造林密度确定割带宽度,在割除带上确定栽植点。

采用穴状整地,规格不小于60 cm×60 cm×30 cm。将穴内的草皮、土块打碎,捡出石块、残根,保持原土层不变。

5.5 初植密度

一般应为3 300株/hm^2～4 400株/hm^2。

5.6 栽植

5.6.1 栽植时间:春季,在土壤解冻深度20 cm以上、苗木萌动前进行。

5.6.2 栽植方法:开穴直径30 cm,栽苗时,苗木栽正扶直,深浅适宜,根系舒展,不露根,不窝根,先填表土,后填心土,分两次覆土,两次踏实,最后穴面覆虚土。栽植深度为苗木根际以上3 cm左右。

5.6.3 根据造林地土壤肥力状况适量施基肥。

5.6.4 在冻拔地区造林,当年的冬季要在苗木根际处覆盖落叶草皮或覆土,防止冻拔害的发生。

5.6.5 补植:造林成活率在41%～84%的要进行补植。补植在翌年春完成。

5.7 抚育

5.7.1 未成林抚育

一般应连续进行五年,共抚育八次。造林当年抚育三次,第一次松土除草,在5月下旬至6月上旬进行;第二次在生长季带状割草、割灌,在6月中旬至7月中旬进行;第三次带状或全面割草、割灌,在7月下旬进行。

造林第二年春,结合除草松土,在幼树根部培土2 cm～3 cm,后踏实。第二次全面割草、割灌。

第三、四、五年分别进行全面割草、割灌一次。

5.7.2 中幼林抚育

5.7.2.1 修枝:幼林郁闭后,当树冠下部出现2轮～3轮枯死或濒死枝时,即行修枝。修枝间隔期为4 a～5 a。修枝在树液停止流动时进行。修枝强度,修枝后高冠比保持在3∶2或2∶1。修枝切口要与树干平行,不留枝桩,切口断面力求最小,不得损伤树皮。

5.7.2.2 间伐:林木下层枝条出现枯死时,应及时进行以下层木为主的抚育间伐。

第一次间伐宜在七年进行,初始间伐强度为林分总株数的13%～35%。以后间伐间隔期4 a～5 a,

间伐强度为林分总株数的22%～25%。间伐后郁闭度不得低于0.6；每次间伐后林分平均胸径不得低于间伐前林分平均胸径。Ⅰ、Ⅱ产区分别保持1 200株/hm^2和1 400株/hm^2到主伐。

6 档案管理

6.1 有害生物预测预报

根据“预防为主、积极防治”的方针，认真做好有害生物的预测预报工作，做到及时防除。

6.2 建立档案

6.2.1 班克松丰产林造林前，应按照国家林业局有关丰产林营建技术的要求进行规划设计，报经主管部门审批后方可施工。

6.2.2 建立丰产林技术档案，按统计学要求，设置一定数量的永久性标准地进行连续观察记载，掌握丰产林的生长过程与经营活动过程。

附 录 A
（资料性附录）
班克松速生丰产林产区区划

表 A.1

主要产区（气候带）	地理、气象指标				丰产林主要产区范围及产区
	经度 E	≥10 ℃积温/℃	干燥度/k	年降水量/mm	
Ⅰ产区 中温带湿润地区	124°06′～131°43′	1 907.0～3 247.2	0.50～1.06	460～1 200	黑龙江：伊春、带岭、乌马河、金山屯、勃利、七台河、密山、方正、尚志、五常、延寿、通河、依兰、牡丹江、海林、穆棱、林口、鸡西、鸡东、绥芬河、宁安、东宁 吉　林：蛟河、吉林、永吉、磐石、舒兰、敦化、安图、延吉、龙井、图们、和龙、汪清、珲春、白山、靖宇、抚松、临江、长白、通化、集安、柳河、辉南、梅河口、东丰、辽源、东辽 辽　宁：清原、西丰、新宾、桓仁、宽甸、凤城、本溪、岫岩、抚顺
Ⅱ产区 中温带半湿润地区	121°37′～126°57′	2 735.0～3 610.2	0.82～1.09	500～800	黑龙江：哈尔滨、阿城 吉　林：长春、九台、榆树、德惠、农安、公主岭、梨树、伊通、四平 辽　宁：昌图、开原、铁岭、沈阳、鞍山、大连、辽阳

附 录 B
（规范性附录）
班克松速生丰产林生长量指标

表 B.1

年龄	Ⅰ产区			Ⅱ产区		
	平均树高/m	平均胸径/cm	蓄积年平均生长量/(m^3/hm^2)	平均树高/m	平均胸径/cm	蓄积年平均生长量/(m^3/hm^2)
5	2.0	1.7	0.44	1.6	1.4	0.10
6	2.5	2.7	0.88	2.2	1.9	0.27
7	3.2	3.9	1.14	2.6	3.2	0.62
8	3.9	5.1	2.00	3.1	4.5	1.00
9	4.6	6.3	2.95	3.8	6.0	1.48
10	5.3	7.5	3.13	4.2	7.1	1.66
11	6.0	8.8	3.89	4.7	8.2	2.23
12	6.8	9.9	4.91	5.4	9.3	2.80
13	7.5	11.0	5.24	6.0	10.0	3.18
14	8.3	11.8	5.32	6.4	10.7	3.21
15	9.0	12.8	5.61	6.8	11.8	3.65
16	9.7	13.6	6.34	7.4	12.4	4.12
17	10.3	14.0	6.99	7.8	13.2	4.38
18	10.9	14.8	7.03	8.1	13.6	4.85
19	11.6	15.6	7.63	8.5	14.1	5.25
20	12.0	16.2	7.91	9.0	14.7	5.75
21	12.3	16.5	7.94	9.4	15.2	6.23
22	12.6	17.1	8.51	9.9	15.9	6.83
25	13.9	19.3	9.11	10.8	16.8	7.24
30	15.5	21.4	9.45	12.6	18.4	7.56
35	17.2	23.5	9.87	14.4	20.2	7.83
40	18.9	25.6	10.32	16.2	22.4	8.17

附　录　C
（规范性附录）
班克松丰产林造林适宜立地条件

表 C.1

产区	适宜立地条件
Ⅰ产区	(1)　海拔：600 m 以下； (2)　地貌：低山丘陵及山地； (3)　坡向：阳坡、半阳坡、半阴坡； (4)　坡度：缓、平及 15°以下； (5)　坡位：中下坡，忌积水及排水不良地形； (6)　土层厚(A+B)：>40 cm； (7)　A 层土厚：>15 cm； (8)　土壤类型：暗棕壤、棕壤； (9)　土壤 pH 值：5.5～6.5
Ⅱ产区	(1)　地貌：平原台地、低山丘陵； (2)　坡向：阳坡、半阳坡、半阴坡； (3)　坡度：缓、平及 10°以下； (4)　忌积水及排水不良地形； (5)　土层厚(A+B)：>35 cm； (6)　A 层土厚：>10 cm； (7)　土壤类型：黑土、暗棕壤、棕壤； (8)　土壤 pH 值：≤7

ICS 65.020.40
B 64

中华人民共和国国家标准

GB/T 23233—2009

退耕还林工程建设效益监测评价

Evaluation in project for the construction of conversion of cropland to forest

2009-02-23 发布　　2009-08-01 实施

中华人民共和国国家质量监督检验检疫总局
中国国家标准化管理委员会　发布

前　言

本标准的制定为及时、准确、规范地反映退耕还林工程对生态环境变化及经济与社会发展的影响，科学、全面地评价退耕还林工程建设的成效，并为退耕还林工程建设管理决策提供了依据。

本标准的附录A为规范性附录。

本标准由国家林业局提出并归口。

本标准由国家林业局退耕还林工程管理中心负责解释。

本标准负责起草单位：国家林业局退耕还林工程管理中心、北京林业大学。

本标准主要起草人：张鸿文、李青松、杜纪山、吴礼军、张洪江、孔忠东、李保玉、樊华、史玉虎、常丹东。

退耕还林工程建设效益监测评价

1 范围

本标准规定了退耕还林工程建设效益监测站的布设方法、监测的项目及内容，并提出了退耕还林工程建设效益监测的评价指标及各指标的计算方法。

本标准适用于经国家批准实施的退耕还林工程。

2 监测站设施

监测站应建立在1个具有代表性的、面积为3 km^2～5 km^2的小流域内。定位监测站要根据需要设置气象站、沟口水文站、坡面径流场、集沙槽、固定标准地、调查样地等设施。

2.1 气象站

2.1.1 气象站的设置：在小流域内选取开阔的空旷地建立气象站1座，气象站内配置观察气象的必要设施和设备，气象站四周设立围栏。

2.1.2 气象站测定的基本因子：降水、蒸发、地温、气温、湿度、太阳辐射、风速、风向等。

2.2 沟口水文站

2.2.1 沟口水文站建立的位置：在流域出口处选择沟道顺直、沟床稳定、没有支沟汇水影响以及交通方便的地方建立沟口水文站1座，以测定全流域的径流和泥沙。

2.2.2 沟口水文站的附属设施：水文站的量水建筑物根据流量大小选择三角形90°溢流堰或巴歇尔测流槽。

2.3 坡面径流场

2.3.1 坡面径流场的设置：针对退耕还林不同植被恢复模式，按不同坡度设置，监测坡面径流、泥沙。

2.3.2 坡面径流场数量：每个坡度面设立2个～3个固定坡面径流场。

2.3.3 坡面径流场规格：规格为5 m×10 m或5 m×20 m。

2.3.4 径流场设置方法：布设径流场时应使长边垂直于等高线，短边平行于等高线。

2.3.5 临时径流场设置：临时径流场作为固定径流场的补充监测手段，可根据需要设置，规格为5 m×10 m或2 m×5 m或2 m×10 m。

2.4 集沙槽

2.4.1 集沙槽的设置：在风沙区针对不同的植被恢复模式和林种，设置集沙槽，监测单位面积、一定时间内的集沙量，集沙槽质地为混凝土预制件。

2.4.2 集沙槽数量：每个植被恢复模式和林种分别设立2个～3个固定的集沙槽。

2.4.3 集沙槽规格：规格为3 m×0.5 m×0.5 m。

2.4.4 集沙槽设置方法：在布设时，要根据当地主风方向，在保持与当地主风方向垂直的条件下，将混凝土预制件埋设在与地表同一水平面上。

2.5 固定标准地

2.5.1 固定标准地的设置

为监测退耕还林工程区林草生长过程及生物生产力动态变化，需设置固定标准地进行定位监测。固定标准地用GPS标定，在标准地四角地面下埋设1.2 m深水泥桩作为永久标记。

2.5.2 固定标准地数量

各监测站应设固定标准地3个～5个。

2.5.3 **固定标准地规格**

2.5.3.1 退耕还乔木林地:20 m×20 m。

2.5.3.2 退耕还灌木林地:10 m×10 m。

2.5.3.3 退耕还草地:5 m×5 m。

2.5.3.4 未退耕地(对照标准地):10 m×10 m。

2.6 **调查样地**

2.6.1 **调查样地的设置**

在对退耕还林地林草生物量及枯落物等进行调查时,为保证调查的精度及固定标准地不受人为破坏,在固定标准地附近设立调查样地进行补充调查。

2.6.2 **调查样地规格**

2.6.2.1 退耕还乔木林地:10 m×10 m。

2.6.2.2 退耕还灌木林地:5 m×5 m。

2.6.2.3 退耕还草地:2 m×2 m。

2.6.2.4 每个样地内设枯落物样方,规格为 20 cm×20 cm。

2.6.3 **调查样地数量**

每个因子的监测样地不少于 3 个～5 个。

3 效益监测内容

3.1 生态效益监测

3.1.1 不同坡度(6°～15°、16°～25°、>25°)条件下的径流和泥沙含量。

3.1.2 不同植被恢复模式条件下的区域沙化面积及沙丘类型。

3.1.3 不同植被恢复模式条件下的地表径流和泥沙含量。

3.1.4 退耕还林地土壤物理性质及土壤肥力。

3.1.5 区域水土流失面积。

3.1.6 退耕还林地的植被恢复状况。

3.1.7 不同植被恢复模式条件下的林、草生长量和收获量。

3.2 经济效益监测

3.2.1 退耕户家庭收入和支出。

3.2.2 区域经济状况。

3.3 社会效益监测

3.3.1 人口变动:包括总人口、第一产业人数、第二产业人数、第三产业人数、外出劳务人数、耕作人数、适龄儿童入学人数、贫困线以下人数等。

3.3.2 土地利用:包括土地总面积、耕作总面积、农业用地面积、林业用地面积、牧业用地面积、副业用地面积、渔业用地面积等。

4 效益监测指标

4.1 生态效益指标

4.1.1 **基本指标**

4.1.1.1 监测流域或区域年径流总量(包括液体径流和固体径流)。

4.1.1.2 不同退耕还林模式土壤侵蚀量。

4.1.1.3 年径流系数。

4.1.1.4 侵蚀模数。

4.1.1.5 年降水量、年蒸发量。

4.1.1.6 林、草生长量和收获量。

4.1.1.7 林草覆盖率。

4.1.2 可选指标

4.1.2.1 土壤有机质含量。

4.1.2.2 土壤全N、全P、全K、水解N和速效P、速效K含量。

4.1.2.3 灾害气候发生频率。

4.1.2.4 温度、湿度、风速、风向。

4.2 经济效益指标

4.2.1 农户收入和支出指标

4.2.1.1 退耕还林的钱粮补助和生活费补助。

4.2.1.2 退耕还林地采伐木(竹)材的收入。

4.2.1.3 退耕还林地销售非木质林产品的收入。非木质林产品包括干果、水果、花卉、药材、茶叶、竹子等及其副产品。

4.2.1.4 退耕还林前后年度粮食作物和经济作物的产量。

4.2.1.5 退耕还林前后工资性收入。

4.2.1.6 退耕还林前后家庭经营收入。

4.2.1.7 退耕还林前后财产性收入。

4.2.1.8 退耕还林前后转移性收入。

4.2.1.9 退耕还林前后生产经营支出。

4.2.1.10 退耕还林前后购置生产性固定资产支出。

4.2.1.11 退耕还林前后生活消费支出。

4.2.1.12 退耕还林前后财产性支出。

4.2.1.13 退耕还林前后转移性支出。

4.2.2 区域经济指标

4.2.2.1 退耕还林木(竹)材产值。

4.2.2.2 退耕还林非木质林产品产值。

4.2.2.3 国内生产总值。

4.2.2.4 农业生产总值。

4.2.2.5 林业生产总值。

4.2.2.6 牧业生产总值。

4.2.2.7 渔业生产总值。

4.2.2.8 其他产值。

4.2.2.9 年财政收入。

4.2.2.10 人均纯收入。

4.2.2.11 农村产业化龙头企业个数及产值。

4.2.2.12 建成或扶持企业个数及企业产值。

4.3 社会效益指标

4.3.1 人口变动情况

4.3.1.1 总人口变动情况。

4.3.1.2 第一产业人数变动。

4.3.1.3 第二产业人数变动。

4.3.1.4 第三产业人数变动。

4.3.1.5 外出务工人数变动。

4.3.1.6 贫困线以下人数变动。

4.3.2 **土地利用变动情况**

4.3.2.1 耕地总面积变动情况。

4.3.2.2 粮食作物总面积变动情况。

4.3.2.3 经济作物总面积变动情况。

4.3.2.4 有林地面积变动情况。

4.3.2.5 荒山荒地面积变动情况。

4.3.2.6 牧业用地面积变动情况。

4.3.2.7 副业用地面积变动情况。

4.3.2.8 渔业用地面积变动情况。

5 监测频度

5.1 生态效益监测频度:径流量指标在每年有降水时随时监测,其他生态效益指标每年8月~10月测定一次。

5.2 经济和社会指标监测频度:经济效益和社会效益指标为次年1月~2月或定期进行调查统计。

5.3 生态监测、经济和社会指标监测调查表见附录A。

6 效益监测方法

6.1 生态效益指标监测方法

6.1.1 **大气降水**

6.1.1.1 降雨采用日记式自记雨量计或CR2型数字雨量计测定,降雨量、降水强度和降水历时等由自记记录查算,降雨量记录至0.1 mm。

6.1.1.2 降雪先量测积雪深度,平均雪深不足0.5 cm记“0”,然后取一定体积的雪回室内,等其融化后量测容积,再转化成单位面积上的水深(mm)。

6.1.2 **温度、湿度、风速、风向、水面蒸发**

采用小气候自动观测装置或气象站方法测定。小气候指标测定的标准参照县级气象台(站)进行。数据资料的整理与汇总按气象观测规定进行。

6.1.3 **径流**

6.1.3.1 内容:包括每次降水的径流量、径流过程、产流时间、峰现时间、径流历时等。

6.1.3.2 沟道径流一般在沟口水文站通过自记水位计观测水位,然后根据量水建筑物的特点,由流量-水位关系换算。

6.1.3.3 坡面径流采用径流场方法结合自记流量计、集水容器观测。

6.1.4 **泥沙**

泥沙观测的取样应和径流观测同时进行,以保证能充分反映出径流中携带泥沙的一般情况,常用观测方法有沉淀称重法和过滤称重法等。

6.1.5 **地被物持水量**

6.1.5.1 样方调查。在退耕还林地内选取20 cm×20 cm的调查样方3个~5个,分别测量枯落物层和活地被物(主要为苔藓和地衣)厚度,采用样方调查。

6.1.5.2 取样。将所有枯落物及活地被物分别收集,用塑料或纱布袋包好。

6.1.5.3 称重。放入烘箱内(105 ℃,6 h~8 h)烘干后称重,并分别换算成每公顷林地上枯落物和活地被物重量。然后将称重后的枯落物和活地被物分别放入水中浸泡24 h后,从水中迅速取出并称重。

6.1.5.4 计算。经计算即可分别测得枯落物和活地被物的水容量,见式(1)。

$$\text{水容量} = (\text{浸泡 24 h 后带水枯落物重} - \text{枯落物干重}) / \text{干重} \times 100\% \quad \cdots\cdots(1)$$

6.1.6 **林草生长量和收获量**

6.1.6.1 生态林的乔木林生长量和收获量。采用每木检尺法或样木法调查，调查和测算因子包括直径、树高、冠幅、蓄积、生物量等。

6.1.6.2 生态林的灌木林生长量和收获量。采用样方法或样木法调查，调查和测算因子包括物种数量、高度、冠幅、覆盖度、生物量等。

6.1.6.3 经济林的生长量和收获量。采用每木检尺法或样木法调查，调查和测算因子包括直径、树高、冠幅、各种林产品产量等。

6.1.6.4 草的生长量和收获量。采用样方法调查，调查和测算因子包括物种数量、高度、覆盖度、生物量等。

6.1.7 **林分郁闭度、林草覆盖率等指标**

通过标准地调查、样方调查等方法测定。

6.2 **经济效益指标监测方法**

6.2.1 **农户收入和支出**

退耕还林的钱粮补助和生活费补助通过县级有关部门的政策兑现资料和农户调查核实后获得；退耕还林采伐木(竹)材的收入、销售非木质林产品的收入和其他收入支出情况通过入户调查或发放调查表的方法进行。

6.2.2 **区域经济**

退耕还林木(竹)材产值和退耕还林非木质林产品产值产量和产值数据通过县级林业部门或统计部门的资料获得；其他经济效益指标数据均通过查阅有关统计资料的方法获得。

6.3 **社会效益指标监测方法**

各项社会效益指标均通过查阅有关统计资料的方法获得。

7 效益监测指标计算

7.1 **生态效益计算**

7.1.1 土壤侵蚀量，计算见式(2)。

$$\text{土壤侵蚀量}(kg/m^2)=\text{一年中集沙总重量}(kg)/\text{样地面积}(m^2) \qquad (2)$$

7.1.2 土壤流失减少率，计算见式(3)或式(4)。

$$\text{土壤流失减少率}=(\text{治理前流失量}-\text{治理后流失量})/\text{治理前流失量}\times 100\% \qquad (3)$$

或：

$$\text{土壤流失(沙化)减少率}=(\text{治理前流失面积或沙化面积}-\text{治理后流失面积或沙化面积})/\text{治理前流失面积或沙化面积}\times 100\% \qquad (4)$$

7.1.3 治理度，计算见式(5)。

$$\text{治理度}=\text{已治理面积}/\text{需治理面积}\times 100\% \qquad (5)$$

7.1.4 林草覆盖率，计算见式(6)。

$$\text{林草覆盖率}=\text{有林草地总面积}/\text{土地总面积}\times 100\% \qquad (6)$$

7.2 **经济效益指标计算**

7.2.1 年度农作物(林产品)产量增长率，计算见式(7)。

$$\text{年度农作物(林产品)产量增长率}=[\text{监测年度农作物(林产品)总产量}-\text{前一年度农作物(林产品)总产量}]/\text{前一年度农作物(林产品)总产量}\times 100\% \qquad (7)$$

7.2.2 年度国民产值增长率，计算方法同7.2.1。

7.3 **社会效益指标计算**

方法同7.2。

附 录 A
（规范性附录）
生态监测、经济和社会指标监测调查表

表 A.1 监测站年降雨量表

单位为毫米

日	月											
	1	2	3	4	5	6	7	8	9	10	11	12
1												
2												
3												
……												
31												
降水日数												
最大降水量												
年降水量		最大降水量				出现日期				无霜期		

表 A.2 监测站日平均流量表

单位为立方米

日	月											
	1	2	3	4	5	6	7	8	9	10	11	12
1												
2												
3												
……												
31												
平均流量												
最大流量												
最小流量												
年径流总量		最大流量			出现日期			最小流量			出现日期	

表 A.3 监测站不同坡度、不同植被恢复模式及未退耕地水土保持监测结果汇总表

退耕还林模式		降雨量/mm	坡度 6°～15°			坡度 16°～25°			坡度＞25°		
			径流量	泥沙量	径流系数	径流量	泥沙量	径流系数	径流量	泥沙量	径流系数
生态林地	乔木地										
	灌木地										
	草地										
	乔、灌地										
	乔、草地										
	灌、草地										
	乔、灌、草地										
经济林地											
未退耕地											

表 A.4 监测站不同植被恢复模式及未退耕地土壤物理性质监测结果表

退耕还林模式		土层厚度/cm	土壤容重	土壤孔隙度/%			饱和含水量/%	田间持水量/%
				总孔隙度	毛管孔隙度	非毛管孔隙度		
生态林地	乔木地							
	灌木地							
	草地							
	乔、灌地							
	乔、草地							
	灌、草地							
	乔、灌、草地							
经济林地								
未退耕地								

表 A.5 监测站不同植被恢复模式及未退耕地土壤养分监测结果表

退耕还林模式		pH 值	有机质/%	全 N 量/%	全 P 量/%	全 K 量/%	水解 N 量/%	速效 P 量/%	速效 K 量/%
生态林地	乔木地								
	灌木地								
	草地								
	乔、灌地								
	乔、草地								
	灌、草地								
	乔、灌、草地								
经济林地									
未退耕地									
备注									

表 A.6 监测站不同植被恢复模式林、草生长量和收获量监测表

退耕还林模式		主要树、草种	平均高/m	平均胸径/cm	冠幅/m	郁闭度（覆盖度）	蓄积量/(m^3/hm^2)	生物量/(t/hm^2)	林产品产量/(t/hm^2)
生态林地	乔木地								
	灌木地								
	草地								
	乔、灌地								
	乔、草地								
	灌、草地								
	乔、灌、草地								
经济林地									
备注									

表 A.7 退耕还林工程农户收入支出调查表

______省______县______乡______村______户　　填表人：______　负责人：______填表日期：______

指标		年度	年度	年度	年度	年度
收入	退耕还林的钱粮补助和生活费补助/元					
	退耕还林地采伐木(竹)材的收入/元					
	退耕还林地销售非木质林产品的收入/元					
	粮食作物总产量/kg					
	工资性收入/元					
	家庭经营收入/元					
	财产性收入/元					
	转移性收入/元					
支出	生产经营支出/元					
	购置生产性固定资产支出/元					
	生活消费支出/元					
	财产性支出/元					
	转移性支出/元					
注：各指标值取整数。						

表 A.8 退耕还林工程经济效益评价调查表

______省______县______乡　　　　　　　　　填表人：______ 负责人：______ 填表日期：______

指标		年度	年度	年度	年度	年度
退耕还林林产品情况	退耕还林木(竹)材产量/m^3 或 kg					
	退耕还林木(竹)材产值/万元					
	退耕还林非木质林产品产量/kg					
	退耕还林非木质林产品产值/万元					
农作物情况	全年粮食作物总产量/kg					
	全年粮食作物总产值/万元					
	主要粮食作物总产量/kg					
	主要粮食作物总产值/万元					
	全年经济作物总产量/kg					
	全年经济作物总产值/万元					
国民产值情况	国民生产总值/万元					
	农业总产值/万元					
	林业总产值/万元					
	牧业总产值/万元					
	副业总产值/万元					
	渔业总产值/万元					
	其他产值/万元					
	农村储蓄额/万元					
	人均 GDP/元					
	年财政收入/万元					
	年农业税/万元					
	人均纯收入/元					

注 1：主要粮食作物指适合当地农民习惯的主要粮食作物，如北方的小麦，南方的水稻等。

注 2：各指标值保留两位小数。

表 A.9 退耕还林工程社会效益评价调查表

______省______县______乡　　　　填表人：______ 负责人：______填表日期：______

指标				年度	年度	年度	年度	年度
人口变动情况			总人口/万人					
人口变动情况			第一产业人数/万人					
人口变动情况			第二产业人数/万人					
人口变动情况			第三产业人数/万人					
人口变动情况			外出劳务人数/万人					
人口变动情况			耕作人数/万人					
人口变动情况			适龄儿童入学人数/人					
人口变动情况			贫困线以下人数/人					
土地利用情况			土地总面积/hm^2					
土地利用情况	农业用地		耕地总面积/hm^2					
土地利用情况	农业用地	耕地面积中	＜5°坡耕地					
土地利用情况	农业用地	耕地面积中	6°～15°坡耕地					
土地利用情况	农业用地	耕地面积中	16°～25°坡耕地					
土地利用情况	农业用地	耕地面积中	＞25°坡耕地					
土地利用情况	农业用地	耕地面积中	沙化耕地					
土地利用情况	农业用地		粮食作物总面积/hm^2					
土地利用情况	农业用地		主要粮食作物面积/hm^2					
土地利用情况	农业用地		经济作物总面积/hm^2					
土地利用情况	农业用地		退耕地面积/hm^2					
土地利用情况	农业用地		退耕地还林面积/hm^2					
土地利用情况	农业用地		退耕地还草面积/hm^2					
土地利用情况	林业用地		有林地面积/hm^2					
土地利用情况	林业用地		宜林荒山荒地面积/hm^2					
土地利用情况	林业用地		宜林荒山荒地造林面积/hm^2					
土地利用情况	林业用地		经济林面积/hm^2					
土地利用情况			牧业用地面积/hm^2					
土地利用情况			副业用地面积/hm^2					
土地利用情况			渔业用地面积/hm^2					

注 1：主要粮食作物指适合当地农民习惯的主要粮食作物，如北方的小麦，南方的水稻等。

注 2：保留两位小数。

参 考 文 献

[1] 《退耕还林工程生态林与经济林认定标准》(林退发[2001]550号)

[2] 《退耕还林工程建设检查验收办法》(林退发[2001]521号)

[3] 《关于开展退耕还林(草)监测调查的通知》(国统字[2007]45号)

ICS 67.080
B 66

中华人民共和国国家标准

GB/T 23234—2009

中国沙棘果实质量等级

Fruit grades of *Hippophae rhamnoides* L. subsp. *sinensis* Rousi.

2009-02-23 发布

2009-08-01 实施

中华人民共和国国家质量监督检验检疫总局
中国国家标准化管理委员会 发布

前　言

本标准由国家林业局提出并归口。

本标准由河北农业大学负责起草。

本标准主要起草人：王文江、陈薇、戴继先、李银华、李青云、张学英、刘新云。

中国沙棘果实质量等级

1 范围

本标准规定了中国沙棘的果实质量等级规格指标、安全卫生要求、检验方法、等级判定规则以及包装、标志、运输和贮存。

本标准适用于中国沙棘(*Hippophae rhamnoides* L. subsp. *sinensis* Rousi.)果实。

2 规范性引用文件

下列文件中的条款通过本标准的引用而成为本标准的条款。凡是注日期的引用文件,其随后所有的修改单(不包括勘误的内容)或修订版均不适用于本标准,然而,鼓励根据本标准达成协议的各方研究是否可使用这些文件的最新版本。凡是不注日期的引用文件,其最新版本适用于本标准。

GB/T 5009.86 蔬菜、水果及其制品中总抗坏血酸的测定(荧光法和2,4-二硝基苯肼法)

GB 18406.2—2001 农产品安全质量 无公害水果安全要求

中国药典(2005版)

3 术语和定义

下列术语和定义适用于本标准。

3.1

果实成熟度 maturity

果实发育成熟的程度。

3.2

刺伤 skin breaks

果实在采摘或采后处理过程中果皮被刺破或划破,伤及果肉而造成的损伤。

3.3

冻果 frozen fruit

冬季自然冻结后采收的沙棘果实。

3.4

串等果 mixed grade fruit

不属于本等级的沙棘果为串等果。

3.5

伤残果率 defect fruit rate

在外观上有缺陷的果实(如破损果、机械伤果等)所占的百分率。

3.6

可溶性固形物 soluble solids

果实汁液中所含的能溶于水的糖类、有机酸、维生素、可溶性蛋白、色素和矿物质等的总和。

3.7

杂质含量 foreign material content

沙棘果中混有杂物(如叶片、嫩枝等)的多少,以质量分数计。

3.8

容许度 tolerances

某一等级果中允许其他等级果占有的比率。

4 要求

4.1 果实质量等级规格指标

按果实大小和其他质量指标分为特等、一等和二等，未被归入以上等级的果实为等外果。中国沙棘果实质量等级规格指标应符合表1要求。

表1 中国沙棘果实质量等级指标

项目		指标		
		特等	一等	二等
基本要求		果实完整良好，新鲜洁净，无异味。果面达到本品种(类型)固有的色泽和形状。无腐烂，具有可采收成熟度或食用成熟度		
病虫果率/%		无	≤3	≤5
果实大小(百果重)/g	鲜果	>19	11.1～19	≤11
	冻果	>11	7.6～11	≤7.5
可溶性固形物/%	鲜果	≥15		
	冻果	≥19		
维生素C/(mg/100g)	鲜果	≥300		
	冻果	≥150		
总黄酮/(mg/100g)	鲜果	≥120		
	冻果	≥140		
伤残果率/%	鲜果	<15	<25	<35
	冻果	<10	<20	<30
杂质含量/%	鲜果	<3	<5	<8
	冻果	<5	<10	<15

4.2 安全卫生要求

应符合GB 18406.2—2001中第4章的要求。

5 检验方法

5.1 外观指标检验

5.1.1 果实外观

随机抽取100粒果实，放在白瓷盘中，自然光下观测鉴定。

5.1.2 百果重

随机抽取100粒果实，用天平(感量为0.1 g)测定，重复3次，取平均值。

5.1.3 伤残果率

随机抽取100粒果实，放在白瓷盘中，自然光下调查伤残果的个数，重复3次，取平均值，计算伤残果的百分率。

5.2 内在品质指标检验

5.2.1 可溶性固形物含量的测定

从检验样本中随机取出具有代表性的果实30粒，用取汁器挤出果汁，滴于折光仪载样板上，读数并记录。计算全部抽样果实可溶性固形物的平均含量。

5.2.2 **维生素C含量测定**

按 GB/T 5009.86 规定执行。

5.2.3 **总黄酮含量的测定**

按《中国药典》(2005 版)规定执行。

5.2.4 **安全指标检验**

按 GB 18406.2—2001 中第 5 章规定执行。

5.3 **容许度**

按式(1)计算。

$$容许度 = (不符合本等级质量的果重 / 检验的总果重) \times 100\% \quad \cdots\cdots\cdots\cdots (1)$$

6 等级判定规则

6.1 **检验批次**

同一等级、一次销售的沙棘果实为一个检验批次。

6.2 **抽样方法**

在一个检验批次的不同部位随机进行抽样,抽取的样品应具有代表性。

6.3 **抽样数量**

1 件～50 件以内的按实际重量的 3%～5%随机抽样;50 件～100 件的抽样 4 件;超过 100 件的,每增加 100 件,增抽 1%。分散零担果实可在装果容器的上、中、下各部位随机抽取,样品数量不少于 3 000 粒果实。如遇特殊情况,需扩大检验范围时,可适当增加抽样数量。

6.4 **验收容许度**

特等果的容许度为 5%;一等果的容许度为 10%;二等果的容许度为 15%。各等级容许的串等果,只能是邻级果。

7 包装、标志、运输与贮存

7.1 **包装**

包装容器应坚实、牢固、干燥、洁净、无异味。各等级沙棘果实应分装。同一批果实应采用相同质地的包装容器,且规格统一。

7.2 **标志**

同一批果实,其包装标志应统一。标志内容应包括品名、等级、净重、产地、包装者、包装时间、保质期等。

7.3 **运输**

果实待运时,应批次分明,堆码整齐,环境整洁,通风良好。在运输过程中应轻拿轻放,不得与有害物质混放。长途运输应防止烈日曝晒和雨淋。

7.4 **贮存**

贮存场所应洁净卫生。不得与有毒有害物品混存。鲜果应在 0 ℃以下贮存,冻果应贮存在－5 ℃左右。

ICS 65.020.40
B 64

GB

中华人民共和国国家标准

GB/T 23235—2009

退耕还林工程质量评估指标与方法

Index and method of evaluating quality in project for conversion of cropland to forest

2009-02-23 发布　　2009-08-01 实施

中华人民共和国国家质量监督检验检疫总局
中国国家标准化管理委员会　发布

前言

本标准提出了退耕还林工程质量评估指标及其评估方法。质量评估指标包括造林质量指标和管理质量指标两个方面的指标及每个指标的评分规则。

本标准的附录A为资料性附录。

本标准由国家林业局提出并归口。

本标准由国家林业局退耕还林工程管理中心负责起草。

本标准主要起草人:张鸿文、张秀斌、杜纪山、吴礼军、陈应发、刘再清、王维亚、吴转颖、李芳芳、刘青、樊华、孔忠东、赵玉涛。

退耕还林工程质量评估指标与方法

1 范围

本标准规定了退耕还林工程造林质量和管理质量两个方面的评估指标和退耕还林工程质量评估的方法。

本标准适用于国家批准实施的退耕还林工程。

2 评估指标

2.1 质量评估指标

退耕还林工程质量评估指标分为造林质量指标和管理质量指标两类，造林质量指标包括5个方面12个指标，管理质量指标包括6个方面18个指标(见附录A)。

2.2 造林质量指标

造林质量指标包括退耕还林地选择、种苗品质、造林成效、混交与间作、抚育管护5个方面的12个指标。

2.2.1 退耕还林地选择

2.2.1.1 指标1:重点地区退耕地还林面积比值。重点县平均退耕地还林面积与非重点县平均退耕地还林面积的比值。

2.2.1.2 指标2:重点地类退耕地还林面积率。重点地类退耕地还林面积占退耕地还林总面积的百分比。

2.2.2 种苗品质

2.2.2.1 指标3:良种使用率。直播造林使用良种的面积占直播造林总面积的百分比。

2.2.2.2 指标4:苗木合格率。造林中使用二级以上苗木总株数占造林实际用苗总株数的百分比。

2.2.3 造林成效

2.2.3.1 指标5:计划完成率。造林完成面积占计划面积的百分比。

2.2.3.2 指标6:当年合格率。当年造林成活合格面积占当年造林总面积的百分比。

2.2.3.3 指标7:历年保存率。历年造林保存合格面积占历年造林总面积的百分比。

2.2.4 混交与间作

2.2.4.1 指标8:混交林比率。混交林面积占总面积的百分比。

2.2.4.2 指标9:林草间作比率。林草间作面积占总面积的百分比。

2.2.5 抚育管护

2.2.5.1 指标10:幼林抚育率。幼林抚育面积占总面积的百分比。

2.2.5.2 指标11:管护率。管护面积占总面积的百分比。

2.2.5.3 指标12:经济林水保措施率。经济林采取水保措施面积占经济林面积的百分比。

2.3 管理质量指标

管理质量指标包括组织领导、规划设计、检查验收、政策兑现、档案管理、后续管理6个方面的18个指标。

2.3.1 组织领导

2.3.1.1 指标13:机构运作。领导小组及其办事机构的运作。

2.3.1.2 指标14:省级工作经费落实。省级财政实际落实工作经费总额，包括省级工程管理部门的工作经费和落实到县级的工作经费。

2.3.1.3 指标15:责任书的签订。工程省与市县责任书的签订情况。

2.3.2 规划设计

2.3.2.1 指标16:省级实施方案的编制。包括编制质量和报批时限两部分内容。

2.3.2.2 指标17:省级实施方案的变更。经国家审核后是否又发生变更。

2.3.2.3 指标18:作业设计率。有作业设计面积占造林总面积的百分比。

2.3.2.4 指标19:按设计施工率。按作业设计施工面积占设计总面积的百分比。

2.3.2.5 指标20:生态林与经济林比例。退耕地还林中生态林面积与经济林面积的比例。

2.3.3 检查验收

2.3.3.1 指标21:省级复查。是否达到检查验收的抽样比例、质量、时限等要求。

2.3.3.2 指标22:县级自查。内、外业资料及自查报告等。

2.3.4 政策兑现

指标23:政策的兑现工作。政策兑现是否及时、足额、公示及便民等。

2.3.5 档案管理

2.3.5.1 指标24:档案管理质量。档案是否管理规范、内容齐全、查找方便及有无专室或专柜等。

2.3.5.2 指标25:管理信息系统的使用。县级管理信息系统是否得到推广应用。

2.3.6 后续管理

2.3.6.1 指标26:林权证的发放。退耕地还林发证面积占退耕地还林计划面积的比率。

2.3.6.2 指标27:效益监测。监测站建设、资金投入、人员落实和工作开展等。

2.3.6.3 指标28:"五个结合"的落实。退耕还林与基本农田建设、农村能源建设、生态移民、后续产业发展、封山禁牧和舍饲圈养等配套保障措施相结合的状况。

2.3.6.4 指标29:技术培训与信息宣传。技术培训、政策宣传和上报工程管理信息等情况。

2.3.6.5 指标30:重大案件的发生及查处。重大案件是指党中央、国务院及有关部委批转并核实的案件;国家级新闻媒体曝光并核实的案件;其他影响较大的案件。

3 评估方法

3.1 评分规则

退耕还林工程质量总分为100分,其中造林质量方面12个指标60分,管理质量方面18个指标40分,具体评估计分规则见附录A。

3.2 评估依据

评估主要采用国家级调查统计数据和情况,以提高评估工作的客观性和准确性。主要依据有:

——退耕还林工程年度责任书执行情况及其通报结果;

——全国营造林实绩核查结果;

——退耕还林工程管理实绩核查结果;

——其他相关数据和材料。

3.3 评估单元

以工程省为评估单元,计算评估有关省、自治区、直辖市退耕还林工程建设的质量。

3.4 评估程序

每年根据前一年度的责任书执行情况、造林实绩核查、管理实绩核查等数据和材料,按照评估计分规则,对前一年度的退耕还林工程质量进行评估。

附 录 A
（资料性附录）
退耕还林工程质量评估计分规则

表 A.1

分 类		指标(分值)	评 分 规 则
造林质量指标(60分)	退耕还林地选择(12分)	1.重点地区退耕地还林面积比值(6分)	≥2的为6分,1.5～2的为4分～6分,1～1.5的为2分～4分,≤1的为0分～2分
		2.重点地类退耕地还林面积率(6分)	75%以上的为4分～6分,50%～75%的为2分～4分,50%以下的为0分～2分
	种苗品质(9分)	3.良种使用率(3分)	50%以上的为2分～3分,20%～50%的为1分～2分,20%以下的为0分～1分
		4.苗木合格率(6分)	100%的为6分,80%～100%的为3分～6分,80%以下的为0分～3分
	造林成效(30分)	5.计划完成率(9分)	95%以上的为6分～9分,80%～95%的为3分～6分,80%以下的为0分～3分
		6.当年合格率(12分)	90%以上的为8分～12分,60%～90%的为4分～8分,60%以下的为0分～4分(一般地区)
			75%以上的为8分～12分,45%～75%的为4分～8分,45%以下的为0分～4分(干旱半干旱地区)
		7.历年保存率(9分)	80%以上的为6分～9分,60%～80%的为3分～6分,60%以下的为0分～3分(一般地区)
			65%以上的为6分～9分,45%～65%的为3分～6分,45%以下的为0分～3分(干旱半干旱地区)
	混交与间作(3分)	8.混交林比率(1.5分)	20%以上的为1分～1.5分,10%～20%的为0.5分～1分,10%以下的为0分～0.5分
		9.林草间作比率(1.5分)	20%以上的为1分～1.5分,10%～20%的为0.5分～1分,10%以下的为0分～0.5分
	抚育管护(6分)	10.幼林抚育率(1.5分)	80%以上的为1分～1.5分,60%～80%的为0.5分～1分,60%以下的为0分～0.5分
		11.管护率(3分)	100%的为3分,80%～100%的为1分～3分,80%以下的为0分～1分
		12.经济林水保措施率(1.5分)	80%以上的为1分～1.5分,60%～80%的为0.5分～1分,60%以下的为0分～0.5分

表 A.1（续）

分 类		指标(分值)	评 分 规 则
管理质量指标(40分)	组织领导(6分)	13.机构运作(1.5分)	机构运作好的为1分～1.5分，比较好的为0.5分～1分，差的为0分～0.5分
		14.省级工作经费落实(1.5分)	落实工作经费2元/667m²(亩)以上的为1分～1.5分，1元/667 m²(亩)～2元/667 m²(亩)的为0.5分～1分，1元/667 m²(亩)以下的为0分～0.5分
		15.责任书的签订(3分)	好的为2分～3分，比较好的为1分～2分，差的为0分～1分
	规划设计(9分)	16.省级实施方案的编制(3分)	实施方案在文件规定期限内送审并通过的为2分～3分，期限后两个月以内送审并通过的为1分～2分，两个月以后送审的为0分～1分
		17.省级实施方案的变更(1.5分)	没有变更的为1.5分，经审批变更的为1分～1.5分，未经审批变更的为0分～1分
		18.作业设计率(1.5分)	95%以上的为1分～1.5分，80%～95%的为0.5分～1分，80%以下的为0分～0.5分
		19.按设计施工率(1.5分)	90%以上的为1分～1.5分，60%～90%的为0.5分～1分，60%以下的为0分～0.5分
		20.生态林与经济林比例(1.5分)	100%工程县经济林未超标的为1.5分，80%～100%未超标的为0.5分～1.5分，80%以下未超标的为0分～0.5分
	检查验收(6分)	21.省级复查(2分)	达到标准要求的为1分～2分，没有达到标准的为0分～1分，没开展复查的为0分
		22.县级自查(4分)	好的为3分～4分，比较好的为2分～3分，差的为0分～2分
	政策兑现(3分)	23.政策的兑现工作(3分)	好的为2分～3分，比较好的为1分～2分，差的为0分～1分
	档案管理(4.5分)	24.档案管理质量(3分)	好的为2分～3分，比较好的为1分～2分，差的为0分～1分
		25.管理信息系统的使用(1.5分)	80%以上工程县使用管理信息系统的为1分～1.5分，50%～80%的为0.5分～1分，50%以下的为0分～0.5分
	后续管理(11.5分)	26.林权证的发放(3分)	超过75%的为2分～3分，50%～75%的为1分～2分，50%以下的为0分～1分
		27.效益监测(2分)	好的为1.5分～2分，比较好的为0.5分～1.5分，差的为0分～0.5分
		28."五个结合"的落实(3分)	措施得力、成效好的为2分～3分，措施和成效比较好的为1分～2分，没有措施、成效差的为0分～1分
		29.技术培训与信息宣传(2分)	好的为1.5分～2分，比较好的为0.5分～1.5分，差的为0分～0.5分
		30.重大案件的发生及查处(1.5分)	没有发生重大案件的为1.5分，发生但查处及时的为1分～1.5分，发生且查处不及时的为0分～1分

注：总分为100分。

参 考 文 献

[1] 《退耕还林条例》
[2] 《国务院关于完善退耕还林政策措施的若干意见》(国发[2002]10号)
[3] 国家林业局关于印发《退耕还林工程建设检查验收办法》的通知(林退发[2001]521号)
[4] 国家林业局关于印发《退耕还林工程县级作业设计技术规定》的通知(林退发[2003]90号)

ICS 07.040
A 77

中华人民共和国国家标准

GB/T 23236—2009

数字航空摄影测量　空中三角测量规范

Specifications for aerotriangulation of digital aerophotogrammetry

2009-02-06 发布　　2009-06-01 实施

中华人民共和国国家质量监督检验检疫总局
中国国家标准化管理委员会　发布

前　言

本标准的附录A、附录B为规范性附录。

本标准由国家测绘局提出。

本标准由全国地理信息标准化技术委员会归口。

本标准起草单位：国家测绘局测绘标准化研究所、国家测绘局第一航测遥感院、国家测绘局第三航测遥感院。

本标准主要起草人：邓国庆、肖学年、王占宏、蒋红兵、刘小强。

引　言

随着科学技术的发展，摄影测量已进入了基于数字化影像或数字影像进行数据处理的阶段。为适应当前测绘生产的技术要求和发展水平，有必要制定数字航空摄影测量规范，建立新的航空摄影测量标准体系。本标准是数字航空摄影、测量、测图等系列国家标准之一，其他有关标准将在今后陆续制定。

本标准基于数字摄影测量当前的技术特征对航空摄影测量的关键步骤——空中三角测量进行了技术约定和作业过程指导。本标准不排斥也不可能完全代替模拟、解析航空摄影测量方法的标准规范，这些标准为GB/T 7931—2008《1：500　1：1 000　1：2 000 地形图航空摄影测量外业规范》、GB/T 7930—2008《1：500　1：1 000　1：2 000 地形图航空摄影测量内业规范》、GB/T 13977—1992《1：5 000　1：10 000 地形图航空摄影测量外业规范》、GB/T 13990—1992《1：5 000、1：10 000 地形图航空摄影测量内业规范》、GB/T 12341—2008《1：25 000　1：50 000　1：100 000 地形图航空摄影测量外业规范》、GB/T 12340—2008《1：25 000　1：50 000　1：100 000 地形图航空摄影测量内业规范》。本标准只针对目前空中三角测量应用各类新技术后工艺技术、生产作业等方面发生变化的部分，而未发生变化的部分如果需要使用旧的技术手段，则可以继续应用上述标准中相关部分的技术要求(如胶片摄影冲洗处理、连接点选点的位置要求等)，而不在本标准中重复规定。

与本标准相关的航空摄影新技术标准有《框幅式数字航空摄影技术规定》、《推扫式数字航空摄影技术规定》、《惯导与全球定位系统(IMU/GPS)辅助航空摄影技术规定》，这些标准目前正在制定中。

与本标准配套使用的标准有《数字航空摄影测量　控制测量规范》、《数字航空摄影测量　测图与成果生产技术规范》，这些标准目前在计划制定中。

数字航空摄影测量　空中三角测量规范

1　范围

本标准规定了数字航空摄影测量中空中三角测量的作业流程、技术要求。

本标准适用于基于框幅式、推扫式数字影像的空中三角测量生产作业。

2　规范性引用文件

下列文件中的条款通过本标准的引用而成为本标准的条款。凡是注日期的引用文件，其随后所有的修改单(不包括勘误的内容)或修订版均不适用于本标准，然而，鼓励根据本标准达成协议的各方研究是否可使用这些文件的最新版本。凡是不注日期的引用文件，其最新版本适用于本标准。

GB/T 6962　1∶500、1∶1 000、1∶2 000 比例尺地形图航空摄影规范

GB/T 15661　1∶5 000　1∶10 000　1∶25 000　1∶50 000　1∶100 000 地形图航空摄影规范

GB/T 18316　数字测绘成果质量检查与验收

CH/T 1001　测绘技术总结编写规定

CH/T 1004　测绘技术设计规定

3　总则

3.1　对控制测量成果的要求

像片控制点的精度和点位分布应符合相关标准的规定。

3.2　对航摄资料的要求

3.2.1　胶片航摄资料根据相应测图比例尺应符合 GB/T 6962 或 GB/T 15661 的规定。

3.2.2　数码航摄资料根据相应的成像方式应符合相关标准的规定。

3.2.3　采用 IMU/ GPS 辅助航空摄影时，航摄资料应符合相关标准的规定。

3.3　对影像的要求

3.3.1　扫描数字化航摄影像分辨率应符合附录 A 的规定，扫描航片应按附录 B 执行。

3.3.2　数码航摄仪获取的影像应满足以下要求：

a)　黑白影像辐射分辨率不应小于 8 bit，灰度直方图基本呈正态分布，影像反差适中，色调基本一致，纹理清楚，层次丰富；

b)　彩色影像辐射分辨率不应小于 12 bit；饱和度等级不小于 10 级；色彩还原真实准确，不失真，无偏色，幅与幅之间色调基本一致；

c)　影像清晰，细节完整，影像拼接处过渡自然，不影响像点观测。

3.4　精度要求

区域网平差计算结束后，连接点对最近野外控制点的平面位置中误差图上不得大于表 1 的规定，连接点对最近野外控制点的高程中误差不得大于表 1 的规定。连接点的中误差一般采用检查点(多余像片控制点，不参与平差)的中误差进行估算，具体要求见 7.2。

表 1 连接点对最近野外控制点平面位置与高程中误差 单位为米

成图比例尺	平面位置中误差				高程中误差			
	平地	丘陵地	山地	高山地	平地	丘陵地	山地	高山地
1∶500	0.175	0.175	0.25	0.25	0.15	0.28 (0.15)	0.35	0.5
1∶1 000	0.35	0.35	0.5	0.5	0.28 (0.15)	0.35	0.5	1.0
1∶2 000	0.7	0.7	1.0	1.0	0.28 (0.15)	0.35	0.8	1.2
1∶5 000	1.75	1.75	2.5	2.5	0.3	1.0	2.0	2.5
1∶10 000	3.5	3.5	5.0	5.0	0.3	1.0	2.0	3.0
1∶25 000	8.75	8.75	12.5	12.5	1.0	1.5	2.0	3.5
1∶50 000	17.5	17.5	25.0	25.0	2.0	3.0	4.0	7.0
1∶100 000	35.0	35.0	50.0	50.0	4.0	6.0	8.0	14.0

特殊困难地区(大面积沙漠、戈壁、沼泽、森林等)的平面和高程中误差均可放宽 1/2,应在技术设计书中明确规定。

1∶500 成图时,平地、丘陵地平面位置中误差、高程中误差不能满足本表规定的精度时,应采用平高全野外控制布点;1∶1 000～1∶10 000 成图时,平地高程中误差不能满足本表规定的精度时,应采用高程全野外控制布点。

注:表中加括号处为 0.5 m 等高距的高程中误差。

3.5 对其他作业方法的要求

在满足本规范规定精度的前提下,可采用新技术和新方法,应经过实践验证并提供实验报告,同时在技术设计书中明确说明相关要求和规定。

3.6 控制点影像数据

若需要建立控制点影像数据库,宜在空中三角测量中采集控制点影像数据,具体要求在技术设计书中明确说明相关要求和规定。

3.7 工作流程

数字航空摄影测量的工作流程见图 1,空中三角测量的作业流程见图 2。在空中三角测量技术设计时应根据空中三角测量技术方法、数字摄影测量系统的不同制定具体、详细的作业流程。

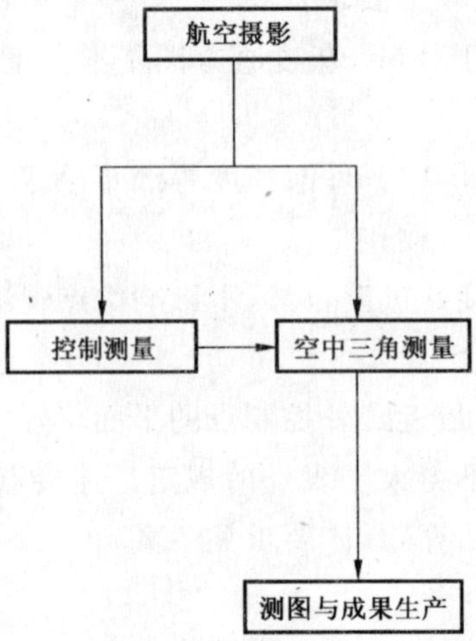

图 1 数字航空摄影测量工作流程

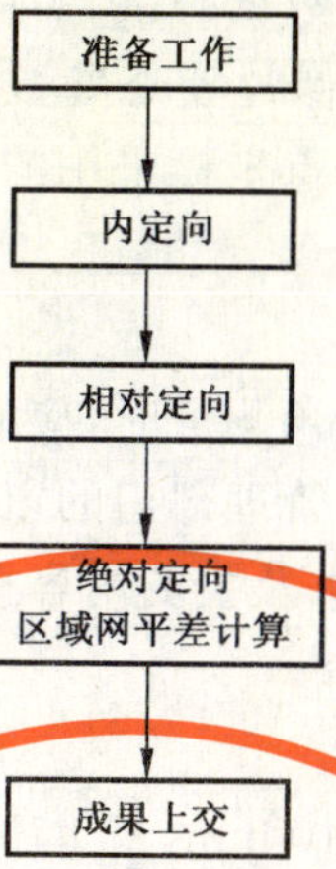

图 2　空中三角测量作业流程

4　准备工作

4.1　资料收集

主要收集以下资料：

a)　控制测量成果

测区基础控制测量和像片控制测量的全部成果资料及技术设计书。

b)　航摄资料

主要包括：

1)　航摄底片、像片或数码航摄仪获取的影像数据；
2)　测区航摄略图，包括航摄分区划分、航线分布、图幅分幅；
3)　测区像片/影像索引图、中心点接合图；
4)　航摄仪鉴定表；
5)　辅助航摄资料，包括摄站点坐标、像片姿态参数、GPS 数据等相关的数据或资料；
6)　航摄质量验收报告；
7)　其他有关资料。

4.2　资料分析

对所收集的资料进行整理和分析：

a)　查看控制测量成果验收报告以及技术设计书，分析控制测量的基本情况，包括像片控制点的数量、分布、目标点位情况等。

b)　查看航摄成果验收报告，分析航摄资料的基本情况，包括航摄单位、航摄时间、摄影比例尺、航高、航线方向、重叠度、航摄分区范围、测区覆盖率、航摄仪参数、航摄资料鉴定结论等；并检查以下内容：

1)　飞行质量：航偏角、航线弯曲、航高差、像片倾斜角、航向与旁向重叠度以及航摄比例尺、相对航高等参数是否满足 3.2.1、3.2.2 的规定，是否需要采取特殊补救措施；
2)　摄影质量：摄影质量是否满足 3.2.1、3.2.2 的规定；
3)　航摄仪鉴定资料：
——胶片航摄仪的框标坐标、像主点坐标、焦距、物镜畸变等航摄仪鉴定资料是否完整、可靠，航摄日期距离航摄仪鉴定日期是否满足 3.2.1 的规定；
——数码航摄仪的焦距、畸变差、像素大小、像幅尺寸是否完整、可靠，航摄日期距离航摄仪鉴定日期是否满足 3.2.2 的规定；

4） 数码航摄仪获取的影像：影像数据拼接、匀色处理是否满足3.2.2的规定；

5） 辅助航摄资料：摄站点坐标、像片姿态参数、IMU检校参数、GPS数据等是否完整，精度是否满足3.2.3的规定；摄站点坐标采用的坐标系统；分析摄站点坐标、像片姿态参数使用的方法及可供使用的程度。

4.3 技术设计

4.3.1 项目设计和专业设计中涉及空中三角测量时，应满足本标准规定的各项技术要求，特殊情况不能达到时应明确说明原因，并通过项目组织管理部门的审核批准。

4.3.2 项目设计书、专业设计书的编写要求及主要内容按CH/T 1004执行。

5 内定向

5.1 框标坐标残差绝对值一般不大于0.010 mm，最大不超过0.015 mm。

5.2 内定向应采用仿射变换进行框标坐标计算。

5.3 像点量测坐标需考虑像主点位置、航摄仪物镜畸变、大气折光、地球曲率等系统误差的影响。可以使用自检校平差消除像点量测坐标的系统误差。

5.4 框幅式数码航摄仪获取的影像需使用焦距、像素大小、像素行数/列数、像素值参考位置等航摄仪鉴定资料，注意影像坐标系统的方向定义。

5.5 扫描数字化航摄影像需使用焦距、像主点位置、框标坐标/距离、物镜畸变差等航摄仪鉴定资料，应注意不同航摄仪像主点、物镜畸变的使用区别以及飞行方向与像主点偏移方向的差异。

5.6 内定向超限时，应分析原因，采取补救措施，如重测、重新扫描影像、采用自检校平差消除像点量测坐标的系统误差等。

6 相对定向

6.1 相对定向精度不应大于表2的规定，特别困难资料或地区可放宽0.5倍。

表2 相对定向精度

影像类型	连接点上下视差中误差	连接点上下视差最大残差
扫描数字化航摄影像	0.01 mm(1/2像素)	0.02 mm(1像素)
数码航摄仪获取的影像	1/3像素	2/3像素

6.2 扫描数字化航摄影像模型连接较差限值按公式(1)和公式(2)计算：

$$\Delta S = 0.06 \times m_{像} \times 10^{-3} \quad \cdots\cdots(1)$$

式中：

ΔS——平面位置较差，单位为米(m)；

$m_{像}$——像片比例尺分母。

$$\Delta Z = 0.04 \times \frac{m_{像} \times f_k}{b} \times 10^{-3} \quad \cdots\cdots(2)$$

式中：

ΔZ——高程较差，单位为米(m)；

$m_{像}$——像片比例尺分母；

f_k——航摄仪焦距，单位为毫米(mm)；

b——像片基线长度，单位为毫米(mm)。

6.3 数码航摄影像模型连接较差限值一般取公式(1)、公式(2)相应计算值的1/2。

6.4 每个像对连接点应分布均匀，每个标准点位区应有连接点。自动相对定向时，每个像对连接点数目一般不少于30个。

6.5 标准点位区落水时，应沿水涯线均匀选择连接点。

6.6 航向连接点宜3度重叠，旁向连接点宜6度重叠。

6.7 扫描数字化航摄影像，连接点距离影像边缘应大于1.5 cm；数码航摄仪获取的影像，在精确改正畸变差的基础上，连接点距离影像边缘可放宽至0.1 cm。

6.8 自由图边在图廓线以外应有连接点。

6.9 根据需要选定、量测保密检查点，保密检查点数量和编号规则在技术设计书中确定。

6.10 人工选择用于航线初始连接的连接点时，应满足以下要求：

a) 相邻航线之间最少选2个航线连接点，宜选择在首尾；航带间航偏角变化较大的航带，应增加航线连接点数量。

b) 航线较长时，宜每隔10～12张像片选择1个航线连接点。

c) 交叉航线，在两个航线的公共区域，至少选择3个航线连接点，且不应分布在一条直线上。

6.11 自动航线连接时，应注意外方位元素等辅助参数的使用方法，如是否包含GPS天线分量的改正等。

7 绝对定向与区域网平差计算

7.1 区域网平差计算结束后，基本定向点(测图定向点)残差限值为连接点中误差限值的0.75倍，检查点误差限值为连接点中误差限值的1.0倍，区域网间公共点较差限值为连接点中误差限值的2.0倍，具体取值见表3。

表3 基本定向点残差、检查点误差、公共点较差最大限值 单位为米

成图比例尺	点别	平面位置中误差				高程中误差			
		平地	丘陵地	山地	高山地	平地	丘陵地	山地	高山地
1∶500	基本定向点	0.13	0.13	0.2	0.2	0.11	0.2 (0.11)	0.26	0.4
	检查点	0.175	0.175	0.35	0.35	0.15	0.28 (0.15)	0.4	0.6
	公共点	0.35	0.35	0.55	0.55	0.3	0.56 (0.3)	0.7	1.0
1∶1 000	基本定向点	0.3	0.3	0.4	0.4	0.2 (0.11)	0.26	0.4	0.75
	检查点	0.5	0.5	0.7	0.7	0.28 (0.15)	0.4	0.6	1.2
	公共点	0.8	0.8	1.1	1.1	0.56 (0.3)	0.7	1.0	2.0
1∶2 000	基本定向点	0.6	0.6	0.8	0.8	0.2 (0.11)	0.26	0.6	0.9
	检查点	1.0	1.0	1.4	1.4	0.28 (0.15)	0.4	1.0	1.5
	公共点	1.6	1.6	2.2	2.2	0.56 (0.3)	0.7	1.6	2.4

表 3（续）

单位为米

成图比例尺	点别	平面位置中误差				高程中误差			
		平地	丘陵地	山地	高山地	平地	丘陵地	山地	高山地
1∶5 000	基本定向点	1.5	1.5	2.0	2.0	0.22	0.8	1.5	1.9
	检查点	1.75	1.75	2.5	2.5	0.3	1.0	2.0	2.5
	公共点	3.5	3.5	5.0	5.0	0.6	2.0	4.0	5.0
1∶10 000	基本定向点	3.0	3.0	4.0	4.0	0.22	0.8	1.5	2.2
	检查点	3.5	3.5	5.0	5.0	0.3	1.0	2.0	3.0
	公共点	7.0	7.0	10.0	10.0	0.6	2.0	4.0	6.0
1∶25 000	基本定向点	6.5	6.5	9.5	9.5	0.8	1.1	1.5	2.6
	检查点	8.75	8.75	12.5	12.5	1.0	1.5	2.0	3.5
	公共点	17.5	17.5	25.0	25.0	2.0	3.0	4.0	7.0
1∶50 000	基本定向点	13.0	13.0	19.0	19.0	1.5	2.2	3.0	5.2
	检查点	17.5	17.5	25.0	25.0	2.0	3.0	4.0	7.0
	公共点	35.0	35.0	50.0	50.0	4.0	6.0	8.0	14.0
1∶100 000	基本定向点	26.0	26.0	38.0	38.0	3.0	4.5	6.0	10.5
	检查点	35.0	35.0	50.0	50.0	4.0	6.0	8.0	14.0
	公共点	70.0	70.0	100.0	100.0	8.0	12.0	16.0	28.0
注：表中加括号处为 0.5 m 等高距的精度要求。									

7.2 检查点的平面中误差、高程中误差分别按公式(3)计算。

$$m_1 = \pm\sqrt{\sum_{i=1}^{n}(\Delta_i\Delta_i)/n} \qquad (3)$$

式中：

m_1——检查点中误差，单位为米(m)；

Δ——检查点野外实测值与解算值的误差，单位为米(m)；

n——参与评定精度的检查点数，一幅图应有一个检查点。

7.3 区域网之间公共点的平面中误差、高程中误差分别按公式(4)估算，其精度要求同连接点(见表 1)。

$$m_2 = \pm\sqrt{\sum_{i=1}^{n}(d_i d_i)/3n} \qquad (4)$$

式中：

m_2——公共点中误差，单位为米(m)；

d——区域网之间公共点较差，单位为米(m)；

n——参与评定精度的点数。

7.4 区域网根据航摄分区、可利用控制点的分布以及地形条件等情况灵活划分，可以合并多个航摄分区为一个区域网。

7.5 平差计算时对连接点、像片控制点进行粗差检测，剔除或修测检测出的粗差点。

7.6 对于 IMU/GPS 辅助空中三角测量和 GPS 辅助空中三角测量，导入摄站点坐标、像片外方位元素进行联合平差，应注意 GPS 天线分量、IMU 偏心角系统改正值。

7.7 水系平差应注意以下要求：

a) 应把野外施测的水位点高程换算至摄影时期的水位高程，作为控制定向点直接参与平差计算；

b） 平差计算后，根据野外施测的水位点和内业量测的水位点，在立体观测下，依据地势变化状况，加减配赋改正，其加减改正数不应大于平地连接点高程中误差。

7.8 接边原则：

a） 同比例尺、同地形类别像片、航线、区域网之间的公共点接边，平面和高程较差不大于7.1的规定，取中数作为最后使用值。

b） 同比例尺不同地形类别接边时，平面位置较差不大于表1规定的连接点平面位置中误差之和，高程较差不大于表1规定的连接点高程中误差之和；将实际较差按中误差的比例进行配赋作为平面和高程的最后使用值。

c） 不同比例尺接边，平面位置较差不大于表1规定的连接点平面位置中误差之和，高程较差不大于表1规定的连接点高程中误差之和；将实际较差按中误差的比例进行配赋作为平面和高程的最后使用值。

d） 与已成图或出版图接边，当较差小于上述规定限差的二分之一时以已成图或出版图为准；当较差大于上述规定限差二分之一，但小于规定限差时，应取中数作为最后使用值；超限时，要认真检查原因，确系已成图或出版图错误，直接采用当前成果，在图历簿中注明。

e） 不同投影带之间公共点平面坐标接边，首先换算成同一带坐标值，在规定限差内取中数，然后再将中数值换算成邻带坐标值。

7.9 根据需要从连接点中选择精度较高的点作为测图定向点。

7.10 根据需要进行单模型绝对定向，检查测图定向点残差，若超限应进行人工修测。

8 成果验收及上交

空中三角测量作业完成后，质量检查及检查报告编写要求按GB/T 18316执行。技术总结编写要求及主要内容按CH/T 1001执行。通过验收的空中三角测量成果按以下内容逐项登记整理，并上交：

a） 成果清单；

b） 相机文件；

c） 像片控制点坐标；

d） 连接点或测图定向点像片坐标和大地坐标；

e） 每张像片的内、外方位元素；

f） 连接点分布略图；

g） 保密检查点大地坐标；

h） 技术设计书；

i） 技术总结；

j） 检查报告与验收报告；

k） 其他资料。

附 录 A
（规范性附录）
扫描仪参数要求及扫描分辨率确定方法

A.1 扫描仪参数要求

用于扫描航片的扫描仪应满足以下条件：

a) 几何精度≤±2 μm；

b) 最小光学分辨率：7 μm；

c) 辐射分辨率≥8 bit；

d) 光学密度：0.1 D～3.3 D；

e) 动态范围≥2.5 D；

f) 最小输出像素大小：7 μm；

g) 最小有效扫描面积：235 mm×235 mm。

A.2 扫描分辨率确定方法

扫描分辨率估算公式见公式(A.1)，实际扫描分辨率不应大于 $R_{像}$ 的值。

$$R_{像} = 0.8 \times \Delta h \times b / H \qquad (A.1)$$

式中：

$R_{像}$——影像扫描分辨率，单位为微米(μm)，取整数；

Δh——要求达到的高程精度（加密点高程中误差限值），单位为米(m)；

b——航向平均重叠度的像片基线长度，单位为微米(μm)；

H——平均相对航高，单位为米(m)。

附　录　B
（规范性附录）
航 片 扫 描

B.1　技术要求

B.1.1　使用原始底片，正置，北边朝北，药膜面朝下。

B.1.2　黑白影像辐射分辨率不应小于8 bit，灰度直方图基本呈正态分布，影像反差适中，色调基本一致，纹理清楚，层次丰富。

B.1.3　彩色影像辐射分辨率不应小于8 bit，宜为12 bit；饱和度等级不小于10级；色彩信息不失真，无偏色，幅与幅之间色调基本一致。

B.1.4　框标应完整，清晰。

B.1.5　扫描影像数据采用无压缩的TIFF格式存贮。

B.2　作业要求

B.2.1　扫描前检查和校正扫描仪的几何精度、光学分辨率和辐射分辨率、色彩精度，扫描工作中应定期进行检查，如发现超限应停止扫描，校正合格后继续扫描。

B.2.2　应在专用的，室内清洁的，温度、湿度等符合要求的房间进行航片扫描。

B.2.3　扫描前应使扫描仪充分预热。

B.2.4　通过预扫描确定扫描的亮度、对比度、色彩饱和度以及扫描范围等参数。

B.2.5　检查底片是否有撕裂、断裂、严重划痕和脱膜等情况，并对底片进行清洁，以保证底片上不沾有污物，对于底片存在的问题应作记录。

B.2.6　注意避免静电、划痕、脏点、灰尘等对扫描影像数据的影响。

B.2.7　逐片检查扫描质量，根据需要对扫描影像进行增强、拉伸等处理或者重新扫描。

ICS 11.020
C 10

中华人民共和国国家标准

GB/T 23237—2009

腧穴定位人体测量方法

Methods of anthropometry for locating acupuncture points

2009-02-06 发布　　2009-08-01 实施

中华人民共和国国家质量监督检验检疫总局
中国国家标准化管理委员会　发布

前　　言

本标准附录B、附录C为规范性附录，附录A为资料性附录。

本标准由国家中医药管理局提出。

本标准由中国针灸学会归口。

本标准起草单位：中国中医科学院针灸研究所。

本标准主要起草人：武晓冬、王雪苔、岗卫娟、王勇、尹远平、吴富东、胡玲、房繄恭、黄龙祥。

引　言

针灸腧穴定位方法分三种：① 体表解剖标志定位法；②“骨度”折量定位法；③“指寸”定位法。与此三种方法密切相关的传统体表标志之间的比例关系、骨度折量数值，以及部分腧穴定位分歧，均有待通过人体实际测量获得检验、补充和修正。腧穴定位人体测量可以使腧穴定位的依据更加充分、科学，可以为腧穴插图、挂图及模型的制作提供数据支撑。本标准借鉴现代解剖学和人体测量学的知识和方法，规定了用于腧穴定位的人体测量方法。

鉴于针灸腧穴定位方法中所使用的骨度折量“寸”、手指同身“寸”与国际单位制长度计量单位不同，1987年世界卫生组织在韩国汉城召开国际会议，确定“寸”(cun)为经络和腧穴定位的标准测量单位。本标准的腧穴定位即采用这种计量单位。

腧穴定位人体测量方法

1 范围

本标准提供了针灸腧穴体表定位使用的人体测量方法。

本标准适用于针灸教学、科研、医疗中涉及的腧穴体表测量。

2 术语和定义

下列术语和定义适用于本标准。

2.1 基本术语

2.1.1

骨度折量 proportional bone measurement

以体表骨节为主要标志折量全身各部的长度和宽度，用于腧穴定位。全身常用骨度折量寸参见附录A。

2.1.2

手指同身寸 finger-cun

以被测量者手指表面的特定距离作为度量单位，用于腧穴定位。

2.1.3

矢状面 saggital plane

人体前后方向的正中平面（正中矢状面）或平行于它的平面（侧矢状面）。

[GB/T 5703—1999，定义2.2.25]

2.1.4

眼耳平面 frankfort plane

法兰克福平面

两耳屏点和右眼眶下点所构成的标准水平面。

[GB/T 5703—1999，定义2.2.8]

2.1.5

内侧与外侧 medial and lateral

近于正中矢状面者为内，远于正中矢状面者为外。上肢的掌心一侧即屈侧称为“内侧”，手背一侧即伸侧称为“外侧”；下肢向正中线的一侧称为“内侧”，下肢远离正中线的一侧称为“外侧”。

2.1.6

上与下 superior and inferior

分别指靠近身体的上端与下端。

[GB/T 12346—2006，定义2.2.2]

2.1.7

前与后 anterior and posterior

距身体腹面近者为前，距身体背面近者为后。

[GB/T 12346—2006，定义2.2.3]

2.1.8

近侧[端]与远侧[端] proximal and distal

四肢部近躯干者为近侧[端]，远躯干者为远侧[端]。

2.1.9

前正中线　anterior median line

胸骨中线

通过胸骨正中所作的垂线。如图 1 所示。

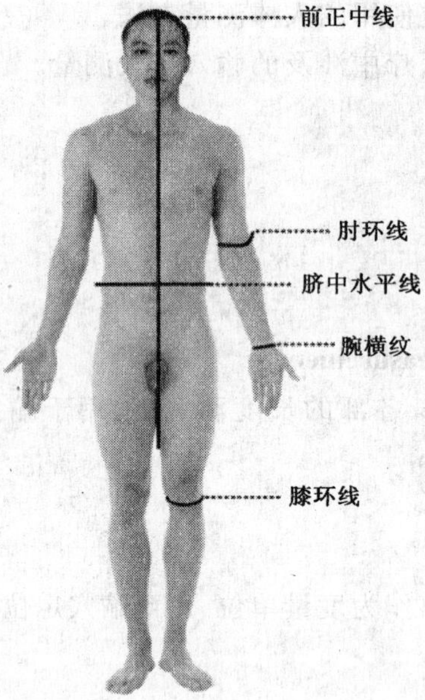

图 1

2.1.10

后正中线　posterior median line

通过背部正中所作的垂线。图 2 所示。

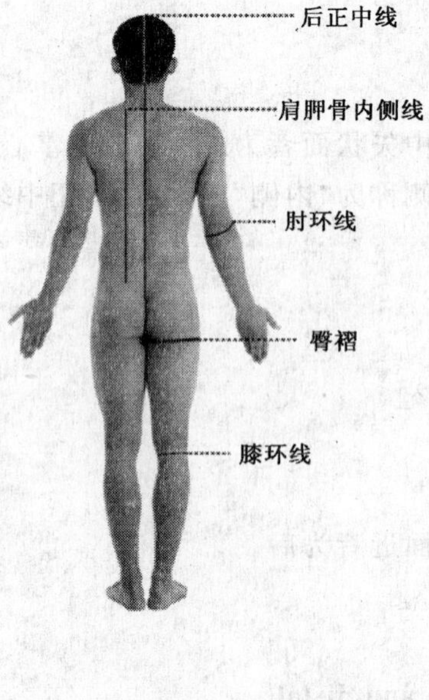

图 2

2.1.11

脐中水平线　horizontal line of umbilicus

经过脐点的水平线。图1所示。

2.1.12

肩胛骨内侧线　medial line of scapula

直立并两臂自然下垂时,通过肩胛冈内侧缘的垂线。图2所示。

2.1.13

肘环线　cubital crease

肘环纹

肘中过肘尖环线。其后为肘尖,两侧为肱骨内、外侧髁和肘横纹内、外侧纹头。图1、图2所示。

2.1.14

腕横纹　wrist crease

腕前区的2～3条横行的皮肤皱纹。图1所示。

2.1.15

膝环线　popliteal crease

髌尖腘横纹环线,即股胫关节间隙(股骨内侧髁与胫骨内侧髁之间、股骨外侧髁与胫骨外侧髁之间)。其前面为髌尖,两侧为腘横纹内外侧纹头。图1、图2所示。

2.1.16

臀褶　gluteal fold

臀横纹

臀部和大腿之间的皮肤皱褶中最长的一条。图2所示。

2.1.17

腋中线　midaxillary line

通过腋窝中点,即腋前、后皱襞之间中点所作的垂线。图3所示。

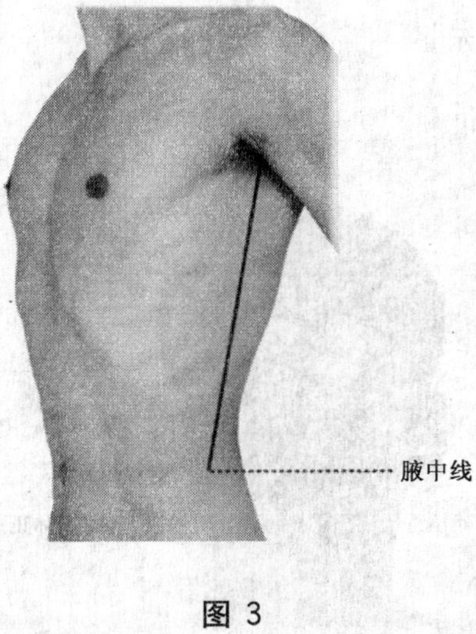

图3

2.2　体表标志点

体表标志点的定义见附录B中的B.1.1,确定体表标志点的原则见附录B中的B.1.2。

2.2.1

前发际正中　midpoint of anterior hairline

头部有发部位的前缘(形成明显头发边缘)正中。图4所示。

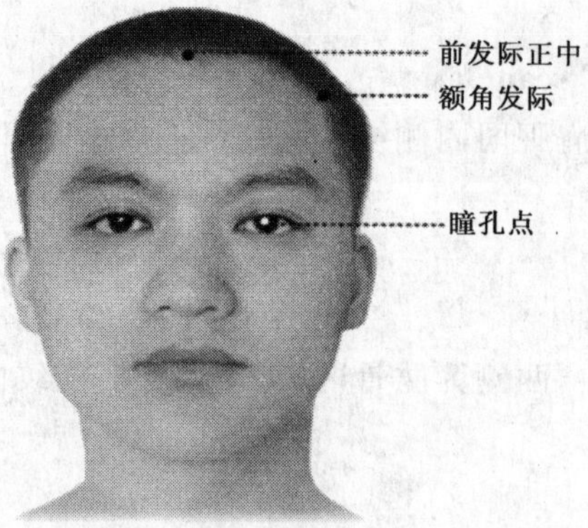

图 4

2.2.2

额角发际　anterior hairline at the corner of forehead

前发际与鬓角发际前缘所形成的交角处。图 4 所示。

2.2.3

瞳孔点　pupilla

瞳孔中心。图 4 所示。

2.2.4

后发际正中　midpoint of posterior hairline

头部有发部位的后缘(形成明显头发边缘)正中。图 5 所示。

2.2.5

完骨点　mastoid process

颞骨乳突的最突出点。图 5 所示。

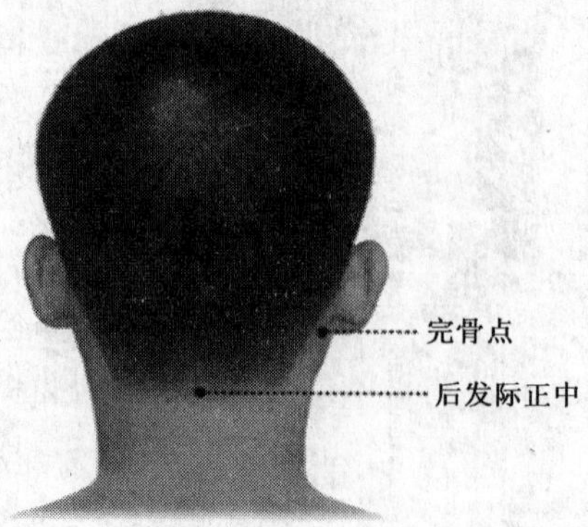

图 5

2.2.6

颈椎点　cervicale

第 7 颈椎棘突最突出点,颈后隆起最高且随头转动而活动。图 6 所示。

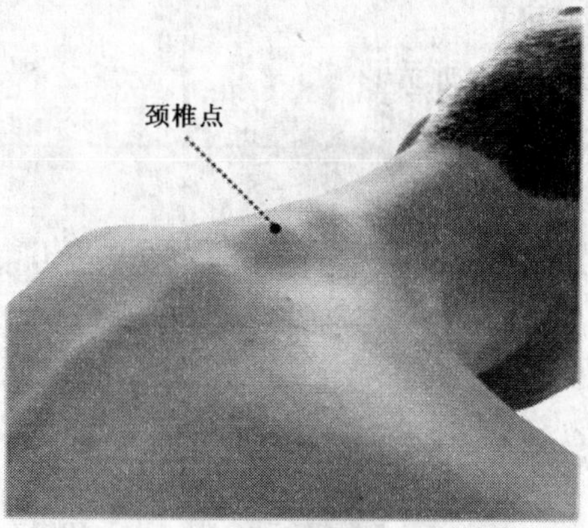

图 6

2.2.7

腋前纹头　anterior axillary fold

上肢自然下垂,腋窝皱襞前端。图 7 所示。

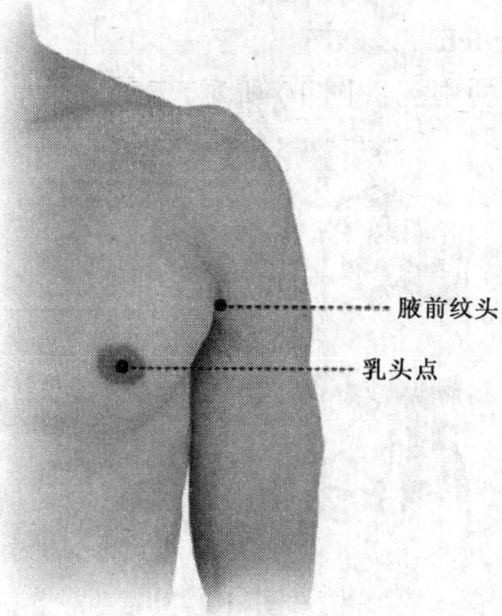

图 7

2.2.8

肘尖　tip of the elbow

尺骨鹰嘴的尖端。图 8 所示。

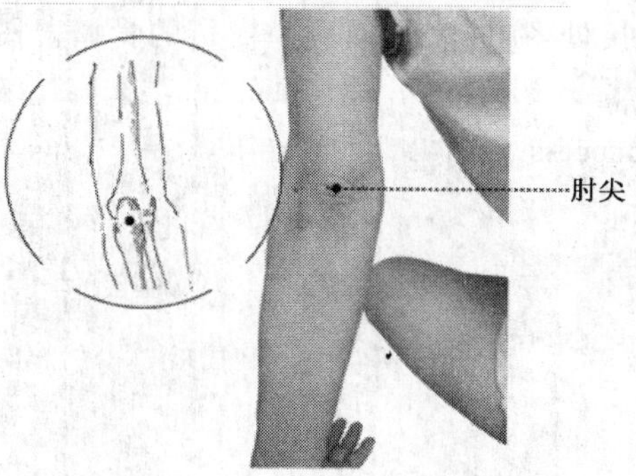

图 8

2.2.9

腋后纹头　posterior axillary fold

上肢自然下垂,腋窝皱襞后端。图9所示。

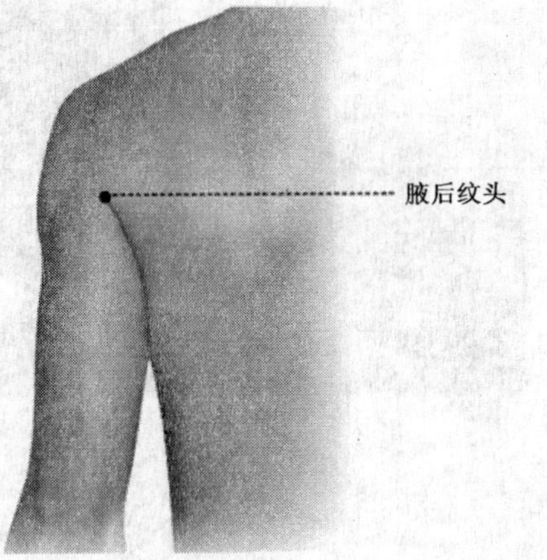

图9

2.2.10

锁骨中点　midpoint of the clavicle

锁骨胸骨端与锁骨肩峰端连线的中点。图10所示。

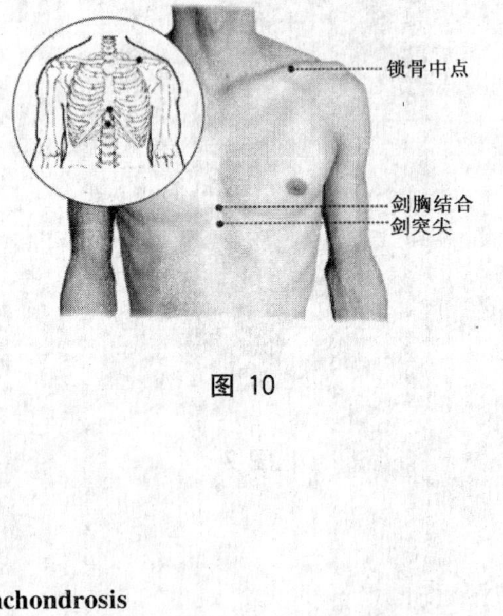

图10

2.2.11

乳头点　thelion

乳头的中心。图7所示。

2.2.12

剑胸结合　xiphisternal synchondrosis

剑突基部与胸骨体下缘的连接处,在体表可摸到一横行的骨嵴。图10所示。

2.2.13

剑突尖　tip of the xiphoid process

剑突下部最尖点。图10所示。

2.2.14

脐点　omphalion

脐的中心点。图11所示。

2.2.15

耻骨联合点　symphysion

耻骨联合上缘与前正中线的交点。图11所示。

2.2.16

髂前上棘点　iliospinale anterius

髂前上棘向前下方最突出的点。图 11 所示。

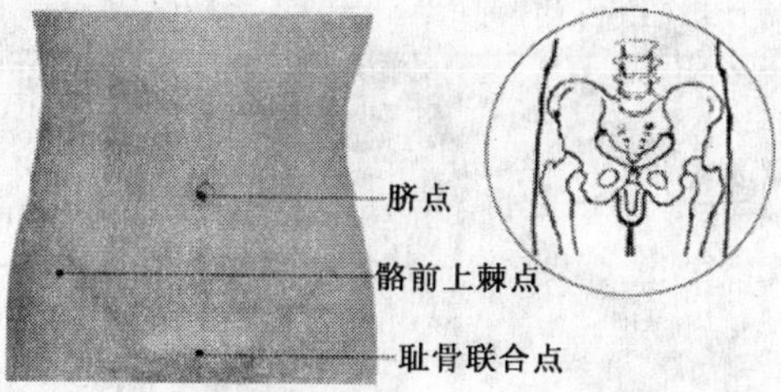

图 11

2.2.17

大转子点　trochanterion

股骨大转子的最高点。图 12 所示。

注：又称大转子高点。

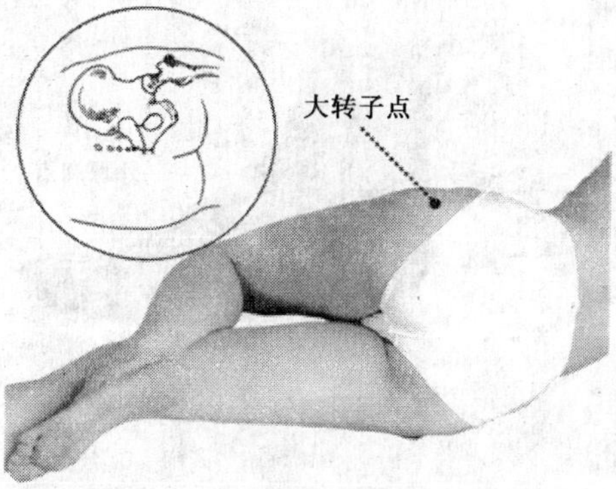

图 12

2.2.18

髌底　base of the patella

腿伸直，髌骨的上缘。图 13 所示。

2.2.19

髌尖　apex of the patella

腿伸直，髌骨的下缘尖端。图 13 所示。

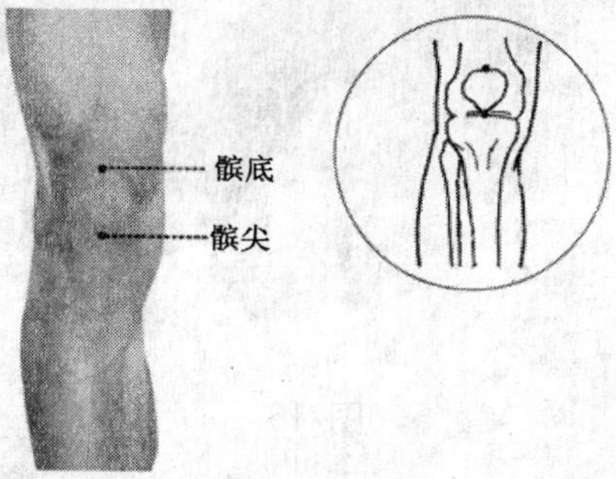

图 13

2.2.20

内踝高点　prominence of the medial malleolus

内踝最凸起处。图 14 所示。

2.2.21

足后跟点　pternion

足后跟部向后最突出的点。图 14 所示。

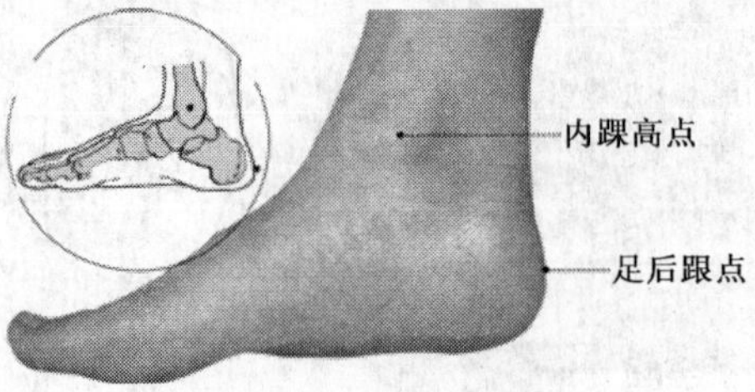

图 14

2.2.22

外踝高点　prominence of the lateral malleolus

外踝最凸起处。图 15 所示。

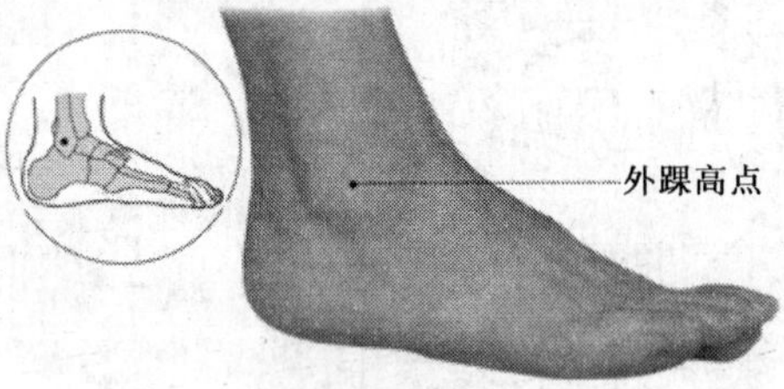

图 15

2.2.23

趾尖点　acropodion

足自然伸直时,距足后跟点最远的足趾端点。图 16 所示。

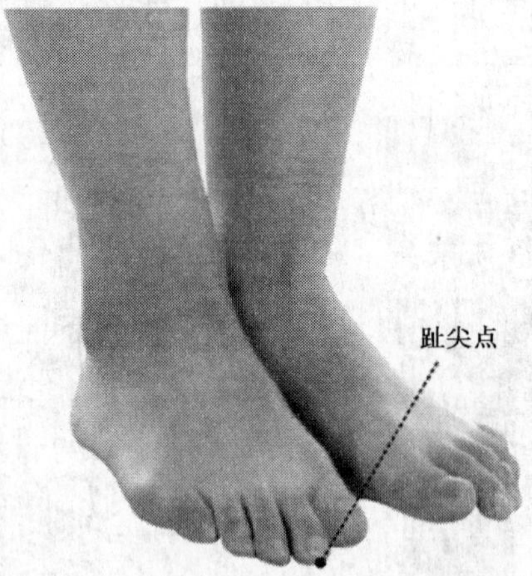

图 16

2.3　基准穴点

基准穴点的定义见附录 B 中的 B.1.1,确定基准穴点的原则见附录 B 中的 B.1.3。

2.3.1

神庭　Shéntíng(GV24)

在头部,前发际正中直上 0.5 寸。图 17 所示。

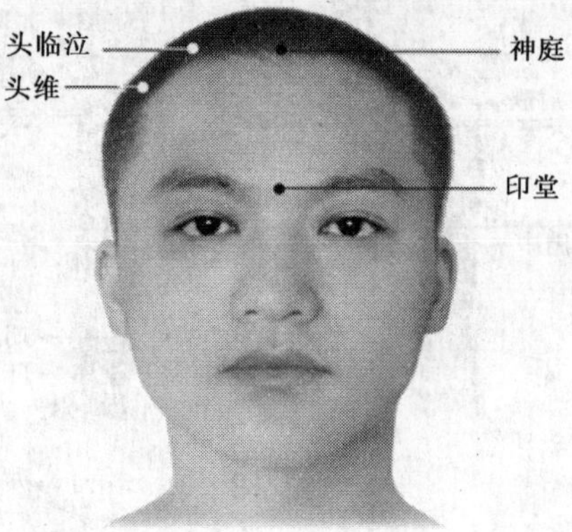

图 17

2.3.2

头临泣　Tóulínqì(GB15)

在头部,两目平视,瞳孔直上,前发际上 0.5 寸。图 17 所示。

2.3.3

头维　Tóuwéi(ST8)

在头部,额角发际直上 0.5 寸。图 17 所示。

2.3.4

印堂　Yìntáng(GV29)

在头部,两眉内侧端中间的凹陷中。图 17 所示。

2.3.5

脑户　Nǎohù(GV17)

在头部,枕外隆凸上缘的凹陷中。图 18 所示。

注:后正中线与枕外隆凸的上缘交点处的凹陷中。

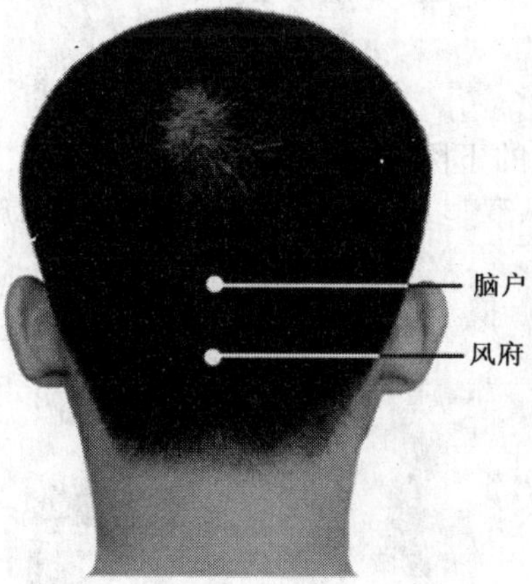

图 18

2.3.6

风府　Fēngfǔ(GV16)

在颈后区,枕外隆凸直下,颅骨下缘,两侧斜方肌之间凹陷中。图 18 所示。

2.3.7

肩髃　Jiānyú(LI15)

在三角肌区,肩峰外侧缘前端与肱骨大结节两骨间凹陷中。图 19 所示。

注:屈臂外展,肩峰外侧缘前后端呈现两个凹陷,前一较深凹陷即本穴,后一凹陷为肩髎。

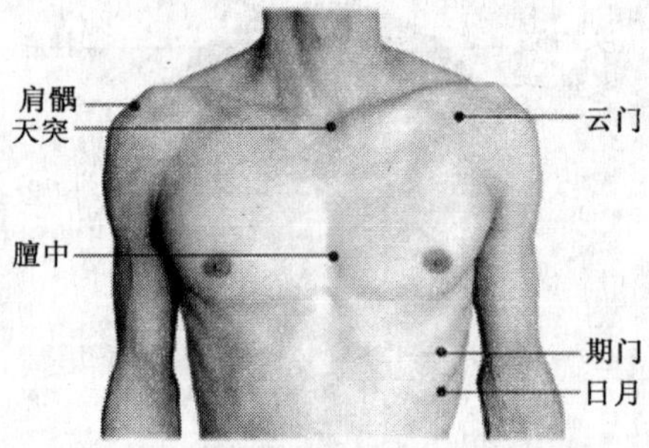

图 19

2.3.8

云门 **Yúnmén**(LU2)

在胸部,锁骨下窝凹陷处,肩胛骨喙突内缘。图 19 所示。

2.3.9

天突 **Tiāntū**(CV22)

在颈前区,胸骨上窝中央,前正中线上。图 19 所示。

注:在两侧锁骨中间凹陷中。

2.3.10

膻中 **Dànzhōng**(CV17)

在胸部,横平第 4 肋间隙中点,前正中线上。图 19 所示。

2.3.11

期门 **Qīmén**(LR14)

在胸部,第 6 肋间隙,乳头直下。图 19 所示。

2.3.12

日月 **Rìyuè**(GB24)

在胸部,第 7 肋间隙中,乳头直下。图 19 所示。

2.3.13

章门 **Zhāngmén**(LR13)

在腹外侧区,当第 11 肋游离端的下际。图 20 所示。

注:侧卧举臂,屈上足伸下足,先确认第 12 肋游离端,再沿着肋弓缘向前触摸到的浮肋即第 11 肋骨游离端,在其下际取穴。

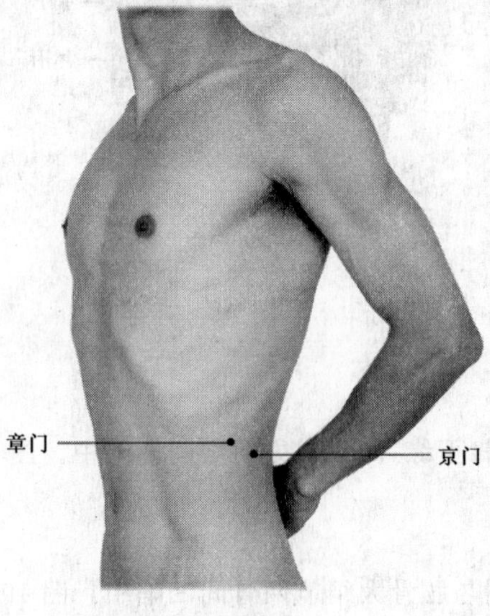

图 20

2.3.14

京门 Jīngmén(GB25)

在上腹部,第12肋骨游离端的下际。图20所示。

注:侧卧举臂,从腋后线的肋弓软骨缘下方向后触及第12肋骨游离端,在下方取穴。

2.3.15

冲门 Chōngmén(SP12)

在腹股沟区,腹股沟斜纹中,髂外动脉搏动处(仰卧位取穴)的外侧。图21所示。

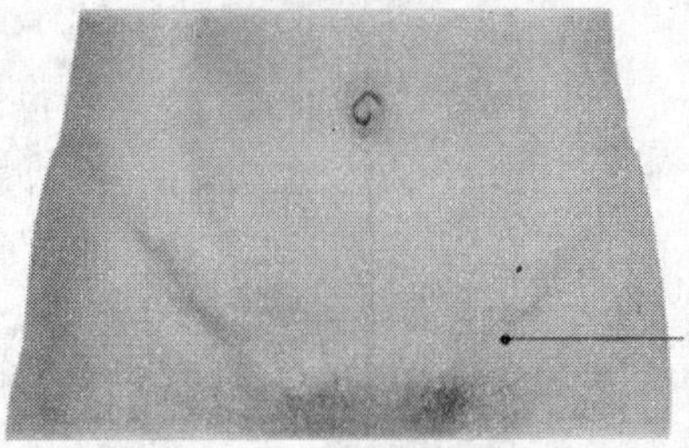

图 21

2.3.16

髀关 Bìguān(ST31)

在股前区,股直肌近端、缝匠肌与阔筋膜张肌3条肌肉之间凹陷中。图22所示。

注:跷足,稍屈膝,大腿稍外展外旋,绷紧肌肉,在股直肌近端显现出2条相交叉的肌肉(斜向内侧为缝匠肌,外侧为阔筋膜张肌),3条肌肉间围成一个三角形凹陷,其三角形顶角下凹陷中即为本穴。

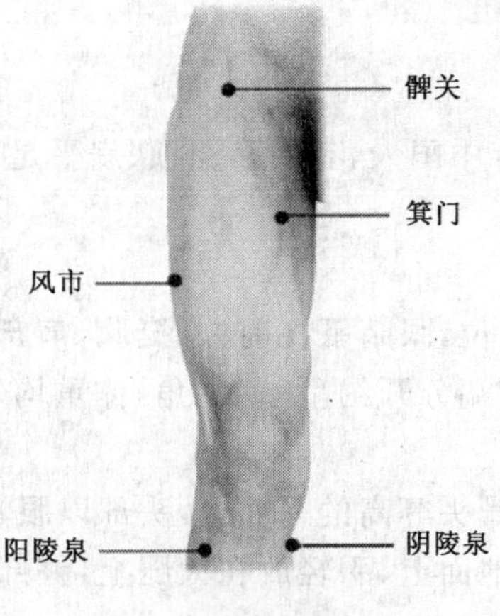

图 22

2.3.17

箕门 Jīmén(SP11)

在股前区,长收肌和缝匠肌交角的动脉搏动处。图22所示。

注:平卧或半卧,屈髋,屈膝,下肢外展,抗阻力内收时,在大腿内侧约上1/4区段显现一明显的三角形凹陷,其尖角处即是本穴。

2.3.18

风市 Fēngshì(GB31)

在股部,直立垂手,掌心贴于大腿时,中指尖所指凹陷中,髂胫束后缘。图22所示。

注:稍屈膝,大腿稍内收提起,可显露髂胫束。

2.3.19

阴陵泉 Yīnlíngquán(SP9)

在小腿内侧,胫骨内侧髁下缘与胫骨内侧缘之间的凹陷中。图22所示。

注：用拇指沿胫骨内缘由下往上推，至拇指抵膝关节下时，胫骨向内上弯曲的凹陷中即是本穴。

2.3.20

阳陵泉　Yánglíngquán(GB34)

在小腿外侧，腓骨头前下缘凹陷处。图 22 所示。

2.3.21

涌泉　Yǒngquán(KI1)

在足底，屈足卷趾时足心最凹陷处。图 23 所示。

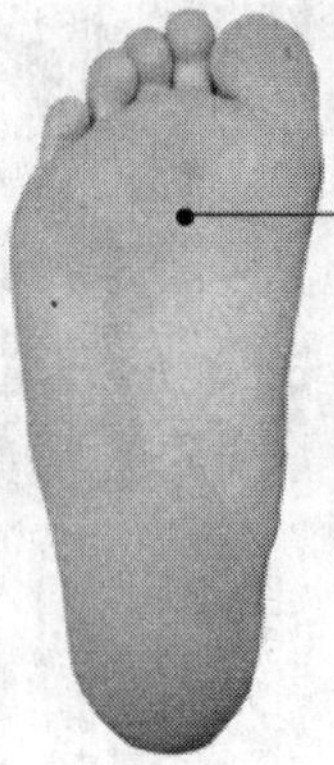

图 23

3　测量条件及确定测量项目的原则

3.1　测量条件

3.1.1　人群

年龄在 18 岁～60 岁的正常成年中国人，有明显谢顶、扁平足、残疾、畸形者除外。

3.1.2　测量基本姿势

3.1.2.1　立姿

被测者直立，头部以眼耳平面定位，眼睛平视前方，挺胸，肩部放松，上肢自然下垂，手伸直，掌心向前，自然伸直膝部，两足后跟并拢，前端分开约呈 45°夹角，体重均匀分布于两足。

3.1.2.2　坐姿

被测者挺胸坐在被调节到与腓骨头等高的平面上，头部以眼耳平面定位，眼睛平视前方，左、右大腿大致平行，屈膝约成直角，足平放在地面上，手轻放在大腿上，臀部、背部应同时抵靠在同一铅垂面上。

3.1.2.3　仰卧位

被测者仰卧，双臂平放在身体两侧，双腿自然伸直，又称平卧位。

3.1.3　被测者的衣着

测量时，被测者应裸体或尽可能少着装，且免冠赤脚。

3.1.4　支撑面

站立面(地面)、平台或坐面应平坦、水平且不变形。

3.1.5　测量工具

被推荐的标准测量工具是人体测高仪、游标卡尺、软卷尺、瞳距尺和直角钢尺。

3.1.5.1　人体测高仪

用来测量身体各点与标准参照面(如肘环线、膝环线)之间直线距离的专用工具。

3.1.5.2　圆杆直角规

由人体测高仪的第一、二节与二支直尺组成，用来测量身体各部位之间的宽度及参照点之间距离的工具。

3.1.5.3 游标卡尺

用来测量人体各部位参照点之间较短距离的工具。

3.1.5.4 软卷尺

用来测量身体围长或弧长(沿人体表面自然曲度的弧线长度)的工具。

3.1.5.5 瞳距尺

用来测量两瞳孔间距的专用工具。

3.1.5.6 直角钢尺

用来测量足部各参照点之间距离的工具。

测量足部项目时,应在足跟下垫一硬质平板。

3.1.6 测量值读数精度

测量值读数精度为 1 mm。

3.1.7 其他条件

无论何种测量姿势,身体应保持两侧对称。

应在被测者正常呼吸状态下进行胸部和其他受呼吸影响明显的部位的测量。

对于可以在身体左右两侧都能进行的测量项目,为测量方便,本标准均规定在右侧测量。

3.2 确定测量项目的原则

确定测量项目的原则见附录 B 第 B.2 章。

4 测量项目及方法

4.1 手指同身寸测量项目及方法

4.1.1 拇指同身寸

被测者取坐姿,手立放在一平面上,测量者站立在被测者的正前方,用游标卡尺测量拇指的指间关节的宽度。如图 C.1 所示。

4.1.2 中指同身寸

被测者取坐姿,测量者站立在被测者的正前方,用游标卡尺测量中指中节桡侧两端纹头(拇指、中指屈曲成环形)之间的距离。如图 C.2 所示。

4.1.3 横指同身寸

被测者取坐姿,手四指并拢,以中指中节近侧横纹为准,测量者站立在被测者的正前方,用游标卡尺测量其四指的宽度。如图 C.3 所示。

4.2 全身骨度测量项目及方法

4.2.1 头颈部测量项目及方法(如图 C.4 和图 C.5 所示)

4.2.1.1 头维间弧

被测者取坐姿,测量者站立在被测者的正前方,用软卷尺测量两侧头维之间的最短弧长。

4.2.1.2 印堂与前发际间弧

被测者取坐姿,测量者站立在被测者的右侧,用软卷尺在正中矢状面上测量印堂与前发际正中之间的弧长。

4.2.1.3 前发际与脑户间弧

被测者取坐姿,测量者站立在被测者的右侧,用软卷尺在正中矢状面上测量前发际正中与脑户之间的弧长。

4.2.1.4 脑户与风府间弧

被测者取坐姿,测量者站立在被测者的右侧,用软卷尺在正中矢状面上测量脑户与风府之间的弧长。

4.2.1.5 风府与后发际间弧

被测者取坐姿,测量者站立在被测者的右侧,用软卷尺在正中矢状面上测量风府与后发际正中之间的弧长。被测者头部应保持直立位。

4.2.1.6 后发际正中与颈椎点间弧

被测者取坐姿,测量者站立在被测者的右侧,用软卷尺在正中矢状面上测量后发际正中与颈椎点之间的弧长。被测者头部应保持直立位。

4.2.1.7 完骨间弧

被测者取坐姿,测量者站立在被测者的正后方,用软卷尺测量左、右两颞骨乳突间(完骨点)最短弧长。

4.2.1.8 瞳孔间距

被测者取坐姿,测量者站立在被测者的正前方,右手持瞳距尺测量左、右瞳孔点之间的直线距离。

4.2.2 胸腹部测量项目及方法(如图 C.4 所示)

4.2.2.1 两侧锁骨中点间距

被测者取立姿,测量者站立在被测者的正前方,用圆杆直角规测量两侧锁骨中点之间的直线距离。

4.2.2.2 两云门间距

被测者取立姿,测量者站立在被测者的正前方,用圆杆直角规测量正常呼吸时两侧云门之间的直线距离。

4.2.2.3 两乳头间距(男性)

被测者取立姿,测量者站立在被测者的正前方,用圆杆直角规测量正常呼吸时两侧乳头点之间的直线距离。

4.2.2.4 天突与膻中间距

被测者取立姿,测量者站立在被测者的正前方,用圆杆直角规测量天突至膻中的直线距离。

4.2.2.5 天突与剑胸结合处间距

被测者取立姿,测量者站立在被测者的正前方,用圆杆直角规测量天突至剑胸结合处的直线距离。

4.2.2.6 剑胸结合处与脐中间距

被测者取立姿,测量者站立在被测者的正前方,用圆杆直角规测量剑胸结合处至脐点的直线距离。

4.2.2.7 脐中与耻骨联合上缘间距

被测者取立姿,测量者站立在被测者的正前方,用圆杆直角规测量脐点至耻骨联合点的直线距离。

4.2.3 背部测量项目及方法(如图 C.5 所示)

4.2.3.1 肩胛骨内侧线与后正中线间距

被测者取立姿,测量者站立在被测者的正后方,用圆杆直角规测量肩胛骨内侧线至后正中线之间的直线距离。

4.2.4 上肢测量项目及方法

4.2.4.1 腋前纹头与肘环线间距

被测者取立姿,测量者站立在被测者的右侧,用人体测高仪测量腋前纹头至肘环线之间的垂直距离。

4.2.4.2 肩髃穴与肘环线间距

被测者取立姿,测量者站立在被测者的右侧,用人体测高仪测量肩髃至肘环线之间的垂直距离。

4.2.4.3 腋后纹头与肘环线间距

被测者取立姿,测量者站立在被测者的右后侧,用人体测高仪测量腋后纹头至肘环线之间的垂直距离。

4.2.4.4 肘环线与腕横纹间距

被测者取立姿,测量者站立在被测者的右后侧,用人体测高仪测量肘环线至腕横纹之间的垂直距离。

4.2.4.5　**腕横纹与中指尖间距**

被测者取立姿，测量者站立在被测者的右后侧，用人体测高仪测量腕横纹至中指尖之间的垂直距离。

4.2.5　**下肢测量项目及方法**（如图 C.4 和图 C.5 所示）

4.2.5.1　**髂前上棘与膝环线间距**

被测者取立姿，测量者站立在被测者的右侧，用人体测高仪测量髂前上棘点至膝环线的垂直距离。

4.2.5.2　**大转子点与膝环线间距**

被测者取立姿，测量者站立在被测者的右侧，用人体测高仪测量大转子点至膝环线的垂直距离。

4.2.5.3　**耻骨上缘与膝环线间距**

被测者取立姿，测量者站立在被测者的正前方，用人体测高仪测量耻骨联合点至膝环线的垂直距离。

4.2.5.4　**髌骨底与髌骨尖间距**

被测者取立姿，测量者站立在被测者的正前方，用人体测高仪测量髌底至髌尖的垂直距离。

4.2.5.5　**膝环线与阴陵泉间距**

被测者取立姿，测量者站立在被测者的正前方，用人体测高仪测量膝环线至阴陵泉的垂直距离。

4.2.5.6　**阴陵泉与内踝高点间距**

被测者取立姿，测量者站立在被测者的正前方，用人体测高仪测量阴陵泉至内踝高点的垂直距离。

4.2.5.7　**膝环线与阳陵泉间距**

被测者取立姿，测量者站立在被测者的右侧，用人体测高仪测量膝环线至阳陵泉的垂直距离。

4.2.5.8　**阳陵泉与外踝高点间距**

被测者取立姿，测量者站立在被测者的右侧，用人体测高仪测量阳陵泉至外踝高点的垂直距离。

4.2.5.9　**足长**

被测者取仰卧位，测量者站立在被测者的下方，用直角钢尺测量趾尖点至足后跟点的最大距离。测量时应注意直角钢尺与足的纵轴平行。

4.2.5.10　**2、3 趾缝纹头端与足跟间距**

被测者取仰卧位，测量者站立在被测者的下方，用直角钢尺测量 2、3 趾趾缝纹头端至足跟的距离。

4.2.5.11　**臀横纹与膝环线间距**

被测者取立姿，测量者站立在被测者的正后方，用人体测高仪测量臀横纹至膝环线的垂直距离。

4.3　**定位有分歧的腧穴测量项目及方法**（如图 C.6 和图 C.7 所示）

4.3.1　**期门与脐中水平线间距**

被测者取立姿，测量者站立在被测者的正前方，用圆杆直角规测量期门至脐中水平线的直线距离。

4.3.2　**日月与脐中水平线间距**

被测者取立姿，测量者站立在被测者的正前方，用圆杆直角规测量日月至脐中水平线的直线距离。

4.3.3　**章门与脐中水平线间距**

被测者取立姿，测量者站立在被测者的右前方，用圆杆直角规测量章门至脐中水平线的直线距离。

4.3.4　**章门与腋中线间距**

被测者取立姿，测量者站立在被测者的右侧，用圆杆直脚规测量章门至腋中线的水平距离。

4.3.5　**京门与脐中水平线间距**

被测者取立姿，测量者站立在被测者的右前方，用圆杆直角规测量京门至脐中水平线的直线距离。

4.3.6　**冲门与脐中水平线间距**

被测者取立姿，测量者站立在被测者的正前方，用圆杆直角规测量冲门至脐中水平线的直线距离。

4.3.7　**冲门与任脉间距**

被测者取立姿，测量者站立在被测者的正前方，用圆杆直角规测量冲门至任脉的直线距离。

4.3.8 髀关与膝环线间距

被测者取立姿,测量者站立在被测者的右侧,用人体测高仪测量髀关至膝环线的垂直距离。

4.3.9 箕门与膝环线间距

被测者取立姿,测量者站立在被测者的正前方,用人体测高仪测量箕门至膝环线的垂直距离。

4.3.10 涌泉与足后跟点间距

被测者取仰卧位,测量者站立在被测者的下方,用直角钢尺测量涌泉穴至足跟的距离。

4.3.11 风市与膝环线间距

被测者取立姿,测量者站立在被测者的右侧,用人体测高仪测量风市穴至膝环线的垂直距离。

附　录　A
（资料性附录）
骨度折量寸

骨度折量寸，是指以体表骨节为主要标志折量全身各部的长度和宽度，定出分寸，用于腧穴定位。即以《灵枢·骨度》规定的人体各部的分寸为基础，并结合历代学者创用的折量分寸（将设定的两骨节点之间的长度折量为一定的等份，每1等份为1寸，10等份为1尺），作为定穴的依据。全身主要“骨度”折量寸见表A.1。

表A.1　骨度折量寸表

部位	起止点	折量寸	度量法	说明
头面部	前发际正中→后发际正中	12	直寸	用于确定头部腧穴的纵向距离。
	眉间（印堂）→前发际正中	3	直寸	用于确定前或后发际及其头部腧穴的纵向距离。
	两额角发际（头维）之间	9	横寸	用于确定头前部腧穴的横向距离。
	耳后两乳突（完骨）之间	9	横寸	用于确定头后部腧穴的横向距离。
胸腹胁部	胸骨上窝（天突）→剑胸结合中点（歧骨）	9	直寸	用于确定胸部任脉穴的纵向距离。
	剑胸结合中点（歧骨）→脐中	8	直寸	用于确定上腹部腧穴的纵向距离。
	脐中→耻骨联合上缘（曲骨）	5	直寸	用于确定下腹部腧穴的纵向距离。
	两肩胛骨喙突内侧缘之间	12	横寸	用于确定胸部腧穴的横向距离。
	两乳头之间	8	横寸	用于确定胸腹部腧穴的横向距离。
背腰部	肩胛骨内侧缘→后正中线	3	横寸	用于确定背腰部腧穴的横向距离。
上肢部	腋前、后纹头→肘横纹（平尺骨鹰嘴）	9	直寸	用于确定上臂部腧穴的纵向距离。
	肘横纹（平尺骨鹰嘴）→腕掌（背）侧远端横纹	12	直寸	用于确定前臂部腧穴的纵向距离。
下肢部	耻骨联合上缘→髌底	18	直寸	用于确定大腿部腧穴的纵向距离。
	髌底→髌尖	2	直寸	
	髌尖（膝中）→内踝尖15寸（胫骨内侧髁下方阴陵泉→内踝尖为13寸）	15	直寸	用于确定小腿内侧部腧穴的纵向距离。
	股骨大转子→腘横纹（平髌尖）	19	直寸	用于确定大腿部前外侧部腧穴的纵向距离。
	臀沟→腘横纹	14	直寸	用于确定大腿后部腧穴的纵向距离。
	腘横纹（平髌尖）→外踝尖	16	直寸	用于确定小腿外侧部腧穴的纵向距离。
	内踝尖→足底	3	直寸	用于确定足内侧部腧穴的纵向距离。

附 录 B
（规范性附录）
确定测量点、测量项目的原则

B.1 确定测量点的原则

B.1.1 测量点的分类

本标准中的测量点分两种，一种是体表标志点，是与腧穴定位密切相关的体表解剖标志；另一种是基准穴点（某些腧穴的定位与骨度的起止点相合，或作为本标准中测量项目的起止点，则这部分腧穴在本标准中被定义为基准穴点）。

B.1.2 确定体表标志点的基本原则

确定体表标志点应遵循以下基本原则：

——应当考虑性别、体型、年龄、体位和姿势等因素：如乳头（在女性，尤其中老年肥胖者体表位置差异较大）、喉结（在女性及儿童体表难以触及）等；

——若体表活动标志和骨性标志之间有明确的对应关系，应说明之。如肘环线、腕横纹等；

——传统体表标准术语，如果有完全对应的解剖学术语，则直接采用，不必再进行定义。

B.1.3 确定基准穴点的基本原则

基准穴点的定位采用 GB/T 12346—2006 中的定位方法，但如果为测定该穴的骨度折量寸而设有测量项目时，则不完全采用 GB/T 12346—2006，而使用体表解剖标志定位法，如云门穴在 GB/T 12346—2006 中的定位为：在胸部，锁骨下窝凹陷中，肩胛骨喙突内缘，前正中线旁开 6 寸。在本标准中的定位为：在胸部，锁骨下窝凹陷中，肩胛骨喙突内缘。

B.2 确定测量项目的原则

确定测量项目应遵循以下原则：

——广泛使用的骨度尺寸；

——与腧穴定位密切相关的体表解剖标志之间的比例关系；

——制定国家标准和国际标准腧穴定位中存在定位分歧的腧穴。

附　录　C
（规范性附录）
腧穴定位人体测量项目示意图

C.1　手指同身寸测量项目示意图

手指同身寸测量项目示意图见图 C.1、图 C.2 和图 C.3。

图 C.1　拇指同身寸

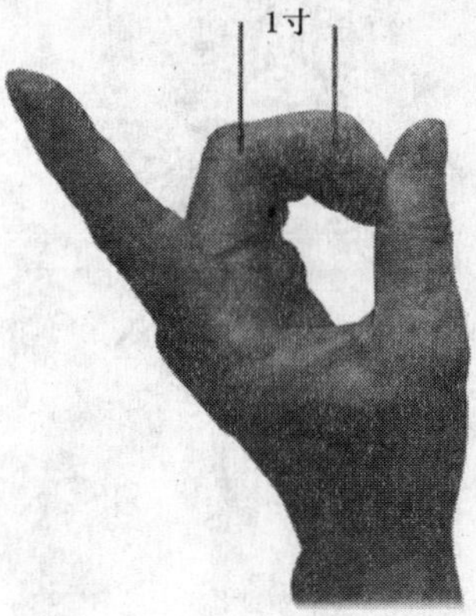

图 C.2　中指同身寸

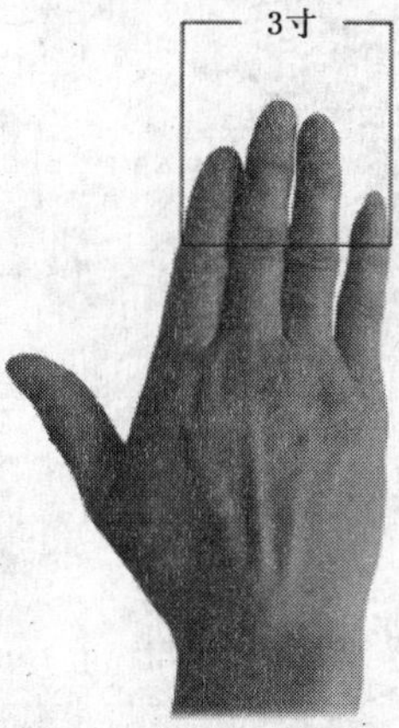

图 C.3　横指同身寸

C.2　全身骨度测量项目示意图(正面、背面及侧面)

全身骨度测量项目示意图见图 C.4 和图 C.5。

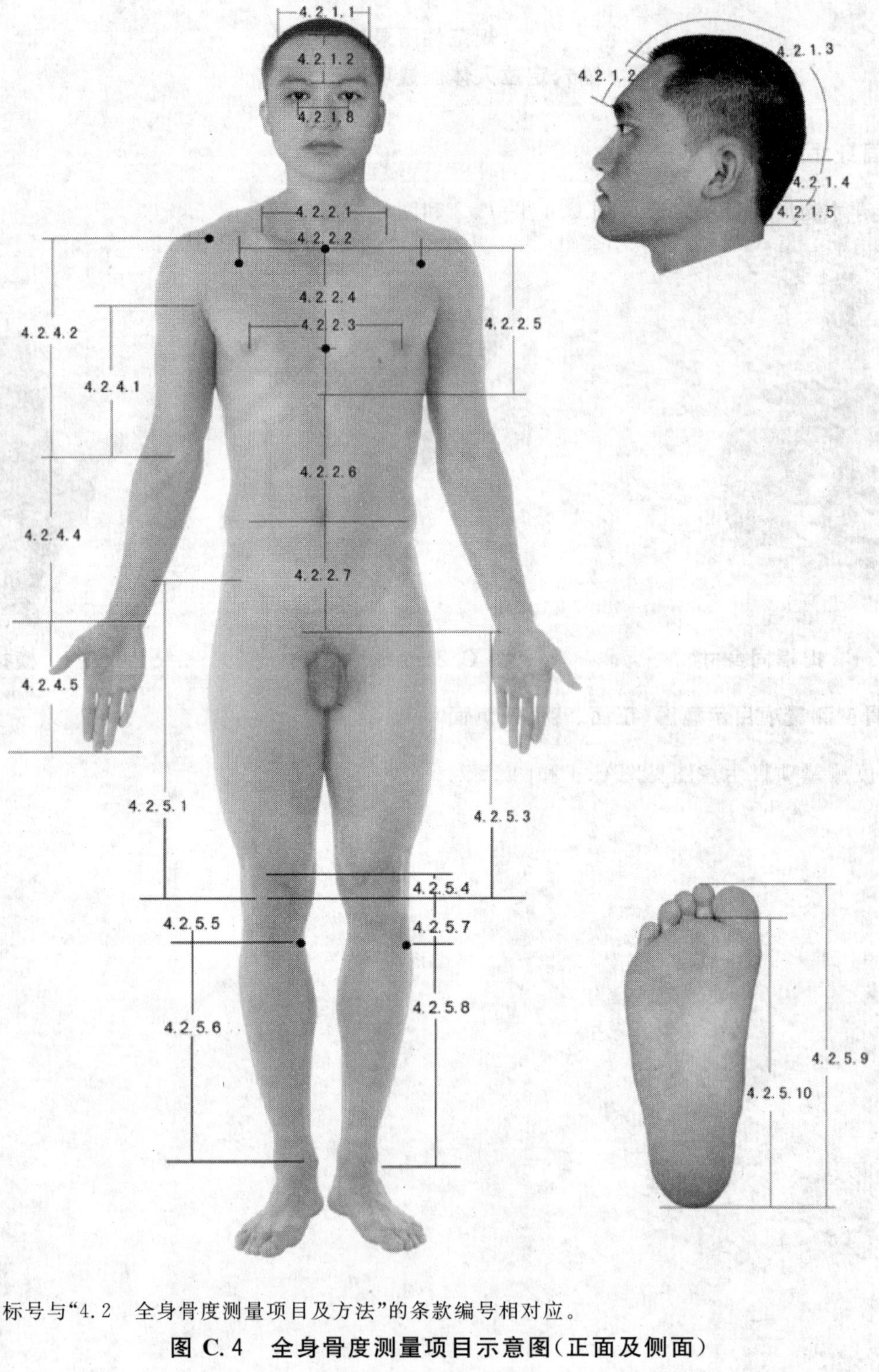

注：图中标号与“4.2　全身骨度测量项目及方法”的条款编号相对应。

图 C.4　全身骨度测量项目示意图(正面及侧面)

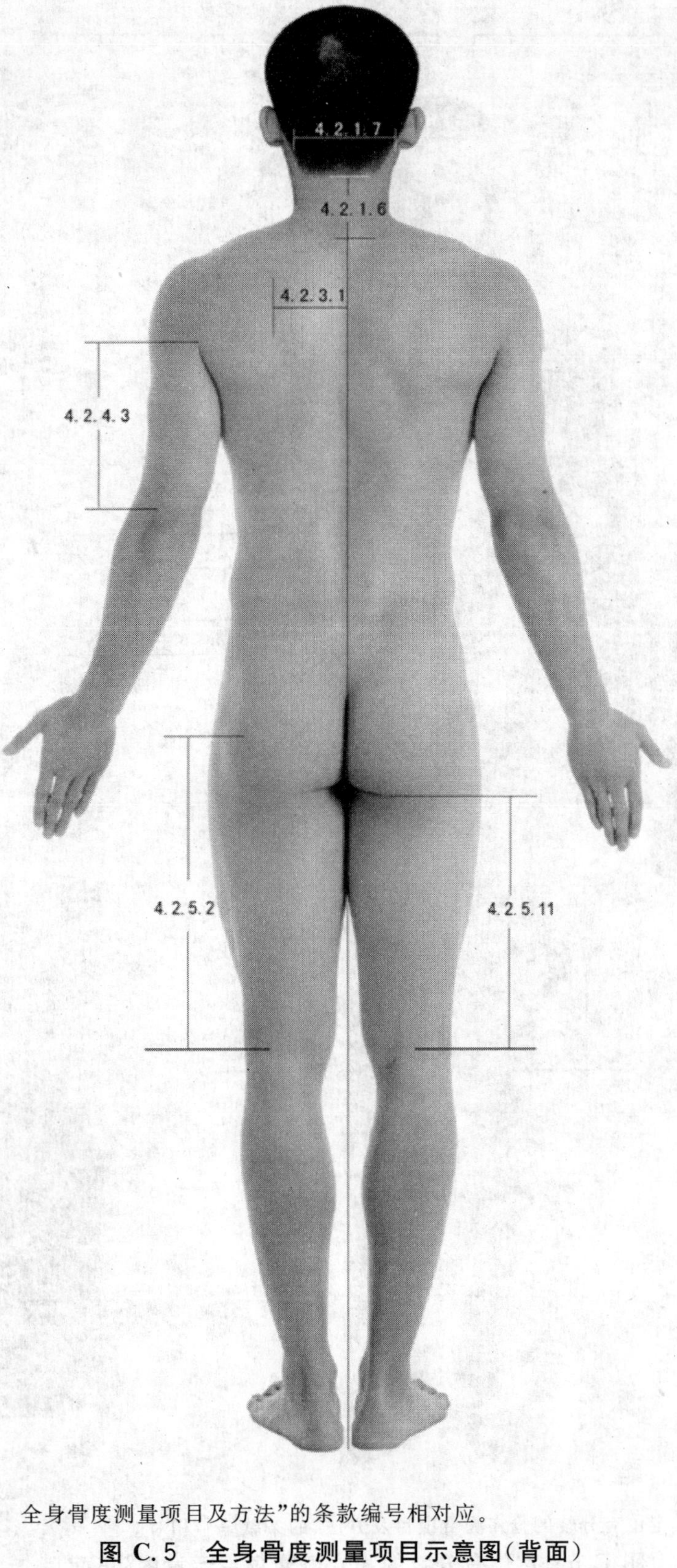

注：图中标号与“4.2　全身骨度测量项目及方法”的条款编号相对应。

图 C.5　全身骨度测量项目示意图(背面)

C.3 定位有分歧的腧穴测量项目示意图

定位有分歧的腧穴测量项目示意图见图 C.6 和图 C.7。

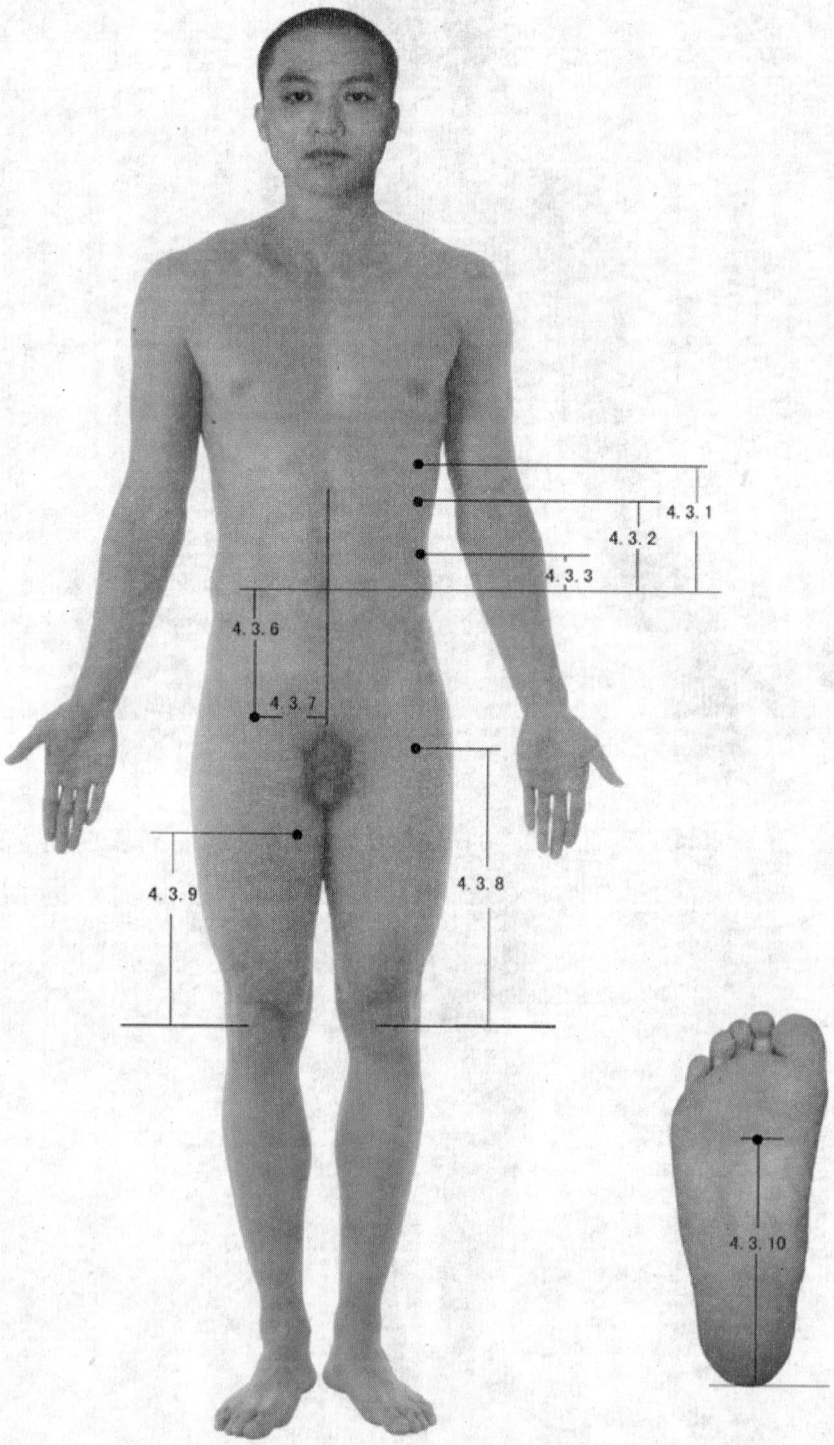

注：图中标号与“4.3 定位有分歧的腧穴测量项目及方法”的条款编号相对应。

图 C.6 定位有分歧的腧穴测量项目示意图(正面)

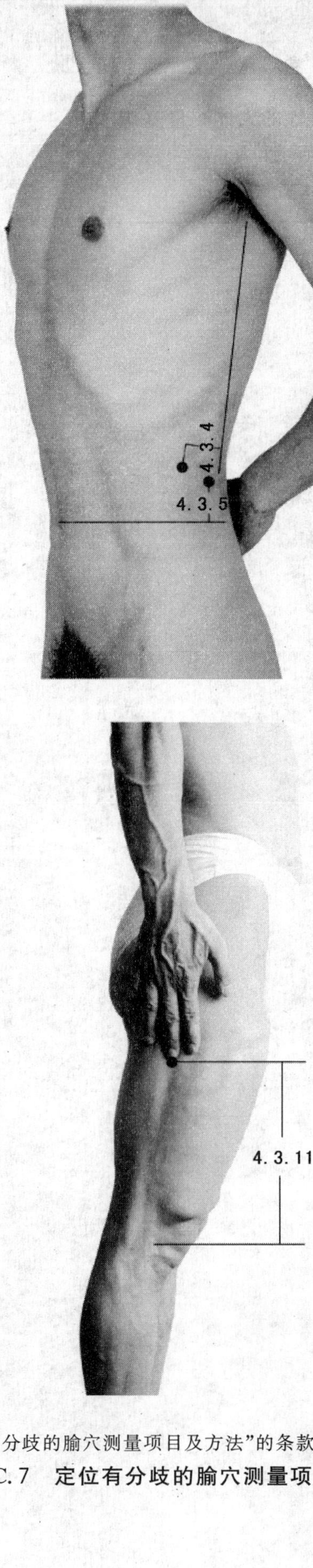

注：图中标号与“4.3　定位有分歧的腧穴测量项目及方法”的条款编号相对应。

图 C.7　定位有分歧的腧穴测量项目示意图(侧面)

参 考 文 献

［1］ GB/T 5703—1999 用于技术设计的人体测量基础项目
［2］ GB/T 12346—2006 腧穴名称与定位

ICS 65.020.30
B 43

中华人民共和国国家标准

GB 23238—2009

种猪常温精液

Boar fresh semen

2009-03-09 发布　　2009-05-01 实施

中华人民共和国国家质量监督检验检疫总局
中国国家标准化管理委员会　发布

前　言

本标准第4章、第8章是强制性的，其余为推荐性的。

本标准的附录A、附录B为规范性附录。

本标准由中华人民共和国农业部提出。

本标准由全国畜牧业标准化技术委员会归口。

本标准起草单位：全国畜牧总站、北京市畜牧兽医总站、农业部种猪质量监督检验测试中心（广州）、深圳市康达尔养猪有限公司、北京养猪育种中心、惠州华美（畜牧）科技有限公司。

本标准主要起草人：刘长春、薛明、云鹏、肖炜、刘小红、林雪、马振强、张海栓、孙德林。

种猪常温精液

1 范围

本标准规定了种猪常温精液的要求、抽样、试验方法、判定规则以及标志、包装、贮存和运输。

本标准适用于种猪常温精液产品。

2 规范性引用文件

下列文件中的条款通过本标准的引用而成为本标准的条款。凡是注日期的引用文件，其随后所有的修改单(不包括勘误的内容)或修订版均不适用于本标准，然而，鼓励根据本标准达成协议的各方研究是否可使用这些文件的最新版本。凡是不注日期的引用文件，其最新版本适用于本标准。

GB/T 2828.1 计数抽样检验程序 第1部分：按接收质量限(AQL)检索的逐批检验抽样计划(GB/T 2828.1—2003，ISO 2859-1：1999，IDT)

GB/T 2828.2 计数抽样检验程序 第2部分：按极限质量(LQ)检索的孤立批检验抽样方案(GB/T 2828.2—2008，ISO 2859-2：1985，NEQ)

GB/T 2828.11 计数抽样检验程序 第11部分：小总体声称质量水平的评定程序

3 术语和定义

下列术语和定义适用于本标准。

3.1

原精液 ejaculated semen

采集后未经稀释处理的精液。

3.2

常温精液 fresh semen

经稀释处理后在16 ℃～18 ℃环境中保存仍具有受精能力的种猪精液。

3.3

精子活力 sperm motility

在37 ℃环境下直线前进运动精子数占总精子数的百分率。

3.4

直线前进运动精子数 progressive motility

精液中呈直线前进运动精子的总数。

3.5

精子畸形率 abnormal sperm percentage

畸形精子数占总精子数的百分率。

4 要求

4.1 原精液

4.1.1 来源

来源于具有种用价值，体型外貌和生产性能符合种用要求，三代系谱资料齐全，体质健康的种猪。

4.1.2 外观

乳白色，无脓性分泌物，无皮毛等异物。

4.1.3 采精量

≥100 mL。

4.1.4 精子密度

≥1 亿/mL。

4.1.5 精子活力

≥70%。

4.1.6 精子畸形率

≤20%。

4.2 常温精液产品

4.2.1 外观

乳白色，无杂质，包装封口严密。

4.2.2 剂量

地方品种 40 mL～50 mL，其他 80 mL～100 mL。

4.2.3 精子活力

≥60%。

4.2.4 每剂量中直线前进运动精子数

地方品种≥10 亿，其他≥25 亿。

4.2.5 精子畸形率

≤20%。

4.2.6 有效期

≥72 h。

5 抽样

5.1 方案

5.1.1 生产方抽样

按照 GB/T 2828.2，采用极限质量(LQ)＝8，孤立批模式 A 抽样，见附录 A。

5.1.2 监督抽样

按照 GB/T 2828.11，监督总体为生产单位的种猪常温精液产品，采用监督质量水平(D_0)＝10，选用第二检验等级进行抽样，抽样程序见附录 B。

5.1.3 复检和仲裁抽样

复检可根据原抽样方案确定；仲裁抽样按 5.1.2 规定的方案，并按 7.3.2 评定。

5.2 抽样方法

5.2.1 确定样品数

按种猪号(或批次号)顺序排列，由抽样人员现场按样本头数随机确定种猪常温精液样品数。

5.2.2 取样量

对确定取样的种猪(或批次)，从其精液贮藏容器中随机抽取两个剂量种猪常温精液。

5.3 样品贮存、运输

样品贮存、运输应符合 8.3、8.4 的规定。

5.4 样品检验时间

样品检验应在有效期内完成。

6 试验方法

6.1 常温精液

外观用目测法，其结果应符合 4.2.1 的规定，剂量、精子活力、直线前进运动精子数、精子畸形率的检验按附录A规定的方法,其结果应分别符合4.2.2～4.2.5的规定。

6.2 检验分类

6.2.1 常规检验

是型式检验的一部分,即单项目检验,主要是在生产批入库前和销售前的检验。

6.2.2 型式检验

是评定产品质量是否符合标准的检验,即全部项目检验,在生产方抽样检验、监督抽样检验和复检、仲裁检验时所选定项的检验。

6.2.3 检验项目

检验项目和检验周期见表1。

表1 检验项目、周期

检验类型	检验项目	"要求"中章、条	"试验方法"中章、条	检验周期
常规检验	外观、精子活力	4.2.1、4.2.3	6.1	每生产批入库、出库
型式检验	外观、精子活力、剂量、直线前进运动精子数、精子畸形率	4.2.1～4.2.5	6.1	生产方为保证质量每两周为一抽检周期,在周期内抽检一次该群种猪常温精液质量水平

7 判定规则

7.1 常规检验

样品中任何一项目检验未达到本标准中要求规定的,则判为不合格。

7.2 型式检验

样品中任何一项目检验未达到本标准中要求规定的,则判为不合格。

7.3 抽样检验对群体质量水平的评定

7.3.1 生产方检验

引用GB/T 2828.1,Ac为接收数,Re为拒收数,d为不合格品数。

按照GB/T 2828.2对样本进行检验,若样本中不合格品数$d \leqslant$ Ac,则判可接收;样本中不合格品数$d \geqslant$ Re,则判不可接收。

7.3.2 监督检验

按照GB/T 2828.11,样本中$d<r$(不通过判定数),则判为可通过;$d \geqslant r$,则判为不可通过。监督检验程序见附录B。

8 标志、包装、贮存和运输

8.1 标志

标明产品名称、剂量、生产单位、生产日期、批号、品种或类型、耳号、有效期和贮存温度。

8.2 包装

采用袋装、瓶装或管装,包装用袋、瓶或管应选用对精子无毒害作用且灭菌的一次性塑料制品。

8.3 贮存

8.3.1 置于16 ℃～18 ℃恒温箱内保存。

8.3.2 每天摇动2次～4次。

8.4 运输

8.4.1 置于16 ℃～18 ℃的运输箱内运输。

8.4.2 运输过程中避免强烈震动和碰撞。

附录 A
（规范性附录）
种猪常温精液质量检验方法

A.1 抽样

A.1.1 抽样

A.1.1.1 生产方抽样

按 5.1.1 确定样本数。

A.1.1.2 监督抽样

按 5.1.2 确定样本数。

A.1.1.3 抽样方法

按种猪号（或批次号）顺序排列，由抽样人员现场按样本头数随机确定各样品种猪号。

A.1.1.4 全部取样

对已采精投产的种猪取样。

A.1.2 取样方法

对确定取样的种猪，从其贮藏容器中随机抽取两个剂量的精液。

A.1.3 样品收集

抽样：从受检单位精液贮藏容器中按规定随机抽取样品。

送样：生产、使用单位将抽取的样品送至检验机构。

A.1.4 样品贮存、运输

样品贮存、运输应符合 8.3、8.4 的规定。

A.2 剂量检查

A.2.1 主要器材

量筒。

A.2.2 检查方法

取两个剂量全部倒入量筒内，准确检测其精液量。

A.2.3 计算

两个剂量平均数为样品的剂量，按式（A.1）计算。

$$Q = \frac{n_1 + n_2}{2} \qquad \text{(A.1)}$$

式中：

Q——剂量值，单位为毫升（mL）；

n_1——第一样品剂量，单位为毫升（mL）；

n_2——第二样品剂量，单位为毫升（mL）。

A.3 精子活力检查

A.3.1 主要仪器和器材

显微镜、恒温水浴锅、试管、载玻片、盖玻片、恒温装置、滴管等。

A.3.2 检查方法

取两个剂量的常温精液轻轻摇动均匀，分别用滴管取精液约 25 μL 置于载玻片上并加盖玻片，在

37 ℃条件下，用显微镜(200 倍～400 倍)观察精子活力。每样片观察 3 个视野，并观察不同液层内的精子运动状态，进行全面评定。

A.3.3 计算

三个视野活力评价值的平均数按式(A.2)计算。

$$M=\frac{n_1+n_2+n_3}{3} \quad \cdots\cdots(A.2)$$

式中：

M——活力，%；

n_1——第一视野活力，%；

n_2——第二视野活力，%；

n_3——第三视野活力，%。

A.4 每剂量中直线前进运动的精子数

A.4.1 主要器材

血球计数板、血盖片、血色素管、刻度吸管、小试管、计数器、显微镜、滴管、3.0%氯化钠溶液。

A.4.2 检查方法

用血色素管准确吸取 50 μL 样品，使用 3.0%氯化钠溶液 0.95 mL 与其混匀。将备好的血球计数板用血盖片将计数室盖好，用小吸管吸取，滴一滴于血盖片边缘，使精液自行流入计数室，均匀充满，不允许有气泡或厚度过大，然后在显微镜下观察计数。

A.4.3 计算

a) 每剂量中精子数＝5 个中方格中的精子数×5(即 25 个中方格的总精子数)×10(1 mm^3 内的精子数)×1 000(每毫升精液的精子数)×20(精液稀释倍数)×剂量值

上式可简化为：

每剂量中精子数＝5 个中方格精子数×100 万×剂量值

b) 每样品观察上下两个计数室，取平均值，如两个计数室计数结果误差超过 5%，则应重检。

c) 每剂量中直线前进运动的精子数按式(A.3)计算。

$$c=s\times m \quad \cdots\cdots(A.3)$$

式中：

c——每剂量中直线前进运动精子数，单位为个；

s——每剂量中精子数，单位为个；

m——活力，%。

A.5 精子畸形率的检查

采用姬姆萨染色检测法。

A.5.1 主要器材和材料

显微镜、载玻片、小吸管、蒸馏水、姬姆萨染料、磷酸二氢钠、磷酸氢二钠、甲醛、甲醇、甘油等，所用试剂为 AR 级。

A.5.2 试剂配制

a) 磷酸盐缓冲液

磷酸二氢钠($NaH_2PO_4 \cdot 2H_2O$)	0.55 g
磷酸氢二钠($Na_2HPO_4 \cdot 12H_2O$)	2.25 g

蒸馏水定容至 100 mL。

b) 中性福尔马林固定液

40%甲醛 HCHO(使用前经碳酸镁中和过滤)　8.0mL
磷酸二氢钠($NaH_2PO_4 \cdot 2H_2O$)　0.55 g
磷酸氢二钠($Na_2HPO_4 \cdot 12H_2O$)　2.25 g
用 0.89%氯化钠约 50.0 mL 溶解后加入 8.0 mL 中和后的甲醛,再加 0.89%氯化钠溶液定容至 100.0 mL。

c) 姬姆萨原液
姬姆萨染料　1.0 g
甘油[$C_3H_5(OH)_3$]　66.0 mL
甲醇(CH_3OH)　66.0 mL
姬姆萨染料放入研钵中加少量甘油充分研磨至无颗粒为止,然后将甘油全部倒入并放入恒温箱中保温继续溶解 4 h,再加甲醇充分溶解混匀,过滤后贮于棕色瓶中待用,贮存时间越久染色效果越好。

d) 姬姆萨染液
姬姆萨原液　2.0 mL
磷酸盐缓冲液　3.0 mL
蒸馏水　5.0 mL
现配现用。

A.5.3　制片染色、镜检、计算

允许同时使用精子活力检查的样品。

a) 抹片:取精液一滴于载玻片一端,用另一边缘光滑的载玻片与有样品的载玻片呈 35°夹角,将样品均匀地涂布于载玻片上,自然风干(约 5 min),每样品制作两个抹片。
b) 固定:在已风干的抹片上滴 1.0 mL～2.0 mL 中性福尔马林固定液,固定 15 min 后用水冲去固定液,吹干或自然风干。
c) 染色:将固定好后的抹片反扣在带有平槽的有机玻璃面上,把姬姆萨染液滴于槽和抹片之间,让其充满平槽并使抹片接触染液,染色 1.5 h 后用水冲去染液,晾干待检。
d) 镜检:将制备好的抹片在显微镜(400 倍～600 倍)下观察,每个抹片观察 200 个以上的精子(分左、右两个区),取两片的平均值,两片畸形率的差值不大于 6,可认为符合要求,若超过应重新制片检查。
e) 精子畸形率按式(A.4)计算。

$$A = \frac{A_1}{S} \times 100\% \qquad \cdots\cdots(A.4)$$

式中:
A——畸形率,%;
A_1——畸形精子数,单位为个;
S——精子总数,单位为个 。

附　录　B
（规范性附录）
种猪常温精液监督检验程序

B.1　监督总体

是生产单位的种猪常温精液产品。

B.2　不合格品的分类

按照 GB/T 2828.11 的规定，对不合格品不区分类别。

B.3　规定监督质量水平

按 7.3.2 确定监督质量水平 $D_0=10$。

B.4　规定监督检验等级

选定第二检验等级。

B.5　检索监督抽样方案

按照 GB/T 2828.11 的规定，通过监督总体量 N 和规定的监督质量水平 D_0，检索抽样方案。

B.6　抽取样本

根据种猪样本量按 5.2.1 和 5.2.2 抽取种猪常温精液样品。

B.7　检验样本

按照 4.2.1～4.2.5 的项目和 6.1 规定的检验方法及 7.3.2 规定的样品合格与否判别准则，逐一检验样本中的每一个样品，并统计被检样本中的不合格品数。

B.8　监督总体的判断

样本中不合格品数 d 不小于不通过判定数 r，即 $d \geqslant r$，则判该监督总体为不可通过；样本中不合格品数 d 小于不通过判定数 r，即 $d < r$，则判该监督总体为可通过。

B.9　监督抽样方案的通过概率与检验功效

按照 GB/T 2828.11 的规定执行。

ICS 11.220
B 41

中华人民共和国国家标准

GB/T 23239—2009

伊氏锥虫病诊断技术

Diagnostic techniques for *Trypanosomosis evansi*

2009-03-09 发布　　　　2009-05-01 实施

中华人民共和国国家质量监督检验检疫总局
中国国家标准化管理委员会　发布

前　言

本标准的制定参照了世界动物卫生组织(OIE)编写的《陆生动物诊断试验和疫苗手册(哺乳动物、禽鸟与蜜蜂)》(第五版,2004)。

本标准的附录A、附录B和附录C为资料性附录。

本标准由中华人民共和国农业部提出。

本标准由全国动物防疫标准化技术委员会归口。

本标准起草单位:中国农业科学院上海兽医研究所。

本标准主要起草人:周金林、沈杰。

伊氏锥虫病诊断技术

1 范围

本标准规定了新鲜血片、薄血涂片染色、毛细管集虫、实验动物接种等病原鉴定方法和乳胶凝集试验、间接血凝试验和酶联免疫吸附试验等血清学试验技术。

本标准适用于伊氏锥虫病的诊断、检疫、流行病学调查。

2 临床诊断

依家畜种类不同，临床症状表现不同。马(骡、驴)一般呈急性经过，感染后，体温突然升高到40 ℃以上，稽留数日，而后经短时间的间隙，再行发作，体表水肿为常见症状，结膜和第三眼睑常有出血斑。黄牛、水牛及骆驼等一般呈慢性经过，有不定期的间歇发热，食欲不振，消瘦，肿脚和耳、尾干枯症状，许多慢性感染病例无明显病变。

有以上临床症状者，可以怀疑感染，确诊需要实验室检验。

3 病原鉴定

3.1 采血样

可从耳静脉或尾静脉采取外周血，从颈静脉或其他大静脉采取深部血液，因伊氏锥虫喜欢寄生于深部血液，处于低虫血症时，外周血检出率常低于深部血的50%。

3.2 新鲜血片检查

在干净载玻片上滴上一小滴鲜血，盖上盖玻片，使血液扩散成为细胞单层，再用光学显微镜(200倍)观察活动锥虫。为防止血液在观察时干涸，也可先在载玻片滴血时加一滴生理盐水或3%柠檬酸三钠生理盐水。

3.3 薄血膜染色检查

将一小滴血放在清洁载玻片一端约20 mm处，按常用方法推成薄血膜，迅速风干，用甲醇固定2 min，干燥后，再加姬氏染色液(配法参见附录A)染色25 min，倾去染色液，自来水冲洗，干燥后用400倍～1 000倍显微镜检查。

3.4 毛细管集虫检查

3.4.1 材料准备

肝素处理过的毛细管(管内径1.5 mm，长75 mm的玻璃或无色透明的硬质塑料管，在拟进血的一端吸入3%肝素钠10 mm，用烤箱70 ℃～80 ℃烤干后备用)，显微镜一台，离心机一台，载玻片，盖玻片，12号以上注射针头(或金属针)，塑泥(橡皮泥)。

3.4.2 采集待检血样

从动物耳静脉或尾静脉穿刺获得血液。先用酒精棉擦净拟采血处皮肤，干后用针头穿刺血管，血流出时用毛细管吸入达40 mm深(即70 μL血)，封闭未沾染血的另一端(可用塑泥或火焰加热封闭)。

3.4.3 集虫

以3 000*g*离心10 min，待红细胞全部沉积于毛细管下半部，上层为黄色血浆时即可。

3.4.4 检查

在毛细管的血浆与红细胞分界线下1 mm处将管折断(切断、剪断)，将带有少量红细胞的血浆滴于载玻片上，盖上盖玻片，使血液扩散成细胞单层。在350倍～400倍放大的光学显微镜下检查活锥虫，如需进一步详细观察虫体，可再除去盖玻片，晾干血片后，用姬氏染色液染色后，在800倍～1 500倍放大的显微镜下观察确定。

3.5 动物接种

采被检动物血 0.25 mL，加入灭菌阿氏液（或 3%柠檬酸三钠生理盐水）0.25 mL，经腹腔注射入小白鼠（大白鼠则加倍量），每周 3 次从尾部采血检查活寄生虫，为提高锥虫在小鼠体内培养繁殖的敏感性，可用环磷酰胺或醋酸氢化可的松抑制小白鼠的免疫力。

4 血清学试验

4.1 乳胶凝集试验

4.1.1 材料准备

4.1.1.1 器材：乳胶凝集试验反应板，为具黑色背景的玻璃板，用漆或油性色笔将板面分成（20 mm～30 mm）×（20 mm～30 mm）的方格若干个。25 μL 移液器（或 5 μL～200 μL 可调移液器）或滴管。具凹井的有机玻璃（或玻璃）血凝反应板。

4.1.1.2 试剂：化学交联锥虫抗原的乳胶诊断液，锥虫病阳性血清和阴性血清，生理盐水。

4.1.2 分析步骤

4.1.2.1 用移液器或滴管将生理盐水对被检血清、阳性血清和阴性血清作 1∶40 稀释。

4.1.2.2 用滴管在乳胶凝集试验反应板上各方格中分别滴入已被稀释的血清一滴。

4.1.2.3 在各方格血清中分别加入同样量的乳胶诊断液，轻轻摇匀，8 min 内观察结果，室温低于 10 ℃时需延长 2 min～3 min 观察，高于 30 ℃时需提前 2 min～3 min 观察。

4.1.3 结果判定

反应液由均匀白色改变为整个液体清亮，并有细小白色凝集颗粒分散其中者为阳性，如仍为均匀白色则为阴性。如阳性血清未出现阳性反应，或阴性血清出现阳性反应属操作有误或器材准备不合格，需重做。

4.2 间接血凝试验

4.2.1 材料准备

4.2.1.1 器材：V 形（90°角）微量血凝板，10 μL、50 μL 及 100 μL 移液器，温箱。

4.2.1.2 试剂：锥虫病间接血凝诊断液，包含抗原致敏血球悬液和非致敏血球悬液；阳性血清或阳性干燥血纸；磷酸缓冲液（PBS 配法参见附录 B）。

4.2.2 分析步骤

4.2.2.1 先在血凝板写上血清或血纸编号，每份血清取 2 排各 6 个孔，上排作测定排，下排为对照排。

4.2.2.2 于左边每上排第 1 孔内加缓冲液 200 μL 和血清 50 μL（5 倍稀释），如用血纸则剪取 1.2 cm^2 血纸剪碎，加缓冲液 200 μL，其浸出液相当血清 20 倍稀释。然后从每排第 2 孔开始每孔加入缓冲液50 μL。

4.2.2.3 从第 1 孔内吸取已稀释的血清或血纸浸出液 50 μL 加入第 2 孔内，再向右按次序作倍比稀释，共稀释到 160 倍（血清）或 640 倍（血纸）。并吸取第 1 孔内液 50 μL 加入第 2 排第 2 孔内，按同样方法向右作倍比稀释。最后孔中吸取 50 μL 稀释液丢弃。

4.2.2.4 向测定排第 2 孔至第 6 孔中各加入致敏血球悬液 10 μL，向对照排第 2 孔至第 6 孔中各加入非致敏血球悬液 10 μL（如表 1）。

表 1

血清号		血清稀释倍数							
		5	10	20	40	80	160	320	640
1	测定								
	对照								
2	测定								
	对照								

表 1（续）

血清号		血清稀释倍数							
		5	10	20	40	80	160	320	640
3	测定								
	对照								
4	测定								
	对照								
5	测定								
	对照								
6	测定							阴性血清	阴性血清
	对照							缓冲液	缓冲液

4.2.2.5　阳性血清也按上述方法操作，另设仅加缓冲液 50 μL 的空白对照孔 2 个，分别加入致敏和非致敏血球悬液 10 μL。

4.2.2.6　用微型血凝板振荡器或手指轻拍，将血液悬液与血清稀释液混匀。置于 26 ℃～30 ℃条件下 1 h～2 h 有一小红色圆点，周围为淡红色毛玻璃状，为阳性，记录为"＋＋"。红血球大部分沉于孔底中央，图像为孔底中央有一较大红色圆点，周围有少量面积的淡红色，为弱阳性，记录为"＋"。红血球全部沉于孔底中央，图像为孔底中央有一大的红色圆点，周围液体清亮，无淡红色，为阴性，记录为"－"。

4.2.3　结果判定

凡测定排阳性反应孔不到 1：80 稀释时判为阴性，1：80 稀释孔及其以上为阳性反应，且测定排比对照排高出 2 个稀释度或更多时，该份被检血清判为阳性，仅高出一个稀释度判为可疑。测定排与对照排阳性反应孔稀释度相同者判为阴性。

4.2.4　注意事项

4.2.4.1　诊断液用时要充分摇匀。

4.2.4.2　如到最高稀释度测定排与对照排都是阳性反应时，则应再连续稀释下去。一直稀释到第 12 孔为止。

4.2.4.3　血纸勿被蝇等昆虫爬舔，未干时也不能重叠。

4.2.4.4　移液器在稀释时吸吹次数要一致，测定排与对照排应分别各用一个移液器头子。

4.3　酶联免疫吸附试验（ELISA）

4.3.1　材料准备

4.3.1.1　器材：聚苯乙烯酶标板、酶标仪、5 μL～200 μL 的可调移液器（或 25 μL、50 μL、100 μL、200 μL 移液器）。

4.3.1.2　试剂：锥虫可溶性抗原、辣根过氧化物酶标记的兔抗牛 IgG 抗体、牛血清白蛋白、参考阴性血清、阳性血清、pH9.6 的 0.05 mol/L 碳酸盐缓冲液、pH7.4 的 PBS-吐温缓冲液、pH5.0 的柠檬酸盐缓冲液（以上 3 种缓冲液配方参见附录 C）、邻苯二胺、30％H_2O_2、2 mol/L H_2SO_4。

4.3.2　分析步骤

4.3.2.1　用 pH9.6 的 0.05 mol/L 磷酸盐缓冲液将锥虫抗原液稀释到 10 μg/mL，向酶标板各孔内加入 200 μL，置于 2 ℃～10 ℃冰箱中 20 h～24 h。

4.3.2.2　倒去抗原液，用 PBS-吐温缓冲液洗涤 3 次，每次 5 min，甩干。用 PBS-吐温缓冲液溶解牛血清白蛋白至 1 g/20 mL，向各孔中加入 250 μL，置 37 ℃湿盒内 1 h。

4.3.2.3　倒去白蛋白液，同上方法洗涤，甩干。将阴性、阳性血清和被检血清均用 PBS 液作 1：200 稀释，各孔中分别加入 200 μL，每份血清同样加入 2 个孔。另设空白对照孔 2 个，只加 PBS 液。置 37 ℃

湿盒中 1 h。

4.3.2.4 倒去血清，同上方法洗涤，甩干。将酶标记抗牛 IgG 抗体按工作浓度稀释后，向各孔中分别加入 200 μL，置 37 ℃湿盒中 1 h。

4.3.2.5 倒去酶标记物溶液，同上方法洗涤，甩干。加入各孔 200 μL 底物溶液(参见附录 C)，置 37 ℃湿盒 30 min。

4.3.2.6 向各孔中加入 50 μL 2 mol/L H_2SO_4，以终止其反应。

4.3.3 结果判定

用酶标仪测各孔中液体光吸收值，计算同一血清 2 孔平均值，被检血清各孔值大于等于阴性参考平均值 2 倍者为阳性血清，低于阴性参考血清 2 倍者为阴性。但如 2 孔光吸收值中有 1 孔低于参考阴性血清值的 2 倍，1 孔等于或高于 2 倍者为可疑，需重做。

5 综合判定

伊氏锥虫病的诊断方法有多种。依据临床症状和病理变化只可作出初步诊断，确诊应依靠实验室检查。病原的分离与鉴定多用于急性病例的确诊和新疫区的确定。血清学方法主要用于检测伊氏锥虫抗体，在群体水平上进行血清学诊断较易操作、特异性强、敏感性高，但是对个体检测比较困难，有时出现非特异性反应。当在临床上怀疑有伊氏锥虫感染时，可根据实际情况，由上述几种方法中选用一种或两种方法进行确诊。

附　录　A
（资料性附录）
姬氏染色液的配制与染色方法

A.1　姬氏染色液的配制

姬氏染色粉 0.5 g；

甲醇 25 mL；

甘油 25 mL。

将姬氏染色粉置于研钵中，先加少量甘油充分研磨，再加甘油继续研磨，直至用完 25 mL 甘油，装入棕色瓶中，用 25 mL 甲醇分次洗涤剩余甘油，全部注入棕色瓶中，塞紧瓶塞，充分摇匀。置 65 ℃温箱内 24 h 或在室温中一周以后过滤待用。

A.2　染色方法

用中性蒸馏水或生理盐水按 1∶1 稀释染液，用滴管将稀释染液滴于血膜上，染色 20 min～30 min。再用蒸馏水冲洗，晾干镜检。

附　录　B
（资料性附录）
间接血凝试验用的血清稀释液——磷酸缓冲液（PBS）

B.1　0.067 mol/L 磷酸氢二钠液：用 $Na_2HPO_4 \cdot 12H_2O$ 23.77 g，加入重蒸水溶解，再加到 1 000 mL。

B.2　0.067 mol/L 磷酸二氢钾液：用 KH_2PO_4 9.08 g，加入重蒸水溶解，然后加到 1 000 mL。

B.3　取 0.067 mol/L 磷酸氢二钠液 72 份，加 0.067 mol/L 磷酸二氢钾液 28 份，再加入 0.85% 氯化钠即成 PBS。为长期保存可分装后高压灭菌。

附 录 C
（资料性附录）
酶联免疫吸附试验所需试剂溶液

C.1 pH9.6 0.05 mol/L 碳酸盐缓冲液

Na_2CO_3 1.59 g(或 $Na_2CO_3 \cdot 10H_2O$ 4.29 g)；
$NaHCO_3$ 2.93 g；
蒸馏水加至 1 000 mL。

C.2 pH7.4 PBS-吐温缓冲液

NaCl 8 g；
KCl 0.2 g；
吐温-20 0.5 mL；
Na_2HPO_4 2.9 g；
蒸馏水加至 1 000 mL。

C.3 pH5.0 柠檬酸盐缓冲液

0.1 mol/L 柠檬酸液 24.3 mL；
0.2 mol/L 磷酸氢二钠液 25.7 mL；
蒸馏水加至 100 mL。
以上各种溶液均可在 0 ℃～10 ℃中保存 10 个月。

C.4 底物溶液

邻苯二胺 10 mg；
pH5.0 柠檬酸盐缓冲液 25 mL；
溶解后再加 50 μL 30%H_2O_2。
需在临用前 0.5 h 配制。

ICS 03.220.50
V 52

中华人民共和国国家标准

GB 23240—2009

感染性物质航空运输规范

Air transportation criterion for infectious substances

2009-03-09 发布　　　　2009-08-01 实施

中华人民共和国国家质量监督检验检疫总局
中国国家标准化管理委员会　发布

前言

本标准的第1章～第3章为推荐性条文，其余均为强制性条文。

本标准的附录A是规范性附录，附录B、附录C是资料性附录。

本标准由中国民用航空局提出。

本标准由中国民用航空总局航空安全技术中心归口。

本标准起草单位：中国民用航空总局航空安全技术中心、中国国际货运航空有限公司。

本标准主要起草人：张咏梅、闫世昌、杜伟军。

感染性物质航空运输规范

1 范围

本标准规定了感染性物质的航空运输规范。

本标准适用于感染性物质的航空运输。

2 规范性引用文件

下列文件中的条款通过本标准的引用而成为本标准的条款。凡是注日期的引用文件，其随后所有的修改单(不包括勘误的内容)或修订版均不适用于本标准，然而，鼓励根据本标准达成协议的各方研究是否可使用这些文件的最新版本。凡是不注日期的引用文件，其最新版本适用于本标准。

GB 6944—2005 危险货物分类和品名编号

中华人民共和国卫生部 《人间传染的病原微生物名录》

国际航空运输协会(IATA) 《危险品规则》(以下简称 DGR)第 48 期

3 术语和定义

下列术语和定义适用于本标准。

3.1

病原体 pathogens

可造成人或动物感染疾病的微生物(包括细菌、病毒、立克次氏体、寄生虫、真菌)或其他媒介(微生物重组体包括杂交体或突变体)。

[GB 6944—2005，术语和定义 3.14]

3.2

感染性物质 infectious substances

已知或有理由认为含有病原体的物质。

[国际民航组织(ICAO)危险物品安全航空运输技术细则 中文版 2007—2008 年版 6.3.1.1]

3.3

病源标本 patient specimens

为了研究、诊断、调查活动和疾病治疗与预防一类的目的运输的直接从人或动物身上采集的人体或动物体物质，包括但不限于排泄物、分泌物、血液及其成分、组织和组织液拭子以及肌体部分。

[ICAO 危险物品安全航空运输技术细则 中文版 2007—2008 年版 6.3.1.4]

3.4

培养物(实验室繁殖) cultures

故意使病原体繁殖。不包括 3.3 中界定的人或动物的病源标本。

[ICAO 危险物品安全航空运输技术细则 中文版 2007—2008 年版 6.3.1.3]

3.5

联合国编号 UN number

由联合国危险货物运输专家委员会编制的四位阿拉伯数编号，用以识别一种物质或一类特定物质。

[GB 6944—2005，术语和定义 3.18]

3.6

生物制品　biological products

从活生物体取得的、根据可能有许可证发放要求的国家政府当局的要求制造或销售的、用于预防、治疗或诊断人或动物的疾病，或用于与此类活动有关的开发、实验或调查目的的产品。包括但不限于成品或未完成品，例如疫苗。

［ICAO 危险物品安全航空运输技术细则　中文版 2007—2008 年版 6.3.1.2］

4　托运人和承运人的责任

4.1　托运人的责任

托运人应执行相关规定，并满足下列要求：

a）交运感染性物质时，除应遵守有关的法律、法规、命令或要求外，还应遵守相关的国际公约，并符合 DGR 第 48 期中的国家及承运人的相关差异条款；

b）运输前应保证所有相关人员已接受培训，并能履行其职责；

c）保证托运物品不属禁止空运货物；

d）对托运物品做出正确的识别、分类、包装、标记、标签及文件准备；

e）与收货人及承运人做好必要的预先安排，包括：

1）按照行业主管部门的规定，获得进出口许可和（或）准运许可；

2）选择最直接路线；

3）避免货物在周末或节假日到达目的站；

4）提供负责人的 24 h 应急电话。

4.2　承运人的责任

承运人应执行相关规定，并保证：

a）正确地进行收运、仓储、装载、检查、信息提供、报告、文件保存和培训；

b）尽可能选用最直接的路线；

c）严密监控，保证安全、快捷的运输。

5　感染性物质的项别、分类

5.1　项别

感染性物质划归为第 6.2 项危险品，并归属下列各项中的一项：

a）UN2814 感染性物质，对人感染（液体）［UN2814 Infectious substance，affecting humans (liquid)］；

b）UN2814 感染性物质，对人感染（固体）［UN2814 Infectious substance，affecting humans(solid)］；

c）UN2900 感染性物质，只对动物感染（液体）［UN2900 Infectious substance，affecting animals only(liquid)］；

d）UN2900 感染性物质，只对动物感染（固体）［UN2900 Infectious substance，affecting animals only(solid)］；

e）UN3291 生物医药废弃物，未另做规定的（UN3291 Biomedical waste，n. o. s.）；

f）UN3291 临床废弃物，未另做规定的（UN3291 Clinical waste，unspecified，n. o. s.）；

g）UN3291 医学废弃物，未另做规定的（UN3291 Medical waste，n. o. s.）；

h）UN3291 管制的医学废弃物，未另做规定的（UN3291 Regulated medical waste，n. o. s.）；

i) UN3373 生物物质，B类(UN3373 Biological substance，category B)。

5.2 分类

5.2.1 A类

当运输感染性物质时，一旦发生泄漏，可使受到感染的人或动物造成永久性伤残、生命危险或致命疾病。

造成人类或人类与动物共患疾病的感染性物质应归于A类，UN2814。仅造成动物疾病的感染性物质应归于A类，UN2900。

A类感染性物质见中华人民共和国卫生部《人间传染的病原微生物名录》及表1、表2。

表1 划归UN2814的感染性物质

联合国编号和运输专用名称	感染性物质名称
UN2814 感染性物质 对人感染	*炭疽杆菌(仅限培养菌种)Bacillus anthraces(cultures only)*
	流产布鲁氏杆菌(仅限培养菌种)Brucella abortus(cultures only)
	马耳他布鲁氏杆菌(仅培养菌种)Brucella melitensis(cultures only)
	猪布氏杆菌(仅培养菌种)Brucella suis(cultures only)
	鼻疽伯克霍尔德氏菌-鼻疽假单孢菌(仅培养菌种)Burkholderia mallei-Pseudomonas mallei-Glanders(cultures only)
	类鼻疽伯克霍尔德氏菌-类鼻疽假单孢菌(仅培养菌种)Burkholderia pseudomallei-Pseudomonas pseud-omallei(cultures only)
	鹦鹉热衣原体-禽类菌株(仅培养菌种)Chlamydia psittaci-avian strains(cultures only)
	肉毒杆菌(仅培养菌种)Clostridium botulinum(cultures only)
	厌酷球孢子菌(仅培养菌种)Coccidioides immitis(cultures only)
	伯纳特里克次体(Q热病原体)(仅培养菌种)Coxiella burnetii(cultures only)
	克里米亚-刚果出血热病毒 Crimean-Congo hemorrhagic fever virus
	登革热病毒(仅培养菌种)Dengue virus(cultures only)
	东部马脑炎病毒(仅培养菌种)Eastern equine encephalitis virus(cultures only)
	产肠毒素大肠埃希菌(仅培养菌种)Escherichia coli，verotoxigenic(cultures only)
	伊波拉病毒 Ebola virus
	Flexal病毒 Flexal virus
	土拉弗朗西斯菌(仅培养菌种)Francisella tularensis(cultures only)
	瓜纳瑞托病毒(委内瑞拉出血热)Guanarito virus
	汉坦病毒 Hantaan virus
	引起伴有肾综合症的出笼因热的汉坦病毒 Hanatavirus causing hemorrhagic fever with renal syndrome
	亨德拉病毒 Hendra virus
	乙型肝炎病毒(仅培养菌种)Hepatitis B virus(cultures only)
	B型疱疹病毒(仅培养菌种)Herpes B virus(cultures only)
	人类免疫缺陷病毒(艾滋病病毒)(仅培养菌种)Human immunodeficiency virus (cultures only)

表 1（续）

联合国编号和运输专用名称	感染性物质名称
UN2814 感染性物质 对人感染	高致病性禽流感病毒（仅培养菌种）Highly pathogenic avian influenza virus (cultures only)
	日本脑炎病毒（仅培养菌种）Japanese Encephalitis virus (cultures only)
	鸠宁病毒（又称阿根廷出血热病毒）Junin virus
	科萨努尔丛林病病毒 Kyasanur Forest disease virus
	拉沙热病毒 Lassa virus
	马丘博病毒 Machupo virus
	马尔堡病毒 Marburg virus
	猴痘病毒 Monkey pox virus
	结核分枝杆菌（仅培养菌种）Mycobacterium tuberculosis (cultures only)
	立百病毒 Nipah virus
	奥马斯克出笼因热病毒 Omsk hemorrhagic fever virus
	脊髓灰质炎病毒（仅培养菌种）Poliovirus (cultures only)
	狂犬病病毒（仅培养菌种）Rabies virus (cultures only)
	斑疹伤寒立克次体（仅培养菌种）Rickettsia prowazekii (cultures only)
	立克立氏次体（仅培养菌种）Rickettsia rickettsii (cultures only)
	裂谷热病毒（仅培养菌种）Rift Valley fever virus (cultures only)
	俄国春夏脑炎病毒（仅培养菌种）Russian spring-summer encephalitis virus (cultures only)
	Sabia 病毒（巴西出血热病毒）Sabia virus
	Ⅰ型痢疾志贺痢疾杆菌（仅培养物培养菌种）Shigella dysenteriae type Ⅰ (cultures only)
	蜱媒脑炎病毒（仅培养物培养菌种）Tick-borne encephalitis virus (cultures only)
	天花病毒 Variola virus
	委内瑞拉马脑脊髓炎病毒（仅培养物培养菌种）Venezuelan equine encephalitis virus (cultures only)
	西尼罗河病毒（仅培养物培养菌种）West Nile virus (cultures only)
	黄热病病毒（仅培养物培养菌种）Yellow fever virus (cultures only)
	鼠疫杆菌（仅培养物培养菌种）Yersinia pestis (cultures only)
	鼠疫杆菌（仅培养菌种）Yersinia pestis (cultures only)
注：斜体字表示微生物是细菌、支原体、立克次氏体或真菌。	

表 2　划归 UN2900 的感染性物质

联合国编号和运输专用名称	感染性物质名称
UN2900 感染性物质 只对动物感染	非洲猪瘟病病毒 African swine fever virus
	Ⅰ型禽副粘病毒-强毒性新城鸡瘟病毒 Avian paramyxovirus Type Ⅰ-Velogenic newcastle disease virus
	典型的猪瘟病病毒 Classical swine fever virus
	口蹄疫病毒 Foot and Mouth disease virus
	牛皮肤囊肿病病毒 Lumpy skin disease virus
	性状支原体-牛接触传染性胸膜性肺炎 Mycoplasma mycoides-Contagious bovine pleuropneumonia
	小反刍兽疫病毒 Peste des petits ruminants virus
	牛瘟病毒 Rinder pest virus
	羊痘病毒 Sheep-pox virus
	山羊痘病毒 Goat pox virus
	猪水泡性疮疹病病毒 Swine vesicular disease virus
	水泡性口炎病毒 Vesicular stomatitis virus
注：斜体字表示微生物是细菌、支原体、立克次氏体或真菌。	

5.2.2　B 类

未达到 A 类的感染性物质应划归 B 类，UN3373。

6　可按普通货物运输的物质

下列物质可按普通货物运输：

a)　未含感染性物质以及不太可能威胁人类及动物健康的物质，除非符合其他类的危险品定义；

b)　含有不导致人或动物疾病的微生物的物质，除非符合其他类的危险品的定义；

c)　经处理成无效或灭活后，任何含有的致病菌（病原体）不再威胁健康的物质，除非符合其他类的危险品定义；

d)　不认为有重大感染风险的环境标本（包括食物和水的样本），除非符合其他类的危险品定义；

e)　从吸附材料上的血滴中采集的干血斑点、用于检测的排泄物中微量成分的血液、为输血或制造血液制品而收集的血液及其组分，以及用于移植的血液制品、任何组织或器官；

f)　有最小可能性存在致病菌（病原体）的病源标本，如果其包装可以防止泄漏并标记文字“Exempt human specimen”或“Exempt animal specimen”，并应符合下列条件：

1)　包装由三部分组成：

i)　一个防漏的主容器；

ii)　一个防漏的辅助容器；

iii)　外包装在容积、容量和用途方面有足够的强度，并且每一表面的最小尺寸是 100 mm×100 mm；

2)　盛装液体的容器，有足够数量的吸附材料来吸附全部内装物。吸附材料放置在主容器与辅助容器之间，以确保在运输过程中如果发生泄漏，也不致污染到外包装并且不会损害衬垫材料的整体性；

3)　当多个易碎的主容器放到同一个容器中时，每个主容器应单独捆扎或相互隔开以免接触。

应基于对医疗史、症状、标本源的个体环境、动物或人、地方病当地条件等方面的认知,判断以确定病源标本是否含有病原体。

此条件下运输的标本包括用以监测胆固醇水平、血糖水平、荷尔蒙水平或 PSA 的化验血或小便;进行检测器官功能化验的无感染性疾病的或药物治疗监控的人或动物的心脏、肺、肾脏;确定药品或酒精成分的检测;怀孕检测;检测癌症的切片;以及人或动物的抗体检测。

7 生物制品、转基因生物、医学或临床废弃物和具有感染性的活体动物

7.1 生物制品

7.1.1 按照有关国家当局的要求制造和包装、为了最后包装或销售而运输、供医务人员或个人自身保健而使用的生物制品,不受本标准的约束。

7.1.2 除 7.1.1 规定外的,且已知或有理由认为含有符合 A 类或 B 类分类的生物制品,应划为 UN2814、UN2900 或 UN3373。

某些特许的生物制品可能仅在世界部分地区造成生物危害。在这种情况下,主管当局可要求这种生物制品遵守当地对感染性物质的要求或强制执行其他限制。

7.2 转基因生物

不符合感染性物质定义的转基因微生物应划为第 9 类危险品——UN3245 转基因生物(UN3245 Genetically modified organisms)。

符合感染性物质定义的转基因微生物,应使用适当的联合国编号,划归 UN2814、UN2900 或 UN3373。

7.3 医学或临床废弃物

7.3.1 在培养物中含有 A 类感染性物质或含有 B 类感染性物质的医学或临床废弃物,应根据情况划为 UN2814 或 UN2900;含有 B 类感染性物质但非培养物的医学或临床废弃物,应划为 UN3291。

7.3.2 有理由认为含有感染性物质几率较低的医学或临床废弃物,应划为 UN3291。UN3291 的运输专用名称见 DGR 第 48 期表 4.3。

7.3.3 原先含有感染性物质、但经过消毒的医学或临床废弃物,不受本标准的限制,除非它们符合其他类别危险品的定义。

7.3.4 按照 UN3291 运输的废弃物,应是来源于人或动物的医学或生物研究等方面的物质,含有感染性物质的可能性相对很低。能够确定的感染性物质废弃物,应归类于 UN2814 或 UN2900。曾含有感染性物质但已经过消毒的医学废弃物,除非符合其他类或项的分类标准,否则不受本标准限制。

7.4 具有感染性的动物

7.4.1 不应空运有意使其感染和已知或怀疑带有感染性物质的活体动物。此类动物应按行业主管部门批准的豁免条款和条件运输。

7.4.2 被 A 类或可能划归 A 类仅限培养物的病原体感染的屠宰后的动物,应划归 UN2814 或 UN2900。被 B 类病原体感染的屠宰后的动物,应按国家相关主管部门的规定进行运输。

8 制作托运人危险品申报单的特殊要求

8.1 托运人危险品申报单样式见附录 A。托运人危险品申报单填写示例参见附录 B。

8.2 危险品品名见 DGR 第 48 期表 4.2。

8.3 DGR 第 48 期表 4.2 中 J 栏和 L 栏列出的每一包装件的限制数量不适用于身体局部、器官或尸体。按该特殊规定运输的货物应在申报单上注明“A81”。

8.4 在制作申报单时,运输专用名称后面应加上技术名称,在包装件上则不必标注技术名称。当运输未知的感染性物质时,如怀疑其达到 A 类标准,应划为 UN2814 或 UN2900,并在申报单上运输专用名

称之后加上"Suspected category A infectious substance",在包装件上则不必标注。

9 包装

9.1 标记

A 类感染性物质的运输包装应有 UN 标记。UN 标记如图 1 所示。

图 1 UN 标记

9.2 组成

包装组成如图 2 所示。

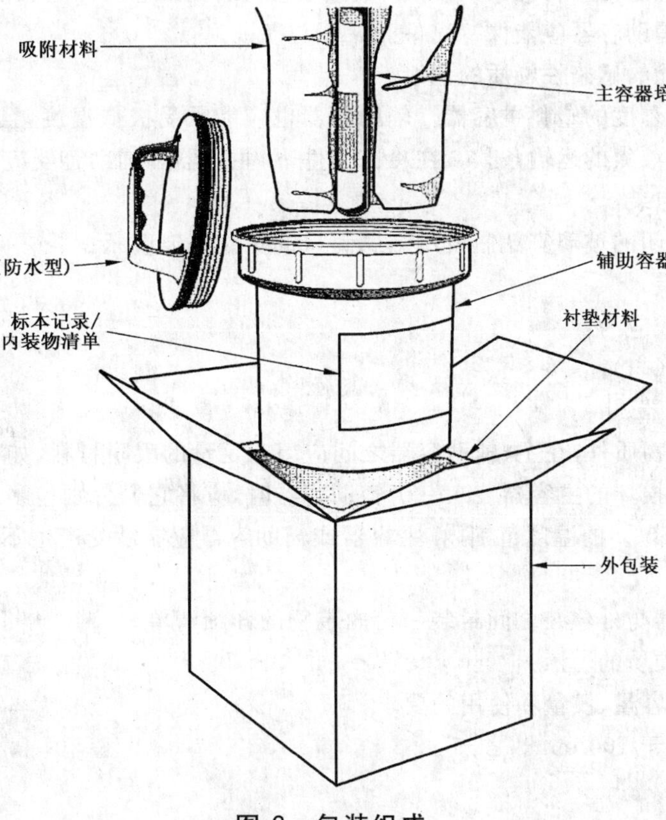

图 2 包装组成

9.3 包装说明 620

9.3.1 基本要求

9.3.1.1 适用于感染性物质 UN2814、UN2900 的包装,应符合 DGR 第 48 期 5.0.2 中的一般包装要求。

9.3.1.2 包装件应按照 9.7 的要求进测试。若干完整的包装件可按 DGR 第 48 期 5.0.1.5 组成合成包装件。

9.3.1.3 托运人应遵守 DGR 的要求,并保证包装件能完好地到达目的站,且在运输中对人或动物无危害。

9.3.1.4 除大的身体部分及整个器官需要特殊包装外,其余包装应符合 9.3.2 的要求。

9.3.1.5 装有感染性物质的内包装不应与无关物品的内包装放在一起。

9.3.1.6 当拟运输的感染性物质为未知物质,但怀疑该物质符合列入 A 类划为 UN2814 或 UN2900 时,应在详细清单上的运输专用名称后括号注明"疑似 A 类感染性物质"或"suspected Category A infectious substance”。

9.3.1.7 所有感染性物质包装件的外表面应使用耐久、清晰的文字标记，并应标注责任人的姓名及电话号码。

9.3.2 特定物质的包装

9.3.2.1 在环境温度或较高温度下运输的感染性物质的包装

主容器的材质应为玻璃、金属或塑料，并采用有效的密封手段，如热封、有缘的塞子或金属卷边封口。如果使用旋盖，应用可靠措施加固，如胶带、石蜡密封带或固定护罩。

9.3.2.2 在冷藏或冷冻条件下(冰、干冰)运输的感染性物质的包装

冰、干冰或其他冷冻剂应放在辅助容器周围或放在几个完整包装件(有UN包装标记)组合的合成包装件中。应使用内部支撑物，以便在冰或干冰消失后，辅助容器或包装件仍能固定在原位置上。如果使用冰，外包装或合成包装件应防漏。如使用干冰，外包装或合成包装件应能使二氧化碳气体排出。在冷冻条件下，主容器和辅助容器应能保持完好。

9.3.2.3 在液氮中运输的感染性物质的包装

应使用能承受极低温度的塑料主容器。辅助容器也应能承受极低温度，且每个主容器都能够装入辅助容器中。还应遵守液氮的运输条款。在冷冻条件下，主容器和辅助容器应能保持完好。

9.3.2.4 冻干物质的包装

主容器应用火焰封闭的玻璃安瓿瓶或用金属封口的橡胶塞玻璃瓶。

9.3.3 内包装和外包装

9.3.3.1 内包装的组成应为：

a) 防水的主容器(内)；

b) 防水的辅助容器(中)；

c) 除固体感染性物质外，在主、辅助容器之间应填充足量的吸附材料，如棉花，以能吸收全部内装物。当多个易损坏的主容器装入一个辅助容器时，应将它们分别包裹或隔离，防止彼此接触。

9.3.3.2 在−40 ℃～55 ℃的温度范围内，主容器或辅助容器应能承受产生不低于95 kPa压差的内部压力而无渗漏。

9.3.3.3 应在辅助容器与外包装之间封装一份内装物的详细清单。

9.3.3.4 外包装应为硬质的，且：

a) 强度应能满足容量、质量和使用的要求；

b) 最小边长不小于100 mm。

9.4 包装说明622

包装说明622：

a) 适用于UN3291在客货混装机及全货机情况下的运输；

b) 应符合DGR第48期5.0.2中的一般包装要求；

c) 应具有符合包装等级为Ⅱ级的坚固包装；

d) 应能保证货物安全到达，并在运输中对人或动物无危害；

e) 应使用适用于液体的测试方法进行包装试验；当有足够的吸附材料吸附所有外溢的液体且包装仍可存留液体时，可按固体适用的测试方法进行包装试验；

f) 如果拟装锋利物品，如碎玻璃和针头，在试验条件下应既能防穿透又能存留液体；

g) 可使用下列外包装：

1) 钢桶；

2) 铝桶；

3) 胶合板桶；

4) 纤维桶；

5） 塑料桶；

6） 钢方桶；

7） 塑料方桶；

8） 木箱；

9） 胶合板箱；

10） 再生木箱；

11） 纤维板箱。

9.5 包装说明650

9.5.1 基本要求

9.5.1.1 适用于UN3373。

9.5.1.2 应使用优质包装，该包装应具有足够强度以承受运输中的震动与载荷，包括运输装置之间、运输装置与仓库之间的转运，集装板或合成包装件的分解，以及随后的人工或机械作业中正常的震动与载荷。包装应严格制作并密封，以防止在正常运输条件下由于振动、温度、相对湿度或压力的改变造成内装物的任何漏失。

9.5.1.3 包装应由下列三部分组成：

a） 一个或多个主容器；

b） 一个辅助容器；

c） 一个坚固的外包装。

9.5.1.4 主容器应装在辅助容器中，且应保证它们在正常的运输条件下不会破损、被刺穿或将内装物泄漏在辅助容器中。应使用适当的衬垫材料将辅助容器安全地固定在外包装中。内装物的任何泄漏都不应破坏衬垫材料或外包装的完好性。

9.5.1.5 包装件应按下列方式进行准备：

a） 对于液体物质：

1） 主容器应防泄漏，内装量不应超过1 L；

2） 辅助容器应防泄漏；

3） 多个易碎的主容器装入一个辅助容器时，应将它们分别包裹或隔离，以防止彼此接触；

4） 应在主容器和辅助容器之间填充吸附材料；吸附材料（例如棉花）应数量充足，从而使液体物质的任何泄漏都不会破坏衬垫材料或外包装的完好性；

5） 在－40 ℃～55 ℃的温度范围内，主容器或辅助容器应能承受产生不低于95 kPa压差的压力而无渗漏；

6） 外包装件的内装量不应超过4 L，此内装量不包括用于保持样品低温的冰、干冰或液氮的体积。

b） 对于固体物质：

1） 主容器应防筛漏，内装物不应超过外包装的质量限制；

2） 辅助容器应防筛漏；

3） 多个易碎的主容器装入一个辅助容器时，应将它们分别包裹或隔离，以防止彼此接触；

4） 装有肢体、器官和整个躯体的包装件除外，外包装的质量不应超过4 kg，此质量不包括用于保持样品低温的冰、干冰或液氮的质量；

5） 如果怀疑在运输过程中主容器内可能产生液体，应使用适合于装运液体的包装，包括吸附材料。

9.5.1.6 应在辅助容器与外包装之间封装一份内装物的详细清单。

9.5.1.7 外包装至少有一个表面的尺寸应大于100 mm×100 mm。

9.5.1.8 完成的包装件应能在至少1.2 m的高度成功通过DGR第48期6.6.1的跌落试验。

9.5.1.9 运输中，图3所示的标记显示应在外包装的外表面，该标记应出现在对比色的背景中，且清晰可见、易于识别。标记应以45°设置的一个正方形(菱形)，每条边长至少为50 mm，边线宽度至少为2 mm，字母和数字的高度至少为6 mm。在邻近菱形标记的部位，应使用高度至少为6 mm的字母标出"生物物质B类"或"Biological substance，Category B"。

图3 包装说明650的外表面标记

9.5.1.10 当把包装件装入一个合成包装件中时，标记应清晰可见，或将标记重新标在合成包装件的外面，并应在合成包装件上标出"合成包装件"或"Overpack"。

9.5.1.11 可以不用填写托运人危险品申报单。

9.5.1.12 按9.5的规定进行包装和标记的UN3373感染性物质，除应遵守下列规定外，在运输中不再作其他要求：

a) 应在航空运单或包装件上提供负责人的姓名及电话号码；
b) 应在航空运单的品名栏内注明危险品的运输专用名称及联合国编号；如果与干冰装在同一包装内时，货运单上的品名栏内应增加与干冰有关的内容，包括干冰、UN1845、第9类及干冰净重等；
c) 应按照DGR第48期7.1.5进行包装和标记；
d) 应按照DGR第48期3.6.2进行分类；
e) 应符合DGR第48期9.6.1中的事故报告要求和DGR第48期9.4.1、9.4.2中的破损或泄漏检查要求。

9.5.1.13 不应由旅客和机组人员以手提行李、交运行李或随身携带物品的形式运输。

9.5.1.14 包装制造商及分销商应向托运人或准备包装件的人员(例如患者)提供包装件的详细充装及密封说明，以便正确地进行运输前的准备。

9.5.1.15 除非为了维持感染性物质的活性、稳定性，防止其降解或中和其危险性，其他危险品不应与感染性物质使用同一包装。GB 6944—2005中规定的第3类、第8类或第9类危险品，少于或等于30 mL的可以装入盛有感染性物质的主容器中。如果这些少量的与感染性物质一起包装的危险品符合本包装说明的要求，则不再作其他要求。

9.5.2 使用低温或冷冻样品，冰、干冰和液氮的包装

当使用干冰或液氮保持样品低温时，应符合DGR中的所有适用要求。使用时，应将冰或干冰置于辅助容器的外面或置于外包装或合成包装件的里面。应使用内部支撑物对辅助容器进行固定，以确保其在冰或干冰融化后仍能保持原来的位置。如果使用冰，外部包装或合成包装件应防泄漏；如果使用干冰，包装的设计和构造应可使二氧化碳排出，以防止由于增压而引起包装件的破裂。

主容器和辅助容器在冷冻温度下应能够保持其完好性，也应能承受冷冻消失后所导致的温度变化和压力变化。

9.6 包装说明913

包装说明913：

a) 适用于UN3245在客机或货机及仅限货机情况下的运输；
b) 应符合DGR第48期5.0.2中的一般包装要求；

c) 应根据 9.3 进行包装；

d) 根据 DGR 第 48 期 6.5 而不需要进行包装测试的货物除外；

e) 主容器中的最大盛装量不应超过 100 mL 或 100 g。

9.7 包装测试要求及报告

9.7.1 试验

应按 DGR 第 48 期 6.6 中的测试要求进行下列试验：

a) 跌落试验；

b) 穿透试验；

c) 码垛试验。

9.7.2 测试报告

测试报告上应注明依据标准，包括下列内容：

a) 测试单位的名称与地址；

b) 申请测试单位的名称与地址；

c) 测试报告的识别印记；

d) 测试报告的日期；

e) 包装生产商；

f) 包装设计的描述(如尺寸、材料、封盖、厚度等)，包括生产方法(如吹模法)，宜有图示或照片；

g) 最大容量；

h) 试样的性质，如液体的粘度、密度，固体的粒径等；

i) 测试的描述及结果；

j) 签字，包括姓名和职称。

测试报告应上报国家主管当局。

9.8 包装图示

9.8.1 UN2814 的包装如图 4 所示。

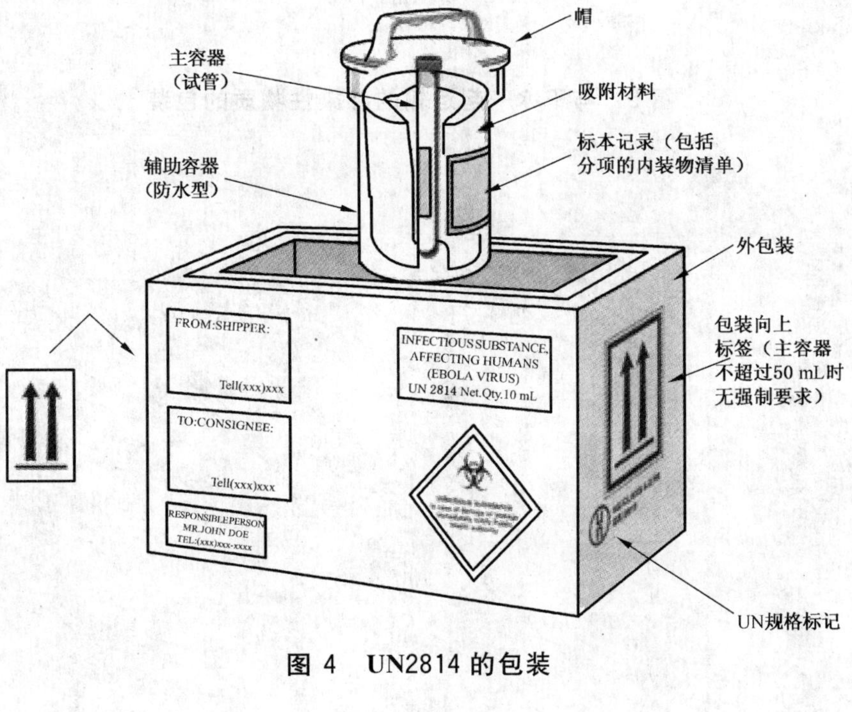

图 4 UN2814 的包装

9.8.2　与干冰一起运输的感染性物质的包装如图 5 所示。

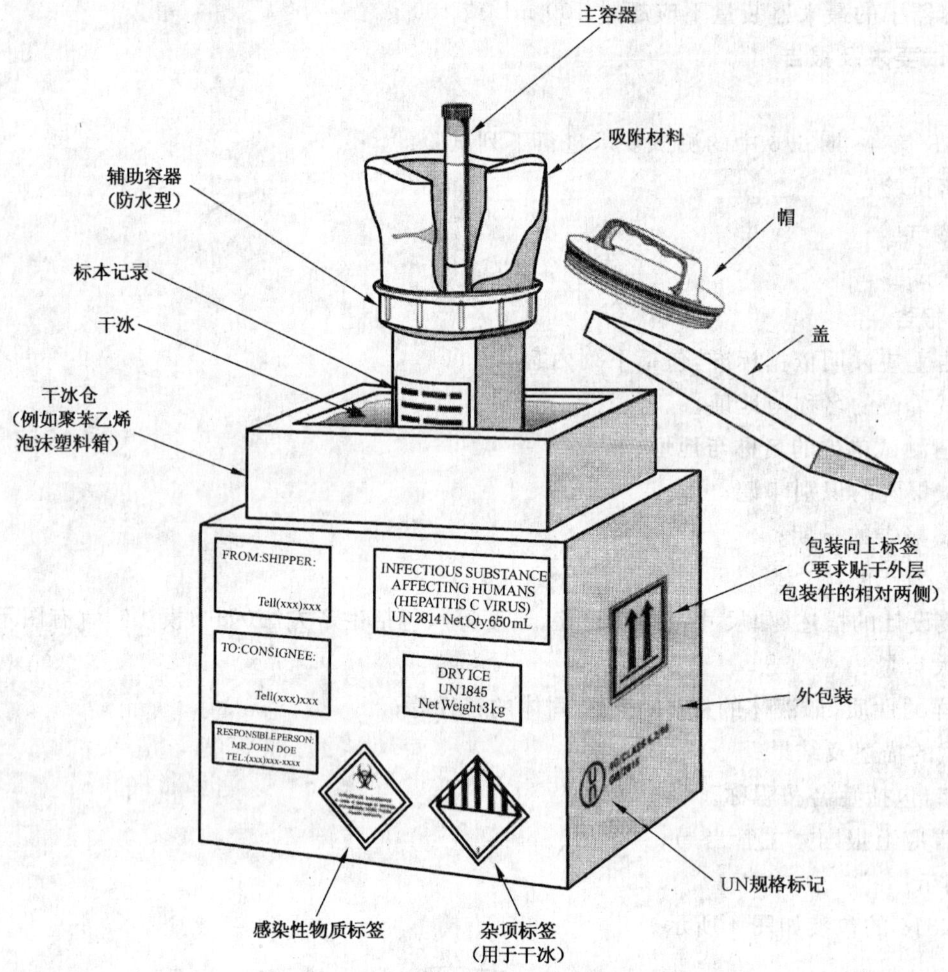

图 5　与干冰一起运输的感染性物质的包装

9.8.3 使用组合包装件与干冰一起运输的感染性物质的包装如图 6 所示。

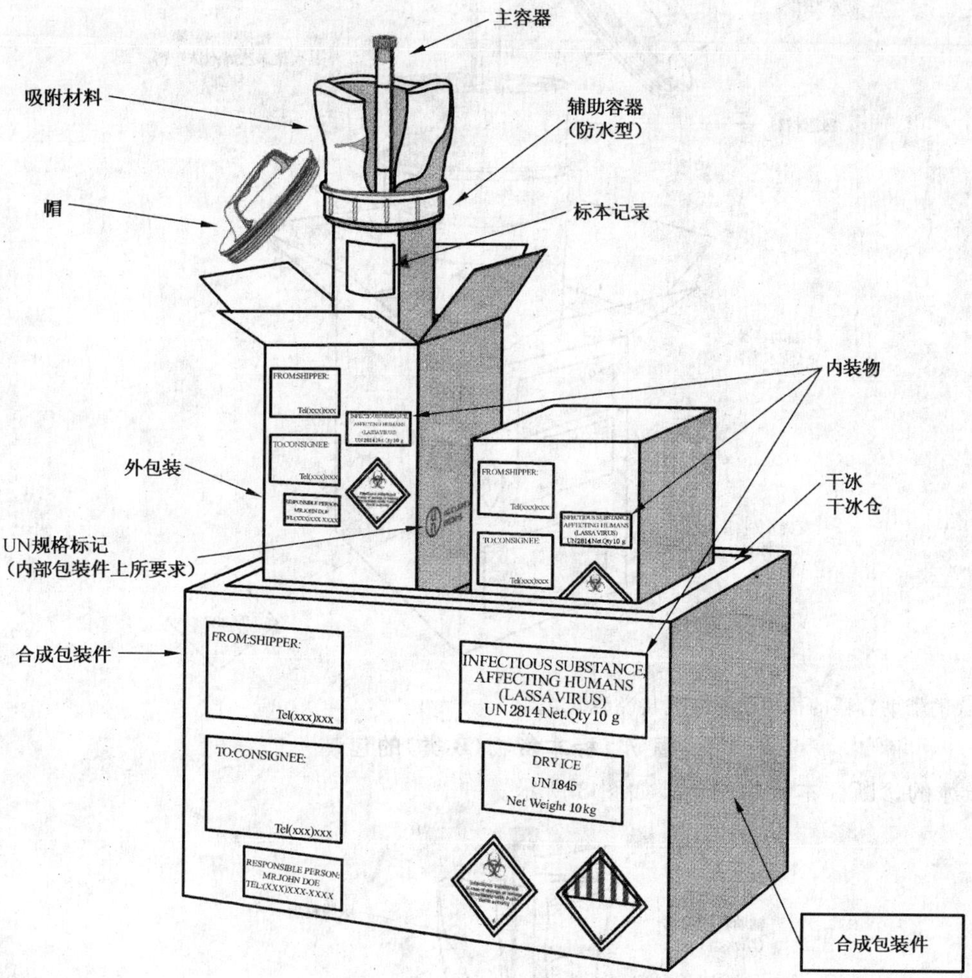

图 6 使用组合包装件与干冰一起运输的感染性物质的包装

9.8.4 标本货物(B类)的包装如图7所示。

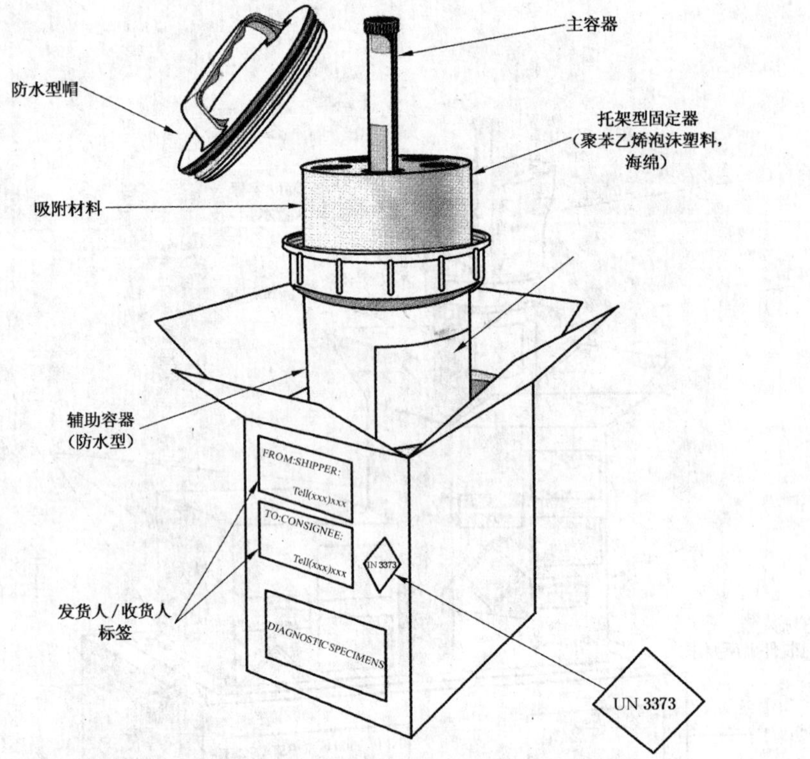

注：可替代的辅助容器的描述请参考包装说明650。

图7 标本货物(B类)的包装

9.8.5 带干冰的诊断标本货物的包装如图8所示。

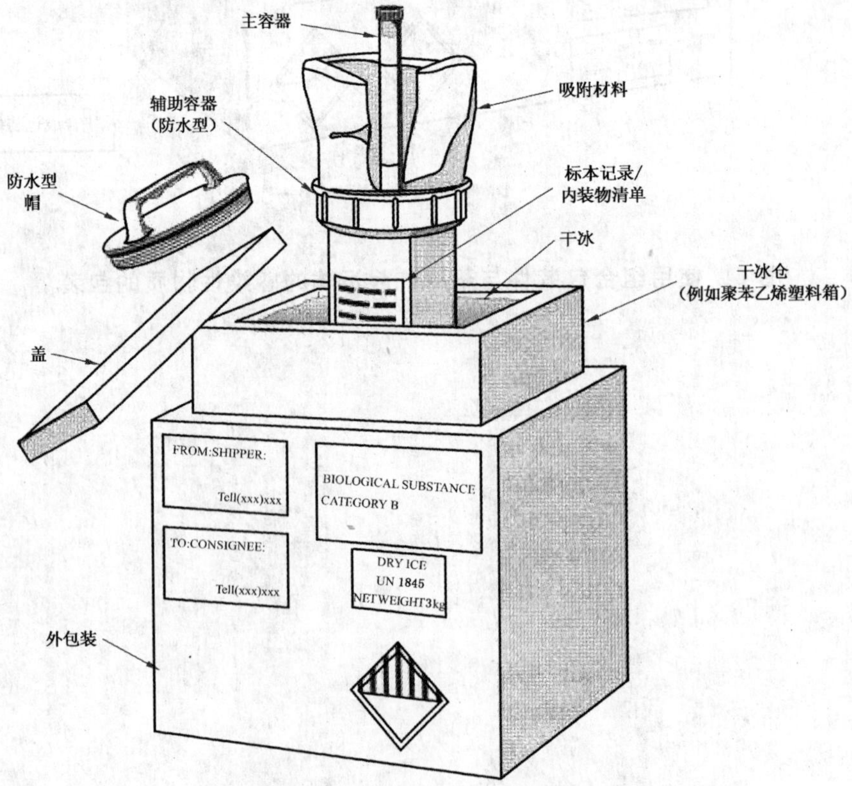

图8 带干冰的诊断标本货物的包装

10 预先安排及收运

10.1 预先安排

运输感染性物质,托运人应与承运人及收货人之间做好预先安排,以确保货物在完好的条件下,安全、准时到达目的站。预先安排的内容包括:

a) 托运人应预先向承运人订舱。未订妥航班的感染性物质不应交运。订舱时应尽可能选择最直接路线,避免货物在周末或节假日运达目的站;

b) 托运人应预先通知收货人有关货物运输信息,使其提前做好必要的提货准备;

c) 提供责任人的 24 h 应急电话。

托运人应预先准备好与感染性物质运输有关的文件,包括危险品申报单、航空货运单及其他运输文件。

10.2 收运

10.2.1 一般要求

感染性物质收运的一般要求如下:

a) 应按照相关文件及本标准的要求进行收运;

b) 在收运前,收运部门应证实托运人已做好预先安排;

c) 应检查托运人是否备齐感染性物质运输过程中包括始发站、中转站及目的站所需的有关文件。对于到达站所需的所有文件应附在货运单上;

d) 应检查托运人提供的包装是否符合第 9 章的要求;

e) 应填制危险品收运检查单,DGR 第 48 期中另有规定的除外。

10.2.2 特殊要求

10.2.2.1 感染性物质的收运除应满足 10.2.1 外,还应具备 10.2.2.1.1～10.2.2.1.3 规定的文件。

10.2.2.1.1 危险品申报单

感染性物质,除可不需要进行托运人危险品申报的,均应填写托运人危险品申报单。危险品申报单应:

a) 注明责任人的联系电话;

b) 当干冰作为冷冻剂与感染性物质在同一包装内运输时,可不计算 Q 值。在此情况下,干冰应作为危险品在申报单上申报。

注:Q 值是当不同的危险品装入一个外包装时,按 DGR 第 48 期 5.0.2.11(g)计算出的数值。Q 值小于(或等于)1。

10.2.2.1.2 航空货运单

除在航空货运单上填写相应内容外,应:

a) 在"货物品名"一栏填写感染性物质的具体名称及包装尺寸。填写示例参见附录 C;

b) 在"储运注意事项及其他"(Handling Information and Others)栏内注明"危险品——详见后附危险品申报单"和"Dangerous goods as per attached Shipper's Declaration",还应注明所附文件名称及这些文件已随附在货运单上。对于仅限货机运输的危险品,应在此栏内注明"仅限货机"和"Cargo Aircraft Only";

c) 注明货物出港的航班、日期、目的站以及经停站;

d) 对于不需要危险品申报单的符合 UN3373 定义的感染性物质,应在货运单的货物品名栏内注明"UN3373 生物物质,B 类"和"UN3373 Biological Substance,Category B"。

10.2.2.1.3 其他运输文件

10.2.2.1.3.1 运输许可证明

对于中国境内始发的 A 类感染性物质,托运人应提供国家相关部门出具的运输许可证明。

10.2.2.1.3.2 非感染性物质运输证明

对于符合病源标本定义的物质,如托运人能够提供医院或生化实验室出具的非感染性物质证明,证明其不含感染性物质,或其中的病原体经处理后已无效或灭活,不再具有威胁健康的危害物质,可按普通货物运输。

10.2.2.1.3.3　包装符合性声明

托运人在交运感染性物质时,应出具包装符合性声明,声明其包装方式符合第9章的要求。

10.2.2.1.3.4　豁免文件

需要豁免运输的感染性物质,应取得民用航空运输主管部门的批准文件。

10.2.2.2　所有需检查的文件,收运部门应各留存一份副本,保存时间至少为12个月。对于目的站需要的文件,应将文件的正本随货物运抵目的站。

10.2.3　包装检查

感染性物质的包装应符合第9章的要求。

10.2.4　标记、标签检查

10.2.4.1　标记要求

符合包装要求的感染性物质的包装,应按第9章的相关规定由托运人在每个包装外表面上显示所需的包装标记、标签。这些标记、标签应牢固印刷或粘贴在包装上,且应清晰易读。标记所用文字及数字的字符高度不应小于6 mm;标签的尺寸不应小于50 mm×50 mm。

标签、标记:

a) 应包含运输专用名称及联合国编号;

b) 指示危险性时,应与运输专用名称及联合国编号在同一平面上;

c) 不应标示在包装的底面及顶面。

10.2.4.2　标记内容

10.2.4.2.1　联合国规格包装标记如图9所示,内容如表3所示,内容应包括:

a) 型号代码;

b) "CLASS 6.2"的文字;

c) 包装制造年份的后两位数;

d) 国家批准的指定标记(以国际交通中机动车辆所使用的特殊符号表示);

e) 制造商的名称或国家相关主管部门指定的其他包装识别标记。

4G/CLASS 6.2/04
DK/SP-9989-ERIKSSON

图9　联合国规格包装标记示例

表3　联合国规格包装标记内容

联合国符号	型号代码	试验	年份	国家 VRI	生产厂商	完整代码
	4G	CLASS 6.2	04	DK	SP-9989 -ERIKSSON	4G CLASS 6.2/04 DK/SP -9989 -ERIKSSON

10.2.4.2.2　运输标记的内容包括:

a) 托运人、收货人姓名及详细地址;

b) 相关责任人的姓名及联系电话;

c) 联合国编号及运输专用名称,如需要填写技术名称,应将技术名称用括号括起来,附在运输专用名称的后面。如果一个包装内装有多种危险品(如感染性物质与干冰),应将这些危险品的联合国编号及运输专用名称都标示在包装上;

d) 每个包装内所含感染性物质的净重,如有干冰,还应标示其净重;

e） 如需要，应有指示方向性的标记；

f） 其他所需标记。

10.2.4.3 **标签**

标签的要求如下：

a） 应在包装上粘贴指示感染性物质危险性的标签，或 UN3373 的标记，如图 10 所示；

b） 如果包装内含有其他危险品（如干冰、液氮等），应粘贴相应的指示危险性的标签；

c） 如有需要，应有指示方向性的标签。

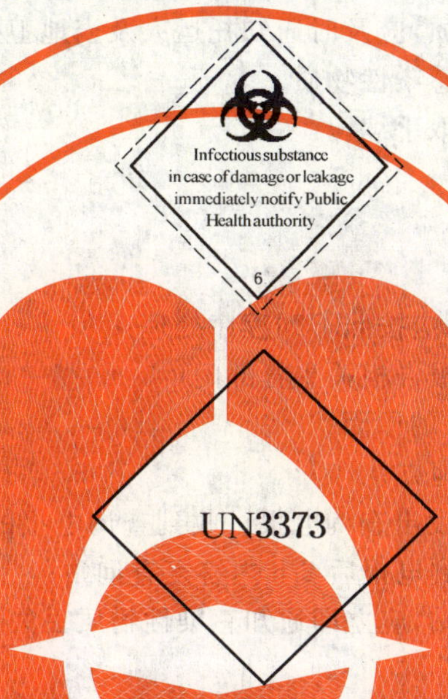

图 10 危险性标签及 UN3373 标记

10.2.5 **收运检查单**

除 DGR 第 48 期中另有规定外，收运感染性物质时，应按要求正确填写危险品收运检查单，并对文件、包装、标签、标记、预先安排及国家、承运人的规定进行逐项检查。检查单中的任一项检查结果为“否”或“NO”时，不应被收运。

11 仓储及装载

11.1 感染性物质不应以任何形式装入驾驶舱或有旅客的客舱内。感染性物质不应由旅客和机组人员以手提行李、交运行李或随身携带物品形式运输。

11.2 对于有方向性标签或标记的感染性物质，应在运输的全过程使其按所指示的方向正确放置。

11.3 当感染性物质在航空器上或集装器上装载时应进行有效固定，避免其在运输过程中倒置、倾翻及被其他货物挤压。

11.4 感染性物质不应与下列货物装载在同一货舱内；在地面仓储时，应与下列货物至少保持 2 m 的隔离距离：

a） 动物；

b） 食品；

c） 饲料；

d） 其他可食用的用于人类或动物消费的物品。

当感染性物质装载在一个密闭的集装器内，食品或动物装载在另一个密闭集装器内，或使用非密闭集装器时，此两个集装器装载在货舱内的不相邻的两个位置时，不受此规定限制。

11.5 已经订妥航班的感染性物质应由所订航班载运。对于需要中转运输的感染性物质，应将续程航班确认电报随附在货运单上。

11.6 航班确认后,装机站应拍发特种货物装载电报(FSH)通知目的站及相关航站。

11.7 应填写《特种货物机长通知单》并在航班离港前尽早通知机长。

11.8 需要押运员监装、监卸的感染性物质,应放置在靠近舱门的位置。

12 到达及交付

12.1 收货人应在航班到达站等候,现场提取感染性物质。

12.2 收货人不能及时提取的感染性物质,应存放在危险品库或危险品区域内。

12.3 对于确认无法交付的感染性物质,应及时通知托运人及当地卫生防疫部门做进一步处理。

12.4 收货人应凭有效身份证件提取感染性物质。

12.5 收货人应自行办理一切货物提取手续。

13 不正常运输的处理

13.1 丢失

感染性物质部分或全部下落不明,应按照下列程序处理:

a) 发现感染性物质丢失应立即报告相关主管部门;

b) 核对运输文件,分析可能丢失的原因;

c) 查找感染性物质可能放置的地方;

d) 查询部门负责向各有关航站发出查询电报。收到查询电报的航站,应立即查找感染性物质的下落,做好查询记录,并在收到电报后 2 h 内答复查询站;

e) 找到丢失的感染性物质的航站,应立即通知感染性物质丢失站及各有关航站,并安排最早航班将感染性物质运至目的站。

13.2 退回始发站

退回始发站的感染性物质的处理方法为:

a) 对于退回始发站的感染性物质,应符合 DGR 第 48 期的相关规定,退运的货运单应随附有托运人感染性物质申报单、感染性物质收运检查单及所需其他相关文件,如有缺失,则要求始发站提供所缺失文件;

b) 退运感染性物质所产生的费用按照运费到付处理;

c) 退运感染性物质应重新填制航空货运单,随附原始托运人感染性物质申报单及其他原随附文件,并重新填制感染性物质收运检查单;

d) 包装件发生破损,并且内装感染性物质泄漏时,应按第 14 章的规定处理;

e) 包装件上原有标签、标记如有缺损,应按 DGR 第 48 期中的相关规定,由相关部门补齐或重新粘贴。

13.3 航班延误

运输感染性物质航班延误的处理方法为:

a) 通知托运人并征求其处理意见;

b) 将感染性货物尽量存放在相对低温的区域并避免阳光直晒。

14 应急措施

14.1 减轻危害程度措施应包括:

a) 将污染区域进行隔离;

b) 将无关人员撤离;

c) 如有可能,查清有关物质的特性,必要时向托运人或收货人了解物质特性及处置方法。将泄漏情况向专业处置部门报告;

d) 不应接触泄漏物质；

e) 未穿防护服不应接触损坏的容器或漏出物质；

f) 避免接触碎玻璃或尖锐物品而引起刺伤或划伤增大感染危险性；

g) 不应接触含冷冻剂干冰的破损包装件，因为空气中的水蒸气冷凝可能生成水或霜，这些液体或固体可能已被污染；

h) 应避免液氮损伤；

i) 用土、沙或其他阻燃物质吸收漏出物质，同时应避免直接接触；

j) 用湿毛巾或湿布遮盖住损坏的包装件或漏出物质并用液体漂白粉或其他消毒剂保持毛巾或布的湿润，液体漂白粉能有效地将泄漏物质灭活；

k) 应由专业人员进行清洗或处理。

14.2 人员急救应包括：

a) 给卫生急救部门打电话；

b) 脱掉被污染的衣服和鞋并予以隔离；

c) 与泄漏物质接触（吸入、入口或皮肤接触）而产生的影响有可能会滞后出现，如果已经与感染性物质接触，应立即用流动的水冲洗皮肤和眼睛至少 20 min；

d) 向卫生主管部门报告；

e) 告知卫生救护人员有关泄漏物质的情况，以便其有效进行自身保护；

f) 将沾染感染性物质的人员转移至安全隔离区域。

附 录 A
（规范性附录）
托运人危险品申报单样式

托运人危险品申报单 SHIPPER'S DECLARATION FOR DANGEROUS GOODS

托运人
Shipper

航空货运单号码
Air Waybill No.

第 页，共 页
Page of Pages

托运人编号（*可选择*）
Shipper's Reference Number *(Optional)*

收货人
Consignee

须将2份填好并签字的申报单提交运营人。Two completed and signed copies of this Declaration must be handed to the operator.

警告 WARNING

未完全遵守适用的《危险物品规则》可能会触犯有关法律，受到法律制裁。

Failure to comply in all respects with the applicable Dangerous Goods Regulations may be in breach of the applicable law, subject to legal penalties.

运输详情 TRANSPORT DETAILS

此货物限定于：（*划掉不适用的*）This shipment is within the limitations prescribed for: *(delete non-applicable)*

客机和货机 PASSENGER AND CARGO AIRCRAFT	仅限货机 CARGO AIRCRAFT ONLY

始发站机场
Airport of Departure

目的站机场
Airport of destination

货物种类：（*划掉不适用的*）Shipment type: (delete non-applicable)

非放射性 NON－RADIOACTIVE	放射性 RADIOACTIVE

危险物品的种类和数量 NATURE AND QUANTITY OF DANGEROUS GOODS

危险物品识别 Dangerous Goods Identification				数量及包装类型 Quantity and type of packing	包装说明 Packing Inst.	批准 Authorization
UN或ID编号 UN or ID No.	运输专用名称 Proper Shipping Name	类或项（次要危险性）Class or Division (Subsidiary Risk)	包装等级 Packing Group			

附加操作说明 Additional Handling Information

我特此声明：上述运输专用名称完整、准确地表述了货物的内装物品并进行了分类、包装、标记、标签/挂签，且根据国际及国家的有关规定，各方面状态完好适于运输。我声明所有适用的空运要求均已符合。

I hereby declare that the contents of this consignment are fully and accurately described above by the proper shipping name, and are classified, packaged, marked and labeled / placarded, and are in all respects in proper condition for transport according to applicable international and national governmental regulations. I declare that all of the applicable air transport requirements have been met.

签署者姓名/职务
Name/Title of signatory
地点和日期
Place and date
签字
（*见上述警告*）
Signature
(see warning above)

附 录 B
（资料性附录）
托运人危险品申报单填写示例

托运人危险品申报单 SHIPPER'S DECLARATION FOR DANGEROUS GOODS

托运人 Shipper 江苏省疾病预防控制中心 江苏省南京市江苏路 172 号 联系人 张 XX 电话 139 1234 5678	航空货运单号码 999- 8765 4321 Air Waybill No. 第 1 页，共 1 页 Page of Pages 托运人编号（可选择） Shipper's Reference Number *(Optional)*
收货人 Consignee 中国疾病预防控制中心病毒病预防控制所 北京市宣武区迎新街 100 号 联系人 王 XX 电话 139 8765 4321	警告 WARNING 未完全遵守适用的《危险物品规则》可能会触犯有关法律，受到法律制裁。 Failure to comply in all respects with the applicable Dangerous Goods Regulations may be in breach of the applicable law, subject to legal penalties.
须将2份填好并签字的申报单提交运营人。Two completed and signed copies of this Declaration must be handed to the operator.	

运输详情 TRANSPORT DETAILS

此货物限定于：*（划掉不适用的）*This shipment is within the limitations prescribed for: *(delete non-applicable)*		始发站机场 Airport of Departure 南 京
客机和货机 PASSENGER AND CARGO AIRCRAFT	~~仅限货机 CARGO AIRCRAFT ONLY~~	
目的站机场 Airport of destination		北 京

货物种类：*（划掉不适用的）*Shipment type: (delete non-applicable)

非放射性 NON－RADIOACTIVE	~~放射性 RADIOACTIVE~~

危险物品的种类和数量 NATURE AND QUANTITY OF DANGEROUS GOODS

危险物品识别 Dangerous Goods Identification				数量及包装类型 Quantity and type of packing	包装说明 Packing Inst.	批 准 Authorization
UN 或 ID 编号 UN or ID No.	运输专用名称 Proper Shipping Name	类或项（次要危险性） Class or Division (Subsidiary Risk)	包装等级 Packing Group			
UN 2814	**感染性物质，对人感染（禽流感样本） Infectious substance, affecting humans（Avian influenza virus）**	6.2		1 纤维板箱 x 25 mL	602	

附加操作说明 Additional Handling Information

24 小时紧急联系人：张 XX　　电话：139 1234 5678

我特此声明：上述运输专用名称完整、准确地表述了货物的内装物品并进行了分类、包装、标记、标签／挂签，且根据国际及国家的有关规定，各方面状态完好适于运输。我声明所有适用的空运要求均已符合。 I hereby declare that the contents of this consignment are fully and accurately described above by the proper shipping name, and are classified, packaged, marked and labeled / placarded, and are in all respects in proper condition for transport according to applicable international and national governmental regulations. I declare that all of the applicable air transport requirements have been met.	签署者姓名／职务 **Zhang / Director** Name/Title of signatory 地点和日期 南京 2008-4-8 Place and date 签字 *（见上述警告）* 张 XX Signature *(see warning above)*

附　录　C
（资料性附录）
感染性物质航空货运单货物品名栏填写示例

C.1　需填写托运人危险品申报单的航空货运单货物品名栏填写示例

如图 C.1 所示。

储运注意事项及其他 Handling Information and Others

危险品——详见后附危险品申报单　　　　24小时紧急电话:

Dangerous goods as per attached Shipper's Declaration

件数 No.of Pcs 运价点 RCP	毛重（千克）Gross Weight (kg)	运价种类 Rate Class	商品代号 Comm. Item No.	计费重量（千克）Chargeable Weight(kg)	费率 Rate/kg	航空运费 Weight Charge	货物品名（包括包装、尺寸或体积）Description of Goods (Incl. Packaging, Dimensions or Volume)
	I						乙肝病毒培养物 Hepatitis B virus(cultures) 纸板箱 50 cm×30 cm×40 cm

预付 Prepaid	其他费用 Other Charge

图 C.1　需进行危险品申报的航空货运单货物品名栏填写示例

C.2　不需填写托运人危险品申报单的航空货运单货物品名栏填写示例

如图 C.2 所示。

储运注意事项及其他 Handling Information and Others

危险品——不需危险品申报单　　　　24小时紧急电话:

件数 No.of Pcs 运价点 RCP	毛重（千克）Gross Weight (kg)	运价种类 Rate Class	商品代号 Comm. Item No.	计费重量（千克）Chargeable Weight(kg)	费率 Rate/kg	航空运费 Weight Charge	货物品名（包括包装、尺寸或体积）Description of Goods (Incl. Packaging, Dimensions or Volume)
	I						UN3373 生物物质，B类 UN3373 Biological Substance, Category B 1件/内装4 mL 纸板箱50 cm×30 cm×40 cm

预付 Prepaid	其他费用 Other Charge

图 C.2　不需填写托运人危险品申报单的航空货运单货物品名栏填写示例

参 考 文 献

[1] 国际民航组织(ICAO)危险物品安全航空运输技术细则 中文版 2007—2008 年版

ICS 83.140.30
G 33

GB

中华人民共和国国家标准

GB/T 23241—2009

灌溉用塑料管材和管件基本参数及技术条件

Plastics pipes and fittings used for irrigation basic parameters and technical requirements

2009-02-13 发布　　　　2009-05-01 实施

中华人民共和国国家质量监督检验检疫总局
中国国家标准化管理委员会　发布

前　言

本标准参照了我国低压输水灌溉、给水用等塑料管的行业标准和国家标准，并结合我国灌溉用塑料管及管件的生产和实际使用情况而制定。

本标准由中华人民共和国水利部提出并归口。

本标准起草单位：中国灌溉排水发展中心、中国水利水电科学研究院、中冠新型管材设备开发有限公司、山东胜邦管道系统有限公司。

本标准主要起草人：姚彬、刘恩武、陆光炯、代启勇、李艳英、余玲、赵启辉。

灌溉用塑料管材和管件基本参数及技术条件

1 范围

本标准规定了以聚氯乙烯树脂、聚乙烯树脂为主要原料，经挤出成型的灌溉用管材(以下简称管材)和配套管件的基本参数及技术条件。

本标准适用于低压管道输水灌溉、喷灌、微喷灌和滴灌等工程的输配水管网。

2 规范性引用文件

下列文件中的条款通过本标准的引用而成为本标准的条款。凡是注日期的引用文件，其随后所有的修改单(不包括勘误的内容)或修订版均不适用于本标准，然而，鼓励根据本标准达成协议的各方研究是否可使用这些文件的最新版本。凡是不注日期的引用文件，其最新版本适用于本标准。

GB/T 1033—1986 塑料密度和相对密度试验方法(eqv ISO/DIS 1183:1984)

GB/T 1844.1 塑料 符号和缩略语 第1部分:基础聚合物及其特征性能

GB/T 2035 塑料术语及其定义(GB/T 2035—1996,eqv ISO 472:1988)

GB/T 6111—2003 流体输送用热塑性塑料管材 耐内压试验方法(ISO 1167:1996,IDT)

GB/T 6671—2001 热塑性塑料管材 纵向回缩率的测定(eqv ISO 2505:1994)

GB/T 7306.1—2000 55°密封管螺纹 第1部分:圆柱内螺纹与圆锥外螺纹(eqv ISO 7-1:1994)

GB/T 8801—2007 硬聚氯乙烯(PVC-U)管件坠落试验方法

GB/T 8802—2001 热塑性塑料管材、管件 维卡软化温度的测定(eqv ISO 2507:1995)

GB/T 8803—2001 注射成型硬质聚氯乙烯(PVC-U)、氯化聚氯乙烯(PVC-C)、丙烯腈-丁二烯-苯乙烯三元共聚物(ABS)和丙烯腈-苯乙烯-丙烯酸盐三元共聚物(ASA)管件 热烘箱试验方法

GB/T 8804.2—2003 热塑性塑料管材 拉伸性能测定 第2部分:硬聚氯乙烯(PVC-U)、氯化聚氯乙烯(PVC-C)、和高抗冲聚氯乙烯(PVC-HI)管材(ISO 6259-2:1997,IDT)

GB/T 9113.1—2000 平面、突面整体钢制管法兰

GB/T 9647—2003 热塑性塑料管材环刚度的测定(ISO 9969:1994,IDT)

GB/T 10002.1—2006 给水用硬聚氯乙烯(PVC-U)管材[ISO 4422:1996, Pipes and fittings made of unplasticized poly (vinyl chloride) (PVC-U) for water supply—Specifications, NEQ]

GB/T 10002.2—2003 给水用硬聚氯乙烯(PVC-U)管件[ISO 4422-3:1996, Pipes and fittings made of unplasticized poly (vinyl chloride) (PVC-U) for water supply—Specifications—Part 3: Fittings and joints, MOD]

GB/T 13663—2000 给水用聚乙烯(PE)管材(neq ISO 4427:1996)

GB/T 14152—2001 热塑性塑料管材耐外冲击性能试验方法 时针旋转法(eqv ISO 3127:1994)

GB/T 15560—1995 流体输送用塑料管材液压瞬时爆破和耐压试验方法

GB/T 15819—2006 灌溉用聚乙烯(PE)管材 由插入式管件引起环境应力开裂敏感性的试验方法和技术要求(ISO 8796:2004,MOD)

GB/T 17391—1998 聚乙烯管材和管件热稳定性试验方法

QB/T 1916—2004 硬聚氯乙烯(PVC-U)双壁波纹管材

QB/T 2782—2006 埋地用硬聚氯乙烯(PVC-U)加筋管材

3 术语和定义

GB/T 1844.1、GB/T 2035 确立的以及下列术语和定义适用于本标准。

3.1 与适用范围有关的术语

3.1.1

低压管道输水灌溉 irrigation with low pressure pipe conveyance

以管道低压输水进行地面灌溉的灌水方法。其管道工作压力一般不超过 0.4 MPa。

3.1.2

喷灌 sprinkler irrigation

利用专门设备,将有压水流通过喷头以均匀喷洒方式进行灌溉的方法。

3.1.3

微喷灌 microspray irrigation

利用专门灌溉设备将有压水送到灌溉地段,并以微小水量喷洒灌溉的方法。

3.1.4

滴灌 drip irrigation;trickle irrigation

利用专门灌溉设备,以水滴浸润土壤表面和作物根区的灌水方法。

3.2 与几何尺寸有关的术语

3.2.1

公称尺寸 nominal size

DN

表示部件尺寸的名义数值。

3.2.2

公称外径 nominal outside diameter

d_n

管材或管件插口外径的规定数值,单位为 mm。

3.2.3

平均外径 mean outside diameter

d_{em}

管材或管件插口端任一横截面的外圆周长除以 3.142(圆周率)并向大圆整到 0.1 mm 得到的值。

3.2.4

最大平均外径 maximum mean outside diameter

$d_{em,max}$

平均外径的最大允许值。

3.2.5

最小平均外径 minimum mean outside diameter

$d_{em,min}$

平均外径的最小允许值。

3.2.6

最小平均内径 minimum mean inside diameter

$d_{im,min}$

平均内径的最小允许值。

3.2.7

公称壁厚　nominal wall thickness

e_n

管或管件壁厚的规定值,单位为 mm。

3.2.8

最小层压壁厚　minimum wall thickness of the inside layer

$e_{n,min}$

双壁波纹管材的波纹之间管壁任一处厚度的最小值,单位为 mm。

3.2.9

最小壁厚　minimum wall thickness

e_{min}

壁厚允许的最小值,单位 mm。

3.3　与塑料管材、管件类型有关的术语

3.3.1

实壁管　solid-wall pipe

任意横截面为实心圆环结构的管材。

3.3.2

结构壁管　structured-wall pipe

对管材的断面结构进行优化设计,以达到节省材料、满足管材使用要求的管材品种。

3.3.3

双壁波纹管　double wall corrugated pipe

内壁光滑,外壁呈波纹状的结构壁管材。

3.3.4

加筋聚乙烯管　reinforced polyethylene pipe

以聚乙烯树脂为主要原料,挤出成型过程中,在管壁内按均匀连续螺旋形设置受力线材,复合制成的管材。

3.4　与原材料有关的术语

3.4.1

回用料　recyclable material

生产过程中的流道、浇口、飞边或拒收但未使用过的清洁产品,经处理后得到的可回用材料。

3.4.2

环境应力开裂　environment stress cracking

由于环境条件的影响而加速应力开裂的现象。

3.4.3

氧化诱导时间　oxidation induction time

OIT

塑料在高温氧气条件下开始发生自动催化氧化反应的时间。

3.5　与产品性能有关的术语

3.5.1

公称压力　nominal pressure

PN

与管道系统部件耐压能力有关的参数值。

3.5.2

设计应力　design stress

σ_s

规定条件下的允许应力。

3.5.3

环刚度　ring stiffness

S_R

具有环形截面的管材在外部载荷下抗挠曲(径向变形)能力的物理参数。

3.5.4

公称环刚度　nominal ring stiffness

SN

管材或管件环刚度(S_R)的公称值,通常是一个便于使用的圆整数。

4　材料

4.1　灌溉用塑料管材、管件用材料为下列类型树脂:

——聚氯乙烯(PVC)树脂;

——聚乙烯(PE)树脂。

4.2　制造管的材料除树脂外,应含有必需的添加剂,添加剂应分散均匀。

4.3　生产厂可使用在自己生产过程中产生的符合本标准要求的回用料,不应使用其他来源的回用料。

5　管材分类及技术条件

5.1　管材分类

5.1.1　硬聚氯乙烯(PVC-U)管材按结构形式分为实壁管、双壁波纹管、加筋管三种。

5.1.1.1　实壁管按公称压力分为低压(≤0.4 MPa)和中高压两类。其规格尺寸见表1、表2。

表1　低压实壁管公称压力和规格尺寸

公称外径 (d_n)	公称压力(PN)/MPa			
	0.2	0.25	0.32	0.4
	公称壁厚(e_n)/mm			
90	—	—	1.8	2.2
110	—	1.8	2.2	2.7
125	—	2.0	2.5	3.1
140	2.0	2.2	2.8	3.5
160	2.0	2.5	3.2	4.0
180	2.3	2.8	3.6	4.4
200	2.5	3.2	3.9	4.9
225	2.8	3.5	4.4	5.5
250	3.1	3.9	4.9	6.2
280	3.5	4.4	5.5	6.9
315	4.0	4.9	6.2	7.7
注1:公称壁厚(e_n)根据设计应力(σ_s)8.0 MPa确定。 注2:本表规格尺寸适用于低压输水灌溉工程用管。				

表 2 中高压实壁管公称压力和规格尺寸

公称外径(d_n)	公称压力(PN)/MPa				
	0.63	0.8	1.0	1.25	1.6
	公称壁厚(e_n)/mm				
32	—	—	—	1.6	1.9
40	—	—	1.6	2.0	2.4
50	—	1.6	2.0	2.4	3.0
63	1.6	2.0	2.5	3.0	3.8
75	1.9	2.3	2.9	3.6	4.5
90	2.2	2.8	3.5	4.3	5.4
110	2.7	3.4	4.2	5.3	6.6
125	3.1	3.9	4.8	6.0	7.4
140	3.5	4.3	5.4	6.7	8.3
160	4.0	4.9	6.2	7.7	9.5
180	4.4	5.5	6.9	8.6	10.7
200	4.9	6.2	7.7	9.6	11.9
225	5.5	6.9	8.6	10.8	13.4
250	6.2	7.7	9.6	11.9	14.8
280	6.9	8.6	10.7	13.4	16.6
315	7.7	9.7	12.1	15.0	18.7
355	8.7	10.9	13.6	16.9	21.1
400	9.8	12.3	15.3	19.1	23.7
450	11.0	13.8	17.2	21.5	26.7
500	12.3	15.3	19.1	23.9	29.7
560	13.7	17.2	21.4	26.7	—
630	15.4	19.3	24.1	30.0	—

注 1：公称壁厚(e_n)根据设计应力(σ_s)12.5 MPa 确定。

注 2：本表规格尺寸适用于中、高压输水灌溉用管。

5.1.1.2 双壁波纹管规格尺寸见表 3。双壁波纹管适用于工作压力≤0.2 MPa 的输水工程，其结构及连接方式按 QB/T 1916—2004 要求。

表 3 硬聚氯乙烯(PVC-U)双壁波纹管规格尺寸

单位为毫米

公称尺寸 DN/OD	最小平均外径($d_{em,min}$)	最大平均外径($d_{em,max}$)	最小平均内径($d_{im,min}$)	最小层压壁厚($e_{n,min}$)
63	62.6	63.3	54	0.5
75	74.5	75.3	65	0.6
90	89.4	90.3	77	0.8
110	109.4	110.4	97	1.0
125	124.3	125.4	107	1.1
160	159.1	160.5	135	1.2

5.1.1.3 加筋管规格尺寸见表4，加筋管适用于工作压力≤0.2 MPa的输水工程，其结构及连接方式按QB/T 2782—2006要求。

表4 硬聚氯乙烯(PVC-U)加筋管规格尺寸

单位为毫米

公称尺寸 DN/ID	最小平均内径 ($d_{im,min}$)	最小壁厚 (e_{min})	最小承口深度 (A_{min})
150	145.0	1.3	85.0
225	220.0	1.7	115.0
300	294.0	2.0	145.0

5.1.1.4 温度对压力的折减系数按GB/T 10002.1—2006要求确定。

5.1.2 聚乙烯(PE)管按树脂级别分为低密度聚乙烯和PE63级、PE80级三类。

5.1.2.1 低密度聚乙烯管的公称压力和规格尺寸见表5。

表5 低密度聚乙烯管公称压力和规格尺寸

公称外径 (d_n)	公称压力(PN)/MPa		
	0.25	0.40	0.63
	公称壁厚(e_n)/mm		
16	0.8	1.2	1.8
20	1.0	1.5	2.2
25	1.2	1.9	2.7
32	1.6	2.4	3.5
40	1.9	3.0	4.3
50	2.4	3.7	5.4
63	3.0	4.7	6.8
75	3.6	5.6	8.1
90	4.3	6.7	9.7
110	5.3	8.1	11.8
注：公称壁厚(e_n)根据设计应力(σ_s)2.5 MPa确定。			

5.1.2.2 PE63级管公称压力和规格尺寸见表6。

表6 PE63级管公称压力和规格尺寸

公称外径 (d_n)	公称压力(PN)/MPa				
	0.32	0.4	0.6	0.8	1.0
	公称壁厚(e_n)/mm				
16	—	—	—	—	2.3
20	—	—	—	2.3	2.3
25	—	—	2.3	2.3	2.3
32	—	—	2.3	2.4	2.9
40	—	2.3	2.3	3.0	3.7
50	—	2.3	2.9	3.7	4.6

表 6（续）

公称外径 (d_n)	公称压力(PN)/MPa				
	0.32	0.4	0.6	0.8	1.0
	公称壁厚(e_n)/mm				
63	2.3	2.5	3.6	4.7	5.8
75	2.3	2.9	4.3	5.6	6.8
90	2.8	3.5	5.1	6.7	8.2
110	3.4	4.2	6.3	8.1	10.0
125	3.9	4.8	7.1	9.2	11.4
140	4.3	5.4	8.0	10.3	12.7
160	4.9	6.2	9.1	11.8	14.6
180	5.5	6.9	10.2	13.3	16.4
200	6.2	7.7	11.4	14.7	18.2
225	6.9	8.6	12.8	16.6	20.5
250	7.7	9.6	14.2	18.4	22.7
280	8.6	10.7	15.9	20.6	25.4
315	9.7	12.1	17.9	23.2	28.6
注：公称壁厚(e_n)根据设计应力(σ_s)5.0 MPa 确定。					

5.1.2.3 PE80 级管公称压力和规格尺寸见表 7。

表 7 PE80 级管公称压力和规格尺寸

公称外径 (d_n)	公称压力(PN)/MPa				
	0.4	0.6	0.8	1.0	1.25
	公称壁厚(e_n)/mm				
25	—	—	—	—	2.3
32	—	—	—	—	3.0
40	—	—	—	—	3.7
50	—	—	—	—	4.6
63	—	—	—	4.7	5.8
75	—	—	4.5	5.6	6.8
90	—	4.3	5.4	6.7	8.2
110	—	5.3	6.6	8.1	10.0
125	—	6.0	7.4	9.2	11.4
140	4.3	6.7	8.3	10.3	12.7
160	4.9	7.7	9.5	11.8	14.6
180	5.5	8.6	10.7	13.3	16.4
200	6.2	9.6	11.9	14.7	18.2
225	6.9	10.8	13.4	16.6	20.5

表 7（续）

公称外径 (d_n)	公称压力(PN)/MPa				
	0.4	0.6	0.8	1.0	1.25
	公称壁厚(e_n)/mm				
250	7.7	11.9	14.8	18.4	22.7
280	8.6	13.4	16.6	20.6	25.4
315	9.7	15.0	18.7	23.2	28.6
注：公称壁厚(e_n)根据设计应力(σ_s)6.3 MPa 确定。					

5.1.2.4　温度对压力的折减系数按 GB/T 13663—2000 要求确定。

5.1.3　**加筋聚乙烯(PE)管**

加筋聚乙烯管应用 PE63 级及以上树脂，受力线材为碳素弹簧钢丝。

5.1.3.1　加筋聚乙烯管按承压等级分为轻型输水管和重型输水管两类。

轻型输水管适应工作压力为：0.4 MPa、0.6 MPa、0.8 MPa、1.0 MPa。

重型输水管适应工作压力为：0.6 MPa、0.8 MPa、1.0 MPa、1.6 MPa、2.0 MPa、2.5MPa、3.2 MPa。

5.1.3.2　加筋聚乙烯管规格尺寸见表 8。

表 8　加筋聚乙烯管规格尺寸

单位为毫米

公称直径 (d_n)	轻型输水管			重型输水管		
	最小壁厚	钢丝		最小壁厚	钢丝	
		最小直径	最大间距		最小直径	最大间距
50	—	—	—	2.0	0.3	8.3
63	—	—	—	2.2	0.3	6.0
75	2.5	0.3	9.5	2.6	0.3	5.0
90	2.8	0.3	8.0	3.0	0.4	7.0
110	3.0	0.3	5.8	3.6	0.4	5.6
125	3.2	0.4	8.0	4.0	0.4	5.0
160	4.2	0.4	6.8	4.8	0.5	6.0
200	4.8	0.5	7.5	5.8	0.6	6.2
250	5.7	0.5	5.8	7.0	0.6	5.0
315	6.9	0.6	6.2	8.5	0.7	5.3

5.2　**管材技术条件**

5.2.1　**颜色**

管颜色由供需双方协商确定，色泽应均匀一致。

5.2.2　**外观**

管内外壁应光滑，不应有气泡、裂纹、分解变色线及明显的痕纹、杂质、颜色不均等，管材应不透光。管的两端应切割平整并应与轴线垂直。

5.2.3　**尺寸**

5.2.3.1　长度

硬聚氯乙烯(PVC-U)管长度一般为 4 m、6 m，也可由供需双方协商确定，长度不允许负偏差。聚乙烯管长度一般为 6 m、9 m、12 m，也可由供需双方商定，长度的极限偏差为长度的＋0.4%，－0.2%。盘管盘架直径不应小于管材外径的 18 倍。盘管展开长度由供需双方商定。

5.2.3.2 外径和壁厚

硬聚氯乙烯(PVC-U)管外径和壁厚应符合表 1、表 2、表 3、表 4 的规定。平均外径及偏差，任意点壁厚及偏差应符合 GB/T 10002.1—2006 的要求。

聚乙烯(PE)管外径和壁厚应符合表 5、表 6、表 7、表 8 的规定。平均外径、任一点的壁厚公差应符合 GB/T 13663—2000 的要求。

5.2.3.3 硬聚氯乙烯(PVC-U)管弯曲度的规定应符合 GB/T 10002.1—2006 的要求。

5.2.4 物理力学性能

5.2.4.1 硬聚氯乙烯(PVC-U)管的物理力学性能应符合表 9、表 10、表 11 的规定。

表 9 硬聚氯乙烯(PVC-U)实壁管的物理力学性能

项　目	技 术 指 标	试 验 方 法
密度/(kg/m^3)	1 350～1 550	按 GB/T 1033—1986 测定
维卡软化温度/℃	≥80	按 GB/T 8802—2001 测定
落锤冲击[a](0 ℃)	9/10 为通过	按 GB/T 14152—2001 测定
静液压试验[b] (20 ℃，1 h)	不破裂 不渗漏	按 GB/T 6111—2003 测定
环刚度/(kN/m^2) 公称压力 0.2 MPa 管材 公称压力 0.25 MPa 管材 公称压力 0.32 MPa 管材 公称压力≥0.4 MPa 管材	 ≥0.5 ≥1.0 ≥2.0 ≥4.0	按 GB/T 9647—2003 测定

a 落锤质量和冲击高度见 GB/T 10002.1—2006。

b 公称压力为低压(≤0.4 MPa)时，试验压力为 4 倍公称压力。
公称压力为中高压(＞0.4 MPa)时，试验条件为环应力 38 MPa。

表 10 硬聚氯乙烯(PVC-U)双壁波纹管的物理力学性能

项　目		技 术 指 标	试 验 方 法
环刚度/(kN/m^2)	SN8	≥8	按 GB/T 9647—2003 测定
	SN16	≥16	
落锤冲击(0 ℃)[a]		9/10 为通过	按 GB/T 14152—2001 测定
环柔性		不破裂两壁不脱开	按 GB/T 9647—2003 测定
静液压试验[b] (20 ℃，4 倍工作压力，1 h)		不破裂 不渗漏	按 GB/T 6111—2003 测定

a 落锤质量和冲击高度见 QB/T 1916—2004。

b 工作压力由使用本标准的相关方共同确定。

表 11 硬聚氯乙烯(PVC-U)加筋管物理力学性能

项　目		技 术 指 标	试 验 方 法
维卡软化温度/℃		≥80	按 GB/T 8802—2001 测定
环刚度/(kN/m^2)	SN4	≥4	按 GB/T 9647—2003 测定
	SN8	≥8	
	SN16	≥16	
落锤冲击 (0 ℃)[a]		9/10 为通过	按 GB/T 14152—2001 测定
环柔性		试样圆滑,无反向弯曲,无破裂	按 GB/T 9647—2003 测定
静液压试验[b] (20 ℃,4 倍工作压力,1 h)		无破裂,无渗漏	按 GB/T 6111—2003 测定

[a] 落锤质量和冲击高度见 QB/T 2782—2006。

[b] 工作压力由使用本标准的相关方共同确定。

5.2.4.2 聚乙烯管的物理力学性能应符合表 12、表 13 的规定。

表 12 聚乙烯管的物理力学性能

项　目	技 术 要 求	试 验 方 法
断裂伸长率/%	≥350	按 GB/T 8804.2—2003 测定
纵向回缩率(110 ℃)/%	≤3	按 GB/T 6671—2001 测定
耐环境应力开裂[a]	折弯处不合格数不超过 10%	按 GB/T 15819—2006 测定
氧化诱导时间 (200 ℃)/min	≥20	按 GB/T 17391—1998 测定
静液压试验[b] (20 ℃)	不破裂 不渗漏	按 GB/T 6111—2003 测定

[a] d_n≤32 mm 的灌溉用管应符合此项要求。

[b] 低密度聚乙烯管试验条件为环向应力 6.9 MPa(1 h),PE63 级环向应力为 8.0 MPa(100 h)及 PE80 级管环向应力为 9.0 MPa(100 h)。

表 13 加筋聚乙烯管力学性能

项　目	技 术 要 求	试 验 方 法
受压开裂稳定性 (压至管外径的 50%)	无裂纹 筋材与塑料不脱开	按 GB/T 9647—2003 测定
环刚度/ (kN/m^2)	≥2	按 GB/T 9647—2003 测定
静液压试验 (20 ℃,1.5 倍公称压力,1 h)	不破裂 不渗漏	按 GB/T 6111—2003 测定
爆破压力试验(20 ℃)	≥2.5 倍公称压力	按 GB/T 15560—1995 测定

6 管件分类及技术条件

6.1 管件分类

管件按连接方式主要分为粘接式承口管件、法兰连接管件、螺纹接头管件和组合式管件四类。

输水温度对管件公称压力的折减系数按 GB/T 10002.2—2003 要求确定。

6.2 技术条件

6.2.1 外观

管件内外表面应光滑，不应有脱层、明显气泡、痕纹、冷斑以及色泽不匀等缺陷。

6.2.2 管件尺寸

6.2.2.1 粘接式承口管件最小承口深度应符合 GB/T 10002.2—2003 的要求。粘接式承口的壁厚不应小于主体壁厚的 75%。管件安装尺寸见 GB/T 10002.2—2003 附录 A 中 A.1.1～A.1.3。

6.2.2.2 法兰连接管件尺寸应符合 GB/T 9113.1—2000 的要求。法兰连接变接头管件安装尺寸见 GB/T 10002.2—2003 附录 A 中 A.2.6～A.2.7。

6.2.2.3 PVC-U 螺纹接头管件的螺纹尺寸应符合 GB/T 7306.1—2000 的要求。

6.2.2.4 组合式管件

组合式直接头的最小安装长度(Z_{min})见图 1、表 14。

组合式三通的最小安装长度(Z_{min})见图 2、表 15。

组合式管件的最小承口深度(S_{min})见图 3、表 16。

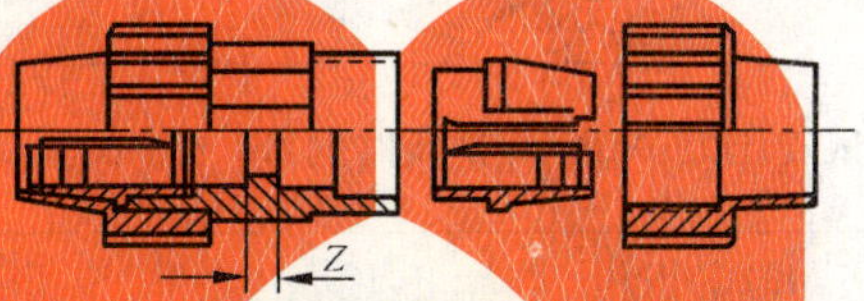

图 1 直接头安装长度示意图

表 14 组合式直接头的最小安装长度

单位为毫米

公称直径	Z_{min}	公称直径	Z_{min}
20×20	2	40×40	3
25×25	2	50×50	4
32×32	3	63×63	4

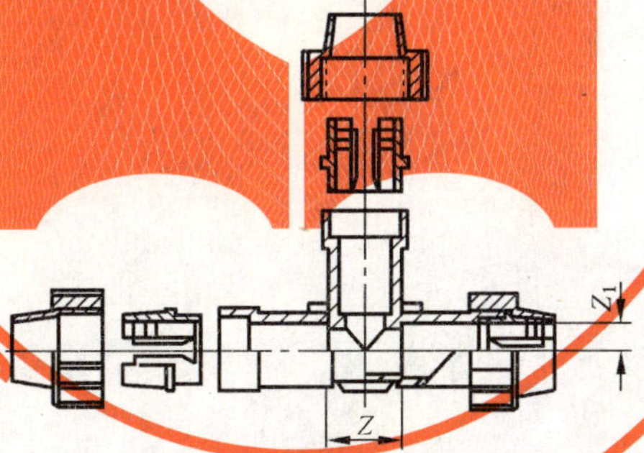

图 2 组合式三通安装长度示意图

表 15 组合式三通的最小安装长度

单位为毫米

公称直径	Z_{min}	$Z_{1,min}$	公称直径	Z_{min}	$Z_{1,min}$
20×20×20	20	10	40×40×40	40	20
25×25×25	25	12.5	50×50×50	50	25
32×32×32	32	16	63×63×63	63	31.5

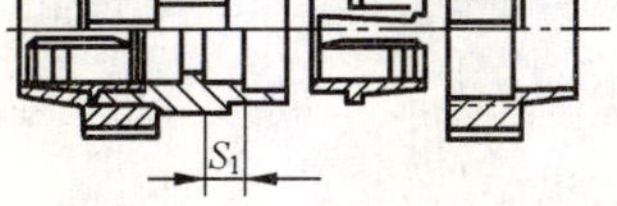

图 3 组合式接头承口深度示意图

表 16　组合式管件的最小承口深度

单位为毫米

公称直径	Z_{min}	公称直径	Z_{min}
20×20	2	40×40	3
25×25	2	50×50	4
32×32	3	63×63	4

6.2.3　物理力学性能

管件的物理力学性能要求见表 17。

表 17　管件的物理力学性能

<table>
<tr><th colspan="2">项　目</th><th colspan="4">要　求</th><th>试验方法</th></tr>
<tr><td colspan="2">维卡软化温度</td><td colspan="4">≥74 ℃</td><td>按 GB/T 8802—2001 测定</td></tr>
<tr><td colspan="2">烘箱试验</td><td colspan="4">符合 GB/T 8803—2001</td><td>按 GB/T 8803—2001 测定</td></tr>
<tr><td colspan="2">坠落试验</td><td colspan="4">无破裂</td><td>按 GB/T 8801—2007 测定</td></tr>
<tr><td rowspan="5">液压试验</td><td>公称外径 d_n</td><td>试验温度/℃</td><td>试验压力/MPa</td><td>试验时间/h</td><td>试验要求</td><td rowspan="5">按 GB/T 6111—2003 测定</td></tr>
<tr><td rowspan="2">$d_n \leqslant 90$</td><td rowspan="2">20</td><td>4.2×PN</td><td>1</td><td rowspan="4">无破裂
无渗漏</td></tr>
<tr><td>3.2×PN</td><td>1 000</td></tr>
<tr><td rowspan="2">$d_n > 90$</td><td rowspan="2">20</td><td>3.36×PN</td><td>1</td></tr>
<tr><td>2.56×PN</td><td>1 000</td></tr>
<tr><td colspan="7">注：d_n 指与管件相连的管材的公称外径。</td></tr>
</table>

ICS 67.260
X 99

中华人民共和国国家标准

GB 23242—2009

食品加工机械 食物切碎机和搅拌机 安全和卫生要求

Food processing machinery—Food processors and blenders—Safety and hygiene requirements

2009-02-24 发布 2009-09-01 实施

中华人民共和国国家质量监督检验检疫总局
中国国家标准化管理委员会 发布

前　言

本标准的第1章、第2章、第3章、附录A、附录C为推荐性的，其余为强制性的。

本标准修改采用EN 12852：2001《食品加工机械　食物切碎机和搅拌机　安全和卫生要求》英文版。

本标准与EN 12852：2001的主要差异如下：

——删除了EN 12852：2001的前言、附录ZA；

——将“本欧洲标准”一词改为“本标准”；

——按GB/T 1.1规定的标准格式要求，将引用的有关国际、国外标准改为相应的国家标准；将EN 12852：2001第1章“范围”中将风险评估内容移到第4章，将使用信息的内容移到第7章；

——本标准5.2条将EN 12852：2001中5.2条内容改成“食物切碎机和搅拌机应符合GB 4706.1和GB 4706.38的要求”。

本标准的附录A和附录B是规范性附录，附录C是资料性附录。

本标准由中华人民共和国商务部提出。

本标准由全国商业机械标准化技术委员会归口。

本标准起草单位：浙江工商大学、北京市服务机械研究所、广东恒联食品机械有限公司、杭州艾博机械工程有限公司、商业科技质量中心。

本标准主要起草人：傅玉颖、刘旭、肖如、刘洪伟、王玉波、李继萍、刘红涛、韩青荣、尚卫东。

引　言

使用食物切碎机和搅拌机可能会带来各种机械风险和其他风险。

本标准包括对食品卫生的安全和风险的要求，并可作为 GB 22747—2008 等机械设计标准的补充。

机械安全系列标准的结构为：

——A 类标准（基础安全标准），给出适用于所有机械的基本概念、设计原则和特征。

——B 类标准（通用安全标准），涉及机械的一种安全特征或使用范围较宽的一类安全防护装置：

a) B1 类，特定的安全特征（如安全距离、表面温度、噪声）标准；

b) B2 类，安全装置（如双手操纵装置、联锁装置、压敏装置、防护装置）标准。

——C 类标准（机器安全标准），对一种特定的机器或一组机器规定出详细的安全要求的标准。

本标准属于 C 类标准。

当本标准的规定不同于那些已颁布的 A 类或 B 类标准时，对于那些已经按照 C 类标准设计和制造的机器，本标准的规定优先于 A 类或 B 类规定。

食品加工机械
食物切碎机和搅拌机　安全和卫生要求

1　范围

本标准规定了食物切碎机和搅拌机的安全和卫生要求。

本标准适用于在加工食品时带有固定料桶的食物切碎机和搅拌器，料桶的容量≤150 L。

本标准涵盖的机器应能对大量成品和原料进行如切碎、搅拌、混合、搅打等不同类型的操作，主要用于食品和餐饮行业如餐厅、宾馆、咖啡店和小酒馆等。

本标准主要适用于自本标准发布实施之后制造的食物切碎机和搅拌机。

本标准不适用于：

——家用机器；

——专用于食品工业加工的机器(如：宠物食品、罐头工业、工业肉食加工)。

专门用来混合液体，带有一个叶轮，通常从上部驱动且被称作混合器的小型机器不包含在内。

本标准不涉及：

——振动危险；

——热危险；

——由压力引起的危险。

2　规范性引用文件

下列文件中的条款通过本标准的引用而成为本标准的条款。凡是注日期的引用文件，其随后所有的修改单(不包括勘误的内容)或修订版均不适用于本标准，然而，鼓励根据本标准达成协议的各方研究是否可使用这些文件的最新版本。凡是不注日期的引用文件，其最新版本适用于本标准。

GB/T 1031—1995　表面粗糙度　参数及其数值

GB/T 3767—1996　声学　声压法测定噪声源　声功率级　反射面上方近似自由场的工程法(eqv ISO 3744:1994)

GB 4706.1　家用和类似用途电器的安全　第1部分：通用要求(GB 4706.1—2005，IEC 60335-1:2004(Ed4.1)，IDT)

GB 4706.38　家用和类似用途电器的安全　商用电动饮食加工机械的特殊要求(GB 4706.38—2003，IEC 60335-2-64:1997，IDT)

GB/T 8196　机械安全　防护装置　固定式和活动式防护装置设计与制造一般要求(GB/T 8196—2003，ISO 14120:2002，MOD)

GB 12265.1—1997　机械安全　防止上肢触及危险区的安全距离

GB/T 14574—2000　声学　机器和设备噪声辐射值的标示和验证(eqv ISO 4871:1996)

GB/T 15706.1—2007　机械安全　基本概念与设计通则　第1部分：基本术语和方法(ISO 12100-1:2003，IDT)

GB/T 15706.2—2007　机械安全　基本概念与设计通则　第2部分：技术原则(ISO 12100-2:

2003,IDT)

GB/T 16855.1—2008 机械安全 控制系统有关安全部件 第1部分:设计通则(ISO 13849-1:2006,IDT)

GB/T 16856.1 机械安全 风险评价 第1部分:原则

GB/T 17248.2—1999 声学 机器和设备发射的噪声 工作位置和其他指定位置发射声压级的测量 一个反射面上方近似自由场的工程法(eqv ISO 11201:1995)

GB/T 18831—2002 机械安全 带防护装置的联锁装置 设计和选择原则(ISO 14119:1998,MOD)

GB 22747—2008 食品加工机械 基本概念 卫生要求

EN 614-1:1995 机械安全 人类工效学设计原则 第一部分:术语和总体原则

prEN 1005-3:1993 机械安全 人体特征 第2部分:机械操作力限值

EN 1070:1998 机械安全 术语

prEN 1672-1:1994 食品加工机械 基本概念 第1部分:安全要求

EN ISO 11688-1:1998 声学 低噪声机器和设备的设计推荐规程 第1部分:计划

3 术语、定义和描述

3.1 术语和定义

EN 1070:1998 中确立的以及下列术语和定义适用于本标准。

3.1.1

标称容积 (V_n)nominal volume

制造商标示的食物切碎机或搅拌机的工作容积(见 7.1.d)。

3.1.2

总容积 (V_t)total volume

料桶实际容积。

3.1.3

可移动性 removable

能被移动并可通过常用手动工具放回原处。

3.1.4

易移动性 easily removable

能被移动并在不使用工具情况下一人轻松放回原处。

3.1.5

缓冲点 bumper point

在最低位置限制料桶移动的固定部分。

3.2 描述

食物切碎机和搅拌机的基本差异在于料桶的几何形状和工具的转速,这些差异使得搅拌机只能在有液体时工作,而食物切碎机在有或没有液体时都能工作(见图1、图2和图3)。

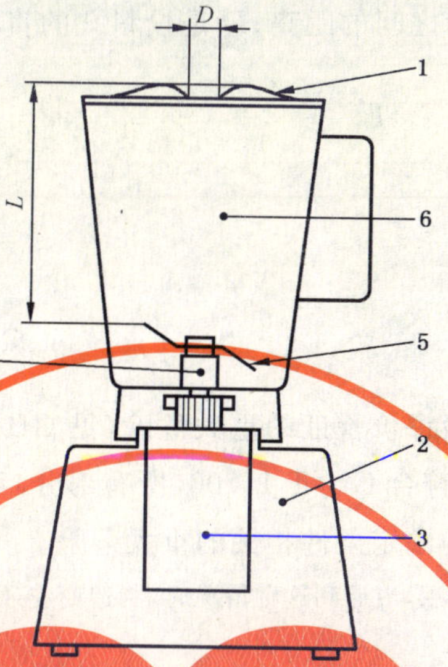

1——盖子；
2——机壳；
3——电动机；
4——轴；
5——刀具；
6——料桶。

图 1　搅拌机示例

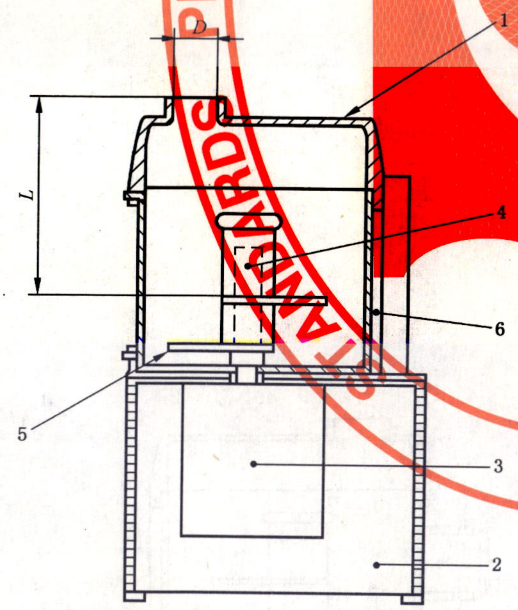

1——盖子；
2——机壳；
3——电动机；
4——轴；
5——刀具；
6——料桶。

图 2　食物切碎机示例

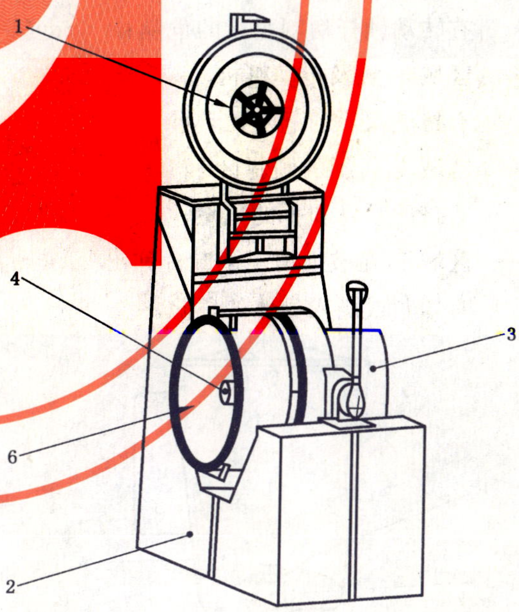

图 3　带有倾斜料桶的食物切碎机示例

L 是投料孔上缘与工具上刀片之间的距离；D 是投料孔的直径。

这些机器分为三种类型：

——类型 1：$V_t<5$ L；

——类型 2：5 L$\leqslant V_t \leqslant$25 L；

——类型 3：25 L$<V_t\leqslant$150 L。

4 危险列表

本标准包含了这些机器经风险评价验证的重大危险(见 GB/T 16856.1)，并在本章中列举。此外，对于本标准未涉及的危险，机器应符合 GB/T 15706(所有部分)和 EN 1672-1：1994 中相应的要求。

本标准包含了以下与使用中的预定条件相关的重大危险。

注：如果机器不是在以上情形下使用，当遇到这种情况时，制造商应通过新的风险分析方法验证预防措施仍然有效和足够。

4.1 机械危险

4.1.1 触及危险区域

机械危险是由于与运动工具、倾斜设备和传动机构接触引起的(见图 4)。

危险可能引起的因素有：

——区域 1：伸入到料桶并接触到运动刀具

有切割手指的危险；

——区域 2：刀具驱动轴

有转动轴杆切割手指的危险；

——区域 3：触及传动机构

有挤压双手的危险；

——区域 4：料桶的倾斜区

有挤压手臂和手的危险；

——区域 5：在破损情况下叶片弹出

有切割或刺入身体的危险。

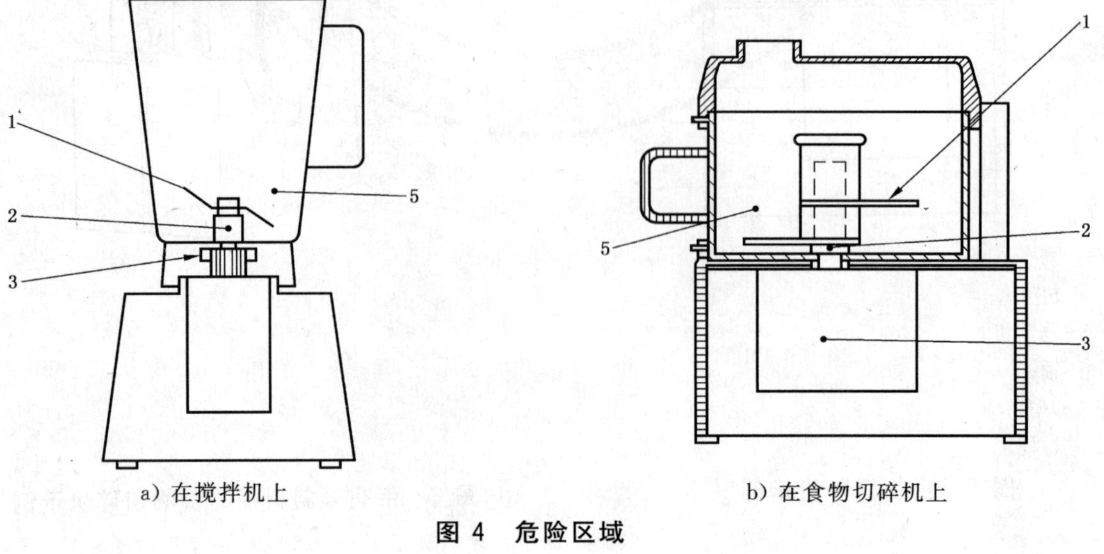

a) 在搅拌机上　　b) 在食物切碎机上

图 4 危险区域

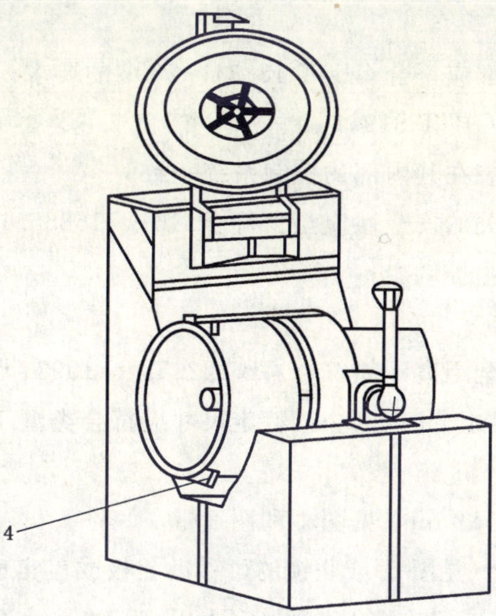

c) 区域 4：在带有倾斜料桶的食物切碎机上

图 4（续）

4.1.2 失稳

有挤压和撞击身体的危险。

4.1.3 不正确装配和固定

有切割和撞击手指和手的危险。

4.1.4 切割装置的搬运、清洁和贮存

有切割和撞击手指和手的危险。

4.2 电气危险

由于与带电部件直接或间接接触导致电击危险。

4.3 机器设计时忽略卫生原则而产生的危险

4.3.1 对操作者的危险

来自食品加工过程中如吸入面粉、糖等的危险和来自机器消毒清洁过程中的危险。

注：见 prEN 1672-1：1994 中涉及的对操作者的卫生风险。

4.3.2 对消费者的危险

不能有效彻底地清洁食品区域和飞溅区域。

由不良物料引起的食品污染包括食物残渣、微生物以及清洁和消毒液体的残液。

4.4 机器设计时忽略人类工效学原则而产生的风险

忽略人类工效学原则会导致控制操作错误，或由于延伸过度、负荷过重、姿势不正确等对机器操作者产生身体伤害。

4.5 噪声

噪声可能导致以下危险：

——永久性失去听觉；

——耳鸣；

——疲劳、紧张等。

5 安全、卫生要求与措施

5.1 机械危险

安全目标是为了阻止触及会引起伤害的运动部分，达到该目的应符合以下要求。

5.1.1 触及危险区域(见图 4)

所有与防护有关的联锁装置都应符合 GB/T 18831—2002 的要求。

固定和移动防护装置应符合 GB/T 8196。

联锁装置的安全水平应该与装在其内部的控制系统一致。

与装置及其控制系统接口有关的安全性应至少符合 GB/T 16855.1—2005 中 6.2.2 的类别 1。

使用和维护说明应在说明书中提供。

5.1.1.1 区域 1 和区域 2

特定用户需求意味着最小安全距离不能符合 GB 12265.1—1997,尤其在食品加工过程中需要通过孔径加入水果、蔬菜、黄油、鸡蛋等组分时。此时,特定尺寸应符合类型 1 和类型 2 机器。

5.1.1.1.1 类型 1

尺寸应该为 $L \geqslant 120$ mm,$D \leqslant 52$ mm(见图 1 和图 2)。

本要求可以通过整体防护装置(见图 5)或联锁的可移动盖板或盖实现。在使用联锁的可移动盖板或盖的地方,可以根据 GB/T 15706.1—2007 的 3.25.6、GB/T 15706.2—2007 的 5.3.2.5 和GB/T 18831—2002 达到联锁。

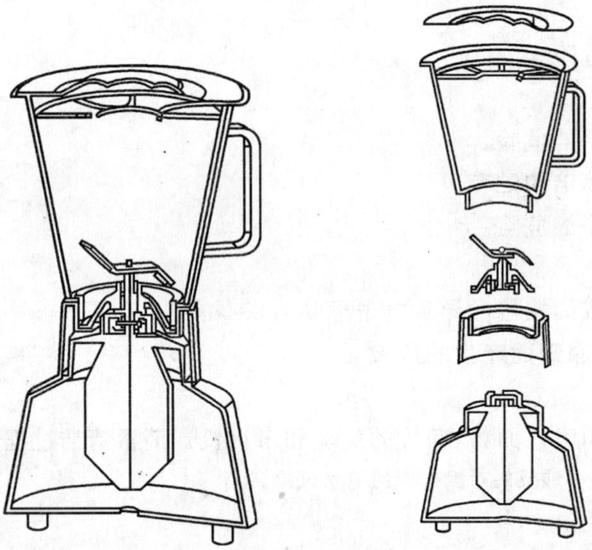

图 5 带有整体防护装置的料桶(示例)

5.1.1.1.2 类型 2

尺寸应该为 $L \geqslant 120$ mm,$D \leqslant 52$ mm(见图 1 和图 2)。

本要求可以通过整体防护装置或联锁的可移动盖板或盖实现。在使用联锁的可移动盖板或盖的地方,可以根据 GB/T 15706.1—2007 的 3.25.2、GB/T 15706.2—2007 的 5.3.2.3 和 GB/T 18831—2002 达到联锁。

对带有铰链盖板的机器,当其运转时盖板可被打开的距离在非铰链边测量不得超过 45 mm。

机器空转时的停机时间应 <4 s。

5.1.1.1.3 类型 3

盖板由于自重通常和机器主体铰链联接,也有一些盖板为了使用方便可以移动。

根据 GB/T 15706.1—2007 中的 3.25.2 和 GB/T 15706.2—2007 中的 5.3.2.3,盖板应与一个联锁装置联接。

对不可移动的盖板，其联锁装置应符合 GB/T 18831—2002 中的 6.2.1。

对完全可移动的盖板，其联锁装置应符合 GB/T 18831—2002(如：操作中需要有两个联锁开关，一个强制模式，一个非强制模式)。当强制机械动作方式不与该机器的其他要求协调一致，即卫生要求、防护指数、失效预防和安全距离等，位置检测器上盖板的强制机械动作的缺失应通过附录 C 表述的方式进行平衡/补偿，以达到相应的安全水平。

然而，在所有使用单一机械式位置检测器情况下，应符合 GB/T 18831—2002 中的 6.2.1.2。

孔径上缘与工具上刀片之间的安全距离应符合 GB 12265.1—1997 中表 4 和 4.5.3 条。

机器空转时的停机时间应≤4 s。

如果料桶是可移动的，当料桶固定不正确时，一个联锁装置应能阻止机器运转。

5.1.1.2　区域 3

通过一个固定防护装置来防止触及危险区域，固定防护装置应符合 GB/T 15706.2—2007 中的 5.3.2.2和 GB/T 8196。

这些要求均适用于三种类型的机器。

5.1.1.3　区域 4

料桶只能在机器操作者动作下倾斜，当其倾斜回原来工作位置时也同样要求。

当倾斜由动力操作时，应通过位于危险区域之外的一个手柄控制机器运动。当停止时，料桶在所有位置都应保持稳定。

5.1.1.4　区域 5

叶片的形状和固定应防止其意外弹出。刀片与其支撑之间的连接应通过一个充分考虑方向和离心力的正确的机械连接方式确保安全，仅靠摩擦连接是不够的。

5.1.2　稳定性

当按照制造商预设情况使用时，机器应保持稳定。

机器应被设计为易稳定的，且满足表 1 规定的试验。

如果不能符合表 1 的试验，机器应被固定，并在说明书标明固定点的力值。

装有 3 个脚轮的机器至少要有一个脚轮(或一套脚轮)带有锁定装置。

装有 4 个脚轮的机器至少要有两个脚轮(或两套脚轮)带有锁定装置。

5.1.3　不正确装配和固定

机器设计应能保证依本标准提供防护装置的可移动部件在机器移动之前处于正确位置。

此外，说明书应提供装配方法和正确调整到良好状况的方法。

如果切削装置的不正确装配和固定会导致危险情况，则应通过设计加以防止(如使用机械式的连接元件)。

5.1.4　切割装置的搬运、清洁和贮存

制造商应提供安全使用、清洁和贮存切割装置的适当说明。

5.2　电气危险

电气设备应符合 GB 4706.1 和 GB 4706.38 的要求。

5.3　卫生

5.3.1　一般要求

机器设计应符合 EN 1672-1：1997 和下述给定要求，同时也应符合附录 B。

卫生区域(示例)见图 6a)和图 6b)。

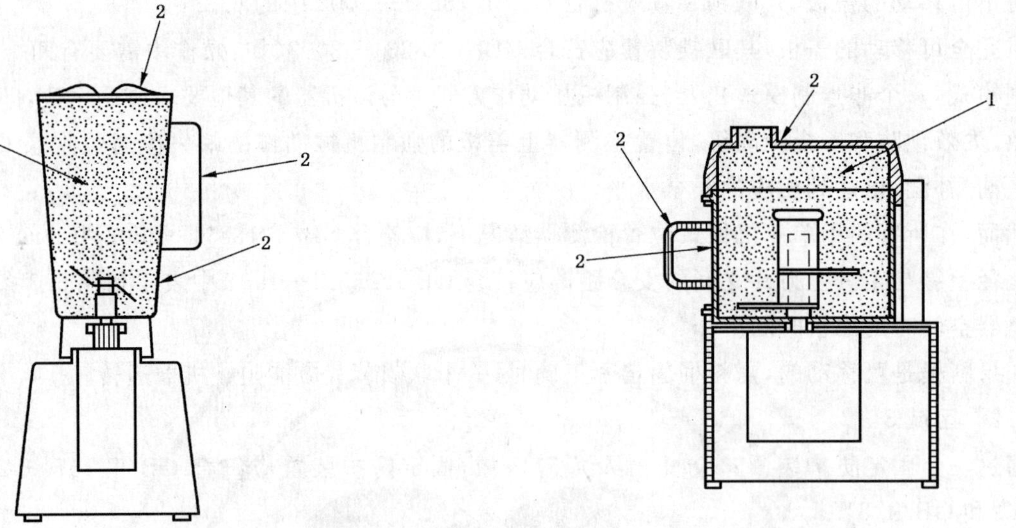

a) 在搅拌机上　　　　b) 在食物切碎机上

1——食品区域；
2——飞溅区域。

图 6　卫生区域

5.3.2　食品区域

以下部件应被视为如 GB 22747—2008 所规定的食品区域：

——料桶内部；
——工具装置；
——覆盖料桶盖子的内部；
——刮削装置。

但是，食品区域的一些部件，如切割装置、轴和组件很难清洗，必须提供专门清洗说明(见 7.1)。

5.3.3　飞溅区域

——料桶外部；
——盖板或盖的外部；
——手柄；
——停止和启动控制器。

5.3.4　非食品区域

非食品区域包括除上述飞溅区域和食品区域以外的任何区域。

5.3.5　表面粗糙度

最大粗糙度应符合 GB 22747—2008 的要求和附录 B。

5.3.6　可清洁性

所有食品区域和飞溅区域都应容易清洗，如有必要可以进行消毒。

在食品区域和飞溅区域，除非技术需要，应避免安装螺栓、螺钉、铆钉等。这些可以从附录 B 的图 B.17中选择。

注：因为污染问题，机器不应打算通过喷水清洗[见 7.1.e)]。

5.4　人类工效学

应注意 GB/T 15706.2—2007 中的 5.5 和 EN 614-1:1995 给出的安全防护。为达到人类工效学目标，用户一定要符合的任何需要信息(如进料斜槽高度)都应包括在说明书中。

料桶的最大倾斜力应为 200 N(见 prEN 1005-3:1993 的 4.3.2.1)。

5.5 噪声

机器的设计和制造应特别采用控制噪声源的措施，以使经由空气传播的噪声发射风险降低到最低水平，见 EN ISO 11688-1:1998。在参照同类其他机器有关的实际噪声发射值(见附录 A)基础上，来评估所采用的减噪措施是否成功。

这些机器的主要噪声源是电动机和旋转刀片。

6 安全、卫生要求与措施验证

安全、卫生要求与措施验证见表 1。

表 1

条 款	验证方法
5.1.1	视检和测量，包括装置和用户关心的操作切割装置的说明以避免割伤。 联锁装置的功能试验。
5.1.2	带注满水的料桶的机器，考虑到最不利状况应在最不利方向从水平面倾斜 10°，机器应回到水平面。
5.1.3	视检。
5.2	应按照 GB 4706.38 进行验证。
5.3	根据附录 B。
5.4	距离测量。 视检。 功能试验。
5.5	根据附录 A。

7 使用信息

使用信息应满足 GB/T 15706.2—2007 中第 6 章的要求。应提供一份说明书。

本标准适用于按照 GB/T 15706.1—2007 中的 3.12 条和说明书(见 7.1)所阐述的情况下使用机器，包括清洁、清除食物堵塞、喂料和替换工具。

7.1 说明书

说明书应满足 GB/T 15706.2—2007 中 6.5 的要求，并应向用户表明为了达到电磁兼容性而应满足的安装、使用和维护(提供者确定的一般电工/电子设备)条件。

应包括下述信息：

a) 运输、搬运和贮存信息：

——关于机器的；

——关于刀具的，以减少切割和撞击的风险。

b) 特别安装信息：

——检查器具的绝缘是正确的；

——检查器具的电源是合适的；

——检查连接电缆是正确的尺寸；

——检查器具任何金属支架有等电位接地连接；

——任何特殊安装要求。

c) 特别调试信息：

——安装和装备情况；

——有关用户必须采取预防措施的信息。

d) 设备自身信息，特别是：

——取决于食品加工量的料桶标称容积；

——设备、附件、防护装置和/或安全装置的详细描述；

——器具打算使用和禁止使用的各种范围，如有；

——机器重量，如果机器是通过部件形式供货，需提供各部件的重量；

——声明的噪声发射值，符合附录A要求；

——电气设备的数据和电器线路图；

——过电流保护装置值。

e) 正常操作情况信息：

——控制器描述；

——所有正常操作，如何使用工作中所提供的安全保护装置和任何剩余防护装置的说明，或用户应遵守的安全制度和相应的培训要求；

——搬运、清洁和贮存某些工具而可能产生的特别风险，和在使用时所必需的特殊防护装置；

——用户必须采取的工作程序，确保机器如5.1.2所要求那样是稳定的；

——任何关于用水冲或浸没机器的限制，因为提供的IP等级的防护限制；

——用户可能考虑的任何人类工效学感受(见5.4)；

——食品区域、飞溅区域和非食品区域的清洁方法；

——防护装置及其组件的拆除(包括紧固件)和正确的清洁方法(基于安全考虑)，如有；

——工具、固定板及其组件清洗的特别说明。

f) 维护信息

维护手册应包括：

——来自电容器的残余电压的危险信息；

——润滑图、操作频次和使用的产品清单；

——修理或维护时将机器置于安全位置的说明；

——备件的清单和说明；

——电路图。

7.2 标志

标志应包括：

——制造商和/或在销售国家的代理商的名称和地址；

——强制性标志；

——制造年份；

——名称和型号；

——系列号，如有；

——额定值信息[额定电压用伏特(V)，额定频率用赫兹(Hz)，额定输入功率用千瓦(kW)]。

附　录　A
（规范性附录）
食物切碎机和搅拌机的噪声测试规范（准确度2级）

A.1　声音测量

A.1.1　发射声压级测定

发射声压级的测定见GB/T 17248.2—1999。

测量时，应将麦克风放置在距料桶垂直轴1 m、离地面1.6 m高的位置进行，可以得到A计权声压级的最高值。

A.1.2　声功率级测定

如果需要（见A.8）确定声功率级，GB/T 3767—1996应适用。

A.2　安装和支撑条件

试验环境应符合GB/T 17248.2—1999第6章规定，并依照GB/T 3767—1996的附录A进行。

注：由于在开放场所试验，如果环境校正系数 $K_2 \leqslant 0.5$ dB，则可以忽略。

测试中的机器应放在如GB/T 17248.2—1999中附录B所规定的反射（不传声）测试台或反射板作为机器底座。

A.3　操作条件

A.3.1　食物切碎机

试验应在带有空的料桶的食物切碎机处于最大速度时进行。

A.3.2　搅拌机

如A.3.1同样要求但在料桶里注入25%标称容积的水。

A.4　测量

A计权声压级应在规定地点测量。

测量仪器应符合GB/T 17248.2—1999中的第5章和10.2.1规定。

在每个麦克风位置的测量时间不得少于15 s。

A.5　测量不确定度

根据GB/T 17248.2—1999确定的A计权声压级的再现性标准偏差期望值为0.5 dB～2.5 dB，根据GB/T 3767—1996确定的A计权声功率级的再现性标准偏差期望值为0.5 dB～1.5 dB。

A.6　记录内容

记录内容包括噪声测试规范的所有技术要求和应分别遵从GB/T 17248.2—1999中第12章及GB/T 3767—1996中第9章所述的要求。

来自噪声测试规范和/或基本噪声发射测试标准的任何偏差必须和技术判断一起记录。

A.7　报告内容

测试报告中的内容应包括制造商要求准备的噪声标示值和用户要求确认的标示值。

至少应包含下述信息：

——制造商，机器的类别、型号、序列号和制造年份；

——噪声发射参考的基础测量标准；

——测量中安装与操作条件；

——麦克风放置的位置；

——所测得的噪声发射值；

——要确定噪声测试规范的所有要求都已经满足，否则，应该说明任何未满足的要求。

A.8 噪声发射值的标示和验证

噪声发射值的标示按照 GB/T 14574—2000 的规定应用双值表示。

按照 GB/T 15706.2—2007 和本附录的规定，应标示出噪声发射值 L(L_{pA}和 L_{wA})和相应的不确定 K 值(K_{pA}和 K_{wA})。

要求不确定 K_{pA}和 K_{wA}值为 2.5 dB。

噪声标示还应表明：噪声发射值应根据噪声测试规范和基础标准 GB/T 3767—1996 和 GB/T 17248.2—1999 获得。否则，噪声标示还应清楚标出偏差是否来自噪声测试规范和/或基础标准。

如果进行验证，应按 GB/T 14574—2000 的规定，与初次噪声发射值的测定采用相同的支承、安装和运行条件。

附　录　B
（规范性附录）
确保食物切碎机和搅拌机可清洁性的设计原则

B.1　术语和定义

GB 22747—2008 确立的以及下列术语和定义适用于本附录。

B.1.1

易清洗的　easily cleanable

设计和制造允许通过一简易清洁方式（如手工清洁）清除脏物。

B.1.2

贴紧表面　fitted surfaces

表面分开距离≤0.5 mm。

B.1.3

连接表面　joined surfaces

表面应没有产品的微粒可陷落的小缝隙，否则物料将变得难以取出并导致污染。

B.2　制造材料

制造材料应符合 GB 22747—2008 中的 5.2。

B.2.1　材料类型

B.2.1.1　食品区域材料

对与食品直接接触的材料和物品，所有有效的一般要求和与特殊材料如塑料有关的特殊合法要求应被满足。

B.2.1.2　飞溅区域材料

见 GB 22747—2008 中 5.3.2 条。

B.2.2　表面状况

用作外表面材料的表面磨光处理应使其在满意情况下容易清洗。按照 GB/T 1031—1995 的规定，粗糙度（Rz）应满足表 B.1 和 B.2 给出的数值。

B.2.2.1　食品区域表面状况

表 B.1

制造工艺	粗糙度（*Rz*）/μm	
	动物源产品	植物源产品
拉拔—滚压—旋压	≤16	≤16
铸模—浇铸	≤16	≤25
机加工	≤16	≤16
注射 ——金属 ——塑料	 ≤16 ≤16	 ≤20 ≤20
编网—网—穿孔金属板	根据制造商的清洗说明	

表 B.1（续）

制造工艺	粗糙度(Rz)/μm	
	动物源产品	植物源产品
涂层 ——油漆 ——塑料 ——玻璃 ——金属	 无 ≤16 ≤16 ≤16	 ≤25 ≤25 ≤25 ≤25

B.2.2.2　飞溅区域表面状况

表 B.2

制造工艺	粗糙度(Rz)/μm	
	动物源产品	植物源产品
拉拔—滚压—旋压	≤25	≤25
铸模—浇铸	≤25	≤30
机加工	≤25	≤30
注射 ——金属 ——塑料	 ≤25 ≤25	 ≤30 ≤30
编网—网—穿孔金属板	根据制造商的清洗说明	
涂层 ——油漆 ——塑料 ——玻璃 ——金属	 ≤25 ≤25 ≤25 ≤25	 ≤25 ≤25 ≤25 ≤25

B.2.2.3　非食品区域表面状况

用于暴露表面的材料表面磨光处理应在满意情况下容易清洗。

B.3　设计

B.3.1　内部表面连接

连接处应具有同连接表面相同的粗糙度。

设计连接处时应避免任何死区，见 GB 22747—2008。

B.3.1.1　食品区域内部表面连接

两个表面连接方法：

——圆边的最小半径 r_1 应＞3 mm，可通过以下方法获得：

- 机械加工（切削成材料块）；
- 弯曲薄金属片（弯曲和成形）；
- 设计（铸模、铸造、注射和喷丸等）（见图 B.1）。

——或通过焊接并磨光和抛光（见图 B.2）。

——或一个内角 α_1≥135°。此时对半径没有特殊要求（见图 B.3）。

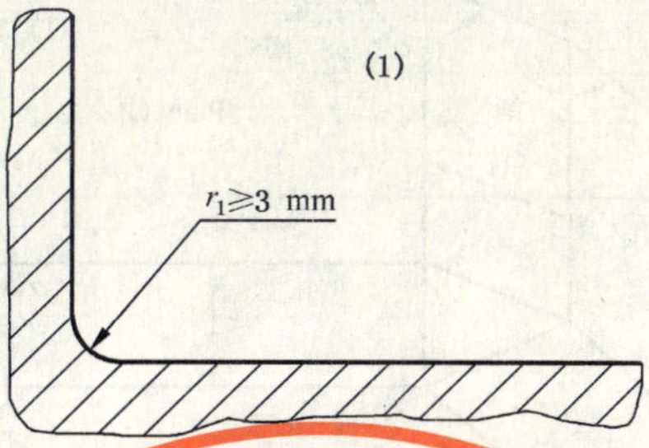

(1)——食品区域。

图 B.1

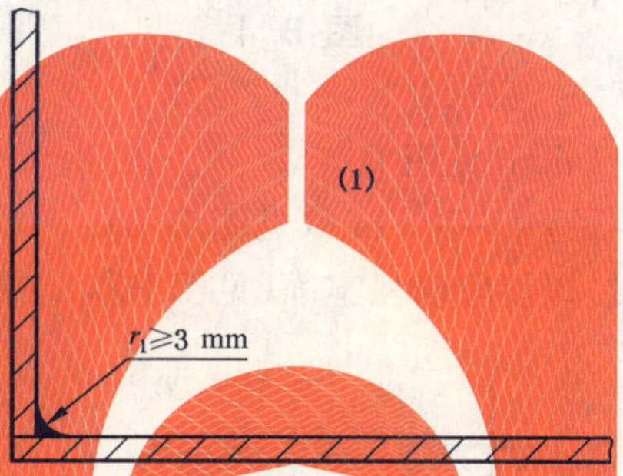

(1)——食品区域。

图 B.2

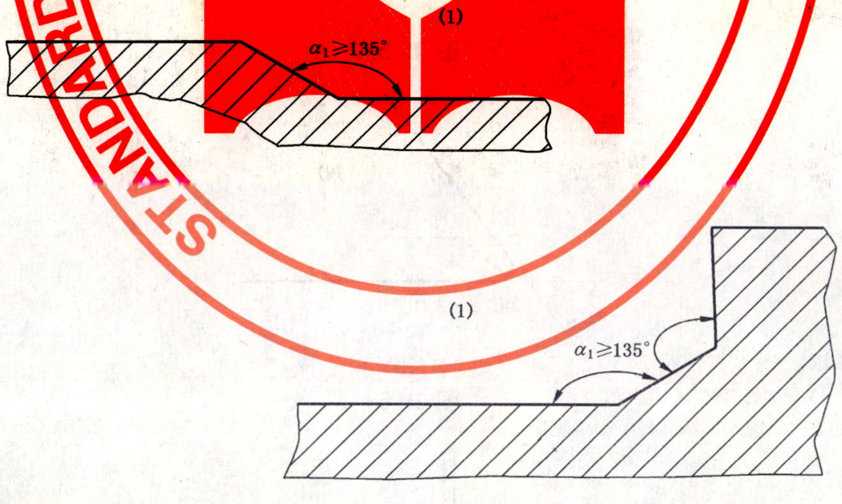

(1)——食品区域。

图 B.3

三个表面连接(见图 B.4):

——圆边,两个圆边的圆角半径≥3 mm,第三个圆边的圆角半径≥7 mm;

——或 135°角,使两个面间的距离 l_1≥7 mm。

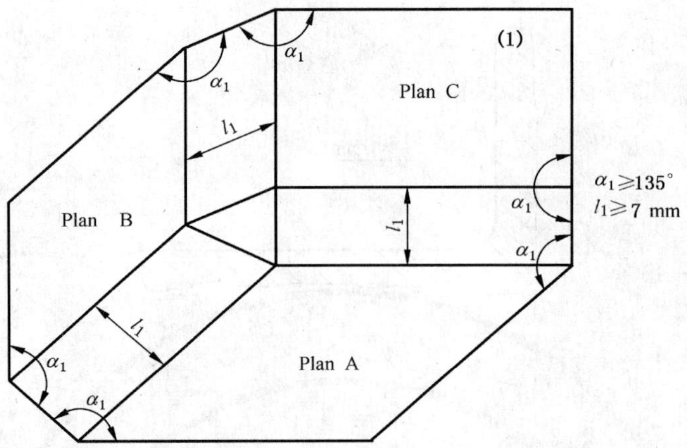

(1)——食品区域。

图 B.4

B.3.1.2 飞溅区域内部表面连接

若两个表面垂直，半径 r_2 应$>$1 mm(见图 B.5)。

若内角 α_2 在 60°～90°之间，半径 r_1 应$\geqslant$3 mm(见图 B.6)。

当两个垂直表面焊接在一起时，焊接应确保牢固(见图 B.7)。精磨加工可接受。

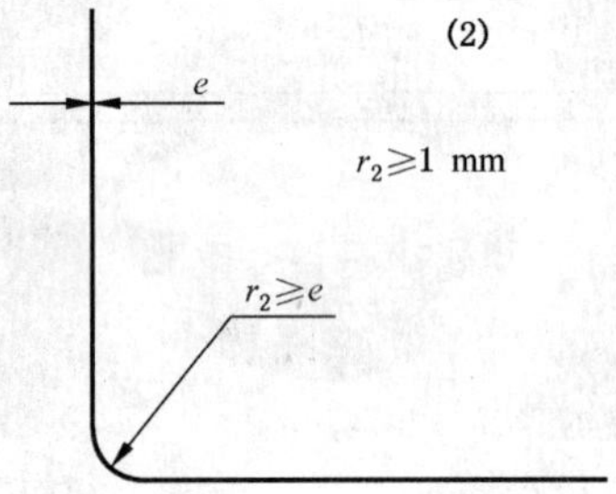

(2)——飞溅区域。

图 B.5

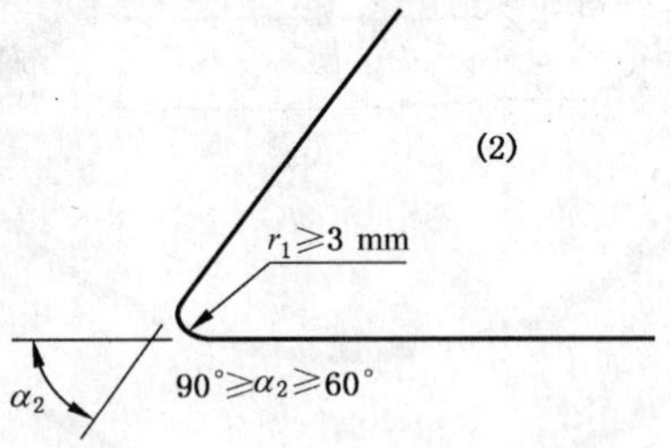

(2)——飞溅区域。

图 B.6

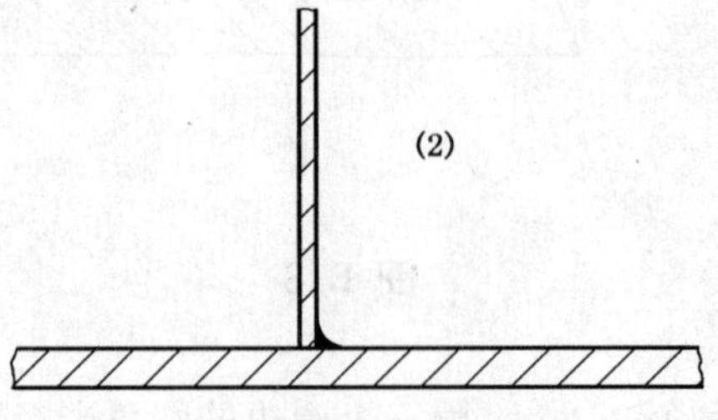

(2)——飞溅区域。

图 B.7

B.3.1.3 非食品区域内表面连接

没有特别要求。

B.3.2 表面装配和搭接

金属薄板装配应考虑由于温度变化而产生的膨胀或收缩。

B.3.2.1 食品区域的表面装配和搭接

B.3.2.1.1 表面装配

装配表面应通过下列方法连接：

——通过连续焊接(见图 B.8)；

——或通过连续密封和齐平的连接(见图 B.9)。

(1)

(1)——食品区域。

图 B.8

(1)

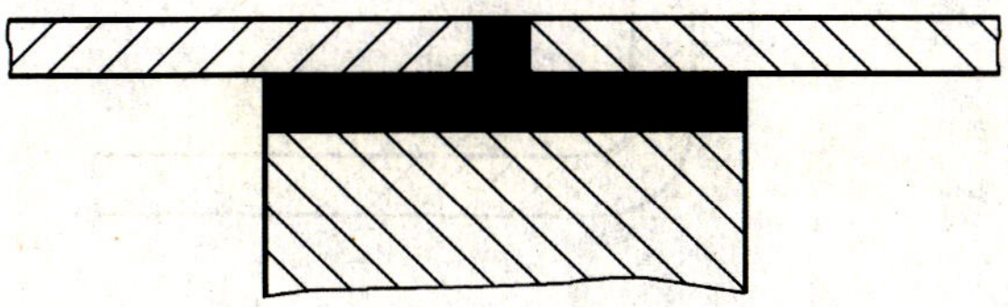

(1)——食品区域。

图 B.9

B.3.2.1.2 表面搭接

若出现不可避免的技术限制(如厚度变化的长金属薄板)，通过薄板的搭接进行装配，这时装配表面应互相连接：

——也可通过连续焊接；

沿着液流方向，较上的表面应该搭接较下的表面，搭接的末端和拐角处的距离≥30 mm(见图 B.10)；

如不能建立此结构，连接应符合有关食品区域内圆形区域的要求(见 B.3.1.1 和图表 B.11)。

——或进行连接密封和齐平连接。

当搭接部分和接缝处的整体厚度超过 1 mm，为了使厚度(d)降低到≤1 mm，上部应倒角(见图 B.12)。

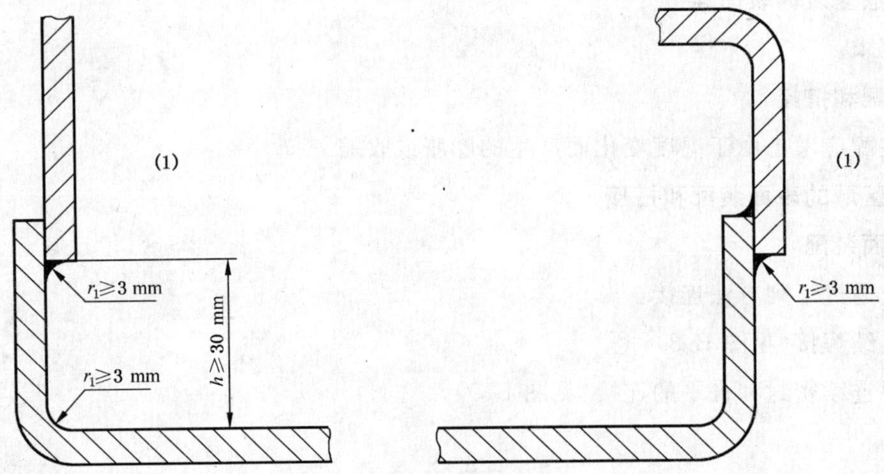

(1)——食品区域。

图 B.10

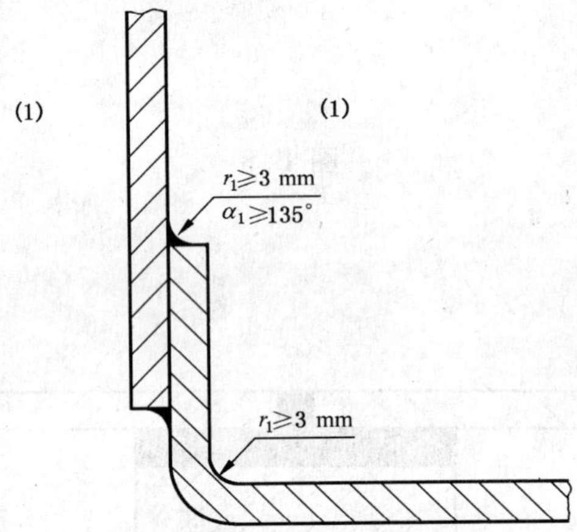

(1)——食品区域。

图 B.11

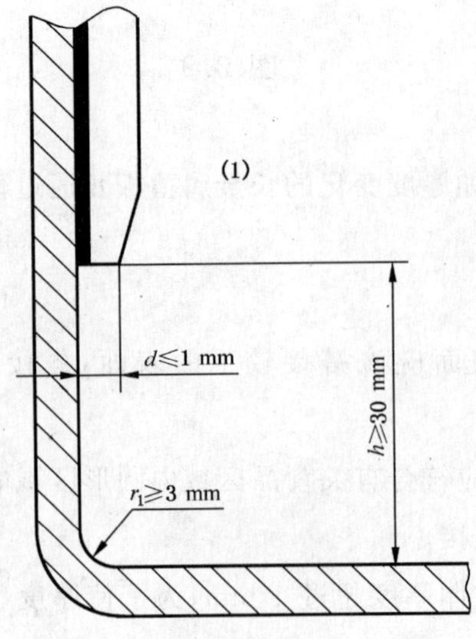

(1)——食品区域。

图 B.12

B.3.2.2 飞溅区域的表面装配和搭接

表面可以被：

——或者填塞薄浆层；

- 通过不能被拉开并且在装配前已安装好的一个成型件(见图 B.13)；
- 齐平粘接(用于粘接的折叠部分应有一个长度 $l_2>6$ mm 的凸起边缘，粘合的齐平处不应有收缩量 $S>0.5$ mm)(见图 B.14)。

——或者沿着产品流向使上表面搭接在下表面上进行装配和配合(最大间隙 $j\leqslant0.5$ mm)。至少 30 mm 的重叠距离 r_e 对于阻止液体因毛细管作用而上升是非常必要的(见图 B.15)。

(2)——飞溅区域。

图 B.13

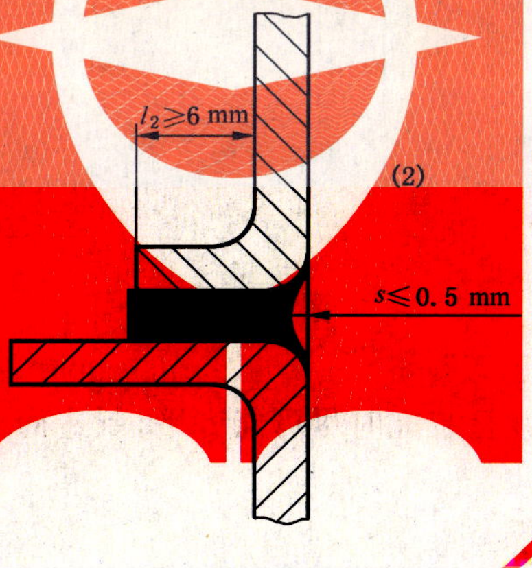

(2)——飞溅区域。

图 B.14

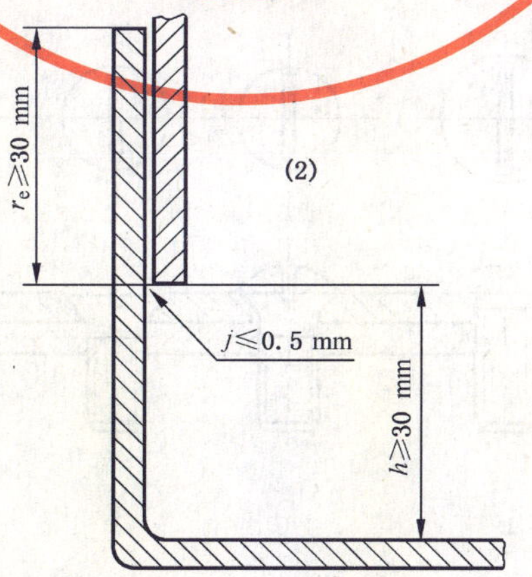

(2)——飞溅区域。

图 B.15

B.3.2.3 非食品区域的表面装配和搭接

无特殊要求。

B.3.3 固定方法

B.3.3.1 食品区域的固定方法

B.3.3.1.1 锪孔

若构造要求使用嵌入孔口平面的内六角螺栓头：

——或者构造应符合图 B.16 的要求，并且在说明书中，制造商应给出恰当的清洗方法；

——或者制造商应通过采取与食品区域要求相一致的密封和持久性塞子的措施来填入孔口平面。

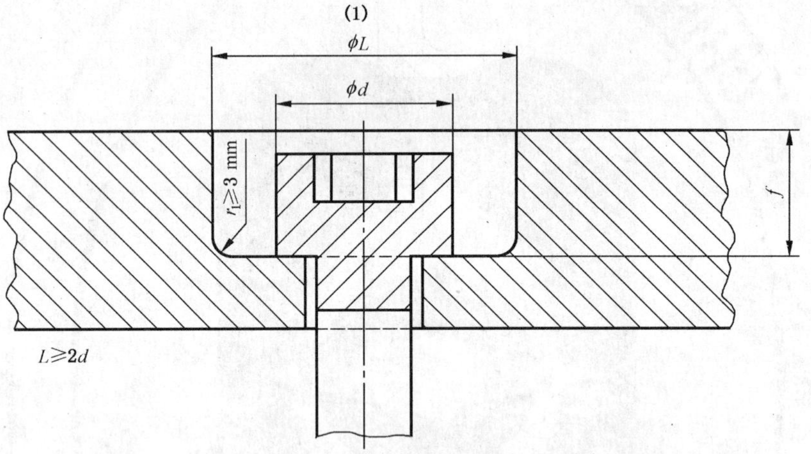

(1)——食品区域。

图 B.16

B.3.3.1.2 销传动系统

销传动系统应有效仅当其坚固并且装配时尽可能齐平，制造商可以建立一个检查程序来确保与本要求一致。

B.3.3.2 飞溅区域的紧固件

紧固件应是容易清洗的，并应在图 B.17 中选择。

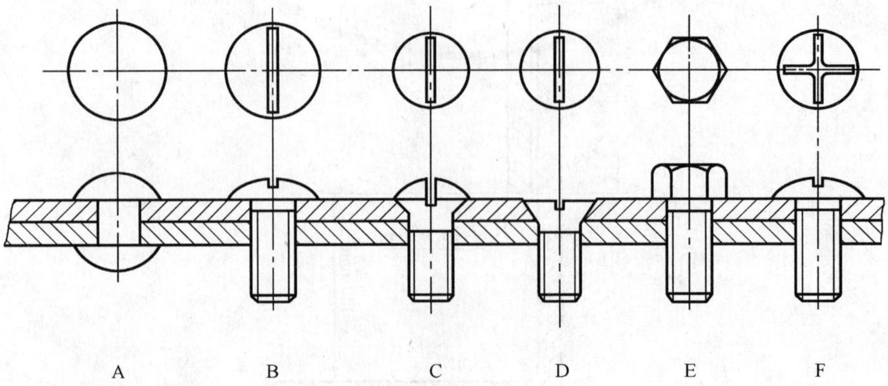

图 B.17

若结构要求使用嵌入孔口表面的内六角螺栓，设计应符合：

——或者符合用于食品区域图 B.16 原则的方法，并且制造商要在说明书中详细说明其清洗方法；

——或者制造商可以采取所有必要措施用密封塞塞住锪孔。

B.3.3.3 非食品区域的固定件

无特殊要求。

B.3.4 用于清洗机械底部的脚、支承和底座

B.3.4.1 桌面上使用的机器

B.3.4.1.1 对桌上机器无任何要求。这类机器为单人便携(提升用力要求≤250 N)，同时所有可移动部件可拆开清洗。

B.3.4.1.2 若倾斜力≤最大便携重量(25 N)，对倾斜的机器无要求。

然而，为了设备倾斜移动应提供特殊部件以确保在倾斜位置上的稳定性(合适撑脚、支架等)，而倾斜程序应在使用书中详细说明。

B.3.4.1.3 非手提和非倾斜

——机器有底脚或有底座。

为了确定底脚的最小高度(H)，应考虑表 B.3 中所给出的支撑表面允许清洁的通道距离(P)(见图 B.18)：

表 B.3

P/mm	H/mm
≤120	≥50
120<P≤500	≥75
500<P≤650	≥100
>650	≥150

——机器没有底脚。

机器应该置于有连续密封连接的工作台上。说明书应详细说明密封方法。

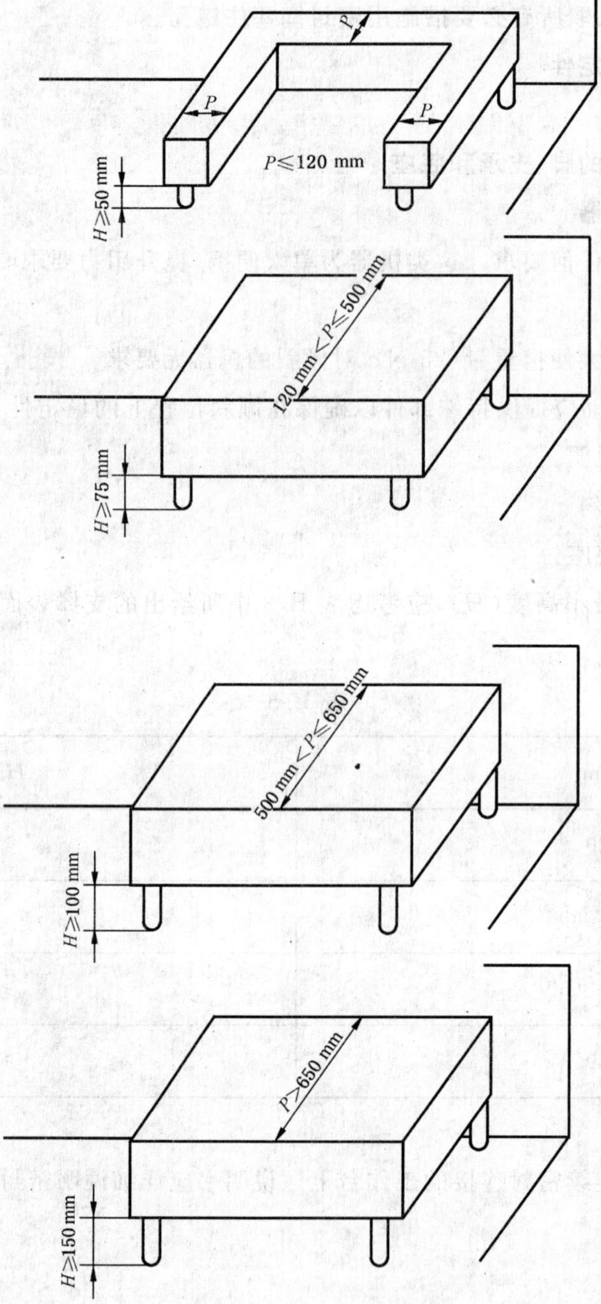

图 B.18

B.3.4.2　地板上使用的机器

B.3.4.2.1　带或不带底座的固定机器

带或不带底座的固定机器应采用完全和地面密封的连接来固定在地面上，说明书应详细说明密封方法（见图 B.19），或者应有高于或等于 150 mm 的底脚（H）。

然而，若清洗空间 $L<150$ mm，高度 H 可减小到 100 mm，只要考虑到不同的通道可能性（见图 B.20）。

如果一个底脚表面 $>1\ \text{dm}^2$，底脚应被认为是一个（带有密封的）底座（见图 B.21）。

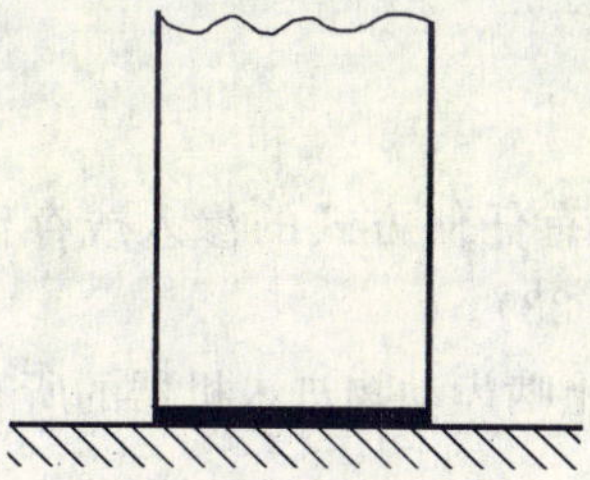

图 B.19

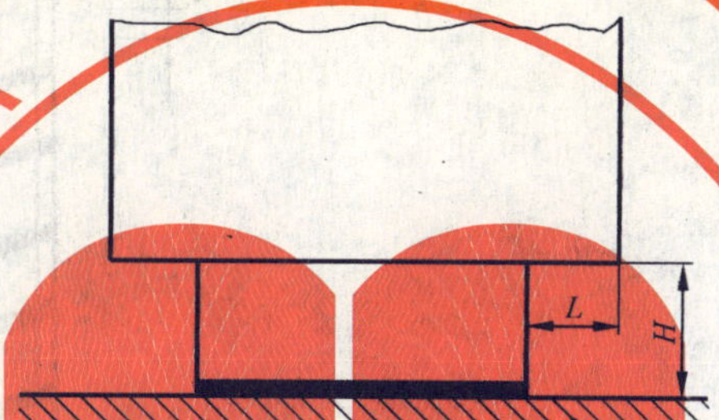

图 B.20

图 B.21

B.3.4.2.2　可移动机器

脚轮应可以清洗。图 B.22 给出了可清洁脚轮的示例，图中 b 是覆盖轮子周围的较大宽度。

若 $b \leqslant 25$ mm，$a \geqslant 3.5$ mm；

若 $b > 25$ mm，$a \geqslant 6$ mm。

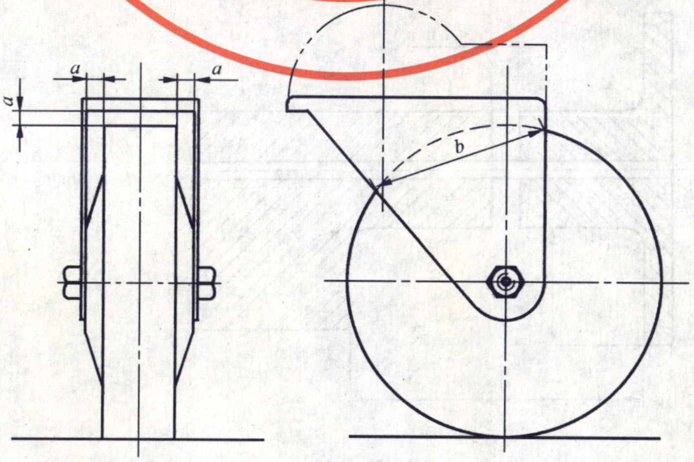

图 B.22

B.3.5 通风口

B.3.5.1 非食品区域通风口

通风口应在非食品区域。

任何流体流动方向应阻止在机器中有任何方式的渗入或存留。

通风口 b 的尺寸应≤5 mm(见图 B.23)。

对于直立地面的机器,防护装置应禁止啮齿动物进入机器的所有技术区域,这些地方的距离 $d>5$ mm。

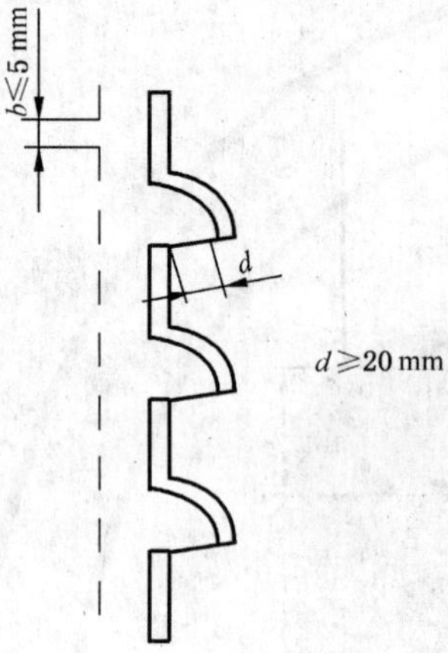

a)

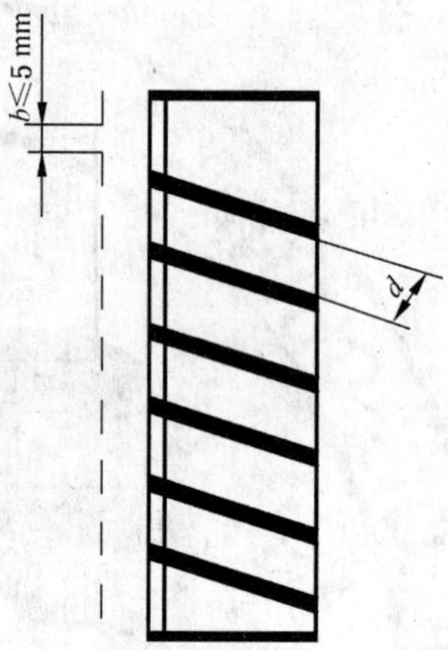

b)

图 B.23

B.3.5.2 飞溅区域通风口

由于技术限制,通风口可能在飞溅区域。在这种情况下,通风口应遵从 B3.5.1,而且应是可清洗的。

B.3.6 铰链

只要有可能,制造商应消除食品区域的旋转点。

若旋转点存在于食品区域是技术需要,则:

——它们应容易移动;

——若它们不能移动,所有表面应可触及。

与固定部分的装配应通过一个设计成能阻止任何渗入的连接来完成。当通道的宽度(l_3)大于或等于深度(P)的 2 倍时,所有这些区域都可进入。宽度 l_3 应决不能小于 10 mm(见图 B.24)。

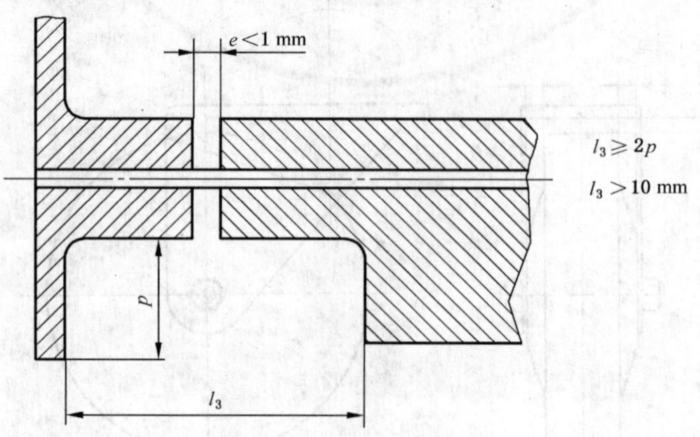

图 B.24

B.3.7　控制面板

B.3.7.1　非食品区域控制面板

正常情况下，控制面板应在非食品区域，并且无论何时都可以清洗。

B.3.7.2　飞溅区域控制面板

因技术原因不可能把控制面板放置于非食品区域，各种控制应有容易清洁的表面。

两个元件之间的距离 L 应大于或等于：

——20 mm(见图 B.25)；

——12.5 mm，若 h 的高度≤8 mm(见图 B.26)。

若上述要求不能达到，应使用盖来保护控制装置(见图 B.27)。

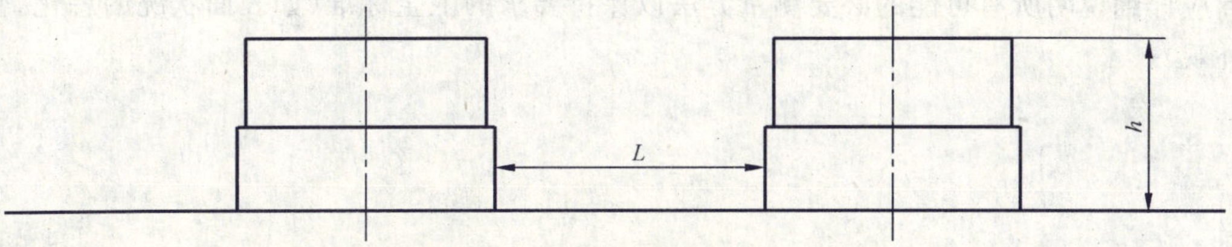

图 B.25

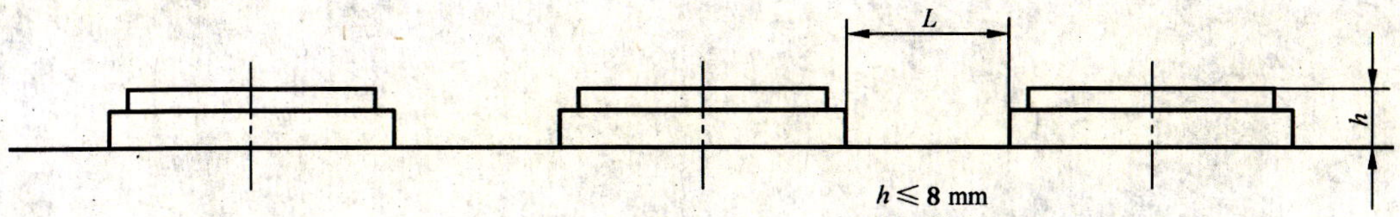

图 B.26

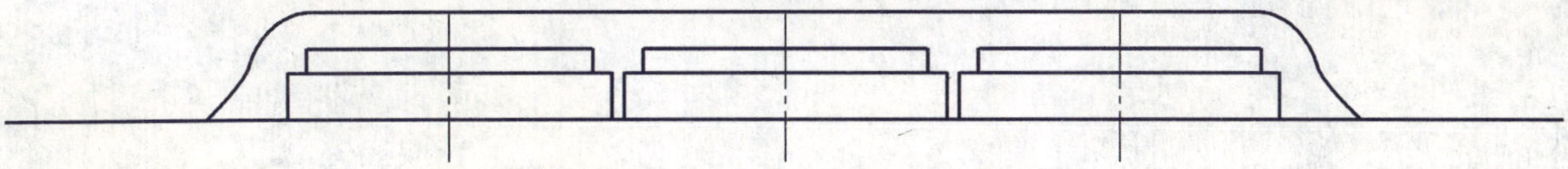

图 B.27

B.4　验证

B.4.1　材料

在应用时，材料的特性应按照制造商声明、供应商的食品适用证书和迁移试验报告进行检查。

如果怀疑设备的涂层或材料不能充分抵御机械侵扰(划痕、撞击、磨损)或化学影响(酸碱物质、盐水喷雾等)，可找检测实验室要求制造商通过抽样进行补充试验。

表面状况应按照 B.2 用糙度计和/或用目视手感样本的比对测试进行检查。

B.4.2 设计

试验应通过采用规定了尺寸和半径的薄垫片方式按照设备上给出的图进行。

B.5 信息或使用

B.5.1 安装手册

制造商应给出必要的可以进行清洗的允许路径的说明。

B.5.2 说明手册

制造商应根据处理的食品和涉及的相应风险描述清洁过程(例如清洁剂的类型、清洁方法、作用持续时间和频率)。

B.5.3 维护手册

制造商应详细说明所有可能的必要测量方法以保持要求的卫生标准(如表面状况的恶化,密封和特定部件的外观)。

附　录　C
（资料性附录）
与食物切碎机可移动盖板连接的联锁装置

本附录的目的，是通过一个事例来说明设备符合本标准陈述的原理和已被经验验证有效的应用。本事例不是约束性的，也可以采取符合同样原理的其他解决方法。

原理：单一位置开关，由凸轮/弹簧机构机械式驱动。为了清洁（卫生要求），盖子（防护装置）由于弹簧作用可以移动[见图 C.1，盖子移开或打开的示例见图 C.1a)，盖子闭合的示例见图 C.1b)]。

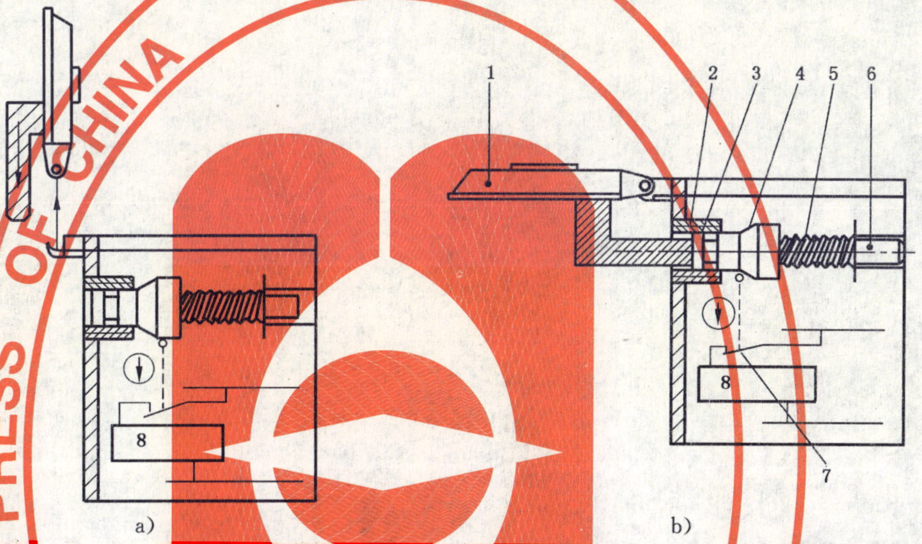

1——可移动盖板；
2——低摩擦衬套；
3——密封；
4——凸轮；
5——耐锈弹簧；
6——导杆；
7——强制断开操作接触；
8——信号处理。

图 C.1

注：

——开关触点的断开应是强制的；

——弹簧应被设计为即使有一电路故障（跌落、电线的直径、封闭端、导向、防腐等都应引起特别关注）也能操作开关；

——低摩擦圆环可避免任何可能的凸轮卡住；

——密封可以防止水和灰尘的进入，避免机构的摩擦和阻塞；

——所有部件应防腐。

优点：

——联锁装置应符合最低卫生准则和在两个不同作业间盖板容易清洗的需要（盖板应容易拆除）；

——整个机构可放置在防水和防尘机架内。

缺点：

——严格讲，开关触发器上的盖板（保护装置）没有强制机械作用。

ICS 71.040.50
G 04

中华人民共和国国家标准

GB/T 23243—2009

食品包装材料中全氟辛烷磺酰基化合物（PFOS）的测定 高效液相色谱-串联质谱法

Determination of perfluorooctane sulfonates (PFOS) in the food packaging material—High performance liquid chromatography-tandem mass spectrometry

2009-02-17 发布 2009-07-01 实施

中华人民共和国国家质量监督检验检疫总局
中国国家标准化管理委员会 发布

前　言

本标准的附录 A 为资料性附录。

本标准由中国石油和化学工业协会提出。

本标准由全国化学标准化技术委员会(SAC/TC 63)归口。

本标准起草单位:国家质检总局进出口化学品安全研究中心、中国检验检疫科学研究院。

本标准主要起草人:陈伟、于文莲、陈冬东、李晓娟、陈会明、李淑娟、周新。

食品包装材料中全氟辛烷磺酰基化合物(PFOS)的测定 高效液相色谱-串联质谱法

1 范围

本标准规定了食品包装材料中全氟辛烷磺酰基化合物(PFOS)的高效液相色谱-串联质谱测定方法。

本标准适用于食品包装材料中全氟辛烷磺酰基化合物(PFOS)的测定。

本标准的方法检出限以全氟辛烷磺酸计,含量为 0.4 μg/m^2。

2 规范性引用文件

下列文件中的条款通过本标准的引用而成为本标准的条款。凡是注日期的引用文件,其随后所有的修改单(不包括勘误的内容)或修订版均不适用于本标准,然而,鼓励根据本标准达成协议的各方研究是否可使用这些文件的最新版本。凡是不注日期的引用文件,其最新版本适用于本标准。

GB/T 6682 分析实验室用水规格和试验方法

3 试验方法

3.1 原理

采用快速溶剂萃取仪提取食品包装材料中的全氟辛烷磺酰基化合物(PFOS),提取液浓缩定容后注入高效液相色谱-串联质谱仪器分析,外标法定量。

3.2 试剂

除另有说明外,所有试剂均为分析纯,水为 GB/T 6682 规定的一级水。

3.2.1 乙腈:色谱级。

3.2.2 乙酸铵溶液(10 mmol/L):称取 0.770 8 g 乙酸铵至烧杯中,用水溶解并转移至 1 L 容量瓶中定容。

3.2.3 全氟辛烷磺酸标准物质。

3.2.4 微孔滤膜:0.2 μm,有机相。

3.2.5 标准储备液:准确称取适量全氟辛烷磺酸标准物质(3.2.3),精确至 0.1 mg,用乙腈溶解后转移至 100 mL 容量瓶中,乙腈定容,振荡均匀,配制成全氟辛烷磺酸质量浓度为 1 000 μg/mL 的标准储备液。

注:全氟辛烷磺酰基化合物(PFOS)在溶液中以全氟辛烷磺酸离子状态存在,样品溶液以及标准溶液以全氟辛烷磺酸定量。

3.2.6 标准溶液:准确移取标准储备液(3.2.5)1 mL,至 100 mL 容量瓶中,乙腈定容,振荡均匀,即得全氟辛烷磺酸质量浓度为 10 μg/mL 的标准溶液。

3.3 仪器

3.3.1 高效液相色谱-串联质谱仪,配工作站。

3.3.2 快速溶剂萃取仪:萃取温度:80 ℃,萃取压力:10.34 MPa(1 500 psi),平衡:7 min,重复 2 次。

3.3.3 旋转蒸发仪。

3.4 样品处理

将食品包装材料样品切割成方块状数块，样品总表面积 50 cm^2，放入快速溶剂萃取池中，在已设定条件下用乙腈萃取，萃取液放置至室温，浓缩至干，用 1 mL 乙腈定容，过微孔滤膜(3.2.4)后，供上机测定。

3.5 高效液相色谱-串联质谱测定

3.5.1 高效液相色谱参考条件

3.5.1.1 色谱柱：Atlantis T3 C_{18}或相当色谱柱 2.1 mm×150 mm，i.d.，5.0 μm。

注：[Atlantis T3 C_{18}]是由美国 Waters 公司提供的产品，给出这一信息是为了方便本标准的使用者，并不表示对该产品的认可，如果其他等效产品具有相同的效果则可使用这些等效产品。

3.5.1.2 流动相：乙腈：10 mmol/L 乙酸铵溶液(V：V)＝80：20。

3.5.1.3 流速：0.2 mL/min。

3.5.1.4 柱温：室温。

3.5.1.5 进样量：10 μL。

3.5.2 串联质谱仪条件参考条件

3.5.2.1 离子源：ESI，离子化方式 ES(－)。

3.5.2.2 毛细管电压：3.0 kV。

3.5.2.3 锥孔电压：55.0 V。

3.5.2.4 萃取电压：3.0 V。

3.5.2.5 透镜电压：1.5 V。

3.5.2.6 离子源温度：120 ℃。

3.5.2.7 脱溶剂气温度：350 ℃。

3.5.2.8 扫描模式：多反应监测(MRM)，母离子 m/z 499，定量子离子 m/z 80，定性子离子 m/z 90。

3.5.2.9 碰撞能量：m/z 499＞80(45eV)，m/z 499＞99(38 eV)。

3.5.3 标准工作溶液的制备

准确吸取 2 mL 的标准溶液(3.2.6)于 100 mL 容量瓶中，用乙腈定容，充分摇匀，得 0.2 μg/mL 的标准工作溶液。用乙腈逐级稀释得到质量浓度为 0.1 μg/mL、0.05 μg/mL、0.02 μg/mL、0.01 μg/mL、0.005 μg/mL、0.002 μg/mL 的标准工作溶液，按质量浓度由稀至浓顺序依次检测，以定量子离子峰面积对质量浓度作图供高效液相色谱-串联质谱测定，做出标准工作曲线回归方程。标准物质的色谱图参见附录 A 中图 A.1，子离子的色谱图参见附录 A 中图 A.2。

3.5.4 测定步骤

样品待测液中全氟辛烷磺酰基化合物(PFOS)的响应值应在标准工作曲线的线性范围内。超过线性范围则应稀释后再进样测定。

3.5.5 定性判定

按照上述条件测定样品和标准工作溶液，如果样品中的质量色谱峰保留时间与标准工作溶液一致(变化范围在±2.5%之内)；样品中目标化合物的两个子离子的相对丰度与质量浓度相当标准溶液的相对丰度一致，相对丰度偏差不超过表 1 的规定，则可判断样品中存在全氟辛烷磺酰基化合物(PFOS)。

表 1 定性离子相对丰度的最大允许偏差

相对离子丰度	＞50%	＞20%至 50%	＞10%至 20%	≤10%
允许的相对偏差	±20%	±25%	±30%	±50%

3.5.6 空白试验

除不加试样外，均按上述测定条件和步骤进行。

4 结果计算

结果按式(1)计算，计算结果保留两位有效数字。

$$X = \frac{\rho \times V}{S} \qquad \cdots\cdots(1)$$

式中：

X——全氟辛烷磺酰基化合物(PFOS)的含量，单位为微克每平方米($\mu g/m^2$)；

ρ——标准曲线查得的全氟辛烷磺酰基化合物(PFOS)的质量浓度，单位为微克每毫升($\mu g/mL$)；

V——样品稀释后总体积，单位为毫升(mL)；

S——样品表面积，单位为平方米(m^2)。

5 精密度

按本测定方法所确定的实验条件，在添加质量分数为 0.000 2%～0.01%时，相对标准偏差小于10%；不同实验室对不同水平样品的检验结果，相对标准偏差小于 10%。

附 录 A
（资料性附录）
标准物质高效液相色谱-串联质谱色谱图

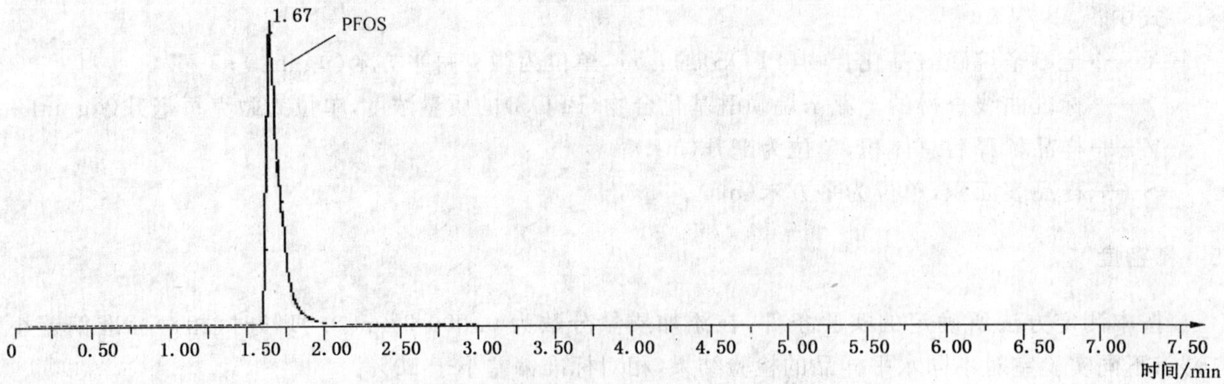

图 A.1 全氟辛烷磺酸标准物质高效液相色谱-串联质谱色谱图
（全氟辛烷磺酸保留时间：1.67 min）

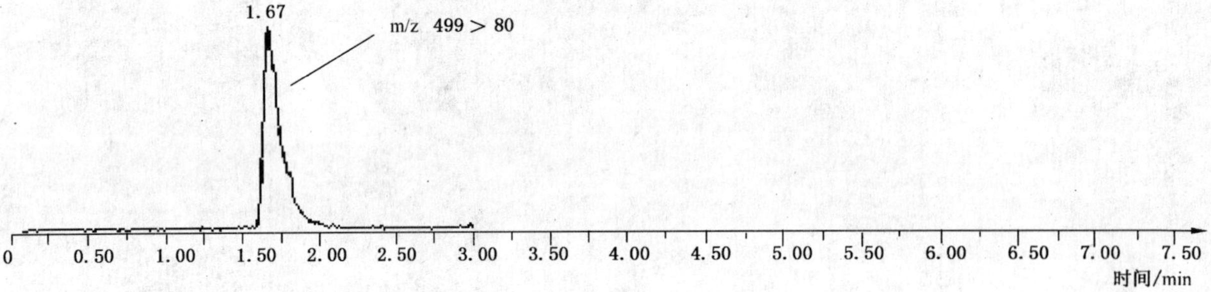

a） m/z 499＞80

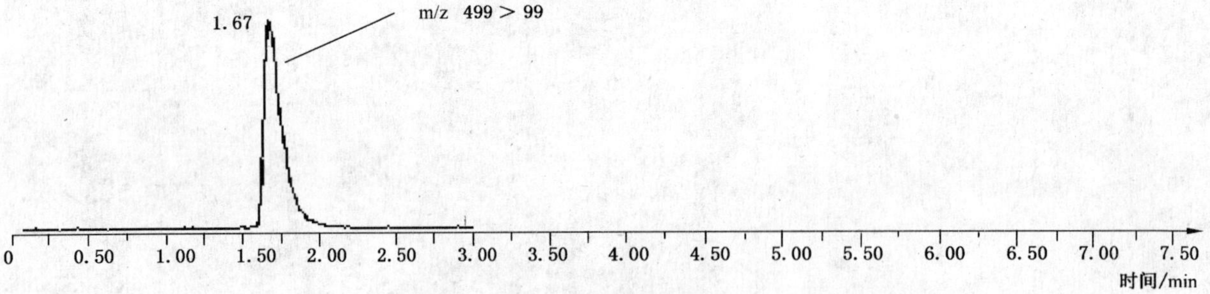

b） m/z 499＞99

图 A.2 全氟辛烷磺酸标准物质子离子高效液相色谱-串联质谱色谱图
（全氟辛烷磺酸保留时间：1.67 min）

ICS 67.080.10
B 31

中华人民共和国国家标准

GB/T 23244—2009

水果和蔬菜　气调贮藏技术规范

Fruit and vegetables—Principles and techniques of the controlled atmosphere method of storage

(ISO 6949:1988,NEQ)

2009-03-28 发布　　　　2009-08-01 实施

中华人民共和国国家质量监督检验检疫总局
中国国家标准化管理委员会　发布

前　言

本标准非等效采用ISO 6949:1988《水果和蔬菜　气调贮藏技术规范》(英文版)。

本标准与ISO 6949:1988相比作了以下修改:

——删除了前言;

——修改调整了应用范围中的部分内容;

——修改了气调类型中的部分气体指标内容;

——重新起草了气体成分调节章节的内容;

——增加了乙烯脱除的条款内容;

——增加了湿度调节的条款内容;

——增加了安全管理的章节内容;

——删除了原标准中的资料性附录A。

本标准由中华全国供销合作总社提出。

本标准由中华全国供销合作总社济南果品研究院归口。

本标准起草单位:中华全国供销合作总社济南果品研究院、山东省农业管理干部学院。

本标准主要起草人:冯建华、徐新明、姜桂传、季向阳、贾连文、郁网庆。

水果和蔬菜　气调贮藏技术规范

1　范围

本标准规定了水果和蔬菜气调贮藏的规程与技术。

本标准适用于各种果蔬，特别适用于呼吸跃变型水果、蔬菜，如苹果、梨、香蕉和蒜薹等的气调贮藏。

2　气调贮藏类型

气调贮藏可分为两种类型。

2.1　类型Ⅰ

降低氧含量，提高二氧化碳含量，但氧和二氧化碳含量之和为21%（体积分数）。

2.2　类型Ⅱ

降低氧含量，提高二氧化碳含量，氧和二氧化碳含量的总和低于21%（体积分数）。

可根据产品类型并考虑下列因素调整气体组成：

——果蔬对高二氧化碳浓度和低氧的敏感程度；

——成熟度；

——贮藏时间。

3　气调贮藏方法

气调贮藏方法主要有三种：

a）贮藏产品在具有特殊装备的贮藏间或装置内，用专用设备制备不同于正常气体组成的气体组合，并使其氧和二氧化碳的浓度保持在限定范围内的贮藏；

b）贮藏产品在镶嵌有具有良好透气比的硅橡胶膜制作的袋或大帐内贮藏；

c）贮藏产品进行短期高二氧化碳处理。

4　气调贮藏库

4.1　容量

气调库贮藏容量一般从几十吨至上千吨。

4.2　气密性

气调贮藏间应达到一定的气密程度，以保持库内气体成分的稳定性。

4.2.1　最低气密度

气调贮藏间的最低气密度应满足最严格运行状况下使用。

4.2.2　构造

气调库的建筑结构应具有很好隔热性、气密性和安全性。装配式气调库的墙壁、地板和天花板应采用夹心彩钢板、铝板、玻璃纤维加强的聚酯树脂、环氧树脂或酰胺树脂等材料。砖混结构气调库应有阻隔水汽的功能和气密性，地基应稳固，不会发生沉降、变形等。贮藏间用隔热门密封，门上应安装观察窗和进入贮藏间的小门。在贮藏间的上部设置检查窗，其位置应高于贮藏产品的堆码高度，以方便通过该窗进入贮藏产品的上部，检查贮藏产品、蒸发器和制冷设备状况。气密材料应具备下述特性：

——不透气；

——不释放异味或有毒害物质；

——防水、抗菌；

——易于安装和维修；

——抗振；

——防火；

——在贮藏间内温度、相对湿度和压力变化的情况下，能保持其特性。

下列情况下应提高贮藏间的气密性：

——贮藏温度较低；

——贮藏库内产品经常装不满；

——贮藏呼吸速率特别低的产品。

4.3 气密性保障措施

由于风机、制冷设备、调气设备的运转以及外部压力的波动，会使贮藏间内外形成压力差。贮藏间内压力的突然下降可能导致气密层脱离墙壁和天花板，从而破坏贮藏间的气密性。因此，建议采取以下保障措施：

——每一气调贮藏间均应安装压力平衡阀和压力平衡袋。压力平衡袋应具有良好的强度和气密性，容积为贮藏间内剩余空间的5%～7%；

——制冷、取气、调气、电路等管线穿过气密层处应仔细密封；

——在温度降至适宜贮藏温度并稳定，且氧气浓度降到适宜水平后再密封气调贮藏间的气密门；

——气调贮藏间的压力波动值应小于9.8 Pa(1 mm水柱)。

4.4 气密性的检测

贮藏间初次使用及以后每年使用前均需检查贮藏间的气密性。可以应用4.4.1和4.4.2方法检测。

4.4.1 对流法测定空库的压力变化

常温下风机不运转时空库检测。采用对流法测定带有平衡袋贮藏间的气密性时，应先将平衡袋阀门关闭。主要有以下两种方法：

a) 将门密封，采用气泵使压力由最初设定表压98.1 Pa(10 mm水柱)开始，30 min后达到的压力值来评价气密性：

——压力增加33.3 Pa(3.4 mm水柱)以上为极好；

——压力增加9.8 Pa～33.3 Pa(1 mm～3.4 mm水柱)为良好；

——压力增加9.8 Pa(1 mm水柱)以下为差。

b) 测算将贮藏间内最初设定压力降低一半所需的时间。在恒定的温度下，这一时间超过10 min～12 min，贮藏间气密性才算合格。

4.4.2 扩散法测定空库内二氧化碳和氧含量变化

本方法特别适用于不能应用对流法测定的带有平衡袋的贮藏间。确定贮藏间二氧化碳含量，然后连续测定二氧化碳和氧含量，根据其变化确定气密性状况。如：贮藏间的二氧化碳含量为15%(体积分数)，氧含量为6%(体积分数)。若在风机运转情况下，24 h后的二氧化碳含量下降值不超过1%(体积分数)，氧含量增加值不超过0.25%(体积分数)，则认为气密性适宜。

4.5 漏气故障的检测

将库门密封，在不开风机情况下，使贮藏间内压力增加或降低98.1 Pa(10 mm水柱)。在贮藏间内部或外部，观察有无下列情况，以确定是否漏气：

——贮藏间产生的汽雾向某一特定方向流动；

——有空气进、出贮藏间的哨音；

——用肥皂水涂抹可疑区域时，产生汽泡；

——将燃着的蜡烛置于可疑处，空气的流动使火焰加长。

4.6 维修

气密性不合格的贮藏间应在产品入贮前进行维修。维修完毕，应重新检测贮藏间的气密性。

5 温度、湿度和气体成分的调节

5.1 温度的调节

产品采后应立即入库预冷，将库温降温至适宜贮藏温度并保持其稳定。日入库量应符合气调库设计要求。

5.2 气体成分的调节

气调贮藏除要求温度和相对湿度保持在最佳范围内外，还应调节氧和二氧化碳含量至所要求的范围，并除去乙烯。

气调贮藏要求果蔬适时采收，采后立即入库，尽快装满，及时调气，使果蔬尽早进入适宜的气调状态，一般不超过 7 d。

5.2.1 氧含量的调节

在气调贮藏间内依靠贮藏产品的呼吸作用或应用特殊设备，将大气中 21%(体积分数)的氧含量降低。

5.2.1.1 依靠果蔬自身呼吸作用降氧

果蔬的呼吸过程消耗氧，产生二氧化碳、水和热量。氧含量下降的快慢，取决于所贮产品的呼吸速率、贮藏间的大小、贮藏量等。贮藏期间不宜开门，否则需要较长时间才能达到要求，并且还会引起气体成分波动，不利于产品的贮藏。

5.2.1.2 应用降氧设备降氧

应用降氧设备可在 2 d～3 d 内将氧含量降至所要求的水平。目前常用的降氧设备有：碳分子筛制氮机、中空纤维膜制氮机等。

充氮降氧过程应关闭气调库压力平衡气囊阀门，且气调库也不能完全封闭，以免产生大的压力波动损坏压力平衡气囊和气调库库体。应在观察窗处留有一定缝隙，等停机后再完全密封，并打开压力平衡气囊阀门。

5.2.2 二氧化碳含量的调节

贮藏产品的呼吸使二氧化碳在贮藏间内累积。应用二氧化碳脱除设备，将二氧化碳含量降至合理的水平。

5.2.3 乙烯的脱除

采用乙烯脱除器把库内含有乙烯成分的气体脱除乙烯后，再通过闭路循环系统送入气调库内。采用加热催化分解乙烯原理的乙烯脱除器时，为减小送入气体温度对贮藏产品的影响，进气口的位置应避开直接对着贮藏产品，或贮藏产品的堆码应避开进气口位置。

5.3 湿度的调节

定时进行相对湿度的测量，并根据变化情况及时调节库内相对湿度。常用的加湿装置有：水混合加湿器、超声波加湿器和离心雾化加湿器。这些加湿器在 0 ℃以上温度使用时，可按使用方法正常使用；在 0 ℃以下温度使用时，应采取增加加湿次数，减少每次加湿时间，每次加湿结束将加湿器中的水排空的方法避免加湿器中的水结冰。

6 理想气体组合的维持

达到所要求的氧和二氧化碳指标以后，应使其保持稳定。维持已调整气体组合的方法如下：

——定期地向类型Ⅰ环境中输入氮气或空气以置换出原来贮藏环境的气体；气密性应达到300 Pa，半降压时间不低于 20 min～30 min。

——用脱除设备定期除去类型Ⅱ环境中的二氧化碳，并输入新鲜空气补充氧含量。

7 贮藏期间的检测和管理

开始20 d,每天检测两次贮藏控制参数(包括温度、相对湿度和气体成分),20 d以后每天一次,直接读数或用仪器记录。

定期检测贮藏产品的质量,发现问题及时处理。

8 气调贮藏结束时的出库管理

气调贮藏结束,果蔬出库时,最好一次出完或在短期内分批出完。

9 安全管理

9.1 在贮藏间的入口和其他适宜位置设置低氧危险警示标志。

9.2 严格按照管理操作规程操作气调库的设施、设备。

9.3 严禁人员不带氧气防护面具进入处于气调状态的贮藏间,确需短时进入操作或检查时,应具备完好的氧气防护面具等安全措施,至少由两人共同完成,一人戴好足够氧气量的安全防护面具进入库内操作,另外一人在库外监视,且入库人员的活动范围一定要在库外人员的可视范围之内。

9.4 气调贮藏结束时,应先打开贮藏间的门,开动风机1 h～2 h,待排除过高的二氧化碳、氧含量接近大气水平时,工作人员方可不戴安全防护面具进入。

ICS 01.040.01
A 22

中华人民共和国国家标准

GB/T 23245—2009

流浪乞讨人员社会救助基本术语

Basic terminology of the social relief for vagrants and beggars

2009-02-06 发布　　2009-08-01 实施

中华人民共和国国家质量监督检验检疫总局
中国国家标准化管理委员会　发布

前　言

本标准由中华人民共和国民政部提出。

本标准由全国城市临时性社会救助标准化技术委员会归口。

本标准主要起草单位：中华人民共和国民政部社会事务司、中国社会科学院法学研究所、北京市救助管理事务中心、北京市未成年人救助保护中心。

本标准主要起草人：李波、高月玲、王素英、张齐安、杨安志、富强、吴越富、余少祥、王昌伦、许东。

引　　言

本标准为促进我国流浪乞讨人员救助管理工作的专业化发展，规范流浪乞讨人员救助管理基本用语而制定。

本标准为流浪乞讨人员救助管理标准体系中的基础标准。

流浪乞讨人员社会救助基本术语

1 范围

本标准界定了流浪乞讨人员社会救助的基本术语。

本标准适用于流浪乞讨人员救助管理、服务、科研等相关领域。

2 术语和定义

2.1

流浪乞讨人员 vagrants and beggars

以流浪、乞讨方式度日的生活无着人员。

2.2

流浪未成年人 minor vagrants

十八周岁以下，脱离监护人有效监护，依靠流浪、乞讨等方式维持生活的人员。

2.3

临时性救助 provisional relief

为暂时遇到突发性生存困难人员提供临时性帮助和服务。

2.4

救助机构 relief institution

各类主体举办的为流浪乞讨人员等提供临时性服务的机构。

2.5

救助管理站 administration and relief shelters

政府部门设置的为生活无着的流浪乞讨人员、暂时遇到突发性生存困难人员等提供临时性救助管理的机构。

2.6

未成年人救助保护中心 relief and protection centre for minors

政府部门设置的为流浪未成年人等提供临时性救助、保护和教育的专门机构。

2.7

求助 relief seeking

向各类救助机构请求提供帮助的行为。

2.8

救助甄别 relief identification

救助机构审核求助人员状况并决定是否提供救助的过程。

2.9

直接救助 directly relief

救助机构对于因年老、年幼、残疾等原因无法提供个人情况的求助人员，先救助后甄别的方式。

2.10

站外救助 out-shelter relief

对街面等公共场所流浪乞讨人员开展的现场劝导、应急帮助、引导护送等活动。

2.11

站内救助　in-shelter relief

救助机构为受助人员提供饮食、住宿、医疗、通讯、返乡等服务。

2.12

救助安置　resettlement in relief

对无法查明家庭情况的长期滞站人员，安排在有关机构供养。

2.13

跨省接送　inter-provincial transfer

对于未成年人、无自返能力的老年人、残疾人等受助人员，由跨省救助机构护送或接领其返回原籍的过程。

2.14

接领离站　guided leaving by relatives or domicile units

受助人员由亲友或有关单位接离救助机构。

2.15

护送离站　escorted leaving by shelter staff

救助机构将受助人员送回户籍所在地。

2.16

放弃救助　giving up relief

受助人员自愿放弃救助机构正在为其提供的各种救助的行为。

2.17

擅自离站　leaving without notification

受助人员未告知救助机构而自行离开的行为。

2.18

不予救助通知书　notice of relief refusal

告知不符合救助条件的求助人员，作出不予以救助决定的书面文件。

2.19

终止救助通知书　notice of relief termination

载明受助人员基本信息、受助情况、终止救助理由等信息的书面文件。

2.20

救助档案　files of relief

记载对受助人员实施救助过程的信息资料。

中 文 索 引

英 文 索 引

V

ICS 07.060
N 92

中华人民共和国国家标准

GB/T 23246—2009

电导率温度深度剖面仪

Conductivity-temperature-depth profiler

2009-03-11 发布　　2009-11-01 实施

中华人民共和国国家质量监督检验检疫总局
中国国家标准化管理委员会　发布

前　言

本标准的附录C和附录D为规范性附录，附录A和附录B为资料性附录。

本标准由国家海洋局提出。

本标准由全国海洋标准化技术委员会(SAC/TC 283)归口。

本标准起草单位：国家海洋技术中心。

本标准主要起草人：李建国、张兆英、兰卉、吴明钰。

引　　言

本标准采用了国际计量委员会颁布的国际温标 ITS-90，联合国教科文组织海洋科学技术报告第 36 号的国际实用盐标 PSS-78 和国际状态方程 EOS-80，以及第 44 号的海洋基本特性计算公式。

电导率温度深度剖面仪

1 范围

本标准规定了电导率温度深度剖面仪(以下简称CTD剖面仪)的技术要求、试验方法、检验规则、标志、包装、运输和贮存。

本标准适用于直读式CTD剖面仪和自容式CTD剖面仪,其他类型CTD剖面仪也可参照使用。

2 规范性引用文件

下列文件中的条款通过本标准的引用而成为本标准的条款。凡是注日期的引用文件,其随后所有的修改单(不包括勘误的内容)或修订版均不适用于本标准,然而,鼓励根据本标准达成协议的各方研究是否可使用这些文件的最新版本。凡是不注日期的引用文件,其最新版本适用于本标准。

GB 9254 信息技术设备的无线电骚扰限值和测量方法

GB/T 12763.2 海洋调查规范 第2部分:海洋水文观测

GB/T 12763.7 海洋调查规范 第7部分:海洋调查资料交换

GB/T 17626.3 电磁兼容 试验和测量技术 射频电磁场辐射抗扰度试验

GB/T 17626.6 电磁兼容 试验和测量技术 射频场感应的传导骚扰抗扰度

HY 016.2—1992 海洋仪器基本环境试验方法 低温试验

HY 016.3—1992 海洋仪器基本环境试验方法 低温贮存试验

HY 016.4—1992 海洋仪器基本环境试验方法 高温试验

HY 016.5—1992 海洋仪器基本环境试验方法 高温贮存试验

HY 016.7—1992 海洋仪器基本环境试验方法 恒定湿热试验

HY 016.11—1992 海洋仪器基本环境试验方法 振动试验

HY 016.12—1992 海洋仪器基本环境试验方法 冲击试验

HY 016.15—1992 海洋仪器基本环境试验方法 水静压力试验

HY /T 042 海洋仪器分类及型号命名办法

JJG 763 温盐深测量仪

UNESCO No.36 联合国教科文组织海洋技术报告第36号(1981)

UNESCO No.44 联合国教科文组织海洋技术报告第44号(1983)

3 术语和定义

下列术语和定义适用于本标准。

3.1

电导率温度深度剖面仪 CTD profiler

用于自动测量海水电导率、温度和深度剖面的仪器。

3.2

用户软件 user software

用于完成CTD剖面仪的测量管理、参数计算和数据处理的CTD剖面仪专用程序。

4 产品分类与型号命名

产品的分类与型号命名按HY/T 042的规定执行。

5 技术要求

5.1 产品结构与外观要求

5.1.1 CTD剖面仪由水下单元和甲板单元两部分组成。水下单元包括传感器、转换控制电路与耐压水密容器。甲板单元包括接口装置、计算机和用户软件。

5.1.2 CTD剖面仪零部件的镀层和涂层应均匀、牢固，应无划痕、磨损、锈蚀和明显剥落现象；紧固件和接插件不应有松动和损伤。

5.2 产品基本参数

按照GB/T 12763.2对海洋水文观测准确度的规定，CTD剖面仪系列产品划分为三个等级，分别为：一级CTD剖面仪、二级CTD剖面仪和三级CTD剖面仪。CTD剖面仪系列产品的技术指标应分别符合表1、表2和表3的规定。

表1 一级CTD剖面仪技术指标一览表

测量参数	测量范围	准确度	分辨率	响应时间
温度	(−2～35)℃	±0.003 ℃	0.001 ℃	70 ms
电导率	(0～70)mS/cm	±0.003 mS/cm	0.001 mS/cm	70 ms
压力	(0～60)MPa	±0.05%(满量程)	0.1 kPa	20 ms

表2 二级CTD剖面仪技术指标一览表

测量参数	测量范围	准确度	分辨率
温度	(−2～35)℃	±0.05 ℃	0.01 ℃
电导率	(0～70)mS/cm	±0.05 mS/cm	0.01 mS/cm
压力	(0～10)MPa	±0.1%(满量程)	1.0 kPa

表3 三级CTD剖面仪技术指标一览表

测量参数	测量范围	准确度	分辨率
温度	(−2～35)℃	±0.1 ℃	0.05 ℃
电导率	(0～70)mS/cm	±0.1 mS/cm	0.05 mS/cm
压力	(0～2)MPa	±0.5%(满量程)	2.0 kPa

5.3 工作深度

水下单元工作深度应符合表1、表2和表3中压力范围的规定。

5.4 数据采集传输

5.4.1 采样频率：信号采集频率应不小于1 Hz。

5.4.2 传输速率：串行数据传送，传输速率应不小于9 600 bit/s。

5.4.3 传输特性：误码率应不大于3×10^{-6}。

5.5 环境特性

5.5.1 工作环境：

——水下单元工作温度为(−5～35)℃；

——甲板单元工作温度为(0～50)℃，相对湿度应不大于95%。

5.5.2 储存温度：(−20～55)℃。

5.6 电源

CTD剖面仪采用交流供电或电池供电。

交流电源：电压(220±22)V，电流(0.5±0.03)A，频率(50±2.5)Hz。

电池电源：电压(5～22)V，容量(3～10)Ah。

5.7 电安全性

CTD剖面仪甲板单元的功能绝缘电阻应不小于50 MΩ。

5.8 电磁干扰

CTD剖面仪甲板单元和水下单元产生的电磁辐射，在80 MHz～100 MHz频率范围内，辐射强度应不大于1 V/m。同时，应抵御150 kHz～80 MHz频率范围内，强度高达3 V/m的电磁干扰。

6 试验方法

6.1 试验仪器和设备

试验时应采用标准仪器(标准物质)和专用设备，其测量范围应满足5.2中的规定，分辨率应优于5.2中的要求，准确度应优于5.2中规定的3倍。本标准推荐的标准仪器和专用设备如表4所示。

表4 标准仪器和专用设备推荐表

测试项目	标准仪器	准确度	专用设备	测试环境
电导率	实验室盐度计(一级标准海水)	±0.001 mS/cm	大型恒温盐槽	温度：(20±5)℃ 相对湿度：不大于70%
温度	一等铂电阻温度计 测温电桥	±0.001 ℃	大型恒温盐槽	
压力	标准双活塞精密压力计	±0.005%(满量程)	恒温实验室	

6.2 外观检查

用目视或手感的方法检查CTD剖面仪，外观应符合5.1.2中的规定。

6.3 输出特性检查

连接CTD剖面仪的甲板单元与水下单元，进行通讯传输检查。在规定的时间内，检查采样的次数与传输的数据量，采样频率与传输速率应符合5.4.1与5.4.2中的规定。

6.4 一级CTD剖面仪计量性能测试

6.4.1 选定测试点

CTD剖面仪的温度、电导率和深度测试点的选择如表5所示。

6.4.2 测试准备

为降温试验(自35 ℃至0 ℃降温)做准备。

进行温度和电导率测试时，首先向大型恒温海水槽注入盐度为35左右的海水，注入的海水数量应确保能将CTD剖面仪水下单元浸没；测试前，先将大型恒温海水槽中的海水加温至35 ℃左右，进行控温。

表5 测试点

测试项目	测 试 点	备 注
温度	在温度测量范围内，确定6至8个温度测试点，大致均布	降温试验
电导率	同温度测试点	盐度为35左右，降温试验
压力	在深度测量范围内，确定6至8个压力测试点，大致均布	升降压一个往返

6.4.3 测试要求

温度和电导率的测试应在大型恒温海水槽内进行，压力测试应在恒温实验室进行。

测试时，将被测CTD剖面仪放入海水槽内，浸没在海水中300 mm左右。在水槽内放置一等铂电阻温度计和海水取样管。

6.4.4 温度和电导率准确度测试

6.4.4.1 测试前应保证大型恒温海水槽温度达到平衡状态。首先进行 35 ℃测点的试验,在大型恒温海水槽温度达到测试温度点后,对其进行控温,当温度波动度小于或等于 0.000 5 ℃时,即达到温度平衡状态。

6.4.4.2 测试时记录和取样应在温度平衡状态下进行。

在 3 min 之内读取温度传感器和电导率传感器 10 组读数,分别作为温度示值和电导率示值。同时从测温电桥读取 10 组一等铂电阻温度计的读数,作为该测试点上的温度标准值。在读取温度标准值时,进行海水取样。用槽内海水冲洗采样瓶内壁和瓶盖 2 至 3 次,用取样管抽取 2 瓶至 3 瓶海水样品。采样瓶内的海水不宜太满,当达到容积的四分之三左右时快速封严采样瓶并编号,记录待用。

用实验室盐度计测量海水样品,每个样品读取 10 组读数。按照 UNESCO No. 44 提供的公式计算出电导率,作为该测试点上的电导率标准值。数据记录表格参见附录 A。

6.4.4.3 继续进行下一个测试点,重复 6.4.4.1 和 6.4.4.2 步骤,直到全部完成规定各点的测试。

6.4.5 测试数据的处理方法

6.4.5.1 温度测试数据的处理方法

根据 JJG 763 的有关规定进行温度测量的数据处理。依照式(1)计算温度测量误差:

$$\Delta T_j = t_j - T_j \qquad \cdots\cdots(1)$$

式中:

ΔT_j——在第 j 个测点上的 CTD 剖面仪的温度测量误差值,单位为摄氏度(℃);

t_j——在第 j 个测点上 CTD 剖面仪的 10 组温度示值的算术平均值,单位为摄氏度(℃);

T_j——在第 j 个测点上的 10 组温度标准值的算术平均值,单位为摄氏度(℃);

j(测点)=1,2,3,…,8;

选取绝对值最大的 ΔT_j 为温度测量误差,其范围应符合 5.2 的要求。

6.4.5.2 电导率测试的数据处理方法

根据 JJG 763 的有关规定进行电导率测量的数据处理。依照式(2)计算电导率测量误差:

$$\Delta C_j = c_j - C_j \qquad \cdots\cdots(2)$$

式中:

ΔC_j——在第 j 个测点上 CTD 剖面仪的电导率测量误差值,单位为毫西门子每厘米(mS/cm);

c_j——在第 j 个测点上 CTD 剖面仪的 10 组电导率示值的算术平均值,单位为毫西门子每厘米(mS/cm);

C_j——在第 j 个测点的 10 组电导率标准值的算术平均值,单位为毫西门子每厘米(mS/cm);

j(测点)=1,2,3,…,8;

选取绝对值最大的 ΔC_j 为电导率测量误差,其范围应符合 5.2 的要求。

6.4.6 压力准确度的测试

6.4.6.1 压力准确度的测试方法

将压力传感器与标准双活塞精密压力计相连。首先按表 5 的测试点,自低压向高压进行测试,然后按表 5 的测试点,自高压向低压进行测试。在每个测试点的升降压过程各读取 10 组活塞压力计和压力传感器的数据,分别作为该测试点上的压力标准值和 CTD 剖面仪的压力示值。数据记录表格参见附录 A。

6.4.6.2 压力测试数据的处理方法

根据 JJG 763 的有关规定首先进行压力测量的数据处理。依据式(3)计算压力测量误差:

$$\Delta P_j = p_j - P_j \qquad \cdots\cdots(3)$$

式中:

ΔP_j——CTD 剖面仪在第 j 个测点的压力测量误差,单位为兆帕(MPa);

p_j——CTD 剖面仪在第 j 个测点的 10 组压力示值的算术平均值，单位为兆帕(MPa)；

P_j——标准活塞压力计在第 j 个测点的 10 组压力标准值的算术平均值，单位为兆帕(MPa)；

j(测点)=1,2,3,…,8；

选取其绝对值最大的 ΔP_j 为压力测量误差，其误差范围应符合 5.2 的要求。

6.4.7 分辨率测试

在每个测试点测试时，应同时测试 CTD 剖面仪的分辨率。当大型恒温海水槽温度处于平衡状态时，即温度波动度约 0.000 5 ℃，测试海水的电导率、温度和压力。电导率、温度和压力传感器示值的分辨率均应符合 5.2 的要求。

6.5 二级 CTD 剖面仪和三级 CTD 剖面仪计量性能测试

二级、三级 CTD 剖面仪的测试方法与一级 CTD 剖面仪的测试方法基本相同，只是对试验设备的要求相应降低，水槽的稳定度与波动度以及试验仪器的准确度也相应降低。二级、三级 CTD 剖面仪的测量范围和分辨率应分别符合 5.2 中的规定，试验仪器的准确度应为 5.2 中规定的 3 倍。

6.6 环境试验

环境试验的项目、依据标准与试验条件见表 6。

表 6 CTD 剖面仪环境试验

试验项目	依据标准	试验条件
低温贮存试验	HY 016.3—1992	−40 ℃，10 h
低温试验	HY 016.2—1992	−10 ℃，2 h
高温贮存试验	HY 016.5—1992	55 ℃，8 h
高温试验	HY 016.4—1992	50 ℃，2 h
冲击试验	HY 016.12—1992	100 m/s^2，XYZ 轴 3 次(甲板单元)，Y 轴 3 次(水下单元)
振动试验	HY 016.11—1992	(2～13.2)Hz，1 mm，(13.2～80)Hz，7 m/s^2，循环 20 次
恒定湿热试验	HY 016.7—1992	(40±2)℃，相对湿度(90～96)%，2×24 h
水静压力试验	HY 016.15—1992	取最大深度工作压力 1.25 倍，保压 1 h

进行高、低温贮存试验后，CTD 剖面仪外观应无划痕、磨损、锈蚀和明显剥落现象；紧固件和接插件不应有松动和损伤。CTD 剖面仪通电后应能正常实现测量、通讯等功能。

进行冲击、振动试验和水静压力试验后，CTD 剖面仪外观应无划痕、磨损、锈蚀和明显剥落现象；紧固件和接插件不应有松动和损伤。

高低温试验过程中及试验后通电检查，CTD 剖面仪应能正常实现测量、通讯等功能。

6.7 误码率检验

对水下单元与甲板单元误码率的检测，由用户软件中的误码率测试程序来实现。在 CTD 剖面仪工作状态下，启动误码率测试程序。首先，输入任意 2 个数字作为标准码。然后，进行下列测试：甲板单元将标准码向水下单元发送，水下单元接收到后，立即将标准码再发送到甲板单元，由甲板单元接收，记录并进行比较、处理，持续 5 min 发送与接收该标准码。最后，统计非标准码的个数。误码率由式(4)计算。

$$\lambda = k/N \qquad \cdots\cdots(4)$$

式中：

λ——误码率；

k——接收的非标准码个数；

N——发送的标准码个数。

误码率 λ 应符合 5.4.3 要求。

6.8 电磁兼容试验

按照 GB/T 17626.3 与 GB/T 17626.6 规定的方法进行试验，试验结果应符合 5.8 要求。

6.9 电安全性检验

按照 GB 9254，利用兆欧表或绝缘测试仪器，测量 CTD 剖面仪的机壳与交流电源的地之间的绝缘电阻，绝缘电阻应符合 5.7 要求。

7 检验规则

7.1 出厂检验

7.1.1 CTD 剖面仪应逐台进行出厂检验。

7.1.2 出厂检验按 5.1 至 5.4、5.6 和 5.7 的要求逐项进行。

7.1.3 出厂检验中有一项检验项目不合格时，即判该产品不合格。

7.1.4 产品检验合格后，方可出厂。

7.2 型式检验

7.2.1 CTD 剖面仪有下列情况之一时，应进行型式检验：

a) 正式生产后，如设计、工艺、结构、材料有较大改变时；

b) 转产或长期停产后，再次投产时；

c) 批量试制或生产，进行抽检或评定考核时；

d) 出厂检验结果与上次的型式检验有较大差异时；

e) 国家质量监督机构提出进行型式检验要求时。

7.2.2 型式检验应按 5.1 至 5.8 和 6.6 的要求逐项进行。

7.2.3 型式检验的样品应从经出厂检验合格的产品中随机抽取，一般数量为 3 台，少于 3 台时应全部检验。

7.2.4 在型式检验中，若有两台或两台以上不合格时，则判该批型式检验不合格；若有一台不合格时，则应加倍抽样进行不合格项目复检，其后仍有不合格时，则判该批型式检验不合格；若全部检验合格，该批型式检验产品应判为合格。

8 标志、包装、运输、贮存

8.1 标志

8.1.1 铭牌标志

每台 CTD 剖面仪的甲板单元面板和水下单元外壳上均应有铭牌，铭牌标识至少应有以下内容：

a) 产品名称、型号；

b) 主要参数；

c) 制造单位；

d) 出厂编号、日期。

8.1.2 包装标志

CTD 剖面仪的包装箱表面应标志以下内容：

a) 产品名称、型号、件数；

b) 箱体尺寸(mm)：长×高×宽；

c) 箱体净重或毛重(kg)；

d) 运输作业安全标志。

8.2 包装

8.2.1 CTD 剖面仪应用专用包装箱包装。包装箱应坚实可靠、经济美观，内部结构应具有加固减震功能。

8.2.2 CTD剖面仪包装时应附有下列随机物品：

a) 产品合格证；

b) 用户软件光盘；

c) 产品使用说明书；

d) 装箱单；

e) 专用工具和必要的备件；

f) 其他有关的技术资料。

8.3 运输

8.3.1 包装好的CTD剖面仪，应能适应任何交通工具运输。

8.3.2 敞篷运输时应遮蔽货物，防尘、防雨。装卸时，应轻拿轻放。

8.4 贮存

8.4.1 CTD剖面仪应贮存在温度为−20 ℃～40 ℃，相对湿度小于95％的室内，周围无腐蚀性气体和粉尘，无强电磁场和强烈振动，避免较强的冲击或碰撞，产品不应倒立或倒放。

8.4.2 温度低于0 ℃时，应确保电导率传感器玻璃管中干燥，无任何水分。

9 数据处理

9.1 数据采集

数据格式应符合GB/T 12763.7的有关规定。

甲板单元与水下单元的通讯应采用CTD剖面仪硬件语言进行。硬件语言参见附录B。

9.2 用户软件

9.2.1 测量管理

CTD剖面仪的用户软件应该具备测量管理、参数计算与数据处理的功能。测量管理应包括如下功能：

a) 设置工作参数，显示仪器状态；

b) 测试误码率，仪器自校；

c) 回放测量数据，编辑处理存档。

测量管理应生成如下三类文件：表头文件、初始化文件和原始数据文件。

表头文件主要包括站位、时间、地点和仪器状态信息。

初始化文件主要包括仪器传感器定标参数信息。

原始数据文件主要包括仪器所有的测量参数以及每次测量相对应的时间信息。

9.2.2 参数计算

参数计算应实现以下功能：

a) 生成工程量文件，将原始数据文件由用户软件的转换程序进行转换，形成工程量文件，内容应包括电压、频率等工程数字量，并带有时间坐标信息；

b) 生成物理量文件，将工程量文件由用户软件的计算程序进行计算，形成物理量文件，内容应包括电导率、温度和压力等物理量，并带有时间坐标信息；

c) 生成派生量文件，按照UNESCO No. 44的海水基本特性计算公式，将物理量文件进行计算，形成派生量文件，内容应包括盐度、深度和密度等派生量，并带有时间坐标信息。

9.2.3 数据处理

数据处理应具有如下功能：剔除粗大误差、数字滤波、平均、滞后订正以及消除逆压等。

9.3 数据处理有关要求

数据处理应符合以下要求。

a) 关于参数单位规定如下：

温度——℃

电导率——mS/cm

压力——MPa

频率——Hz

电压——V

b) 关于计算公式规定如下：

海水的温度、电导率和压力由用户软件的计算程序计算。

海水的温度应采用ITS-90温标。

海水的盐度采用PSS-78盐标。盐度计算公式见附录C。

海水的深度由计算取得。深度计算公式见附录D。

海水的密度采用UNESCO No.36的EOS-80计算。

海水的声速、动力高度等其他物理海洋参数，采用UNESCO No.44的海水基本特性计算公式进行计算。

c) 关于计算公式中的换算关系如下：

压力换算关系采用以下公式：

$$1\ \text{dbar} = 0.01\ \text{MPa} \qquad (5)$$

式中：

dbar——分巴；

MPa——兆帕。

温标换算关系采用以下公式：

$$T_{68} = 1.000\,24 \times T_{90} \qquad (6)$$

式中：

T_{68}——IPTS-68温标；

T_{90}——ITS-90温标。

d) 数据结构应按照GB/T 12763.7和CTD剖面仪的技术指标，确定剖面仪数据的有效位数。

附　录　A
（资料性附录）
CTD剖面仪测试数据记录表

表 A.1　电导率传感器测试数据记录表

仪器名称：　　　　　　　　　　仪器序号：　　　　　　　　　　仪器产地：

盐度计名称：　　　　　　　　　盐度计型号：

测点序号	测点温度	传感器示值	示值平均值 x	盐度计标准值	标准值平均值	电导率标准值 y	误差 $(x-y)$
1							

....

8							

记录：　　　　　　　　　　　　　　　　　　　　复核：　　　　　　　年　　月　　日

表 A.2 温度传感器测试数据记录表

仪器名称： 仪器序号： 仪器产地：

电桥名称： 电桥型号：

测点序号	测点温度	传感器示值	示值平均值 x	测温电桥标准值	标准值平均值	温度标准值 y	误差 $(x-y)$
1							
....							
8							

记录： 复核： 年 月 日

表 A.3　压力传感器测试数据记录表

仪器名称：　　　　　　　　　　仪器序号：　　　　　　　　　　仪器产地：

压力计名称：　　　　　　　　　压力计型号：

测点序号	测点压力	传感器示值	示值平均值 x	压力计标准值	标准值平均值 y	误差 $(x-y)$
1						

....

测点序号	测点压力	传感器示值	示值平均值 x	压力计标准值	标准值平均值 y	误差 $(x-y)$
8						

记录：　　　　　　　　　　　　　　　　复核：　　　　　　年　　月　　日

附　录　B
（资料性附录）
CTD 剖面仪硬件语言

B.1　采集器命令

采集器命令如下：

a)　查询工作状态命令　格式：AH ↵；

b)　显示仪器状态命令　格式：ADS ↵；

c)　设置日期命令　　格式：ADAT□YYMMDD ↵；

d)　设置时间命令　　格式：ATIM□HHMMSS ↵；

e)　设置站号命令　　格式：ASTA□XXXX ↵(XXXX 为四位站号)；

f)　采集模式命令　　格式 ACQM□N ↵；

g)　测量开始命令　　格式：AMS ↵；

h)　测量结束命令　　格式 AME ↵。

B.2　数据格式

B.2.1　数据帧

测量开始后，每秒钟发送 24 帧数据。在接收到测量结束命令后，停止发送数据帧。每一数据帧包括 16 个字节，第一个字节为数据帧的标志字，其余 15 个字节定义采集器采集的 CTD 剖面仪的传感器测量数据。

B.2.2　状态帧

收到测量开始命令，立即向甲板单元发送状态帧，作为状态帧系列的第一帧。正常测量后，每间隔 10 分钟发一帧。收到测量结束命令后，立即向甲板单元发送状态帧，作为状态帧系列的最后一帧。每一状态帧包括 16 个字节，第一个字节为状态帧的标志字，其余 15 字节定义 CTD 剖面仪的状态信息。

附　录　C
（规范性附录）
盐度计算公式

盐度的计算公式如下：

$$S=\sum_{i=0}^{5}a_iR_t^{i/2}+\frac{t-15}{1+k(t-15)}\sum_{i=0}^{5}b_iR_t^{i/2} \quad\cdots\cdots\cdots\cdots(C.1)$$

式中：

S——盐度；

a_0——0.008 0；

a_1——−0.169 2；

a_2——25.385 1；

a_3——14.094 1；

a_4——−7.026 1；

a_5——2.708 1；

k——0.016 2；

b_0——0.000 5；

b_1——−0.005 6；

b_2——−0.006 6；

b_3——−0.037 5；

b_4——0.063 6；

b_5——−0.014 4。

有效范围：$2<S<42$

式(C.1)中 R_t 的计算公式如下：

$$R_t=\frac{R}{R_p\cdot r_t} \quad\cdots\cdots\cdots\cdots(C.2)$$

式(C.2)中 R 的计算公式如下：

$$R=\frac{C(S,t,p)}{C(35,15,0)} \quad\cdots\cdots\cdots\cdots(C.3)$$

式中：

$C(S,t,p)$——CTD 剖面仪的电导率；

$C(35,15,0)$——盐度为 35 的标准海水的电导率；

式(C.2)中 R_p 的计算公式如下：

$$R_p=1+\frac{e_1p+e_2p^2+e_3p^3}{1+d_1t+d_2t^2+d_3R+d_4tR} \quad\cdots\cdots\cdots\cdots(C.4)$$

式中：

e_1——2.070×10^{-5}；

e_2——-6.370×10^{-10}；

e_3——3.989×10^{-15}；

d_1——3.426×10^{-2}；

d_2——4.464×10^{-4}；

d_3——4.215×10^{-1}；

d_4——-3.107×10^{-3}；

t——温度(℃)；

p——压力(dbar)。

式(C.2)中 r_t 的计算公式如下：

$$r_t = c_0 + c_1 t + c_2 t^2 + c_3 t^3 + c_4 t^4 \qquad \text{(C.5)}$$

式中：

c_0——0.676 609 7；

c_1——$2.005\,64\times10^{-2}$；

c_2——$1.104\,259\times10^{-4}$；

c_3——$-6.969\,8\times10^{-7}$；

c_4——$1.003\,1\times10^{-9}$。

注：温度采用 IPTS-68 温标。温度有效范围：-2 ℃$<t<$35 ℃

压力单位为 dbar。压力有效范围：0 dbar$<t<$10 000 dbar

盐度单位： 无。盐度有效范围：$2<t<42$

附　录　D
（规范性附录）
深度计算公式

深度 Z 的计算公式如下：

$$Z = \frac{C_1 p + C_2 p^2 + C_3 p^3 + C_4 p^4}{g(\phi) + \frac{1}{2}\gamma' p} + \frac{\Delta D}{9.8} \quad \cdots\cdots\cdots\cdots\cdots\cdots\cdots\cdots\cdots\cdots (\text{D.1})$$

式中：

Z——深度(m)；

p——压力(dbar)；

C_1——9.726 59；

C_2——$-2.251\ 2\times10^{-5}$；

C_3——2.279×10^{-10}；

C_4——-1.82×10^{-15}；

γ'——2.184×10^{-6}(m/s²/dbar)；

$\Delta D/9.8$——计算时忽略不计；

$g(\phi)$——海面重力加速度(m·s⁻²)，$g(\phi)$的计算公式如下：

$$g(\phi) = 9.780\ 318(1.0 + 5.278\ 8\times10^{-3}\sin^2\phi + 2.36\times10^{-5}\sin^4\phi) \quad \cdots\cdots\cdots\cdots (\text{D.2})$$

式中：

ϕ——纬度。

ICS 07.060
N 92

中华人民共和国国家标准

GB/T 23247—2009

自持式剖面循环探测漂流浮标

Autonomous drifting profiler

2009-03-11 发布　　2009-11-01 实施

中华人民共和国国家质量监督检验检疫总局
中国国家标准化管理委员会　发布

前　言

本标准的附录A为规范性附录。

本标准由国家海洋局提出。

本标准由全国海洋标准化技术委员会(SAC/TC 283)归口。

本标准起草单位:国家海洋技术中心。

本标准主要起草人:张少永、商红梅、杨庆保、张文良、邬海强。

自持式剖面循环探测漂流浮标

1 范围

本标准规定了自持式剖面循环探测漂流浮标的要求、试验方法、检验规则、标志、包装、运输和贮存。

本标准适用于海洋自持式剖面循环探测漂流浮标(简称漂流浮标)。

2 规范性引用文件

下列文件中的条款通过本标准的引用而成为本标准的条款。凡是注日期的引用文件,其随后所有的修改单(不包括勘误的内容)或修订版均不适用于本标准,然而,鼓励根据本标准达成协议的各方研究是否可使用这些文件的最新版本。凡是不注日期的引用文件,其最新版本适用于本标准。

GB/T 17626.3 电磁兼容 试验和测量技术 射频电磁场辐射抗扰度试验

GB/T 17626.6 电磁兼容 试验和测量技术 射频场感应的传导骚扰抗扰度

HY 016.2—1992 海洋仪器基本环境试验方法 低温试验

HY 016.3—1992 海洋仪器基本环境试验方法 低温贮存试验

HY 016.4—1992 海洋仪器基本环境试验方法 高温试验

HY 016.5—1992 海洋仪器基本环境试验方法 高温贮存试验

HY 016.11—1992 海洋仪器基本环境试验方法 振动试验

HY 016.12—1992 海洋仪器基本环境试验方法 冲击试验

HY 016.15—1992 海洋仪器基本环境试验方法 水静压力试验

HY/T 042 海洋仪器分类及型号命名办法

3 术语和定义

下列术语和定义适用于本标准。

3.1

自持式剖面循环探测漂流浮标 autonomous drifting profiler

按照设定的时间间隔定期自动沉浮,在下沉之后于一定深度处跟随海流漂移,在上升期间进行海洋参数剖面测量,并在海表面通过卫星系统传输数据和定位的海洋测量设备。

4 产品组成与型号

4.1 产品组成

漂流浮标主要由耐压密封壳体、测量传感器、体积调节部件、数据采集控制系统、卫星通讯系统及电源等组成。

注:漂流浮标一般安装 CTD(电导率、温度、压力)传感器,根据不同的测量功能也可安装其他要素传感器。

4.2 产品分类与型号命名

产品按工作深度分为 400 m、1 000 m、1 500 m 和 2 000 m 四类。产品的型号命名按 HY/T 042 的规定执行。

5 要求

5.1 外观

漂流浮标壳体表面应无划痕、磨损、锈蚀现象,硬质阳极氧化层应均匀、牢固。紧固件不应有松动和损伤。

5.2 工作深度

5.2.1 漂流浮标的工作深度应为 400 m，或 1 000 m，或 1 500 m，或 2 000 m。

5.2.2 漂流浮标应根据额定工作深度以及预定投放海区的具体温度、盐度条件，调节整机重量，其准确度应达到±9.8 mN。

5.3 测量传感器

漂流浮标安装的测量传感器指标应符合相关标准或规程。

5.4 体积调节部件

体积调节部件在漂流浮标工作深度的 1.25 倍压力下，应能连续正常工作，无可见异常变形和泄漏。

5.5 剖面次数

漂流浮标完成的最大剖面次数应不少于 70 次。

5.6 循环工作时间间隔

漂流浮标循环工作时间间隔应设定为 1 d、2 d、3 d、4 d、5 d、6 d、7 d、10 d 或 15 d。

5.7 数据传输

通过卫星系统接收到的漂流浮标有效信息率应大于或等于 95%。

5.8 电源电压

漂流浮标直流电源电压应满足 13.5 V±1.5 V。

5.9 环境适应性

漂流浮标按照 HY 016.2—1992、HY 016.3—1992、HY 016.4—1992、HY 016.5—1992、HY 016.11—1992、HY 016.12—1992、HY 016.15—1992 的规定进行环境试验，试验后应能正常工作。

5.10 电磁干扰

在 80 MHz～100 MHz 频率范围内，漂流浮标产生的电磁辐射强度应不大于 1 V/m。同时，应可以抵御 150 kHz～80 MHz 频率范围内，强度高达 3 V/m 的电磁干扰。

6 试验方法

6.1 检测设备

6.1.1 25 MPa 可视压力罐

可视压力罐主要用于漂流浮标壳体的耐压密封检查及重量调整，其主要功能技术指标应满足：

a) 工作压力大于或等于 25 MPa；
b) 罐内直径大于或等于 500 mm；
c) 罐内深度大于或等于 2 000 mm；
d) 工作压力波动小于或等于 0.05 MPa；
e) 压力罐底部和侧面分别设有照明窗口和观察窗口。

6.1.2 25 MPa 自动恒压泵站

自动恒压泵站由自动泵站、油水分离器、皮囊压力罐、蓄能器等部分组成。主要用于漂流浮标体积调节部件的密封检验、高压负载能力考核及使用寿命的考核。其主要技术指标应满足：

a) 工作压力大于或等于 25 MPa；
b) 皮囊压力罐能与漂流浮标下端盖密封，罐内直径大于或等于 220 mm，罐内深度大于或等于 2 00 mm；
c) 工作压力波动小于或等于 0.5 MPa。

6.1.3 电子天平

电子天平用于漂流浮标的称重，负荷应不小于 30 kg，感量应为 1 g。

6.1.4 测量传感器检验设备

漂流浮标安装的测量传感器应采用相关标准和检定规程中规定的检验设备进行检验。

6.1.5 直流电压表

直流电压表测量范围应不小于20 V,分辨率应为0.01 V。

6.2 检测方法

6.2.1 外观

用目测和触摸对漂流浮标外观进行检查。应符合5.1的要求。

6.2.2 工作深度

6.2.2.1 将漂流浮标整机放于25 MPa可视压力罐内,盖好压力罐上盖,排出罐内空气,封闭压力罐,按HY 016.15—1992进行试验。试验后漂流浮标外观应无可见变形,内部应无泄露。

6.2.2.2 按照附录A中规定的方法,调整漂流浮标的重量,其误差应符合5.2.2的要求。

6.2.3 测量传感器

漂流浮标安装的测量传感器,按照相关标准和检定规程中的检验方法进行检验,检验结果应符合5.3的要求。

6.2.4 体积调节部件

按照以下步骤,在25 MPa自动恒压泵站进行体积调节部件的检验。

a) 将皮囊放于泵站的皮囊压力罐内,密封;

b) 启动泵站,使压力逐渐达到漂流浮标工作深度的1.25倍;

c) 启动漂流浮标的体积调节部件,检验其密封性能、驱动能力和压力下连续工作性能。

试验结果应满足5.4的要求。

6.2.5 剖面次数

将漂流浮标放入25 MPa可视压力罐内,按漂流浮标工作深度,模拟其压力下的沉浮运动,完成的剖面次数应符合5.5要求。

6.2.6 循环工作时间间隔

接通漂流浮标的电源,进行循环工作测试,分别记录本剖面与上一剖面的最后一条数据的时间。计算得到的时间间隔应满足5.6要求。

6.2.7 数据传输

接通漂流浮标的电源,进行数据传输。通过卫星系统接收的漂流浮标数据应满足5.7要求。

6.2.8 电源电压

使用直流电压表测量漂流浮标电源电压,测得的电压值应符合5.8要求。

6.2.9 环境适应性

环境试验项目、步骤和等级见表1,试验结果应符合5.9的要求。

进行高、低温贮存试验后,漂流浮标外观应无可见变形,同时内部紧固件不应有松动和损伤。试验后的24 h通电检查,漂流浮标的测量传感器、体积调节部件、数据采集控制系统、卫星通讯系统及电源等应能正常工作。

高低温试验过程中及试验后的24 h通电检查,漂流浮标的测量传感器、体积调节部件、数据采集控制系统、卫星通讯系统及电源等应能正常工作。

进行冲击、振动试验和水静压力试验后,漂流浮标外观应无可见变形,同时内部紧固件不应有松动和损伤。

表1 环境试验项目与等级

试验项目	采用标准	试验等级
低温贮存试验	HY 016.3—1992	−40 ℃,10 h
低温试验	HY 016.2—1992	−10 ℃,2 h
高温贮存试验	HY 016.5—1992	55 ℃,8 h

表 1（续）

试验项目	采用标准	试验等级
高温试验	HY 016.4—1992	50 ℃，2 h
冲击试验	HY 016.12—1992	100 m/s^2，三个互相垂直方向各 3 次
振动试验	HY 016.11—1992	(2～13.2)Hz，1 mm；(13.2～80)Hz，7 m/s^2；三个互相垂直方向各 20 次
水静压力试验	HY 016.15—1992	1.25 倍工作压力，保压 1 h

6.2.10 电磁干扰

按照 GB/T 17626.3 与 GB/T 17626.6 规定的方法进行试验，试验结果应符合 5.10 要求。

7 检验规则

7.1 检验分类

漂流浮标的检验分为出厂检验和型式检验两种。出厂检验和型式检验的检验项目如表 2 所示。

7.2 出厂检验

所有漂流浮标都应进行出厂检验。检验项目见表 2。检验结果应符合表 2 的要求，否则判该台不合格。对该不合格产品，应分析原因，采取措施，返修后进行对应项目的第二次出厂检验。若合格，则确认该台出厂检验合格；若仍不合格，则认为该台出厂检验不合格。

7.3 型式检验

在以下情况下应进行型式检验：

a) 正式生产后，如设计、工艺、结构、材料有较大改变时；

b) 转产或长期停产后，再次投产时；

c) 批量试制或生产，进行抽检或评定考核时；

d) 出厂检验结果与上次的型式检验有较大差异时；

e) 国家质量监督机构提出进行型式检验要求时。

型式检验应从经过出厂检验合格的产品中随机抽取 2 台进行；新产品样机少于 2 台时，应每台进行型式检验。型式检验项目见表 2。

检验结果若符合表 2 的要求，则认为该批产品合格；若 2 台均不合格，则判该批不合格；若其中有 1 台不合格，则加倍抽检，其后仍有不合格品时，则判该批不合格。对该批不合格产品，应分析原因，采取措施，返修后重新抽样，进行第二次型式检验。若合格，则确认该批型式检验合格；若仍不合格，则认为该批型式检验不合格，应停止检验。

表 2 出厂检验和型式检验的检验项目

序号	检验项目	出厂检验	型式检验	要求	检验方法
1	外观	√	√	5.1	6.2.1
2	工作深度	√	√	5.2	6.2.2
3	测量传感器	√	√	5.3	6.2.3
4	体积调节部件	√	√	5.4	6.2.4
5	剖面次数		√	5.5	6.2.5
6	循环工作时间间隔	√	√	5.6	6.2.6
7	数据传输	√	√	5.7	6.2.7
8	电源电压	√	√	5.8	6.2.8
9	环境适应性		√	5.9	6.2.9
10	电磁干扰		√	5.10	6.2.10

8 标志、包装、运输、贮存

8.1 标志

8.1.1 每台漂流浮标的外壳上均应有铭牌，铭牌标识至少应有以下内容：

a) 产品名称、型号；

b) 主要参数；

c) 制造单位；

d) 出厂编号、日期。

8.1.2 在漂流浮标的包装箱表面应标志以下内容：

a) 产品名称、型号、出厂编号、件数；

b) 箱体尺寸(mm)：长×高×宽；

c) 箱体净重或毛重(kg)；

d) 运输作业安全标志。

8.2 包装

漂流浮标应采取整机包装的形式，箱内壁应衬有泡沫塑料或其他防护材料，箱内空隙应用包装材料填塞，作为漂流浮标电源开关的磁铁不应移位或脱落。

包装时应附有下列随机物品：

a) 产品合格证；

b) 产品使用说明书；

c) 装箱单；

d) 其他有关技术资料(含数据格式说明、与测量传感器相关的技术文件以及实验室检测结果等)；

e) 必要的备件。

8.3 运输、贮存

8.3.1 运输

运输产品时应避免日晒、雨淋。不应与有毒、有害或影响产品质量的物品混装运输。

8.3.2 贮存

产品应贮存在干燥、通风良好的场所。不应与有毒、有害、易挥发、易腐蚀的物品同处贮存。

附 录 A
（规范性附录）
自持式剖面循环探测漂流浮标重量调整试验方法

A.1 试验设备

漂流浮标重量调整所需的试验设备主要有：

a) 25 MPa 可视压力罐(见 6.1.1)；

b) 电子天平(见 6.1.3)；

c) 直读式电导率、温度和压力(CTD)传感器，其主要技术指标应满足表 A.1 的要求。

表 A.1 直读式 CTD 技术指标

测量参数	温度	电导率	压力
测量范围	−2 ℃～35 ℃	0 mS/cm～65 mS/cm	0 MPa～10 MPa
测量准确度	±0.005 ℃	±0.005 mS/cm	满量程的±0.2%

A.2 试验方法概述

在实验室调整漂流浮标重量的方法为：

a) 通过可视压力罐试验，建立漂流浮标在不同压力下体积的线性回归方程，计算其在常压下的体积。

b) 计算漂流浮标在预定工作深度的体积。

c) 根据漂流浮标在预定工作深度的体积和预定水深的海水密度，计算漂流浮标在该工作深度将会受到的浮力。

d) 通过改变内部配重，调整漂流浮标重量，使其在预定海域、预定深度使用时所受到的浮力与重力相等，处于中性状态。

A.3 试验步骤

漂流浮标重量调整试验的具体步骤为：

a) 用直读式 CTD 测量可视压力罐内淡水的温度(记为 t_0，单位为摄氏度(℃))和盐度，并计算其比重(记为 ρ_0，单位为 9.8 毫牛每立方厘米(9.8 mN /cm^3))。

b) 打开漂流浮标，调节漂流浮标皮囊的体积，使其缩至最小。

c) 在空气中调整漂流浮标的重量，使该重量值与漂流浮标放入可视压力罐后淡水将会对它产生的浮力值基本相等。用电子天平称得的漂流浮标的空气中重量记为 M_f，单位为 9.8 毫牛(9.8 mN)。

d) 密封漂流浮标壳体。将一重量均匀、长度大于或等于 50 cm、淡水中单位长度重量小于 1×9.8 mN/cm 的小链条挂在漂流浮标皮囊护罩的下端。在漂流浮标顶端放置一配重，其在淡水中的重量记为 m_w，单位为 9.8 毫牛(9.8 mN)。

e) 将漂流浮标放入可视压力罐，使漂流浮标沉至压力罐底部。

f) 密封可视压力罐，逐渐加压，直至漂流浮标离开可视压力罐的罐底并稳定悬浮于可视压力罐中。

g) 把漂流浮标在可视压力罐内稳定悬浮的压力记为 p_i，单位为千帕(kPa)，相应提起的小链条的长度记为 l_i，单位为厘米(cm)。按照式(A.1)计算在此压力条件下漂流浮标达到稳定悬浮状态所需增加的重量(M_i)：

$$M_i = m_c \times l_i \times m_w \quad \text{(A.1)}$$

式中：

M_i——在第 i 个测点上，为使漂流浮标呈中性状态所需增加的重量，单位为 9.8 毫牛(9.8 mN)；

i——测点序号；

m_c——单位长度小链条在淡水中的重量，单位为 9.8 毫牛每厘米(9.8 mN/cm)；

l_i——在压力 p_i 时提起的小链条的长度，单位为厘米(cm)；

m_w——在漂流浮标顶端放置的配重在淡水中的重量，单位为 9.8 毫牛(9.8 mN)。

h) 改变可视压力罐的压力，重复第 g)步试验，获得新的一组(p_i，M_i)值。试验数据应不少于 8 组(即 $i \geqslant 8$)。

i) 利用记录的数据，建立压力(p_i)-漂流浮标应增加的重量(M_i)的线性回归方程：

$$M_p = A \times p + B \quad \text{(A.2)}$$

式中：

M_p——在压力 p 下，漂流浮标应增加的重量，单位为 9.8 毫牛(9.8 mN)；

A——线性回归方程的斜率，单位为 9.8 毫牛每千帕(9.8 mN/kPa)；

p——压力值，单位为千帕(kPa)；

B——线性回归方程的截距，单位为 9.8 毫牛(9.8 mN)。

j) 计算在 p=0 kPa 时，漂流浮标在可视压力罐水温 t_0 条件下的体积：

$$V_0 = (M_f + B)/\rho_0 \quad \text{(A.3)}$$

式中：

V_0——p 等于 0 kPa 时，漂流浮标在可视压力罐水温 t_0 条件下的体积，单位为立方厘米(cm^3)；

M_f——用电子天平称得的漂流浮标的空气中重量，单位为 9.8 毫牛(9.8 mN)；

ρ_0——在密封可视压力罐前，用直读式 CTD 测量的、水温为 t_0 时可视压力罐内淡水的比重，单位为 9.8 毫牛每立方厘米(9.8 mN/cm^3)。

k) 计算常压下漂流浮标所受到的空气浮力：

$$F = 0.001\,23 \times V_0 \quad \text{(A.4)}$$

式中：

F——常压下漂流浮标所受到的空气浮力，单位为 9.8 毫牛(9.8 mN)；

0.001 23——空气比重，单位为 9.8 毫牛每立方厘米(9.8 mN/cm^3)。

l) 计算在预定压力和温度下漂流浮标的体积：

$$V_{t,p} = V_0[(1-\gamma p) + \alpha(t - t_0)] \quad \text{(A.5)}$$

式中：

$V_{t,p}$——在压力 p 和温度 t 下漂流浮标的体积，单位为立方厘米(cm^3)；

t——在预定布放海域、预定工作深度的海水温度值，单位为摄氏度(℃)；

p——在预定工作深度的压力值，单位为千帕(kPa)；

γ——漂流浮标体的压缩系数，取 $2.23 \times 10^{-7}\ kPa^{-1}$；

α——漂流浮标体的热膨胀系数，取 6.9×10^{-5} ℃$^{-1}$；

t_0——在密封可视压力罐前，用直读式 CTD 测得的压力罐内淡水的温度，单位为摄氏度(℃)。

m) 计算漂流浮标所应具有的重量。若要使漂流浮标在预定海域、预定深度呈中性状态，则作用于其上的重力应等于浮力，即：

$$M_n + F = \rho_{s,t,p} V_{t,p} \quad \text{(A.6)}$$

于是，

$$M_n = \rho_{s,t,p} V_{t,p} - F \quad \text{(A.7)}$$

式中：

M_n——在空气中用电子天平测量时漂流浮标所应具有的重量，单位为9.8毫牛(9.8 mN)；

$\rho_{s,t,p}$——在预定布放海域、预定深度下海水的比重，单位为9.8毫牛每立方厘米(9.8 mN/cm^3)；

s——预定布放海域、预定工作深度的海水盐度值。

n) 在空气中，通过调整内部配重，将漂流浮标重量调整为M_n。

ICS 91.140
P 41

GB

中华人民共和国国家标准

GB/T 23248—2009

海水循环冷却水处理设计规范

Code for design of seawater treatment for recirculating cooling seawater system

2009-03-11 发布　　　　2009-11-01 实施

中华人民共和国国家质量监督检验检疫总局
中国国家标准化管理委员会　发布

前　言

本标准的附录A为规范性附录。

本标准由国家海洋局提出。

本标准由全国海洋标准化技术委员会(SAC/TC 283)归口。

本标准起草单位:国家海洋局天津海水淡化与综合利用研究所、天津渤海化工集团规划设计院。

本标准主要起草人:侯纯扬、武杰、邹泽民、李亚红、王维珍、成国辰、张连强、吴芸芳、李运平。

海水循环冷却水处理设计规范

1 范围

本标准规定了海水循环冷却水处理中设计一般要求、海水补充水处理、海水循环冷却水处理和检测监测与控制等的设计要求与方法。

本标准适用于以海水作为补充水的新建、扩建、改建工程的海水循环冷却水处理设计。

2 规范性引用文件

下列文件中的条款通过本标准的引用而成为本标准的条款。凡是注日期的引用文件，其随后所有的修改单(不包括勘误的内容)或修订版均不适用于本标准，然而，鼓励根据本标准达成协议的各方研究是否可使用这些文件的最新版本。凡是不注日期的引用文件，其最新版本适应于本标准。

GB 17378.4 海洋监测规范 第4部分：海水分析

GB 50050—2007 工业循环冷却水处理设计规范

GB/T 50102—2003 工业循环水冷却设计规范

JTJ 275 海港工程混凝土结构防腐蚀技术规范

3 术语和定义

下列术语和定义适用于本标准。

3.1

海水循环冷却水系统 recirculating cooling seawater system

以海水作为冷却介质，循环运行的一种给水系统，由换热设备、海水冷却塔、水泵、管道及其他有关设备组成。

3.2

海水水处理药剂 seawater treatment chemicals

海水循环冷却水处理过程中所使用的化学品。

注：一般包括海水缓蚀剂、阻垢分散剂、菌藻抑制剂等。

3.3

药剂允许停留时间 permitted retention time of chemicals

药剂在海水循环冷却水系统中有效的时间。

注：改写 GB 50050—2007，定义 2.1.20。

3.4

海水冷却塔 seawater cooling tower

用于海水循环冷却过程的一种构筑物。海水被输送到塔内，通过海水和空气之间进行热、质交换，达到降低水温的目的。

3.5

飘水率 drifting ratio

单位时间内从冷却塔上方飘出的水量与进塔水量之比，通常以百分数表示。

注：在海水冷却系统中也称盐雾飞溅量。

3.6

系统水容积　system capacity volume

循环冷却水系统内所有水容积的总和，单位为 m^3。

[GB 50050—2007，定义 2.1.15]

3.7

浓缩倍数　cycle of concentration

循环冷却水与补充水含盐量的比值。

[GB 50050—2007，定义 2.1.16]

3.8

腐蚀速率　corrosion rate

以金属腐蚀失重而算得的平均腐蚀深度，单位为 mm/a。

[GB 50050—2007，定义 2.1.13]

3.9

局部腐蚀　localized corrosion

暴露于海水腐蚀环境中，金属表面某些区域的优先集中腐蚀。

注 1：主要包括电偶腐蚀、缝隙腐蚀、磨损腐蚀、应力腐蚀等。

注 2：局部腐蚀可产生如点坑、裂纹、沟槽。

3.10

电化学保护　electrochemical protection

通过电化学方法控制腐蚀电位，以获得防蚀效果。

3.11

监测试片　monitoring test coupon

置于监测换热设备、测试管或集水池中用于监测腐蚀的标准金属试片。

[GB 50050—2007，定义 2.1.17]

3.12

预膜　prefilming

在海水循环冷却水系统中，通过预膜液使系统金属表面形成均匀致密保护膜的过程。

注：改写 GB 50050—2007，定义 2.1.18。

3.13

污垢热阻值　fouling resistance

换热设备传热面上因沉积物而导致传热效率下降程度的数值，单位为 $m^2 \cdot K/W$。

[GB 50050—2007，定义 2.1.12]

3.14

粘附速率　adhesion rate

换热器单位传热面上每月的污垢增长量，单位为 mg/(cm² · 月)。

[GB 50050—2007，定义 2.1.14]

3.15

污损生物　fouling organism

生长在船底、浮标、平台和海中一切其他设施表面或内部的生物。这类生物一般是有害的。

[GB/T 12763.6—2007，定义 3.12]

3.16

生物粘泥量　slime content

用生物过滤网法测定的海水循环冷却水所含生物粘泥体积，以 mL/m^3 表示。

[GB 50050—2007,定义 2.1.11]

3.17

异养菌总数 count of aerobic heterotrophic bacteria

按细菌平皿计数法统计出每毫升海水中的异养菌菌落数,单位为 cfu/mL。

3.18

硫酸盐还原菌数 count of sulfate reducing bacteria

按最大可能菌数法(MPN)测定的每毫升海水中硫酸盐还原菌数,单位为个/mL。

3.19

铁细菌数 count of iron bacteria

按最大可能菌数法(MPN)测定的每毫升海水中铁细菌数,单位为个/mL。

3.20

旁流水 side stream

从海水循环冷却水系统中分流并经处理后,再返回系统的水。

注:改写 GB 50050—2007,定义 2.1.19。

3.21

补充水量 amount of makeup water

为了维持系统规定的浓缩倍数,需要向海水循环冷却水系统补充的海水量。

注:改写 GB 50050—2007,定义 2.1.21。

3.22

排放水量 amount of blow down

为了维持系统规定的浓缩倍数,需要从海水循环冷却水系统排放的水量。

4 海水循环冷却水处理设计一般要求

4.1 海水循环冷却水处理设计主要包括下列内容:

a) 海水补充水处理;

b) 海水循环冷却水处理;

c) 海水排放水处理;

d) 检测、监测与控制。

4.2 海水循环冷却水系统一般采用原海水作为海水补充水。补充水应根据相应海域的水文地质状况,采用浅层、海水井等取水方式,并辅以必要的预处理措施,以满足海水补充水的水质指标。

4.3 海水循环冷却水处理一般通过动态模拟试验,给出海水循环冷却水系统浓缩倍数和缓蚀、阻垢、菌藻抑制等控制条件,确定海水循环冷却水处理方案。通过系统水平衡计算,进行系统相关设计。

4.4 海水排放水处理应贯彻循环经济和综合利用原则,根据环保要求并结合生产实际,选择适宜的处理工艺。

4.5 循环冷却水处理系统宜采用适宜的检测、监测与控制技术,实时监控温度、压力、流量和药剂等参数的变化,以实现海水循环冷却水系统的安全、稳定运行。

4.6 在海水循环冷却水处理中与海水接触的设备、仪表、部件等应考虑耐海水腐蚀等特性。

5 海水补充水处理

5.1 水质调查

5.1.1 海水水质调查应符合下列规定:

a) 当采用浅层海水时,不宜少于一年的逐月最高、最低潮位时水质的全分析资料;

b) 当采用海水井取水时,不宜少于一年的逐季水质全分析资料;

c) 当取水口位于入海河口时，不宜少于一年的逐月最高、最低潮位时水质的全分析资料，枯水期及丰水期各加测一次。

5.1.2 海水水质分析项目应符合本标准附录A的要求。相关检测按照GB 17378.4的规定执行。

5.2 水质要求

5.2.1 海水循环冷却补充水水质应符合表1的规定。

表1 海水补充水水质指标

项目	单位	控制值
浊度	NTU	<10
盐度	—	20～40
pH	—	7.0～8.5
COD_{Mn}	mg/L	≤4
溶解氧	mg/L	>4
总铁	mg/L	<0.5
硫化物(以S计)	mg/L	<0.1
油类	mg/L	<1
异养菌总数	cfu/mL	$<10^3$

5.2.2 当海水循环冷却补充水水质不满足表1要求时，应根据海水水源状况，选择采用拦污、防污损生物附着、絮凝、沉降等预处理措施。

5.3 水处理设计依据

海水补充水水质应以年水质分析数据的平均值作为设计依据，并以最不利水质校核设备能力。

6 海水循环冷却水处理

6.1 一般规定

6.1.1 海水循环冷却水系统基本参数确定：

a) 循环冷却水量应根据生产工艺的最大小时用水量确定。

b) 给水温度应根据生产工艺要求并结合气象条件确定。

c) 循环冷却海水应走管程，管程最高流速应依据所选用管材的材质确定；最低流速一般不宜小于0.9 m/s，若采用钛合金换热器，则设计流速不宜小于2.0 m/s。

d) 海水循环冷却水系统中换热设备传热面冷却水侧的壁温不宜高于70 ℃。

e) 海水循环冷却水的设计停留时间不应超过药剂允许停留时间。设计停留时间可按式(1)计算：

$$T=\frac{V}{Q_b+Q_w} \qquad \cdots\cdots(1)$$

式中：

T——设计停留时间，单位为小时(h)；

V——系统水容积，单位为立方米(m^3)；

Q_b——海水排放水量，单位为立方米每小时(m^3/h)；

Q_w——海水风吹损失和系统泄漏损失水量，单位为立方米每小时(m^3/h)。

f) 海水循环冷却水系统水容积宜小于小时循环水量的1/3。系统水容积可按式(2)计算：

$$V=V_f+V_p+V_t \qquad \cdots\cdots(2)$$

式中：

V——系统水容积，单位为立方米(m^3)；

V_f——设备容积,单位为立方米(m^3);

V_p——管道容积,单位为立方米(m^3);

V_t——集水池容积,单位为立方米(m^3)。

6.1.2 海水循环冷却水系统水处理控制指标:

a) 海水浓缩倍数宜控制在1.5～2.5;

b) 换热设备冷却水侧污垢热阻值应小于3.2×10^{-4} $m^2\cdot K/W$;

c) 换热设备传热面水侧粘附速率不应大于15 mg/(cm^2·月);

d) 碳钢管壁的腐蚀速率应小于0.075 mm/a,铜合金和不锈钢管壁的腐蚀速率应小于0.005 mm/a,并应设计选择适宜的局部腐蚀控制措施;

e) 异养菌总数应小于5×10^5 cfu/mL,铁细菌数应小于300个/mL,硫酸盐还原菌数应小于100个/mL;

f) 生物粘泥量应小于3 mL/m^3;

g) 海水冷却塔飘水率应小于系统小时循环水量的0.002%。

6.1.3 海水循环冷却水水质应符合表2的规定,检测方法宜采用GB 17378.4。

表2 海水循环冷却水水质指标

项　目	单　位	要求和使用条件	允许值
悬浮物	mg/L	根据生产工艺要求确定	≤30
浊度	NTU	根据生产工艺要求确定	≤20
pH	—	根据药剂配方确定	8.0～9.0
甲基橙碱度(以$CaCO_3$计)	mg/L	根据药剂配方及工况条件确定	≤350
钙离子(Ca^{2+})	mg/L	根据药剂配方确定	≤1 000
镁离子(Mg^{2+})	mg/L	根据药剂配方确定	≤3 200
总铁	mg/L		<1.0
氯化物(Cl^-)	mg/L		≤42 000
硫酸盐(SO_4^{2-})	mg/L		≤6 000
油类	mg/L		<5.0

6.2 海水循环冷却水平衡计算

6.2.1 海水浓缩倍数

海水浓缩倍数可按式(3)计算:

$$N=\frac{Q_m}{Q_b+Q_w} \quad\cdots\cdots(3)$$

式中:

N——海水浓缩倍数;

Q_m——海水补充水量,单位为立方米每小时(m^3/h);

Q_b——海水排放水量,单位为立方米每小时(m^3/h);

Q_w——海水风吹损失和系统泄漏损失水量,单位为立方米每小时(m^3/h)。

6.2.2 海水补充水量

海水补充水量可按式(4)或式(5)计算:

$$Q_m=Q_e+Q_b+Q_w \quad\cdots\cdots(4)$$

$$Q_m=\frac{Q_e\cdot N}{N-1} \quad\cdots\cdots(5)$$

式中：

Q_m——海水补充水量，单位为立方米每小时（m^3/h）；

Q_e——海水蒸发水量，单位为立方米每小时（m^3/h）；

Q_b——海水排放水量，单位为立方米每小时（m^3/h）；

Q_w——海水风吹损失和系统泄漏损失水量，单位为立方米每小时（m^3/h）；

N——海水浓缩倍数。

6.2.3 海水蒸发水量

海水蒸发水量可按经验式(6)、(7)计算：

$$Q_e = k \cdot \Delta t \cdot Q \qquad \cdots\cdots(6)$$

$$k = 0.001\ 595 \cdot a \qquad \cdots\cdots(7)$$

式中：

Q_e——海水蒸发水量，单位为立方米每小时（m^3/h）；

k——系数（1/℃）；

Δt——海水冷却水进出口温差，单位为摄氏度（℃）；

Q——海水循环水量，单位为立方米每小时（m^3/h）；

a——海水冷却系统因蒸发而散失的热量占全部散发热量的比值，夏季约为80%～90%，冬季约为50%～60%。

6.2.4 海水排放水量

海水排放水量可按式(8)计算：

$$Q_b = \frac{Q_e}{N-1} - Q_w \qquad \cdots\cdots(8)$$

式中：

Q_b——海水排放水量，单位为立方米每小时（m^3/h）；

Q_e——海水蒸发水量，单位为立方米每小时（m^3/h）；

N——海水浓缩倍数；

Q_w——海水风吹损失和系统泄漏损失水量，单位为立方米每小时（m^3/h）。

6.3 设计基本要求

6.3.1 热交换器的设计：

热交换器宜选用钛材、铜合金和特种不锈钢等耐海水腐蚀材料，并采取合理的防腐结构设计，减少或避免局部腐蚀。

6.3.2 海水冷却塔的设计：

a) 应在 GB/T 50102—2003 规定基础上，充分考虑海水的热力学特性，采取必要的措施，有效控制海水的腐蚀、生物附着和盐雾飞溅等。

b) 海水冷却塔混凝土结构部分的防腐设计，应按 JTJ 275 的规定执行。

6.3.3 管道设计应按 GB 50050—2007 中 3.2.9 的规定执行，并满足海水防腐蚀技术要求。

6.3.4 海水循环泵的泵体和基座宜选用含镍铸铁，主轴和叶轮宜选用耐蚀不锈钢（如 316 L，零铬13镍6钼3不锈钢等）或青铜等材料。或选用普通水泵辅以电化学保护和涂层防腐等措施。

6.3.5 当冷却系统循环海水浊度、悬浮物、生物粘泥量等水质指标控制易超标时，应设计旁流水系统。旁流水系统设计应按 GB 50050—2007 中第4章的规定执行。

6.3.6 海水水处理药剂贮存与投配，应按 GB 50050—2007 中第8章的规定执行。

6.4 水处理设计

6.4.1 海水水处理药剂应根据海水水质、海水浓缩倍数，结合系统选材特点，选择高效、低毒、化学稳定性及复配性能良好的环境友好型水处理药剂。

6.4.2 海水循环冷却水处理方案有关海水缓蚀剂、阻垢分散剂和菌藻抑制剂等单剂，宜通过实验室静态实验筛选；海水缓蚀剂、阻垢分散剂和菌藻抑制剂等综合匹配性能，宜通过动态模拟试验并经技术、经济、环境等方面综合比较确定。

6.4.3 海水循环冷却动态模拟试验应采用工程实际用海水，并结合下列因素进行：

a) 海水补充水水质；
b) 腐蚀速率；
c) 污垢热阻值、粘附速率；
d) 异养菌总数、硫酸盐还原菌数、铁细菌数；
e) 海水浓缩倍数；
f) 换热设备材质；
g) 换热设备冷却水侧壁温；
h) 换热设备内冷却水流速；
i) 海水循环冷却水水温；
j) 系统水容积；
k) 药剂稳定性及环境影响。

6.4.4 海水水处理药剂投加量计算方法如下：

a) 海水阻垢、缓蚀剂基础投加量按式(9)计算：

$$G_f = \frac{V \cdot c}{1\,000} \quad \cdots\cdots(9)$$

式中：

G_f——基础投加量，单位为千克(kg)；

V——系统水容积，单位为立方米(m^3)；

c——循环冷却海水的加药浓度，单位为克每立方米(g/m^3)。

b) 海水阻垢、缓蚀剂正常运行投加量按式(10)计算：

$$G_r = \frac{Q_e \cdot c}{1\,000 \cdot (N-1)} \quad \cdots\cdots(10)$$

式中：

G_r——系统运行时的加药量，单位为千克每小时(kg/h)；

Q_e——海水蒸发水量，单位为立方米每小时(m^3/h)；

c——循环冷却海水的加药浓度，单位为克每立方米(g/m^3)；

N——海水浓缩倍数。

c) 菌藻抑制剂的投加量计算

氧化性杀生剂可采用连续投加或间歇投加方式，非氧化性杀生剂宜采用冲击式投加，以发挥最佳效能。

1) 氧化性菌藻抑制剂连续投加时，加药设备能力应满足冲击加药量的要求，加药量可按式(11)计算：

$$G_o = \frac{Q \cdot c_o}{1\,000} \quad \cdots\cdots(11)$$

式中：

G_o——氧化性菌藻抑制剂加药量，单位为千克每小时(kg/h)；

Q——海水循环水量，单位为立方米每小时(m^3/h)；

c_o——循环冷却水氧化性菌藻抑制剂加药浓度，单位为克每立方米(g/m^3)。

2) 非氧化性菌藻抑制剂投加量按式(12)计算：

$$G_n = \frac{V \cdot c_n}{1\,000} \quad \cdots\cdots\cdots\cdots\cdots\cdots (12)$$

式中：

G_n——非氧化性菌藻抑制剂加药量，单位为千克(kg)；

V——系统水容积，单位为立方米(m^3)；

c_n——循环冷却水中非氧化性菌藻抑制剂加药浓度，单位为克每立方米(g/m^3)。

6.5 海水循环冷却水系统清洗预膜处理

6.5.1 海水循环冷却水系统开车前，应进行清洗、预膜处理。系统清洗后应立即进行预膜处理。

6.5.2 清洗宜使用淡水。清洗方式方法应按 GB 50050—2007 中 3.6.1～3.6.4 的规定执行。

6.5.3 预膜宜使用海水。预膜方案应根据换热设备材质、海水水质及运行条件等因素，经动态模拟试验确定。

6.5.4 清洗液、预膜液应通过旁路管回到集水池，不经过冷却塔；当采用酸洗时，应增设临时清洗水箱替代集水池。

6.6 海水循环冷却排放水处理

海水循环冷却排放水处理应按 GB 50050—2007 中第 7 章的规定执行，并满足海洋环境保护要求。

7 检测、监测与控制

7.1 检测

7.1.1 海水循环冷却水系统水质检测项目分为常规检测项目和非常规检测项目两类。常规检测项目宜在海水循环冷却水处理现场化验室进行，非常规检测项目宜在中心化验室进行，或委托第三方进行检测。

7.1.2 常规检测项目应根据海水补充水和循环水水质要求确定，见表 3。

表 3 海水水质检测项目

序　号	项　目	检测频率
1	pH	每天 2 次
2	电导率	每天 2 次
3	浊度	每天 2 次
4	甲基橙碱度(以 $CaCO_3$ 计)	每天 2 次
5	氯化物(Cl^-)	每天 2 次
6	总硬度(以 $CaCO_3$ 计)	每天 1 次
7	钙离子(Ca^{2+})	每天 1 次
8	镁离子(Mg^{2+})	每天 1 次
9	异氧菌总数	每周 1 次
10	药剂浓度	每天 1 次
11	余氯	每天 1 次
12	总铁	每天 1 次
13	可溶性铁	每天 1 次
14	悬浮物	每月 2 次
15	硫酸盐还原菌数	每月 1 次
16	铁细菌数	每月 1 次

7.1.3　非常规检测项目见表4。

表4　非常规检测项目

序　号	项　目	检测时间	检测方法
1	污垢沉积量	大检修时	检测换热器、检测管
2	腐蚀速率	月、季、年或在线	挂片法
3	生物粘泥量	每周	生物滤网法
4	垢层与腐蚀产物的成分	大检修时	化学/仪器分析

7.1.4　海水循环冷却水系统补充水和循环水全分析宜每月进行一次，分析项目见附录A。

7.1.5　分析检测方法宜采用GB 17378.4。

7.2　监测与控制

7.2.1　海水循环冷却水系统宜监测温度、流量、压力、腐蚀速率、污垢热阻、生物粘泥量等参数。

7.2.2　海水循环冷却水系统宜监测与控制pH值、电导率、药剂投加量、集水池液位等参数。

7.2.3　监测、控制设计宜按GB 50050—2007中9.0.1～9.0.5的规定执行。

附　录　A
（规范性附录）
海水水质分析检测记录表

表 A.1 为海水水质分析检测记录表。

表 A.1　海水水质分析检测记录表

天　　气：　　　　　　　　　　　　　气　　温：
取样地点：　　　　　　　　　　　　　取样时间：
取样深度：　　　　　　　　　　　　　水　　温：
潮　　位：　　　　　　　　　　　　　取 样 人：

项目	单位	检测结果	项目	单位	检测结果
钾离子(K^{+})	mg/L		全硬度	mmol/L	
钠离子(Na^{+})	mg/L		非碳酸盐硬度	mmol/L	
钙离子(Ca^{2+})	mg/L		碳酸盐硬度	mmol/L	
镁离子(Mg^{2+})	mg/L		负硬度	mmol/L	
亚铁离子(Fe^{2+})	mg/L		甲基橙碱度(以 $CaCO_3$ 计)	mg/L	
铁离子(Fe^{3+})	mg/L		酚酞碱度(以 $CaCO_3$ 计)	mg/L	
铝离子(Al^{3+})	mg/L		盐度	—	
钡离子(Ba^{2+})	mg/L		酸度	mmol/L	
锶离子(Sr^{2+})	mg/L		pH	—	
硝酸盐(NO_3^{-})	mg/L		游离 CO_2	mg/L	
亚硝酸盐(以 N 计)	mg/L		H_2S	mg/L	
碳酸氢盐(HCO_3^{-})	mg/L		溶解氧(O_2)	mg/L	
碳酸盐(CO_3^{2-})	mg/L		全硅量(SiO_2)	mg/L	
氢氧根(OH^{-})	mg/L		溶硅量(SiO_2)	mg/L	
氯化物(Cl^{-})	mg/L		胶硅量(SiO_2)	mg/L	
硫酸盐(SO_4^{2-})	mg/L		全固形物	g/L	
硫化物(以 S 计)	mg/L		溶解固形物	g/L	
浊度	NTU		灼烧减量	g/L	
色度	度		铁铝氧化物(R_2O_3)	mg/L	
悬浮物	mg/L		COD_{Mn}	mg/L	
油	mg/L		BOD_5	mg/L	
嗅味	—		总氮(以 N 计)	mg/L	
异养菌总数	cfu/mL		总磷	mg/L	

参 考 文 献

[1] GB 3097—1997 海水水质标准.

[2] GB 8978—1996 污水综合排放标准.

[3] GB/T 12763.6 海洋调查规范 第6部分:海洋生物调查

[4] ESDU 03004. Fouling in cooling systems using seawater.

[5] UFC 3-240-13FN Operations And Maintenance: Industrial Water Treatment.

[6] Wolverine tube heat data book, Wolverine Engineering data book Ⅱ. Wolverine Tube Inc. Research and Development Team, electronic distribution, 2001.

[7] Dr. Shahriar Eftekharzadeh. Feasibility of Seawater Cooling Towers for Large-scale Petrochemical Development. CTI Journal. Vol 24, No. 2, 2003.

[8] Bing-Yuan Ting. Salt Water Concrete Cooling Tower Design Considerations. The Marley Cooling Tower Company, U. S. A., 1991.

[9] Frank J. Millero, Denis Pierrot. The Apparent Molal Heat Capacity, Enthalpy, and Free Energy of Seawater Fit to the Pitzer Equations. Marine Chemistry, 94 (2005), 81-99.

ICS 13.100
D 09

中华人民共和国国家标准

GB/T 23249—2009

地勘时期煤层瓦斯含量测定方法

Coalbed gas content measurement methods in geological exploration period

2009-03-11 发布　　　　2009-11-01 实施

中华人民共和国国家质量监督检验检疫总局
中国国家标准化管理委员会　发布

前　言

本标准的附录A为规范性附录,附录B、附录C均为资料性附录。

本标准由中国煤炭工业协会提出。

本标准由中国煤炭工业协会归口。

本标准起草单位:煤炭科学研究总院抚顺分院。

本标准主要起草人:陈大力、姜文忠、秦玉金、闫斌移、孙晓军、张劲松、王辉跃、石永生。

地勘时期煤层瓦斯含量测定方法

1 范围

本标准规定了地勘时期煤层瓦斯含量的术语及定义、测定方法、记录及送样、煤样脱气与气体分析、测定结果计算与评价。

本标准适用于在地质勘探过程中对煤层采取煤芯测定煤层瓦斯含量及瓦斯成分。

2 规范性引用文件

下列文件中的条款通过本标准的引用而成为本标准的条款。凡是注日期的引用文件，其随后所有的修改单(不包括勘误的内容)或修订版均不适用于本标准，然而，鼓励根据本标准达成协议的各方研究是否可使用这些文件的最新版本。凡是不注日期的引用文件，其最新版本适用于本标准。

GB/T 212 煤的工业分析方法(GB/T 212—2008，ISO 11722:1999,NEQ)

GB 474 煤样的制备方法(GB 474—2008，ISO 18283:2006,MOD)

GB/T 3715 煤质及煤分析有关术语(GB/T 3715—2007，ISO 1213-2:1992,NEQ)

GB/T 13610 天然气的组成分析 气相色谱法

GB/T 15663.8 煤矿科技术语 第8部分:煤矿安全

3 术语及定义

GB/T 15663.8、GB/T 3715 确立的以及下列术语和定义适用于本标准。

3.1

煤层瓦斯含量 coalbed gas content

在原始状态下，单位质量或单位体积煤体中所含有的甲烷及重烃气体量。

3.2

残存瓦斯含量 residual gas content in coal seam

煤样解吸后在1个大气压(1.013×10^5 Pa)条件下，残留在煤样中的瓦斯含量。

4 地勘时期煤层瓦斯含量测定方法

4.1 采样

4.1.1 仪器设备

仪器设备如下：

a) 煤样罐：罐内径大于60 mm，容积足够装400 g以上煤样(见图1)，在1.5 MPa压力下保持气密性，易装卸；

b) 瓦斯解吸速度测定仪(简称解吸仪，见图2)量管体积800 mL，最小刻度4 mL；

c) 温度计 0～50 ℃，分度1 ℃；

d) 空盒气压计，80 kPa～106 kPa，分度值0.1 kPa；

e) 胸骨穿刺针头：型号16。

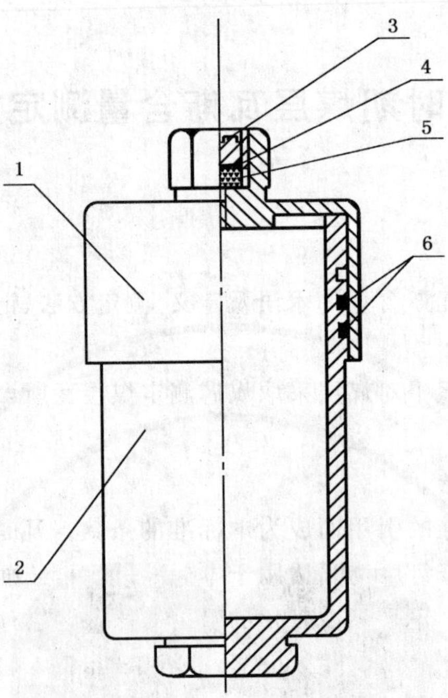

1——罐盖；
2——罐体；
3——压紧螺丝；
4——垫圈；
5、7——胶垫；
6——“O”型密封圈。

图1　煤样罐结构示意图

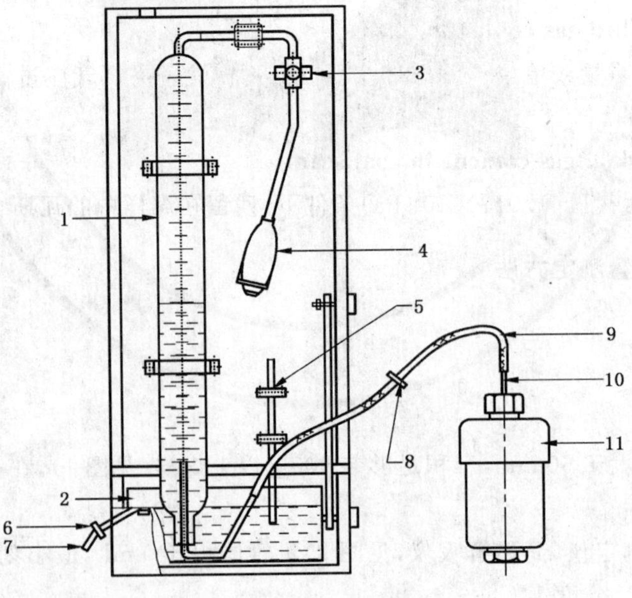

1——量管；
2——水槽；
3——螺旋夹；
4——吸气球；
5——温度计；
6、8——弹簧夹；
7——排水管；
9——排气管；
10——穿刺针头；
11——密封罐。

图2　瓦斯解吸速度测定仪与密封罐示意图

4.1.2 采样前的准备

采样前准备工作如下：

a) 密封罐在使用前用清水洗净烘干(取下胶垫及密封圈)或风干。检查胶垫及密封圈是否可用，必要时给予更换。检查密封罐的气密性，加压至 0.3 MPa～0.4 MPa 不应有漏气现象。不应在丝扣及胶垫上涂润滑油；

b) 解吸仪在使用之前，用吸气球提升量管内水面至零点，关闭螺旋夹(见图 2)，放置 10 min 量管内水面不动为合格。

4.1.3 采取煤样

采样及要求：

a) 使用普通煤芯管钻取煤芯，一次取煤芯长度不小于 0.4 m；

b) 钻煤完后在提升钻具过程中，向钻孔反灌冲洗液，保持冲洗液经常充满钻孔(如因钻孔严重漏水达不到此项要求，需要在采样记录中注明)，提升过程中应当尽量连续进行，如果因为机械故障中途停机，在孔深小于 200 m，停顿时间不应超过 5 min；孔深 200 m～500 m，停顿时间不应超过 10 min；孔深 500 m～1 000 m，停顿时间不应超过 20 min；孔深大于 1 000 m，停顿时间不应超过 30 min(停顿时间的条件：1/2 孔深以下，而且钻井介质是水或泥浆)；

c) 采样时间应按附录 A 表 A.1 格式详细填写有关项目。其中几项操作时间的计时(精确到 min)规定如下：

T_1——起钻时间，单位为分(min)；

T_2——钻具提至井口时间(按提完最后一根钻具计算)，单位为分(min)；

T_3——开始解吸测定时间(按解吸仪排气管与穿刺针头连接后打开弹簧夹的时间计算)，单位为分(min)；

d) 煤芯提出钻孔口后，应尽快拆开煤芯管，把采取的煤样装进密封罐。煤芯在空气中暴露的时间不应超过 8 min；

e) 取出煤芯后，对于柱状煤芯，采取中间含矸石少的完整的部分；对于粉状及块状煤芯，应剔除矸石、泥石及研磨烧焦部分。不应用水清洗煤样，保持自然状态装入密封罐中，不可压实，罐口保留约 10 mm 空隙；

f) 先将穿刺针头插入罐盖上部的密封胶垫，用扳手拧上罐盖。再将解吸仪排气管与穿刺针头连接，立即打开弹簧夹 8(见图 2)，并记录此时间为 T_3。

4.2 瓦斯解吸速度的测定

4.2.1 瓦斯解吸速度测定装置如图 2 所示。密封罐通过排气管 9 与解吸仪连接后，打开弹簧夹 8，随即有从煤样泄出的瓦斯进入量管，打开水槽的放水管 7，用排水集气法将瓦斯收集在量管内。

4.2.2 每间隔一定时间记录量管读数及测定时间，连续观测 120 min 为止。读数间隔时间规定如下：开始观测前 60 min 内，第一点至第三点间隔 1 min～2 min，以后每隔 2 min～5 min 读数一次；第二个小时内每间隔 10 min～20 min 内读数一次。

4.2.3 如果量管体积不足以容纳 120 min 内从煤样泄出的全部瓦斯，可以中途用弹簧夹 8 夹紧排气管，重新将液面提升至量管零点，同时向水槽内补足清水。然后，打开弹簧夹继续观测。

4.2.4 上述观测应选择在气温比较稳定的地方进行。密封罐要保温防冻。

4.2.5 如果在解吸仪观测中没有瓦斯涌出，应检查穿刺针头、排气管及密封罐上部排气孔是否堵塞。如果没有堵塞，则是瓦斯含量过小所致。此时，即可终止观测，送实验室测定。

4.2.6 上述观测结束后，抽出穿刺针头，将压紧螺丝稍加拧紧(用力适度，不可过紧，以免胶垫失去弹性)。将观测结果填写到记录表中(见附录 A.2)，记录气温、水温及大气压力。

4.3 损失瓦斯量的计算

4.3.1 解吸气体积校正

将瓦斯解吸观测中得出的每次量管读数按式(1)换算为标准条件下体积：

$$V_{j0}=\frac{273.2}{101.33\times(273.2+t_1)}\times(p_1-0.00981\times h-p_2)\times V_j \qquad \cdots\cdots(1)$$

式中：

V_{j0}——换算为标准条件下的气体体积，单位为毫升(mL)；

V_j——量管内气体体积，单位为毫升(mL)；

p_1——大气压力，单位为千帕(kPa)；

t_1——量管内的水温，单位为摄氏度(℃)；

h——量管内水柱高度，单位为毫米(mm)；

p_2——t_1 时水的饱和蒸汽压(参见附录B)，单位为千帕(kPa)。

将每次量管读数逐个换算为标准状态下各观测时间的累计解吸瓦斯量，填入记录表中(见附录A.2)。

4.3.2 煤样解吸瓦斯时间的计算

煤样装罐前的暴露时间(t_0)是孔内暴露时间(t_1)与地表空气中暴露时间(t_2)之和，即为损失量时间。在钻井介质为清水和泥浆时，取芯管提至钻孔一半时的时间作为零时间；钻井介质为泡沫或空气时，钻遇煤层时间为零时间。计算损失量时间为从零时间到封罐时间。

即

$$t_0=t_1+t_2 \qquad \cdots\cdots(2)$$

煤样总的解吸瓦斯时间(T_0)是封罐前的暴露时间(t_0)与封罐后解吸观测时间(t)之和，即 $T_0=t_0+t$，解吸观测时间从 T_3 算起。

求出每个观测点的 $\sqrt{t_0+t}$ 逐个填入记录表中(见附录A表A.2)。

4.3.3 瓦斯损失量的计算

瓦斯损失量计算方法有以下两种方法：

a) 瓦斯损失量计算方法之一(图解法)

以 V_0 为纵坐标，以 $T=\sqrt{t_0+t}$ 为横坐标，将全部测点标绘在坐标纸上。将开始解吸一段时间内呈直线关系的各点(含 $\sqrt{t_0}$ 点)连线，并延长与纵坐标轴相交；直线在纵轴上的截距即为所求的瓦斯损失量(参见图3)。

b) 瓦斯损失量计算方法之二(解析法)

煤样开始暴露一段时间内 V_0 与 T 呈直线关系，即：

$$V_0=a+bT \qquad \cdots\cdots(3)$$

式中 a、b 为待定常数，当 $T=0$ 时，$V_0=a$，a 值即为所求的瓦斯损失量。计算 a 值前首先按图解法相同方式作图，由图大致判定呈线性关系的各测点。根据各点的坐标值，按最小二乘方方法求出 a 值。当解吸观测点比较分散或者解吸瓦斯量比较大时，采用解析法计算。

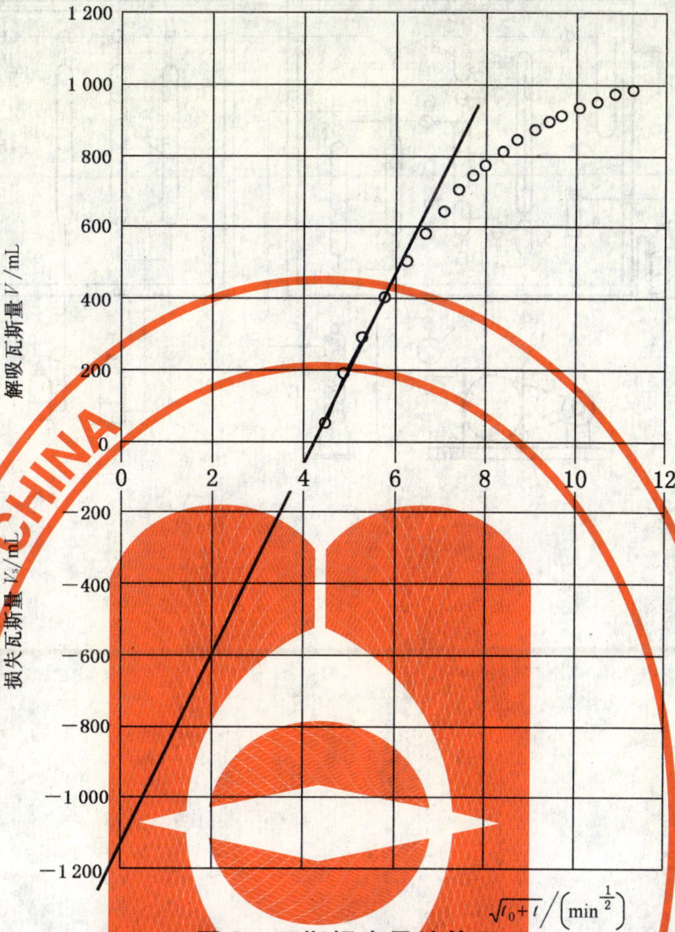

图 3　瓦斯损失量计算图

5　记录及送样

5.1　煤样附带资料

附带资料如下：

a)　采样记录表(见附录 A 表 A.1)；

b)　煤样瓦斯解吸速度测定记录表(见附录 A 表 A.2)；

c)　瓦斯损失量计算图及计算结果；

d)　瓦斯煤样送验单(见附录 A 表 A.3)。

上述资料一式两份：由送样单位审核无误后，一份给实验单位，另一份由送样单位留存。

5.2　采样记录

采样地点地质情况(构造、火成岩、顶底板岩性等)，对煤质做简单的描述(粒度、污染程度、物理性质等)，对采样及测试中发生的意外情况加以注明。

5.3　煤样罐标记煤样保存

用钢印打上编号及单位标记，由送样单位统一编号装入特制的试样箱内运送，箱内充以保温材料，在常温(20 ℃)下保存。试样及实验有关资料应在采样后 2 d～3 d 内送给实验单位。

6　煤样脱气与气体分析

6.1　仪器设备和材料

仪器设备和材料如下：

a)　真空脱气装置：脱气仪，如图 4 所示。

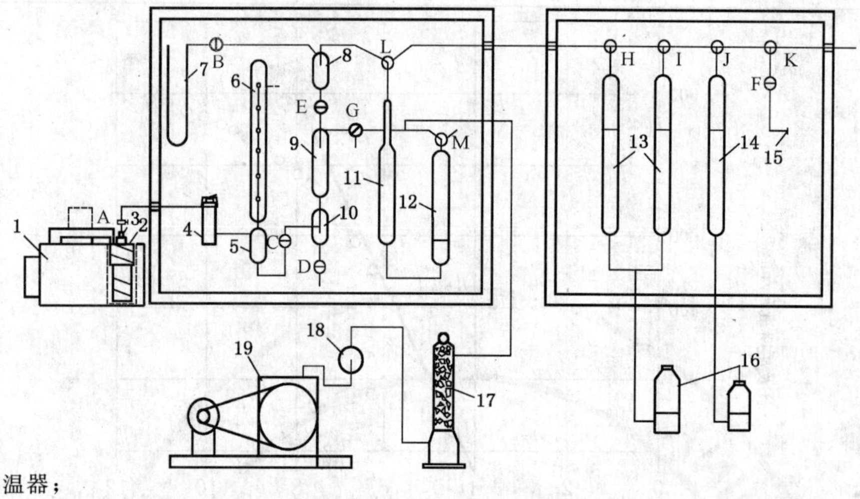

1——超级恒温器；

2——密封罐；

3——穿刺针头；

4——滤尘管；

5——集水瓶；

6——冷却管；

7——水银真空计；

8——隔水瓶；

9——吸水管；

10——排水瓶；

11——吸气瓶；

12——真空瓶；

13——大量管；

14——小量管；

15——取气支管；

16——水准瓶；

17——干燥管；

18——分隔球；

19——真空泵；

A——螺旋夹；

B～F——单向活塞；

G～K——三通活塞；

L、M——120°三通活塞。

图 4 真空脱气装置示意图

大量管(体积 900 mL)两支,最小刻度 4 mL；

小量管(体积 300 mL)1 支,最小刻度 2 mL；

b) 球磨机：转速(135±5) r/min,(附球磨罐 4 个),球磨罐见示意图 5；

c) 气相色谱仪：符合 GB/T 13610 要求；

d) 天秤：量程 1 000 g,感量 1 g；

e) 超级恒温器,最高工作温度 95 ℃；

f) 胸骨穿刺针头：16 号。

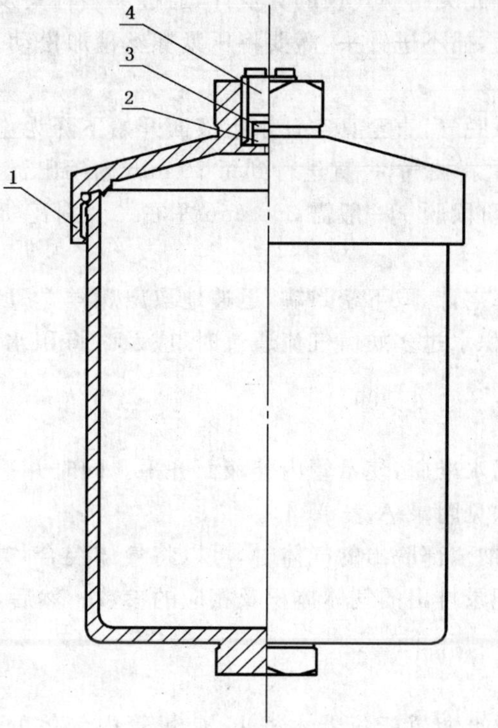

1——罐盖；
2——密封垫；
3——压垫；
4——压紧螺丝。

图5 球磨罐示意图

6.2 煤样检查与登记

检查与登记内容：

a) 煤样送到实验室后，首先进行试漏。将密封罐沉入清水中，仔细观察 5 min，检查有无气泡冒出。如果发现有气泡渗出，经过处理(将缸盖或压紧螺丝拧紧)后，可以继续进行实验的即作为参考试样，否则为废品。将检查结果在报告中注明；

b) 检查瓦斯煤样送验单与罐号是否相符，实验资料是否齐全。经检查无误后，统一登记编号。然后尽快进行下一步测定工作。

6.3 脱气前的准备工作

准备工作如下：

a) 真空脱气装置各玻璃部件组装前要清洗、烘干。组装后，在吸气瓶 11、真空瓶 12 及量管 13、14(见图 5)充以适量的酸性饱和食盐水做限定液。真空系统各连接部分用真空封胶密封。真空活塞洗净后涂以真空封脂。在擦洗活塞时，要防止有机溶剂对仪器的污染；

b) 真空脱气装置使用前要严格试漏，要求真空系统在仪器最大真空度下放置 240 min，真空计水银液面上升不超过 5 mm。各量管在水准瓶放低情况下无气体渗漏，液面不动；

c) 仪器检修后要重新试漏。

6.3.1 煤样粉碎前脱气

6.3.1.1 预抽真空

煤样与脱气仪连接前，对仪器左侧真空系统抽空。达到最大真空度 10^{-2} Pa 时停泵，观察真空计水银液面，在 10 min 内保持不动为合格。

煤样罐与脱气仪连接，首先关闭脱气仪的真空计，通过穿刺针头及真空胶管将密封罐与脱气仪连接（如密封罐上部胶垫压得过紧，插不进针头，需要将压紧螺丝稍加松动）。

6.3.1.2　**煤样脱气**

煤样首先在 30 ℃常温下脱气，直至真空计水银液面开始下降为止。然后，再将煤样加热至 95 ℃～100 ℃恒温。每隔一段时间重新抽气，一直进行到每 30 min 内泻出瓦斯量小于 10 mL，煤样中所含水分大部分蒸发出来为止。这一阶段脱气一般需 360 min 左右。个别瓦斯含量大的煤样脱气时间需要适当延长。

煤样脱气终了后，关闭真空计，取下密封罐，迅速地取出煤样立即装入球磨罐中密封。

脱气过程中如集水瓶 5 积水过多妨碍气流通过时，应及时将积水排出。排水时要防止将真空系统中瓦斯抽出。

6.3.1.3　**气体体积的计量**

读取量管读数时，应提高水准瓶，使量管内外液面齐平。同时并记录大气压力、气压表温度及室温，将观测结果填写到记录表中(见附录 A 表 A.4)。

如果三支量管不足以容纳全部脱出的气体时，可以将气体混合均匀后，将两支大量管的气体排出，保留小量管内的气体，同时记录排出的气体体积及相应的参数。然后，取气样进行分析。对前后两次脱出气体分别取样分析计算。

6.3.1.4　**采取气样**

采取气样前，首先抬高水准瓶置于仪器木框上，使量管内气体处于正压状态，打开活塞 K 排空气样。用量管内气体冲洗梳形管，排除管内残留的限定液。然后，用医用注射器(带针头三通)通过取气口吸气，清洗取气支管及针头。连续清洗三次，每次吸气不少于 20 mL。清洗完了后，采取气样备做分析。

用注射器取气样，随用随取，不应保存时间过长(不超过 10 min)。气样保存期间应保持针头朝下倾斜状态，以免吸进空气。气样在贮气瓶中保存时间(由脱气终了算起)不超过 120 min。

取气样终了后，应用限定液将贮气瓶及梳形管中残留气体排除干净。以免影响下一次实验结果。

6.3.1.5　**气体分析**

按照 GB/T 13610 进行气体分析。测定脱出气体中各种成分的体积分数。

6.3.2　**煤样粉碎**

煤样粉碎要求如下：

a)　球磨罐使用前按 4.1.2 进行气密性检查；

b)　煤样装罐时，如果块度较大，应事先将煤样在罐内捣碎至粒度 25 mm 以下，然后拧紧罐盖密封；

c)　煤样粉碎到粒度小于 0.25 mm 的重量超过 80%为合格。

6.3.3　**煤样粉碎后脱气和称重**

煤样粉碎后脱气按本标准 6.3.1 进行，本阶段脱气要一直进行到真空计水银柱稳定为止。然后，关闭真空计，取下球磨罐，待罐体冷却至常温后，打开罐体，称量煤样重量(称准到 1 g)按 GB 474 方法缩制成分析煤样，分析 M_{ad}、A_{ad}、V_{daf}按 GB/T 212 方法进行。剩余煤样保留 1 个月后处理。

7　测定结果计算与评价

7.1　煤层自然瓦斯成分的计算

煤层自然瓦斯成分是根据煤样粉碎前脱气得到的气体成分计算的。

设第一个阶段脱气得到的混合有空气的气体通过气相色谱分析得出各种气体组分的浓度分别为：$c(O_2)$、$c(N_2)$、$c(CH_4)$、$c(CO_2)$、c(重烃)……，%。按式(4)～式(7)计算各种气体组分无空气基的浓度。

$$A(N_2)=\frac{c(N_2)-3.57c(O_2)}{100-4.57c(O_2)}\times 100 \qquad (4)$$

$$A(CH_4)=\frac{c(CH_4)}{100-4.57c(O_2)}\times 100 \qquad (5)$$

$$A(CO_2)=\frac{c(CO_2)}{100-4.57c(O_2)}\times 100 \qquad (6)$$

$$A(\text{重烃})=\frac{c(\text{重烃})}{100-4.57c(O_2)}\times 100 \qquad (7)$$

式中：

$A(N_2)$、$A(CH_4)$、$A(CO_2)$、A(重烃)——分别为扣出空气后各种气体组分的浓度，即作为煤层自然瓦斯成分，%。

7.2 煤层瓦斯含量的计算

煤样总瓦斯含量包括：采样过程中瓦斯损失量；煤样瓦斯解吸瓦斯量；粉碎前脱气瓦斯量；粉碎后脱气瓦斯量。得出的总瓦斯量（换算到标准状态）除以煤样可燃质重量，得出每克可燃质中含有的瓦斯量，称为采样地点煤层可燃质瓦斯含量。

7.2.1 两次脱气抽出气体体积的换算

按式(8)将两次脱气的气体体积换算到标准状态下的体积。

$$V'_0=\frac{273.2}{101.33\times(273.2+t_1)}(p_1-0.0167t_2-p_2)\times V' \qquad (8)$$

式中：

V'_0——换算到标准状态下的气体体积，单位为毫升(mL)；

t_1——实验室温度，单位为摄氏度(℃)；

p_1——大气压力，单位为千帕(kPa)；

t_2——气压计温度，单位为摄氏度(℃)；

p_2——在室温 t_2 下饱和食盐水的饱和蒸汽压，单位为千帕(kPa)（参见附录 C）；

V'——在实验室温度 t_1、饱和水蒸气压或饱和食盐水压 p_2 条件下贮气瓶内气体体积，单位为毫升(mL)。

7.2.2 实验各阶段各种气体体积的计算

将各阶段含空气瓦斯体积按式(9)换算为无空气瓦斯的体积：

$$V''_i=\frac{V'_i(100-4.57c(O_2))}{100} \qquad (9)$$

式中：

V''_i——扣除空气后标准状态下的各阶段瓦斯体积($i=1,2,3,4$)，单位为毫升(mL)；

V'_i——扣除空气前标准状态下的各阶段瓦斯体积($i=1,2,3,4$)，单位为毫升(mL)；

其余符号同前。

7.2.3 各阶段气体体积计算

已知煤样解吸瓦斯及损失瓦斯的体积，先按式(4)、式(5)、式(6)、式(7)求出自然瓦斯成分，然后按式(10)计算某种气体体积。各阶段某种气体体积按式(10)计算：

$$V_i^j=\frac{V''_i\times A(x)}{100} \qquad (10)$$

式中：

V_i^j——标准状态下的各阶段某种气体体积($i=1,2,3,4,j=1,2,3$)，单位为毫升(mL)；

$A(x)$——瓦斯成分中某种气体的浓度($x=N_2,CH_4,CO_2$)，%；

其余符号同前。

7.2.4 煤的瓦斯含量计算

煤样可燃质质量按式(11)计算:

$$G_r = G \times \frac{100 - M_{ad} - A_{ad}}{100} \quad \cdots\cdots(11)$$

式中:

G——煤样质量(分为空气干燥基和干燥无灰基),单位为克(g);

M_{ad}、A_{ad}——分别为煤样水分、灰分含量,%。

煤的瓦斯含量计算:

根据式(9)、式(10)、式(11)计算的实验各阶段(瓦斯解吸量、瓦斯损失量、粉碎后脱气)的某种气体体积,按式(12)计算其含量。

$$X_i = \frac{\sum_{j=1}^{3} V_i^j}{G_r} \quad \cdots\cdots(12)$$

式中:

X_i——各阶段煤样瓦斯量($i=1,2,3,4$),单位为毫升每克(mL/g);

G_r——煤样质量,单位为克(g);

V_i^j——各阶段某种气体体积($i=1,2,3,4,j=1,2,3$),单位为毫升(mL)。

按式(13)计算的各阶段的瓦斯含量相加,即得总的瓦斯含量(X)。

$$X = X_1 + X_2 + X_3 + X_4 \quad \cdots\cdots(13)$$

煤层深度大于 500 m 时的钻孔煤样:

$$X = K_x(X_1 + X_2 + X_3 + X_4) \quad \cdots\cdots(14)$$

式中:

K_x——经验校正系数,一般在 1.15～1.25 之间;

X_1、X_2、X_3、X_4——分别为实验各阶段(瓦斯解吸量、瓦斯损失量、粉碎前后脱气量)的含量,单位为毫升每克(mL/g)、立方米每吨(m^3/t)。

煤的可燃气体含量计算:

煤层中可燃气体除了甲烷之外还含重烃、氢等。先按式(13)、式(14)计算出每种可燃气体含量,然后将各种可燃气体含量相加,即得出总的可燃气体含量(mL/g)。

7.3 计算数值的处理

上述的计算数值按数字修约规则处理后,只保留如下规定的位数:

a) 气体体积计算结果保留一位小数;

b) 气体分析结果保留两位小数;

c) 煤样质量保留一位小数;

d) 煤的瓦斯含量计算保留两位小数;

e) 当计算值小于两位小数时,在实验报告中只写明“微量”。

7.4 试验报告

7.4.1 实验室脱气测定结果及气体分析填写在记录表中(见附录 A 表 A.4、表 A.5、表 A.6),并将脱气过程发生的各种情况(如密封罐漏气、脱气过程中有瓦斯损失、煤样混有夹矸、煤样粉碎不良等)详细填写在备注中。

7.4.2 由实验单位汇总解吸测定结果提出最终试验报告(见附录 A 表 A.7)。试验报告一式两份。一份寄给送样单位,一份留存。

7.4.3 试验过程中所形成的原始资料及试验报告由试验单位一并归档,作为长期资料保存。存档文件包括:

a) 原始资料：

1) 采样记录(见附录 A 表 A.1)；

2) 煤样瓦斯解吸速度测定记录(见附录 A 表 A.2)；

3) 瓦斯损失量计算图；

4) 瓦斯煤样送验单(见附录 A 表 A.3)；

b) 试验报告：

1) 脱气记录(见附录 A 表 A.4)；

2) 煤层瓦斯含量测定结果汇总表(见附录 A 表 A.5)；

3) 气体分析试验报告(见附录 A 表 A.6)；

4) 煤质分析试验报告；

5) 煤层瓦斯含量试验报告(见附录 A 表 A.7)。

7.5 测定结果的评价

7.5.1 合格样品

合格样品要求如下：

a) 在 1/2 孔深以下，而且钻井介质是水或泥浆时，提钻过程中在孔深小于 200 m 停顿时间不超过 5 min；孔深 200 m～500 m 停顿时间不超过 10 min；孔深 500 m～1 000 m 停顿时间不超过 20 min；孔深大于 1 000 m 停顿时间不超过 30 min；

b) 钻取煤芯长度大于 0.4 m，采取煤样质量大于 250 g；

c) 煤样灰分(A_{ad})小于 40%。在煤层结构复杂、灰分高的矿区，依当地具体情况由勘探公司自定标准；

d) 解吸仪量管不漏气，气路(包括密封罐排气孔、针头、胶管等)无堵塞；

e) 解吸测点分布比较规则，解吸开始阶段存在线性关系。但对无解吸量或解吸量小于 50 mL 的样品无此项要求；

f) 煤样在地表空气中暴露时间(t_2)小于 8 min，从煤样装罐完了到开始解吸的时间(T_4-T_3)小于 2 min。脱气过程无瓦斯损失；

g) 记录完整齐全(符合本标准 6.3.1 的规定)，记录中无错记、漏记现象。

7.5.2 参考试样

凡有一项不符合本标准 7.5.1 规定的样品，即为参考试样。

7.5.3 废样

密封罐严重漏气，无法进行脱气的样品，为废样。

附 录 A
（规范性附录）
瓦斯含量测定记录表格式

A.1 采样记录(见表 A.1)

表 A.1 采样记录

煤样编号		采样日期		年 月 日	
采样地点	煤田	区域		钻孔	煤层
采样管型式		采样罐号			
钻孔遇煤深度	(m)	采样深度			(m)
工作过程：					
钻孔遇煤时间	日 时 分	备注			
下 钻 时 间	日 时 分	进尺：			m
钻 进 时 间	日 时 分	煤芯长：			m
起 钻 时 间	日 时 分				
钻具提到井口时间	日 时 分				
煤样装罐时间	日 时 分				
开始解吸测定时间	日 时 分				
煤样暴露时间				分	
实验地点地质概况：					
煤质描述：					

送样时间： 年 月 日 工作人员：

A.2 煤样瓦斯解吸速度测定记录(见表 A.2)

表 A.2 煤样瓦斯解吸速度测定记录

煤样编号			采样日期	年 月 日			
采样地点	煤田 区域 钻孔 煤层						
采样罐号		仪器号		煤样暴露时间 t_0= min			
测定结果							
测定时间	观测时间 t/min	量管读数 V/mL	水柱高 h/mm	校正体积/cm^3		$T=\sqrt{t_0+t}$	备注
				体积 V_0	累计 V_1		
大气压力 p= (kPa);气温 t_n= ℃;水温 t_w= ℃							
审核: 工作人员:							

A.3 瓦斯煤样送验单(见表 A.3)

表 A.3 瓦斯煤样送验单

<table>
<tr><td colspan="3">实验编号：　　　　　　　　煤样编号：</td></tr>
<tr><td colspan="3">采样地点：　　　煤田　　　区域　　　钻孔　　　煤层</td></tr>
<tr><td colspan="3">采样罐号：　　　　　　　　装箱号：</td></tr>
<tr><td colspan="3">采样日期：　　　年　　月　　日</td></tr>
<tr><td colspan="3">送样日期：　　　年　　月　　日</td></tr>
<tr><td colspan="3">要求化验项目：</td></tr>
<tr><td colspan="3">瓦斯解吸测定结果：</td></tr>
<tr><td rowspan="3">瓦斯损失量
/mL</td><td>图 解 法</td><td></td></tr>
<tr><td>最小二乘方法</td><td></td></tr>
<tr><td>采 用 数 据</td><td></td></tr>
<tr><td colspan="3">最大解吸量　　　　　　　　　mL</td></tr>
<tr><td colspan="3">备注：</td></tr>
<tr><td colspan="3">工作人员：　　　　　　　　审核：</td></tr>
<tr><td colspan="3">送样单位：　　　　　　　　（盖章）</td></tr>
</table>

A.4 脱气记录表(见表 A.4)

表 A.4 脱气记录表

实验编号：				
采样地点：　　煤田　　区域　　钻孔　　煤层				
采样工具：　　采样深度：　　(m)				
测 定 结 果				
脱气阶段	粉 碎 前		粉 碎 后	
脱气时间	起	止	起	止
量管读数/mL				
累计气体体积/mL				
大气压力/kPa				
气压计温度/℃				
室温/℃				
校正后体积/mL	V_3		V_4	
煤样粉碎时间：　　起 月　日　时　计： 止 煤样质量：　　g 煤质分析：　$M_{ad}=$　　%；　$A_{ad}=$　　%；　$V_{daf}=$　　% 可燃质质量：　　g				
备注：				
工作人员：　　审核：				

提交报告时间：　　年　　月　　日

A.5 煤层瓦斯含量测定结果汇总表(见表 A.5)

表 A.5 煤层瓦斯含量测定结果汇总表

实验阶段	瓦斯解吸量			瓦斯损失量		粉碎前脱气瓦斯量			粉碎后脱气瓦斯量			总　计	
气体体积	$V_1=$			$V_2=$		$V_3=$			$V_4=$			$V_5=$	
组　分	自然组分	mL	mL/g	mL	mL/g	分析组分	mL/g	mL/g	分析组分	mL	mL/g	mL	mL/g
氧													
氮													
二氧化碳													
甲烷													
重烃													

备注:工作人员:　　　　审核:　　　　报告提出时间:　　　年　　月

A.6 气体分析试验报告(见表 A.6)

表 A.6 气体分析试验报告

试验编号： 采样日期： 年 月 日 时				
采样地点：				
采样方法：				
分析结果				
序号	组分	分析组分含量(体积)/%	无空气基组分含量(体积)/%	备注
1	氦 He			
2	氢 H_2			
3	氖 Ne			
4	氧 O_2			
5	氮 N_2			
6	一氧化碳 CO			
7	二氧化碳 CO_2			
8	硫化氢 H_2S			
9	甲烷 C_1^0			
10	乙烷 C_2^0			
11	丙烷 C_3^0			
12	异丁烷 $i\sim C_4^0$			
13	正丁烷 $n\sim C_4^0$			
14	异戊烷 $i\sim C_5^0$			
15	正戊烷 $n\sim C_5^0$			
16	总 C_6^0			
17	总 C_7^0			
18	总 C_8^0			

分析日期： 年 月 日 工作人员： 审核：

A.7 煤层瓦斯含量试验报告(见表 A.7)

表 A.7 煤层瓦斯含量试验报告

<table>
<tr><td colspan="5">试验编号：　原编号：　采样日期：　年　月　日　测定日期：　年　月　日</td></tr>
<tr><td colspan="5">采样地点：　煤田：　区域：　钻孔：　煤层：　采样深度：</td></tr>
<tr><td colspan="5">测 定 结 果</td></tr>
<tr><td rowspan="2">试验阶段</td><td colspan="3">瓦斯含量/(mL/g)</td><td rowspan="2">备 注</td></tr>
<tr><td>CH_4</td><td>CO_2</td><td>$C_2^0 \sim C_8^0$</td></tr>
<tr><td>瓦斯损失量</td><td></td><td></td><td></td><td></td></tr>
<tr><td>瓦斯解吸量</td><td></td><td></td><td></td><td></td></tr>
<tr><td>粉碎前脱气瓦斯量</td><td></td><td></td><td></td><td></td></tr>
<tr><td>粉碎后脱气瓦斯量</td><td></td><td></td><td></td><td></td></tr>
<tr><td>总计(瓦斯含量)</td><td></td><td></td><td></td><td></td></tr>
<tr><td>自然瓦斯成分</td><td colspan="4">$CH_4=$　%，$CO_2=$　%，$N_2=$　%，$H_2=$　%，$C_2^0 \sim C_8^0=$　%</td></tr>
<tr><td>煤质分析</td><td colspan="4">$V^r=$　%，$A_{ad}=$　%，$M_{ad}=$　%</td></tr>
<tr><td>煤样质量</td><td colspan="4">$G=$　g，可燃质质量：$G_r=$　g</td></tr>
</table>

出报告时间：　年　月　日　工作人员：　审核：

附　录　B
（资料性附录）
不同温度下的饱和水蒸气压

不同温度下的饱和水蒸气压(见表 B.1)。

表 B.1　不同温度下的饱和水蒸气压

温度/℃	饱和水蒸气压/kPa	温度/℃	饱和水蒸气压/kPa
0	0.610 5	26	3.360 9
1	0.656 7	27	3.564 8
2	0.705 7	28	3.779 5
3	0.757 9	29	4.005 3
4	0.813 4	30	4.242 8
5	0.872 3	31	4.492 2
6	0.935 0	32	4.754 6
7	1.001 6	33	5.030 0
8	1.072 6	34	5.319 2
9	1.147 8	35	5.622 8
10	1.227 7	36	5.941 1
11	1.312 4	37	6.275 0
12	1.402 3	38	6.624 8
13	1.497 3	39	6.991 6
14	1.598 1	40	7.375 8
15	1.704 9	41	7.777 9
16	1.817 7	42	8.199 2
17	1.937 1	43	8.639 1
18	2.063 4	44	9.100 4
19	2.196 7	45	9.583 0
20	2.337 8	46	10.085 7
21	2.468 4	47	10.612 3
22	2.643 3	48	11.160 2
23	2.808 8	49	11.734 8
24	2.983 3	50	12.333 4
25	3.168 3		

附 录 C
（资料性附录）
不同温度下饱和食盐水的饱和蒸汽压

不同温度下饱和食盐水的饱和蒸汽压(见表C.1)。

表C.1 不同温度下饱和食盐水的饱和蒸汽压

温度/℃	饱和食盐水的饱和蒸汽压/kPa	温度/℃	饱和食盐水的饱和蒸汽压/kPa
5	0.653	20	1.760
6	0.707	21	1.880
7	0.760	22	2.000
8	0.813	23	2.120
9	0.867	24	2.253
10	0.920	25	2.386
11	0.987	26	2.533
12	1.053	27	2.693
13	1.133	28	2.853
14	1.213	29	3.026
15	1.293	30	3.200
16	1.373	31	3.373
17	1.467	32	3.573
18	1.560	33	3.786
19	1.653	34	4.000

ICS 13.100
D 09

GB

中华人民共和国国家标准

GB/T 23250—2009

STANDARDS PRESS OF CHINA

煤层瓦斯含量井下直接测定方法

The direct method of determining coalbed gas content in the mine

2009-03-11 发布　　　　2009-11-01 实施

中华人民共和国国家质量监督检验检疫总局
中国国家标准化管理委员会　发布

前言

本标准的附录A、附录B、附录C、附录D、附录E、附录F、附录G、附录H与附录I均为资料性附录。

本标准由中国煤炭工业协会提出。

本标准由中国煤炭工业协会归口。

本标准起草单位:煤炭科学研究总院抚顺分院、煤炭科学研究总院重庆研究院。

本标准主要起草人:姜文忠、秦玉金、邹银辉、董全、薛军峰、吴琼、张庆华、张淑同。

煤层瓦斯含量井下直接测定方法

1 范围

本标准规定了井下直接测定煤层瓦斯含量的采样方法、解吸瓦斯量测定方法、损失瓦斯量补偿方法、残存瓦斯量测定方法及煤层瓦斯含量的计算方法。

本标准适用于煤矿井下利用解吸法直接测定煤层瓦斯含量。

本标准不适用于严重漏水钻孔、瓦斯喷出钻孔及岩芯瓦斯含量测定。

2 规范性引用文件

下列文件中的条款通过本标准的引用而成为本标准的条款。凡是注日期的引用文件，其随后所有的修改单(不包括勘误的内容)或修订版均不适用于本标准，然而，鼓励根据本标准达成协议的各方研究是否可使用这些文件的最新版本。凡是不注日期的引用文件，其最新版本适用于本标准。

GB/T 212 煤的工业分析方法(GB/T 212—2008，ISO 11722:1999,NEQ)

GB 474 煤样的制备方法(GB 474—2008,ISO 18283:2006,MOD)

GB/T 3715 煤质及煤分析有关术语(GB/T 3715—2007,ISO 1213-2:1992,NEQ)

GB/T 13610 天然气的组成分析 气相色谱法

GB/T 15663.8 煤矿科技术语 第8部分:煤矿安全

AQ 1026 煤矿瓦斯抽采基本指标

MT/T 752 煤的甲烷吸附量测定方法(高压容量法)

3 术语及定义

GB/T 15663.8 中确立的以及下列术语和定义适用于本标准。

3.1

残存瓦斯量 residual gas content in coal seam

在常压状态下，煤样解吸后残留在煤样中的瓦斯量。

3.2

损失瓦斯量 losing gas content in coal seam

煤样从暴露到开始测定解吸量期间所遗失的瓦斯量。

3.3

粉碎前脱气量 negative pressure desorption gas content before comminution

在负压状态下，煤样在粉碎前所解吸的瓦斯量。

3.4

粉碎后脱气量 negative pressure desorption gas content during comminution

在负压状态下，煤样在球磨机中粉碎到80%以上的煤样粒度小于0.25 mm时所解吸的瓦斯量。

3.5

粉碎前自然解吸瓦斯量 natural desorption gas content before comminution

在常压状态下，煤样井下解吸后运送到实验室粉碎前所解吸的瓦斯量。

3.6

粉碎后自然解吸瓦斯量 natural desorption gas content during comminution

在常压状态下，煤样在粉碎机中粉碎到95%以上煤样粒度小于0.25 mm时所解吸的瓦斯量。

3.7

常压不可解吸瓦斯量 un-desorption gas content in normal atmosphere

在常压状态下,粉碎解吸后仍残存在煤样中不可解吸的瓦斯量。

4 仪器设备

试验采用以下仪器设备:

a) 煤样罐:罐内径大于 60 mm,容积足够装煤样 400 g 以上,在 1.5 MPa 气压下保持气密性;

b) 瓦斯解吸速度测定仪(简称解吸仪,如图 1 所示):量管有效体积不小于 800 cm^3,最小刻度 2 cm^3;

c) 空盒气压计;

d) 秒表;

e) 穿刺针头或阀门;

f) 温度计:(0~50)℃;

g) 真空脱气装置或常压自然解吸测定装置;

h) 球磨机或粉碎机;

i) 气相色谱仪:符合 GB/T 13610 要求;

j) 天平:量程不小于 1 000 g,感量不大于 1 g;

k) 超级恒温器,最高工作温度(95~100)℃;

l) 水分快速测定仪。

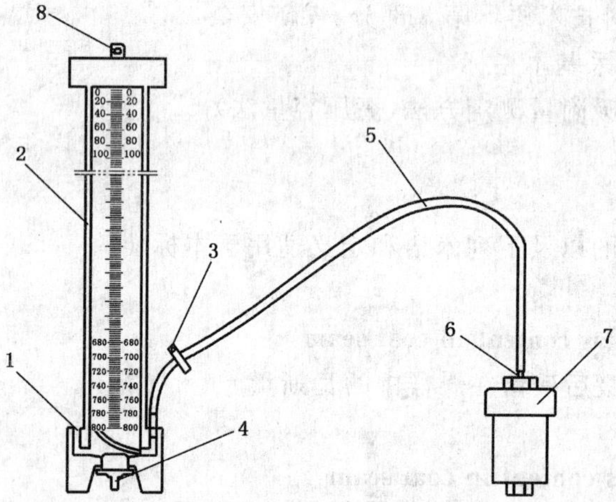

1——排水口;
2——量管;
3——弹簧夹;
4——底塞;
5——排气管;
6——穿刺针头或阀门;
7——煤样罐;
8——吊环。

图 1 瓦斯解吸速度测定仪与煤样罐连接示意图

5 采样

5.1 采样前准备

5.1.1 所有用于取样的煤样罐在使用前必须进行气密性检测;气密性检测可通过向煤样罐内注空气至

表压1.5 MPa以上，关闭后搁置12 h，压力不降方可使用。不应在丝扣及胶垫上涂润滑油。

5.1.2 解吸仪在使用之前，将量管内灌满水，关闭底塞并倒置过来(见图1)，放置10 min量管内水面不下降为合格。

5.2 煤样采集

5.2.1 采样钻孔布置

同一地点至少应布置两个取样钻孔，取样点间距不小于5 m。

5.2.2 采样方式

在石门或岩石巷道可打穿层钻孔采取煤样，在新暴露的煤巷中应首选煤芯采取器(简称煤芯管)或其他定点取样装置定点采集煤样。

5.2.3 采样深度

采样深度应按以下两种情况确定：

a) 测定煤层原始瓦斯含量时，采样深度应超过钻孔施工地点巷道的影响范围，并满足以下要求：

  1) 在采掘工作面取样时，采样深度应根据采掘工作面的暴露时间来确定，但不应小于12 m；

  2) 在石门或岩石巷道采样时，距煤层的垂直距离应视岩性而定，但不应小于5 m。

b) 抽采后煤层残余瓦斯含量测定时，采样深度应符合AQ 1026的规定。

5.2.4 采样时间

采样时间是指用于瓦斯含量测定的煤样从暴露到被装入煤样罐密封所用的实际时间，不应超过5 min。

5.2.5 采样要求

采集煤样时应满足以下要求：

a) 对于柱状煤芯，采取中间不含矸石的完整的部分；

b) 对于粉状及块状煤芯，要剔除矸石及研磨烧焦部分；

c) 不应用水清洗煤样，保持自然状态装入密封罐中，不可压实，罐口保留约10 mm空隙。

5.2.6 采样记录

采样时，应同时收集以下有关参数记录在采样记录表中(参见附录A)：

a) 采样地点：矿井名称、煤层名称、埋深(地面标高、煤层底板标高)、采样深度、钻孔方位、钻孔倾角；

b) 采样时间：取样开始时间、取样结束时间、煤样装罐结束时间；

c) 编号：罐号、样品编号。

6 测定方法及步骤

6.1 井下自然解吸瓦斯量测定

6.1.1 井下自然解吸瓦斯量测定采用排水集气法，瓦斯解吸速度测定仪与煤样罐连接见图1；

6.1.2 每间隔一定时间记录量管读数及测定时间，连续观测(60～120)min或解吸量小于2 cm^3/min为止。开始观测前30 min内，间隔1 min读一次数，以后每隔(2～5)min读一次数；将观测结果填写到测定记录表中(参见附录B)，同时记录气温、水温及大气压力。

6.1.3 测定结束后，密封煤样罐，并将煤样罐沉入清水中，仔细观察10 min，如果发现有气泡冒出，则该试样作废应重新取样测试；如不漏气，送实验室继续测定。

6.2 残存瓦斯含量测定

6.2.1 煤样检查与登记

煤样送到实验室后，按6.1.3方法进行试漏；如发现漏气即为废样，将检查结果在报告中注明。

检查煤样送验单与罐号是否符合，实验资料是否齐全；经检查无误后，统一登记编号，进行下一步测定工作。

6.2.2 脱气法

6.2.2.1 脱气前的准备工作

真空脱气装置各玻璃部件组装前要清洗、烘干。组装后，在吸气瓶 11、真空瓶 12 及量管 13(见图 2)充适量的饱和食盐水做限定液。真空系统各连接部分用真空封胶密封。真空活塞洗净后涂以真空封脂。在擦洗活塞时，要防止有机溶剂对仪器的污染。

真空脱气装置使用前要严格进行气密性检查，要求真空系统在仪器最大真空度下放置 240 min，真空计水银液面上升不超过 5 mm。各量管在水准瓶放低情况下液面保持不下降。

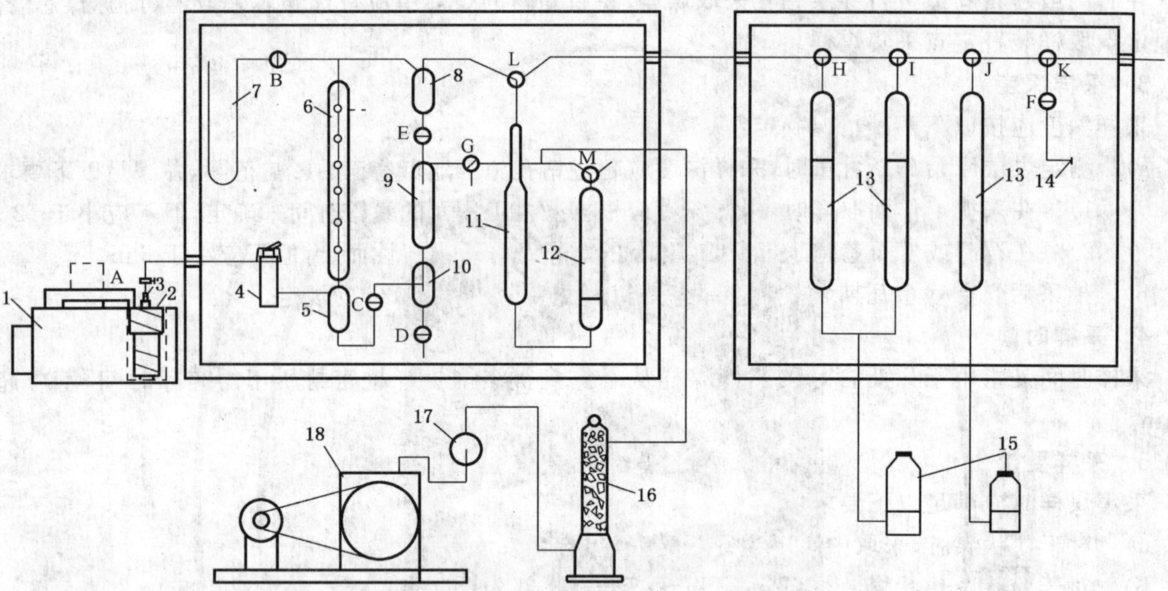

1——超级恒温器；
2——煤样罐；
3——穿刺针头；
4——滤尘管；
5——集水瓶；
6——冷却管；
7——水银真空计；
8——隔水瓶；
9——吸水管；
10——排水瓶；
11——吸气瓶；
12——真空瓶；
13——量管；
14——取气支管；
15——水准瓶；
16——干燥管；
17——分隔球；
18——真空泵；
A——螺旋夹；
B～F——单向活塞；
G～K——三通活塞；
L、M——120°三通活塞。

图 2 真空脱气装置

6.2.2.2 煤样粉碎前脱气

6.2.2.2.1 预抽真空

煤样与脱气仪连接前，对仪器左侧真空系统抽气，达到最大真空度时停泵，观察真空计水银液面，在10 min内保持不下降为合格。

6.2.2.2.2 煤样罐与脱气仪连接

关闭脱气仪的真空计，通过穿刺针头及真空胶管将煤样罐与脱气仪连接。

6.2.2.2.3 煤样脱气

煤样首先在常温下脱气，直至真空计水银液面不动为止；每隔30 min重新抽气，一直进行到每30 min内泄出瓦斯量小于10 cm^3；

常温脱气后，再将煤样加热至(95～100)℃恒温，重复6.2.2.2.1进行脱气；脱气终了后，关闭真空计，取下煤样罐，迅速地取出煤样立即装入球磨罐中密封。

6.2.2.3 煤样粉碎后脱气和称重

6.2.2.3.1 煤样粉碎

粉碎煤样应满足如下要求：

a) 球磨罐使用前按本标准5.1.1进行气密性检查；

b) 煤样装罐时，如果块度较大，应事先将煤样在罐内捣碎至粒度25 mm以下，然后拧紧罐盖密封；

c) 煤样粉碎到粒度小于0.25 mm的重量超过80%为合格。

6.2.2.3.2 脱气和称重

煤样粉碎后脱气按本标准6.2.2.2进行，本阶段脱气要一直进行到真空计水银柱稳定为止；然后关闭真空计，取下球磨罐，待罐体冷却至常温后，打开球磨罐，称量煤样质量(称准到1 g)按GB 474缩制成分析煤样，按GB/T 212分析M_{ad}、A_{ad}及V_{daf}；剩余煤样保留1个月后处理。

6.2.2.4 气体体积的计量

读取量管读数时，应提高水准瓶，使量管内外液面齐平；同时记录大气压力、气压表温度及室温，将观测结果填写到煤样脱气记录表中(参见附录C)。

6.2.3 常压自然解吸法

6.2.3.1 解吸系统密封性检查

将量管充水至一定高度后隔绝量管与外界连通，待液面稳定后，若量管内液面在5 min内下降刻度小于2 cm^3则气路密封性合格。

6.2.3.2 煤样罐与地面解吸装置连接

通过胶管将煤样罐与常压自然解吸装置连接(见图3)。

6.2.3.3 粉碎前自然解吸瓦斯量测定及煤样称重

将解吸量管中充水至一定刻度，读取并记录量管液面初始读数，缓慢打开煤样罐阀门，隔一定时间间隔读取一次瓦斯解吸量，时间间隔的长短取决于解吸速度；并注意观察解吸累计量的变化规律，发现异常及时处理或报废。

当实测解吸瓦斯体积达到单根测量管最大量程85%时，打开转换手柄用第二根测量管测量。

当解吸一段时间后，在5 min内玻璃管内不再有气泡冒出时解吸完毕，读取并记录解吸量管液面终止读数。

打开煤样罐盖将煤样倒入煤样盆中，进一步去除矸石等非煤物质，然后放置在天平上进行煤样总重称量。

记录解吸周围环境的温度、大气压力、煤样重量、测试人员以及煤样送达实验室和开始地面解吸的时间，将试验测定数据填入记录表中(参见附录D)。

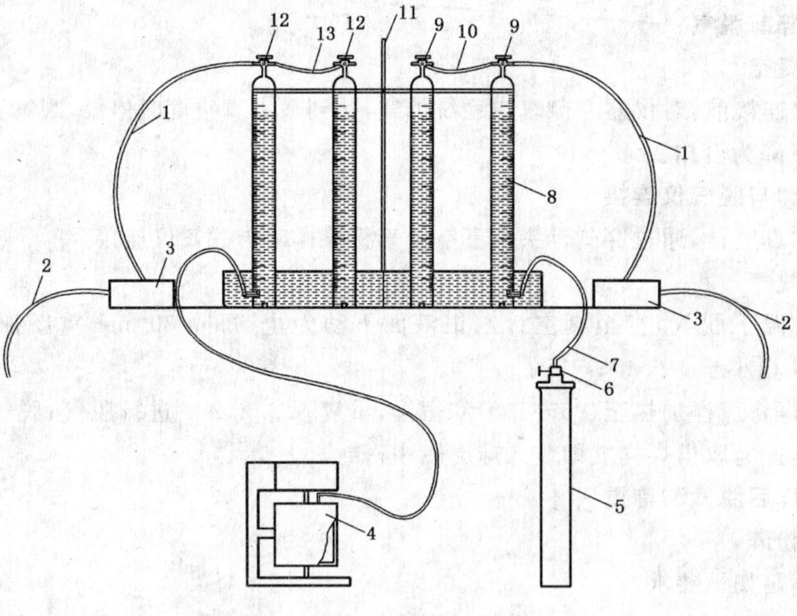

1——抽气管；

2——排气管；

3——微型真空泵；

4——粉碎机料钵；

5——煤样罐；

6——阀门；

7——进气管；

8——量管；

9——大量管阀门；

10、13——连接胶管；

11——试验架；

12——小量管阀门。

图 3 常压自然解吸测定装置

6.2.3.4 粉碎自然解吸瓦斯量测定

6.2.3.4.1 密封性检查

按照6.2.3.1进行密封性检查。

6.2.3.4.2 粉碎煤样称重

从煤样盆中取两份相等量的二次煤样，记录二次煤样重量，煤样的质量一般是(100～300)g，选择整芯或较大块的煤样，确保二次煤样和全煤样有相同的特性；如果两份二次煤样测试结果有较大的差别，应该再取第三份二次煤样。若待粉碎煤样块度较大，应事先将煤样捣碎至粒度25 mm左右。

6.2.3.4.3 粉碎自然解吸瓦斯量测定

将称量好的二次煤样逐份放入粉碎机料钵内，盖好带有密封圈的盖子，并压紧密封严实。并将解吸量管充水至一定刻度并记录量管初始读数，用胶管连接解吸量管与粉碎机气嘴，然后进行煤样粉碎。

运行时观测解吸瓦斯量体积，当实测解吸瓦斯体积达到单根测量管最大量程的85%时，打开转换开关用第二根测量管测量，粉碎结束时记录量管终止读数；解吸结束后读取的量管终止读数与解吸前量管初始读数之差即为在本次条件下的解吸瓦斯体积，同时记录大气压力、室温，并将两次观测结果填写到记录表中(参见附录D)。

煤样粉碎到95%煤样通过60目(0.25 mm)的分样筛时为合格。

6.2.4 煤样质量校正

若煤样在采取过程中采用水力排渣工艺，则煤样中有水分的混入，需按下面方法进行煤样质量校正：

a) 在煤样采取附近煤壁采用刻槽法采取原始煤样，剔除煤样内矸石等非煤物质，将煤样密封存放；

b) 测定原始煤样水分和测定煤样水分，二者之差为混入测试煤样中水分，对煤样质量进行校正；

c) 将粉碎煤样和剩余煤样封存，保留1个月后处理。

6.3 气样组分分析

6.3.1 气样采取

6.3.1.1 井下解吸过程采取气样

井下解吸过程气样采集采用排水集气法，方法如图4所示。

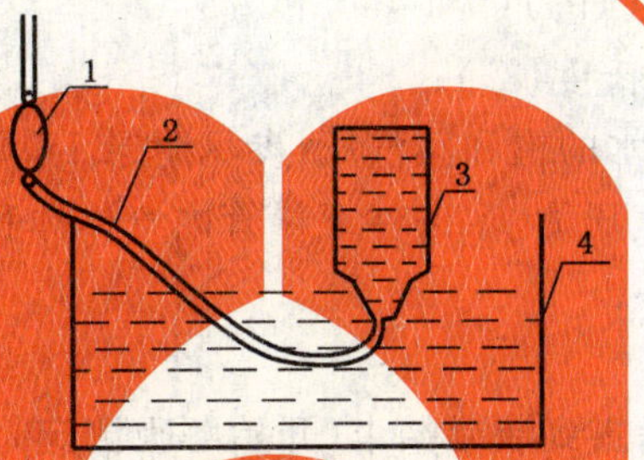

1——吸气球；
2——取气导管；
3——集气瓶；
4——水槽。

图4 井下解吸过程取样装置

6.3.1.2 脱气法实验室采取气样

采取气样前，调节水准瓶位置，使量管内气体处于正压状态，打开活塞K排空气样。用量管内气体冲洗管道，排除管内残留的限定液。然后，用医用注射器（带针头三通）通过取气口吸气，清洗取气支管及针头。连续清洗3次，每次吸气不少于20 cm^3。清洗完了后，采取气样备做分析。

6.3.2 组分分析

采取的气样及时送实验室，按GB/T 13610进行气体各种成分分析。

7 数据处理

7.1 气体体积校正

7.1.1 校正原则

采用脱气法时气体体积按式(1)和式(2)校正；采用常压自然解吸法时仅采用式(1)对测试环境条件下量管内气体体积校正。

7.1.2 井下自然解吸瓦斯量的换算

按式(1)将瓦斯解吸过程中得到的每次量管读数换算为标准状态下体积：

$$V'_t=\frac{273.2}{101.3\times(273.2+T_w)}\times(p_1-0.009\,81h_w-p_2)\times V_t \quad \cdots\cdots\cdots\cdots\cdots(1)$$

式中：

V'_t——换算为标准状态下的气体体积，单位为立方厘米(cm^3)；

V_t——t时刻时量管内气体体积读数，单位为立方厘米(cm^3)；

p_1——大气压力，单位为千帕(kPa)；

T_w——量管内水温，单位为摄氏度(℃)；

h_w——量管内水柱高度，单位为毫米(mm)；

p_2——T_w时水的饱和蒸汽压(参见附录 H)，单位为千帕(kPa)。

将每次量管读数逐个换算填入记录表中(参见附录 B)。

7.1.3 两次脱气气体体积的换算

按式(2)将两次脱气气体体积换算到标准状态下的体积：

$$V'_{Tn}=\frac{273.2}{101.3\times(273.2+T_n)}(p_1-0.0167C_0-p_2)\times V_{Tn} \quad\cdots\cdots(2)$$

式中：

V'_{Tn}——换算到标准状态下的气体体积，单位为立方厘米(cm^3)；

T_n——实验室温度，单位为摄氏度(℃)；

p_1——大气压力，单位为千帕(kPa)；

C_0——气压计温度，单位为摄氏度(℃)；

p_2——在室温 T_n下饱和食盐水的饱和蒸汽压(参见附录 I)，单位为千帕(kPa)；

V_{Tn}——在实验室温度 T_n、大气压力 p_1 条件下量管内气体体积，单位为立方厘米(cm^3)。

7.2 损失瓦斯量计算

7.2.1 煤样解吸瓦斯时间的计算

7.2.1.1 暴露时间(t_0)为从煤样暴露到装罐结束(开始解吸测定)所用的时间，按式(3)计算：

$$t_0=t_2-t_1 \quad\cdots\cdots(3)$$

式中：

t_0——暴露时间，单位为分(min)；

t_1——取煤芯(屑)开始时刻，时:分:秒；

t_2——装罐结束(开始解吸测定)时刻，时:分:秒。

7.2.1.2 煤样的瓦斯解吸时间是暴露时间(t_0)与装罐后解吸观测时间(t)之和。

7.2.2 损失瓦斯量的计算

7.2.2.1 损失瓦斯量可根据实测规律选取下面两种方法或其他经试验验证有效的方法计算。

7.2.2.2 $\sqrt{t}$ 法

此方法是根据煤样开始暴露一段时间内 V 与 $\sqrt{t_0+t}$ 呈直线关系来进行确定，即：

$$V=K\cdot\sqrt{t+t_0}-V'_{损} \quad\cdots\cdots(4)$$

式中：

V——t 时间内的累计瓦斯解吸量，单位为立方厘米(cm^3)；

$V'_{损}$——暴露时间 t_0内的瓦斯损失量，单位为立方厘米(cm^3)；

K——待定常数。

计算 $V'_{损}$值前首先以 $\sqrt{t+t_0}$为横坐标，以 V 为纵坐标作图，由图大致判定呈线性关系的各测点，然后根据这些点的坐标值，按最小二乘法或做图法求出 $V'_{损}$值。

7.2.2.3 幂函数法

将测得的(t,V_t)数据转化为解吸速度数据$\left(\frac{t_i+t_{i-1}}{2},q_t\right)$，并填在记录表中(参见附录 B)，然后对$\left(\frac{t_i+t_{i-1}}{2},q_t\right)$按式(5)拟合求出 q_0和 n。

$$q_t=q_0\cdot(1+t)^{-n} \quad\cdots\cdots(5)$$

式中：

q_t——t 时间的瓦斯解吸速度，单位为立方厘米每分(cm^3/min)；

q_0——$t=0$ 时的瓦斯解吸速度，单位为立方厘米每分(cm^3/min)；

t——瓦斯解吸时间，单位为分(min)；

n——瓦斯解吸速度衰减系数，$0<n<1$。

煤样的损失瓦斯量按式(6)计算。

$$V'_{损} = q_0\left[\frac{(1+t_0)^{1-n}-1}{1-n}\right] \quad \cdots\cdots(6)$$

式中：

$V'_{损}$——煤样损失瓦斯量，单位为立方厘米(cm^3)；

t_0——煤样暴露时间，单位为分(min)。

7.3 煤层自然瓦斯成分计算

设得到的混合有空气的气体通过气相色谱分析得出各种气体组分的浓度分别为：$c(O_2)$、$c(N_2)$、$c(CH_4)$、$c(CO_2)$。按式(7)～式(9)计算各种气体组分无空气基的浓度，即为煤层自然瓦斯成分。

$$A(N_2) = \frac{c(N_2)-3.57c(O_2)}{100-4.57c(O_2)}\times 100 \quad \cdots\cdots(7)$$

$$A(CH_4) = \frac{c(CH_4)}{100-4.57c(O_2)}\times 100 \quad \cdots\cdots(8)$$

$$A(CO_2) = \frac{c(CO_2)}{100-4.57c(O_2)}\times 100 \quad \cdots\cdots(9)$$

式中：

$A(N_2)$——扣除空气后 N_2的浓度，%；

$A(CH_4)$——扣除空气后 CH_4的浓度，%；

$A(CO_2)$——扣除空气后 CO_2的浓度，%。

7.4 各阶段各种气体体积的计算

7.4.1 各阶段瓦斯体积换算

将各阶段含空气瓦斯体积按式(10)换算为无空气瓦斯的体积：

$$V''_i = \frac{V'_i(100-4.57c(O_2))}{100} \quad \cdots\cdots(10)$$

式中：

V''_i——扣除空气后标准状态下的各阶段瓦斯体积($i=1,2,3,4$)，单位为立方厘米(cm^3)；

V'_i——扣除空气前标准状态下的各阶段瓦斯体积($i=1,2,3,4$)，单位为立方厘米(cm^3)。

其余符号同前。

7.4.2 各阶段气体体积计算

各阶段某种气体体积按式(11)计算：

$$V_i^j = \frac{V''_i\times A(x)}{100} \quad \cdots\cdots(11)$$

式中：

V_i^j——标准状态下的各阶段某种气体体积($i=1,2,3,4$，$j=1,2,3$)，单位为立方厘米(cm^3)；

$A(x)$——瓦斯成分中某种气体的浓度($x=N_2,CH_4,CO_2$)，%。

其余符号同前。

7.5 煤层瓦斯含量计算

7.5.1 各阶段的煤样瓦斯量计算

采用脱气法测定时，井下解吸瓦斯量、损失瓦斯量、粉碎前瓦斯量、粉碎后瓦斯量按式(12)计算：

$$X_i = \frac{\sum_{j=1}^{3}V_i^j}{m} \quad \cdots\cdots(12)$$

式中：

X_i——各阶段煤样瓦斯量（$i=1,2,3,4$），单位为立方厘米每克（cm^3/g）；

m——煤样质量（分为空气干燥基和干燥无灰基），单位为克（g）；

V_i^j——各阶段某种气体体积（$i=1,2,3,4,j=1,2,3$），单位为立方厘米（cm^3）。

采用常压自然解吸法测定时，井下解吸瓦斯量、损失瓦斯量、粉碎前自然瓦斯解吸量、粉碎后自然瓦斯解吸量按式(12)计算。常压不可解吸瓦斯量可按式(13)计算或采用MT/T 752方法测定的常压吸附量，常压吸附瓦斯量与标准大气压状态下的游离瓦斯含量之和即为常压不可解吸瓦斯量。

$$X_b = \frac{0.1ab}{1+0.1b} \times \frac{100-A_d-M_{ad}}{100} \times \frac{1}{1+0.31M_{ad}} + \frac{\pi}{\gamma} \quad \cdots\cdots (13)$$

式中：

X_b——煤在标准大气压力下的不可解吸瓦斯量，单位为立方厘米每克（cm^3/g）；

a——煤的瓦斯吸附常数，试验温度下煤的极限吸咐量，单位为立方厘米每克（cm^3/g）；

b——煤的瓦斯吸附常数，单位为每兆帕（MPa^{-1}）；

A_{ad}——煤的灰分，%；

M_{ad}——煤的水分，%；

π——煤的孔隙率，单位为立方厘米每立方厘米（cm^3/cm^3）；

γ——煤的容重（假比重），单位为克每立方厘米（g/cm^3）。

7.5.2 煤层瓦斯含量计算

采用脱气法测定时，按式(14)计算：

$$X = X_1 + X_2 + X_3 + X_4 \quad \cdots\cdots (14)$$

式中：

X_1——煤样的井下解吸瓦斯量，单位为立方厘米每克（cm^3/g）；

X_2——煤样的损失瓦斯量，单位为立方厘米每克（cm^3/g）；

X_3——煤样粉碎前脱气瓦斯量，单位为立方厘米每克（cm^3/g）；

X_4——煤样粉碎后脱气瓦斯量，单位为立方厘米每克（cm^3/g）。

采用常压自然解吸法测定时，按式(15)计算：

$$X = X_1 + X_2 + X_3 + X_4 + X_b \quad \cdots\cdots (15)$$

式中：

X_1——煤样的井下解吸瓦斯量，单位为立方厘米每克（cm^3/g）；

X_2——煤样的损失瓦斯量，单位为立方厘米每克（cm^3/g）；

X_3——煤样粉碎前解吸瓦斯量，单位为立方厘米每克（cm^3/g）；

X_4——煤样粉碎后解吸瓦斯量，单位为立方厘米每克（cm^3/g）；

X_b——不可解吸瓦斯量，单位为立方厘米每克（cm^3/g）。

7.6 计算精度要求

上述的计算数值按数字修约规则处理后，只保留两位小数。当计算值小于两位小数时，在测定报告中只写明“微量”。

8 测定报告

8.1 填写

实验室测定结果填写在记录表中（参见附录C、附录D、附录E、附录F），并将试验过程发生的各种情况（如密封罐漏气、脱气过程中有瓦斯损失、煤样混有夹矸、煤样粉碎不良等）详细填写在备注中。

由试验单位汇总井下测定结果提出最终测定报告（参见附录G）。测定报告一式两份，一份寄给送样单位，一份留存。

8.2 存档

测定过程中的原始资料及试验(测定)报告由实验单位一并归档,作为长期资料保存。存档文件包括:

a) 煤样瓦斯解吸量测定记录;

b) 瓦斯损失量计算图;

c) 实验室脱气(自然解吸)记录;

d) 气体分析试验报告;

e) 煤质分析试验报告;

f) 煤层瓦斯含量测定报告。

9 测定结果的评价

9.1 合格样品

合格样品应符合以下条件:

a) 采样深度符合本标准 5.2.3 的要求;

b) 采样时间符合本标准 5.2.4 的要求;

c) 煤样灰分(A_{ad})小于 40%;

d) 煤样质量不小于 250 g;

e) 解吸仪量管不漏气,气路(包括煤样罐排气孔、胶管等)无堵塞;

f) 脱气过程无瓦斯损失;

g) 记录完整齐全(符合本标准 5.2.6 的规定),记录中无错记、漏记现象。

9.2 参考试样

凡有一项不符合 9.1 规定的样品,即为参考试样。

9.3 废样

煤样罐严重漏气,无法进行脱气的样品为废样。

附 录 A
(资料性附录)
采样记录

采样记录表参见表A.1。

表 A.1 采样记录表

煤样编号：	采样日期：	年 月 日	
采样地点： 矿井	采区	工作面	煤层
采样点坐标：$X=$	$Y=$	地面标高：$Z=$	井下标高：$Z=$
采样管型式	采样罐号		
钻孔遇煤深度： m	取样深度： m		
工作过程：			
钻孔遇煤时间(石门或岩巷)：	日 时 分 秒		
取样开始时间：	日 时 分 秒	进 尺：	m
取样结束时间：	日 时 分 秒	煤芯长：	m
煤样装罐时间：	日 时 分 秒		
煤样装罐结束时间：	日 时 分 秒		
开始解吸测定时间：	日 时 分 秒		
煤样暴露时间： min			
采样地点地质概况：			
煤质描述：			

送样时间： 年 月 日 工作人员：

附　录　B
（资料性附录）
煤样井下自然解吸瓦斯量测定记录

煤样井下自然解吸瓦斯量测定记录参见表 B.1。

表 B.1　井下自然解吸瓦斯量测定记录表

煤样编号				采样日期		年　月　日			
采样地点	矿井　采区　工作面　煤层								
采样罐号		仪器号				煤样暴露时间 t_0= 　min			
测　定　结　果									
测定时间	观测时间 t/min	量管读数 V_t/cm³	水柱高 h_w/mm	校正体积 V'_t/cm³		瓦斯解吸速度 q_t/(cm³/min)	$\sqrt{t_0+t}$	$\frac{t_i+t_{i-1}}{2}$	备注
				体积	累计				
大气压力 p=　　kPa；气温 T_n=　　℃；水温 T_w=　　℃									
审核：　　　　工作人员：									

附 录 C
（资料性附录）
煤样脱气记录表

煤样脱气记录表参见表C.1。

表C.1 煤样脱气记录表

煤样编号：				
采样地点：　矿井　采区　工作面　煤层				
采样工具：　采样深度：　m				
测 定 结 果				
脱气阶段	粉 碎 前		粉 碎 后	
脱气时间	起	止	起	止
量管读数/cm^3				
累计气体体积/cm^3				
大气压力/kPa				
气压计温度/℃				
室温/℃				
校正后体积/cm^3				
煤样粉碎时间：　月　日　时　起 计： 止 煤样质量：　g 煤质分析：M_{ad}=　%；　A_{ad}=　%；　V_{daf}=　% 干燥无灰基质量：　g				
备注：				
工作人员：　审核：				

提交报告时间：　年　月　日

附 录 D
（资料性附录）
实验室煤样自然解吸瓦斯量测定记录表

实验室煤样自然解吸瓦斯量测定记录表见表 D.1。

表 D.1 实验室煤样自然解吸瓦斯量测定记录表

<table>
<tr><td colspan="6">煤样编号：</td></tr>
<tr><td colspan="6">采样地点： 矿井 采区 工作面 煤层</td></tr>
<tr><td colspan="3">大气压力(p_1) kPa</td><td colspan="3">水温(T_w) ℃</td></tr>
<tr><td colspan="6">粉碎前自然解吸瓦斯量</td></tr>
<tr><td rowspan="2">煤样质量/g</td><td rowspan="2"></td><td rowspan="2">量管读数/cm³</td><td>起</td><td colspan="2">止</td></tr>
<tr><td></td><td colspan="2"></td></tr>
<tr><td colspan="6">粉碎后自然解吸瓦斯量</td></tr>
<tr><td>煤样</td><td colspan="2">第一份煤样</td><td colspan="3">第二份煤样</td></tr>
<tr><td rowspan="2">粉碎时间/min</td><td>起</td><td>止</td><td>起</td><td>止</td><td rowspan="6">测定备注：</td></tr>
<tr><td></td><td></td><td></td><td></td></tr>
<tr><td rowspan="3">量管读数/cm³</td><td>起</td><td>止</td><td>起</td><td>止</td></tr>
<tr><td></td><td></td><td></td><td></td></tr>
<tr><td></td><td></td><td></td><td></td></tr>
<tr><td>煤样质量/g</td><td></td><td></td><td></td><td></td></tr>
<tr><td colspan="6">常压不可解吸瓦斯量参数</td></tr>
<tr><td>a：</td><td>b：</td><td>A_d：</td><td>π：</td><td colspan="2">γ：</td></tr>
<tr><td colspan="3">常压吸附瓦斯量：</td><td colspan="3">常压游离瓦斯量：</td></tr>
<tr><td colspan="6">备注：</td></tr>
<tr><td colspan="3">测试人员：</td><td colspan="3">审核</td></tr>
</table>

提交报告时间： 年 月 日

附　录　E
（资料性附录）
煤层瓦斯含量测定结果汇总表

煤层瓦斯含量测定结果汇总表参见表 E.1。

表 E.1　煤层瓦斯含量测定结果汇总表

试验阶段	井下解吸瓦斯量		损失瓦斯量	粉碎前脱气瓦斯量		粉碎后脱气瓦斯量		总　计
	$V_1=$　　cm^3		$V_2=$　　cm^3	$V_3=$　　cm^3		$V_4=$　　cm^3		cm^3
	组分	cm^3	cm^3	组分	cm^3	组分	cm^3	cm^3
氧(O_2)								
氮(N_2)								
二氧化碳(CO_2)								
甲烷(CH_4)								
合计								

备注:工作人员:　　　　审核:　　　　报告提出时间:　　　　年　　月

附 录 F
（资料性附录）
气体分析试验报告

气体分析试验报告参见表 F.1。

表 F.1 气体分析试验报告

煤样编号： 采样日期： 年 月 日 时				
采样地点： 矿井 采区 工作面 煤层				
采样方法：				
分 析 结 果				
序号	组 分	分析组分含量(体积)/%	无空气基组分含量(体积)/%	备注
1	氧 O_2			
2	氮 N_2			
3	二氧化碳 CO_2			
4	甲烷 CH_4			

分析日期： 年 月 日 工作人员： 审核：

附 录 G
（资料性附录）
煤层瓦斯含量测定报告

煤层瓦斯含量测定报告参见表 G.1。

表 G.1　煤层瓦斯含量测定报告

煤样编号：　原编号：　采样日期：　年　月　日　测定日期：　年　月　日						
采样地点：　矿井　采区　工作面　煤层　埋深：　m						
测　定　结　果						
测　定　阶　段	瓦　斯　含　量/(cm^3/g)				残存瓦斯含量测定方法	备注
	CH_4	CO_2	N_2			
井下解吸瓦斯量					脱气法（　）	
损失瓦斯量						
粉碎前脱气（自然解吸）瓦斯含量						
粉碎后脱气（自然解吸）瓦斯量					自然解吸法（　）	
常压不可解吸瓦斯量						
总计（瓦斯含量）						
自然瓦斯成分	CH_4＝　%，　CO_2＝　%，　N_2＝　%					
煤质分析	V_{daf}＝　%，　A_{ad}＝　%，　M_{ad}＝　%					
煤样质量	空气干燥基质量：　g　干燥无灰基质量：　g					

出报告时间：　年　月　日　　工作人员：　　审核：

附 录 H
（资料性附录）
不同温度下饱和水蒸气压

不同温度下饱和水蒸气压参见表 H.1。

表 H.1 不同温度下饱和水蒸气压

温度/℃	饱和水蒸气压/kPa	温度/℃	饱和水蒸气压/kPa
0	0.610 5	26	3.360 9
1	0.656 7	27	3.564 8
2	0.705 7	28	3.779 5
3	0.757 9	29	4.005 3
4	0.813 4	30	4.242 8
5	0.872 3	31	4.492 2
6	0.935 0	32	4.754 6
7	1.001 6	33	5.030 0
8	1.072 6	34	5.319 2
9	1.147 8	35	5.622 8
10	1.227 7	36	5.941 1
11	1.312 4	37	6.275 0
12	1.402 3	38	6.624 8
13	1.497 3	39	6.991 6
14	1.598 1	40	7.375 8
15	1.704 9	41	7.777 9
16	1.817 7	42	8.199 2
17	1.937 1	43	8.639 1
18	2.063 4	44	9.100 4
19	2.196 7	45	9.583 0
20	2.337 8	46	10.085 7
21	2.468 4	47	10.612 3
22	2.643 3	48	11.160 2
23	2.808 8	49	11.734 8
24	2.983 3	50	12.333 4
25	3.168 3		

附 录 I
（资料性附录）
不同温度下饱和食盐水的饱和蒸汽压

不同温度下饱和食盐水的饱和蒸汽压参见表 I.1。

表 I.1　不同温度下饱和食盐水的饱和蒸汽压

温度/℃	饱和食盐水的饱和蒸汽压/kPa	温度/℃	饱和食盐水的饱和蒸汽压/kPa
5	0.653	20	1.760
6	0.707	21	1.880
7	0.760	22	2.000
8	0.813	23	2.120
9	0.867	24	2.253
10	0.920	25	2.386
11	0.987	26	2.533
12	1.053	27	2.693
13	1.133	28	2.853
14	1.213	29	3.026
15	1.293	30	3.200
16	1.373	31	3.373
17	1.467	32	3.573
18	1.560	33	3.786
19	1.653	34	4.000

ICS 73.040
D 20

中华人民共和国国家标准

GB/T 23251—2009

煤化工用煤技术导则

Guideline for coal used in coal chemical conversion

2009-03-11 发布　　2009-11-01 实施

中华人民共和国国家质量监督检验检疫总局
中国国家标准化管理委员会　发布

前　言

本标准由中国煤炭工业协会提出。

本标准由全国煤炭标准化技术委员会归口。

本标准起草单位：煤炭科学研究总院北京煤化工研究分院、旭阳煤化工集团有限公司、山西潞安矿业(集团)有限责任公司。

本标准主要起草人：姜英、闫永成、王东飞、罗陨飞、黄保健、王志杰、陈亚飞。

引　言

以煤为原料生产固体产品、液体产品、气体产品等化工产品的煤化工转化技术主要包括：

——煤炭焦化及下游产品加工；

——煤炭直接加氢液化；

——煤气化后合成油品（煤炭间接液化）；

——煤气化生产甲醇及甲醇下游产品，包括二甲醚、烯烃产品等；

——煤气化生产合成氨及下游产品等。

各种煤化工技术工艺及项目对煤炭资源和煤炭质量均有不同的要求。本标准是根据我国煤化工技术工艺的现状和发展趋势，结合我国煤炭资源状况及煤质特性而制定的，在考虑各种煤化工技术工艺对煤炭质量要求的同时，充分考虑了煤炭资源特点。本标准的制定，一方面可以为某种煤化工技术提供符合要求的原料煤进行指导，以取得较好的经济效益；另一方面，对特定的煤炭资源而言，根据其煤质特性选择合适的煤化工技术工艺，以促进煤炭资源的综合利用。

本标准从煤化工技术工艺及项目与煤炭资源、煤质特性的匹配性要求出发，规范煤化工用煤，在保证煤化工用煤质量的前提下，进一步保护我国的优质煤种和稀缺煤种，鼓励开发利用高硫煤等煤炭资源。本标准的制定对我国煤炭资源的开发、利用规划及煤化工产业健康有序的发展，具有十分重要的指导作用。

煤化工用煤技术导则

1 范围

本标准规定了各种煤化工技术和项目用原料煤的技术要求、资源量要求和优化配置及合理规划要求的指导性原则。

本标准适用于煤经化学转化而生产固体产品、液体产品、气体产品等化工产品的煤炭焦化、煤炭气化、煤炭液化等煤化工技术工艺及煤化工工程项目。

2 规范性引用文件

下列文件中的条款通过本标准的引用而成为本标准的条款。凡是注日期的引用文件，其随后所有的修改单(不包括勘误的内容)或修订版均不适用于本标准，然而，鼓励根据本标准达成协议的各方研究是否可使用这些文件的最新版本。凡是不注日期的引用文件，其最新版本适用于本标准。

GB/T 397 冶金焦用煤技术条件

GB 5751 中国煤炭分类

3 术语和定义

下列术语与定义适用于本标准。

3.1

煤化工转化 coal chemical conversion

以化学方法为主将煤炭转化为固体产品、液体产品、气体产品等化工产品的过程，包括煤炭焦化、煤炭气化、煤炭液化等各种煤化工转化技术工艺。

3.2

煤炭焦化 coal carbonization

煤在隔绝空气的条件下高温干馏，产生焦炭、煤气和其他化学品的过程。

3.3

煤炭气化 coal gasification

在一定的温度、压力条件下，用气化剂将煤中的有机物转变为煤气的过程。主要包括固定床气化、流化床气化、气流床气化等技术。

3.4

固定床气化 fix-bed gasification

移动床气化 moving-bed gasification

煤料靠重力下降与气流逆向接触的气化过程，即气化剂以较低速率通过炽热的煤床层并反应产生煤气的过程。按照气化炉的操作压力一般可分为常压和加压固定床气化。

3.5

流化床气化 fluidized-bed gasification

向上移动的气流使粒度为 0～10 mm 的小颗粒煤在空间呈沸腾状态的气化过程。

3.6

气流床气化 entrained flow gasification

气体介质夹带煤粉或料浆并使其处于悬浮状态的气化过程，煤料在高于其灰熔融性温度的条件下与气化剂发生燃烧反应和气化反应，灰渣以液态形式排出气化炉的气化过程。包括以水煤浆进料和以干煤粉进料的两类气流床气化工艺。

3.7

煤炭液化 coal liquefaction

固体状态的煤炭通过一系列复杂的化学加工转化过程，制成液体燃料及化学品的过程。

3.8

煤炭直接液化 coal direct liquefaction

煤炭在高压、高温和催化剂的作用下与氢气进行加氢反应，从而直接转化为液体燃料的过程。

3.9

煤炭间接液化 coal indirect liquefaction

煤炭在高温下与氧气和水蒸气进行煤气化反应产生以一氧化碳和氢气为主的合成气，然后再在催化剂的作用下合成为液体燃料的过程。

4 煤化工用煤的技术要求

4.1 总则

煤化工用原料煤的煤类、品种和煤质应满足相应煤化工技术工艺的基本要求，各种煤类按 GB 5751 确定。

4.2 煤炭焦化用原料煤的基本技术要求

4.2.1 用于煤炭焦化的煤类

以气煤、1/3 焦煤、气肥煤、肥煤、焦煤、瘦煤等具有较强黏结性的煤为主要炼焦煤种，以 1/2 中黏煤、弱黏煤、贫瘦煤等弱黏结性的煤及长焰煤、不黏煤、贫煤或无烟煤等无黏结性的煤为辅助炼焦煤种。

4.2.2 煤炭焦化用煤在灰分、全硫、磷分及黏结指数等方面的技术指标应符合 GB/T 397 的要求。

4.3 煤炭气化用原料煤的基本技术要求

4.3.1 用于煤炭气化的煤类

可使用褐煤、长焰煤、不黏煤、弱黏煤、部分气煤、贫瘦煤、贫煤和无烟煤等无黏结性或较弱黏结性的煤作为原料煤，无烟块煤优先用作常压固定床气化生产合成氨的原料。

4.3.2 煤炭气化用原料煤的品种和煤质要求

4.3.2.1 煤炭气化用煤应考虑粒度、灰分、灰熔融性温度及黏结指数等主要技术指标。

4.3.2.2 固定床气化工艺要求使用各种规格的块煤。

4.3.2.3 不同煤炭气化工艺对煤的灰熔融性有不同要求，固定床气化工艺(固态排渣时)一般要求煤灰熔融性软化温度(ST)＞1 250 ℃，水煤浆气流床气化工艺一般要求煤灰熔融性流动温度(FT)＜1 300 ℃，干煤粉气流床气化工艺一般要求 FT＜1 450 ℃。

4.3.2.4 流化床气化要求使用反应活性较高的煤种。

4.4 煤炭直接液化用原料煤的基本技术要求

4.4.1 用于煤炭直接液化的煤类

可使用年老褐煤及长焰煤、不黏煤、弱黏煤、部分气煤等低变质程度烟煤作为原料煤。

4.4.2 煤炭直接液化用原料煤的煤质要求

煤炭直接液化用煤应考虑灰分、挥发分和煤岩显微组分含量等主要技术指标。一般要求煤中灰分(A_d)＜10.00%，挥发分(V_{daf})＞35.00%，煤中惰质组含量(体积分数)＜35.0%。

5 煤化工用煤的资源量要求

大型煤化工项目应有足够的煤炭资源量保障。依矿区而建的百万吨级及以上的煤制甲醇(包括二甲醚、烯烃等下游产品)项目、煤炭液化项目应配套相应的煤炭资源量和煤炭产量，见表 1。不是依矿区而建的大型煤化工项目也应具有稳定的煤源供应保障，其项目与资源的配套性可参见表 1。

表1 与大型煤化工项目配套的煤炭资源量和煤炭产量

煤化工项目	规模	煤炭资源可利用量		
		产量/(万 t/a)	可采储量/亿 t	资源服务年限保障
煤制甲醇(及二甲醚、烯烃等下游产品)项目	年产100万t甲醇	≥250	≥2.5	≥50年
煤炭液化项目	年产100万t油品	≥450	≥4.5	≥50年

6 对煤化工用煤优化配置和合理规划的要求

6.1 对主要炼焦煤种的利用

6.1.1 对经洗选后能作为炼焦用的1/3焦煤、肥煤、焦煤、瘦煤等主要炼焦煤种应进行合理规划和保护性开发利用。

6.1.2 经洗选后能作为炼焦用的主要炼焦煤种不应作为煤炭气化、煤炭液化用煤。

6.2 对具有特殊性质或用途的稀缺性煤炭资源的利用

6.2.1 对具有特殊性质或用途的稀缺性煤炭资源应进行保护性利用或高附加值开发利用。

示例：可选性好的煤可以生产超低灰煤，进而可作为特殊用途材料使用；可磨性好的煤可考虑用于生产超细煤粉，进而用作橡胶、塑料填料；反应性好的煤可考虑直接作为还原剂使用等。

6.2.2 具有特殊性质或用途的稀缺性煤炭资源原则上不宜作为煤炭气化、煤炭液化用煤。

6.3 对较高硫分或较高灰分煤炭资源的利用

6.3.1 在满足相关煤炭气化工艺或煤炭直接液化工艺基本要求的前提下，鼓励煤化工用煤使用较高硫分煤或其他含碳固体物质。

6.3.2 对于在现有生产矿井基础上通过技术改造生产开发较高硫分煤或相对高灰煤资源(例如下组煤)的，应考虑开发利用这些资源作为煤炭气化或煤炭液化等煤化工用原料煤。

6.3.3 在鼓励煤化工用煤使用较高硫分煤或较高灰分煤的同时，应鼓励通过适当的洗选、排矸等方式，降低煤化工用原料煤的硫分和灰分，以提高煤化工转化的经济效益、环保效益和社会效益。

6.4 大型煤化工项目实施之前，应对煤化工用煤进行专门的可行性评价。评价可从煤炭资源和原料煤煤质与煤化工项目的适应性入手，评价内容可包括煤炭类别、煤质特性、加工转化特性、煤炭用途以及煤炭资源量的可保障性等。

ICS 23.100.20
J 20

中华人民共和国国家标准

GB/T 23252—2009/ISO 10099:2001

气缸　成品检验及验收

Pneumatic fluid power—Cylinders—Final examination and acceptance criteria

(ISO 10099:2001,IDT)

2009-03-16 发布　　2009-11-01 实施

中华人民共和国国家质量监督检验检疫总局
中国国家标准化管理委员会　发布

前　言

本标准等同采用国际标准 ISO 10099:2001《气压传动　缸　出厂检验和验收规范》(英文版)。

本标准等同翻译 ISO 10099:2001。为便于使用本标准做了下列编辑性修改：

——在“规范性引用文件”中以被引用部分技术内容与相应的国际标准一致的国家标准替代国际标准。

本标准由中国机械工业联合会提出。

本标准由全国液压气动标准化技术委员会(SAC/TC 3)归口。

本标准起草单位：无锡市产品质量监督检验所、SMC(中国)有限公司、费斯托(中国)有限公司、上海康茂胜气动控制元件有限公司。

本标准主要起草人：方政、陈宁、蔡茂林、王雄耀、方芙年、罗倩。

引　言

在气动系统中，流体能量是通过回路中压缩空气来进行传递和控制的。

气缸是气动系统中的一种元件。它是将流体能量转化为机械力和直线运动的装置。气缸由缸筒和在其中运动的活塞和活塞杆等活动部件组成。

气缸　成品检验及验收

1　范围

本标准规定了气动系统中单杆双作用气缸成品检验及验收的功能测试。

2　规范性引用文件

下列文件中的条款通过本标准的引用而成为本标准的条款。凡是注日期的引用文件，其随后所有的修改单（不包括勘误的内容）或修订版均不适用于本标准，然而，鼓励根据本标准达成协议的各方研究是否可使用这些文件的最新版本。凡是不注日期的引用文件，其最新版本适用于本标准。

GB/T 17446　流体传动系统及元件　术语（GB/T 17446—1998，idt ISO 5598:1985）

ISO 8778　气压传动　标准参考大气

3　术语和定义

GB/T 17446 确立的术语及定义适用于本标准。

4　一致性检查

在制造过程中，以下产品特征应在完成成品装配时或在此之前通过质量保证的常规作业予以确认。

——气缸类型；

——行程长度；

——总长度；

——型号标志；

——气缸内径；

——活塞杆伸出长度和螺纹直径；

——磁性元件的作用；

——安装尺寸（包括轴销位置）；

——恰当的缓冲选择；

——气口形式、位置和尺寸。

5　气压不大于 150 kPa 条件下的功能测试

气缸以水平位置放置完成测试。试验时，气缸如有缓冲调节装置应完全打开，进行全行程的往复运动，在两个方向上，活塞杆伸缩应平稳，无爬行和震颤现象。

6　气压为 150 kPa 和 630 kPa 的泄漏测试

6.1　将气缸往复动作数次后，从无杆腔气口先后通入 150 kPa 和 630 kPa 的气体，使有杆腔气口与大气相通。采用能满足检测要求的检查方法和测量设备，测量气缸无杆腔的全部泄漏量。该泄漏量为以下部位的泄漏量之和：

a)　有杆腔气口处；

b)　后端盖和气缸缸筒连接处；

c)　无杆腔缓冲调节装置和单向阀的周围（如果有的话）；

d)　后端盖上的气孔处；

e) 其他外部连接处。

泄漏量应不超过表1给出的规定值。

6.2 当气缸往复动作几次后，从有杆腔气口先后通入150 kPa和630 kPa的气体，无杆腔气口与大气相通。采用能满足检测要求的检查方法和测量设备，测量气缸有杆腔的全部泄漏量。该泄漏量为以下部位的泄漏量之和：

a) 无杆腔气口处；

b) 前端盖和气缸缸筒连接处；

c) 有杆腔缓冲调节装置和单向阀周围(如果有的话)；

d) 前端盖上的气孔处；

e) 任何其他外部连接处；

f) 活塞杆与端盖接合部密封圈的周围；

g) 前端盖和支承之间的连接处。

泄漏量应不超过表1给出的规定值。

6.3 若用户对泄漏量有特定的限制，用户应同制造商协商相应的泄漏量和测试方法。

表1 气缸内腔最大泄漏量

气缸内径/mm	8、10、12	16、20、25	32、40、50	63、80、100	125、160、200	250、320
泄漏量/[dm^3/h(ANR)][a]	0.6	0.8	1.2	2	3	5

[a] 见 ISO 8778。

7 气压为630 kPa的缓冲测试(仅适用于带缓冲的气缸)

在供气压力630 kPa下使气缸往复运动，调节缓冲节流装置，活塞杆在到达两个方向的行程终点之前应能有效减速。

8 标注说明(引用本标准)

采用本标准时，可在测试报告、产品样本和商务文件中使用下列说明：

“气缸的验收检验符合GB/T 23252—2009/ISO 10099:2001《气缸 成品检验及验收》。”

ICS 23.100.10
J 20

中华人民共和国国家标准

GB/T 23253—2009/ISO 17559:2003

液压传动 电控液压泵 性能试验方法

**Hydraulic fluid power—
Electrically controlled hydraulic pumps—
Test methods to determine performance characteristics**

(ISO 17559:2003,IDT)

2009-03-16 发布　　2009-11-01 实施

中华人民共和国国家质量监督检验检疫总局
中国国家标准化管理委员会 发布

前　言

本标准等同采用 ISO 17559:2003《液压传动　电控液压泵　性能试验方法》(英文版)。

本标准等同翻译 ISO 17559:2003。

为便于使用，本标准做了下列编辑性修改：

——在“范围”中增加注；

——在“规范性引用文件”中，以对应的国家标准代替国际标准，增加 ISO 1219-2；

——流量单位以 L/min 代替 dm^3/min；

——转速单位以 r/min 代替 min^{-1}；

——6.1.3 中将油液污染度等级代号“19/16”改为“—/19/16”。

本标准的附录 A 为规范性附录。

本标准由中国机械工业联合会提出。

本标准由全国液压气动标准化技术委员会(SAC/TC 3)归口。

本标准起草单位：煤炭科学研究总院上海分院、浙江大学流体传动及控制国家重点实验室、贵州力源液压股份公司。

本标准主要起草人：谢吉明、邱敏秀、杨强、胡大邦、罗德刚、王庆丰、赵艳平、吴根茂、曹捷、胡军。

引　　言

本标准旨在统一各种电控液压泵的试验方法，以便对不同液压泵的性能进行比较。本标准规定了试验装置、试验程序和试验结果表达的具体要求。

液压传动　电控液压泵　性能试验方法

1　范围

本标准规定了电控液压泵(以下简称泵)的稳态和动态性能特性的试验方法。

注:本标准仅涉及与电控装置相关的泵特性试验方法。

本标准所涉及的泵都具有与输入电信号成比例地改变输出流量或压力的功能。这些泵可以是负载敏感控制泵、伺服控制泵,也可以是电控变量泵。

测量准确度分为 A、B、C 三级,详细见附录 A。

2　规范性引用文件

下列文件中的条款通过本标准的引用而成为本标准的条款。凡是注日期的引用文件,其随后所有的修改单(不包括勘误的内容)或修订版均不适用于本标准,然而,鼓励根据本标准达成协议的各方研究是否可使用这些文件的最新版本。凡是不注日期的引用文件,其最新版本适用于本标准。

GB/T 786.1　流体传动系统及元件图形符号和回路图　第1部分:用于常规用途和数据处理的图形符号(GB/T 786.1—2009,ISO 1219-1:2006,IDT)

GB/T 3141　工业液体润滑剂　ISO 粘度分类(GB/T 3141—1994,eqv ISO 3448:1992)

GB/T 14039—2002　液压传动　油液　固体颗粒污染等级代号(ISO 4406:1999,MOD)

GB/T 17446　流体传动系统及元件　术语(GB/T 17446—1998,idt ISO 5598:1985)

GB/T 17485　液压泵、马达和整体传动装置参数定义和字母符号(GB/T 17485—1998,idt ISO 4391:1983)

GB/T 17491　液压泵、马达和整体传动装置稳态性能的测定(GB/T 17491—1998,idt ISO 4409:1986)

ISO 1219-2　流体传动系统和元件　图形符号和回路图　第2部分:回路图

3　术语和定义

GB/T 17446 确立的以及下列术语和定义适用于本标准。

3.1

电控液压泵　electrically controlled hydraulic pump

能根据输入电信号控制泵的输出压力或流量的变量泵。

3.2

最小流量指令　minimum flow command

为维持最高工作压力所需的最小流量的输入指令信号。

3.3

最低可控压力　minimum controllable pressure

当输入压力指令信号的绝对值为零而流量指令信号是最大时泵的最低输出压力。

3.4

死区　dead zone

泵的一个工作区间。在此工作区间内,输入信号的绝对值从零开始增加或将减小到零时,由输入信号控制的输出压力和输出流量不发生变化。

3.5

负载腔容积　load volume

从被试泵的出口到加载阀进口的主管路内,工作油液的总体积。

3.6

压力补偿　pressure compensation

泵的工作状况。这种工况是指当输出压力达到某设定值时，依靠变排量控制机构使输出流量变小。

3.7

截流压力　deadhead pressure

没有流量时的输出压力。

4　符号

4.1　本标准中所有物理量(见表1)的符号以及符号下标符合 GB/T 17485 的规定。

物理量的单位见表1和附录A。

表1　符号和单位

物理量	符　号	量　纲[a]	单　位
功率	P	ML^2T^{-3}	W
压力,压差	p,Δp	$ML^{-1}T^{-2}$	MPa
流量	q	L^3T^{-1}	L/min
转速	n	T^{-1}	r/min
[a] M=质量,L=长度,T=时间。			

4.2　图1和图2所示试验回路原理图的图形符号符合 GB/T 786.1 和 ISO 1219-2 的规定。

5　试验装置

5.1　总则

5.1.1　除非另有规定，泵安装时，要求伸出轴保持水平，泄漏油口应处在泵的上方。

5.1.2　对装有压力控制阀和流量控制阀的被试泵，应选用图1的试验回路。

5.1.3　对应用电输入信号，在压力补偿工况，采用控制变量装置的位置或角度来改变排量以实现对输出压力控制的变量泵，应选用图2的试验回路。

5.1.4　在实际应用中，当泵是闭环控制系统的一部分时，应进行频率响应试验。8.5中描述了泵频响特性试验方法。具体试验要求应由用户和制造商协商确定。

5.2　试验装置

5.2.1　根据试验要求，泵试验台系统应符合5.1.1～5.1.3的规定。

5.2.2　应保持试验回路中加载阀和节流阀处于空载和非节流状态，除非另有规定。如果用加载阀加载，则将节流阀全部打开并切换方向控制阀到P口关闭的位置。如果用节流阀加载，则切换方向控制阀到P口和A口相通的位置。

5.2.3　调定泵试验系统的手动安全阀，限制最高稳态压力不低于被试泵最高工作压力的125%。

6　试验条件

6.1　试验用油液

6.1.1　液压油液的黏度应符合 GB/T 3141 规定的 ISOVG32 或 ISOVG46。

6.1.2　泵进口的油液温度应维持在45 ℃～55 ℃的范围内。

6.1.3　油液的污染度等级应不高于 GB/T 14039—2002 中规定的—/19/16。在本条款规定以外的其他条件，应由供应商和用户协商确定。

6.2　环境温度

试验时，应考虑周围环境温度以及来自固定空调装置的影响。

6.3　稳态条件

只有当控制参数值处于表2所列的限制范围内时，才可读取每组测量值。

表 2 控制参数值允许变化范围

控制参数	相对于各控制等级的控制参数允许变化范围[a]		
	A	B	C
温度/℃	±0.5	±1	±2
转速/%	±0.5	±1	±2
输入信号/%	±0.5	±1.5	±2.5

[a] 见附录 A。

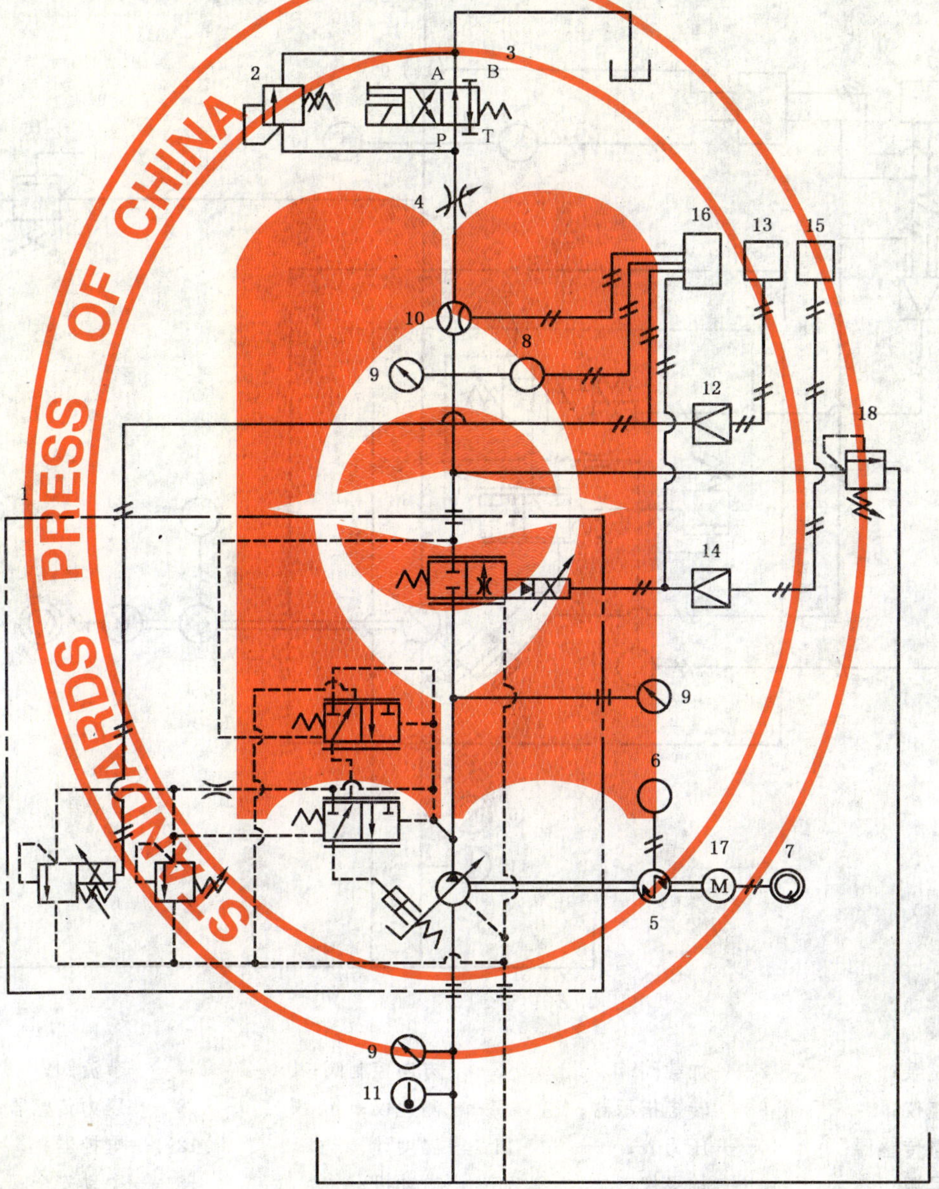

1——被试泵；　2——加载阀；　3——方向控制阀；
4——节流阀；　5——转矩仪；　6——转矩指示器；
7——测速仪；　8——压力传感器；　9——压力表；
10——流量传感器；　11——温度计；　12——电控器；
13——信号源；　14——电控器；　15——信号源；
16——记录仪；　17——电动机；　18——手动安全阀。

注：图中泵控制阀组的细节仅是示例。

图 1 装有压力控制阀和流量控制阀的被试泵试验回路图

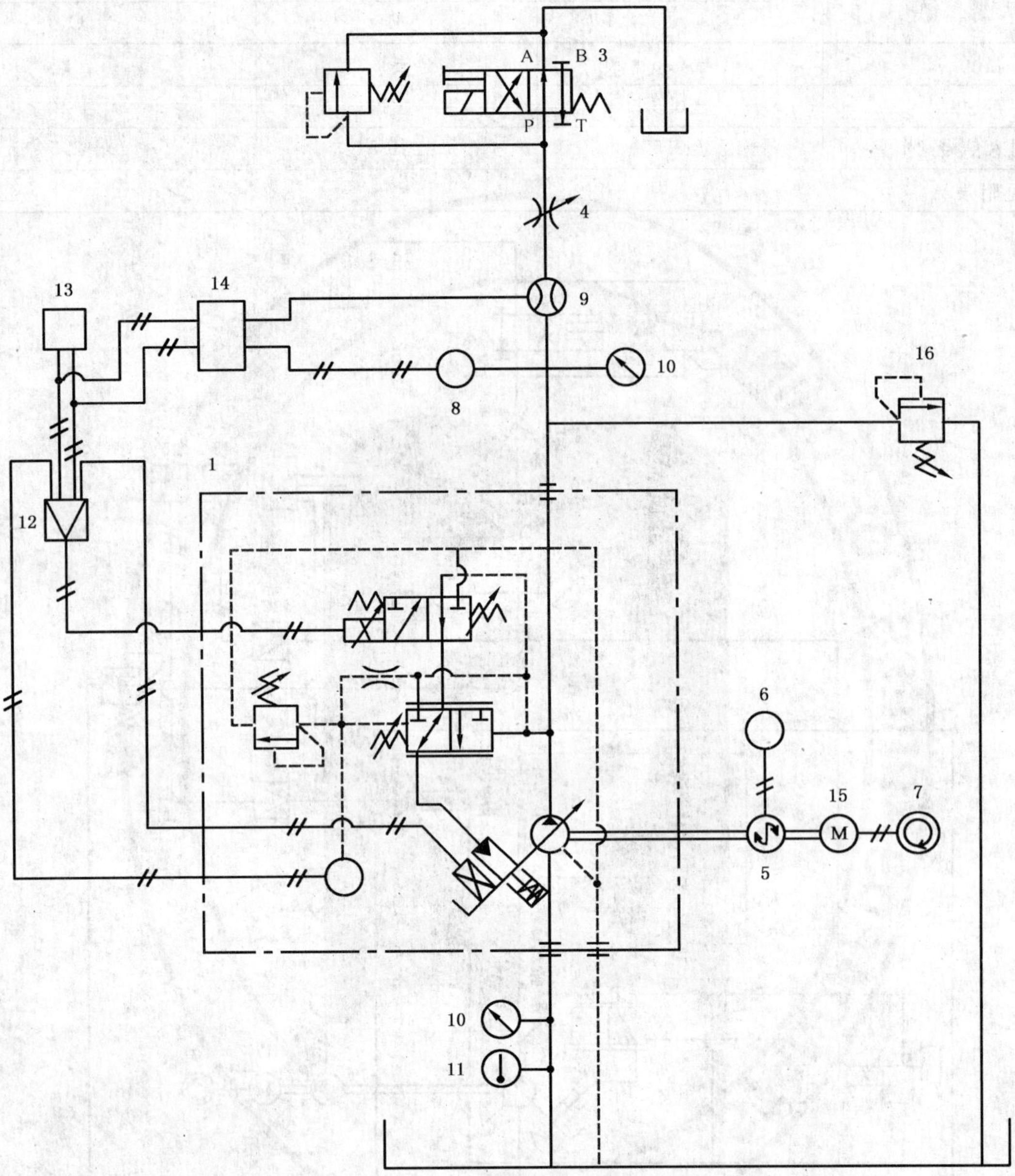

1——被试泵；　2——加载阀；　3——方向控制阀；　4——节流阀；
5——转矩仪；　6——转矩指示器；　7——测速仪；　8——压力传感器；
9——流量传感器；　10——压力表；　11——温度计；　12——电控器；
13——信号源；　14——记录仪；　15——电动机；　16——手动安全阀。

注：图中泵控制阀组的细节仅是示例。

图2　应用电信号在压力补偿工况通过调节变量装置的位置或角度改变排量来控制输出压力的被试泵试验回路

7 稳态特性试验

7.1 总则

7.1.1 试验回路和测量回路应符合图1或图2的要求。

注：除采用如图2所示的内控压力油外，也可采用外控压力油。

7.1.2 调节电动机到指定的转速。

7.1.3 稳态特性应按GB/T 17491测定。

7.1.4 符合图2所示的泵，可以采用摆角或行程占其最大值的百分比作为判断输出流量的参考数值。

7.2 压力-流量特性

7.2.1 选用具有压力控制和流量控制功能的泵。

7.2.2 根据下列步骤确定最小流量指令信号：

——关闭加载阀，使阀口无输出流量；

——缓慢递减输入流量指令信号，直到截流压力不能再维持为止；

——记录此输入流量指令信号，作为最小流量设定值。

7.2.3 试验应在最高工作压力的100%、75%和50%的工况下进行，试验也应在最大输出流量的90%、75%、50%、25%工况以及最小流量指令下进行。

7.2.4 调节节流阀，逐渐改变输出压力，使泵的输出压力，从最高工作压力，经过75%和50%最高工作压力的工况点，到最高的最低可控压力工况点，直至节流阀完全打开时的输出压力点，然后，按相反方向返回做一遍相应试验。

7.2.5 绘出输出流量相对于输出压力的特性曲线(见图3)。

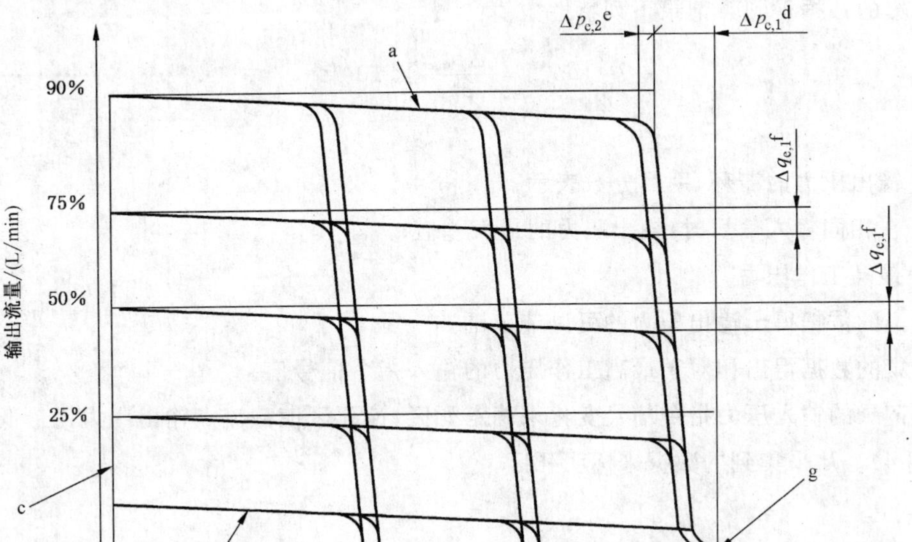

a 最大流量指令。

b 最小流量指令。

c 最低可控压力。

d 从压力补偿工况开始点到截流点之间的压力差范围。

e 压力补偿工况开始点的滞环。

f 输出流量变化的最大范围。

g 最高工作压力。

图3 压力-流量特性曲线

7.2.6 应用公式(1)计算和记录相对于输出压力的可调节流量的变化率：

$$\delta q = \frac{\Delta q_{e,1}}{q_0} \times 100\% \qquad \cdots\cdots (1)$$

式中：

δq——可调节流量变化率，以百分数表示；

$\Delta q_{e,1}$——输出流量变化的最大范围(见图3)；

q_0——压力-流量特性曲线图上，最低可控压力处的输出流量。

分别计算在最大输出流量的75%、50%及最小流量工况时的可调节流量变化率 δq。对具有压力补偿功能的泵，$\Delta q_{e,1}$(输出流量变化的最大范围)应设定在泵即将进入压力补偿工况时。

7.2.7 对具有压力补偿功能的泵，对每一个设定流量，计算和记录下列特性值：

——实现压力补偿控制时的压力滞环 $\Delta p_{e,2}$；

——从压力补偿工况开始点到截流点的压力范围 $\Delta p_{e,1}$。

7.3 输出压力相对输入压力指令信号的特性试验

7.3.1 如果泵具有压力控制和流量控制功能，调节输入压力指令信号和输入流量指令信号，使其达到最大值。

7.3.2 完全关闭加载阀。增大和减小输入压力指令信号呈一个周期，从泵最低可控压力到最高工作压力。调压速率应避免泵和检测设备受到明显的动态影响。

7.3.3 绘出输出压力相对于输入压力指令信号的特性曲线(见图4)。

7.3.4 从采集的数据得到并记录下列特性数值：

$$\delta p_{hy} = \frac{\Delta p_{max}}{p_{max}} \times 100\% \qquad \cdots\cdots (2)$$

式中：

δp_{hy}——输出压力的滞环，用百分数表示；

Δp_{max}——在相同输入信号时，输出压力的最大差值；

p_{max}——最高工作压力。

7.3.5 从采集的数据得出输出压力的可调节范围。

7.3.6 从采集的数据得出相对于最高工作压力的输入指令信号值。

7.3.7 根据记录的输入压力指令信号变化来确定死区，该死区使截流点输出压力比最低可控压力上升了10%(见图4)。从采集到的数据来标明死区。

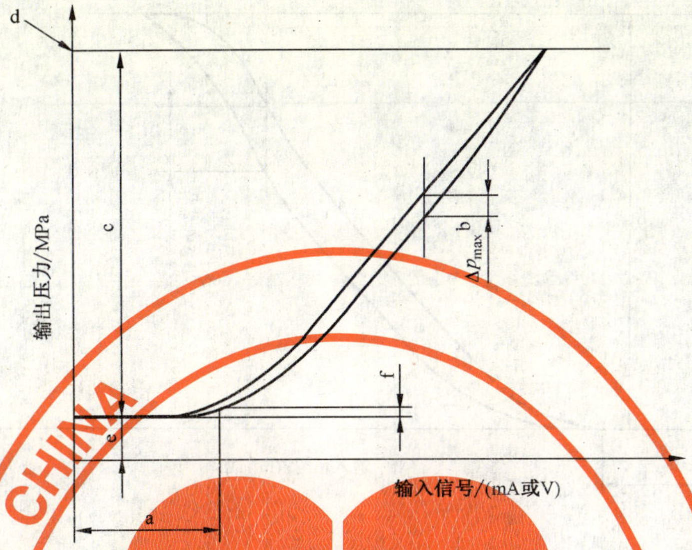

a 死区。

b 压力最大误差。

c 压力调节范围。

d 最高工作压力。

e 最低可控压力。

f 最低可控压力的 10%。

图 4 输出压力相对输入压力指令信号的特性曲线

7.4 输出流量相对输入流量指令信号的特性试验

7.4.1 如果泵具有压力控制和流量控制功能，调整输入压力指令信号和输入流量指令信号，使其达到最大值，使用加载阀调整输出压力至最高工作压力的 75%。

7.4.2 在一个周期内，增大然后减小流量控制输入信号，从零输出流量到最大输出流量，再回到零输出流量。调整速率应避免泵和检测设备受到明显的动态影响。

7.4.3 绘出输出流量相对输入流量指令信号的特性曲线图(见图 5)。

7.4.4 从采集的数据得出并记录下述特性数值：

$$\delta q_{hy} = \frac{\Delta q_{max}}{q_{max}} \times 100\% \qquad (3)$$

式中：

δq_{hy}——输出流量的滞环，用百分数表示；

Δq_{max}——在相同输入信号时，输出流量的最大差值；

q_{max}——最大输出流量。

7.4.5 从采集的数据中得出输出流量的可调范围。

7.4.6 从采集的数据中得出相对最大输出流量的输入信号值。

7.4.7 从采集到的数据来标明死区(见图 5)。

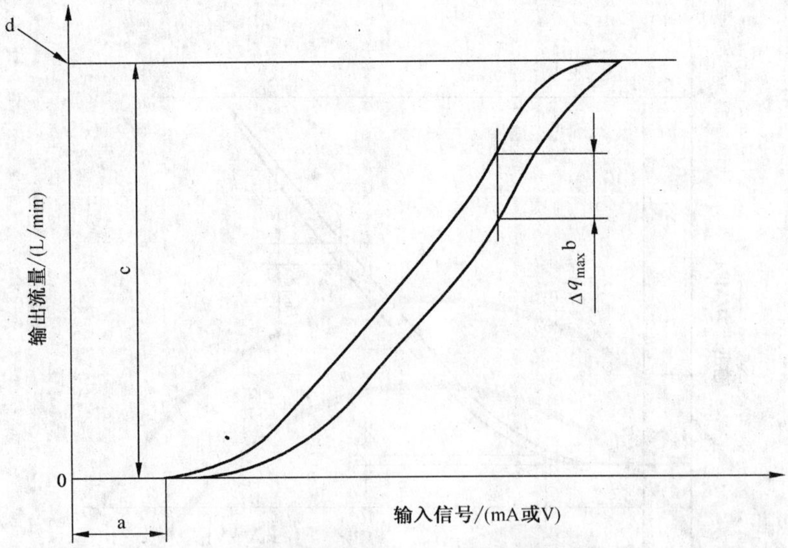

a 死区。

b 输出流量最大误差。

c 输出流量可调整范围。

d 最大输出流量。

图 5　最高工作压力的 75%处输出流量相对输入流量指令信号的特性曲线

7.5　重复性试验

7.5.1　输出压力重复性试验

7.5.1.1　如果泵具有压力控制和流量控制功能，调节输入压力指令信号和输入流量指令信号，使其达到最大值。

7.5.1.2　根据 7.3.2 改变输入压力指令信号，从最高工作压力的 50%到最高工作压力，前后做 20 个循环。所用速率应避免泵和检测设备受到明显的动态影响。

7.5.1.3　根据 7.3.2 改变输入压力指令信号，从最低工作压力到最高工作压力的 50%，前后做 20 个循环。所用速率应避免泵和检测设备受到明显的动态影响。

7.5.1.4　以图形记录 7.5.1.2 和 7.5.1.3 试验的结果，绘出输出压力相对时间的特性图(见图 6)。

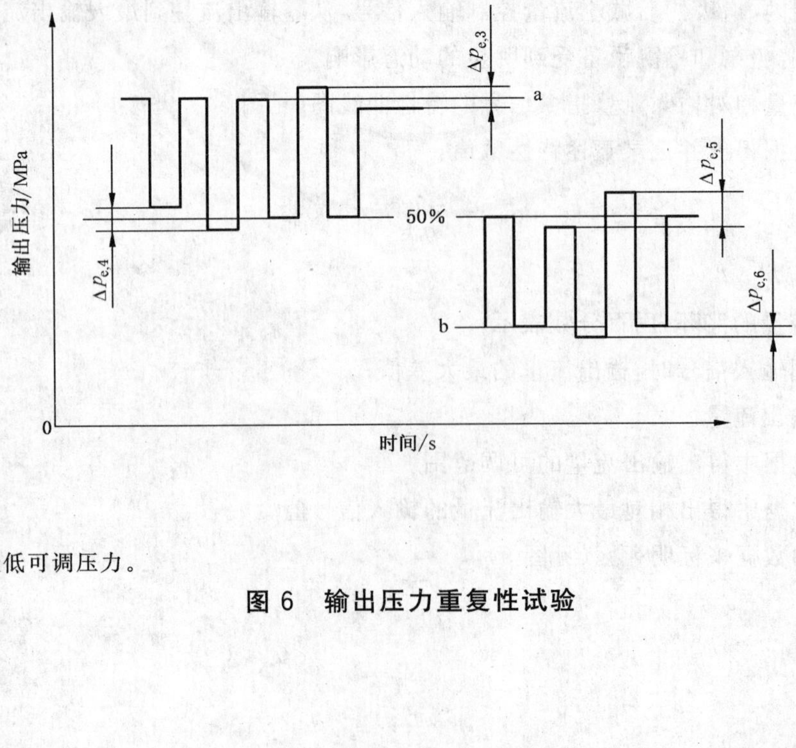

a 信号 100%。

b 信号 0%，最低可调压力。

图 6　输出压力重复性试验

7.5.1.5 应用公式(4)得出并记录相对于每个设定压力值的误差率(见图6)：

$$\delta p_{re} = \frac{\Delta p_{e,max}}{p_{max}} \times 100\% \qquad \cdots\cdots(4)$$

式中：

δp_{re}——输出压力的重复性，用百分数表示；

$\Delta p_{e,max}$——取 $\Delta p_{e,3} \sim \Delta p_{e,6}$ 中的最大值；

p_{max}——最高工作压力(见图6)。

7.5.2 **输出流量的重复性试验**

7.5.2.1 如果泵具有压力控制和流量控制功能，调节输入压力指令信号和输入流量指令信号，使其达到最大值，使用加载阀调整输出压力到最高工作压力的75%。

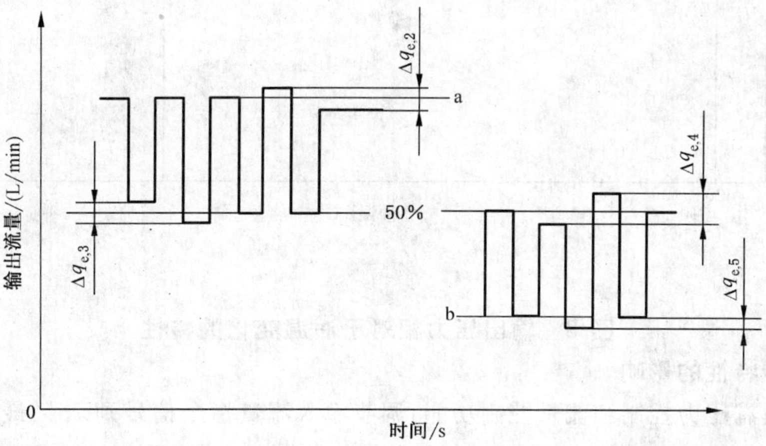

a 信号90%。

b 信号0%，最小流量指令。

图7 输出流量重复性试验

7.5.2.2 泵输出流量为最大值的90%，调节加载阀使压力为最高工作压力的75%。改变流量控制输入信号，从最大输出流量的50%～90%，前后做20个循环，所用速率应避免泵和检测设备受到明显的动态影响。

7.5.2.3 泵输出流量为最大值的50%，调节加载阀使压力为最高工作压力的75%。根据7.5.2.2改变控制流量输入指令信号，从最小流量到最大输出流量的50%，前后做20个循环，调整速率应避免泵和检测设备受到明显的动态影响。

7.5.2.4 以图形记录7.5.2.2和7.5.2.3试验的结果，绘出输出流量相对时间的特性图(见图7)。

7.5.2.5 应用公式(5)得出并记录相对每个设定流量值的误差率(见图7)：

$$\delta q_{re} = \frac{\Delta q_{e,max}}{q_{max}} \times 100\% \qquad \cdots\cdots(5)$$

式中：

δq_{re}——输出流量的重复性，用百分数表示；

$\Delta q_{e,max}$——取 $\Delta q_{e,2} \sim \Delta q_{e,5}$ 中的最大值；

q_{max}——最大输出流量(见图5)。

7.6 **油温对泵特性影响的试验**

7.6.1 **油温对压力特性的影响**

7.6.1.1 如果泵具有压力控制功能，完全关闭加载阀并控制输入压力指令信号达到最高工作压力。

7.6.1.2 以一个能确保试验设备稳定的温升率将油温从30℃升高到70℃。

如果此温度范围对压力性能影响太小，则可与有关方面协商，另行确定试验温度范围。

7.6.1.3　以图形记录试验结果，绘出输出压力相对于温度的特性图(见图 8)，并记录环境温度。如果不能连续记录温度值，在试验温度范围内，每 10 ℃升温区间至少标出 5 个试验数据点。

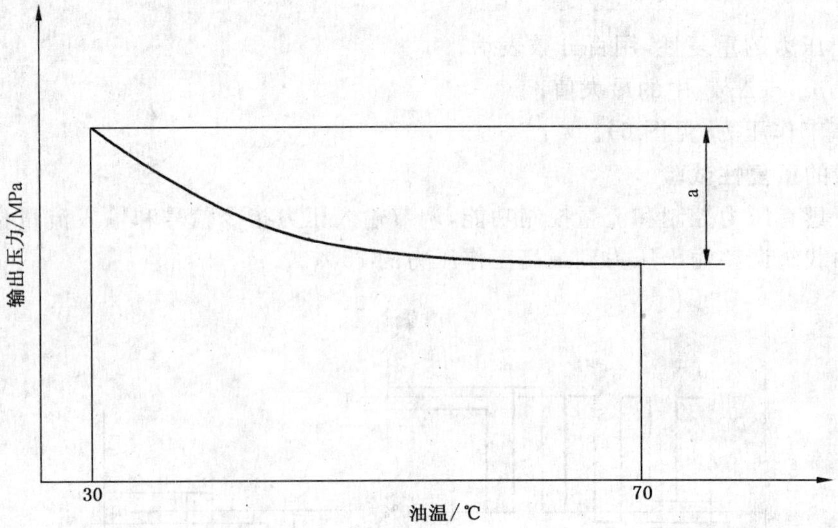

a　输出压力变化。

图 8　输出压力相对于油温变化的特性

7.6.2　油温对流量特性的影响

7.6.2.1　如果泵具有压力控制和流量控制功能，调节输入流量指令信号到 75%最大值，并调节加载阀到 5 MPa。

7.6.2.2　以一个能确保试验设备稳定的温升率将油温从 30 ℃升高到 70 ℃。

如果此温度范围对流量性能影响太小，则可与有关方面协商，另行确定试验温度范围。

7.6.2.3　以图形记录试验结果，绘出输出流量相对于温度的特性图(见图 9)，并记录环境温度。如果不能连续记录温度值，在试验温度范围内，每 10 ℃升温区间至少标出 5 个试验数据点。

注：压力波动可以根据 ISO 10767-1 和 ISO 10767-2 进行检测。

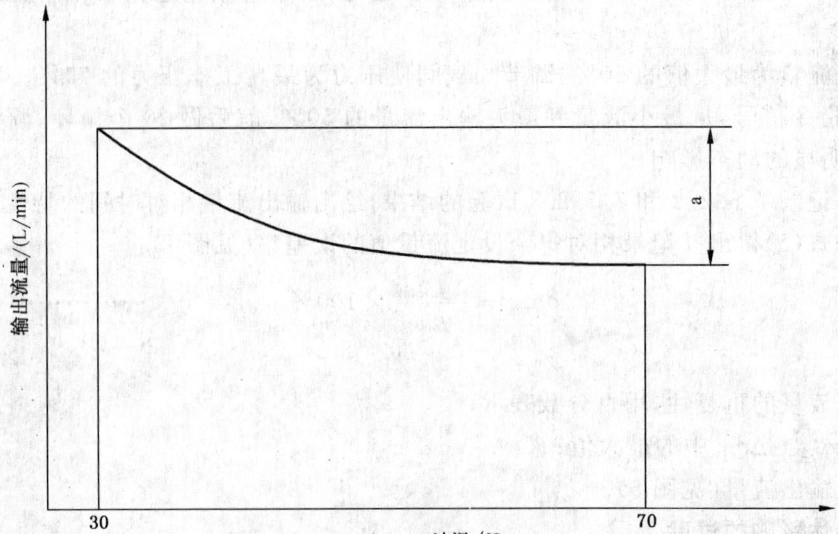

a　输出流量变化。

图 9　输出流量相对于油温变化特性

8 动态特性试验

8.1 总则

8.1.1 试验回路和检测回路应符合图1或图2的规定。

注：除采用如图2所示的内控压力油外，也可以采用外控压力油。

8.1.2 将电动机调整到设定的转速。

8.1.3 对于图2所示的泵，可采用摆角或行程占其最大值的百分比作为判断输出流量的参考值。

8.2 负载阶跃变化时的压力响应特性

8.2.1 如果泵具有压力控制和流量控制的功能，调整输入压力指令信号和输入流量指令信号，使其达到最大值。

8.2.2 采用方向控制阀3对泵实现快速关闭，同时在泵的输出管路上安装一只压力传感器，以便在示波器上记录瞬时压力变化。

8.2.3 调节回路，使得当方向控制阀关闭时，压力上升率能达到680 MPa/s～920 MPa/s的范围。可将800 MPa/s作为压力上升率的指标。

8.2.4 打开方向控制阀，调节节流阀，保持在最高工作压力的75%。

8.2.5 关闭方向控制阀，同时记录瞬时压力与时间的关系。通过采集的数据，确定单位为兆帕/秒的压力上升率、单位为毫秒的阶跃响应时间和调整时间，以及当输出压力达到相关设定压力时的超调值(见图10)。当压力变化幅度在正常波动范围内时，应认为压力是稳定的。

8.2.6 打开方向控制阀，同时记录瞬时压力与时间的关系。通过采集的数据，确定单位为兆帕/秒的压力下降率、单位为毫秒的阶跃响应时间和调整时间，以及当输出压力达到相关设定压力时的超调值(见图10)。当压力变化幅度在正常波动范围内时，应认为压力是稳定的。

8.2.7 在额定流量的50%和25%重复8.2.4～8.2.6的试验。

8.3 输出压力对阶跃输入信号的响应试验

8.3.1 如果泵具有压力控制和流量控制功能，调整输入压力指令信号和输入流量指令信号，使其达到最大值。

8.3.2 完全关闭加载阀，使泵在最低可控压力上运行。

8.3.3 采用信号发生器，为输出压力控制提供阶跃输入信号，从而得到最高工作压力的100%、75%及50%。

8.3.4 应使用与泵的动态响应特性相比具有足够高响应性能的记录仪或计算机检测系统，同时记录输入指令信号和输出压力动态响应波形，并以时间函数的形式图示输出压力信号对输入阶跃信号的响应特性(见图11)。

注：在10倍于最大信号频率的频率点，记录仪的幅值比应为－3 dB。

8.3.5 从采集到的数据，得出单位为毫秒的压力阶跃响应时间和调整时间，以及当输出压力达到相关设定值时的超调值。当压力变化幅度在正常波动范围内时，应认为压力是稳定的。

8.3.6 记录负载腔容积、管子长度、内径和管子种类。

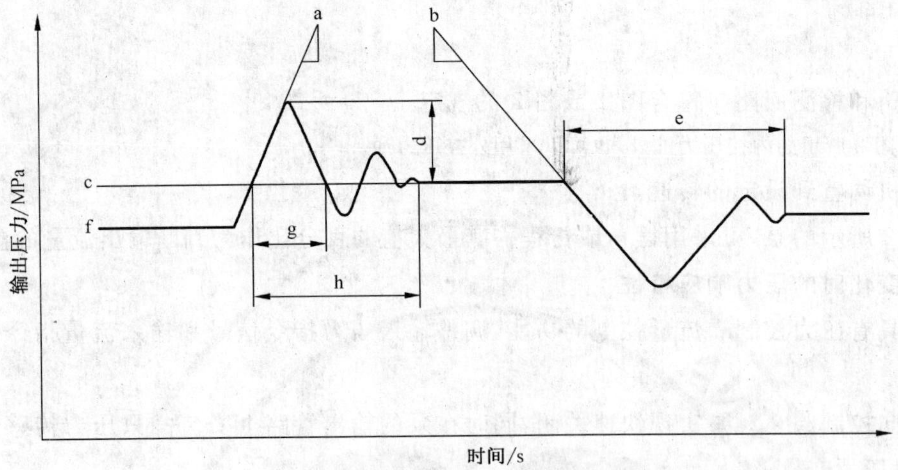

a 压力上升率。

b 压力下降率。

c 截流压力。

d 超调(上升)。

e 调整时间(下降)。

f 75%截流压力。

g 响应时间。

h 调整时间(上升)。

图 10　负载阶跃变化时的压力响应特性

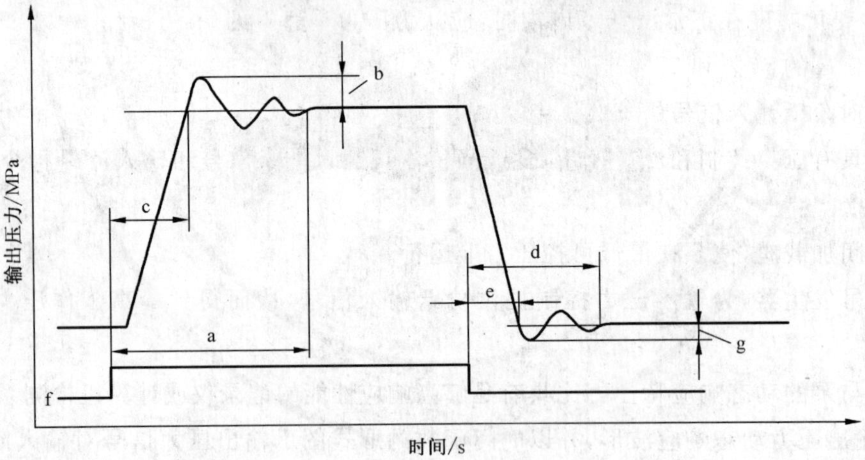

a 调整时间(上升)。

b 超调(上升)。

c 响应时间(上升)。

d 调整时间(下降)。

e 响应时间(下降)。

f 输入信号(mA 或 V)。

g 超调(下降)。

图 11　输出压力的阶跃响应特性

8.4 输出流量对阶跃输入信号的响应试验

8.4.1 如果泵具有压力和流量控制功能，调整输入压力指令信号，使其达到最高工作压力。

8.4.2 应用信号发生器为泵的输出流量控制提供阶跃输入信号，把输出流量从最大输出流量的10%改变到90%、75%、50%和25%。

8.4.3 设定节流阀，针对相应的上限流量，将压力调整到最高工作压力的50%。

注：如果加载阀的动态响应特性和泵的动态响应特性相比是足够高的，此加载阀可以用来替代节流阀。

8.4.4 应使用与泵的动态响应特性相比具有足够高响应性能的记录仪或计算机检测系统，同步地记录输出流量动态响应波形，并以时间函数的形式图示输出流量信号对输入阶跃信号的响应特性（见图12）。

注：在10倍于最大信号频率的频率点，记录仪的幅值比应为－3 dB。

8.4.5 从采集到的数据，得出单位为毫秒的阶跃响应时间和调整时间，以及当输出流量达到相关设定值时的超调值。当流量变化幅度在设定流量的±5%范围内时，应认为流量是稳定的。

8.4.6 记录负载腔容积、管子长度、内径和管子种类。

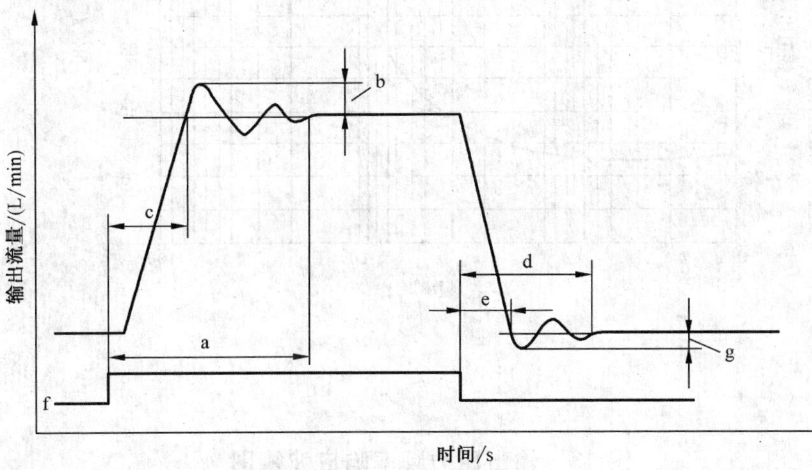

a 调整时间（上升）。

b 超调（上升）。

c 响应时间（上升）。

d 调整时间（下降）。

e 响应时间（下降）。

f 输入信号（mA 或 V）。

g 超调（下降）。

图12 输出流量的阶跃响应特性

8.5 频率响应

8.5.1 输出压力的频率响应试验

8.5.1.1 对符合8.3.1要求的泵，一种是完全关闭加载阀，调整截流压力到最高工作压力的50%，并以此压力值为中心，应用一个频率足够低、幅值为最高工作压力的±5%和±12.5%的正弦输入信号。另一种是先完全关闭加载阀，调整截流压力到最高工作压力的50%，再打开加载阀，达到最大输出流量的50%，调整压力到最高工作压力的50%，并以此压力值为中心，应用一个频率足够低、幅值为最高工作压力的±5%和±12.5%的正弦输入信号。

试验应在两种不同情况下完成，一种是加载阀完全关闭，另一种是加载阀打开50%。

8.5.1.2 正弦波输入信号的频率范围大约为1/20到10倍于被试泵的穿越频率，扫描速度应与检测装置相匹配。

8.5.1.3 应使用精确的频率响应分析仪或计算机检测系统，与泵的动态响应特性相比，该分析仪应具有足够高的响应特性，能出具以频率为横坐标，输出压力幅值比和相位滞后值为纵坐标的图形。

8.5.1.4 根据采集的数据，得到和频率相关的幅值比(以分贝为单位)和相位滞后值(以度数为单位)，并以波德图表示其关系(见图13)。该图是采用相对于零频率幅值的幅值比，以及相对于对数频率相位滞后值的方法绘制而成。不建议仅使用幅值比衰减为－3 dB和相位滞后为90°的单一试验基准点。

8.5.1.5 记录负载腔容积、管子长度、内径及管子种类。

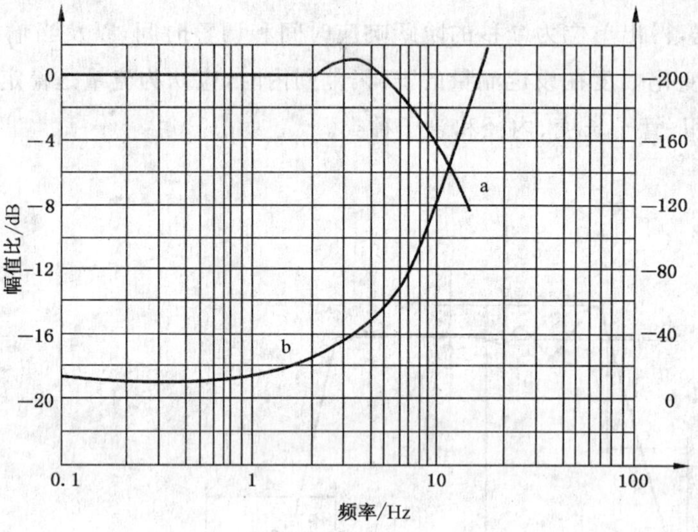

a 幅值曲线。

b 相位曲线。

图13 输出压力频率响应波德图

8.5.2 输出流量的频率响应试验

8.5.2.1 对符合8.4.1要求的泵连接一个简单的被动载荷，该载荷允许瞬时输出压力进行调整，从而使泵的工作压力在任何试验幅值和频率时都不超值。调整压力到最高工作压力的50%，并以此压力为中心，采用与8.5.2.2和8.5.2.3一致的正弦输入信号。

8.5.2.2 调整输出流量到最大输出流量的50%，并且以此输出流量为中心，应用频率足够低，幅值为最大输出流量的±5%和±12.5%的正弦输入信号。

8.5.2.3 首选方法是在合适的位置上应用传感器来测量泵的输出响应，如偏心盘或斜盘的位置。如果确认所用的流量传感器至少比最高频率试验时所要求的快10倍，那么这样的流量传感器可以作为有别于测量偏心盘或斜盘位置的另一种选择。

8.5.2.4 正弦信号的频率范围应符合8.5.1.2的要求。

8.5.2.5 应使用精确的频率响应分析仪或计算机检测系统，与泵的动态响应特性相比，该分析仪应具有足够高的响应特性，能出具以频率为横坐标，输出流量幅值比和相位滞后值为纵坐标的图形。

8.5.2.6 根据8.5.1.4的要求从记录仪采集的数据中得到波德图(见图14)。

8.5.2.7 记录负载腔容积、管子长度、内径和管子种类。

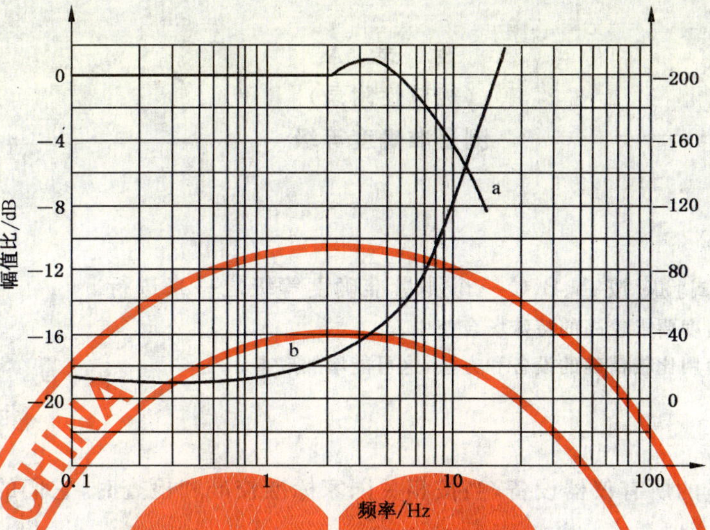

a 幅值曲线。

b 相位曲线。

图 14 输出流量频率响应波德图

附 录 A
（规范性附录）
测量准确度等级

A.1 测量准确等级

根据相关各方商定，试验应按A、B、C三个测量准确度等级之一来进行。

注1：A级和B级适于精度要求较高的特殊场合使用。

注2：A级和B级需要使用比较精确的设备和方法，这可能增加成本。

A.2 误差

根据本标准进行测量的所有仪器设备，当按相关国家标准校准和检查时，它们的系统误差不应该超过表A.1所给出的限制。

表A.1 在校准时被鉴定检测仪器设备的允许系统误差

测量仪器设备的测量参数	测量准确度的允许系统误差		
	A	B	C
压力/Pa[$p<2\times10^5$ Pa(表压)]	$\pm1\times10^3$	$\pm3\times10^3$	$\pm5\times10^3$
压力/%[$p\geqslant2\times10^5$ Pa(表压)]	±0.5	±1.5	±2.5
温度/℃	±0.5	±1	±2
流量/%	±0.5	±1.5	±2.5
转速/%	±0.5	±1	±2
输入信号/%	±0.5	±1.5	±2.5

参 考 文 献

[1] ISO 10767-1 液压传动 系统和元件产生压力波动值的测定 第1部分：用于泵的精密方法

[2] ISO 10767-2 液压传动 系统和元件产生压力波动值的测定 第2部分：用于泵的简化方法

[3] SAE 推荐性做法 SAEJ745，液压泵试验步骤，1996年9月

ICS 43.040.20
T 38

GB

中华人民共和国国家标准

GB 23254—2009

货车及挂车 车身反光标识

Retro-reflective markings for trucks and trailers

2009-03-06 发布 2009-07-01 实施

中华人民共和国国家质量监督检验检疫总局
中国国家标准化管理委员会 发布

前　言

本标准第 4 章、第 5 章、第 6 章为强制性的，其余内容为推荐性的。

本标准的主要技术指标充分考虑了国内目前产品的技术水平。其中，产品分类参考了美国联邦机动车安全运行法规 FMVSS 571.108，附录 A 参考了联合国欧洲经济委员会法规 ECE R104。

本标准的附录 A 为规范性附录。

本标准由国家发展和改革委员会提出。

本标准由全国汽车标准化技术委员会归口。

本标准负责起草单位：公安部交通管理科学研究所、中国汽车技术研究中心。

本标准参加起草单位：国家道路交通安全产品质量监督检验中心、汉阳专用汽车研究所、东风商用车技术中心、中国重型汽车集团有限公司、中集车辆（集团）有限公司、合肥百瑞得反光材料有限公司、3M（中国）有限公司。

本标准主要起草人：应朝阳、耿磊、王军华、何云堂、吴跃玲、余博英、吴志宏、张研威、赵彬冰、王思豹。

本标准为首次制定。

货车及挂车　车身反光标识

1　范围

本标准规定了车身反光标识的要求(包括材料要求和粘贴要求)、试验方法、检验规则、包装、标志和贮存。

本标准适用于货车和挂车,不适用于道路运输爆炸品和剧毒化学品的车辆。

2　规范性引用文件

下列文件中的条款通过本标准的引用而成为本标准的条款。凡是注日期的引用文件,其随后所有的修改单(不包括勘误的内容)或修订版均不适用于本标准,然而,鼓励根据本标准达成协议的各方研究是否可使用这些文件的最新版本。凡是不注日期的引用文件,其最新版本适用于本标准。

GB/T 2423.17　电工电子产品环境试验　第2部分:试验方法　试验Ka:盐雾(GB/T 2423.17—2008,IEC 60068-2-11:1981,Basic environmental testing procedures—Part 2:tests—Test Ka:Salt mist,IDT)

GB/T 3681　塑料大气暴露试验方法(GB/T 3681—2000,neq ISO 877:1994)

GB/T 3730.1　汽车和挂车类型的术语和定义

GB/T 3978　标准照明体和几何条件

GB/T 3979　物体色的测量方法

GB 4785　汽车及挂车外部照明和光信号装置的安装规定

GB 11564　机动车回复反射器

GB/T 18833—2002　公路交通标志反光膜

3　术语和定义

GB/T 3730.1、GB 11564 和 GB/T 18833—2002 确立的以及下列术语和定义适用于本标准。

3.1

车身反光标识　retro-reflective markings of carriage

为增强车辆的可识别性而安装或粘贴在车身表面的反光材料的组合。

3.2

亮度因子　luminance factor

在相同的照明和观察条件下,样品的亮度与理想漫射体的亮度之比。

4　要求

4.1　材料要求

4.1.1　分类

按组成车身反光标识材料的不同,分为反射器型车身反光标识(以下简称反射器型)和反光膜型车身反光标识(以下简称反光膜型)。

按逆反射系数的不同,反光膜分为一级(Class Ⅰ)和二级(Class Ⅱ)。

4.1.2　反射器型

反射器分为白色和红色单元,所有性能应符合 GB 11564 中Ⅳ A类的要求。

4.1.3 反光膜型

4.1.3.1 形状和外观要求

反光膜由白色、红色单元相间的条状材料组成。

反光膜的白色单元上,应有印刷、水印、激光刻印、模压或其他适当方式加施的制造商标识、材料等级标识和国家有关部门规定的其他标识,标识应易于识别。采用印刷方式加施的标识应在反光面的次表面。

反光膜表面应平滑、光洁,无明显的划痕、气泡、裂纹、颜色不均匀等缺陷或损伤。

4.1.3.2 尺寸要求

任何一种颜色单元的连续长度不应大于 450 mm,也不应小于 150 mm,两种颜色单元长度比例不应大于 2,也不应小于 0.5。

反光膜的宽度应从以下数值中选取:50 mm、75 mm、100 mm。在无法粘贴 50 mm 宽度尺寸反光膜的情况下,反光膜的宽度可为 25 mm。

4.1.3.3 色度性能

白色、红色反光膜的色品坐标和亮度因子应在表 1 规定的范围内,色品图见图 1。

表 1 反光膜颜色各角点的色品坐标及亮度因子(D_{65} 光源)

颜色	色品坐标								亮度因子 Y
	①		②		③		④		
	x	*y*	*x*	*y*	*x*	*y*	*x*	*y*	
白色	0.350	0.360	0.300	0.310	0.285	0.325	0.335	0.375	≥0.15
红色	0.690	0.310	0.658	0.342	0.569	0.341	0.595	0.315	0.03~0.15

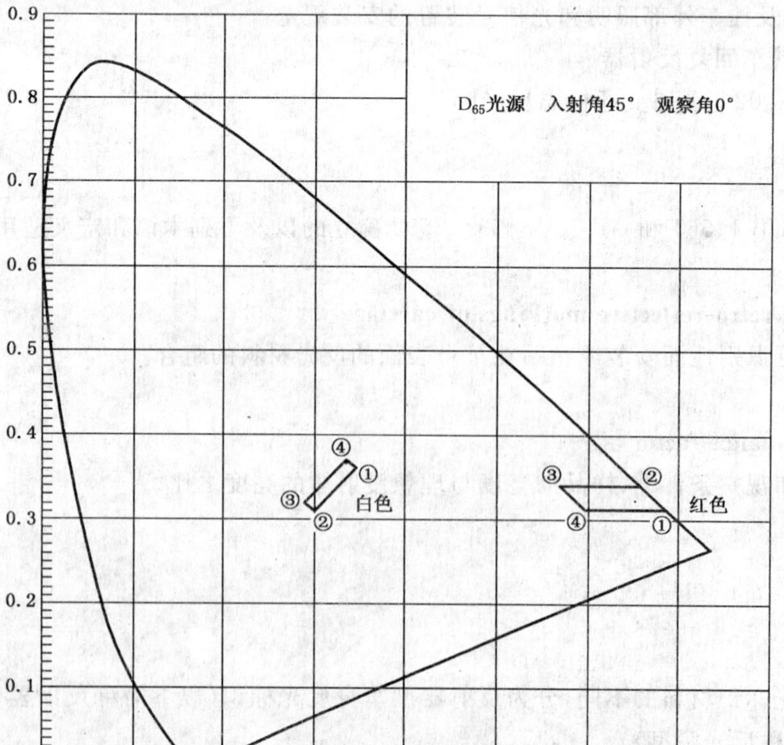

图 1 反光膜颜色色品图(D_{65} 光源)

4.1.3.4 反光性能

4.1.3.4.1 逆反射系数 R'

反光膜(0°和 90°方向)的逆反射系数 R'不应低于表 2 规定的值。

表 2 反光膜的最小逆反射系数

项目		一级(Class Ⅰ) cd/(lx·m²)				二级(Class Ⅱ) cd/(lx·m²)			
观察角		12′		30′		12′		30′	
颜色		白色	红色	白色	红色	白色	红色	白色	红色
入射角	−4°	500	120	130	30	250	60	65	15
	30°	375	90	100	25	250	60	65	15
	45°	90	25	30	8	60	15	15	4

4.1.3.4.2 逆反射性能均匀性

任意选取红、白单元各 5 个,其中同一颜色的任何一个单元的逆反射系数 R',既不应大于同一颜色所有单元逆反射系数平均值的 120%,也不应小于所有单元逆反射系数平均值的 80%。

4.1.3.4.3 湿状态下的逆反射

在观察角为 12′、入射角为−4°条件下,湿状态下反光膜的逆反射系数 R'应不小于表 2 规定值的 80%。

4.1.3.5 耐候性能

自然暴露试验或人工气候加速老化试验后,反光膜表面不应有明显的开裂、刻痕、凹陷、气泡、皱纹、侵蚀、剥离、粉化或变形,从任何一边均不应出现超过 1 mm 的收缩或膨胀,也不应出现从底板边缘的脱胶现象,在观察角为 12′、入射角为−4°条件下,逆反射系数 R'不应小于表 2 相应数值的 70%,而且色品坐标仍应在表 1 规定的范围内。

当自然暴露试验的结果与人工气候加速老化试验的结果发生冲突时,以自然暴露试验的结果为准。

4.1.3.6 附着性能

附着性试验后,反光膜背胶的 180°剥离强度不应小于 25 N。

4.1.3.7 耐盐雾腐蚀性能

盐雾试验后,反光膜不应有软化、气泡、皱纹、溶解、掉色、变色或被侵蚀的痕迹,在观察角为 12′、入射角为−4°条件下,逆反射系数 R'不应小于表 2 中相应数值的 70%,按 5.2.7 规定的方法测得的背胶 180°剥离强度不应小于 20 N。

4.1.3.8 抗溶剂性能

抗溶剂试验后,反光膜表面不应出现软化、皱纹、气泡、掉色、变色、开裂或表面边缘被溶解的痕迹,在观察角为 12′、入射角为−4°条件下,逆反射系数 R'不应小于表 2 相应数值的 80%,色品坐标仍应在表 1 规定的范围内。

4.1.3.9 抗冲击性能

冲击试验后,反光膜表面在以冲击点为圆心、半径为 6 mm 的圆形区域以外,不应出现裂缝、层间脱离或其他损坏。

4.1.3.10 耐温性能

耐温试验后,反光膜不应有皱纹、气泡、裂缝、剥落、碎裂或翘曲的痕迹,在观察角为 12′、入射角为−4°条件下,逆反射系数 R'不应小于表 2 相应数值的 80%,色品坐标仍应在表 1 规定的范围内。

4.1.3.11 耐弯曲性能

弯曲试验后,反光膜不应出现裂缝、剥落、层间分离的痕迹。

4.1.3.12 耐水性能

试验后不能用手剥开产品各组成部分。如目测观察没有发现或不能肯定有水进入，则在观察角为12′、入射角为−4°条件下测量其逆反射系数R'，不应小于表2相应的规定值。

4.1.3.13 耐冲洗性能

冲洗试验后，反光膜不应有破损、颜色脱落、起皱以及边缘翘曲、剥落等现象。

4.2 安装和粘贴要求

4.2.1 通用要求

4.2.1.1 按车身反光标识在车辆上安装部位的不同，分为后部车身反光标识和侧面车身反光标识。

4.2.1.2 车身反光标识应安装或粘贴在无遮挡且易见的车身后部、侧面外表面。

4.2.1.3 车身反光标识不应替代GB 4785要求安装的机动车回复反射器。

4.2.1.4 车身后部和侧面可以安装或粘贴不同类型或等级的车身反光标识，但后部车身反光标识和侧面车身反光标识应分别选用同一类型或等级的车身反光标识。

4.2.1.5 安装或粘贴时，车身后部和侧面的车身反光标识均应由白色单元开始、白色单元结束。

4.2.1.6 车辆安装或粘贴车身反光标识后，不应影响车辆其他照明及信号装置的性能。

4.2.1.7 车辆安装或粘贴车身反光标识后，不得在车身反光标识上钻孔、开槽。

4.2.2 后部车身反光标识安装和粘贴要求

4.2.2.1 基本要求

在结构允许的条件下，后部车身反光标识应左右对称分布并尽可能地体现车辆后部宽度和轮廓，横向水平安装或粘贴总长度(不含间隔部分)不应小于车辆后部宽度的80%，厢式货车在满足前述要求后，应使用车身反光标识勾勒车厢后部的轮廓。其他车辆粘贴面积达不到规定要求时，首先应体现车辆后部宽度，再采用勾勒轮廓的方法进行补偿。

车身反光标识离地面的高度最低为380 mm。

4.2.2.2 反光膜型

采用一级反光膜时，其与后反射器的面积之和不应小于0.1 m^2；采用二级反光膜时，其与后反射器的面积之和不应小于0.2 m^2。

粘贴允许中断，但每一连续段长度不应小于300 mm、且包含红、白色车身反光标识至少各一个单元。特殊情况下，允许红、白单元分开粘贴，但应保持红、白相间，每一连续段长度不应小于150 mm。

4.2.2.3 反射器型

采用反射器时，反射器应横向水平布置，红、白单元相间并且数量相当，相邻反射器的边缘距离不应大于100 mm。

4.2.2.4 车身反光标识被遮挡的，应在被遮挡的车身后部至少水平固定一块2 000 mm×150 mm的柔性反光标识。

4.2.3 侧面车身反光标识安装和粘贴要求

4.2.3.1 基本要求

侧面车身反光标识应尽可能的连续安装或粘贴，采用断续安装或粘贴时，其总长度(不含间隔部分)不应小于车长的50%，安装或粘贴长度达不到规定要求时，可采用勾勒轮廓的方法进行补偿。

4.2.3.2 反光膜型

采用反光膜时，侧面车身反光标识允许中断，但每一连续段长度不应小于300 mm，且包含红、白色车身反光标识至少各一个单元，粘贴间隔不应大于100 mm，粘贴应尽可能纵向均匀分布。特殊情况下，允许红、白单元分开粘贴，但应保持红、白相间，每一连续段长度不应小于150 mm。

4.2.3.3 反射器型

采用反射器时，反射器应横向均匀布置，红、白单元相间并且数量相当，相邻反射器的边缘距离不应大于150 mm。

4.2.3.4 车身反光标识被遮挡的,应在被遮挡的车身侧面至少水平固定一块 2 000 mm×150 mm 的柔性反光标识。

4.2.4 专用作业车安装和粘贴的补充要求

部分专用作业类车辆除驾驶室外的车身结构无连续平面,不满足 4.2.2 的要求时,车辆后部安装或粘贴的车身反光标识总长度可小于车辆后部宽度的 80%,但应能体现车辆后部宽度;不满足 4.2.3 的要求时,车身反光标识的粘贴总长度可以小于车辆长度的 50%,但不应少于车辆长度的 30%,断开间隔不受限制。

这类车辆的车身反光标识应尽可能粘贴在防护装置或车身的固定构件上。

4.2.5 其他安装和粘贴要求

尽可能选取平整的车身表面粘贴反光膜,粘贴前,应对粘贴部位作清洁处理。

反光膜应与车身表面牢固、可靠地粘结。粘贴后应与车辆外观协调,结构允许时尽可能采用水平方向或垂直方向粘贴。车身表面无法直接粘贴反光膜时,应将反光膜先粘贴在具有一定刚度、强度、抗老化的条形衬板上,再将条形衬板牢固地粘贴或铆接到车身上。固定条形衬板的铆钉孔必须采取防水、防尘措施。

粘贴后,反光膜边缘应作防水、防尘处理。

4.2.6 粘贴示例

附录 A 给出了部分典型车型的反光膜粘贴样式,反射器的安装或粘贴可参照执行。

5 试验方法

5.1 反射器型

反射器的性能测试按 GB 11564 的规定进行。

5.2 反光膜型

5.2.1 测试的准备

反光膜的测试样品按下述方法制作:撕去反光膜的防粘纸,粘贴在同样尺寸的底板上,压实后即为测试样品。底板为铝合金板,厚度为 2 mm,铝合金板表面应经酸脱脂处理。一般情况下,裁取 50 mm×150 mm 的反光膜制作样品,特殊尺寸要求见具体的试验项目。样品编号及样品分布详见表 3。

测试样品在试验前,应在温度 23 ℃±5 ℃、相对湿度不大于 75%的环境中放置 24 h,然后再进行各项试验。

除非特别指明,一般的试验应在温度 23 ℃±5 ℃、相对湿度不大于 75%的环境中进行。

5.2.2 外观检查

在照度大于 150 lx 的室内(或室外)环境中,距离测试样品表面 0.3 m～0.5 m 处,面对测试样品,目测样品。

5.2.3 尺寸测量

用精度为 1 mm 的长度测量器具测量车身反光标识的尺寸。

5.2.4 色度性能测试

采用 GB/T 3978 规定的标准照明 D_{65} 光源(色温 6 500 K)照射时,在 45°/0°或 0°/45°几何条件下,按 GB/T 3979 规定的方法,测得各种颜色的色品坐标和亮度因子。

5.2.5 反光性能测试

5.2.5.1 测试原理和装置

测试原理和装置见 GB/T 18833—2002 中图 1 和图 5 所示,其中:

a) 光源采用 GB/T 3978 规定的标准 A 光源,试样整个受照区域的垂直照度的不均匀性不应大于 5%。

b) 光探测器是经光谱光视效率曲线校正的照度计。

c) 光探测器应能移动，以保证观察角在一定范围内变化。

5.2.5.2 测试方法

按表1规定的照明观测几何条件和GB/T 18833—2002中7.4.1规定的方法测量反光膜0°和90°方向的逆反射系数R'。每个颜色单元均匀选取至少5个测量区域或测量点，其平均值即为该颜色单元0°或90°方向的逆反射系数值R'。

5.2.5.3 逆反射均匀性测试

按前述方法，在观察角为12′、入射角为−4°条件下，测试5个红、白单元的逆反射系数R'，计算同一颜色的所有单元的逆反射系数平均值。

5.2.5.4 湿状态下逆反射测试

按GB/T 18833—2002中7.4.2规定的装置和方法进行测试。

5.2.6 耐候性能试验

5.2.6.1 自然暴露试验

按GB/T 3681，把红色、白色单元各2块测试样品安装在至少高于地面1 m的暴晒架上，测试样品面朝正南方，与水平面的夹角为45°。测试样品表面不应被其他物体遮挡阳光，不应积水，暴露地点的选择尽可能近似实际使用环境或代表某一气候类型最严酷的地方。

自然暴露试验的时间为2年。测试样品开始暴晒后，每个月作一次表面检查，一年后，每三个月检查一次，直至最后。自然暴露试验结束后，检查并记录试验结果。

5.2.6.2 人工气候加速老化试验

将红色、白色单元各2块测试样品放入老化箱内，老化箱采用氙灯作为光源，测试样品正面受到波长为300 nm～800 nm光线的辐射，其辐射强度为1 000 W/m^2±50 W/m^2，光波波长低于300 nm光线的辐射强度不应大于1 W/m^2。整个测试样品面积内，辐射强度的偏差不应大于10%。在试验过程中，采用连续光照，黑板温度为63 ℃±3 ℃，相对湿度为(50±5)%，喷水周期为18 min/102 min(喷水时间/不喷水时间)。人工气候加速老化试验的时间为1 200 h。

人工气候加速老化试验结束后，用浓度为5%的盐酸溶液清洗样品表面45 s，然后用清水彻底冲洗，接着用干净软布擦干，在温度20 ℃±5 ℃、相对湿度不大于65%的环境中放置24 h后，再进行检查并记录试验结果。

5.2.7 附着性试验

5.2.7.1 试验用样品

将红色、白色单元的反光膜各裁取50 mm×150 mm，撕去100 mm长的防粘纸，粘贴在符合5.2.1要求的底板上。按5.2.1要求处置后进行试验。

5.2.7.2 试验方法

在拉伸试验机上固定好测试样品，用拉伸试验机的夹头夹住未撕去防粘纸部分的反光膜，使之与底板成180°。在试样宽度上负荷应均匀分布，然后在300 mm/min的速率下测量反光膜背胶的剥离强度。

5.2.8 盐雾腐蚀试验

5.2.8.1 试验样品

按5.2.1要求红色、白色单元各制作2块样板。

另外裁取红色、白色单元的反光膜各50 mm×150 mm，撕去100 mm长的防粘纸，粘贴在符合5.2.1要求的底板上。

5.2.8.2 试验要求

按GB/T 2423.17的要求，把化学纯的氯化钠溶于蒸馏水，配制成(5±0.1)%(质量百分比)的氯化钠溶液，pH值在6.5～7.2之间(35 ℃±2 ℃)，使该溶液在盐雾箱内连续雾化，盐雾沉降量为(1.0～2.0)mL/(h·80 cm^2)，箱内温度保持35 ℃±2 ℃。将测试样品放入盐雾箱内，其受试面与垂直方向成30°角，相邻两样品保持一定的间隙，行间距不小于10 cm，测试样品在盐雾空间连续暴露，应经历10个循环试验，每个循环连续喷雾 23 h，干燥 1 h。试验应在干燥阶段结束。试验结束后，用流动水轻轻洗掉样品表面的盐沉积物，再用蒸馏水漂洗，洗涤水温不应超过 35 ℃，然后置于室温下恢复 2 h，检查并记录试验结果。

5.2.9 抗溶剂试验

将测试样板分别浸没在 93# 无铅汽油、0# 柴油和汽车发动机润滑油中，15 min 后取出，擦干，在室温下恢复 2 h 后，检查并记录试验结果。

5.2.10 冲击试验

将红色、白色单元各 1 块测试样品的正面朝上，水平放置在厚度为 20 mm 的钢板上，在样品上方 2 m 处，用一个质量为 0.25 kg 的实心钢球自由落下，撞击测试样品的中心部位，检查并记录试验结果。

5.2.11 耐温试验

将红色、白色单元各 1 块测试样品放入 70 ℃±2 ℃环境中 24 h。然后取出样品在 20 ℃±5 ℃条件下恢复 2 h，接着将测试样品放入－40 ℃±3 ℃的环境中 24 h。取出样品，在 20 ℃±5 ℃条件下恢复 2 h，检查并记录试验结果。

5.2.12 弯曲试验

红色、白色单元的反光膜各裁取 25 mm×150 mm，撕去防粘纸，在背胶表面撒上足够的滑石粉，将样品成 90°围绕在一直径为 3.2 mm 的圆棒上，使样品的背胶与圆棒外表面接触，放开样品，检查并记录试验结果。

5.2.13 水浸试验

将红色、白色单元各 1 块测试样品浸入 50 ℃±5 ℃的水中 24 h，其反光表面上部的最高点应在水面下 20 mm 处，然后将测试样品反转 180°，再浸 24 h，取出，检查并记录试验结果。

5.2.14 耐冲洗性能试验

5.2.14.1 试验样品

将 50 mm×1 000 mm 的红、白相间的反光膜粘贴在钢板油漆表面中间位置，钢板尺寸为 1 200 mm×500 mm×2 mm，钢板上漆膜厚度为 45 μm～55 μm。在 5.2.1 规定的环境中放置 24 h 后进行试验。

5.2.14.2 试验方法

用高压水枪从任意角度冲洗样品，水枪喷水压力为 5 MPa，喷水距离为 1 m，喷水时间 10 min。试验后检查样品。

6 检验规则

6.1 检验分类

车身反光标识的检验分为型式检验和生产一致性检验。

反射器的型式检验和生产一致性检验按 GB 11564 的规定进行，反光膜的型式检验和生产一致性检验按下述规定进行。

6.2 型式检验

6.2.1 型式检验的条件

型式检验在以下几种情况下进行：

——产品新设计试生产；

——转产或转厂；

——停产后复产；

——结构、材料或工艺有重大改变；

——正常生产后每隔两年；

——合同规定等。

6.2.2 **样品要求**

在产品型号和商标、光度和色度特性以及特定的材料、几何尺寸、产品结构等方面没有差异的车身反光标识为同一型式的车身反光标识。

选取同一型式的 50 mm×5 000 mm 的反光膜作为样品，样品应包含红色和白色单元。

6.2.3 **检验项目、方法**

型式检验的项目、要求、试验方法、样品编号和分布见表 3。

表 3 反光膜型式检验项目、要求和方法

序号	检验项目		要求条款	试验方法条款	样品编号
1	外观检测		4.1.3.1	5.2.2	#1～#13
2	尺寸测量		4.1.3.2	5.2.3	#1
3	色度性能测试		4.1.3.3	5.2.4	#1
4	反光性能测试	逆反射系数	4.1.3.4.1	5.2.5	#1
		逆反射均匀性	4.1.3.4.2		#1
		湿状态逆反射	4.1.3.4.3		#1
5	人工气候加速老化试验		4.1.3.5	5.2.6	#1、#2
6	附着性试验		4.1.3.6	5.2.7	#3
7	盐雾腐蚀试验		4.1.3.7	5.2.8	#4、#5
8	抗溶剂试验		4.1.3.8	5.2.9	#6、#7、#8
9	冲击试验		4.1.3.9	5.2.10	#9
10	耐温试验		4.1.3.10	5.2.11	#10
11	弯曲试验		4.1.3.11	5.2.12	#11
12	水浸试验		4.1.3.12	5.2.13	#12
13	耐冲洗性能试验		4.1.3.13	5.2.14	#13
注：每个编号的样品均包括白色和红色单元。					

6.3 **生产一致性检验**

对已经型式检验合格的产品，以批量产品中随机抽取的样品来判定其生产的一致性。样品的材料、结构和尺寸应符合申请检验提供的图纸的规定。

应至少在 50 mm×10 000 m(应包含红色和白色单元)的反光膜中随机抽取不少于 50 mm×5 000 mm(应包含红色和白色单元)的样品。生产一致性检验的项目至少包括外观、色度、反光性能、附着性能、抗溶剂性能、耐温性能等，每 4 年应检验 1 次耐候性能。检验结果应符合第 4 章的相应要求。

7 包装和标志

7.1 **包装**

车身反光标识材料的包装箱应符合防潮、防尘的要求。

7.2 **标志**

包装箱上应标明以下内容：

1） 产品名称、产品标准编号、商标；

2） 生产企业名称、详细地址；

3） 产品的规格、型号、等级和数量；

4） 生产日期、批号。

7.3 **说明书和合格证书**

单个包装箱内应有中文使用说明书、合格证书。

附 录 A
（规范性附录）
部分典型车型反光膜材料粘贴示例

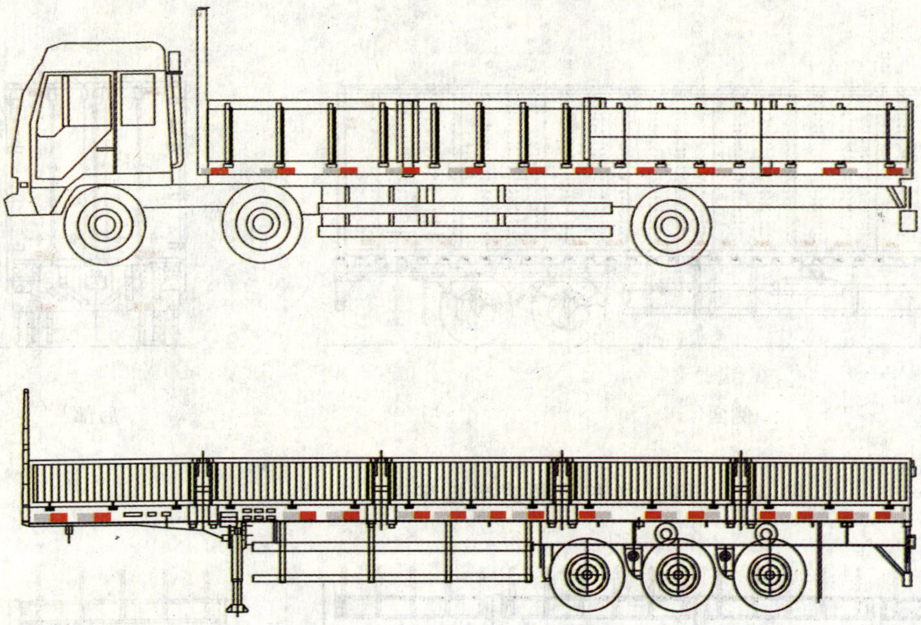

侧面

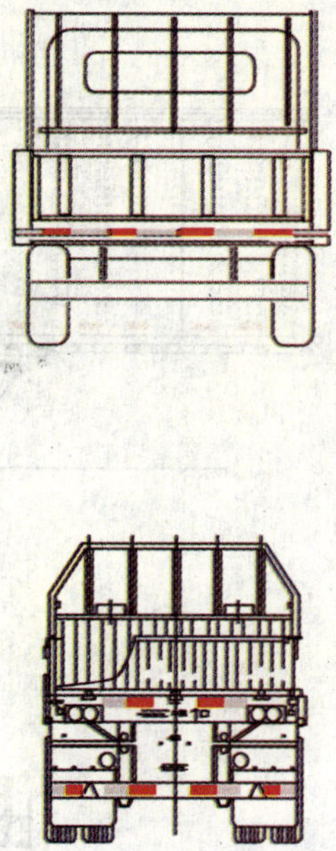

后部

如因后部粘贴达不到规定面积，建议在货厢栏板的轮廓边缘进行补偿，勾勒出轮廓，如下所示。

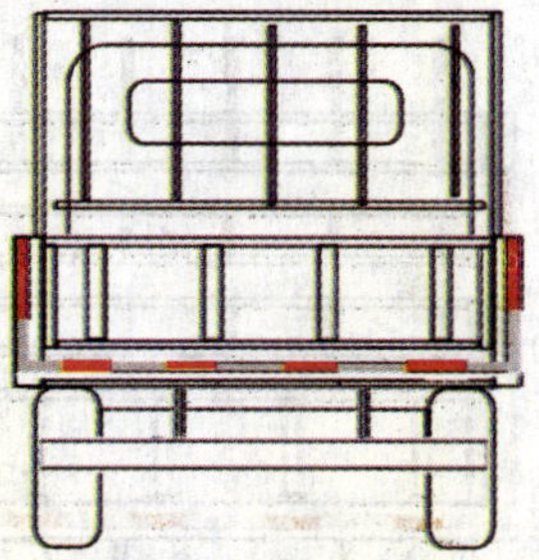

图 A.1 栏板式货车及栏板式半挂车

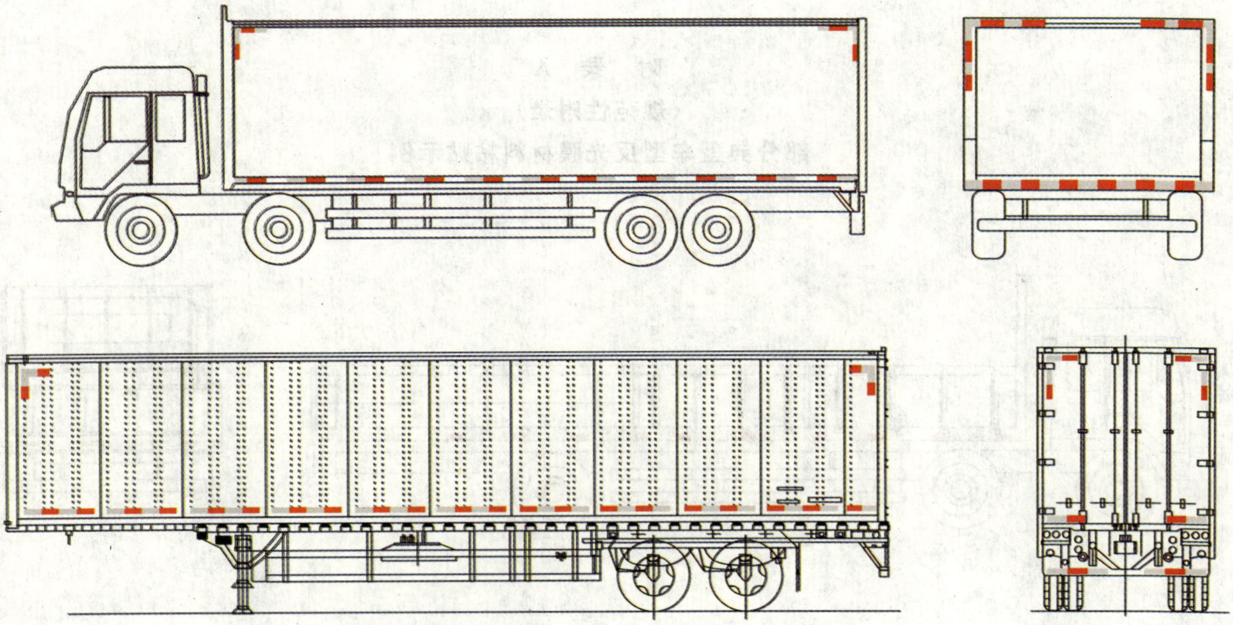

侧面　　　　后部

图 A.2　厢式货车及厢式半挂车

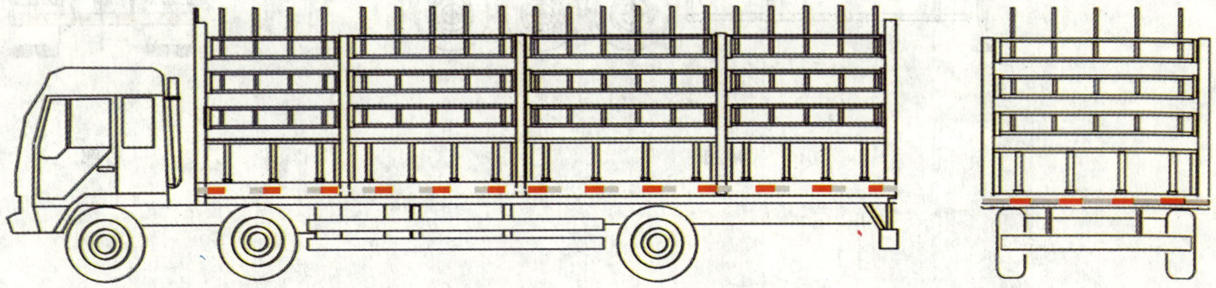

侧面　　　　后部

当后部粘贴面积达不到规定面积时，建议在车厢的轮廓边缘进行补偿，勾勒出轮廓，如下所示。

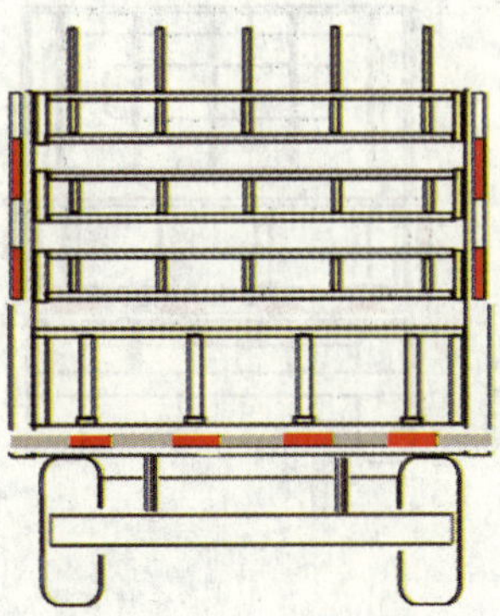

图 A.3　仓栅式货车及仓栅式半挂车

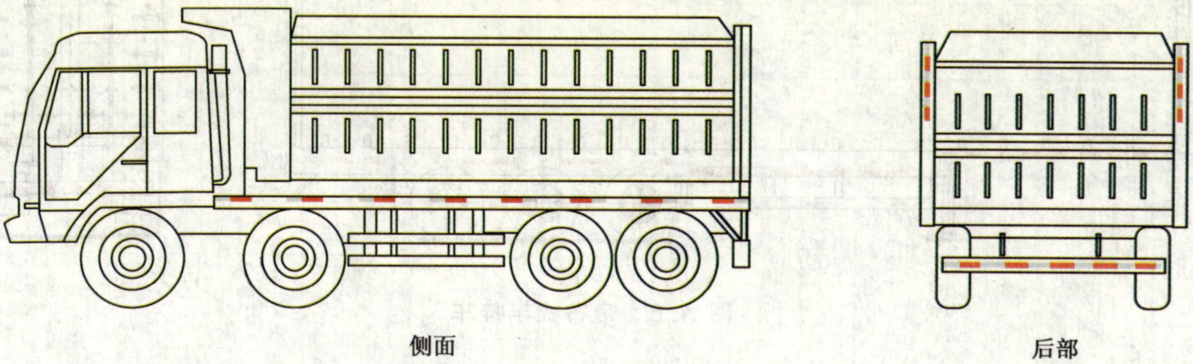

图 A.4　自卸货车及自卸半挂车

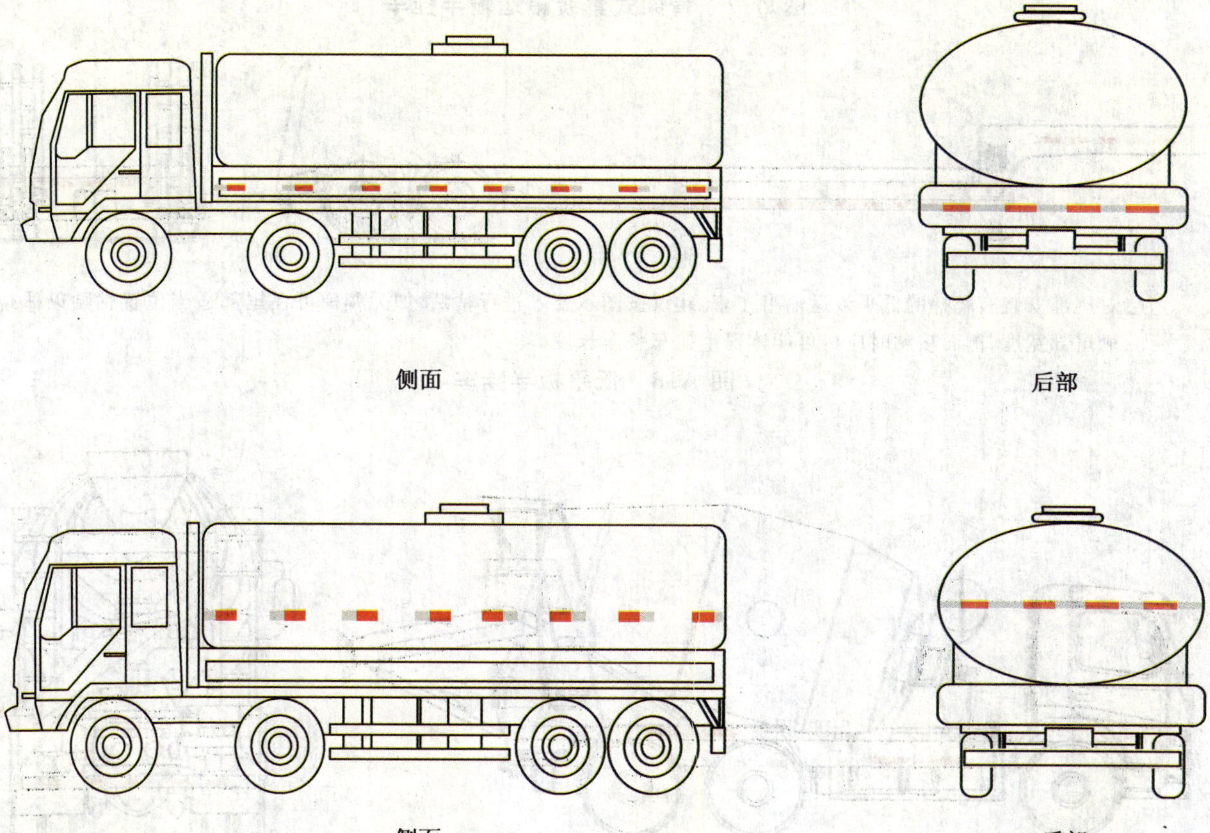

图 A.5　罐式货车及罐式半挂车

这类车辆的车身反光标识粘贴应尽可能粘贴于罐体中部最宽处以增加夜间视认效果。如底盘承载面宽度和罐体宽基本一致，也可粘贴在底盘的承载面边缘。

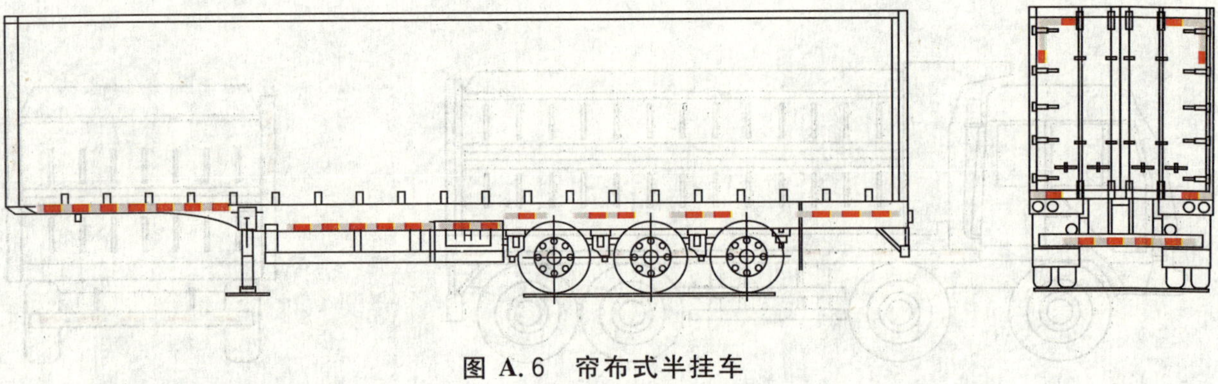

图 A.6 帘布式半挂车

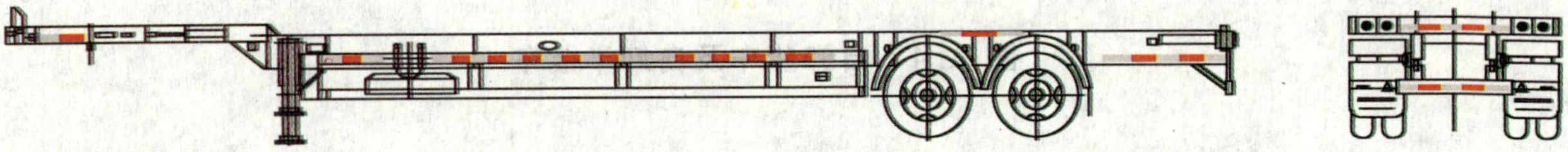

图 A.7 骨架式集装箱运输半挂车

注：对尾部安装有爬梯的低平板运输半挂车，建议按图示要求进行粘贴，如无爬梯可在尾部适当位置粘贴以体现车辆尾部宽度；侧面粘贴时应尽可能体现半挂车整车长度。

图 A.8 低平板半挂车

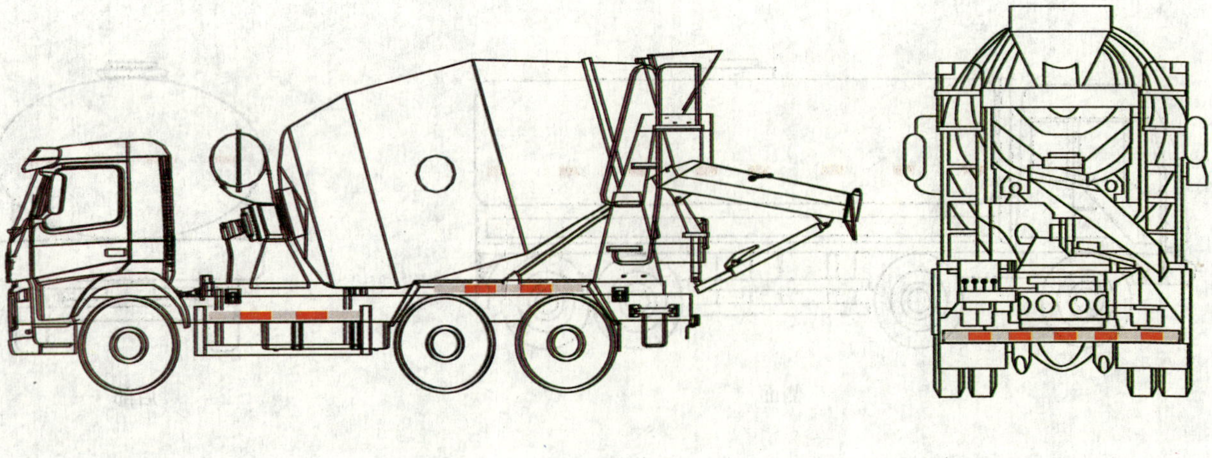

侧面　　后部

注：这类车辆粘贴时应尽可能沿底盘承载面位置粘贴，如特殊需要可在侧防撞护栏处补充粘贴。

图 A.9 混凝土搅拌运输车

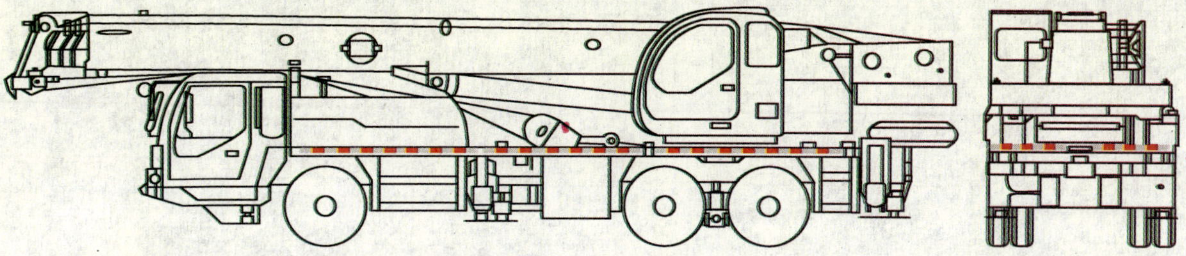

侧面　　　　　　　　后部

图 A.10　汽车起重机

ICS 43.040.20
T 38

GB

中华人民共和国国家标准

GB 23255—2009

汽车昼间行驶灯配光性能

Photometric characteristics of daytime running lamps for motor vehicles

2009-03-06 发布　　2010-01-01 实施

中华人民共和国国家质量监督检验检疫总局
中国国家标准化管理委员会　发布

前　言

本标准的全部技术内容为强制性。

本标准对应于联合国欧洲经济委员会 ECE R87 Rev1 Amend4《关于机动车的昼间行驶灯的认证的统一规定》,一致性程度为非等效,主要差异如下:

——修改了范围;

——增加了规范性引用文件;

——删除了 ECE R87 中有关管理方面的下列章节和附件:

4.标志;

5.认证;

12.昼间行驶灯的型号改进和认证扩展;

13.生产一致性;

14.未能达到生产一致性的处罚;

15.产品完全终止生产;

16.进行认证试验的技术服务部门及管理部门的名称及地址;

附件 1 关于遵照 87 号法规的某类型的昼间行驶灯的认证的授予/扩展/废止/收回或产品停产的通知;

附件 2 认证标志的布局示例;

附件 4 光色的色度坐标;

附件 5 生产一致性控制过程的最低要求;

附件 6 检验员抽样的最低要求;

——增加了检验规则。

本标准的主要技术要求,如:一般技术要求、发光强度、光色、耐热性能、方法等,与 ECE R87 一致。

本标准由国家发展和改革委员会提出。

本标准由全国汽车标准化技术委员会归口。

本标准负责起草单位:上海汽车灯具研究所、长春海拉车灯有限公司。

本标准主要起草人:王华、俞培锋、于雅丽、叶林。

汽车昼间行驶灯配光性能

1 范围

本标准规定了汽车昼间行驶灯配光性能的技术要求、试验方法和检验规则等。

本标准适用于M、N类汽车使用的各种类型昼间行驶灯。

在本标准中，昼间行驶灯也称为灯具。

2 规范性引用文件

下列文件中的条款通过本标准的引用而成为本标准的条款。凡是注日期的引用文件，其随后所有的修改单(不包括勘误的内容)或修订版均不适用于本标准，然而，鼓励根据本标准达成协议的各方研究是否可以使用这些文件的最新版本。凡是不注日期的引用文件，其最新版本适用于本标准。

GB 4599 汽车用灯丝灯泡前照灯

GB 4785 汽车及挂车外部照明和光信号装置的安装规定

GB 15766.1 道路机动车辆灯泡 尺寸、光电性能要求

ECE R37 关于机动车及其挂车灯具认证用灯丝灯泡认证的统一规定

3 术语和定义

GB 4785中确立的术语和定义适用于本标准。

4 昼间行驶灯的不同型式

在以下主要方面有差异的昼间行驶灯：

——商标名称或商标；

——光学系统的特性(发光强度等级，光分布最小角，使用的灯丝灯泡或光源模块的种类等)；

但是，灯丝灯泡颜色或者滤光片颜色改变可以视为同一型式。

5 要求

5.1 昼间行驶灯应设计和制造成在正常使用条件下，即使受到振动，仍能保证满足使用要求和符合本标准规定。

5.2 对于使用的光源模块，应当设计为即使在黑暗中也能将其安装在正确的位置上，并且能够防止误操作。

5.3 昼间行驶灯如与其他功能相混合使用同一光源，可以使用电光源控制器来操控发光强度。

5.4 昼间行驶灯的光色应为白色，其色度特性应符合GB 4785规定。

5.5 如果使用灯丝灯泡，应符合GB 15766.1或ECE R37规定。

5.6 发光面面积不应小于40 cm^2。

5.7 配光性能

5.7.1 昼间行驶灯在基准轴线上的发光强度应不小于400 cd。

5.7.2 每个灯具所发出的各个测量方向的光，投射到图1配光分布上点的发光强度，不应低于图1上所示各点百分比值与400 cd的乘积。

5.7.3 在任何方向上，灯具发出的光强度应不大于800 cd。

5.7.4 对有一个以上光源组成的昼间行驶灯，当其中任一光源因故障不亮时，应满足规定的最小发光

强度;当所有光源全部点亮时,不能超过规定的最大发光强度。

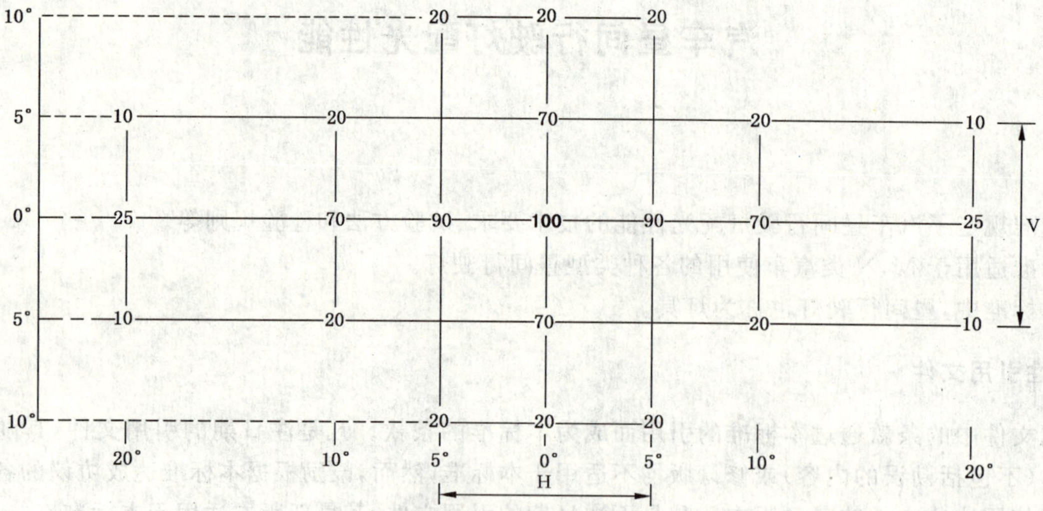

图 1 配光分布

5.7.5 H=0°和 V=0°的方向对应为基准轴线(安装在车辆上时,它为水平且平行于车辆的纵向面,指向所要求的可见度的方向),它通过基准中心。图 1 已经给出不同方向上的最小数值,它是用每个灯具轴线上(H=0°和 V=0°的方向)要求的最小值百分比表示。

5.7.6 在下述 6.10 的配光区域,应与 5.7.5 相同,即它所发出在网格线形成的区域内的每个方向的发光强度应达到网格线上指定方向上百分比最低要求的值。

5.8 耐热性能

5.8.1 灯具在耐热性试验后,并且在环境温度下达到稳定时,灯具上不应看到有扭曲、变形、裂痕或者颜色变化等现象。

5.8.2 如对 5.8.1 结果有疑问,应对配光性能进行复测,测量结果至少达到它在耐热试验前所测得结果的 90%。

6 试验方法

6.1 试验暗室、装置及设备应符合 GB 4599 规定。

6.2 应确定灯具基准轴线方向上的视表面边界。

6.3 配光测试时的电压

6.3.1 对于可更换灯丝灯泡的昼间行驶灯,配光测试时使用无色的、符合 GB 15766.1 或 ECE R37 类型的标准灯泡,在规定的试验光通量下进行测量。

6.3.2 对于不可更换光源或其他光源的昼间行驶灯:应在 6.75 V、13.5 V 或 28.0 V 的电压下进行测量。必要时,制造商应提供为此类光源所需的专用电源,并在制造商规定的电压下进行测量。

6.4 配光测试前,应将光源以测试时的电压点亮,使其光性能趋于稳定。

6.5 当进行配光测试时,应进行适当的遮蔽,以避免杂散光。

6.6 对于不同光源昼间行驶灯的配光测量要求:

6.6.1 对于不可更换灯光源,应用灯具内现有的光源。

6.6.2 对于可更换光源的昼间行驶灯:当使用灯丝灯泡,在 6.75 V、13.5 V 或 28.0 V 电压下进行测量时,应修正所产生的发光强度值。规定的试验光通量与试验电压(6.75 V、13.5 V 或 28.0 V)下的光通量平均值之比是修正系数,应使用每个实测光通量与其平均值偏差不大于±5%的灯丝灯泡;或者,可以在每一个灯丝灯泡位置上,依次使用标准灯丝灯泡,在规定的试验光通量下进行测量,并将每个位置上的测量结果相加。

6.6.3 对于使用电光源控制器的灯具：

6.6.3.1 如使用电光源控制器作为灯具一部分，所有配光、光色应在 6.75 V、13.5 V 和 28.0 V 电压下进行相应测量。

6.6.3.2 如使用电光源控制器不作为灯具一部分，应根据制造商要求对灯具输入电压，并要求制造商提供电光源控制器。

6.6.4 对于所有不装有灯丝灯泡昼间行驶灯，经过 1 min 和 30 min 的点亮后，它们的发光强度都应满足 5.7 规定的最大和最小发光强度值的要求。点亮 1 min 时的各点的发光强度，通过点亮 1 min 和点亮 30 min 时在 HV 上的发光强度的比值与点亮 30 min 时各点的发光强度测量结果得出。

6.7 配光性能的测量距离，应保证能应用光度学中的距离平方反比定律。

6.8 从灯具基准中心观察时，光接收器的张角是介于 10′至 1°之间。

6.9 在图 1 中任何一个方向上测量时，其角度偏差应不大于 15′。

6.10 当昼间行驶灯安装在车上，有不止一个位置或者在一个区域内的多个不同位置时，配光测量应在每个位置，或者在制造商指定的基准轴区域内的极限位置进行重复测量。

6.11 耐热性试验

6.11.1 试验方法

昼间行驶灯应在环境温度应为 23 ℃±5 ℃的条件下，使用该昼间行驶灯所指定的灯丝灯泡；对于不可更换光源应使用灯具中现有的光源，经历 20 min 的老化和 1 h 的持续点灯的试验。

6.11.2 试验电压

6.11.2.1 对于可更换光源的昼间行驶灯，应按 GB 15766.1 或与之相对应的 ECE R37 所规定的最大功率的 90%调节灯丝灯泡电压。除非制造商另有规定，否则在所有情况下使用标称电压 6 V、12 V 或 24 V 的灯丝灯泡功率。在前一种情况下，应以功率最大的灯丝灯泡进行试验。

6.11.2.2 对于不可更换光源的昼间行驶灯，其试验电压应按照 6.3.2 的要求进行。

6.12 色度检验

6.12.1 色度检验应使用标准 A 光源(色温 2 856 K)。

6.12.2 对于不可更换光源昼间行驶灯，应在试验电压下进行检验。

7 检验规则

7.1 昼间行驶灯的不同型式按第 4 章规定判定。

7.2 昼间行驶灯应进行型式检验和生产一致性检验。符合 7.3 或 7.4 相应规定的，则认为该昼间行驶灯通过型式检验或生产一致性检验。

7.3 型式检验

7.3.1 制造商应提供对昼间行驶灯与汽车及地面的基准面上的基准轴线以不同倾角的方法安装在汽车上，或绕其基准轴的旋转的方法安装在汽车上进行详细叙述的技术说明。并且：

a) 显示足够细节以识别该类型的昼间行驶灯的图纸(一式三份)，图上应表明昼间行驶灯安装在车上的几何位置，和在试验中作为基准轴的观察轴线(水平角 H=0°，垂直角 V=0°)以及在上述试验中的作为基准中心的点与发光面；

b) 一份简明技术说明书，除了不可更换光源的昼间行驶灯，应规定所使用的灯丝灯泡类型；

c) 样灯两只(对于可更换光源昼间行驶灯，包括灯丝灯泡)。

7.3.2 每只样灯应符合 5.1、5.2、5.3、5.5 和 5.6 相应规定。

7.3.3 按第 6 章规定进行试验，每只样灯应符合 5.4、5.7 和 5.8 相应规定。

7.4 生产一致性检验

7.4.1 对型式检验合格的产品，用随机抽取的样灯来判定其生产的一致性。

7.4.2　随机抽取的样灯，应符合5.1、5.2、5.3、5.5和5.6相应规定。

7.4.3　按第6章规定进行试验，随机抽取的样灯应符合5.4和5.8规定。

7.4.4　按第6章规定进行试验，随机抽取的样灯应符合5.7相应规定，允许其中：

a)　最小发光强度不小于5.7规定值的80%；

b)　最大发光强度不大于5.7规定值的120%。

ICS 75.080
E 30

中华人民共和国国家标准

GB/T 23256—2009/ISO/TR 9494:1997

石油液体管线自动取样 测定石油液体中水含量的 自动取样器性能的统计学评估

**Petroleum liquids—Automatic pipeline sampling—
Statistical assessment of performance of automatic samplers determining
the water content in hydrocarbon liquids**

(ISO/TR 9494:1997,IDT)

2009-03-16 发布　　2009-10-01 实施

中华人民共和国国家质量监督检验检疫总局
中国国家标准化管理委员会　发布

前　言

本标准等同采用国际标准 ISO/TR 9494:1997(E)《石油液体管线自动取样法——测定石油液体中水含量的自动取样器性能的统计学评估》。

本标准等同翻译国际标准文件 ISO/TR 9494:1997(E)。

为了便于使用,本标准做了下列编辑性修改:

——'本技术报告'一词改为'本标准';

——用小数点'.'代替作为小数点符号的',';

——用乘号'×'代替乘号'·';

——用积分符号'$\int_a^b$'代替积分符号'${}_a\int^b$';

——用平方根符号'√'代替平方根符号'√';

——印刷错误已改正编入正文,并在它们所涉及的条款的页边空白处用垂直单线标识;

——增加资料性附录 NA 告之使用者。

本标准对石油天然气行业标准 SY/T 5317—2006《石油液体管线自动取样法》进行了有益地补充,是对 SY/T 5317—2006 标准第 16 章的技术支持。

本标准的附录 NA 为资料性附录。

本标准由中国石油天然气集团公司提出。

本标准由全国石油天然气标准化技术委员会(SAC/TC 355)归口。

本标准起草单位:中国石油天然气股份有限公司计量测试研究所。

本标准主要起草人:罗再扬、郑琦、阮增荣、徐宁、历勇。

引　言

本标准采用当前通行的一种国际观点和方法，给出了常见情况下，用管线自动取样系统测量石油液体水含量时，评定与表示测量不确定度的原则、方法和简要步骤，使涉及用管线自动取样系统测量水含量的技术领域，可以用统一的准则对测量结果及质量进行评定、表示和比较。

本标准中采用的有关测量不确定度的术语、估计测量不确定度的方法和表达测量不确定度的方法，与国家计量技术规范 JJF 1059—1999《测量不确定度评定与表示》表述不一致。

石油液体管线自动取样 测定石油液体中水含量的 自动取样器性能的统计学评估

1 范围

本标准描述评估自动取样系统总不确定度的数学方法,适用于测定管输石油液体中水含量的自动取样系统。

通过统计学方法,对“抽取”式自动取样系统中定义的一系列独立分变量的各项系统不确定度和随机不确定度进行合成,该数学模型能评估其总不确定度(允差)。

水含量测定允差作为取样次数、水含量和含水分析次数的函数,在本标准中都以图表的形式进行了汇总,如图6~图11所示。

2 规范性引用文件

下列文件中的条款通过本标准的引用而成为本标准的条款。凡是注日期的引用文件,其随后所有的修改单(不包括勘误的内容)或修订版均不适用于本标准,然而,鼓励根据本标准达成协议的各方研究是否使用这些文件的最新版本。凡是不注日期的引用文件,其最新版本适用于本标准。

SY/T 5317—2006 石油液体管线自动取样法[ISO 3171:1988(E),IDT]

3 符号

3.1 符号说明见表1。

3.2 相对系统不确定度和相对随机不确定度的符号如下:

注:x 的相对不确定度$=\dfrac{x\text{ 的不确定度}}{x\text{ 值}}$。

——在标准SY/T 5317—2006第5章和附录A中描述的含水分布不均匀性(例如分散性效差):

a_s 相对系统不确定度

a_r 相对随机不确定度

——在标准SY/T5317—2006第8章中描述的取样系统造成的水含量改变(例如非均匀动力):

b_s 相对系统不确定度

b_r 相对随机不确定度

——单位样品体积的不确定度:

d_s 相对系统不确定度(仅第9章使用)

d_r 相对随机不确定度

——在标准SY/T 5317—2006第10章中描述的流量计非线性程度(例如涡轮流量计 K 系数变化):

c_s 相对系统不确定度(仅第9章使用)

c_r 相对随机不确定度

——在标准SY/T 5317—2006第11章中描述的在取样过程中造成的水含量改变(例如乳化或蒸发):

h_s 相对系统不确定度

h_r 相对随机不确定度

——在标准 SY/T 5317—2006 第 12 章中描述的因样品处理和混合导致的水含量改变(例如实验室里样品的均匀性不好):

f_s 相对系统不确定度

f_r 相对随机不确定度

——样品转换至实验室玻璃器具及分析仪器造成的水含量改变(例如试管刻度误差):

g_s 相对系统不确定度

g_r 相对随机不确定度

表 1 符号说明

符 号	说 明
w,w 下标	管线中的水含量,用体积分数表示
P_i, q_i, s', w, w''	在取样和分析各个阶段的水含量
T_j, T	水含量估计值
V, V_i	在两次连续取样期间,流过系统的体积流量
v_i	从取样开始到 t_i 时刻,流过管道截面的总体积
W	流过管道截面的总体积
e_i	单位样品的体积
D	在对称的置信区间半宽范围内,关于"w"的所有随机不确定度与系统不确定度的合成不确定度(置信概率为 95%)
n	分析次数
N	取样次数
S, R, L 和 P	导出参数[a]
$a_s, b_s, \cdots, g_s$	影响测量值"w"的相对系统不确定度分量
$a_r, b_r, \cdots, g_r$	影响测量值"w"的相对随机不确定度分量

[a] 由下列公式可得到导出参数:

——取样过程中:

$S = a_s + b_s + h_s$ (相对系统不确定度)

$R = (a_r^2 + b_r^2 + c_r^2 + d_r^2)/4$ (相对随机不确定度)

——实验室中:

$L = f_s + g_s$ (相对系统不确定度)

$P = \left(f_r^2 + \frac{g_r^2}{n}\right)\Big/4$ (相对随机不确定度)

4 总则

通过自动地从管线某一截面中采集 N 个样品(N 个单位样品),经过分析可以估计出从管线流过的体积量 W 中的水含量 w。自动取样系统如图 1 所示。

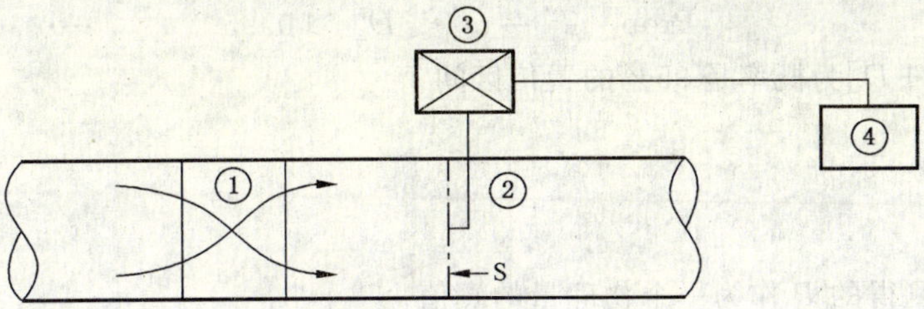

1——混合器；

2——取样探头；

3——取样系统；

4——容器(R_1)。

图1 取样系统

取样系统的探头安装在混合器下游某一管线截面上。为使在两次取样操作之间从管线截面中流过的体积量均等于 V，要由流量计控制取样时间，也就是说取样频率和流量成比例。

N 个子样都被收集在同一样品接收容器内(R_1)。

应把从管线截面中流过的体积量 V 看作是一个变量，而把截面中的水含量 $w(v)$ 看作未知量。

考虑到随机因素对流量计的影响，以液体体积 V_i 为间隔分为 N 次取样，$i=1$ 到 $N-1$(如图2所示)。

图2 取样顺序

这样：

$$W = \sum_{i=1}^{N-1} V_i \qquad \cdots\cdots(1)$$

取：

$$v_0 = 0;\text{对于 } i \geqslant 1, v_i = \sum_{j=1}^{i} V_j$$

$$w_i = w(v_i), i = 1 \text{ 到 } N$$

在每个取样间隔内，提取的单位样品体积为 e_i。考虑到混合器存在不足之处，在取样点(取样探头)处每次测取单位样品的水含量为 P_i。

取样系统(无论是否有取样回路)会导致取得的样品不具有真正代表性。因此，接收容器中介质的水含量不能完全代表流入容器时管道中的水含量。在第 i 次取样过程中，当样品进入接收容器(R_1)时，水含量设定为 q；而当样品完全进入接收容器(R_1)后，水含量设定为 w'。

在取样期间，采集样品的保存并不十分完善。因此，接收容器中的水含量也会产生改变。在取样结束时，设定在取样系统样品接收容器(R_1)中的水含量为 w'。

样品接收容器(R_1)中的样品经过混合后，一定体积的样品被转换到中间容器(R_2)中。

样品中间容器(R_2)中的样品经过混合后，采集 n 个子样进行分析。

把(R_2)中样品的水含量记做 S'，设定 S_j 为第 j 个子样的水含量，T_j 为第 j 次分析的结果($j=1$ 到 n)。

量 T' 是样品接收容器(R_1)中样品的水含量 w 的估计值。

$$T' = \frac{1}{n}\sum_{j=1}^{n} T_j \qquad \cdots\cdots(2)$$

由于 T' 与 w 的标准差 D 是 N、n 和多个统计参数的函数，可给定一个临界概率值，即如下一个数：

$$\text{Prob}[|T'-w|<D]\geqslant 0.95 \quad\cdots\cdots(3)$$

区间 $[T'-D,T'+D]$为概率是95%的置信区间。

5 统计模型

5.1 一般约定

把通过一定方法测得的 P 作为一个物理量的真值。

a) 系统误差或系统不确定度 S_1，表示真值 P 和测量平均值 S_0 两者之间的差值，它有可能小于或至少等于

$$S_1=S_0-P \quad\cdots\cdots(4)$$

式中：S_1——允许的被测结果的准确度；

S_s——系统误差的绝对值，有时也指系统偏差。

注：由于 S_1 的符号和大小通常不知道，因而，用 S_S 来表示 S_1 的绝对值的上限值。

b) 随机不确定度 S_r，表示测量值 S'和测量平均值 S_0 之间偏差的绝对值，它小于或至少等于 S_r 的概率为：

$$\text{Prob}[|S'-S_0|<S_r]\geqslant a \quad\cdots\cdots(5)$$

如果"a"没有被指定，就假定它为95%，下面还要用到该值。S_r 为允许的被测结果的精密度。

注：能通过重复性、标准偏差或方差来定义某一测量系统的特性，这些量值通过下列公式与随机不确定度联系在一起：

——重复性 $=\sqrt{2}\times$ 随机不确定度

——随机不确定度 $=2\times$ 标准偏差

——随机不确定度 $=2\times\sqrt{\text{方差}}$

已知方差 S_3，就可以通过下面公式得到随机不确定度。

$$S_r=2\sqrt{S_3} \quad\cdots\cdots(6)$$

对于 S_5，测量值 S'和真值 P 之间的偏差小于 S_5 的概率至少为95%，即：

$$\text{Prob}[|S'-P|<S_5]\geqslant 0.95 \quad\cdots\cdots(7)$$

虽然 S_5 没有标准名称，在下文中它被归类于 P 的不确定度。

于是：

$$S_5=|S_1|+2\sqrt{S_3}\leqslant S_s+S_r=S_s+2\sqrt{S_3} \quad\cdots\cdots(8)$$

用 S'特指物理量 P 的随机测量值，下列符号表示方法在下面的概率计算中经常用到：

$E(S')=S_0=S'$的平均值

$\text{var}(S')=S_3=S'$的方差

经常简单地用以下的形式表示 S'

$$S'=S_0+S_2=P+S_1+S_2 \quad\cdots\cdots(9)$$

这里 S_2 表示随机不确定度，这样：

$E(S')=S_0$；$E(S_2)=0$；$\text{var}(S')=\text{var}(S_2)=S_3$

对一些物理现象来说，平均值 S_0 和随机不确定度 S_r 都与物理量 P 的值成比例，即可以写作：

$$E(S')=P\times S_0, S_r=P\times S_r \quad\cdots\cdots(10)$$

S_0 和 S_r 分别被称为相对测量平均值和相对随机不确定度。

同样地，相对系统不确定度能用公式 $S_1=S_0-1$ 来定义。

于是：

$$S_1=P\times S_1 \quad\cdots\cdots(11)$$

而且：

a) 相对系统不确定度的绝对值

$$S_s = |S_1| \quad \cdots\cdots(12)$$

b) 相对方差

$$S_3 = S_r^2/4 \quad \cdots\cdots(13)$$

c) 相对允差 S_5

$$\mathrm{Prob}\left[\left|\frac{S'-P}{P}\right| < S_5\right] \geqslant 95\% \quad \cdots\cdots(14)$$

因此：

$$S_5 = |S_1| + 2\sqrt{S_3} \leqslant S_s + S_r = S_s + 2\sqrt{S_3} \quad \cdots\cdots(15)$$

注："相对"不是标准术语，然而，在设备(如流量计)的技术规格书中经常提供这些"相对"值。

用 S' 特指物理量 P 的随机测量值，S' 可以用下面的形式表示：

$$S' = P(1 + S_1 + S_2) \quad \cdots\cdots(16)$$

得到：

$$E(S') = P(1 + S_1)\;;E(S_2) = 0;\mathrm{var}\,S' = P^2;\mathrm{var}S_2 = P^2 \times S_3 \quad \cdots\cdots(17)$$

S_2 归类于有心相对测量不确定度。

从获得的实验结果看来，在本标准其余部分中出现的所有随机测量值，都通过一个与公式(16)相似的公式，与其真值建立联系。

如果用某一字母(a，b，c 等)表示对测量的某一随机影响量，则用下角标 0，1，2，3，r，5 和 s，分别表示测量结果的相对平均值、相对系统不确定度、有心相对测量不确定度、相对方差、相对随机不确定度、相对允差和相对系统偏差。

5.2 对取样有影响的参数

依据上述约定，并利用第 4 章的符号表示方法，可得到下列公式：

a) 非均匀性引起的误差

对于 $i=1$ 到 N

$$P_i = w_i(1 + a_1 + a_{2i}) \quad \cdots\cdots(18)$$

式中 a_i 是相对系统不确定度，且 $E(a_{2i})=0$；$\mathrm{var}a_{2i}=a_3=$ 相对方差。

b) 取样系统引起的改变

对于 $i=1$ 到 N

$$q_i = P_i(1 + b_1 + b_{2i}) \quad \cdots\cdots(19)$$

式中 b_1 是相对系统不确定度，且 $E(b_{2i})=0$；$\mathrm{var}b_{2i}=b_3=$ 相对方差。

c) 流量计引起的误差

对于 $i=1$ 到 $N-1$

$$V_i = V(1 + c_{1i} + c_{2i}) \quad \cdots\cdots(20)$$

式中 c_{1i} 是取决于流量计操作流量的相对系统不确定度，故其与 i 有关，且 $E(c_{2i})=0$；$\mathrm{var}c_{2i}=c_3=$ 相对方差。

d) 取样体积引起的误差

对于 $i=1$ 到 N

$$e_i = e(1 + d_{1i} + d_{2i}) \quad \cdots\cdots(21)$$

式中 d_{1i} 是取决于流体流速的相对系统不确定度，故其与 i 值有关，且 $E(d_{2i})=0$；$\mathrm{var}d_{2i}=d_3=$ 相对方差。

e) 在取样过程中，由于样品存储在 R_1 中而引起的改变

对于样品接收容器(R_1)

$$w'' = w'(1 + h_1 + h_2) \quad \cdots\cdots(22)$$

式中 h_s 是相对系统不确定度，且 $E(h_2)=0$；$\mathrm{var}h_2=h_3=$ 相对方差。

5.3 对样品分析有影响的参数

应用上面的约定,可以写出下面的内容:

a) 样品转换引起的误差

$$s' = w''(1 + f_1 + f_2) \quad \cdots\cdots(23)$$

式中 f_1 是相对系统不确定度,且 $E(f_2)=0$;$\mathrm{var} f_2 = f_3$ = 相对方差

b) 传递给实验室玻璃器具及分析引起的误差

对于 $j=1$ 到 n

$$T_j = S'(1 + g_1 + g_{2j}) = w''(1 + f_1 + f_2)(1 + g_1 + g_{2j}) \quad \cdots\cdots(24)$$

式中 g_1 是相对系统不确定度,且 $E(g_{2j})=0$;$\mathrm{var} g_{2j} = g_3$ = 相对方差。

5.4 统计学假定

下面考虑存在于各相对系统不确定度和有心相对测量不确定度之间的所有连接环节。

显然,样品分析与在 R_1 容器中获取样品的方法无关,还可推定,在样品分析过程中,变量 f_2 和 g_{2j} 彼此不相关,相对系统不确定度 f_1 和 g_1 也与分析次数 j 无关。

对于给定的原油,其相对系统不确定度(a_1、b_1、c_{1i} 和 d_{1i})和有心相对测量不确定度(a_{2i}、b_{2i}、c_{2i} 和 d_{2i}),只与流体在主管线中的流量和取样系统回路中的流量(如果有的话)相关。

因为除了由混合器引起的不确定度 a_{2i},流体的流速对其他相对中间测量不确定度几乎没有任何影响。因此可以假定,相对中间测量不确定度在统计学上是独立的,而且,b_{2i}、c_{2i} 和 d_{2i} 的方差也不依赖于 i 值。采用标准混合器,可以确保该装置的相对方差以一个固定数为上限。用这个数取代 a_{2i} 的方差,可以假定 a_{2i} 也有一个与 i 值无关的方差。

如果混合器的相对系统不确定度 a_1 与流体的流速有关,则可以用一个与 i 值无关的固定上限值来取代它。

假定 b_1 和流体的流速也不相关,则即使采用了 $|b_1|$ 的上限值,取样体积的相对系统不确定度 d_1 也与流体的流速相关,而且与 i 值也相关。

对流量计的多方面研究也表明,相对系统不确定度 c_{1i} 与流体的流速密切相关,而且与 i 值也相关。

综上所述,可以假定:

a) 除了流量计的相对系统不确定度和每次取样体积的相对系统不确定度,所有的相对系统不确定度都与 i 值不相关,与样品或分析的次数 j 值也不相关;

b) 变量 a_{2i}、b_{2i}、c_{2i}、d_{2i}、f_2、g_{2j} 和 h_2 之间彼此不相关,而且,它们的方差与角标 i 值和 j 值也不相关。

注:取样系统或是直接取样,或是有一个循环回路(见图 3)。直接取样系统的缺点是采用长取样管(3 m~5 m)时,将有 100 个以上的样品残存在取样管中,相对于 2 000~5 000 次规模的样品,这是一个不能不考虑的偏差。带有取样回路的取样系统则没有这种情况。

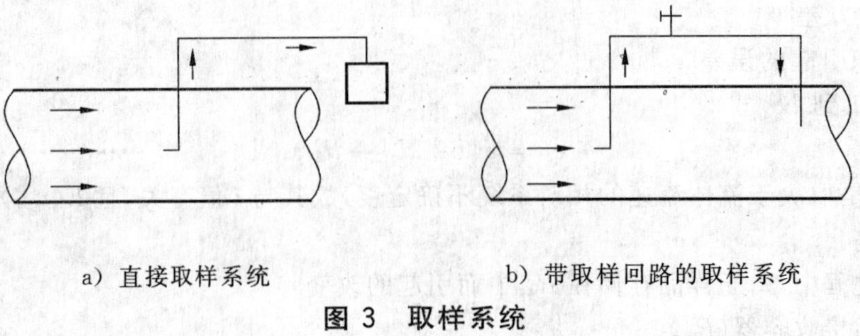

a) 直接取样系统　　b) 带取样回路的取样系统

图 3 取样系统

由于 V_i 是随机的,所以 N 值不确定。

可能存在如下两种情况:

a) 已安装完整的取样系统，且系统的特性也已知。然后，在考虑期望的 w 的准确度同时，应用 12.2 中的有关公式或图，确定样品的平均数 N_0。完成取样的同时，实际取样的次数 N 也就知道了。根据已确定的 N 值，运用 12.2 中的有关公式或图表，就能获得确切的准确度；

b) 没有安装取样系统

$N>1000$ 时，可以用其平均值代替 N，因为已知这时系统会引入一个数量级最大为$\sqrt{\frac{1}{N}}$的误差。

6 样品接收容器中样品水含量估计值 T' 的研究

用 T' 确定关于 w 估计值的允差，即数值 D 满足：

$$\mathrm{Prob}[|T'-w|<D]\geqslant 95\% \qquad (25)$$

随后的分析步骤如下。

应用高斯(Gaussian)近似法得出公式：

$$D=|E(T')-w|+2\sqrt{\mathrm{var}T'} \qquad (26)$$

考虑到前面所做的统计学假定，可以得出：

$$T'=\frac{1}{n}\sum_{j=1}^{n}T_j=w'(1+f_1+f_2)(1+h_1+h_2)\overline{R} \qquad (27)$$

且：

$$R_j=(1+g_1+g_{2j}) \text{ 且 } \overline{R}=\frac{1}{n}\sum_{j}R_j \qquad (28)$$

因此：

$$E(T')=E(w')(1+h_1)(1+f_1)E(\overline{R}) \qquad (29)$$

且：

$$\mathrm{var}T'=\{[\mathrm{var}w'+E(w')^2]\}\{[\mathrm{var}\,\overline{R}L_3+L_1^2\mathrm{var}\,\overline{R}+L_3E(\overline{R})^2]\}+E(\overline{R})^2L_1^2\mathrm{var}w' \qquad (30)$$

有：

$$L_1=(1+h_1)(1+f_1);L_3=h_3f_3+(1+f_1)^2h_3+(1+h_1)^2f_3 \qquad (31)$$

确定 w' 和 $\overline{R}$ 的平均值和方差十分必要，因为它们是与取样、分析程序相关的各种系统不确定度和随机不确定度的函数。

7 因分析程序引起的失真

7.1 平均值和方差的确定

应用下列公式确定平均值和方差。

$$E(\overline{R})=E(R_j)=1+g_1 \qquad (32)$$

$$\mathrm{var}\,\overline{R}=\frac{1}{n}\mathrm{var}R_j=\frac{1}{n}g_3 \qquad (33)$$

7.2 举例

如假定 w'' 能完全地估计 w，即 $w''=w$(这意味着 $h_1=h_3=0$)，确定因样品分析及分析次数 n 引起的不确定度如何影响 w 估计值的允差 D。

相对系统不确定度、相对随机不确定度和相对方差取下列常规值：

$f_1=0.5\%$；$f_r=1\%$；$f_3=0.25\times10^{-4}$

$g_1=0.5\%$；$g_r=8\%$；$g_3=16\times10^{-4}$

结果列在表 2 中。

表 2 结果

w	1%		2%	
n[a]	1	2	1	2
$\|E(T')-w\|$	10^{-4}	10^{-4}	2×10^{-4}	2×10^{-4}
$\mathrm{var}T'$	16×10^{-8}	8×10^{-8}	64×10^{-8}	32×10^{-8}
D^*	0.9×10^{-3}	0.64×10^{-3}	1.8×10^{-3}	1.28×10^{-3}

[a] 要求至少进行两次样品分析。

8 因样品引起的误差

应用下列公式确定 w'的平均值和方差。

$$E=\sum_{i=1}^{N}e_i \quad\cdots\cdots(34)$$

于是：

$$w'=\sum_{i=1}^{N}\frac{e_i}{E}q_i \quad\cdots\cdots(35)$$

那么：

$$w-w'=\frac{1}{w}\int_0^W w(\mathrm{v})\mathrm{d}v-w'=\left[\frac{1}{w}\int_0^W w(\mathrm{v})\mathrm{d}v-\sum_{i=1}^{N-1}\frac{V_i}{w}\frac{w_i+w_{i+1}}{2}\right]+\left(\sum_{i=1}^{N-1}\frac{V_i}{w}\frac{w_i+w_{i+1}}{2}-w'\right)=A+B \quad\cdots\cdots(36)$$

取：

$$A=\frac{1}{w}\int_0^W w(\mathrm{v})\mathrm{d}v-\sum_{i=1}^{N-1}\frac{V_i}{w}\ \frac{w_i+w_{i+1}}{2} \quad\cdots\cdots(37)$$

$$B=\sum_{i=1}^{N-1}\frac{V_i}{w}\frac{w_i+w_{i+1}}{2}-\sum_{i=1}^{N}w_i\ \frac{e_i}{E}(1+b_1+b_{2i})(1+a_1+a_{2i}) \quad\cdots\cdots(38)$$

式中：

A——对信号 $w(\mathrm{v})$的黎曼(Riemann)积分和黎曼和之间的偏差；

B——同信号 $w(\mathrm{v})$有关的黎曼和与 w'值之间的偏差。

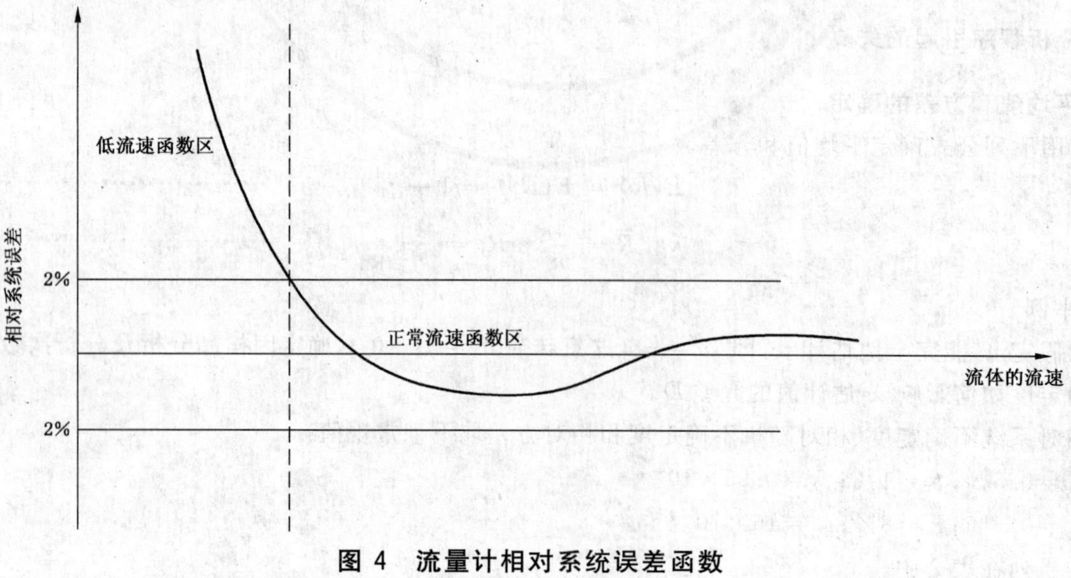

图 4 流量计相对系统误差函数

这样：

$$E(w')=w-E(A)-E(B) \quad \cdots\cdots(39)$$

且：

$$\operatorname{var}(w-w')=\operatorname{var}w'\leqslant(\sqrt{\operatorname{var}A}+\sqrt{\operatorname{var}B})^2 \quad \cdots\cdots(40)$$

流量计的相对系统不确定度作为流体流速的一个函数，它的特性曲线如图 4 所示，通过分析，我们可以发现如下特点：

——‘正常’速度状态下

|相对系统不确定度|<临界值(高流速)

——‘低’速度状态下

|相对系统不确定度|>临界值(低流速)

临界值的选择取决于所选用流量计的类型(高性能：$c_r\approx1\%$；中等性能：$c_r\approx2\%$；工艺测量：$c_r\approx5\%$)，依据要求的允差选择流量计类型。通常，在要求允差小于 2%的领域，选择高性能的流量计或超声波流量计，而在要求允差大于 2%的领域，选择工艺测量流量计。

应说明，I_1 是流量计在常规流速时采集的样品数，I_2 是在低流速下采集的样品数。

9 补充研究

9.1 流量计的不确定度

通过下列公式确定流体流过管线截面的总体积 W。

$$W=\sum_i V(1+c_{1i}+c_{2i})$$

因此：

$$W=E(W)=\sum_i V(1+c_{1i}) \quad \cdots\cdots(41)$$

统计学上，w_i 和 V_i 是不相关的(w_i 值与 V_i 的不确定度不相关)。因此，考虑 N 值大小后就可得到：

$$\sum_i \frac{w_iV_i}{N}=E\left[\frac{\sum w_i}{N}\right]E\left[\frac{\sum V_i}{N}\right]\left[1+\frac{Z(N)}{\sqrt{N}}\right]=\frac{\sum w_i}{N}\frac{W}{N}\left[1+\frac{Z'(N)}{\sqrt{N}}\right] \quad \cdots\cdots(42)$$

这里，$Z(N)$ 和 $Z'(N)$ 是以同一固定数为界限的两个数(见 Renyi 概率计算 Dunod,1966)。

取：

$$\sum_i w_iV_i=\left(\sum_i w_i\right)\frac{W}{N}\left[1+\frac{Z'(N)}{\sqrt{N}}\right] \quad \cdots\cdots(43)$$

设定：

$$p_1=\frac{\mathrm{card}I_1}{N}=\text{常规流速下的抽样比例}$$

$$p_2=\frac{\mathrm{card}I_2}{N}=\text{低流速下的抽样比例}$$

取 δ_1 为常规流速下的相对系统不确定度的平均值：

$$\frac{1}{\mathrm{card}I_1}\varepsilon\sum_i^{I_1}c_{1i}=\frac{1}{Np_1}\varepsilon\sum_i^{I_1}c_{1i} \quad \cdots\cdots(44)$$

取 δ_2 为低流速下的相对系统不确定度的平均值

$$\frac{1}{\mathrm{card}I_2}\varepsilon\sum_i^{I_2}c_{1i}=\frac{1}{Np_2}\varepsilon\sum_i^{I_2}c_{1i} \quad \cdots\cdots(45)$$

再取：

$$\delta_3=p_1\delta_1+p_2\delta_2 \quad \cdots\cdots(46)$$

则有：

$$\sum_i c_{1i} = N\delta_3 \quad \cdots\cdots(47)$$

从而：

$$W = VN(1+\delta_3) \quad \cdots\cdots(48)$$

注：实际上，δ_1 和 δ_3 都是未知量，但 $|\delta_1|$ 的上限值 δ_1' 和 $|\delta_2|$ 的上限值 δ_2' 是已知量。

$|\delta_3|$ 可通过上述关系式和下式推导出来：

$$\delta_3' = p_1\delta_1' + p_2\delta_2'$$

（其临界值始终是 $|\delta_1|$ 的上限值）。

例如，当 $p_1>90\%$、$\delta_1'=2\%$ 和 $p_2<10\%$、$\delta_2'=10\%$ 时，结果为 $|\delta_3|\leqslant 2.8\%$。

9.2 单位样品容积的不确定度

取：

$$E_i = e_i/E$$

由于：

$$\sum_i E_i = 1$$

且：

$$E_i = \frac{1}{N}\frac{1+d_{1i}+d_{2i}}{1+\overline{d}+\overline{d_2}} \approx \frac{1}{N}(1+d_{1i}-\overline{d_1}+d_{2i}-\overline{d_2}) \quad \cdots\cdots(49)$$

由于：

$$\overline{d_1} = \frac{1}{N}\sum_i d_{1i}$$

$$\overline{d_2} = \frac{1}{N}\sum_i d_{2i}$$

所以：

$$E(E_i) \approx \frac{1}{N} \quad 且 \quad \mathrm{var}E_i \approx \frac{1}{N^2}\mathrm{var}(d_{2i}-\overline{d_2}) \approx \frac{d_3}{N^2} \quad \cdots\cdots(50)$$

从上述可以看出，通过假定 e_1 的不确定度与 w_i 值不相关，且考虑到 N 值的大小，可以得出：

$$\sum_i \frac{w_iE_i}{N} = E\left(\frac{\sum w_i}{N}\right)E\left(\frac{\sum E_i}{N}\right)\left[1+\frac{Z(N)}{\sqrt{N}}\right] = \sum_i \frac{w_i}{N}\left[1+\frac{Z'(N)}{\sqrt{N}}\right] \quad \cdots\cdots(51)$$

从而：

$$\sum_i \frac{w_iE_i}{N} = \left(\frac{\sum w_iE_i}{N}\right)\left[1+\frac{Z''(N)}{\sqrt{N}}\right] \quad \cdots\cdots(52)$$

这里，$Z(N)$，$Z'(N)$ 和 $Z''(N)$ 都是绝对值，其上限值为同一固定数（变量 E_i 之间的内在关系不会改变最终结果）。

10 采集样品瞬间时刻引起的误差

$\int_a^{a+u} w(v)\mathrm{d}v - u\frac{w(a)+w(a+u)}{2}$ 直接求上限很困难。

采用下式使差值 $Y(a)-Z(a)$ 随机化：

$$Y(a) = \int_a^{a+u} w(v)\mathrm{d}v \quad 及 \quad Z(a) = u\frac{w(a)+w(a+u)}{2} \quad \cdots\cdots(53)$$

假定 a 在区间 $\{0, W-u\}$ 内均匀变化，给出：

$$E[Z(a)] = uw \quad \cdots\cdots(54)$$

且：

$$E[Y(a)]=\frac{1}{w}\int_0^{w-u}\left[\int_a^{a+u}w(v)\mathrm{d}v\right]\mathrm{d}a=uw+\rho\frac{u^2}{W}\quad \rho\in\{0,1\} \qquad \cdots\cdots\cdots\cdots(55)$$

同样地：

$$E\{[Y(a)-Z(a)]^2\}=\frac{1}{w}\int_0^{w-u}\left[\int_a^{a+u}w(v)\mathrm{d}v-u\frac{w(a)+w(a+u)}{2}\right]^2\mathrm{d}a$$

$$<\frac{1}{w}\int_0^w\left[\frac{u^3}{12}w''(\tau_a)\right]^2\mathrm{d}a\approx\frac{u^6}{144\times W}\int_0^w w''^2(v)\mathrm{d}v \qquad \cdots\cdots\cdots\cdots(56)$$

这里 $w''(v)$ 是 $w(v)$ 的二阶导数。

要求 w'' 值，应计算平滑信号 $w(v)$ 的二阶导数。由于 u 值全都与 $w(v)$ 的波动有关系，可假定 $w(v)$ 是光滑的，在抛物线型线段 u 上面。$\frac{1}{w}\int_0^w w''^2(v)\mathrm{d}v$ 是 w''^2 在区间 $\{0,w\}$ 上的平均值。

当 w'' 在 $\{0,w\}$ 区间上的平均值是 0 时，w''^2 值可以被 w^* 的平方值所代替，这样，运用高斯(Gaussion)近似法，将有 60% 的 $|w''|$ 值小于 w^*。

对于该区间至少 60% 的线段，可以假定：

$$|W''|<\frac{0.2}{u^2} \qquad \cdots\cdots\cdots\cdots(57)$$

否则，对于其余线段上(见图 5)水含量的变差和至少应是所输送流体总量 W 的体积分数 0.33%(没有考虑图 5 中白色区域)，这很难与体积分数 1%～2% 的水含量范围 w 保持一致。

由此给出：

$$E\{[Y(a)-Z(a)]^2\}\leqslant\frac{u^2}{0.7\times 10^4} \qquad \cdots\cdots\cdots\cdots(58)$$

取：

$\tau_i=Y(v_i)-Z(v_i)$

$u=V_i+1$

得到：

$$A=\frac{1}{W}\sum_{i=0}^{N-2}\tau_i \qquad \cdots\cdots\cdots\cdots(59)$$

和

$$|E(A)|\leqslant\frac{1}{W}\sum|E(\tau_i)|=\frac{1}{W^2}\sum_i E(V_{i+1}^2)=\frac{V^2}{W^2}\sum_i[(1+c_{1i})^2+c_3]$$

$$=\frac{1}{N^2(1+\delta_3)^2}[N(1+2\delta_3)+Nc_3]=\frac{1}{N}(1+c_3) \qquad \cdots\cdots\cdots\cdots(60)$$

注：舍掉了式中 $2\delta_3$ 项。δ_3 项作为流量计性能的函数[见公式(68)和(69)]被忽略不计的先决条件是 $|\delta_3|$ 值足够地小。

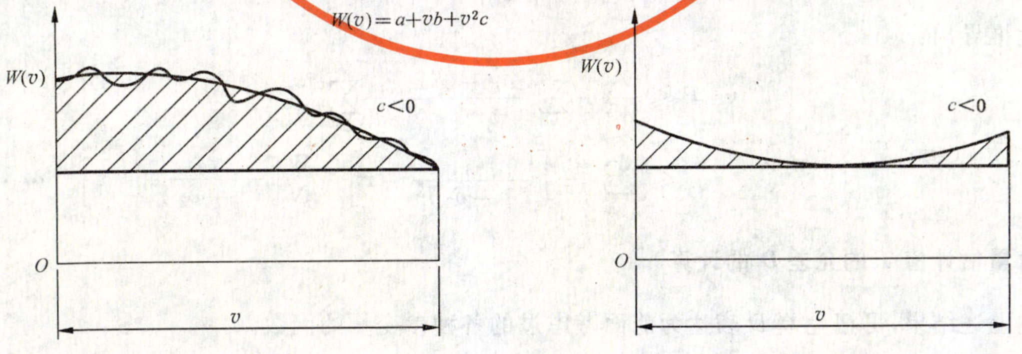

a)　　　　b)

变差——阴影部分的面积。

图 5　变差的图解说明

$N-1$ 已被 N 替代，考虑到 N 值的大小，这会引入一个可忽略的误差。

当 $\sum_i \tau_i \approx 0$ 时，可以设定 τ_i 间是负相关的，因此，

$$\begin{aligned}\mathrm{var}A &\leqslant \frac{1}{W^2}\sum_i \mathrm{var}\tau_i \leqslant \frac{1}{W^2}\sum_i E(\tau_1{}^2) \leqslant \frac{1}{0.7\times 10^4\times W^2}\sum_i E(V_i^2+1)\\ &= \frac{V^2}{W^2\times 0.7\times 10^4}\sum_i[(1+c_{1i})^2+c_3] \approx \frac{1+c_3}{0.7\times 10^4\times N}\end{aligned} \quad\cdots\cdots(61)$$

11 由取样系统引起的误差

考虑到在第 9 章中得到的结果，及变量 V_i，a_{2i}，b_{2i}，和 e_i 的不相关性，有

$$\begin{aligned}E(B) &= \sum_i \frac{w_i}{N}\left[1+\frac{Z_1(N)}{\sqrt{N}}\right]-(1+a_1)(1+b_1)\sum_i E(w_iE_i)\\ &\approx \sum_i \frac{w_i}{N}+(1+a_1)(1+b_1)\sum_i \frac{w_i}{N}\left[1+\frac{Z_2(N)}{\sqrt{N}}\right] \approx -w(a_1+b_1)\end{aligned} \quad\cdots\cdots(62)$$

这里 $Z_1(N)$和 $Z_2(N)$都是绝对值，其上限值为同一固定数。

于是：

$$\begin{aligned}Y &= \mathrm{var}\left[\sum_i w_iE_i(1+b_1+b_{2i})(1+a_1+a_{2i})\right]\\ &= E[(1+b_1+b_{2i})(1+a_1+a_{2i})]^2\mathrm{var}\left(\sum_i w_iE_i\right)\\ &\quad+\sum_i w_i{}^2E(E_i{}^2)\mathrm{var}[(1+b_1+b_{2i})(1+a_1+a_{2i})]\\ &= (1+b_1)^2(1+a_1)^2\mathrm{var}\left(\sum_i w_iE_i\right)+\sum_i w_i{}^2E(E_i{}^2)p\end{aligned} \quad\cdots\cdots(63)$$

因：

$$p = a_3b_3+(1+b_1)^2a_3+(1+a_1)^2b_3 \quad\cdots\cdots(64)$$

当 $\sum_i E_i = 1$ 时，变量 E_i 间是负相关的，因此，

$$\begin{aligned}Y &< (1+b_1)^2(1+a_1)^2\sum_i w_i{}^2\mathrm{var}E_i+\left(p\sum_i w_i{}^2\right)[\mathrm{var}E_i+E(E_i)^2]\\ &< \{d_3[p+(1+a_1)^2(1+b_1)^2]+p\}\sum_i \frac{w_i^2}{N^2} = \tau\sum_i \frac{w_i^2}{N^2}\end{aligned} \quad\cdots\cdots(65)$$

$$\tau = d_3[p+(1+a_1)^2(1+b_1)^2]+p \quad\cdots\cdots(66)$$

由此推导出：

$$\begin{aligned}\mathrm{var}B &\leqslant \frac{V_2}{W^2}c_3\sum_i \frac{w_i+w_{i+1}}{4}+\sum_i \frac{w_i^2}{N^2}\\ &\leqslant \sum_i \frac{w_i^2}{N^2}\left[\frac{c_3}{(1+\delta_3)^2}+\tau\right] < \frac{W}{N}\left[\frac{c_3}{(1+\delta_3)^2}+\tau\right]\end{aligned} \quad\cdots\cdots(67)$$

12 水含量估计值 T' 的允差 D 的计算

归纳上述结果，可把允差 D 表达为前面考虑过的各种参变量的函数。

12.1 输入数据

相对系统不确定度一般是不知道的，标准和文献通常能提供相对系统偏差。同样地，不是用方差而是用相对随机不确定度进行误差描述。影响水含量估计值 T' 的不确定度分量描述参见表 3。

例如,设

取样次数:N

分析的次数:n

流量计:常规流速下采集的样品比例为 ρ_1,而低流速下采集的样品比例为 ρ_2。

这里:

ρ_1 是在常规流速下输送量 W 的比例部分;

ρ_2 是在低流速下输送量 W 的比例部分。

表 3　相对系统不确定度和相对随机不确定度

影响水含量估计值 T' 的参变量		相对系统偏差	相对随机不确定度
在截面(S)中水含量的非均匀程度		a_s	a_r
由取样系统引起的水含量改变		b_s	b_r
每个样品体积的不确定度		d_s	d_r
在取样过程中,因储存容器(R_1)造成的误差		h_s	h_r
在转换至(R_2)过程中,产生的水含量误差		f_s	f_r
因样品传递至实验室玻璃器皿及分析过程所造成的水含量测定的不确定度		g_s	g_r
流量计	常规流速	δ'_1	c_r
	低流速	δ'_2	

12.2　一般公式

计算:

$$a_3=\left(\frac{a_r}{2}\right)^2;b_3=\left(\frac{b_r}{2}\right)^2;d_3=\left(\frac{d_r}{2}\right)^2;c_3=\left(\frac{c_r}{2}\right)^2;f_3=\left(\frac{f_r}{2}\right)^2;$$

$$g_3=\left(\frac{g_r}{2}\right)^2;h_3=\left(\frac{h_r}{2}\right)^2$$

而:

$$\delta'_3=\rho_1\delta'_1+\rho_2\delta'_2$$

使用具有中、高性能的流量计,要求:

$$\delta'_3<5\times10^{-2} \qquad\cdots\cdots(68)$$

使用工艺测量流量计,要求:

$$\delta'_3<0.1 \qquad\cdots\cdots(69)$$

如果因为不知道 δ'_1 和 δ'_2 的数量级而不能算出 δ'_3,则在所使用的流体流速范围内,可以通过取相对系统不确定度函数(见图 2)平均值的绝对值估算 δ'_3。

然后计算:

$$A_1=(1+f_s)(1+h_s)$$

$$B_1=h_3f_3+(1+f_s)^2h_3+(1+h_s)^2f_3$$

$$A_2=A_1\times(1+g_s)$$

$$B_2=\frac{g_3}{n}B_1+(A_1)^2+B_1(1+g_s)^2$$

$$F_1=a_3b_3+(1+b_s)^2a_3+(1+a_s)^2b_3$$

$$F_2=F_3d_3+d_3(1+a_s)^2(1+b_s)^2+F_1$$

$$A_3 = \frac{1}{N}(1 + c_3)$$

$$B_3 = \frac{1 + c_3}{0.7 \times 10^4 \times N}$$

$$A_4 = w(a_s + b_s)$$

$$B_4 = \frac{W}{N}\left[F_2 + \frac{c_3}{(1 + \delta_3)^2}\right]$$

$$A_5 = A_2(A_3 + A_4) + w(A_2 - 1)$$

$$B_5 = (A_2{}^2 + B_2)(\sqrt{B_3} + \sqrt{B_4})^2 + (w + A_3 + A_4)^2 B_2$$

且 $D = A_5 + 2\sqrt{B_5}$

注：如果 w 值不知道，而 T' 值已算出，在以上公式中可用 T' 代替 w。

12.3 估算公式

考虑到系统不确定度和重复性的数量级，

$$A_5 \approx \frac{1}{N} + w(a_s + b_s + g_s + f_s + h_s) \quad \cdots\cdots(70)$$

$$B_5 \approx \frac{1}{N}\left[\sqrt{\frac{1}{0.7 \times 10^4}} + \sqrt{w(a_3 + b_3 + c_3 + d_3)}\right]^2 + w^2\left(h_3 + f_3 + \frac{g_3}{n}\right) \quad \cdots\cdots(71)$$

从而：

$$D = A_5 + 2\sqrt{B_5}$$

12.4 数据测试

作为例子，假如已取得以下一组数据：

混合器	$a_s = 1\%$ (0.01)；$a_r = 5\%$
取样系统	$b_s = 1\%$(0.01)；$b_r = 2\%$(0.02)
取样体积的不确定度	$d_s = 10\%$(0.10)；$d_r = 10\%$(0.10)
在(R_1)中存储	$h_s = 1\%$(0.01)；$h_r = 1\%$(0.01)
为(R_2)取子样	$f_s = 0.5\%$(0.005)；$f_r = 1\%$(0.01)
为分析取子样及某次分析的不确定度	$g_s = 0.5\%$(0.005)；$g_r = 8\%$(0.08)
流量计	$c_r = 2\%$(0.02)

表 4 详细地给出了水含量的允差 D 值。

表 4 水含量允差 *D*

↓ w	↓ n	2 500	5 000	10 000	20 000	←N 值
0.5%	1	0.14%	0.10%	0.08%	0.07%	D 值
	2	0.13%	0.09%	0.07%	0.06%	
1%	1	0.19%	0.16%	0.14%	0.13%	
	2	0.17%	0.14%	0.12%	0.11%	
2%	1	0.30%	0.27%	0.26%	0.25%	
	2	0.26%	0.23%	0.21%	0.21%	

结论

根据上述公式和数据表格，可得出以下结论：

a) 应借助式(68)或式(69)，验证泵输送状况与流量计相对系统不确定度函数的一致性。

例如：

如果在常规流速下，至少有80%的流体体积被输送，这时有一个小于2%的相对系统偏差；而在低流速下，至多有20%的流体体积被输送，这时有一个小于15%的相对系统偏差，则有：

$$\delta'_3 = 0.8\times0.02+0.2\times0.15=0.046(\text{即 }4.6\%)$$

b) 在允差 D 的计算中，因分析产生的分量不是不重要的，但此分量仅以 $1/\sqrt{n}$ 为比例缓慢地减小。

例如：

对于 $w=2\%$，$N=20\,000$，$n=4$ 时：

$D=17.45$

相对应 $n=1$ 时：

$D=25.00$

12.5 曲线图及其用途

12.5.1 图6至图11的曲线给出了允差 *D*

$$D=D(N)=\frac{1}{N}+wS'+2\left\{\frac{1}{N}[1.2\times10^{-2}+(wR)^{1/2}]^2+w^2P'\right\}^{1/2}$$

这里：

$$S'=a_s+b_s+g_s+f_s+h_s$$

$$R=\frac{1}{4}(a_r{}^2+b_r{}^2+c_r{}^2+d_r{}^2)$$

$$P'=\frac{1}{4}\left(f_r{}^2+h_r{}^2+g_r{}^2\frac{r}{n}\right)$$

得到（见第3章的符号表示法）：

$$S'=S+L,\ P'=P+\frac{h_r{}^2}{4}$$

对应不同的 S'，R，P'，n 和 w 值，N 值在1 000与20 000之间变化。

12.5.2 依据如下方法使用曲线图

12.5.2.1 在固定的取样序列下，各分量的统计特性是已知的。

S'、R 和 P' 值是计算出的数值，N 值是固定值，w 取某一合理的上限值（通常是未知的）。

通过解读曲线图，适当地采用内插法，可推断出单位样品取样次数 N。

另外，应须核实液体的输送条件（68）或（69）。

例如，当 $n=1$

$a_s=1\%(0.01)$；$a_r=5\%(0.05)$；$b_s=1\%(0.01)$；$b_r=2\%(0.02)$；

$d_s=10\%(0.10)$；$d_r=10\%(0.10)$；$h_s=0.5\%(0.005)$；$h_r=1\%(0.01)$；

$f_s=0.8\%(0.008)$；$f_r=1\%(0.01)$；$g_s=0.8\%(0.008)$；$g_r=8\%(0.08)$；

$c_r=2\%(0.02)$

可得到：

$S'=3.5\times10^{-2}$；$R=33.25\times10^{-4}$；$P'=16.50\times10^{-4}$；

取 w 为2%，要使允差 $D=2.5\%(0.025)$，应须取 $N=13\,500$（见图10）。该值代表两条 $S'=4\times10^{-2}$ 曲线之间的平均值。

$D=1\%(0.01)$ 时，没有可用值。

12.5.2.2 选择一序列分量，可能要固定 D、N、w 和 n 值。而 S'、R 和 P' 可能有几组对应值，且每组可以给出几个可能的统计特性数值。通过引入与工艺可能性相关的附加约束条件，只能作出一个决定。

例如，取两个具有相同的相对系统不确定度和相对随机不确定度的混合器 H_1 和 H_2，

$a_r(1)=1\%(0.01)$和$a_r(2)=5\%(0.05)$

同时取两台取值分别为 D_1 和 D_2 的流量计，它们的相对随机不确定度分别是：

$c_r(1)=1\%(0.01)$和$c_r(2)=5\%(0.05)$

这样，在两种情况下验证条件(68)或(69)。

因为：

$$a_r^2(1)+c_r^2(2)=a_r^2(2)+c_r^2(1)$$

对于完整的取样序列，(H_1,D_2)和(H_2,D_1)两对数据有着相同的统计学效果（通过变量 R）。

借助于上面提到的客观判断标准，要求在两对之间做出选择。

图 6 至图 11 给出了含水量测量的允差 D，它是取样次数 N 及其他各参变量的函数。

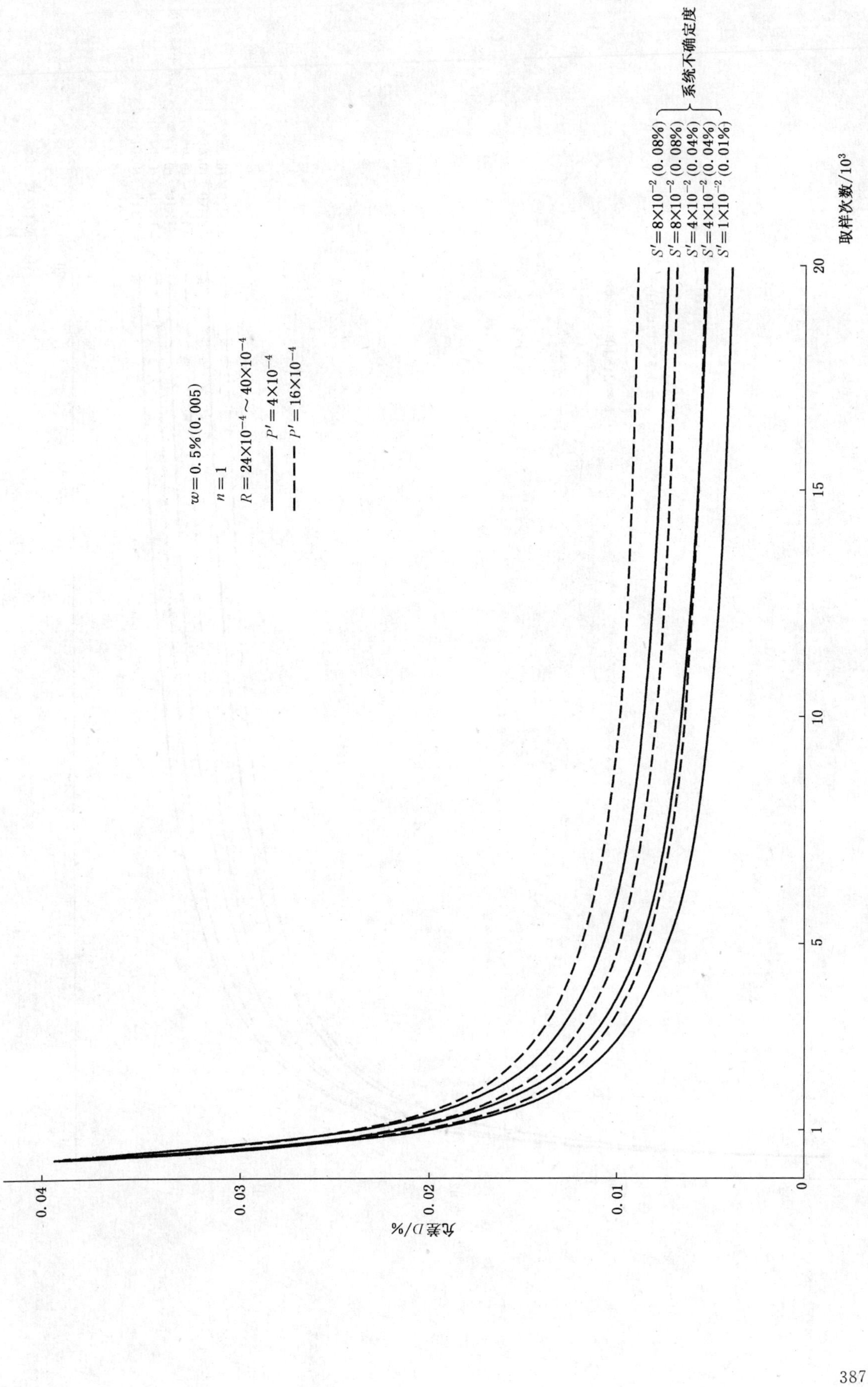

图 6 当 $w=0.5\%$ 且 $n=1$ 时，水含量测量允差与取样次数的函数关系

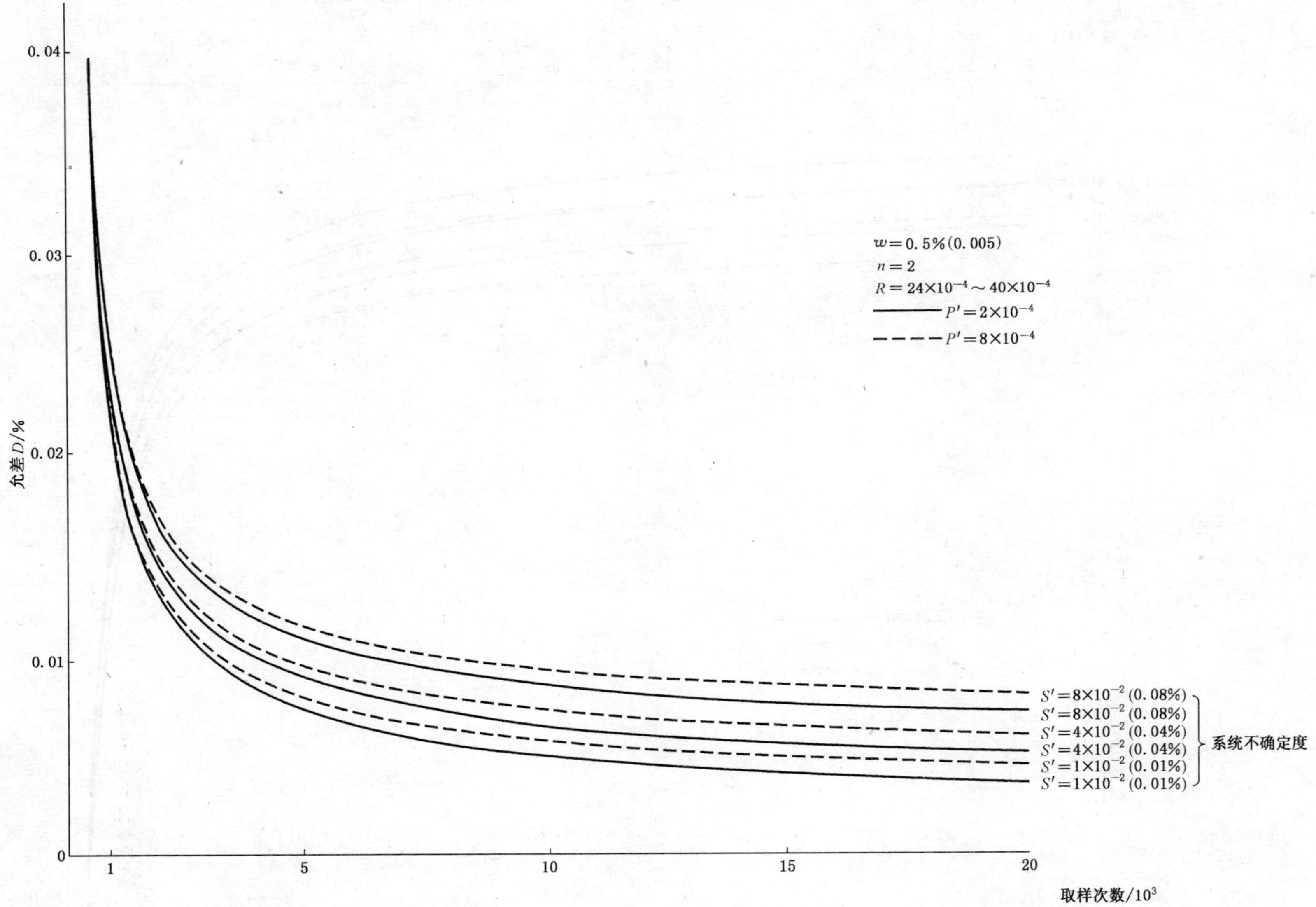

图 7　当 $w=0.5\%$ 且 $n=2$ 时，水含量测量允差与取样次数的函数关系

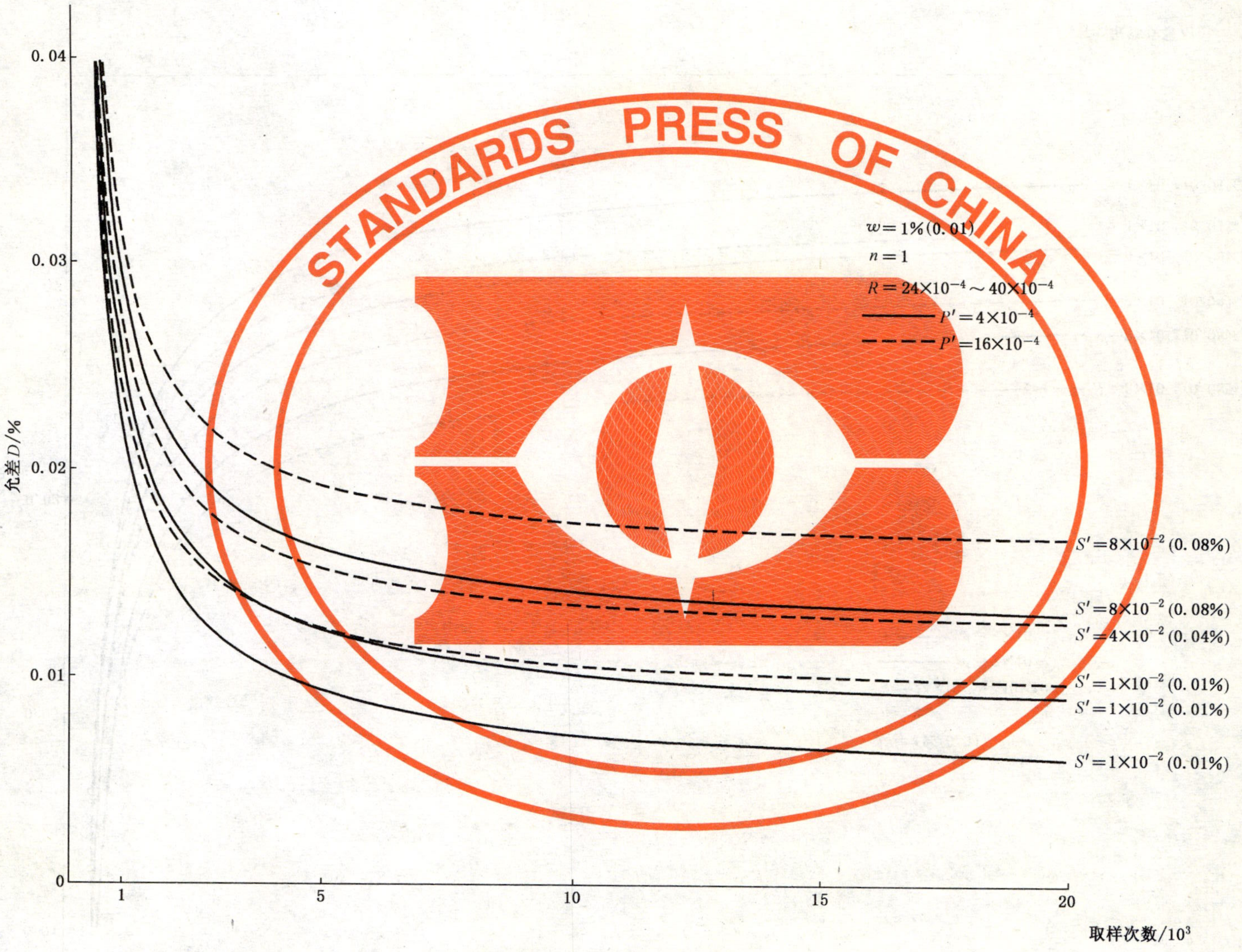

图 8　当 $w=1\%$ 且 $n=1$ 时，水含量测量允差与取样次数的函数关系

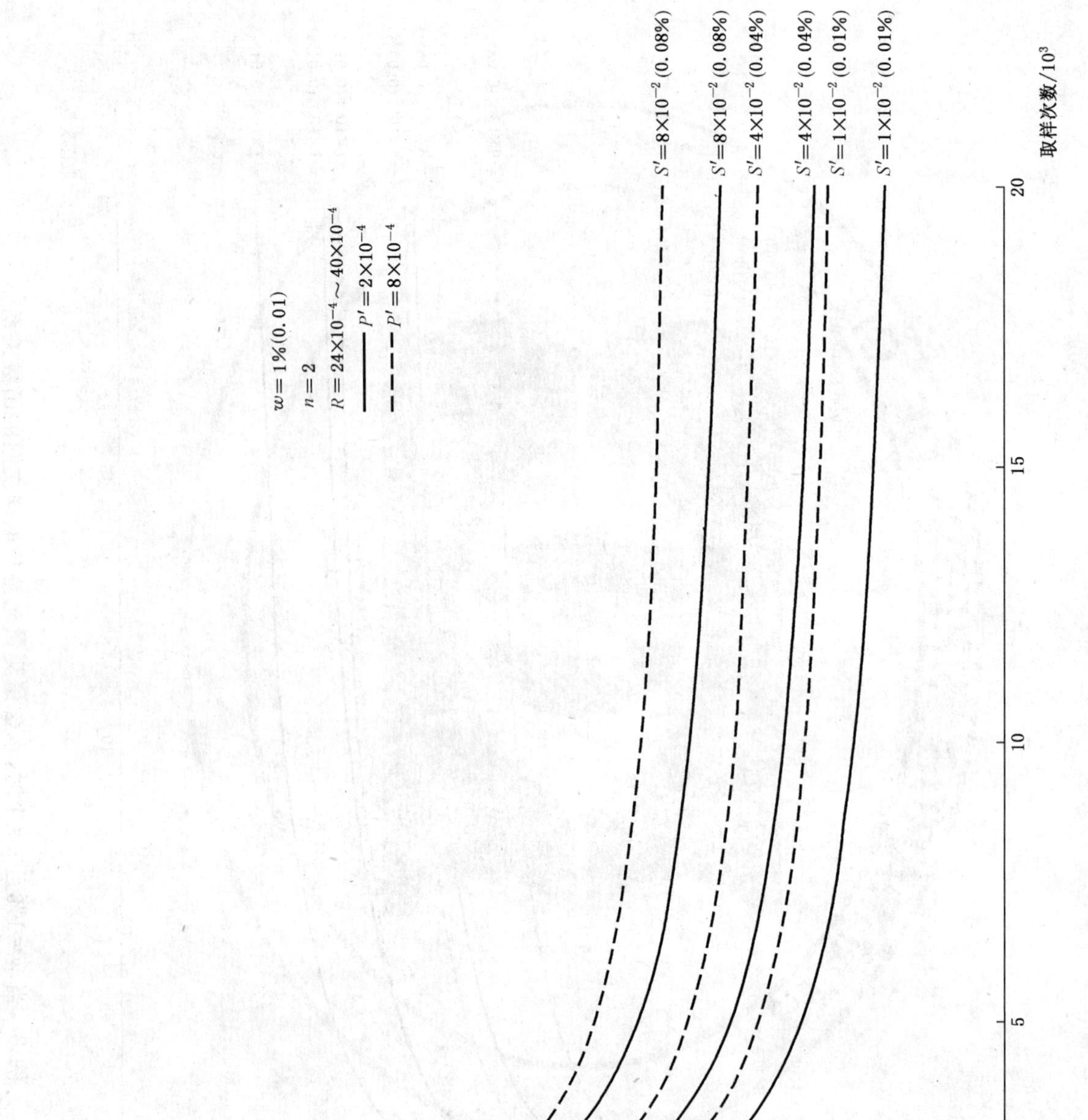

图 9　当 $w=1\%$ 且 $n=2$ 时，水含量测量允差与取样次数的函数关系

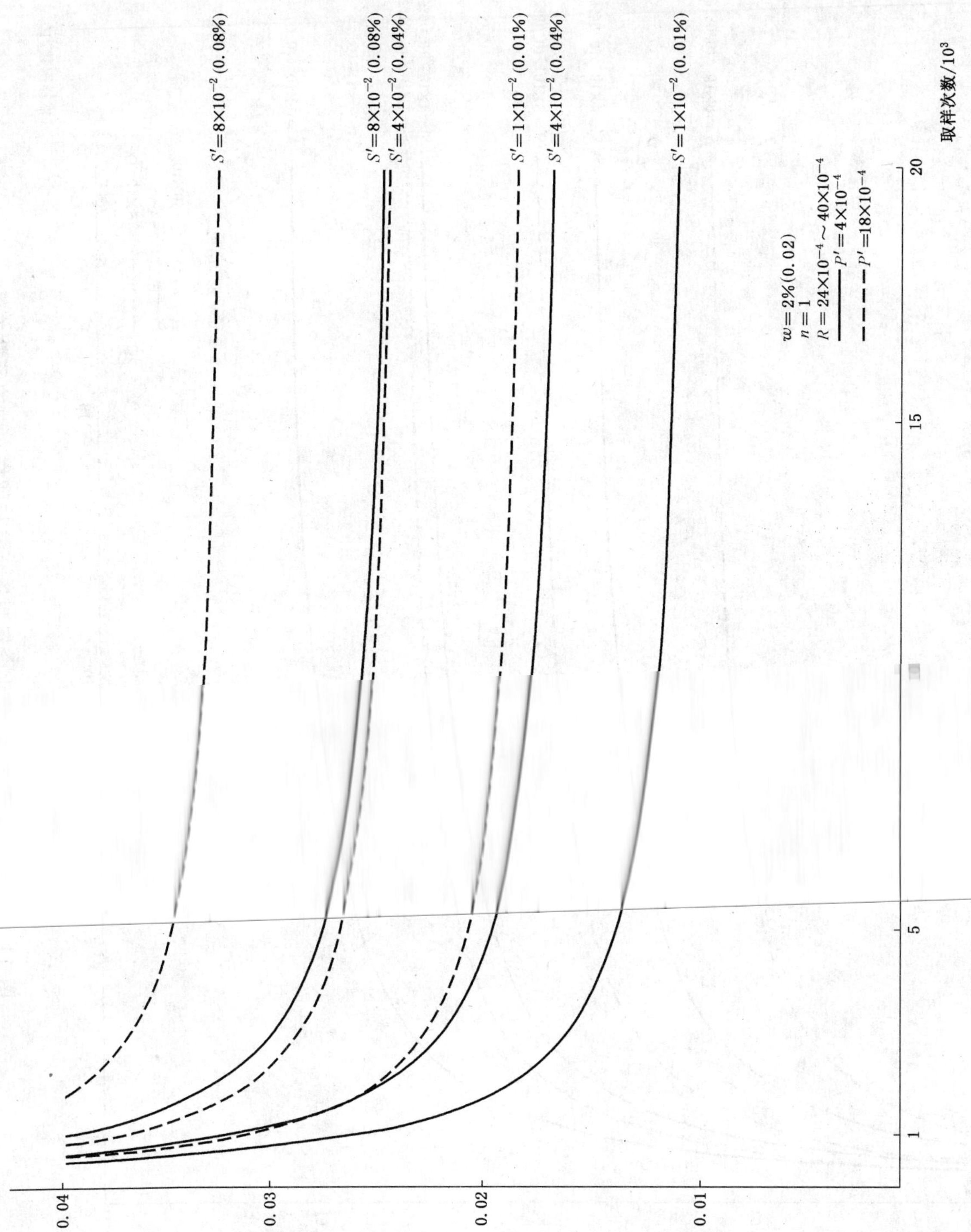

图 10 当[illegible]含量测量允差与取样次数的函数关系

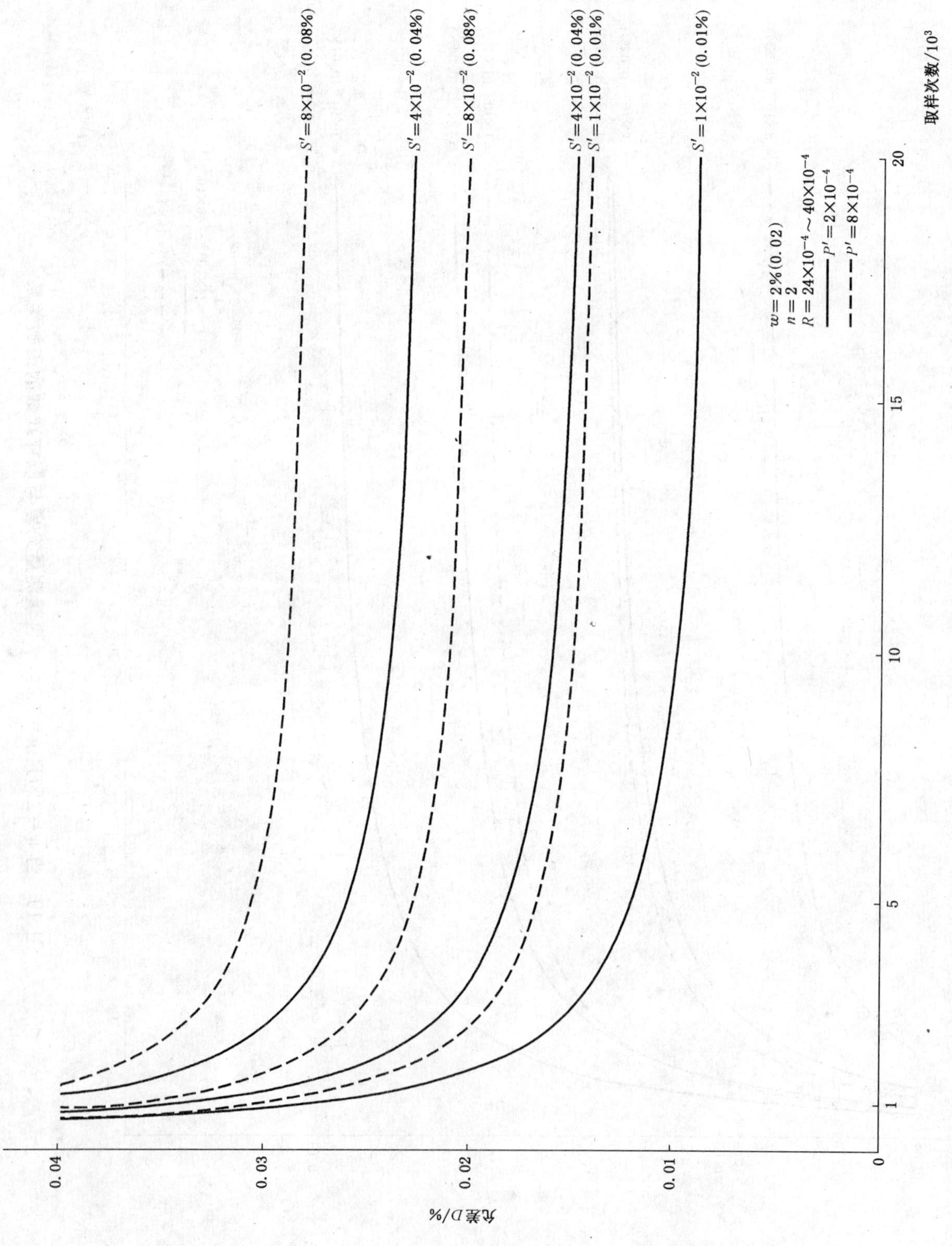

图 11 当 $w=2\%$ 且 $n=2$ 时，水含量测量允差与取样次数的函数关系

附　录　NA
（资料性附录）
本标准对 ISO/TR 9494:1997 作的主要编辑性修改

表 NA.1 给出了本标准对 ISO/TR 9494:1997(E)作的主要编辑性修改一览表。

表 NA.1　本标准对 ISO/TR 9494:1997(E)作的主要编辑性修改

本标准的章条编号	编辑性差异	原　因
3	将 3 中符号说明部分做成了表 1	表述方便
	标准中数学公式编号(44a)、(44b)、(67a)和(67b)相应的改为(44)、(45)、(68)和(69)	采用我国标准要求的数学公式编号形式
3	表 1 角注[a] 中式 $P=\left(f_r^2+\frac{g^2}{n}\right)\Big/4$ 改为 $P=\left({f_r}^2+\frac{{g_r}^2}{n}\right)\Big/4$	印刷错误
5.1	将原 ISO/TR 9494 中此条的第一段和第三段中的 W^1 改为 W'	印刷错误
5.2	将 a)中 $E(a_{2i}=0$ 改为 $E(a_{2i})=0$ 将 b)中 $E(b_{2i}=0$ 改为 $E(b_{2i})=0$	印刷错误
6	将第一段中 T,改为 T'	印刷错误
6	将式(30)改为 $\operatorname{var}T'=[\operatorname{var}w'+E(w')^2][\operatorname{var}\bar{R}L_3+L_1^2\operatorname{var}\bar{R}+L_3E(\bar{R})^2]+E(\bar{R})^2\cdot L_1^2\cdot\operatorname{var}w'$	印刷错误
[illegible]	将式(36)改为 [illegible]	[illegible]
[illegible]	[illegible]	[illegible]
8	将式(38)改为 $B=\sum_{i=1}^{N-1}\frac{V_i}{w}\frac{w_i+w_{i+1}}{2}-\sum_{i=1}^{N}w_i\frac{e_i}{E}(1+b_1+b_{2i})(1+a_1+a_{2i})$	印刷错误
8	将‘低’速度状态下｜相对系统不确定度｜<临界值(低流速) 改为‘低’速度状态下｜相对系统不确定度｜>临界值(低流速)	印刷错误
8	将 $C_r\approx1\%$ 改为 $C_r\approx2\%$	印刷错误
9.1	将式(42)改为 $\sum_i\frac{w_iV_i}{N}=E\left(\frac{\sum w_i}{N}\right)E\left(\frac{\sum V_i}{N}\right)\left[1+\frac{Z(N)}{\sqrt{N}}\right]=\frac{\sum w_i}{N}\frac{W}{N}\left[1+\frac{Z'(N)}{\sqrt{N}}\right]$	印刷错误
9.1	将原式(44a)改为 $\frac{1}{\operatorname{card}I_1}\varepsilon\sum_i^{I_1}c_{1i}=\frac{1}{Np_1}\varepsilon\sum_i^{I_1}c_{1i}$	印刷错误

表 NA.1(续)

本标准的章条编号	编辑性差异	原　因
9.1	将原式(44b)改为 $\frac{1}{\text{card } I_2}\varepsilon\sum_{i}^{I_2}c_{1i}=\frac{1}{Np_2}\varepsilon\sum_{i}^{I_2}c_{1i}$	印刷错误
9.2	将原式(48)改为 $E_i=\frac{1}{N}\frac{1+d_{1i}+d_{2i}}{1+\overline{d}+\overline{d_2}}\approx\frac{1}{N}(1+d_{1i}-\overline{d_1}+d_{2i}-\overline{d_2})$ $\overline{d_1}=\frac{1}{N}\sum_{i}d_{1i}$	印刷错误
9.2	将原式(51)改为 $\sum_{i}\frac{w_iE_i}{N}=\left(\frac{\sum w_iE_i}{N}\right)\left[1+\frac{Z''(N)}{\sqrt{N}}\right]$	印刷错误
10	将原式(59)改为 $\mid E(A)\mid\leqslant\frac{1}{W}\sum\mid E(\tau_i)\mid=\frac{1}{W^2}\sum_{i}E(V_{i+1}^2)=\frac{V^2}{W^2}\sum_{i}[(1+c_{1i})^2+c_3]=$ $\frac{1}{N^2(1+\delta_3)^2}[N(1+2\delta_3)+Nc_3]=\frac{1}{N}(1+c_3)$	印刷错误
11	将原式(61)改为 $E(B)=\sum_{i}\frac{w_i}{N}\left[1+\frac{Z_1(N)}{\sqrt{N}}\right]-(1+a_1)(1+b_1)\sum_{i}E(w_iE_i)$ $\approx\sum_{i}\frac{w_i}{N}+(1+a_1)(1+b_1)\sum_{i}\frac{w_i}{N}\left[1+\frac{Z_2(N)}{\sqrt{N}}\right]\approx-w(a_1+b_1)$	印刷错误
11	将原式(62)改为 $Y=\text{var}\left[\sum_{i}w_iE_i(1+b_1+b_{2i})(1+a_1+a_{2i})\right]$ $=E[(1+b_1+b_{2i})(1+a_1+a_{2i})]^2\text{var}\left(\sum_{i}w_iE_i\right)$ $+\sum_{i}w_i{}^2E(E_i{}^2)\text{var}[(1+b_1+b_{2i})(1+a_1+a_{2i})]$ $=(1+b_1)^2(1+a_1)^2\text{var}\left(\sum_{i}w_iE_i\right)+\sum_{i}w_i{}^2E(E_i{}^2)p$	印刷错误
11	将原式(66)改为 $\text{var}B\leqslant\frac{V_2}{W^2}c_3\sum_{i}\frac{w_i+w_{i+1}}{4}+\sum_{i}\frac{w_i{}^2}{N^2}$ $\leqslant\sum_{i}\frac{w_i{}^2}{N^2}\left[\frac{c_3}{(1+\delta_3)^2}+\tau\right]<\frac{W}{N}\left[\frac{c_3}{(1+\delta_3)^2}+\tau\right]$	印刷错误
12.2	将原式(67a)改为　$\delta_3'<5\times10^{-2}$	印刷错误
12.2	将原式(67b)后的计算中的第四条公式改为 $B_2=\frac{g_3}{n}B_1+(A_1)^2+B_1(1+g_s)^2$	印刷错误
12.3	将原式(69)改为 $B_5\approx\frac{1}{N}\left[\sqrt{\frac{1}{0.7\times10^4}}+\sqrt{w(a_3+b_3+c_3+d_3)}\right]^2+w^2\left(h_3+f_3+\frac{g_3}{n}\right)$	印刷错误

参 考 文 献

[1] RENYI. Calculation of probabilities(概率计算). Dunod,1966

ICS 75.200
E 98

中华人民共和国国家标准

GB/T 23257—2009

埋地钢质管道聚乙烯防腐层

Polyethylene coating for buried steel pipeline

2009-03-16 发布

2009-10-01 实施

中华人民共和国国家质量监督检验检疫总局
中国国家标准化管理委员会 发布

前　言

本标准的附录A、附录B、附录C、附录D、附录E、附录F、附录G、附录H、附录I、附录J、附录K、附录L、附录M和附录N为规范性附录。

本标准由中国石油天然气集团公司提出。

本标准由全国石油天然气标准化技术委员会归口。

本标准负责起草单位:中国石油集团工程技术研究院。

本标准主要起草人:张其滨、刘金霞、赫连建峰。

埋地钢质管道聚乙烯防腐层

1 范围

本标准规定了埋地钢质管道挤压聚乙烯防腐层的最低技术要求。本标准适用于埋地钢质管道挤压聚乙烯防腐层的设计、生产以及施工验收。跨越管道挤压聚乙烯防腐层可参照执行。

挤压聚乙烯防腐层可分为长期工作最高温度不超过 50 ℃的常温型(N)和长期工作最高温度不超过 70 ℃的高温型(H)两类。

2 规范性引用文件

下列文件中的条款通过本标准的引用而成为本标准的条款。凡是注日期的引用文件，其随后所有的修改单(不包括勘误的内容)或修订版均不适用于本标准，然而，鼓励根据本标准达成协议的各方研究是否可使用这些文件的最新版本。凡是不注日期的引用文件，其最新版本适用于本标准。

GB/T 1040.2 塑料 拉伸性能的测定 第 2 部分：模塑和挤塑塑料的试验条件

GB/T 1408.1 绝缘材料电气强度试验方法 第 1 部分：工频下试验

GB/T 1410 固体绝缘材料体积电阻率和表面电阻率试验方法

GB/T 1633 热塑性塑料维卡软化温度(VST)的测定

GB/T 1842 塑料 聚乙烯环境应力开裂试验方法

GB/T 2792 压敏胶粘带 180°剥离强度测定方法

GB/T 3682 热塑性塑料熔体质量流动速率和熔体体积流动速率的测定

GB/T 4507 沥青软化点测定法(环球法)

GB/T 4472 化工产品密度、相对密度测定通则

GB/T 5470 塑料 冲击法脆化温度的测定

GB 6514 涂装作业安全规程 涂漆工艺安全及其通风净化

GB/T 6554 电气绝缘用树脂基反应复合物 第 2 部分：试验方法 电气用涂敷粉末方法

GB/T 7124 胶粘剂 拉伸剪切强度测定(刚性材料对刚性材料)

GB 7692 涂装作业安全规程 涂漆前处理工艺安全及其通风净化

GB/T 8923 涂装前钢材表面锈蚀等级和除锈等级

GB/T 13021 聚乙烯管材和管件炭黑含量的测定(热失重法)

GB/T 18570.3 涂覆涂料前钢管表面处理 表面清洁度评定试验 第 3 部分：涂覆涂料前钢材表面的灰尘评定(压敏粘带法)

GB/T 18570.9 涂覆涂料前钢管表面处理 表面清洁度的评定试验 第 9 部分：水溶性盐的现场电导率测定法

GB 50369 油气长输管道工程施工及验收规范

GBJ 87 工业企业噪声控制设计规范

GBZ 1 工业企业设计卫生标准

HG/T 2751—1996 未增塑乙酸纤维素含水量的测定

3 防腐层结构

3.1 挤压聚乙烯防腐层分二层结构和三层结构两种。二层结构的底层为胶粘剂层，外层为聚乙烯层；三层结构的底层通常为环氧粉末涂层，中间层为胶粘剂层，外层为聚乙烯层。

3.2 防腐层的最小厚度应符合表1的规定。焊缝部位的防腐层厚度不应小于表1规定值的70%。要求防腐层机械强度高的地区,应使用加强级。

表1 防腐层的厚度

钢管公称直径 DN	环氧涂层[a]/μm	胶粘剂层/μm	防腐层最小厚度/mm	
			普通级(G)	加强级(S)
$DN\leqslant100$	≥120	≥170	1.8	2.5
$100<DN\leqslant250$			2.0	2.7
$250<DN<500$			2.2	2.9
$500\leqslant DN<800$			2.5	3.2
$DN\geqslant800$			3.0	3.7

[a] 不适用于二层结构聚乙烯防腐层。

4 材料

4.1 钢管

4.1.1 钢管应符合现行有关钢管标准或订货技术条件的规定,并有出厂合格证。钢管焊缝的余高不应超过2.5 mm,且焊缝应平滑过渡。

4.1.2 涂敷厂应对钢管逐根进行外观检查。外观质量应符合现行有关标准或订货技术条件的规定,不合格的钢管不能涂敷防腐层。

4.2 防腐层材料

4.2.1 一般规定

4.2.1.1 防腐层各种原材料均应有出厂质量证明书及检验报告、使用说明书、安全数据单表、出厂合格证、生产日期及有效期。环氧粉末涂料供应商应提供产品的热特性曲线等资料。

4.2.1.2 防腐层的各种原材料均应包装完好,并按厂家说明书的要求存放。

4.2.1.3 对每种牌(型)号的环氧粉末涂料、胶粘剂以及聚乙烯专用料,在使用前均应由通过国家计量认证的检验机构,按4.2规定的相应性能项目进行检测。性能应达到规定的要求。

4.2.2 环氧粉末涂料

环氧粉末涂料及其涂层的性能应符合表2和表3的规定。涂敷厂对每一生产批(不超过20 t)环氧粉末涂料均应按表2和表3(不包括第3项)的规定进行质量复检。

表2 环氧粉末的性能指标

项目	性能指标	试验方法
粒径分布/%	150 μm 筛上粉末≤3.0 250 μm 筛上粉末≤0.2	GB/T 6554
挥发份/%	≤0.6	GB/T 6554
密度/(g/cm³)	1.3~1.5	GB/T 4472
胶化时间(200 ℃)/s	≥12且符合厂家给定值的±20%	GB/T 6554
固化时间(200 ℃)/min	≤3	附录A
热特性:ΔH/(J/g) 热特性:T_{g_2}/℃	≥45 ≥95	附录B

表 3　熔结环氧涂层的性能指标

项　　目	性能指标	试验方法
附着力/级	≤2	附录 C
阴极剥离(65 ℃,48 h)/mm	≤8	附录 D
阴极剥离(65 ℃,30 d)/mm	≤15	附录 D
抗弯曲(−20 ℃,2.5°)	无裂纹	附录 E
注：实验室喷涂试件的涂层厚度应为 300 μm～400 μm。		

4.2.3　胶粘剂

胶粘剂的性能应符合表 4 的规定。涂敷厂对每一生产批(不超过 30 t)胶粘剂均应按照表 4 的规定进行质量复检。

表 4　胶粘剂的性能指标

项　　目	性能指标	试验方法
密度/(g/cm³)	0.920～0.950	GB/T 4472
熔体流动速率(190 ℃,2.16 kg)/(g/10 min)	≥0.7	GB/T 3682
维卡软化点/℃	≥90	GB/T 1633
脆化温度/℃	≤−50	GB/T 5470
氧化诱导期(200 ℃)/min	≥10	附录 F
含水率/%	≤0.1	HG/T 2751—1996
拉伸强度/MPa	≥17	GB/T 1040.2
断裂伸长率/%	≥600	GB/T 1040.2

4.2.4　聚乙烯

聚乙烯专用料及其压制片材的性能应符合表 5 和表 6 的规定。涂敷厂对每一生产批(不超过 500 t)聚乙烯专用料，至少应对表 5 规定的第 1,2,3,4,5 项和表 6 规定的第 1,2,3 项性能进行质量复验，对其他性能指标有怀疑时亦可进行复验。

表 5　聚乙烯专用料的性能指标

项　　目	性能指标	试验方法
密度/(g/cm³)	0.940～0.960	GB/T 4472
熔体流动速率(190 ℃,2.16 kg)/(g/10 min)	≥0.15	GB/T 3682
碳黑含量/%	≥2.0	GB/T 13021
含水率/%	≤0.1	HG/T 2751—1996
氧化诱导期(220 ℃)/min	≥30	附录 F
耐热老化(100 ℃,2 400 h 或 100 ℃,4 800 h)/%[a]	≤35	GB/T 3682
[a] 耐热老化指标为试验前与试验后的熔体流动速率偏差；常温型,试验条件为 100 ℃、2 400 h;高温型,试验条件为 100 ℃、4 800 h。		

表 6 聚乙烯专用料的压制片材性能指标

项目	性能指标	试验方法
拉伸强度/MPa	≥20	GB/T 1040.2
断裂伸长率/%	≥600	GB/T 1040.2
维卡软化点/℃	≥110	GB/T 1633
脆化温度/℃	≤−65	GB/T 5470
电气强度/(MV/m)	≥25	GB/T 1408.1
体积电阻率/(Ω·m)	$\geq 1\times 10^{13}$	GB/T 1410
耐环境应力开裂(F50)/h	≥1 000	GB/T 1842
压痕硬度/mm (23 ℃) (50 ℃或 70 ℃)[a]	 ≤0.2 ≤0.3	附录 G
耐化学介质腐蚀(浸泡 7 d)/%[b] 10%HCl 10%NaOH 10%NaCl	 ≥85 ≥85 ≥85	附录 H
耐紫外光老化(336 h)/%[b]	≥80	附录 I

a 常温型，试验条件为 50 ℃；高温型，试验条件为 70 ℃。

b 耐化学介质腐蚀及耐紫外光老化指标为试验后的拉伸强度和断裂伸长率的保持率。

4.3 防腐层材料适用性试验

4.3.1 涂敷厂应对所选定的防腐层材料在涂敷生产线上进行防腐层材料适用性试验，并对防腐层性能进行检测。当防腐层材料生产厂家或牌(型)号或钢管规格改变时，应重新进行适用性试验。适用性试验合格后，涂敷厂应按照适用性试验确定的工艺参数进行防腐层涂敷生产。

4.3.2 聚乙烯层及防腐层性能应符合表 7 和表 8 的规定。

4.3.2.1 按确定的工艺参数涂敷聚乙烯层(不含胶和环氧粉末涂层)进行性能检测，结果应符合表 7 的规定。

表 7 聚乙烯层的性能指标

项目		性能指标	试验方法
拉伸强度	轴向/MPa	≥20	GB/T 1040.2
	周向/MPa	≥20	GB/T 1040.2
	偏差[a]/%	≤15	
断裂伸长率/%		≥600	GB/T 1040.2
压痕硬度/mm (23 ℃) (50 ℃或 70 ℃)[b]		 ≤0.2 ≤0.3	附录 G
耐环境应力开裂(F_{50})/h		≥1 000	GB/T 1842

a 偏差为轴向和周向拉伸强度的差值与两者中较低者之比。

b 常温型，试验条件为 50 ℃；高温型，试验条件为 70 ℃。

4.3.2.2 从防腐管或在同一工艺条件下涂敷的试验管段上截取试件对防腐层整体性能进行检测，结果应符合表 8 的规定。

表 8　防腐层的性能指标

项　目	性能指标		试验方法
	二层	三层	
剥离强度/(N/cm) (20 ℃±10 ℃) (50 ℃±5 ℃)	 ≥70 ≥35	 ≥100(内聚破坏) ≥70(内聚破坏)	附录 J
阴极剥离(65 ℃,48 h)/mm	≤15	≤6	附录 D
阴极剥离(最高使用温度,30 d)/mm	≤25	≤15	附录 D
环氧粉末固化度:固化百分率/% 环氧粉末固化度:玻璃化温度变化值 | ΔT_g | /℃	—	≥95 ≤5	附录 B
冲击强度/(J/mm)	≥8		附录 K
抗弯曲(−30 ℃,2.5°)	聚乙烯无开裂		附录 E

5　防腐层涂敷

5.1　钢管表面处理

5.1.1　在防腐层涂敷前，先清除钢管表面的油脂和污垢等附着物，并对钢管预热后进行抛(喷)射除锈。在进行抛(喷)射除锈前，钢管表面温度应不低于露点温度以上 3 ℃。除锈质量应达到 GB/T 8923 中规定的 Sa2.5 级要求，锚纹深度达到 50 μm～90 μm。钢管表面的焊渣、毛刺等应清除干净。

5.1.2　应将钢管表面附着的灰尘及磨料清扫干净。钢管表面的灰尘度应不低于 GB/T 18570.3 规定的 2 级。

5.1.3　抛(喷)射除锈后的钢管应按 GB/T 18570.9 规定的方法或其他适宜的方法检测钢管表面的盐份含量，钢管表面的盐分不应超过 20 mg/m²。

5.1.4　钢管表面处理后应防止钢管表面受潮、生锈或二次污染。表面处理后的钢管应在 4 h 内进行涂敷，超过 4 h 或当出现返锈或表面污染时，应重新进行表面处理。

5.2　在开始生产时，先用试验管段在生产线上分别依次调节预热温度及防腐层各层厚度，各项参数达到要求后方可开始生产。

5.3　应用无污染的热源对钢管加热至合适的涂敷温度，最高加热温度应不明显影响钢管的力学性能。

5.4　环氧粉末应均匀涂敷在钢管表面。回收环氧粉末的使用及其添加比例应按表 2 和表 3 规定的性能进行检验后确认。

5.5　胶粘剂涂敷应在环氧粉末胶化过程中进行。

5.6　采用侧向缠绕工艺时，应确保搭接部分的聚乙烯及焊缝两侧的聚乙烯完全辊压密实，并防止压伤聚乙烯层表面。

5.7　聚乙烯层包覆后应用水冷却至钢管温度不高于 60 ℃，并确保熔结环氧涂层固化完全。

5.8　防腐层涂敷完成后，应除去管端部位的防腐层。管端预留长度宜为 100 mm～150 mm，且聚乙烯层端面应形成不大于 30°的倒角；聚乙烯层端部外可保留不超过 20 mm 的环氧粉末涂层。应防止防腐管端部防腐层剥离或翘起。

6　质量检验

6.1　表面处理质量检验要求如下：

a)　表面处理后的钢管应逐根进行表面除锈等级检验，用 GB/T 8923 中相应的照片或标准板进行目视比较，表面除锈质量应达到 Sa2.5 级的要求；表面锚纹深度应每班至少测量两次，每次测量两根钢管，宜采用粗糙度测量仪或锚纹深度测试纸测量，锚纹深度应达到 50 μm～90 μm；表面处理前的钢管表面温度应进行监测，钢管表面温度应不低于露点温度以上 3 ℃；

b) 钢管表面灰尘度应每班至少检测两次，每次检测两根钢管。按照 GB/T 18570.3 规定的方法进行表面灰尘度评定，表面灰尘度应不低于 2 级；

c) 对每批进厂的钢管在表面处理后应至少抽测 2 根钢管表面的盐分。按照 GB/T 18570.9 规定的方法或其他适宜的方法进行钢管表面盐分的测定，钢管表面的盐分应不超过 20 mg/m^2；

6.2 应对涂敷过程中的钢管加热温度进行连续监测，钢管的加热温度等工艺参数应符合确定的参数。

6.3 防腐层外观应逐根目测检查。聚乙烯层表面应平滑，无暗泡、无麻点、无皱折、无裂纹，色泽应均匀。防腐管端应无翘边。

6.4 防腐层的漏点应采用在线电火花检漏仪进行连续检查，检漏电压为 25 kV，无漏点为合格。单管有两个或两个以下漏点时，可按第 8 章的规定进行修补；单管有两个以上漏点或单个漏点沿轴向尺寸大于 300 mm 时，该防腐管为不合格。

6.5 连续生产的钢管防腐层厚度至少应检测第 1、5、10 根，之后每 10 根至少测一根。宜采用磁性测厚仪或电子测厚仪测量钢管 3 个截面圆周方向均匀分布的 4 点的防腐层厚度，同时应检测焊缝处的防腐层厚度，结果应符合 3.2 的规定。

6.6 防腐层的粘结力按附录 J 的方法通过测定剥离强度进行检验。每班至少在两个温度条件下各抽测一次，结果应符合表 8 的规定。

6.7 每班至少应测量一次三层结构防腐管的环氧粉末涂层厚度及固化度，结果应分别符合表 1 和表 8 的规定。

6.8 每连续生产的第 10 km、20 km、30 km 的防腐管均应按附录 D 的方法进行一次 48 h 的阴极剥离试验，之后每 50 km 进行一次阴极剥离试验，结果应符合表 8 的规定。如不合格，应加倍检验。加倍检验全部合格时，该批防腐管为合格；否则，该批防腐管为不合格。

6.9 每连续生产 50 km 防腐管应截取聚乙烯层样品，按 GB/T 1040.2 检验其拉伸强度和断裂伸长率，结果应符合表 7 的规定。若不合格，可再截取一次样品，若仍不合格，则该批防腐管为不合格品。

7 标志、堆放和搬运

7.1 检验合格的防腐管应在距管端约 400 mm 处标有产品标志，并随带产品合格证。产品标志应包括：钢管规格、钢管编号、防腐层结构、防腐层类型、防腐等级、执行标准、制造厂名（代号）、生产日期等。产品合格证应包括：生产厂及厂址、产品名称、产品规格，防腐层结构、防腐层类型、防腐层等级、防腐层厚度及检验员编号等。

7.2 挤压聚乙烯防腐管的吊装，应采用尼龙吊带或其他不损坏防腐层的吊具。

7.3 堆放时，防腐管底部应采用两道（或以上）支垫垫起，支垫间距为 4 m～8 m，支垫最小宽度为 100 mm，防腐管离地面不应少于 100 mm，支垫与防腐管之间以及防腐管相互之间应垫上柔性隔离物。运输时，宜使用尼龙带等捆绑固定，装车过程中应避免硬物混入管垛。

7.4 挤压聚乙烯防腐管的允许堆放层数应符合表 9 的规定。

表 9 挤压聚乙烯防腐管的允许堆放层数

公称直径 DN	$DN<200$	$200\leqslant DN<300$	$300\leqslant DN<400$	$400\leqslant DN<600$	$600\leqslant DN<800$	$DN\geqslant 800$
堆放层数	≤10	≤8	≤6	≤5	≤4	≤3

7.5 挤压聚乙烯防腐管露天存放时间不宜超过 6 个月，若需存放 6 个月以上时，应用不透明的遮盖物对防腐管加以保护。

8 补口及补伤

8.1 补口材料

8.1.1 三层结构防腐管的补口宜采用环氧底漆/辐射交联聚乙烯热收缩带(套)三层结构;特殊情况下,经设计和用户确认,也可采用辐射交联聚乙烯热收缩带(套)。采用环氧底漆/辐射交联聚乙烯热收缩带(套)三层结构补口时,应使用热收缩带(套)厂家配套提供或指定的无溶剂环氧树脂底漆。管径 *DN* 大于 200 mm 时宜采用热收缩带补口。

8.1.2 辐射交联聚乙烯热收缩带(套)应按管径选用配套的规格,产品的基材边缘应平直,表面应平整、清洁、无气泡、裂口及分解变色。热收缩带(套)产品的厚度应符合表 10 的规定。热收缩带的周向收缩率应不小于 15%;热收缩套的周向收缩率不小于 50%。其性能应符合表 11 和表 12 的规定。

8.1.3 对每一牌号的热收缩带(套)及其配套环氧底漆,使用前且每年至少应按表 10、表 11 表 12 规定的项目进行一次全面检验。使用过程中,每批(不超过 5 000 个)到货,应按照表 10、表 11 规定(表 11 中第 7 项除外),对热收缩带(套)的基材、胶以及底漆的性能进行复检,性能应达到规定的要求。

表 10 热收缩带(套)的厚度

单位为毫米

适用管径	基材	胶层
≤400	≥1.2	≥1.0
>400	≥1.5	

表 11 热收缩带(套)的性能指标

项目	性能指标	试验方法
基材性能[a]		
拉伸强度/MPa	≥17	GB/T 1040.2
断裂伸长率/%	≥400	GB/T 1040.2
维卡软化点/℃	≥90	GB/T 1633
脆化温度/℃	≤−65	GB/T 5470
电气强度/(MV/m)	≥25	GB/T 1408.1
体积电阻率/(Ω·m)	≥1×10¹³	GB/T 1410
耐环境应力开裂(F50)/h	≥1 000	GB/T 1842
耐化学介质腐蚀(浸泡 7 d)/%[b]		附录 H
10%HCl	≥85	
10%NaOH	≥85	
10%NaCl	≥85	
耐热老化(150 ℃,21 d)		GB/T 1040.2
拉伸强度/MPa	≥14	
断裂伸长率/%	≥300	
热冲击(225 ℃,4 h)	无裂纹、无流淌、无垂滴	附录 L
胶层性能		
胶软化点(环球法)/℃		GB/T 4507
最高设计温度为 50℃时	≥90	
最高设计温度为 70℃时	≥110	
搭接剪切强度(23 ℃)/MPa	≥1.0	GB/T 7124[d]

表 11（续）

项　　目	性能指标	试验方法
搭接剪切强度(50 ℃或 70 ℃)[c]/MPa	≥0.05	GB/T 7124[d]
脆化温度/℃	≤−15	附录 M
剥离强度/(N/cm)	内聚破坏	GB/T 2792
收缩带(套)/钢(23 ℃)	≥70	
(50 ℃或 70 ℃)[c]	≥10	
收缩带(套)/环氧底漆钢(23 ℃)	≥70	
(50 ℃或 70 ℃)[c]	≥10	
收缩带(套)/聚乙烯层(23 ℃)	≥70	
(50 ℃或 70 ℃)[c]	≥10	
底漆性能		
剪切强度/MPa	≥5.0	GB 7124[e]
阴极剥离(65 ℃,48 h)/mm	≤10	附录 D

[a] 除热冲击外，基材性能需经过 200 ℃±5 ℃，5 min，自由收缩后进行测定。

[b] 耐化学介质腐蚀指标为试验后的拉伸强度和断裂伸长率的保持率。

[c] 最高设计温度为 50 ℃时，试验条件为 50 ℃；最高设计温度为 70 ℃时，试验条件为 70 ℃。

[d] 拉伸速度为 10 mm/min。

[e] 拉伸速度为 2 mm/min。

表 12　热收缩带(套)安装系统的性能指标

项　　目	性能指标	试验方法
抗冲击强度/J	≥15	附录 K
阴极剥离(最高使用温度,30 d)/mm	≤25	附录 D
耐热水浸泡(最高使用温度,120 d)	无鼓泡、无剥离，膜下无水	附录 N

8.2 补口施工

8.2.1 补口施工人员应经过防腐施工培训并取得合格证。正式开始施工前，材料生产厂应派专人现场指导。

8.2.2 当存在下列情况之一，且无有效防护措施时，不应进行露天补口施工：

a) 雨天、雪天、风沙天；

b) 风力达到 5 级以上；

c) 相对湿度大于 85%。

8.2.3 应对焊口进行清理，环向焊缝及其附近的毛刺、焊渣、飞溅物、焊瘤等应清理干净。补口处的污物、油和杂质应清理干净；防腐层端部有翘边、生锈、开裂等缺陷时，应进行修理，直至防腐层与钢管完全粘附处。

8.2.4 在进行表面喷砂除锈前，应将补口部位的钢管预热至露点以上至少 5 ℃的温度。

8.2.5 补口部位的表面除锈等级应达到 GB/T 8923 规定的 Sa2.5 级。如不采用底漆，经设计选定，也可用电动工具除锈处理至 St3 级。除锈后应清除表面灰尘。

8.2.6 表面处理与补口施工间隔时间不宜超过 2 h，表面返锈时，应重新进行表面处理。

8.2.7 补口搭接部位的聚乙烯层应打磨至表面粗糙，粗糙程度应符合热收缩带(套)使用说明书的要求。

8.2.8 宜用火焰加热器对补口部位进行预热，按热收缩带(套)产品说明书的要求控制预热温度。加热后应采用接触式测温仪或经接触式测温仪比对校准的红外线测温仪测温，至少测量补口部位表面周向均匀分布4个点的温度，结果均应符合产品说明书的要求。

8.2.9 若采用环氧树脂底漆，应按照产品使用说明书的要求调配底漆并均匀涂刷，底漆的湿膜厚度应不小于120 μm。

8.2.10 热收缩带(套)的安装应符合产品说明书的要求。安装过程中，宜控制火焰强度，缓慢加热，但不应对收缩带上任意一点长时间烘烤。收缩过程中用指压法检查胶的流动性，手指压痕应自动消失。

8.2.11 收缩后，热收缩带(套)与聚乙烯层搭接宽度应不小于100 mm；采用热收缩带时，应采用固定片固定，周向搭接宽度应不小于80 mm。

8.2.12 定向钻穿越管道的防腐层补口的前端应进行保护。

8.3 补口质量检验

补口质量应检验外观、漏点及粘结力等三项内容，检测宜在补口安装24 h后进行：

a) 补口的外观应逐个目测检查，热收缩带(套)表面应平整、无皱折、无气泡、无空鼓、无烧焦炭化等现象；热收缩带(套)周向应有胶粘剂均匀溢出。固定片与热收缩带搭接部位的滑移量不应大于5 mm；

b) 每一个补口均应用电火花检漏仪进行漏点检查。检漏电压为15 kV。若有漏点，应重新补口并检漏，直至合格；

c) 补口后热收缩带(套)的粘结力按附录J规定的方法进行检测。检测时的管体温度宜为10 ℃～35 ℃，如现场温度过低，可将防腐层加热至检测温度后进行测试。对钢管和聚乙烯防腐层的剥离强度都应不小于50 N/cm；对三层结构补口，剥离面的底漆应完整附着在钢管表面。每100个补口至少抽测一个口，如不合格，应加倍抽测。若加倍抽测仍有一个不合格，则该段管线的补口应全部返修。

8.4 补伤

8.4.1 对小于或等于30 mm的损伤，宜采用辐射交联聚乙烯补伤片修补。补伤片的性能应达到对热收缩带(套)的规定，补伤片对聚乙烯的剥离强度应不低于50 N/cm。

8.4.2 修补时，应先除去损伤部位的污物，并将该处的聚乙烯层打毛。然后将损伤部位的聚乙烯层修切圆滑，边缘应形成钝角，在孔内填满与补伤片配套的胶粘剂，然后贴上补伤片。补伤片的大小应保证其边缘距聚乙烯层的孔洞边缘不小于100 mm。贴补时应边加热边用辊子滚压或戴耐热手套用手挤压，排出空气，直至补伤片四周胶粘剂均匀溢出。

8.4.3 对大于30 mm的损伤，应按照8.4.2的规定贴补伤片，然后在修补处包覆一条热收缩带，包覆宽度应比补伤片的两边至少各大50 mm。

8.4.4 对于直径不超过10 mm的漏点或损伤深度不超过管体防腐层厚度50%的损伤，在预制厂内可用与管体防腐层配套的聚乙烯粉末或热熔修补棒修补。

8.4.5 补伤质量应检验外观、漏点及粘结力等三项内容：

a) 补伤后的外观应逐个检查，表面应平整、无皱折、无气泡、无烧焦碳化等现象；补伤片四周应粘结密封良好。不合格的应重补；

b) 每一个补伤处均应用电火花检漏仪进行漏点检查，检漏电压为15 kV。若不合格，应重新修补并检漏，直至合格；

c) 采用补伤片补伤的粘结力按附录J规定的方法进行检验，管体温度为10 ℃～35 ℃时的剥离强度应不低于50 N/cm。

8.4.6 涂敷厂生产过程的补伤，每班(不超过8 h)应抽测一处补伤的粘结力，如不合格，加倍抽查。如加倍抽查仍有一个不合格，该班的补伤全部返工；

8.4.7 现场施工过程的补伤，每50个补伤处抽查一处，如不合格，应加倍抽查。如加倍抽查仍有一个不合格,则该段管线的补伤应全部返修。

9 下沟回填

9.1 防腐管下沟前,应用电火花检漏仪对管线全部进行检漏,检漏电压为 15 kV。如有漏点应进行修补至合格,并填写记录。

9.2 挤压聚乙烯防腐管的下沟回填应符合 GB 50369 的规定。

9.3 管道回填后,应全线进行地面检漏,发现漏点应进行开挖修补并做好记录。

10 安全、卫生和环境保护

10.1 涂敷生产的安全、环保应符合 GB 7692 的要求。

10.2 钢质管道除锈、涂敷生产过程中,各种设备产生的噪声,应符合 GBJ 87 的有关规定。

10.3 钢质管道除锈、涂敷生产过程中,空气中粉尘含量不得超过 GBZ 1 的规定。

10.4 钢质管道除锈、涂敷生产过程中,空气中有害物质浓度不得超过 GB 6514 标准的规定。

10.5 涂敷区电气设备应符合国家有关爆炸危险场所电气设备的安全规定,电气设施应整体防爆,操作部分应设触电保护器。

10.6 钢质管道除锈、涂敷生产过程中,所有机械设施的转动和运动部位应设置保护。

10.7 防腐管的运输和施工过程中的安全、卫生和环境保护应符合 GB 50369 等标准的规定。

11 竣工文件

竣工文件应包括:

a) 防腐层原材料、防腐管的出厂合格证及质量检验报告;

b) 补口材料出厂合格证及质量检验报告;

c) 补口、补伤施工记录及检验报告;

d) 建设单位所需的其他有关资料。

附 录 A
（规范性附录）
环氧粉末的固化时间试验方法

A.1 设备

本试验需要的设备应符合下列要求：

a) 电热板，温度精度为±3 ℃；

b) 金属板，尺寸为 150 mm×150 mm×25 mm；

c) 接触式温度计；

d) 计时器；

e) 拉延板（形状见图 A.1）；

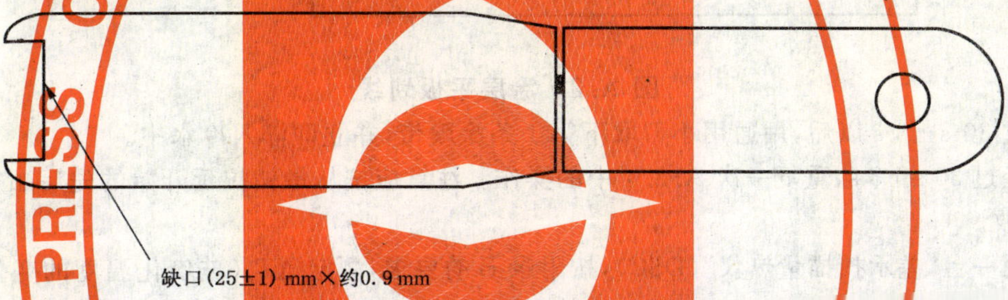

图 A.1 拉延板

f) 镊子（小钳子）；

g) 刮刀；

h) 通用小刀；

i) 差示扫描量热仪（DSC）。

A.2 试验步骤

A.2.1 加热金属板并保持温度在 200 ℃±3 ℃。

A.2.2 在金属板上用拉延板把环氧粉末迅速铺开，涂敷成一层薄膜，使膜厚在 300 μm～400 μm 之间，当金属板上的粉末开始熔化时，立即起动计时器开始计时。

A.2.3 趁涂膜未完全胶化之前，用一把通用小刀或刮刀在膜上将涂膜划分为 10 条带状，如图 A.2 所示。

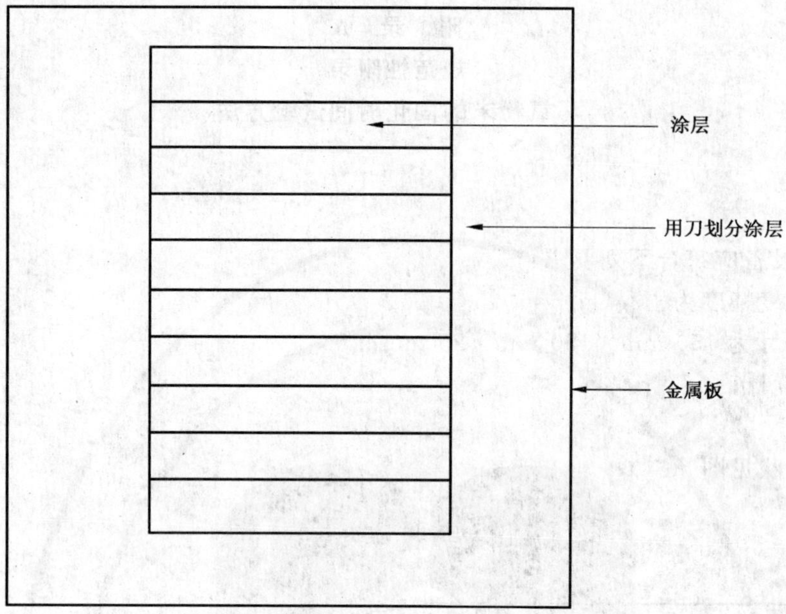

图 A.2 涂层平板划线

A.2.4 经过 30 s±3 s 以后，用通用小刀取下第 1 条涂膜带，并立即淬入冷水中。

A.2.5 每经过 30 s±3 s，重复一次 A.2.4 中的操作。注意应按从最初拉延开始的先后顺序取下、淬冷并按顺序摆放。

A.2.6 使用一台“差示扫描量热仪”(DSC)，按附录 B 的要求，测定 ΔT_g（玻璃化温度的变化值）或转化百分率 C。

A.2.7 绘出时间对 ΔT_g 或时间对转化百分率的曲线。

A.3 试验结果

对应 ΔT_g 为 2 ℃的时间或对应 99%转化百分率的时间(s)。

附 录 B
（规范性附录）
环氧粉末及其防腐层的热特性试验方法

B.1 范围

本试验适用于测定环氧粉末及其防腐层的玻璃化转变温度(T_g)和反应热(ΔH)以及防腐层的固化百分率(C)。

B.2 设备

本试验需要的设备应符合如下规定：

a) 带制冷设备的差示扫描量热仪(DSC仪)；

b) 分析天平，精确到0.1 mg；

c) 试样密封器；

d) 带盖铝制试样皿。

B.3 试验步骤

B.3.1 取10 mg±1 mg的环氧粉末或防腐层作试样，放入预先称好的试样皿中，盖上盖子密封试样并称量，试样的质量精确到0.1 mg。

B.3.2 将试样和参照物放入差示扫描量热仪的以干燥惰性气体保护的测量池中。

B.3.3 对环氧粉末试样，按下列程序完成其热扫描：

B.3.3.1 以20 ℃/min的速率对试样加热，从25 ℃±5 ℃加热到70 ℃±5 ℃，然后将试样急冷到25 ℃±5 ℃。

B.3.3.2 以20 ℃/min的速率对同一试样加热，从25 ℃±5 ℃加热到285 ℃±10 ℃，然后将试样急冷到25 ℃±5 ℃。

B.3.3.3 以20 ℃/min的速率对试样加热，从25 ℃±5 ℃加热到150 ℃±10 ℃。

B.3.4 对防腐层试样，按下列程序完成其热扫描：

B.3.4.1 以20 ℃/min的速率对试样加热，从25 ℃±5 ℃加热到110 ℃±5 ℃，在110 ℃时保持1.5 min，然后将试样急冷到25 ℃±5 ℃；

B.3.4.2 以20 ℃/min的速率对同一试样加热，从25 ℃±5 ℃加热到285 ℃±10 ℃，然后将试样急冷到25 ℃±5 ℃。

B.3.4.3 以20 ℃/min的速率对试样加热，从25 ℃±5 ℃加热到150 ℃±10 ℃。

B.4 试验结果

B.4.1 对应于B.3.3中B.3.3.2、B.3.3.3与B.3.4中B.3.4.2、B.3.4.3所得的每一个热扫描线，确定其相应的T_g值，分别为T_{g_1}、T_{g_2}、T_{g_3}、T_{g_4}，这些值是在低温端的外推基线与曲线转折点处的切线交点上。此外，还要确定相应的反应放热量ΔH（见图B.1和图B.2）。

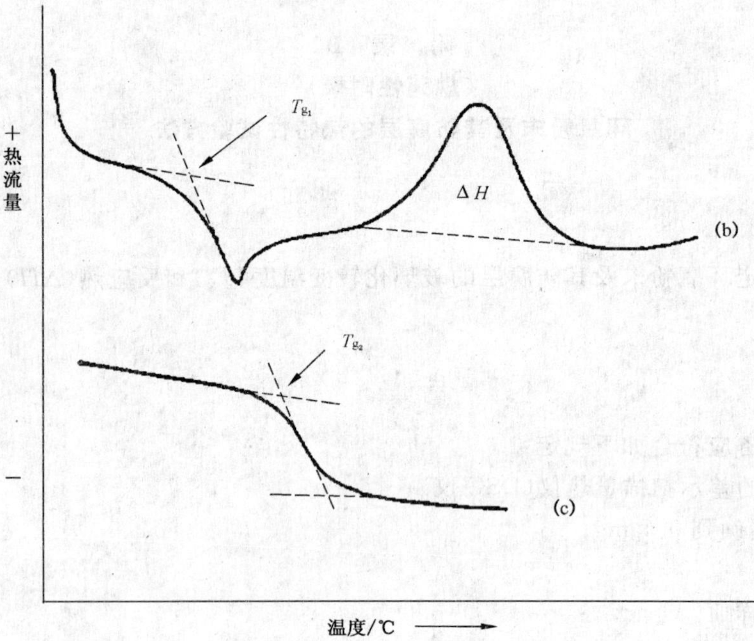

图 B.1 对环氧粉末热扫描

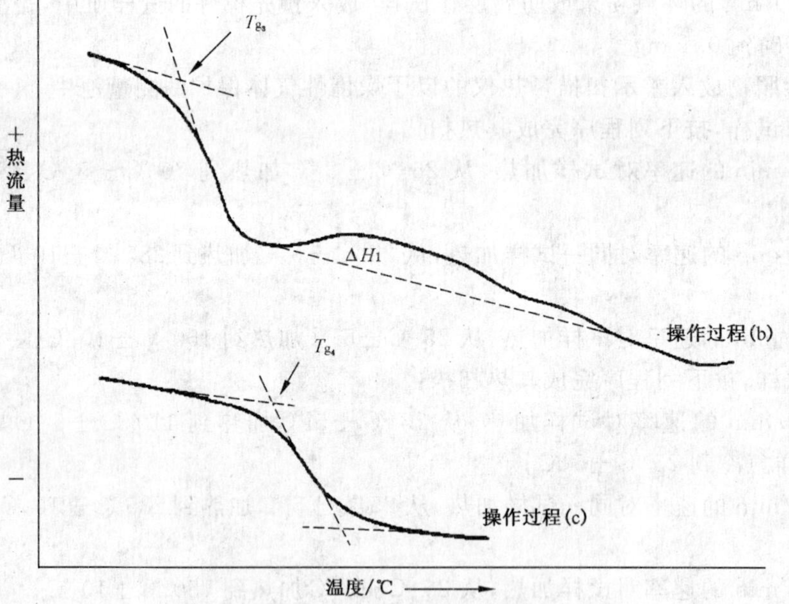

图 B.2 对涂层热扫描

B.4.2 对于防腐层,用式(B.1)计算出 T_g 值的变化:

$$\Delta T_g = T_{g_4} - T_{g_3} \quad\cdots\cdots\cdots\cdots(\text{B.1})$$

式中:

ΔT_g——T_g 值的变化,单位为摄氏度(℃);

T_{g_3}——由 B.3.4.2 热扫描得到的 T_g 值,单位为摄氏度(℃);

T_{g_4}——由 B.3.4.3 热扫描得到的 T_g 值,单位为摄氏度(℃)。

B.4.3 对于防腐层,用式(B.2)计算出固化百分率:

$$C = \frac{\Delta H - \Delta H_1}{\Delta H} \times 100\% \quad\cdots\cdots\cdots\cdots(\text{B.2})$$

式中：

C——固化百分率；

ΔH——由 B.3.3.2 热扫描得到的反应放热量，单位为焦耳每克(J/g)；

ΔH_1——由 B.3.4.2 热扫描得到的反应放热量，单位为焦耳每克(J/g)。

附　录　C
（规范性附录）
防腐层的附着力测定方法

C.1　仪器设备

本试验仪器设备应符合如下规定：

a)　烘箱或耐腐蚀的水浴，精度范围±3 ℃；

b)　耐热容器；

c)　温度计；

d)　通用小刀。

C.2　试件

试件尺寸约为 100 mm×100 mm×6 mm，每组试件 3 件。

C.3　试验步骤

C.3.1　将试件放入耐热容器内，加入足够的水，使试件充分淹没，加热至 75 ℃±3 ℃，恒温 48 h，取出试件。

C.3.2　当试件仍温热时，立即用小刀在涂层上划一约 30 mm×15 mm 的长方形，划透防腐层至基材，在 1 h 内将试件冷却至室温后，从长方形的任一角将刀尖插入防腐层下面，以水平推力撬剥涂层，连续推进刀尖至长方形内防腐层全部撬离或显出明显的抗撬性能为止。

C.4　结果评定

按下列分级标准评定防腐层的附着力等级：

a)　1 级——涂层明显的不能撬剥；

b)　2 级——被撬剥的涂层小于或等于 50%；

c)　3 级——被撬剥的涂层大于 50%，但涂层对水平力表现出明显的抗撬剥性；

d)　4 级——涂层很容易被撬剥成条状或大块碎屑；

e)　5 级——涂层成一整片被剥离下来。

以三个试件中级别最低的，作为该组试件的附着力级别。

附 录 D
（规范性附录）
防腐层阴极剥离试验方法

D.1 设备和材料

主要仪器设备和材料如下：

a) 可调直流稳压电源：0 V～6 V；

b) 恒温装置：温控范围室温至 100 ℃，温控精度±3 ℃；

c) 磁性测厚仪：量程 0.01 mm～5 mm，在 1 mm 以下的分度值为 1 μm；在 1 mm 以上的分度值为 0.01 mm；

d) 电火花检漏仪：量程 0～30 kV；

e) 游标卡尺：量程 0～200 mm，精度 0.02 mm；

f) 塑料圆筒：ϕ75 mm；

g) 氯化钠：化学纯。

D.2 试件制备

D.2.1 规格和数量如下：

a) 实验室制备的平板试件尺寸为 150 mm×150 mm×6 mm；

b) 管段加工成的试件尺寸为 150 mm×150 mm×管壁厚，其中两个 150 mm 分别为沿管子轴向和圆周方向的切割宽度。热收缩带（套）补口试件可采用管状试件；

c) 每组试件应不少于两个。

D.2.2 按所检验防腐层的涂敷要求制备防腐层试件。单层环氧粉末防腐层、底漆厚度应不小于 200 μm。

D.3 试验步骤

D.3.1 用电火花检漏仪对试件进行针孔检查，试件为单层环氧粉末或热收缩带（套）底漆时，检漏电压为 1 000 V；试件为聚乙烯三层结构时，检漏电压为 25 kV；试件为热收缩带（套）防腐层时，检漏电压为 15 kV。无针孔的试件才可用于试验。

D.3.2 在试件中部钻一个试验孔，钻透防腐层，露出基材。试件为单层环氧粉末或热收缩带（套）底漆时，试验孔直径为 3.2 mm；试件为聚乙烯防腐层或热收缩带（套）防腐层时，试验孔直径为 6.4 mm。

D.3.3 用密封胶将预制好的塑料圆筒与试件同心粘结，形成以试件为底的试验槽，槽内加入浓度为 3%（m/m）的氯化钠溶液，至槽高的 4/5 处，试验过程添加蒸馏水保持液位。

D.3.4 将试件与直流稳压电源的负极相连接；将辅助电极插入溶液，并与直流稳压电源的正极连接（如图 D.1）。

D.3.5 对试件施加－1.5 V 的电压（相对于甘汞电极）。控制试验温度为规定的温度。

D.3.6 试验周期结束，取下试件并冷却至室温，冷却时间不少于 1 h，用小刀以试验孔为中心沿 360°圆周的八个等分，向外划割涂层，要划透防腐层，露出基材，划割距离至少为 20 mm（如图 D.2）。

D.3.7 用小刀从试验孔处插入防腐层下面，以水平力沿划割线橇剥涂层，直至涂层表现出明显的抗撬剥性为止。

D.4 试验结果

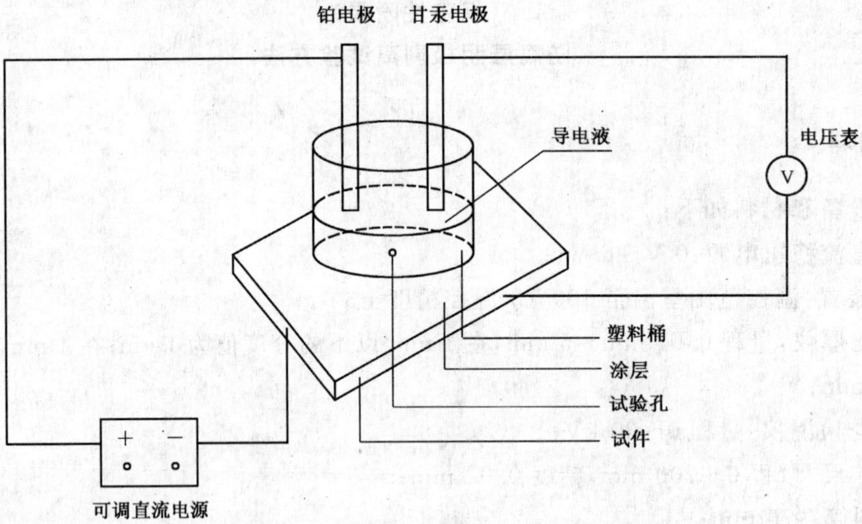

图 D.1 防腐层阴级剥离试验示意图

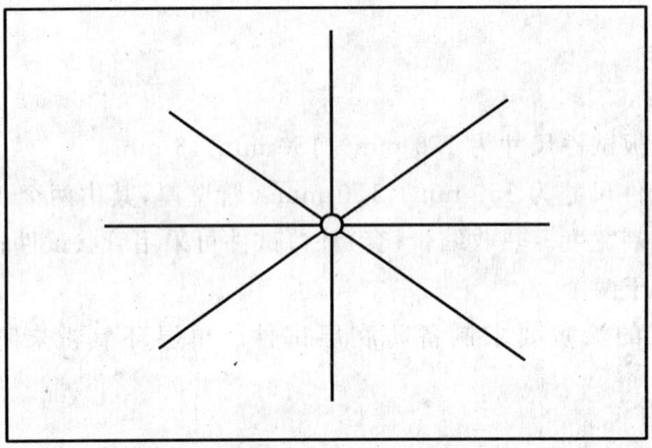

图 D.2 在试件上划透涂层的放射线

从试验孔边缘开始，测量每条划割线的剥离距离，并求出其平均值，即为该试件的阴极剥离距离。用两个平行试验试件阴极剥离距离的算术平均值表示，精确至 0.1 mm。

附 录 E
(规范性附录)
防腐层抗弯曲试验方法

E.1 仪器设备

仪器设备如下:

a) 弯曲试验机:主要由压力机及弯曲角为2.5°的弯曲模具(包括凸模和凹模)组成。其中凸模的曲率半径按式(E.1)确定:

$$R = 22.43t \qquad \text{(E.1)}$$

式中:

R——凸模半径,单位为毫米(mm);

t——试件厚度,单位为毫米(mm)。

b) 低温箱:最低温度为−40 ℃,控温精度±3 ℃。

E.2 试件

实验室喷涂粉末防腐层试件尺寸为200mm×25mm×6mm。从试验管段或实际防腐管上截取试件,并加工成25mm×200mm×管壁厚,其中200mm为沿管子轴向切割长度,试件边缘应光滑无缺陷。每组试件不少于3个。

E.3 试验步骤

E.3.1 将试件放入低温箱,冷却至规定的试验温度并保持1 h以上。

E.3.2 把试件放到弯曲试验机上进行弯曲试验,每个试件的弯曲试验应在30 s内完成。

E.3.3 将弯曲后的试件在室温下放置2 h以上,用目测法检查防腐层。

E.4 结果评定

对于环氧涂层,当3个试件的涂层均无裂纹时,该样品的弯曲性能为合格。

对于聚乙烯防腐层,当3个试件聚乙烯均无开裂时,该样品的弯曲性能为合格。

附 录 F
（规范性附录）
氧化诱导期测定方法

F.1 仪器设备

仪器设备如下：

a) 差示扫描量热仪(DSC)：能记录热流或温差随时间的变化曲线。精度 0.1 min；

b) 自动气体开关：能在 1 min 内迅速切换高纯氮气和氧气，并能控制气体流量；

c) 电子天平：精度 0.1 mg。

F.2 试验步骤

F.2.1 将聚乙烯或胶粘剂压制成约 250 μm 的试片。

F.2.2 切取 5 mg～10 mg 样片，准确称量后放入 DSC 仪配套的无盖铝制坩埚中。

F.2.3 将盛样坩埚和参比坩埚放入 DSC 仪的测量池中。

F.2.4 按下列设定进行 DSC 扫描：

a) 室温，通氮气 5 min，氮气流量设定为 50 mL±5 mL；

b) 以 20 ℃/min 的速率对测量池加热，从室温加热到指定的测量氧化诱导期温度。加热过程中持续通氮气，流量为 50 mL±5 mL；

c) 温度达到指定温度后，恒温，同时继续通氮气 5 min；

d) 将气体切换到氧气，流量设定为 50 mL±5 mL，切换的瞬间为氧化诱导期测定的开始时间；

e) 在流量为 50 mL±5 mL 的氧气环境下，恒温至出现快速放热曲线后至少 2 min；

f) 测量结束，将气体切换到氮气，冷却测量池到室温。

F.3 试验结果

扫描曲线的 Y 轴为热流，X 轴为时间。

延长基线，与氧化反应放热曲线相交，交点对应的时间即为指定温度下的氧化诱导期，如图 F.1 所示。

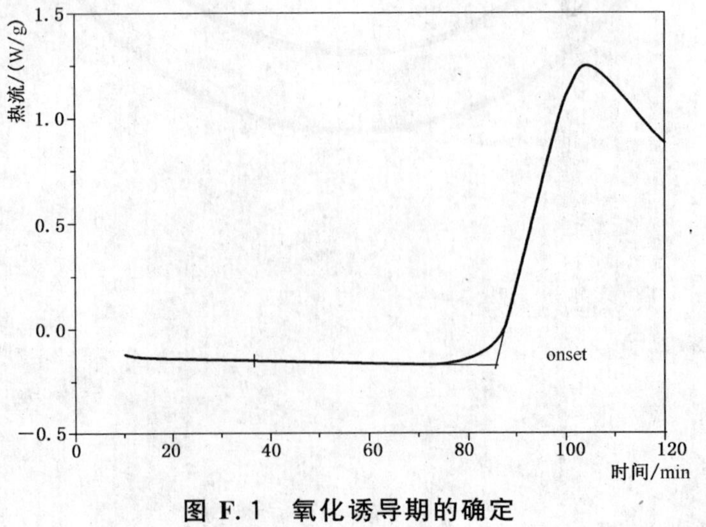

图 F.1 氧化诱导期的确定

附 录 G
（规范性附录）
聚乙烯压痕硬度测定方法

G.1 仪器

测试仪器如下：

a) 压痕仪：压头为底部直径 1.8 mm 或截面积 2.5 mm^2 的金属棒，加载后向下的总应力为 10 MPa，刻度指示器的读数精度为 0.01 mm；

b) 恒温装置：控温精度为±2 ℃。

G.2 试验步骤

将试件置于测定温度下 1 h 后，将压头（不带附加荷载）缓慢且小心降落在试件上，在 5 s 之内将刻度指示器设置零位值。然后将附加荷载施加在压头上，24 h 后读取刻度指示器的指示值，该值即为试件的压痕深度。

G.3 试验结果

以 3 个试件的压痕深度平均值表示该样品的压痕硬度，单位为 mm。

附 录 H
（规范性附录）
聚乙烯耐化学介质腐蚀试验方法

H.1 仪器设备及材料

仪器设备及材料如下：

a) 万能试验机或拉力试验机；

b) 恒温水浴，精度±2 ℃；

c) 天平，精度 0.01 g；

d) 化学试剂，化学纯。

H.2 溶液及试件的制备

H.2.1 盐酸溶液(10%)的配制：将相对密度为 1.19 的浓盐酸 239 mL(283 g)加入 764 mL 蒸馏水中。

H.2.2 氢氧化钠溶液(10%)的配制：将 111 g 氢氧化钠溶解于 988 mL 蒸馏水中。

H.2.3 氯化钠溶液(10%)的配制：将 107 g 氯化钠溶解于 964 mL 蒸馏水中。

H.2.4 试件制备：按 GB/T 1040.2 的规定制备拉伸试件并进行外观检查；至少应准备 4 组试件，每组不少于 5 个试件。

H.3 试验步骤

H.3.1 先按 GB/T 1040.2 的规定测定样品的初始拉伸强度和断裂伸长率；

H.3.2 采用恒温水浴调节腐蚀溶液的温度至 23 ℃±2 ℃；在 3 种溶液中分别浸入 1 组试件，试件表面不应有气泡或露出液面，各试件间及试件与容器壁间应不相互接触。

H.3.3 每天晃动一次容器；浸泡 7 d 后从腐蚀溶液中取出试件，用水冲洗试件表面，然后用滤纸吸干水分，检查试件外观是否有变化。

H.3.4 将浸泡后的 3 组试件按 GB/T 1040.2 的规定测定拉伸强度和断裂伸长率。

H.4 结果计算：

耐化学介质腐蚀 7 d 后的性能保持率按式(H.1)计算：

$$C = b/a \times 100\% \qquad \text{(H.1)}$$

式中：

C——性能保持率，以%表示；

a——浸泡前的拉伸强度或断裂伸长率；

b——浸泡后的拉伸强度或断裂伸长率。

附　录　I
（规范性附录）
聚乙烯耐紫外光老化试验方法

I.1　仪器设备

仪器设备如下：

a）　试验箱：由8根荧光紫外灯管、加热槽、试样架、及控制和记录操作时间与温度的系统所构成，能进行荧光紫外和冷凝循环；

b）　灯管：采用光谱能量分布在（280～350）nm的波长范围，最大强度的波长为340 nm的灯管；

c）　万能试验机或拉力试验机。

I.2　试验

I.2.1　试样应按GB/T 1040.2的要求制作。

I.2.2　试验条件采用60 ℃、8 h荧光紫外照射与50 ℃、4 h冷凝暴露交替循环。辐照度0.89 W/(m^2·nm)。

I.2.3　试验时间：336 h。

I.2.4　测试：试验后按GB/T 1040.2测试拉伸强度和断裂伸长率。

I.3　试验结果

光老化后的性能保持率按式（I.1）计算：

$$C = b/a \times 100\% \quad \cdots\cdots（I.1）$$

式中：

C——性能保持率，以%表示；

a——试验前的拉伸强度或断裂伸长率；

b——试验后的拉伸强度或断裂伸长率。

附 录 J
（规范性附录）
防腐层剥离强度测定方法

J.1 试验仪器

仪器如下：

a） 测力计：最小刻度 10 N；

b） 钢板尺：最小刻度为 1 mm；

c） 裁刀：可以划透防腐层；

d） 表面温度计：精度为 1 ℃。

J.2 试验步骤

J.2.1 先将防腐层沿环向划开宽度约为 20 mm、长 10 cm 左右的长条，划开时应划透防腐层，并撬起一端。用测力计以 10 mm/min 的速率垂直钢管表面匀速拉起防腐层，记录测力计稳定数值。如图 J.1 所示。

J.2.2 50 ℃±5 ℃的粘结力，可在防腐层涂敷后的冷却过程中测定，也可将防腐层加热后测定。测定时，应采用表面温度计监测防腐层的表面温度，剥离试验应在 45 ℃～55 ℃之间进行并完成。

J.2.3 补口处的剥离强度测试，应在补口完成 24 h 后进行。

J.3 试验结果

将测定时记录的力值除以防腐层的剥离宽度，即为剥离强度，单位为 N/cm。

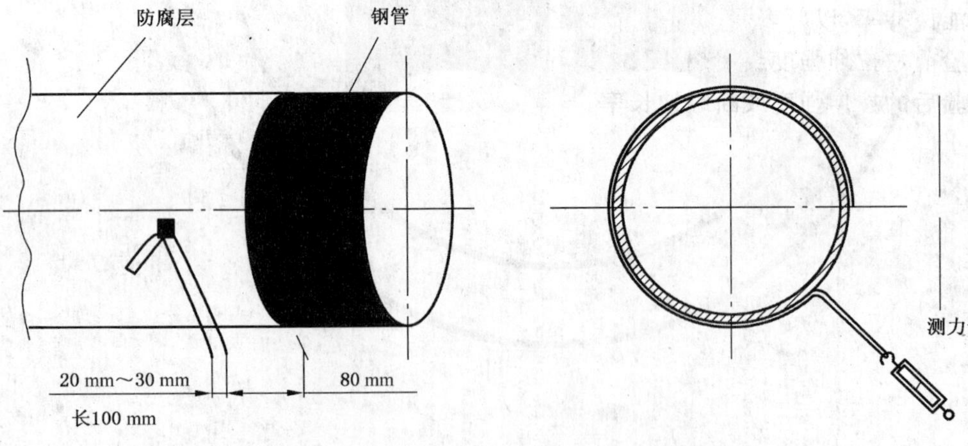

图 J.1 剥离强度测定示意图

附　录　K
（规范性附录）
防腐层冲击强度试验方法

K.1　仪器设备

仪器设备如下：

a)　冲击试验机；

b)　冲击锤垂直导向管：直径 48 mm，长 1 200 mm，标尺分度值 5 mm。管内应光滑，保证冲击锤自由下落；

c)　冲击锤：质量 2 000 g±2 g 或 3 000 g±2 g，冲头直径为 25 mm；

d)　电火花检漏仪：检漏电压直流 25 kV；

e)　磁性测厚仪：测量范围 20 μm～5 mm。

K.2　试验步骤

K.2.1　从防腐管或补口处截取试件，补口防腐层也可按实际操作方法制作，试件的尺寸约为 350 mm×170 mm×管壁厚，其中 350 mm 沿管子轴向的切割长度。试件应不少于 2 个，用 25 kV（补口防腐层用 15 kV）的直流电压进行电火花检漏无漏点的试件才能使用。

K.2.2　用磁性测厚仪或电子测厚仪测量防腐层厚度，在每个试件上距各边缘的距离大于 38 mm 的范围内均匀测量四点，用 1 组试件所测各点厚度的平均值代表该样品的防腐层厚度（以 mm 计）。

K.2.3　在冲击试验机上用预定的冲击能对试件表面进行冲击，冲击点可以任意选择，但离试件边缘的距离不应小于 30 mm，相邻冲击点之间的距离不应小于 30 mm。

K.2.4　防腐层冲击试验的环境温度应为 20 ℃±5 ℃。

K.2.5　用同组试件冲击 10 次，然后用 K.2.1 规定的直流电压对试件进行检漏。

K.3　试验结果

对 10 个冲击点进行检漏没有发现漏点时，表明该组试件的冲击强度大于预定的冲击能。

附 录 L
(规范性附录)
热收缩带(套)耐热冲击试验方法

L.1 仪器设备

电热鼓风干燥箱:室温至300 ℃,精度±2 ℃。

L.2 试件制备

从热收缩带(套)上切割试件,尺寸为300 mm×25 mm,其中300 mm为收缩方向,试件数量每组3件。

L.3 试验步骤

L.3.1 将切好的试件悬挂于恒温225 ℃的电热鼓风干燥箱中4 h,试样不能接触干燥箱箱壁,也不能互相接触。

L.3.2 4 h后取出试件,冷却至室温。观察试件是否有流淌、裂纹或垂滴。如有要求,用25 mm轴棒,将试件弯曲360°,观察试件是否有裂纹。

L.3.3 以3个试件均无流淌、无裂纹、无垂滴为合格。

附 录 M
（规范性附录）
热熔胶的脆化温度测定方法

M.1 仪器设备

仪器设备如下：

a) 低温箱：精度±3 ℃；

b) 不锈钢轴棒：ϕ25 mm。

M.2 试件制备

从热收缩带（套）样品上截取 3 个试件，试件长 300 mm，宽 25 mm。

M.3 试验步骤

M.3.1 将试件及轴棒放入恒定温度的低温箱，冷却 4 h。

M.3.2 在 10 s±2 s 内，将试件沿轴棒弯曲 360°。

M.3.3 从低温箱中取出试件进行目测检查。

M.4 结果评定

以不出现裂纹的最低温度为试样的脆化温度。

附 录 N
（规范性附录）
防腐层耐热水浸泡试验方法

N.1 仪器设备

仪器设备如下：

a) 电热鼓风干燥箱或能恒温的试验槽：温度控制精度±2 ℃；

b) 试验槽：尺寸 400 mm×220 mm×400 mm。

N.2 试件制备

按照热收缩带(套)的安装要求，将热收缩带(套)安装在 ϕ89 mm～ϕ114 mm 管径范围的聚乙烯防腐管段上，制成模拟补口试件。管段长约 300 mm，热收缩带(套)的边缘距管段端部应有 10 mm 左右的距离。对钢管内壁和端部的裸露表面，涂刷防腐涂料进行防腐保护。

N.3 试验步骤

将盛水的试验槽放入电热鼓风干燥箱，将温度调至规定的试验温度，恒温。将试件放入试验槽中，加水至完全浸没试件。

试验过程中应补充水，保持试件完全浸没水中。

N.4 试验结果

规定的试验周期结束后，取出时间，观察防腐层，无鼓泡、无剥离、膜下无水为合格。

ICS 75.200
E 98

中华人民共和国国家标准

GB/T 23258—2009

钢质管道内腐蚀控制规范

Standard practice Controlling internal corrosion in steel pipelines

2009-03-16 发布　　2009-10-01 实施

中华人民共和国国家质量监督检验检疫总局
中国国家标准化管理委员会　发布

前　言

本标准对应于美国腐蚀工程师国际协会标准 NACE SP0106—2006《钢质管道和管道系统的内腐蚀控制准则》，与 NACE SP0106—2006 一致性程度为非等效。

本标准的附录 A 是资料性附录。

本标准由中国石油天然气集团公司提出。

本标准由全国石油天然气标准化技术委员会归口。

本标准负责起草单位：中国石油集团工程设计有限责任公司西南分公司。

本标准主要起草人：施岱艳、姜放、向波、边云燕、汤晓勇、曹晓燕、文代龙、陈汝培、杜通林、傅贺平、杨朔、杜毅、李天雷、王秦晋、殷名学、李珣。

钢质管道内腐蚀控制规范

1 范围

本标准规定了钢质管道的内腐蚀控制设计准则、控制内腐蚀的方法、腐蚀检测和监测效果评定等内容的基本要求。

本标准适用于输送石油、天然气、水等介质的钢质管道。

2 规范性引用文件

下列文件中的条款通过本标准的引用而成为本标准的条款。凡是注日期的引用文件，其随后所有的修改单(不包括勘误的内容)或修订版均不适用于本标准，然而，鼓励根据本标准达成协议的各方研究是否可使用这些文件的最新版本。凡是不注日期的引用文件，其最新版本适用于本标准。

GB/T 16545 金属和合金的腐蚀 腐蚀试样上腐蚀产物的清除

SY/T 0442 钢质管道熔结环氧粉末内涂层技术标准

SY/T 0457 钢质管道液体环氧涂料内防腐层技术标准

SY/T 0546 腐蚀产物的采集与鉴定

SY/T 5536 原油管道运行规程

SY/T 5922 天然气管道运行规范

SY/T 6623 内覆或衬里耐腐蚀合金复合钢管规范

JB/T 7901 金属材料实验室均匀腐蚀全浸试验方法

3 术语和定义

下列术语和定义适用于本标准。

3.1

铁离子浓度 iron count

水中铁离子的含量，通常用单位体积水中铁离子的质量数(mg/L)表示，可指示管道系统内腐蚀的活跃性。

3.2

锰离子浓度 manganese count

水中锰离子的含量，通常用单位体积水中锰离子的质量数(mg/L)表示。

注：用于油田井下设备的铁合金材料中锰的含量通常为0.5%～1.5%。因此如果所有的铁离子和锰离子都是腐蚀导致的而不是产出水中原有的，那么产出水中锰离子和铁离子的比例大约为1∶100。

3.3

测试短节 spool pieces

安装在主管道或旁通上两端带法兰的短管，长度一般为0.3 m～1 m。可定期地拆卸下来进行内部检测以得到有关管道系统的腐蚀性的信息。短管的材质应与主管道的材质一致。

3.4

场信号法(电子指纹) field signature method (electric fingerprint)

在管道的一段短管上施加电场，管道内壁因内腐蚀引起的金属损失使电场发生改变，测量电场的改变来计算管道的内腐蚀。

3.5

缓蚀剂涂膜处理　batch treatment of inhibitor

发送两个清管器,在两个清管器之间注入一段缓蚀剂溶液随清管器流经整个管道,在管道内壁形成一层持续实现缓蚀性能的膜。

4　内腐蚀控制设计准则

4.1　输送介质的腐蚀性

4.1.1　应测定介质中腐蚀性杂质的含量,一般应包括:

a)　细菌;

b)　二氧化碳;

c)　氯化物;

d)　硫化氢;

e)　有机酸;

f)　氧;

g)　固体或沉淀物;

h)　其他含硫的化合物;

i)　水以及水质。

4.1.2　应根据腐蚀性杂质含量和气体或液体组分及工矿条件,预测可能造成的有害影响,必要时可对其腐蚀性进行评价。应考虑的有害影响主要有:

a)　由于减薄、点蚀、氢脆、氢致开裂、硫化物应力开裂或应力腐蚀开裂导致管体的损害;

b)　腐蚀产物对管输介质的污染。

4.1.3　输送介质的腐蚀性评价

表1给出了管道及容器内介质腐蚀性评价指标。

表1　管道及容器内介质腐蚀性评价指标

项　目	级　别			
	低	中	较重	严重
平均腐蚀率/(mm/a)	<0.025	0.025～0.12	0.13～0.25	>0.25
点蚀率/(mm/a)	<0.13	0.13～0.20	0.21～0.38	>0.38
注:以两项中的最严重结果为准。				

4.1.4　当管输介质中含的腐蚀性杂质可导致管道腐蚀时,可对管输介质进行脱除腐蚀性杂质(如脱水、脱氧)的附加处理,设计应对附加处理的方案和其他减缓腐蚀措施(如增加清管频率、使用缓蚀剂、采用管道内涂层或耐蚀合金管/复合管)的方案进行技术经济性对比,应使管输介质在输送过程中对管道的内腐蚀最小。

4.2　流速控制

管输介质的流速应满足工艺设计要求并应控制在使腐蚀降为最小的范围内。流速范围的下限值应使腐蚀性杂质悬浮在管输介质中,使管道内积存的腐蚀性杂质降至最少。流速范围的上限应使磨损腐蚀、空泡腐蚀等降至最小,使用缓蚀剂时应不影响缓蚀剂膜的稳定性。

4.3　间歇流控制

宜避免间歇流。如果无法避免,可控制管输介质的流速,使其能冲扫掉不流动介质或低流速期间聚积在管内低洼处的积液和沉积物。

4.4　清管

如果预计水、沉淀物或其他腐蚀产物会沉积在管道中时,可采用清管,设计应包括清管器收发装置。

4.5 管道变径

4.5.1 管道的变径应采用能使流体在变径点处作平滑水力过渡的大小头来实现。

4.5.2 设计应减少设置盲法兰、盲管段、支管、接头等构成的死端。否则,应设置吹扫、收集或排放装置,定期排放所聚积的腐蚀产物,包括沙砾等。

4.6 含水量控制

4.6.1 管输介质在输送期间,当其含水量可导致腐蚀时,可采用分离、脱水工艺,降低其含水量。

4.6.2 如果仅靠降低含水量还不能控制预期的腐蚀时,可采用其他减缓腐蚀的措施,如清管、内涂层和添加缓蚀剂等。

4.7 含氧量控制

4.7.1 含氧的管输介质在输送期间,可导致腐蚀。宜考虑脱氧,使管输介质含氧量降低到允许水平。

4.7.2 设计时应避免空气在管输过程中进入管道。

4.7.3 如果单靠脱氧还不能控制预期的腐蚀时,可采用其他减缓腐蚀的措施,如添加缓蚀剂或内涂层。

4.8 加注化学添加剂

4.8.1 对需采用化学添加剂如缓蚀剂、除氧剂或杀菌剂的管道和设备,设计应包括适宜的加注装置,加注点位置应使整个管道都得到充分的防护。

4.8.2 对使用的每种化学添加剂应掌握如下信息:

a) 化学添加剂的安全数据;

b) 技术指标;

c) 化学添加剂对设计用材料和密封材料的腐蚀数据。

4.9 内防腐层和耐蚀材料

4.9.1 对预计腐蚀速率超过容许范围的管道,可采用内防腐层,如内涂层、非金属材料衬里、双金属复合材料,也可直接采用整体耐蚀合金材料。

4.9.2 在使用过程中,对某些由于内防腐层缺陷造成有基体金属裸露的管道,可同时添加缓蚀剂予以保护。

4.10 监测和检测

4.10.1 监测点应合理地选择在生产系统中存在腐蚀性介质,并能提供有代表性的内腐蚀测量结果的位置。

4.10.2 对管输介质做缓蚀处理,特别是加注化学药剂的管道,设计应包括腐蚀监测装置,以便监测管输介质的腐蚀性和评价缓蚀效果。

4.10.3 在压力、温度、含水量和其他腐蚀条件不同的位置,应选择预期腐蚀比较严重的位置设置监测装置并评价监测方法的使用效果。

4.10.4 对于经过干燥处理后产品的输送管道,在预计可能积液的位置可采用定点测量的方法(例如壁厚检测、在线监测)。

4.10.5 监测装置如果设在旁通上,旁通管道的水力状态应与主管道相似,并能随时切断或开通。

4.10.6 设计时应考虑相应的弯管可使采用的腐蚀检测仪器自由通过,并设置相关的阀门及收发装置等。

5 控制内腐蚀的方法

5.1 清管

5.1.1 应采用清管器清除管内的污物和沉积物。定期清管可与其他腐蚀控制措施如添加缓蚀剂和脱水结合起来使用。

5.1.2 应根据清管程度选用不同类型的清管器,选用清管器应考虑如下因素:

a) 清管器清除沉积污物的能力;

b） 挤过管道截面的能力；

c） 清管器构件用材与管输介质的相容性；

d） 运行的可行性，因为清管运行过程中可能存在毛刺、探头、腐蚀挂片等妨碍清管的物体；

e） 管道内是否存在内涂层和缓蚀剂膜。

5.2 脱除腐蚀性组分

5.2.1 脱水处理

5.2.1.1 原油和油品中的游离水在储罐中沉降或采用分离器、聚结器或砂滤器等分离。

5.2.1.2 天然气中的水应用分离器、冷却器或各种类型（如乙二醇、三甘醇或分子筛）的脱水装置等予以脱除。

5.2.2 脱氧处理

可采用化学除氧剂或真空法等脱除管输介质中的氧。但应注意有硫化氢存在时，除氧剂的效果往往受到限制。

5.2.3 其他腐蚀性杂质如酸性气体（硫化氢、二氧化碳、低分子量有机酸例如乙酸和丙酸），可用酸性气体吸收塔和洗涤器将其从管输介质中脱除。

5.3 加注缓蚀剂

5.3.1 应根据以下条件选择缓蚀剂：

a） 腐蚀类型及腐蚀因素；

b） 与管输介质及其他添加剂的配伍性；

c） 使用和加注的可操作性；

d） 对下步工艺的有害影响。

5.3.2 缓蚀剂应分散在液体中传输以确保能到达需要保护的区域。

5.3.3 对输送天然气的主干线管道，在投产前和运行期间可定期进行缓蚀剂涂膜处理。

5.3.4 应根据实验室和现场试验结果、生产实践经验和产品性能来确定缓蚀剂的缓蚀效果、溶解性、配伍性、加注浓度及加注量要求。

5.3.5 为提高缓蚀剂的缓蚀效果，应考虑联合使用其他减缓腐蚀的措施如清管、脱水等。

5.4 内防腐层

5.4.1 根据输送介质腐蚀性来选择内涂层和内衬里。当采用内涂层时，应充分考虑涂层的抗老化性能。

5.4.2 内涂层应具有抗管输介质、污物、腐蚀性杂质、添加剂等侵蚀的能力，而且不应损害管输介质的质量。

5.4.3 可供涂层和衬里选用的材料有环氧树脂、塑料、水泥沙浆或金属化合物等，宜通过试验选定。环氧涂料的技术要求见 SY/T 0442 和 SY/T 0457。

5.4.4 内涂层可在涂敷车间逐节预制，或者在施工现场整体管道涂敷。无论在何处涂敷，应注意管子的清洗和表面预处理的状况及正确的涂敷工艺。

5.4.5 厂内预制的内涂层可通过电火花检漏仪检查，现场涂敷的涂层的完整性检验，通过使用现场切片取样或卸下两端带法兰的试验短管进行检测。

5.4.6 内涂层和衬里管道的接头部位应进行防腐处理。

5.5 耐蚀合金材料

5.5.1 在一些集输管道和容器内腐蚀很严重的部位，采用其他腐蚀控制方法难以实现时，可采用整体耐蚀合金材料或采用耐腐蚀合金复合或衬里材料。

5.5.2 耐腐蚀合金复合或衬里产品应在工厂进行化学成分、结合强度、抗腐蚀性能等检验。耐腐蚀合金复合钢管的技术要求见 SY/T 6623。

6 腐蚀检测和监测

6.1 目视检查

当管道系统或设备停产检修时，专业人员对暴露的内壁进行目视检查，确定如下的内容：

a) 内表面的腐蚀情况。通过鉴别内表面腐蚀的形态(例如均匀腐蚀、点蚀和沟槽状腐蚀等)确定腐蚀类型；

b) 测量腐蚀沿管道或设备内表面圆周向和轴向的长度以及任何可辨别的腐蚀形貌；

c) 测量单位面积的腐蚀坑数，测量被腐蚀最深部位的壁厚，计算年腐蚀速率；

d) 被腐蚀管段的坡度和坡向，以及与它相连管道的相对位置；

e) 沉积物及沉积物下的腐蚀；

f) 对主要的腐蚀部位进行拍照。

6.2 在线腐蚀监测

6.2.1 常用的在线腐蚀监测方法有腐蚀挂片、腐蚀测试短节、电阻探头、线性极化探头、电感探头、电化学噪音探头、氢探头、电子指纹等。根据不同的操作环境、操作方式(如定期或连续取值)及安装技术，选用不同的在线腐蚀监测设备。

6.2.2 安装于适当位置的在线腐蚀监测设施应能有效地确定腐蚀速率和腐蚀类型。金属腐蚀挂片的准备、安装和分析见 GB/T 16545、JB/T 7901。

6.2.3 腐蚀挂片和探头材质应与管道或设备内表面材质一致或相似。

6.3.4 腐蚀挂片和探头在流体中暴露的时间应根据管输介质的类型、流速、检测的项目以及预计的腐蚀速率而定。腐蚀挂片在一年内至少应检测两次，并且间隔时间不宜超过 6 个月。

6.2.5 在探头上沉积有较多石腊和其他不溶性物质时，会影响探头的测试结果，应定期将探头取出清除附着物。

6.2.6 插入式腐蚀挂片和探头不应影响管道清管，清管时应能将挂片和探头取出或提升至不影响清管的位置。

6.3 取样和化学分析

6.3.1 应定期取样并化学分析，确定管输介质中的铁离子数、锰离子数、pH 值、腐蚀性杂质及腐蚀性。

6.3.2 提取的试样应具有代表性，能反映管输介质的真实情况。取样应由有经验的人员或经过专业培训的人员进行。

6.3.3 如果管输介质中含有水，应进行二氧化碳、硫化氢、细菌、酸和其他腐蚀性组分的分析。二氧化碳和硫化氢还应进行气相分析。

6.3.4 对管输介质中含的易引起结垢和堵塞的腐蚀性杂质，应定期分析。

6.3.5 测定从过滤器和捕集器中清除出来的腐蚀产物的体积和质量变化，或目视检查固体污物，可评定防护效果。腐蚀产物的采集与测定见 SY/T 0546。

6.3.6 化学分析的频率及项目应根据管道中管输介质的变化和数量决定。

6.4 内腐蚀检测

6.4.1 内腐蚀检测装置有定点进行测量的超声波测厚仪、超声波扫描成像仪，以及沿管道各部位进行的超声波/漏磁智能检测器、机械测径器和超声导波测量仪等。

6.4.2 根据管道的直径、长度、连接方式、使用时间及位置，合理地选用内腐蚀检测工具。选定的检测位置应固定并能长期连续使用。在随后周期性的检测中也可增加或合并检测位置。

6.4.3 检测仪记录应显示管道内腐蚀与地面实际位置之间的相互关系，准确地确定腐蚀部位。

6.4.4 对于能进行开挖的管段，智能检测、机械测径器和超声导波的检测结果应采用开挖抽查来核实检测的准确性。

6.5 压降测量

通过定期测量确定管段两端压力降的变化，调查并判断是否存在腐蚀产物或沉积物。

6.6 腐蚀控制方法效果的评定

6.6.1 采用6.2～6.6的腐蚀监测和检测方法来评价腐蚀控制的效果。

6.6.2 当腐蚀挂片的测试结果和腐蚀检测测试结果显示管道的腐蚀速率超过设计要求时，应重新调整腐蚀控制措施。

7 内腐蚀控制系统的操作和维护

7.1 清管

7.1.1 清管应符合本标准5.1的规定。

7.1.2 进入管道系统的清管器应洁净，并维修完好。

7.1.3 清管频率应保证污物及时被清除，以避免对管道内壁产生腐蚀，清管频率也应随季节变化，在温度较低的冬季，还应避免结冰、蜡堵塞问题。原油和天然气管道的清管要求见SY/T 5536和SY/T 5922。

7.1.4 对有内涂层的管道不应采用金属或研磨类型的清管器，可采用非金属清管器。

7.2 缓蚀剂加注

7.2.1 缓蚀剂加注的方法一般为间歇加注或连续加注，或者这两种方法联合使用。

7.2.1.1 最好的间歇加注方法是缓蚀剂涂膜处理，在两个清管器之间用泵注入一段缓蚀剂溶液随清管器流经整个管道。加注的频率根据一定量的管输介质流经整个管道后，缓蚀剂所保持的效率而定。

7.2.1.2 连续加注要求连续注入与管输介质量成一定比例的缓蚀剂。

7.2.1.3 缓蚀剂应预先混合或稀释。应避免低pH值的添加剂或溶剂蒸发留下的固体沉积物损伤加注点。黏性缓蚀剂可用一种与其相容并易混合的烃类载体来稀释，使容易泵注并保证计量，特别是对缓蚀剂用量小的情况。在注入前预先与水混合能更有利于缓蚀剂与管道中水的混合。

7.2.1.4 当供应商认为不会造成乳化、分离或沉淀而影响缓蚀剂的操作和使用效果时，应当进行预先混合或稀释。

7.2.2 缓蚀剂加注设施主要由下列设备组成：

a) 缓蚀剂储罐；

b) 加注装置(泵或喷嘴)；

c) 计量装置；

d) 流量控制器；

e) 管路附件、电气及控制系统。

7.2.2.1 加注装置可采用简单的重力式加注装置，也可用计量化学加注泵及文丘里喷嘴加注装置。对输送液体的管道，可使用可调容量的容积式泵。

7.2.2.2 设计的喷嘴或文丘里管，应能使注入管道中的缓蚀剂雾化成薄雾或烟雾。文丘里喷雾管喉口应按管输介质最高实际(声音的)流速来定径。

7.2.2.3 应谨慎地选定各种加注装置的安装位置，特别是对接配管的位置，应避免缓蚀剂雾化过程对导向阀控制的调节系统产生不良的影响。

7.2.2.4 加注装置的材质应适应与缓蚀剂连续接触的工作条件。建议采用缓蚀剂生产商推荐的材料。在大多数场合可使用普通碳钢或不锈钢。对小口径的管道或管柱宜采用不锈钢。当添加氮基缓蚀剂(胺类、氨基化合物、亚硝酸盐类等)时，不应使用铜和铜基合金材料。非金属密封件及填料应与缓蚀剂组分具有兼容性。

7.2.2.5 缓蚀剂加注点应选在能确保管道受到最有效保护的位置。在泵的吸入端加注，或通过一根置于管路中心的管子注入，有助于缓蚀剂与流体混合。当使用文丘里管时，为了使气流保持高速，宜装在一个直径较小的旁路里。

7.3 内防腐层

对有内防腐层的管道在停产检修时，应对其内防腐层进行检查，如发现有损坏时，应做适当的修补，以保持内防腐层的完整性。如果损坏面太大或不易修补而且又有迹像表明裸管腐蚀严重时，则应考虑采取其他辅助的措施。

8 腐蚀控制记录

8.1 腐蚀控制记录

a) 管输介质组分分析，包括腐蚀性杂质的含量；

b) 管径、壁厚、压力等级、流速、内涂层及管道材料；

c) 选用的防腐控制措施如脱水、脱氧、化学药剂和监测装置等工艺参数。

8.2 管道内腐蚀检测、效果评价及运行维修记录

a) 对管道进行目视检查的日期和部位，以及目视检查的结果；

b) 腐蚀监测和检测的结果，如探针、腐蚀挂片的监测结果、取样、化学分析、细菌试验和内检测工具的运行情况；

c) 在线腐蚀检测和清管的作业情况包括日期、清管器类型、清除水和固体物的数量和所在的位置，宜包括清出的腐蚀产物照片和化学成分分析；

d) 所用缓蚀剂、杀菌剂和其他化学药剂的名称、数量、加注方式和加注时间。

8.3 管道泄漏和损坏的记录

a) 泄漏和损坏的时间、地点；

b) 泄漏和损坏的原因分析；

c) 泄漏和损坏的处理。

附　录　A
（资料性附录）
条　文　说　明

A.1　范围

由于石油、天然气集输系统输送石油、天然气、水等介质的复杂性，当输送气体或液体中存在氧、二氧化碳、硫化氢、氯离子、细菌等时，可能会引起钢制管道的腐蚀，因此可以采取本标准列出的措施来控制腐蚀。

A.2　规范性引用文件

凡是不注明日期的引用文件，其最新版本适用于本标准。

A.3　术语和定义

本章所列术语和定义，仅适用于本标准。

A.4　内腐蚀控制设计准则

A.4.1　输送介质的腐蚀性

A.4.1.1　输送气体和液体中腐蚀性杂质的含量可能给潜在的腐蚀造成重要的影响。气体和液体的质量标准不能保证输送介质没有腐蚀性。经验表明由于操作失误，水和腐蚀性杂质可能会进入管道系统，或堆积在管道的低洼处，此时监测结果可能显示气体和液体质量符合标准要求，但气体和液体的腐蚀性依然严重。

A.4.1.2　标准中列出的腐蚀性杂质的某些组合可能使腐蚀加剧，因此需要考虑这些组分的相互作用。

A.4.1.3　本标准不包括当输送介质中含有硫化氢可能导致钢制管道发生氢致开裂、硫化物应力开裂等开裂破坏时材料的选择，材料选择可以参见 SY/T 0599 或 GB/T 20972。

A.4.1.4　输送介质的腐蚀性严重程度分级的标准参考了 NACE RP0775-99 的规范要求。

A.4.2　内腐蚀控制设计要求

A.4.2.1　因为管输介质和管道系统的复杂性妨碍了内腐蚀控制作法的标准化，所以本标准未推荐每个具体场合的作法，而是列出了各种控制内腐蚀的作法，设计人员应根据具体情况选择适宜的控制内腐蚀的措施。

A.4.2.2　式（A.1）提供了计算气/液两相流的磨损腐蚀流速的公式。

$$v_e = 0.25\frac{C}{\sqrt{\rho_m}} \qquad \cdots\cdots\cdots\cdots\cdots\cdots(A.1)$$

式中：

v_e——流体的磨损腐蚀流速，单位为米每秒（m/s）；

C——经验系数；

ρ_m——在流体压力和温度条件下的气/液混合密度，单位为千克每立方米（kg/m^3）。

没有固体颗粒的连续流体 $C=100$，间歇流体 $C=125$；如果腐蚀通过加注缓蚀剂进行控制或者采用耐蚀合金，对于连续流体 C 的值可为 150～200。

A.4.2.3　当钢铁表面没有水存在时就不会发生腐蚀，即使存在腐蚀性气体（H_2S、CO_2 和 O_2）。应注意虽然采用了含水量的控制措施，吸湿的盐沉积在钢铁表面时，在低于露点温度的条件下能导致钢的表面形成一层看不见的水膜而引起腐蚀。

A.4.2.4 如果仅靠一种方法还不能控制预期的腐蚀时，可以采用多种减缓腐蚀的措施，如同时进行含水量控制、清管和添加缓蚀剂等。

A.4.2.5 设置腐蚀监测和检测的目的是了解输送介质的腐蚀性并用来评价所采用腐蚀控制措施的保护效果。

A.4.2.6 对于经过干燥处理后产品的输送管道，有可能由于误操作短暂地存在液态水或其他电解质溶液，在积液处(例如斜坡的底部)最容易发生内腐蚀。在预计可能积液的位置可以采用定点测量的方法(例如检测、监测和取样)。

A.5 控制内腐蚀的方法

A.5.1 根据清管程度选用不同类型的清管器。为清除粘附的污物，选用装有弹簧加载的钢刀片、钢丝刷、研磨砂石等类型的清管器，也可选用半刚性的非金属球体。对于小曲率半径的弯头，可选用能变形的橡胶清管器。

A.5.2 通过清管至少能部分避免由下列因素造成的腐蚀：

a) 由于夹带流速不足、间歇流或输送压力/温度变化等导致从管输介质中沉积或析出水和其他液体。这些液体中往往含有氧、硫化氢、二氧化碳、盐、酸和其他腐蚀性杂质。

b) 当输送管内有腐蚀产物、锈垢、砂、污垢等松散的沉积物时，尤其是处于有水、硫化氢、二氧化碳等的条件下，常常会促使管子底部四分之一圆周区形成局部腐蚀电池。

c) 粘附在管壁上的腐蚀产物、石腊或其他的固体沉积物可能覆盖腐蚀活跃区，从而抑制了其他缓蚀方法如缓蚀剂的效果。

A.5.3 阳极型缓蚀剂可用于减缓含有低浓度氧的介质的腐蚀。阴极型缓蚀剂可用于减缓硫化氢和二氧化碳的腐蚀。具有长碳链的含氮化合物(例如咪唑啉)作为混合型缓蚀剂。

A.5.4 当采用可溶解的液体或树脂合成物涂层作为内防腐层时，需要充分考虑涂层的抗老化性能。

A.5.5 内涂层可以在涂敷车间逐节预制，或者在施工现场整体管道涂敷。无论在何处涂敷，涂层的性能很大程度上取决于管子的清洗和表面预处理的状况及正确的涂敷工艺。

A.6 腐蚀检测和监测

A.6.1 腐蚀监测和检测的方法也可以用来评价腐蚀控制的效果。

A.6.2 单一的腐蚀监测和检测方法所提供的信息是有限的，联合采用多种腐蚀监测和检测方法，可以得到更全面的腐蚀信息。

A.6.3 设计时为了避免气液中携带的固体颗粒对设备造成损伤，可以在监测设备的前面安装过滤器。

A.6.4 腐蚀挂片和电子腐蚀监测设备等可用于确定腐蚀环境随时间变化的关系，结果也可用于评价由于操作参数或化学处理程序的改变而使输送介质腐蚀性发生的变化。

A.6.5 尽管取样规范化，测得的总铁量仍可能出现分散无规律。因此，通常用若干个不同样品的总平均值才能比较准确地评价系统的保护效果。最好能了解开采初期介质输送系统中的含铁量。

A.6.6 目视检查固体污物，可以监测腐蚀控制效果。

A.7 内腐蚀控制系统的操作和维护

A.7.1 清管频率应保证污物在对管道内壁产生腐蚀危害之前被清除。定期观察被清除污物的类型和数量，可评估清管的效果。

A.7.2 缓蚀剂加注装置的材质要考虑适应连续与缓蚀剂接触的工作条件。建议采用缓蚀剂生产商推荐的材料。在大多数场合可使用普通碳钢或不锈钢。对小口径的管道或管柱可以采用不锈钢，因为即使很少量的锈都可能造成堵塞或给泵注黏性大的液体带来困难。当添加氮基缓蚀剂(胺类、氨基化合物、亚硝酸盐类等)时，不宜使用铜和铜基合金材料，因为这类材料可能发生应力腐蚀开裂。

A.7.3 缓蚀剂加注点选在能确保管道受到最有效保护的位置。在泵的吸入端加注，可利用泵内液体的湍流性促使缓蚀剂与流体混合。

A.7.4 缓蚀剂采用预先混合或稀释，这样便于操作并且能促进更快速地与输送介质混合，特别对非互溶相之间的混合。低 pH 值的添加剂或溶剂蒸发留下的固体沉积物会损伤加注点。黏性缓蚀剂可用一种与其相容并易混合的烃类载体来稀释，以降低其黏度，使泵注容易并且计量更加准确，特别是对缓蚀剂用量小的情况。在注入前预先与水混合能更有利于缓蚀剂与管道中水的混合。

参 考 文 献

[1] GB/T 20972 石油天然气工业 油气开采中用于含硫化氢环境的材料
[2] SY/T 0599—2006 天然气地面设施抗硫化物应力开裂和抗应力腐蚀开裂的金属材料要求
[3] NACE RP 0775-99 油田现场用腐蚀失重片的准备、安装、分析和解释
[4] NACE SP 0106—2006 钢质管道和管道系统的内腐蚀控制准则

ICS 81.040.30
Q 34

中华人民共和国国家标准

GB/T 23259—2009

压力容器用视镜玻璃

Sight glass for pressure vessels

2009-03-09 发布　　　　2009-11-05 实施

中华人民共和国国家质量监督检验检疫总局
中国国家标准化管理委员会　发布

前　言

本标准与 DIN 7080—1999《低温下无限制使用的耐压圆形钢化硼硅玻璃板》的一致性程度为非等效。

本标准附录 A 为资料性附录。

本标准由中国建筑材料联合会提出。

本标准由全国工业玻璃和特种玻璃标准化技术委员会(SAC/TC 447)归口。

本标准负责起草单位:中国建筑材料科学研究总院、中国建筑材料检验认证中心。

本标准参加起草单位:湖州天时玻璃制品有限公司。

本标准主要起草人:王睿、石新勇、韩松、宋卫荣、贾祥道、祖成奎、孙云蓉、赵威、邱娟、王精精、刘永华。

本标准为首次发布。

压力容器用视镜玻璃

1 范围

本标准规定了压力容器视镜玻璃的标记、材质、技术要求、试验方法、检验规则、标志、包装和贮存。

本标准适用于工作温度不超过 280 ℃、工作压力低于 6.4 MPa 的压力容器的、经钢化工艺制成的圆形硼硅玻璃(以下简称视镜玻璃)。

本标准不适用于用在介质毒性为 HG 20660 规定的极度危害和高度危害的压力容器的视镜玻璃。

2 规范性引用文件

下列文件中的条款通过本标准的引用而成为本标准的条款。凡是注日期的引用文件,其随后所有的修改单(不包括勘误的内容)或修订版均不适用于本标准,然而,鼓励根据本标准达成协议的各方研究是否可使用这些文件的最新版本。凡是不注日期的引用文件,其最新版本适用于本标准。

GB/T 1216 外径千分尺

GB/T 1219 指示表

GB/T 5137.2 汽车安全玻璃光学性能试验方法(GB/T 5137.2—2002,ISO 3538:1999,Road vehicles—Safety glazing materials—Test methods for optical properties,EQV)

GB/T 6580 玻璃耐沸腾混合碱水溶液浸蚀性的试验方法和分级(GB/T 6580—1997,eqv ISO 695:1991)

GB/T 6581 玻璃在 100 ℃耐盐酸浸蚀性的火焰发射或原子吸收光谱吸收测定方法(GB/T 6581—1986,eqv ISO 1776:1991)

GB/T 6582 玻璃在 98 ℃耐水性的颗粒试验方法和分级(GB/T 6582—1997,eqv ISO 719:1985)

GB/T 16920 玻璃平均线热膨胀系数的测定

HG 20660 压力容器中化学介质毒性危害和爆炸危险程度分类

JC/T 676 玻璃材料弯曲强度试验方法

3 标记

每块玻璃应印有产品标记。标记方法为:

GB/T ×××× - ××× × ×× - ××

标准号　视镜玻璃直径　视镜玻璃厚度　视镜玻璃最大工作压力

示例:视镜玻璃直径 d 为 100 mm、厚度 s 为 20 mm,最大工作压力为 2.5 MPa 的视镜玻璃标记为:

GB/T 23259-100×20-2.5

注:不同直径和厚度的视镜玻璃的适用工作压力(不高于 4 MPa)参见附录 A。

4 材质

视镜玻璃材质为硼硅玻璃,并应满足下列要求:

4.1 按 GB/T 16920 测定的 20 ℃至 300 ℃的平均线膨胀系数应不大于 5.5×10^{-6}/℃。

4.2 耐水性应能满足 GB/T 6582 中的 HGB 1 的要求。

4.3 按 GB/T 6581 测定的氧化钠(Na_2O)析出量不应超过 100 μg/dm²。

4.4 耐碱性应能满足 GB/T 6580 中的 A2 级的要求。

5 技术要求

视镜玻璃的各项性能及其试验方法应符合表1规定。

表1 技术要求及试验方法条款

序号	项　目	技术要求	试验方法
1	尺寸及偏差	5.1	6.1
2	平行度与平面度偏差之和	5.2	6.2
3	外观质量	5.3	6.3
4	可见光透射比	5.4	6.4
5	偏振光检查	5.5	6.5
6	耐热冲击性	5.6	6.6
7	抗弯强度	5.7	6.7

5.1 尺寸及偏差

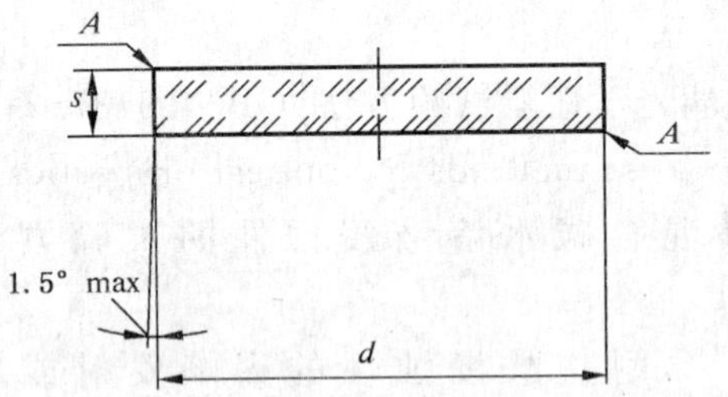

A——倒角尺寸；
d——视镜玻璃直径；
s——视镜玻璃厚度。

图1 视镜玻璃尺寸

5.1.1 上下表面与侧面的垂直度偏差不得超过1.5°。

5.1.2 视镜玻璃直径 d 的偏差应符合表2规定。

表2 视镜玻璃直径允许偏差　　单位为毫米

视镜玻璃直径 d	$d \leqslant 150$	$150 < d \leqslant 200$	$d > 200$
允许偏差	±0.5	±0.8	±1

5.1.3 视镜玻璃厚度的偏差应符合表3规定。

表3 视镜玻璃厚度允许偏差　　单位为毫米

视镜玻璃厚度 s	$10 \leqslant s \leqslant 20$	$s > 20$
允许偏差	$^{+0.50}_{-0.25}$	$^{+0.80}_{-0.40}$

5.1.4 视镜玻璃应45°倒角，如图2所示。倒角尺寸应符合表4规定。

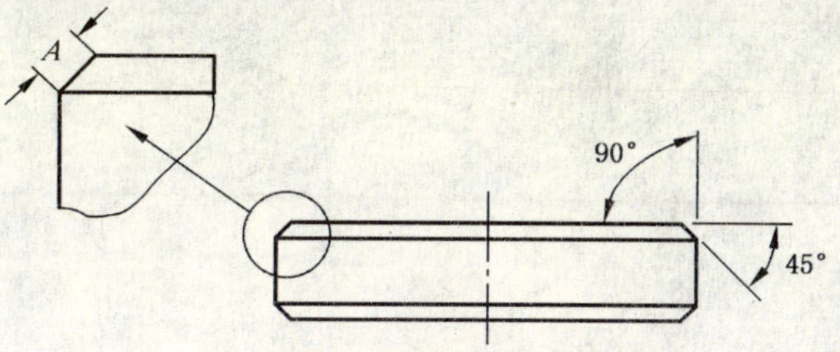

图 2 视镜玻璃倒角尺寸

表 4 视镜玻璃倒角尺寸及允许偏差

单位为毫米

视镜玻璃直径 d	d≤100	d>100
倒角尺寸 A 及允许偏差	1.5±0.2	2.0±0.2

5.2 视镜玻璃的平行度与平面度偏差之和应符合表 5 规定。

表 5 视镜玻璃的平行度与平面度偏差之和

单位为毫米

视镜玻璃直径 d	d≤100	100<d≤200	d>200
平行度与平面度偏差之和	≤0.20	≤0.25	≤0.30

5.3 外观质量

5.3.1 视镜玻璃的上下表面均须抛光，侧面应精磨或抛光，棱边应倒角。

5.3.2 视镜玻璃外观质量应符合表 6 的规定。

表 6 视镜玻璃的外观质量

缺陷名称	要求
气泡	1）直径或平均值>2 mm 圆形或椭圆形气泡不允许存在。 2）开口形气泡不允许存在。 3）直径≤0.3 mm 的气泡，每平方厘米最多允许 3 个。 4）直径>0.3 mm，≤0.5 mm 的气泡，每片最多允许 10 个。 5）直径>0.5 mm，≤1 mm 的气泡，每片最多允许 4 个。 6）直径>1 mm，≤2 mm 的气泡，每片最多允许 2 个。
结石及固体夹杂物	不允许存在。
条纹	不允许存在。
轻微擦伤	距周边 1.5 mm 以外范围，最多允许有 2 条长度<30 mm 的轻微擦伤存在。
裂纹	不允许存在。
凹点及皱纹	1）不允许存在于两个密封面上。 2）侧面在距倒角斜线 3 mm 范围内的侧面，不允许存在深度>2 mm 的凹点。 3）整个侧面不允许存在深度>2 mm 的皱纹。

5.4 可见光透射比

视镜玻璃折合 2 mm 标准厚度的可见光透射比应不低于 90%。

5.5 偏振光检查

视镜玻璃的干涉图案应为平行于视镜玻璃圆周的椭圆形单色连续条纹，不能因表面纹路，凸棱或其他缺陷的影响而中断，如图 3 所示。

图 3　视镜玻璃在偏振光下的干涉图案

5.6　耐热冲击性

视镜玻璃在经受 230 ℃的温差时不得出现裂纹及破坏。

5.7　抗弯强度

视镜玻璃的抗弯强度应不低于 160 MPa。

6　试验方法

6.1　尺寸及偏差

6.1.1　上下表面与侧面的垂直度的测量

用精度为 2′的角度尺测量任意点上下表面与端面的角度 α，α 与 90°的偏差应满足 5.1.1 的规定。

6.1.2　直径及厚度的测量

采用精度为 0.02 mm 的游标卡尺在任意方向测量直径；用符合 GB/T 1216 的千分尺测量任三点的厚度。测量值均应满足 5.1.2 及 5.1.3 的规定。

6.1.3　倒角尺寸的测量

采用精度为 0.02 mm 的游标卡尺，测量任意点的倒角尺寸，测量值应满足 5.1.4 的规定。

6.2　平行度与平面度偏差之和的测量

将视镜玻璃放置于标准平台上，用分度值为 0.01 mm，符合 GB/T 1219 的指示表测量视镜玻璃任意三点的厚度，三点测量值之间的最大差值应满足 5.2 的规定。

6.3　外观质量

以制品为试样，在较好的自然光或散射光照条件下，距离玻璃表面 600 mm 处用肉眼进行检查。测量工具用精度为 0.02 mm 的游标卡尺和 10 倍读数放大镜。

6.4　可见光透射比

按 GB/T 5137.2 测定制品的可见光透射比，然后按式(1)换算成为 2 mm 标准厚度的数值，以百分率表示，保留小数点后一位：

$$T=\left(\frac{T_s}{92}\right)^{\frac{2}{s}}\times 92 \qquad (1)$$

式中：

T——2 mm 厚度玻璃的可见光透射比，%；

T_s——厚度为 s 的制品的可见光透射比，%；

s——制品的厚度，单位为毫米(mm)。

6.5　偏振光检查

将制品置于偏振光下并转动制品进行检查。

6.6 耐热冲击性

以制品为试样进行检验。将试样置于 250 ℃±1 ℃的箱式电炉中，保温 2 h 后取出，立即投入至 20 ℃±1 ℃的水中并保持 1 min。

6.7 抗弯强度

按 JC/T 676 规定的试验方法进行试验。

7 检验规则

7.1 检验分类

7.1.1 产品检验分为出厂检验和型式检验。

7.1.2 出厂检验项目

出厂检验项目为尺寸及偏差、外观质量及偏振光检查。

7.1.3 型式检验项目

型式检验项目为本标准中 5.2 ～ 5.7 规定的全部检验项目。

有下列情况之一时，应进行型式检验。

a) 新产品或老产品转厂生产的试制定型鉴定；

b) 正式生产后，如结构、材料、工艺有较大改变，可能影响产品性能时；

c) 正常生产时，应一年进行一次检验；

d) 产品长期停产后，恢复生产时；

e) 出厂检验结果与上次型式检验有较大差异时；

f) 国家质量监督机构提出型式检验的要求时。

7.2 组批规则及判定

以同一玻璃成分、熔制工艺及热处理制度生产出的产品为一批。

7.2.1 出厂检验

按照 6.1、6.2、6.3 及 6.5 的规定，逐个对制品进行尺寸及偏差、平行度与平面度偏差之和、外观质量检验及偏振光检查，只有各项指标全部符合 5.1、5.2、5.3 和 5.5 规定要求的制品才能出厂。

7.2.2 型式检验

7.2.2.1 在同一批制品中随机抽取 5 块制品进行尺寸及偏差、平行度与平面度偏差之和、外观质量、偏振光检查及耐热冲击试验：

一块制品的各项指标全部符合 5.1、5.2、5.3、5.5 和 5.6 规定的要求为合格。

当 5 块制品全部合格时，则为合格；当有 2 块制品或 2 块以上制品不合格时，为不合格；当有 1 块制品不合格时，再取 5 块制品进行试验，当 5 块新制品全部合格时，则为合格。

7.2.2.2 在同一批制品中随机抽取 1 块制品进行可见光透射比测试及计算，结果应符合 5.4 的规定。

7.2.2.3 对与同批制品相同工艺制度制作的 5 块试样进行弯曲强度试验，试样厚度为同批制品的厚度。当有 1 块不符合 5.7 的规定时，则追加 5 块新试样，当 5 块新试样全部符合 5.7 的规定，则为合格。

7.2.2.4 综合判定

上述各项性能中有一项或一项以上不合格，则该批产品为不合格。

8 标志、包装和贮存

8.1 标志

每块视镜玻璃应印有商标、出厂批号及产品标记。

8.2 包装和贮存

包装及贮存由视镜玻璃制造厂商根据具体情况而定，出厂制品必须有合格证。无论采用何种包装，包装标志应符合国家有关标准的规定，每个包装箱应标明“朝上、轻搬正放、小心破碎、防雨怕湿”等标志或字样。

附 录 A
（资料性附录）
视镜玻璃尺寸规格及工作压力

A.1 视镜玻璃的直径及厚度随压力容器最高允许工作压力的不同而不同，见图 A.1 及表 A.1。

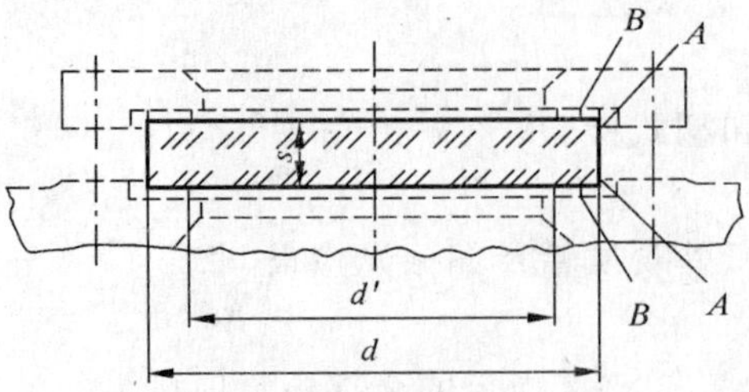

A——倒角；
B——密封垫；
s——视镜玻璃厚度；
d——视镜玻璃直径；
d'——可视直径。

图 A.1 视镜玻璃安装示意图

表 A.1 视镜玻璃尺寸规格及工作压力

视镜玻璃直径 d/mm	可视直径 d'/mm	最高允许工作压力/MPa				
		0.6	1.0	1.6	2.5	4.0
		视镜厚度 s/mm				
65	50	—	—	10	12	15
80	65	—	—	12	15	20
100	80	—	—	15	20	25
125	100	—	15	20	25	
150	125	—	20	25	30	
175	150	—	20	25	30	
200	175	—	25	30		
225	200	25	30			
250	225	25	30			

ICS 91.120.30
Q 17

GB

中华人民共和国国家标准

GB/T 23260—2009

带自粘层的防水卷材

Waterproof sheet with self-adhering layer

2009-03-09 发布　　　　2009-11-05 实施

中华人民共和国国家质量监督检验检疫总局
中国国家标准化管理委员会　发布

前　言

本标准由中国建筑材料联合会提出。

本标准由全国轻质与装饰装修建筑材料标准化技术委员会(SAC/TC 195)归口。

本标准负责起草单位:中国化学建筑材料公司苏州防水材料研究设计所、中国建筑防水材料工业协会、建筑材料工业技术监督研究中心。

本标准参加起草单位:广东科顺化工实业有限公司、深圳市卓宝科技股份有限公司、广西金雨伞防水装饰有限公司、武汉美利信新型建材有限公司、唐山德生防水材料有限公司、山东鑫达鲁鑫防水材料有限公司、成都赛特防水材料有限责任公司、沈阳星辰化工有限公司、四川宏源防水工程有限公司、四川蜀羊防水材料有限公司、盘锦市大禹防水建材有限公司。

本标准主要起草人:朱志远、朱冬青、杨斌、邹先华、陈伟忠、卢桂才、姚双华、林良、朱晓华、陈文洁、陈斌、郑家玉。

本标准为首次发布。

带自粘层的防水卷材

1 范围

本标准规定了带自粘层的防水卷材的标记、要求、试验方法、检验规则、标志、包装、运输和贮存。

本标准适用于表面覆以自粘层的冷施工防水卷材。

2 规范性引用文件

下列文件中的条款通过本标准的引用而成为本标准的条款。凡是注日期的引用文件，其随后所有的修改单(不包括勘误的内容)或修订版均不适用于本标准，然而，鼓励根据本标准达成协议的各方研究是否可使用这些文件的最新版本。凡是不注日期的引用文件，其最新版本适用于本标准。

GB/T 328.5—2007 建筑防水卷材试验方法 第5部分:高分子防水卷材 厚度、单位面积质量

GB/T 328.11—2007 建筑防水卷材试验方法 第11部分:沥青防水卷材 耐热性

GB/T 328.20—2007 建筑防水卷材试验方法 第20部分:沥青防水卷材 接缝剥离强度

GB 12952 聚氯乙烯防水卷材

GB 12953 氯化聚乙烯防水卷材

GB 18173.1 高分子防水材料 第1部分:片材

GB 18242 弹性体改性沥青防水卷材

GB 18243 塑性体改性沥青防水卷材

GB 18967 改性沥青聚乙烯胎防水卷材

JC/T 684 氯化聚乙烯—橡胶共混防水卷材

JC/T 1076 胶粉改性沥青玻纤毡与玻纤网格布增强防水卷材

JC/T 1077 胶粉改性沥青玻纤毡与聚乙烯膜增强防水卷材

JC/T 1078 胶粉改性沥青聚酯毡与玻纤网格布增强防水卷材

3 标记

产品名称为:带自粘层的＋主体材料防水卷材产品名称。

按本标准名称、主体材料标准标记方法和本标准编号顺序标记。

示例：

规格为3 mm矿物料面聚酯胎Ⅰ型，10 m² 的带自粘层的弹性体改性沥青防水卷材标记为：

带自粘层 SBS Ⅰ PY M3 10 GB 18242-GB/T 23260—2009

长度20 m、宽度2.1 m、厚度1.2 mmⅡ型L类聚氯乙烯防水卷材标记为：

带自粘层 PVC卷材 L Ⅱ 1.2/20×2.1 GB 12952-GB/T 23260—2009

注：非沥青基防水卷材规格中的厚度为主体材料厚度。

4 要求

4.1 主体材料产品性能

带自粘层的防水卷材应符合主体材料相关现行产品标准要求(参见表1)，其中受自粘层影响性能的补充说明见表2。

表 1 部分相关主体材料产品标准

序号	标准名称
1	GB 12952 聚氯乙烯防水卷材
2	GB 12953 氯化聚乙烯防水卷材
3	GB 18173.1 高分子防水材料 第1部分:片材
4	GB 18242 弹性体改性沥青防水卷材
5	GB 18243 塑性体改性沥青防水卷材
6	GB 18967 改性沥青聚乙烯胎防水卷材
7	JC/T 684 氯化聚乙烯—橡胶共混防水卷材
8	JC/T 1076 胶粉改性沥青玻纤毡与玻纤网格布增强防水卷材
9	JC/T 1077 胶粉改性沥青玻纤毡与聚乙烯膜增强防水卷材
10	JC/T 1078 胶粉改性沥青聚酯毡与玻纤网格布增强防水卷材

表 2 受自粘层影响性能的补充说明

序号	受自粘层影响项目	补充说明
1	厚度	沥青基防水卷材的厚度包括自粘层厚度。 非沥青基防水卷材的厚度不包括自粘层厚度,且自粘层厚度不小于0.4 mm。
2	卷重、单位面积质量	卷重、单位面积质量包括自粘层。
3	拉伸强度、撕裂强度	对于根据厚度计算强度的试验项目,厚度测量不包括自粘层。
4	延伸率	以主体材料延伸率作为试验结果,不考虑自粘层延伸率。
5	耐热性/耐热度	带自粘层的沥青基防水卷材的自粘面耐热性(度)指标按表3要求,非自粘面按相关产品标准执行。
6	尺寸稳定性、加热伸缩量、老化试验	对于由于加热引起的自粘层外观变化在试验结果中不报告。
7	低温柔性/低温弯折性	试验要求的厚度包括产品自粘层的厚度。

4.2 自粘层物理力学性能

产品的自粘层物理力学性能应符合表3的规定。

表 3 卷材自粘层物理力学性能

序号	项目		指标
1	剥离强度/(N/mm)	卷材与卷材	≥1.0
		卷材与铝板	≥1.5
2	浸水后剥离强度/(N/mm)		≥1.5
3	热老化后剥离强度/(N/mm)		≥1.5
4	自粘面耐热性		70 ℃,2 h无流淌
5	持粘性/min		≥15

5 试验方法

5.1 主体材料产品性能

主体材料产品性能按相关产品标准规定进行试验。

受自粘层影响项目按表 2 取值，并采取措施避免自粘层对试验装置的粘结或污染。

非沥青基卷材的主体材料和自粘层的厚度宜用 GB/T 328.5—2007 中光学装置测量，每块试件测量两点，在相距 50 mm 处测量，取所有测量结果的平均值作为试验结果。

5.2 自粘层物理力学性能

5.2.1 试件制备

试样在(23±2)℃放置 24 h 后进行裁取，每组试件在卷材宽度方向均匀分布裁样，避开卷材边缘 100 mm 以上。

试件尺寸与数量见表 4。

表 4 卷材试件尺寸与数量

项目		尺寸(纵向×横向)/mm	数量/个
剥离强度	卷材与铝板	250×50	5
	卷材与卷材[a]	50×150	10(5 个试件)
浸水后剥离强度		250×50	5
热老化后剥离强度		250×150	3
自粘面耐热性		100×50	3
持粘性		150×50	5

[a] 砂面、矿物料面卷材在留边处取样试验。

5.2.2 剥离强度

5.2.2.1 卷材与铝板

在(23±2)℃条件下，参照 GB/T 328.20—2007 将卷材试件粘在已用溶剂清洁的光滑铝板表面，粘合面为 50 mm×75 mm，用质量为 2 kg、宽度(50～60)mm 的压辊反复滚压三次，粘合后放置 24 h。铝板一端夹入夹具，将同一端的卷材弯折 180°夹入另一夹具进行试验，用最大力计算剥离强度，单位 N/mm，取五个试件结果的算术平均值作为试验结果。双面自粘产品两面分别进行试验。

5.2.2.2 卷材与卷材

在(23±2)℃条件下，按 GB/T 328.20—2007 进行试验，一个试件的下表面与另一个试件的上表面粘结，粘合面为 50 mm×75 mm，用质量为 2 kg、宽度(50～60)mm 的压辊反复滚压三次，粘合后放置 24 h。用最大力计算剥离强度，单位 N/mm，取五个试件结果的算术平均值作为试验结果。

5.2.3 浸水后剥离强度

将按 5.2.2.1 制备的试件浸入(23±2)℃水中 7 d，取出在(23±2)℃放置 24 h，按 5.2.2.1 测定剥离强度。

5.2.4 热老化后剥离强度

将试件连防粘材料一起水平放入(70±2)℃烘箱中 7 d，取出在(23±2)℃放置 24 h 裁取五个 250 mm×50 mm试件，按 5.2.2.1 测定剥离强度。

5.2.5 自粘面耐热性

自粘面耐热性按 GB/T 328.11—2007 中 B 法进行，自粘面试验温度(70±2)℃。

5.2.6 持粘性

在(23±2)℃条件下，将试件粘在两块表面已用溶剂清洁干净光滑的镜面不锈钢板上，上板的不锈钢板上的粘结面积(50×50)mm，试件粘贴部位不允许接触手和其他物体，然后用质量为 2 kg、宽度(50～60)mm 的压辊反复滚压三次。

在(23±2)℃，将粘结好的试件放置 24 h 后，如图 1 所示方向垂直悬挂，在下板下端挂 1 kg 的重物(包括下板质量)，开始记录时间，记录试件从上板完全剥下所需时间，单位 min。取五个试件试验结果的平均值。若大于 60 min 未剥落,记录为大于 60 min。

双面自粘产品,两面分别进行试验。

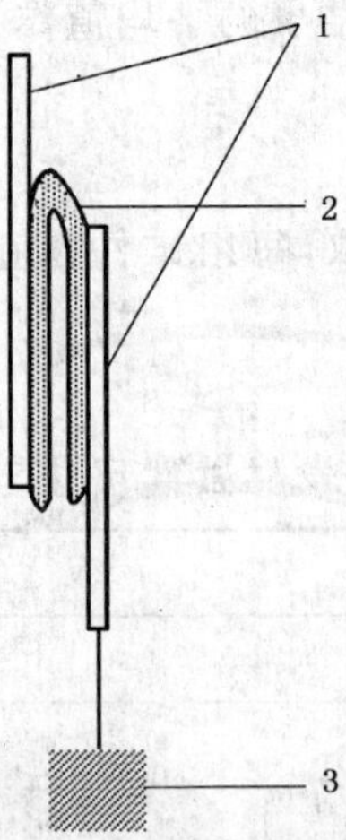

1——不锈钢板;

2——试件;

3——重物。

图 1 持粘性

6 检验规则

6.1 检验分类

按检验类型分为出厂检验和型式检验。

6.1.1 出厂检验

出厂检验项目除主体材料产品标准规定的出厂检验项目外,还包括:剥离强度、自粘面耐热性、持粘性。

6.1.2 型式检验

型式检验项目包括主体材料产品标准和本标准第 4 章的所有规定,在下列情况下进行本标准项目的型式检验:

a) 新产品投产或产品定型鉴定时;

b) 正常生产时,每年进行一次;

c) 原材料、工艺等发生较大变化,可能影响产品质量时;

d) 出厂检验结果与上次型式检验结果有较大差异时;

e) 产品停产 6 个月以上恢复生产时。

6.2 组批

按相关主体材料产品标准,若无相关要求以同一类型、同一规格 10 000 m^2 为一批,不足 10 000 m^2 亦作为一批。

6.3 抽样

按相关主体材料产品标准,若无相关要求则在每批产品中随机抽取一卷取至少 1.5 m^2 的试样进行检测。

6.4 判定规则

6.4.1 主体材料产品性能

按主体材料相关产品标准和表 2 进行判定。

试验结果符合 4.1 规定,判该批产品主体材料产品性能合格。

6.4.2 自粘层物理力学性能

试验结果符合 4.2 规定,判该批产品自粘层物理力学性能合格。若其中仅有一项不符合标准规定,允许在该批产品中随机另抽一卷进行单项复测,合格则判该批产品自粘层物理力学性能合格,否则判该批产品自粘层物理力学性能不合格。

6.4.3 总判定

试验结果符合标准第 4 章全部要求时判该批产品合格。

7 标志、包装、运输、贮存

7.1 标志

产品外包装上应包括:

a) 产品名称;

b) 生产厂名、地址;

c) 商标;

d) 产品标记;

e) 生产日期或批号;

f) 贮存与运输注意事项;

g) 检验合格标识。

7.2 包装

产品采用适于运输和贮存的方式包装。

7.3 运输与贮存

运输与贮存时,不同类型、规格的产品应分别堆放,不应混杂。避免日晒雨淋,注意通风。贮存温度不应高于 45 ℃,卷材平放贮存时码放高度不超过五层,立放贮存时单层堆放。

运输时防止倾斜或侧压,必要时加盖苫布。

在正常运输、贮存条件下,贮存期自生产之日起至少为一年。

ICS 91.100.50
Q 24

中华人民共和国国家标准

GB/T 23261—2009

石材用建筑密封胶

Building sealants for stone

(ISO 11600:2002 Building construction—Jointing products—Classification and requirements for sealants, NEQ)

2009-03-09 发布　　　　2009-11-05 实施

中华人民共和国国家质量监督检验检疫总局
中国国家标准化管理委员会　发布

前　言

本标准对应于 ISO 11600:2002《建筑工程——接缝产品——密封胶的分级和要求》,本标准与 ISO 11600:2002 的一致性程度为非等效。本标准的附录 A 参考了 ASTM C1248—2006《用于多孔性基材的接缝密封胶污染性试验方法》。

本标准在 JC/T 883—2001《石材用建筑密封胶》的基础上制定。

本标准与 JC/T 883—2001 相比,主要变化如下:

——位移能力增加了 50 级(本标准的第 3 章);

——删除了紫外线处理(JC/T 883—2001 的表 2);

——试验方法采用 GB/T 13477—2002(JC/T 883—2001 的第 5 章,本标准的第 5 章);

——修改了污染性试验方法(JC/T 883—2001 的附录 A,本标准的附录 A)。

本标准的附录 A 为规范性附录。

本标准由中国建筑材料联合会提出。

本标准由全国轻质与装饰装修建筑材料标准化技术委员会(SAC/TC 195)归口。

本标准负责起草单位:中国化学建筑材料公司苏州防水材料研究设计所、郑州中原应用技术开发有限公司、广州白云化工实业有限公司、广东省江门大光明粘胶有限公司、广州新展有机硅有限公司、广州市高士实业有限公司、成都硅宝科技股份有限公司。

本标准参加起草单位:浙江凌志精细化工有限公司、道康宁有机硅贸易(上海)有限公司、广州市安泰化学有限公司、广东佛山市元通胶粘实业有限公司、常熟市恒信粘胶有限公司、扬州晨化科技集团有限公司、江门市快事达胶粘实业有限公司。

本标准主要起草人:朱志远、朱德明、张冠琦、袁素兰、崔洪、周福维、胡新嵩、王明双、朱晔、徐秋生、张楚、王澜。

本标准为首次发布。

本标准自发布之日起,JC/T 883—2001 废止。

石材用建筑密封胶

1 范围

本标准规定了石材接缝用建筑密封胶的分类和标记、要求、试验方法、检验规则、标志、包装、运输与贮存。

本标准适用于建筑工程中天然石材接缝嵌填用弹性密封胶。

2 规范性引用文件

下列文件中的条款通过本标准的引用而成为本标准的条款。凡是注日期的引用文件，其随后所有的修改单(不包括勘误的内容)或修订版均不适用于本标准，然而，鼓励根据本标准达成协议的各方研究是否可使用这些文件的最新版本。凡是不注日期的引用文件，其最新版本适用于本标准。

GB/T 9780—2005 建筑涂料涂层耐沾污性试验方法

GB/T 13477.1—2002 建筑密封材料试验方法 第1部分:试验基材的规定(ISO 13640:1999, MOD)

GB/T 13477.3—2002 建筑密封材料试验方法 第3部分:使用标准器具测定密封材料挤出性的方法(ISO 9048:1987,MOD)

GB/T 13477.5—2002 建筑密封材料试验方法 第5部分:表干时间的测定

GB/T 13477.6—2002 建筑密封材料试验方法 第6部分:流动性的测定(ISO 7390:1987, MOD)

GB/T 13477.8—2002 建筑密封材料试验方法 第8部分:拉伸粘结性的测定(ISO 8339:1984, MOD)

GB/T 13477.10—2002 建筑密封材料试验方法 第10部分:定伸粘结性的测定(ISO 8340:1984,MOD)

GB/T 13477.11—2002 建筑密封材料试验方法 第11部分:浸水后定伸粘结性的测定(ISO 10590:1991,MOD)

GB/T 13477.13—2002 建筑密封材料试验方法 第13部分:冷拉-热压后粘结性的测定(ISO 9047:1989,MOD)

GB/T 13477.17—2002 建筑密封材料试验方法 第17部分:弹性恢复率的测定(ISO 7389:1987,MOD)

GB/T 13477.19—2002 建筑密封材料试验方法 第19部分:质量与体积变化的测定(ISO 10563:1991,MOD)

GB 16776—2005 建筑用硅酮结构密封胶

GB/T 22083—2008 建筑密封胶分级和要求(ISO 11600:2002,MOD)

3 分类和标记

3.1 品种

产品按聚合物分为硅酮(SR)、改性硅酮(MS)、聚氨酯(PU)等。

产品按组分分为单组分型(1)和双组分型(2)。

3.2 级别

产品按位移能力分为12.5、20、25、50级别，见表1。

表 1 密封胶级别

级 别	试验拉压幅度/%	位移能力/%
12.5	±12.5	12.5
20	±20	20
25	±25	25
50	±50	50

3.3 次级别

20、25、50 级密封胶按拉伸模量分为低模量(LM)和高模量(HM)两个次级别。

12.5 级密封胶按弹性恢复率不小于 40% 为弹性体(E),50、25、20、12.5E 密封胶为弹性密封胶。

3.4 标记

产品按下列顺序标记:名称、品种、级别、次级别、本标准编号。

示例:高模量 25 级位移能力的石材用单组分硅酮密封胶标记为:石材密封胶 1 SR 25 HM GB/T 23261—2009。

4 要求

4.1 外观

4.1.1 密封胶应为细腻、均匀膏状物或粘稠体,不应有气泡、结块、结皮或凝胶,无不易分散的析出物。

4.1.2 双组分密封胶的各组分的颜色应有明显差异。产品的颜色也可由供需双方商定,产品的颜色与供需双方商定的样品相比,不得有明显差异。

4.2 物理力学性能

4.2.1 双组分密封胶的适用期由供需双方商定。

4.2.2 密封胶物理力学性能应符合表 2 的规定。

表 2 物理力学性能

序号	项 目			技术指标						
				50LM	50HM	25LM	25HM	20LM	20HM	12.5E
1	下垂度/mm	垂直	≤	3						
		水平		无变形						
2	表干时间/h		≤	3						
3	挤出性/(mL/min)		≥	80						
4	弹性恢复率/%		≥	80						40
5	拉伸模量/MPa	+23 ℃ −20 ℃		≤0.4 和 ≤0.6	>0.4 或 >0.6	≤0.4 和 ≤0.6	>0.4 或 >0.6	≤0.4 和 ≤0.6	>0.4 或 >0.6	— —
6	定伸粘结性			无破坏						
7	冷拉热压后粘结性			无破坏						
8	浸水后定伸粘结性			无破坏						
9	质量损失/%		≤	5.0						
10	污染性/mm	污染宽度	≤	2.0						
		污染深度	≤	2.0						

5 试验方法

5.1 基本规定

5.1.1 标准试验条件

试验室的标准试验条件:温度(23±2)℃,相对湿度(50±5)%。

5.1.2　**试验基材**

弹性恢复率、拉伸模量、定伸粘结性、冷拉热压后粘结性、浸水后定伸粘结性试验基材为结构密实的花岗石(如 603 花岗石)。

污染性试验基材为汉白玉。对于实际工程评价,应采用工程用石材为基材。

注：实际工程用基材粘结性试验见 GB 16776—2005 附录 B,试件浸水取出后,在标准试验条件下放置 24 h,再进行剥离粘结性试验。

5.1.3　**试件制备**

5.1.3.1　制备试件前,用于试验的密封胶应在标准条件下放置 24 h 以上。试验基材选用合适的清洁剂(对石材无污染、腐蚀)清洁。制备时单组分试样应用挤枪从包装容器中直接挤出注模,使试样充满模具内腔,避免形成气泡。双组分试样应按生产厂注明的比例,在负压约 0.09 MPa 的真空条件下搅拌混合均匀,混合时间约为 5 min。若事先无特殊要求,应在 20 min 内完成注模和修整。

粘结性和污染性试件可采用 GB/T 13477.8—2002 中试件形状,仲裁试验应采用本标准图 1 的试件形状。

单位为毫米

1——密封胶;

2——垫块;

3——石材。

图 1　试件形状

5.1.3.2　粘结试件数量见表 3。

表3 粘结试件数量

序号	项目		试件数量/个		基材
			试验组	备用组	
1	弹性恢复率		3	3	花岗石
2	拉伸模量	+23 ℃	3	—	花岗石
		−20 ℃	3	—	花岗石
3	定伸粘结性		3	—	花岗石
4	冷拉热压后粘结性		3	—	花岗石
5	浸水后定伸粘结性		3	—	花岗石
6	污染性		12	4	汉白玉或工程用石材

5.1.4 试件养护

制备后的粘结性、污染性试件按下列条件养护：

a) 双组分密封胶在标准试验条件下放置14 d；

b) 单组分密封胶在标准试验条件下放置21 d；

c) 在不损坏试件条件下，养护期间垫块应尽早分离。

5.2 外观

产品刮平后目测。

5.3 适用期

按GB/T 13477.3—2002中7.3试验，喷嘴内径4 mm，读取挤出率为50 mL/min所对应的时间即为适用期。

5.4 下垂度

按GB/T 13477.6—2002试验，试件在(50±2)℃的烘箱内放置24 h。

5.5 表干时间

按GB/T 13477.5—2002试验，型式试验采用A法试验，出厂检验可采用B法试验。

5.6 挤出性

按GB/T 13477.3—2002试验，喷嘴内径4 mm。

5.7 弹性恢复率

按GB/T 13477.17—2002试验，试验伸长率见表4。

表4 试验伸长率和拉压幅度

项目		类别						
		50LM	50HM	25LM	25HM	20LM	20HM	12.5E
伸长率	弹性恢复率 拉伸模量 定伸粘结性 浸水后定伸粘结性	150%	150%	100%	100%	60%	60%	60%
拉压幅度	冷拉热压后粘结性	±50%	±50%	±25%	±25%	±20%	±20%	±12.5%

5.8 拉伸模量

拉伸模量以相应伸长率时的强度表示，按GB/T 13477.8—2002试验，测定并计算试件拉伸至表4规定的相应伸长率时的强度(MPa)作为模量，其平均值修约至小数点后一位。

5.9 定伸粘结性

按GB/T 13477.10—2002试验，试验伸长率见表4，试件破坏按GB/T 22083—2008中7.3进行判定。

5.10 冷拉热压后粘结性

按 GB/T 13477.13—2002 试验,试件的拉压幅度见表 4,试件破坏按 GB/T 22083—2008 中 7.3 进行判定。

5.11 浸水后定伸粘结性

按 GB/T 13477.11—2002 试验,试验伸长率见表 4,试件破坏按 GB/T 22083—2008 中 7.3 进行判定。

5.12 质量损失

按 GB/T 13477.19-2002 试验。

5.13 污染性

污染性按附录 A 试验。

6 检验规则

6.1 检验分类

产品检验分为出厂检验和型式检验。

6.1.1 出厂检验

出厂检验项目包括:外观、下垂度、表干时间、挤出性、弹性恢复率、拉伸模量、定伸粘结性。

6.1.2 型式检验

型式检验项目包括第 4 章要求的全部项目,有下列情况之一时进行型式检验:

a) 新产品投产或产品定型鉴定时;

b) 正常生产时,每半年进行一次;

c) 原材料、工艺等发生较大变化,可能影响产品质量时;

d) 出厂检验结果与上次型式检验结果有较大差异时;

e) 产品停产 6 个月以上恢复生产时。

6.2 组批

以同一品种、同一级别的产品每 5 t 为一批进行检验,不足 5 t 也可为一批。

6.3 抽样

产品随机取样,样品总量约为 4 kg,双组分产品取样后应立即分别密封包装。

6.4 判定规则

6.4.1 单项判定

下垂度、表干时间、定伸粘结性、冷拉热压后粘结性、浸水后定伸粘结性每个试件都符合标准规定,则判该项合格。其余项目试验结果的算术平均值符合标准规定,判该项合格。

6.4.2 综合判定

6.4.2.1 出厂检验项目全部符合要求时,则判该批产品合格。

6.4.2.2 型式检验项目符合第 4 章全部要求时,则判该批产品合格。

6.4.2.3 外观质量或污染性不符合标准规定时,则判该批产品不合格。

6.4.2.4 4.2 的检验结果有两项及两项以上指标不符合标准规定时,则判该批产品不合格。

6.4.2.5 在外观质量和污染性均合格的条件下,4.2 其他项目的检验结果若有一项不符合标准规定时,用备用样品对该项进行单项检验,合格则判该批产品合格,否则判该批产品不合格。

7 标志、包装、运输、贮存

7.1 标志

产品最小包装上应有牢固的不褪色标志,内容包括:

a) 产品名称(含组分名称);

b) 产品标记;

c) 生产日期、批号及贮存期；

d) 净含量；

e) 生产厂名及厂址；

f) 商标；

g) 使用说明及注意事项。

7.2 包装

产品采用支装或桶装，包装容器应密闭。

包装桶或包装箱除应有 7.1 规定的标志外，还应有防雨、防潮、防日晒、防撞击标志。

7.3 运输

运输时应防止日晒雨淋、撞击、挤压包装。

7.4 贮存

产品应在干燥、通风、阴凉的场所贮存，贮存温度不超过 27 ℃。

在正常运输、贮存条件下，贮存期自生产日起至少为六个月。

附 录 A
（规范性附录）
石材用建筑密封胶与接触材料的污染性试验方法

A.1 范围

本方法规定了接缝密封胶对多孔性基材（如大理石、石灰石、砂石、花岗石）污染的加速试验程序。

本试验方法适用于所有弹性密封胶和任何多孔性基材。

A.2 概述

A.2.1 本方法的试件应经受如下处理：12 个试件按 50%压缩并夹紧，1/3 试件保持受压状态放置于标准试验条件 28 d，1/3 试件保持受压状态放置于烘箱中 28 d，1/3 试件保持受压状态放置于紫外线箱中 28 d。

A.2.2 试验结果目测产生的变化，用污染深度和宽度的平均值评价。

A.3 意义和用途

建筑材料的污染是实际应用中不希望产生的现象。本试验方法评价由于密封胶内部物质渗出在多孔性基材上产生早期污染的可能性。由于这是一个加速试验，无法预测试验的密封胶长期使用后使多孔性基材污染和变色的程度。

A.4 仪器

A.4.1 鼓风干燥箱。

A.4.2 紫外线箱：符合 GB 16776—2005 附录 A 规定。

A.4.3 “C”型夹或其它使试件保持压缩的装置。

A.4.4 防粘垫块。

A.5 试验试件

A.5.1 基材尺寸为(75×25×25)mm（见图 1），共需 24 块基材，用于制成 12 个试件。

A.5.2 底涂料——当制造商推荐使用底涂料时，则每个试件的两块基材中，一块基材加底涂料，另一块不加底涂料，试验结束后，分别记录加底涂料和不加底涂料基材的污染值。

A.5.3 在标准试验条件下按 5.1.3 制备试件，把遮蔽带贴在上表面防止密封胶固化于表面，打胶后立即将遮蔽带除去。

A.6 养护条件

按 5.1.4 养护试件。

A.7 步骤

A.7.1 试验准备

A.7.1.1 在容器中将符合 GB/T 9780—2005 要求的污染源 100 g 与 90 g 水调配成悬浮液，使用前应搅拌均匀。

A.7.1.2 将 12 个试件压缩 50%并固定夹紧。

A.7.2 标准试验条件

A.7.2.1 将四个压缩试件浸入已配置好的污染源的溶液中 10 s，然后取出在标准试验条件下放置 2 h。

A.7.2.2 将试件放置于标准试验条件，7 d 后将试件取出，擦去污染源，观察并记录试件污染情况。

A.7.2.3 重复 A.7.2.1、A.7.2.2 步骤，28 d 取出试件结束试验。

A.7.3 加热处理

A.7.3.1 将四个压缩试件浸入已配置好的污染源的溶液中 10 s，然后取出在标准试验条件下放置 2 h。

A.7.3.2 将试件放置于(70±2)℃烘箱中，7 d 后将试件取出，擦去污染源，观察并记录试件污染情况。

A.7.3.3 重复 A.7.3.1、A.7.3.2 步骤，28 d 取出试件结束试验。

A.7.4 紫外线处理

A.7.4.1 将四个压缩试件浸入已配置好的污染源的溶液中 10 s，然后取出在标准试验条件下放置 2 h。

A.7.4.2 将试件放置于紫外线箱中，胶面朝向光源，按 GB 16776—2005 附录 A 方法照射。每 7 d 将试件取出，擦去污染源，观察并记录试件污染情况。

A.7.4.3 重复 A.7.4.1、A.7.4.2 步骤，28 d 取出试件结束试验。

A.7.5 结果评价

A.7.5.1 取出试件冷却后，擦去污染源，用水冲洗表面，然后在标准条件下放置一天，检查试件的每个基材表面，判定表面的任何变化，测量至少 3 点的污染宽度，记录其平均值，精确到 0.5 mm。若使用底涂料，则需分别记录每个试件加底涂料和不加底涂料基材污染值。

A.7.5.2 将基材从中间敲成两块[最后的基材尺寸约为(40×25×25)mm]，若表面有污染，则从最大污染表面处敲开基材，测量至少 3 点的污染深度，记录测量的平均值，精确到 0.5 mm。若使用底涂料，则需分别记录每个试件加底涂料和不加底涂料基材污染值。

ICS 23.100.99
Q 69

中华人民共和国国家标准

GB/T 23262—2009

非金属密封填料试验方法

Test method for nonmetallic sealing packings

2009-03-09 发布 2009-11-05 实施

中华人民共和国国家质量监督检验检疫总局
中国国家标准化管理委员会 发布

前　言

本标准由中国建筑材料联合会提出。

本标准由全国非金属矿产品及制品标准化技术委员会(SAC/TC 406)归口。

本标准起草单位:浙江国泰密封材料股份有限公司、咸阳非金属矿研究设计院。

本标准主要起草人:沈小萍、吴益民、尚兴春、侯立兵。

本标准为首次发布。

非金属密封填料试验方法

警告：含石棉成分的材料在处理时应采取防范措施，确保它们对人体健康不构成危害。

1 范围

本标准规定了非金属密封填料烧失量、体积密度、耐温失量、灰分、浸渍润滑油含量、酸失量、碱失量、压缩率、回弹率、摩擦系数、磨耗量、腐蚀性的试验方法。

本标准适用于编织型、绞合（扭制）型非金属密封填料。

2 规范性引用文件

下列文件中的条款通过本标准的引用而成为本标准的条款。凡是注日期的引用文件，其随后所有的修改单（不包括勘误的内容）或修订版均不适用于本标准，然而，鼓励根据本标准达成协议的各方研究是否可使用这些文件的最新版本。凡是不注日期的引用文件，其最新版本适用于本标准。

GB/T 8170 数值修约规则与极限数值的表示和判定

3 试样制备

3.1 在外观检验合格的同一批非金属密封填料产品中，随机抽取三个独立包装，根据试验的需要，分别截取一定长度的试样一段。

3.2 根据每个试验的需要，在每段试样上，垂直试样的长度，全截面截取一定长度的单项试验用样品一个。

4 烧失量的测定

4.1 仪器设备

4.1.1 电热恒温箱：(0～250)℃；

4.1.2 高温炉：(0～1 000)℃；

4.1.3 天平：感量为 0.001 g；

4.1.4 干燥器。

4.2 试验步骤

4.2.1 截取(3～5)g 试样，放在已知质量的坩埚中，置于电热恒温箱内，在(105±5)℃下干燥 1 h。

4.2.2 将试样和坩埚移入干燥器内，冷却至室温，一起称量，精确至 0.001 g。

4.2.3 将称量后盛试样的坩埚放入已升温到(800±20)℃的高温炉内，灼烧 1 h。

4.2.4 将坩埚和试样从高温炉中取出，待红色消退，移入干燥器中冷却至室温，一起称量，精确至 0.001 g。

4.3 结果计算

试样烧失量按公式(1)计算：

$$w_1 = \frac{m_2 - m_s}{m_1 - m_s} \times 100 \qquad \cdots\cdots(1)$$

式中：

w_1——试样烧失量，%；

m_1——干燥后的试样和坩埚的质量，单位为克(g)；

m_2——灼烧后的试样和坩埚的质量，单位为克(g)；

m_s——坩埚的质量，单位为克(g)。

取三个试样测定值的算术平均值作为试验结果，按 GB/T 8170 修约至小数点后一位。

5 体积密度的测定

5.1 仪器设备

5.1.1 天平：感量 0.001 g；

5.1.2 游标卡尺：精度为 0.02 mm；

5.1.3 电热恒温箱：(0～250)℃；

5.1.4 干燥器。

5.2 试验步骤

5.2.1 截取 100 mm 试样，放在平台上，使其成平直状态。在不加外力的情况下，用游标卡尺测量试样的长度(准确至 0.1 mm)。然后用游标卡尺沿长度方向等距离测量试样的高度和宽度各 3 点(准确至 0.1 mm)，取其平均值为高度和宽度的计算值。

5.2.2 将测量尺寸后的试样置于电热恒温箱中，在(105±5)℃下干燥 1 h。

5.2.3 取出试样，移入干燥器内，冷却至室温，称量，精确至 0.001 g。

5.3 结果计算

试样体积密度按公式(2)计算：

$$\rho = \frac{m}{LBH} \times 1\,000 \qquad \cdots\cdots\cdots\cdots(2)$$

式中：

ρ——试样密度，单位为克每立方厘米(g/cm^3)；

m——试样质量，单位为克(g)；

L——试样长度，单位为毫米(mm)；

B——试样宽度，单位为毫米(mm)；

H——试样高度，单位为毫米(mm)；

取三个试样测定值的算术平均值作为试验结果，按 GB/T 8170 修约至小数点后两位。

6 耐温失量的测定

6.1 仪器

6.1.1 电热恒温箱：(0～250)℃；

6.1.2 高温炉：(0～1 000)℃；

6.1.3 天平：感量为 0.001 g；

6.1.4 干燥器。

6.2 试验步骤

6.2.1 截取(3～5)g 试样，放在已知质量的坩埚中，置于电热恒温箱内，在(105±5)℃下干燥 1 h。

6.2.2 将试样和坩埚移入干燥器内，冷却至室温，一起称量，精确至 0.001 g。

6.2.3 将称量后盛试样的坩埚放入已升温到规定温度的高温炉内，在规定温度下灼烧 2 h。

6.2.4 将坩埚和试样从高温炉中取出，移入干燥器中冷却至室温，一起称量，精确至 0.001 g。

6.3 结果计算

试样耐温失量按公式(3)计算：

$$w_2 = \frac{m_3 - m_s}{m_1 - m_s} \qquad \cdots\cdots\cdots\cdots(3)$$

式中：

w_2——耐温失量，%；

m_1——干燥后的试样和坩埚的质量，单位为克(g)；

m_3——高温处理后试样和坩埚的质量，单位为克(g)；

m_s——坩埚的质量，单位为克(g)。

取三个试样测定值的算术平均值作为试验结果，按 GB/T 8170 修约至小数点后一位。

7 灰分的测定

7.1 仪器设备

7.1.1 电热恒温箱：(0～250)℃；

7.1.2 高温炉：(0～1 000)℃；

7.1.3 天平：感量为 0.000 1 g；

7.1.4 干燥器。

7.2 试验步骤

7.2.1 截取约 2 g 试样，松散并除去灰化温度高于 900 ℃的增强材料。

7.2.2 将 7.2.1 处理好的试样放入称量瓶，置于电热恒温箱内，在(105±5)℃下干燥 1 h 取出，移入干燥器中冷却至室温。

7.2.3 把称量瓶中的试样倒入预先在(800～850)℃下灼烧至恒重的瓷方舟中，立即称量(准确至 0.000 1 g)。然后将瓷方舟和试样放入温度为(950±20)℃的高温炉中灼烧至无黑色斑点为止。

7.2.4 取出瓷方舟，待红色消退，放入干燥器中冷却至室温，称量，精确至 0.000 1 g。

7.2.5 将瓷方舟再次放回温度为(950±20)℃的高温炉中，继续灼烧 30 min，按 7.2.4 步骤冷却称量，如此重复直至两次称量之差小于 0.5 mg 为止，以最后一次称量结果为准。

7.3 结果计算

试样灰分按公式(4)计算：

$$w_3 = \frac{m_5 - m_T}{m_4 - m_T} \times 100 \qquad \cdots\cdots(4)$$

式中：

w_3——灰分，%；

m_4——灼烧前试样质量和瓷舟质量，单位为克(g)；

m_5——灼烧后试样质量和瓷舟质量，单位为克(g)；

m_T——瓷方舟质量，单位为克(g)。

取三个试样测定值的算术平均值作为试验结果，按 GB/T 8170 修约至小数点后两位。

8 浸渍润滑油含量的测定

8.1 试剂和仪器设备

8.1.1 丙酮：分析纯；

8.1.2 电热恒温箱：(0～250)℃；

8.1.3 天平：感量为 0.001 g；

8.1.4 玻璃皿；

8.1.5 三角烧瓶；

8.1.6 冷凝回流器(蛇形或球形)；

8.1.7 电热恒温水浴锅；

8.1.8 干燥器。

8.2 **试验步骤**

8.2.1 截取试样(3～5)g,拆开成线段,放在已知质量的玻璃皿上,置于电热恒温箱内,在(105±5)℃下干燥1 h。

8.2.2 将试样和玻璃皿移入干燥器内,冷却至室温,一起称量,精确至0.001 g。

8.2.3 将干燥称量后的试样放入三角烧瓶内,注入丙酮(50～100)mL。

8.2.4 将三角烧瓶连接在冷凝回流器上,通冷却水,水浴锅加热回流,使其沸腾3 h。

8.2.5 取出试样,使溶剂自然挥发后,置于(105±5)℃电热恒温干燥箱内干燥2 h。

8.2.6 干燥后取出,移入干燥器内,冷却至室温称重。

8.3 **结果计算**

试样浸渍剂含量按公式(5)计算:

$$w_4 = \frac{m_6 - m_q}{m_1 - m_q} \times 100 \qquad \cdots\cdots(5)$$

式中:

w_4——浸润滑剂含量(质量分数),%;

m_1——试样和玻璃皿质量,单位为克(g);

m_6——滤渣和玻璃皿质量,单位为克(g);

m_q——玻璃皿质量,单位为克(g)。

取三个试样测定值的算术平均值作为试验结果,按GB/T 8170修约至小数点后一位。

9 酸失量的测定

9.1 **试剂和仪器设备**

9.1.1 H_2SO_4 溶液:浓度为5%(体积比);

9.1.2 电热恒温箱:(0～250)℃;

9.1.3 天平:感量为0.001 g;

9.1.4 冷凝回流器(蛇形或球形);

9.1.5 三角烧瓶;

9.1.6 过滤装置:漏斗为石英质;

9.1.7 电炉。

9.2 **试验步骤**

9.2.1 截取约50 mm长的试样,放在已知质量的玻璃皿中,置于电热恒温箱内,在(105±5)℃下干燥1 h。

9.2.2 将试样和玻璃皿移入干燥器内,冷却至室温,一起称量,精确至0.001 g。

9.2.3 将称量后的试样整体放入三角烧瓶内,注入适量的 H_2SO_4 溶液,使其将试样完全浸没。

9.2.4 将三角烧瓶连接在冷凝回流器上,通冷却水,并用电炉加热三角烧瓶,使其沸腾4 h。

9.2.5 待冷却后,将试样和酸液移入石英漏斗中,抽滤,用蒸馏水反复洗涤滤液呈现中性为止(pH=7)。

9.2.6 将滤渣放在前次称样时的玻璃皿上,放入电热恒温箱中,在(105±5)℃下干燥1 h,移入干燥器冷却至室温,一起称量,精确至0.001 g。反复以上操作直至恒重,以最后一次称量结果为准。

9.3 **结果计算**

试样酸失量按公式(6)计算:

$$w_5 = \frac{m_7 - m_q}{m_1 - m_q} \times 100 \qquad \cdots\cdots(6)$$

式中：

w_5——酸失量，%；

m_1——试样和玻璃皿质量，单位为克(g)；

m_7——滤渣和玻璃皿质量，单位为克(g)；

m_q——玻璃皿质量，单位为克(g)。

取三个试样测定值的算术平均值作为试验结果，按 GB/T 8170 修约至小数点后两位。

10 碱失量的测定

10.1 试剂和仪器设备

10.1.1 NaOH 溶液：浓度为 25%(质量分数)；

10.1.2 电热恒温箱：(0～250)℃；

10.1.3 天平：感量为 0.001 g；

10.1.4 冷凝回流器(蛇形或球形)；

10.1.5 三角烧瓶；

10.1.6 过滤装置：漏斗为石英质；

10.1.7 电炉。

10.2 试验步骤

10.2.1 截取约 50 mm 长的试样，放在已知质量的玻璃皿中，置于电热恒温箱内，在(105±5)℃下干燥 1 h。

10.2.2 将试样和玻璃皿移入干燥器内，冷却至室温，一起称量，精确至 0.001 g。

10.2.3 将干燥称量后的试样整体放入三角烧瓶内，注入适量的 NaOH 溶液，使其将试样完全浸没。

10.2.4 将三角烧瓶连接在冷凝回流器上，通冷却水，并用电炉加热三角烧瓶，使其沸腾 4 h。

10.2.5 待冷却后，将试样和碱液移入石英漏斗中，抽滤，用蒸馏水反复洗涤滤液呈现中性为止(pH=7)。

10.2.6 将滤渣放在前次称样时的玻璃皿上，放入电热恒温箱中，在(105±5)℃下干燥 1 h，移入干燥器冷却至室温，一起称量，精确至 0.001 g。反复以上操作直至恒重，以最后一次称量结果为准。

10.3 结果计算

试样碱失量按公式(7)计算：

$$w_6 = \frac{m_8 - m_q}{m_1 - m_q} \times 100 \quad \cdots\cdots(7)$$

式中：

w_6——碱失量，%；

m_1——试样和玻璃皿质量，单位为克(g)；

m_8——滤渣和玻璃皿质量，单位为克(g)；

m_q——玻璃皿质量，单位为克(g)。

取三个试样测定值的算术平均值作为试验结果，按 GB/T 8170 修约至小数点后两位。

11 压缩率、回弹率的测定

11.1 仪器设备

11.1.1 材料试验机：能够匀速施加载荷，最大载荷不小于 15 t，负荷测量精度不大于±1%。

11.1.2 测试装置

11.1.2.1 测试装置示意图如图 1 所示。

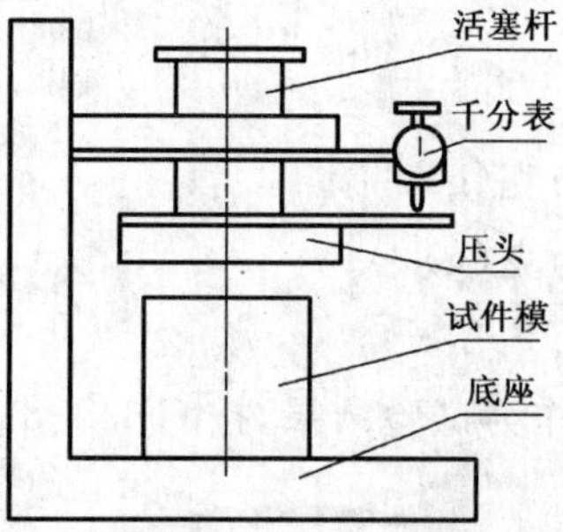

图 1 压缩率回弹率测试装置示意图

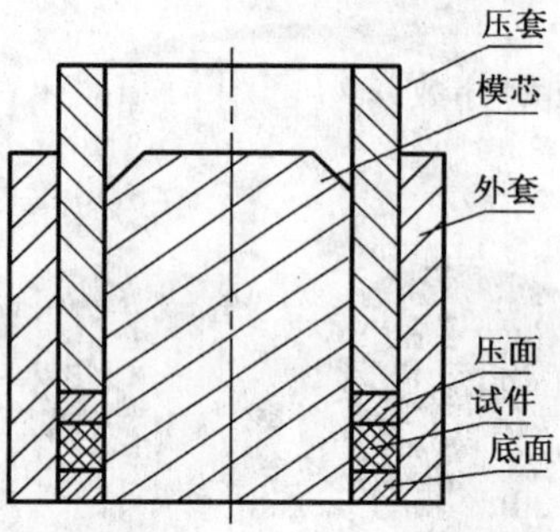

图 2 试件模结构示意图

11.1.2.2 压头直径为 80 mm,端面淬火硬度 40 HRC～50 HRC,表面粗糙度 *Ra*3.2,活塞杆上端面和压头下端面与活塞杆轴线垂直度为 6 级,与底座上端面平行度为 2 级。

11.1.2.3 千分表:精度为 0.001 mm。

11.1.3 试件模(见图 2):上、下垫圈两端面平行度为 2 级,压套上、下两端面平行度为 2 级。

11.1.4 游标卡尺:精度为 0.02 mm。

11.2 试验步骤

11.2.1 选择模芯直径为 6 倍于试样规格的试件模,将试样紧密环绕模芯一周,交接处用刀片切成 45°角迭接,吻合。

11.2.2 取下试样,平摊于台面,以任意一面为基准面,用游标卡尺沿长度方向等距离测量基准面与其平行面间的厚度 3 处,以 3 个测定值的算术平均值,作为试样原厚度。

11.2.3 将试样基准面朝上装入试件模中,如图 2 所示。将试件模放在测试装置中,如图 1 所示。将测试装置放于材料试验机压头与底座之间。

11.2.4 开动材料试验机,缓慢匀速加初载至 0.35 MPa,保持 15 s 后,记录初载下的厚度;然后在 45 s 内匀速加终载至 35 MPa,保持 60 s 后,记录终载下的厚度;随即卸载至初载 0.35 MPa,保持 60 s 后,记录卸载至初载后的厚度。

11.3 结果计算

试样压缩率、回弹率分别按公式(8)和公式(9)计算:

$$C = \frac{t_1 - t_2}{t_0} \times 100 \qquad \cdots\cdots(8)$$

$$R = \frac{t_3 - t_2}{t_1 - t_2} \times 100 \qquad \cdots\cdots(9)$$

式中:

C——压缩率,%;

R——回弹率,%;

t_0——试样原厚度,单位为毫米(mm);

t_1——初载下的厚度,单位为毫米(mm);

t_2——终载下的厚度,单位为毫米(mm);

t_3——卸至初载时的厚度,单位为毫米(mm)。

以三个试样测定值的算术平均值作为试验结果,按 GB/T 8170 修约至三位有效数字。

12 摩擦系数、磨耗量的测定

12.1 仪器设备

12.1.1 摩擦磨损试验机,其性能和精度应符合下列要求:

a) 传动系统:能带动对磨环以给定的速度(精确到 5%以内)旋转,并要求对磨环安装部位轴的径向跳动小于 0.01 mm;

b) 加载系统:能对试样和对磨环施加法向力,精确到 5%以内;

c) 测试系统:能测试和记录摩擦力矩,精确到 5%以内;

d) 对磨环:外形尺寸见图 3,材质为 45 号钢(热处理 40 HRC~45 HRC)或马氏体不锈钢,摩擦面粗糙度为 $Ra1.6$。对磨环可以重复使用,每次试验后需要重新磨削,但外径削减量不得大于 0.5 mm;

e) 试样夹具:其尺寸见图 4,应保证试样安装后无轴向窜动和径向跳动。

12.1.2 天平:感量为 0.001 g。

单位为毫米

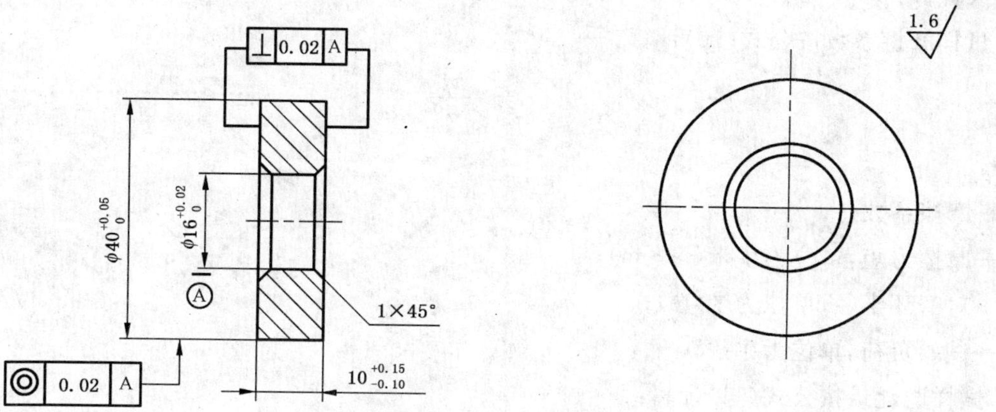

图 3 对磨环外形尺寸

单位为毫米

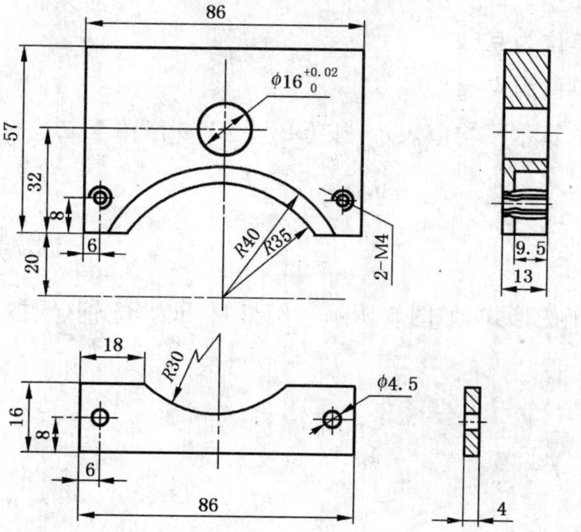

图 4 试样夹具尺寸

12.2 试样

试样规格为6 mm×6 mm～10 mm×10 mm的方形，长度为30 mm。试样表面应平整，无油污及明显杂质等缺陷，每组试样不少于3个。

12.3 试验条件

试验中，试样保持静止，对磨环以200 r/min匀速旋转1 h，负荷200 N。

12.4 试验步骤

12.4.1 称量试样，精确至0.001 g。

12.4.2 先将试样牢固地固定于试样夹具上，安装于试验机上轴，并使试样摩擦面与对磨环的交线处于试样正中。

12.4.3 用脱脂棉沾丙酮轻轻擦去对磨环与试样摩擦面上的油污和杂质。

12.4.4 调节摩擦力矩范围(0 N·m～10 N·m)，装好摩擦力矩记录纸，开机校好零点。

12.4.5 平稳地加负荷至规定值，记录时间及摩擦力矩，然后每隔15 min记录一次摩擦力矩。1 h后停机，以各次记录值的算术平均值为摩擦力矩值。

12.4.6 取出试样，用脱脂棉沾丙酮擦净试样对磨面，过15 min后称量，精确至0.001 g。

12.5 结果计算

12.5.1 试样摩擦系数按公式(10)计算：

$$\mu = \frac{M}{r \cdot F} \qquad \cdots\cdots (10)$$

式中：

μ——摩擦系数；

M——摩擦力矩，单位为牛米(N·m)；

r——对磨环半径，单位为米(m)；

F——试验负荷，单位为牛(N)。

12.5.2 试样磨耗量按公式(11)计算：

$$\Delta m = m - m_{10} \qquad \cdots\cdots (11)$$

式中：

Δm——磨耗量，单位为克(g)；

m——磨损前试样质量，单位为克(g)；

m_{10}——磨损后试样质量，单位为克(g)。

12.5.3 试验结果以一组试样的算术平均值表示，按GB/T 8170修约至二位有效数字。

13 腐蚀性的测定

13.1 试验装置

试验装置是模拟阀门填料函的形式，如图5所示。阀杆材质为35钢(或按填料的不同规格更换阀杆)，表面粗糙度为$Ra1.6$。

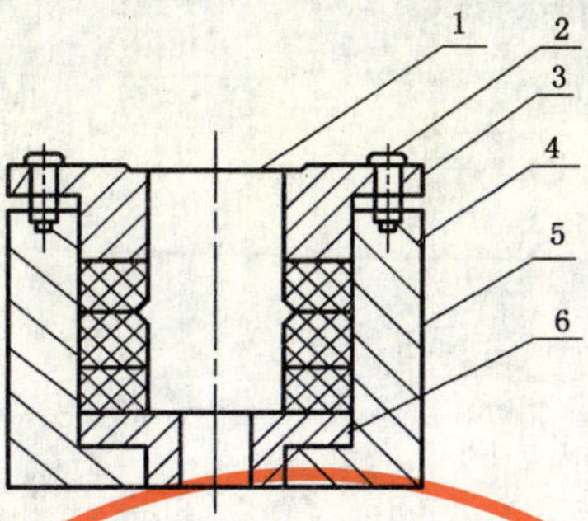

1——阀杆；

2——六角螺钉(6孔均布)；

3——压盖；

4——填料；

5——外模；

6——下模。

图5　腐蚀性试验装置

13.2　试样

13.2.1　试样规格按编织填料截面规格，试样长度按试验装置中填料函的规格截取三圈。

13.2.2　每套试验装置中的三圈填料为一组。

13.2.3　每次试验不少于三组试样。

13.3　试验步骤

13.3.1　将试样放入试验装置中，拧紧螺钉，使轴向紧固力达到1.5 MPa，使填料与阀杆紧密贴合。

13.3.2　将试验装置放入温度(55±2)℃、相对湿度(95±3)%的调温调湿箱内保持120 h。

13.3.3　试验结束后，打开试验装置，使填料与阀杆分离。

13.3.4　将阀杆放入20%(质量分数)氢氧化钠及5%(质量分数)锌粉的除锈溶液中加热，清洗阀杆表面并干燥。

13.4　结果评定

用目视检查35钢阀杆，按四级评定。一级：保持原有光亮；二级：填料接触部位小于1/3面积失去光泽；三级：填料接触部位有点蚀现象；四级：填料接触部位有腐蚀。其中一、二级为合格，三、四级为不合格。

ICS 73.080
Q 61

GB

中华人民共和国国家标准

GB/T 23263—2009

制品中石棉含量测定方法

Determination of asbestos in products

2009-03-09 发布

2009-11-05 实施

中华人民共和国国家质量监督检验检疫总局
中国国家标准化管理委员会 发布

前　言

本标准与JIS A 1481—2008《建材制品中石棉含量测试方法》的一致性程度为非等效。

本标准附录A、附录B、附录C均为规范性附录。

本标准由中国建筑材料联合会提出。

本标准由全国非金属矿产品及制品标准化技术委员会(SAC/TC 406)归口。

本标准负责起草单位:咸阳非金属矿研究设计院。

本标准参加起草单位:华尔卡密封件制品(上海)有限公司、西安地质矿产研究所。

本标准主要起草人:雷建斌、冯梅、侯弘、尚兴春、侯立兵。

本标准为首次发布。

制品中石棉含量测定方法

1 范围

本标准规定了运用粉末X射线衍射仪及偏光显微镜测定制品中石棉含量的试验方法。

本标准适用于建筑材料、摩擦材料、密封材料、保温材料和非金属矿物中石棉含量的测定。

2 规范性引用文件

下列文件中的条款通过本标准的引用而成为本标准的条款。凡是注日期的引用文件，其随后所有的修改单(不包括勘误的内容)或修订版均不适用于本标准，然而，鼓励根据本标准达成协议的各方研究是否可使用这些文件的最新版本。凡是不注日期的引用文件，其最新版本适用于本标准。

GB 10736 工作基准试剂 氯化钾

GB/T 15896 化学试剂 甲酸

HG/T 2892 化学试剂 异丙醇

3 术语、符号及单位

3.1 术语和定义

下列术语和定义适用于本标准。

3.1.1

石棉 asbestos

在构成岩石的矿物中，属于蛇纹石类的纤维状硅酸盐矿物(温石棉)以及属于角闪石类的纤维状硅酸盐矿物(铁石棉、蓝石棉、透闪石、阳起石及直闪石)。

3.1.2

蛭石 vermiculite

云母类膨润性粘土矿物。结构层间含有水合镁层，但是通常多含有层间结构含钾较多的水黑云母，这些矿物总称为蛭石。

3.1.3

纤维状粒子 fiber particle

长径比为3以上的粒子。

3.1.4

一次分析试样 the first analysis sample

对试样进行粉碎或者加热处理，在一定的条件下过筛。

3.1.5

二次分析试样 the second analysis sample

对一次分析试样进行甲酸处理，供定量分析使用。

3.1.6

三次分析试样 the third analysis sample

取二次分析试样中残渣率超过0.15的部分，供定量分析使用。

3.1.7

浸渍液 dipping liquid

显微镜定性分析用于浸泡试样的液体。

3.1.8

无尘水　no dust water

将纯净水或者蒸馏水用 0.45 μm 的棉绒过滤布过滤后的水。

3.1.9

标准试样　standard sample

以蛭石为原料，用于喷涂的分析材料。使纯蛭石中含有 0.5%的透闪石和 0.8%的温石棉。

3.1.10

残渣率　leavings rate

二次分析试样量[残渣量]与一次分析试样量的比率。

3.1.11

量减少率　quantity reduction rate

经过加热处理后的一次分析试样减少量与总试样量的比率。

3.1.12

积分强度　integral intensity

指定的 X 射线衍射峰的面积积分值。

3.2　符号和单位

符号和单位见表 1。

表 1　符号和单位

符　　号	名　　称	单　　位
$n_{D,25}$	25 ℃时的折射率	—
M_1	X 线定量分析时一次分析试样的质量	mg
M_2	X 线定量分析时二次分析试样的质量	mg
M_3	X 线定量分析时三次分析试样的质量	mg
A_s	根据标准曲线读出的二次分析试样的石棉质量	mg
C_i	单个分析试样的石棉含量(质量分数)	%
C_r	单个三次分析试样的石棉含量(质量分数)	%
C	制品中的石棉含量(质量分数)	%
r	量减少率(加热处理后的一次分析试样量/试样量)	—
V	积分强度(仅限蛭石)	计算值
σ	10 次测试的积分 X 线强度标准偏差	—
a	标准曲线的斜率	—
C_k	石棉含量的检出下限	%
C_t	石棉含量的定量下限	%

4　试验方法及原理

4.1　试验方法概要

本标准中规定的制品中石棉含量的试验方法是首先用粉末 X 射线衍射仪及偏光显微镜进行定性分析，确认是否含有石棉，然后对于被定为“含有石棉”的试样(喷涂用蛭石族除外)，根据 X 衍射分析方法，进行石棉的定量分析。对于喷涂用蛭石族中是否含有石棉的测试是通过比较标准试样与被测试样的衍射强度来进行分析。

测定方法概要如下(如图 1～图 3)：

a)　从制品中采集分析用的适量的试样。

b)　根据制品的基质进行粉碎或者加热处理，然后制备一次分析试样。

c) 用粉末 X 射线衍射仪及偏光显微镜的分散染色法进行定性分析，确认一次分析试样中是否含有石棉。如果一次分析试样是喷涂材料，并且通过粉末 X 射线衍射仪检测出样品中含有蛭石时，则应根据喷涂用蛭石的定性分析方法来分析样品中是否含有石棉(如图 1 及图 3)。

d) 当检测出试样中含有石棉后(喷涂用蛭石族除外)，将一次分析试样用符合 GB/T 15896 规定的甲酸处理，制备二次分析试样。

e) 残渣率在 0.15 以下时，基于基础标准吸收修正法，用 X 射线衍射分析方法来分析二次分析试样，计算出石棉的含量。

f) 残渣率超过 0.15 时，制备三次分析试样，基于基础标准吸收修正法，用 X 射线衍射分析方法来计算石棉的含量(如图 2)。

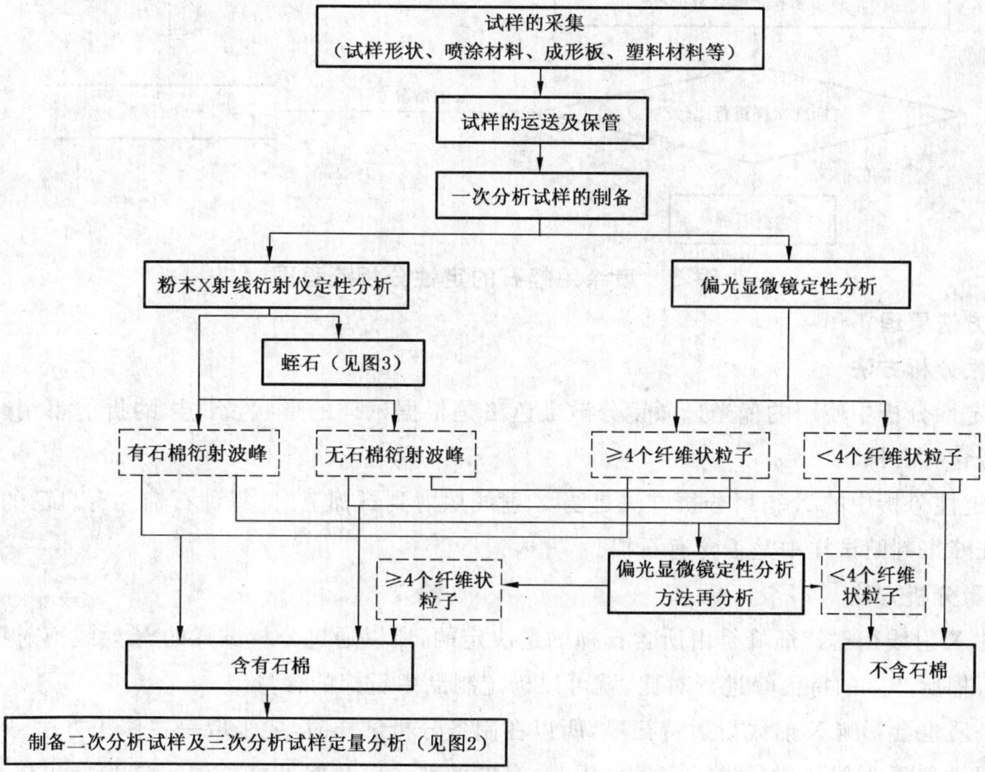

图 1 制品中石棉含量定性分析方法流程图

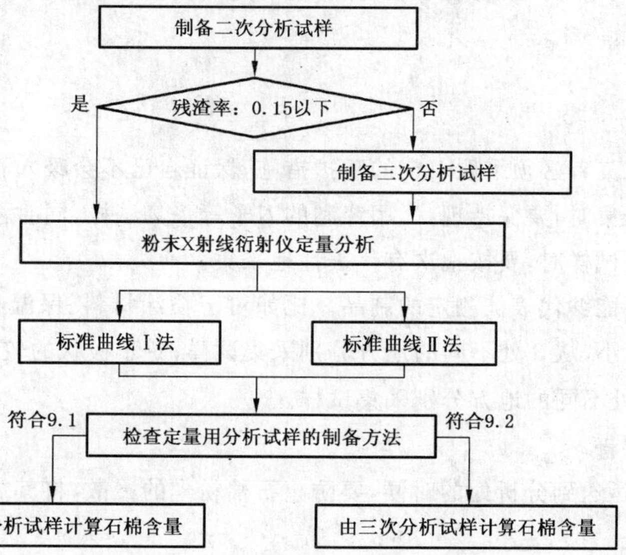

图 2 制品中石棉含量定量分析方法流程图

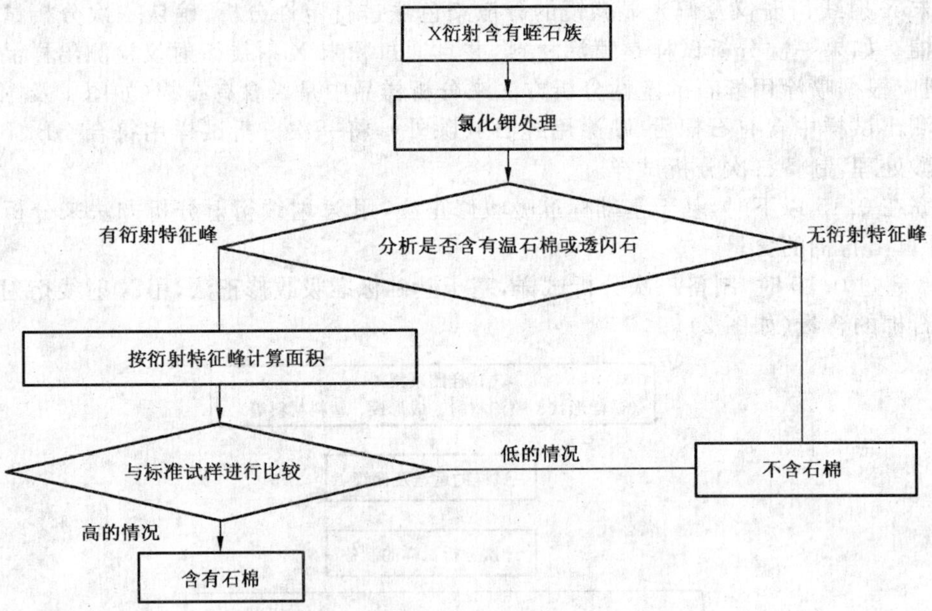

图 3 喷涂用蛭石的定性分析流程图

4.2 试验方法原理

4.2.1 定性分析方法

4.2.1.1 定性分析中使用的偏光显微镜分散染色法是根据试样的形状及试样的折射率用颜色的变化来判断是否含有石棉。

4.2.1.2 定性分析中的X衍射分析方法是当X射线照射到石棉上时，每种石棉会有自己的特征峰，根据这个特征峰来判断试样中是否含有石棉。

4.2.2 定量分析方法

石棉的X射线衍射特征峰是由所含石棉的量决定的，所以通过分析试样的X射线衍射特征峰与已知含量的石棉所产生的特征峰进行对比，就可以确定制品中石棉的含量。

试样基质也会影响X射线衍射特征峰，所以在制备分析试样时，要采取一些修正方法。

在运用粉末X射线衍射仪进行定量分析时，有内标准法以及标准添加法。这些方法在石棉分析方面精度不太好，但是可以作为判断大致的石棉含量的方法使用。

5 试样的采集

5.1 试样的采集方法

5.1.1 采集试样时采集者必须采取一定的防护措施，保证自己不会吸入石棉粉尘。

5.1.2 在生产现场采集时，要保持现状，用锋利的刀子等采集试样，同时注意石棉粉尘的飞散。

5.1.3 从制品中采集试样时，要按批次有代表性地采集。

5.1.4 试样的大小要能够代表被测定的制品。比如对于喷涂材料、保温材料等柔软的材料，要保证取样每一处有10 cm^3 大小，从3处不同的地方分别采集试样；对于板状的较硬的材料，要保证取样每一处有10 cm^2 大小，从3处不同的地方分别采集试样。

5.2 试样的运送及保管

将试样从采集地运送到分析处的时候，要防止石棉粉尘的飞散，将其放入密闭容器运送。

5.3 试样的采集记录

为了识别所采集的试样，需记录以下必要的项目：

a） 制品名称；

b） 采集部位及地点；

c） 试样信息：形状、材质、试样面积、试样量、采集方法及采集年月日；

d） 采集者。

6 一次分析试样的制备方法

6.1 无机成分试样的一次分析试样制备方法

6.1.1 从3处采集的无机成分试样中，等量提取分析用试样，分别放入粉碎设备中进行粉碎。如果所采集的试样为硬质试样，则用刀子、刨刀等削刮侧面，将刮下的部分放入粉碎设备。粉碎设备可以使用研钵（磁性研钵、玛瑙研钵、铝研钵等）或超离心刀、振动研磨、球磨机等。

6.1.2 将粉碎好的试样用孔径为425 μm～500 μm的筛子过筛。重复粉碎及过筛步骤，直到所有的试样都通过筛孔。将过筛后的试样混合在一起作为一次分析试样，从中再提取X衍射分析用的试样3份和偏光显微镜分析用的试样1份。

注1：为了避免石棉带来的污染，粉碎和过筛时使用通风橱。

注2：粉碎程度及粉碎时间会影响到石棉纤维的形态，要避免过度粉碎，采用多次粉碎多次过筛的方法。

6.2 有机成分试样的一次分析试样制备方法

6.2.1 从3处采集的含有较多有机成分的试样中等量提取分析用试样，分别放入已知质量的磁性坩埚中，称量每个试样和坩埚的质量 m_a。

6.2.2 将盛有试样的坩埚放入温度为450 ℃±10 ℃的高温炉中，保温1 h。然后关闭高温炉电源，使试样在高温炉中冷却至室温。

注：也可以使用低温灰化装置将有机成分灰化。

6.2.3 分别称量每个试样和坩埚高温处理后的质量 m_b。然后按照6.1的规定制备一次分析试样。按照公式(1)计算量减少率 r。

$$r=\frac{m_b-m_c}{m_a-m_c}=\frac{m}{m_0} \qquad (1)$$

式中：

m_a——加热处理前试样及坩埚的质量，单位为克(g)；

m_b——加热处理后试样及坩埚的质量，单位为克(g)；

m_c——坩埚的质量，单位为克(g)；

m_0——加热处理前试样的质量，单位为克(g)；

m——加热处理后试样的质量，单位为克(g)。

7 基于一次分析试样的定性分析方法

7.1 粉末X射线衍射仪定性分析法

7.1.1 将一次分析试样均一且平整地放置到试样皿中。试样皿为带有孔或者坑的金属板或者玻璃板。

7.1.2 对盛有试样的试样皿按照附录A规定的定性分析条件进行X衍射定性分析。

7.1.3 根据X衍射图，确认在一次分析试样中是否出现了如图4～图8所示的石棉（温石棉、铁石棉、蓝石棉、透闪石/阳起石、直闪石）或者如图9～图10所示的蛭石族（水黑云母、蛭石）的特征峰。并将其结果运用到7.2和第9章中规定的分析中去。

注：透闪石和阳起石很难通过X射线衍射方式进行区分，所以分析时可以将它们归为同一种类。

7.1.4 当在7.1.3中确认有蛭石族衍射特征峰时，应按照7.3的规定进行分析。

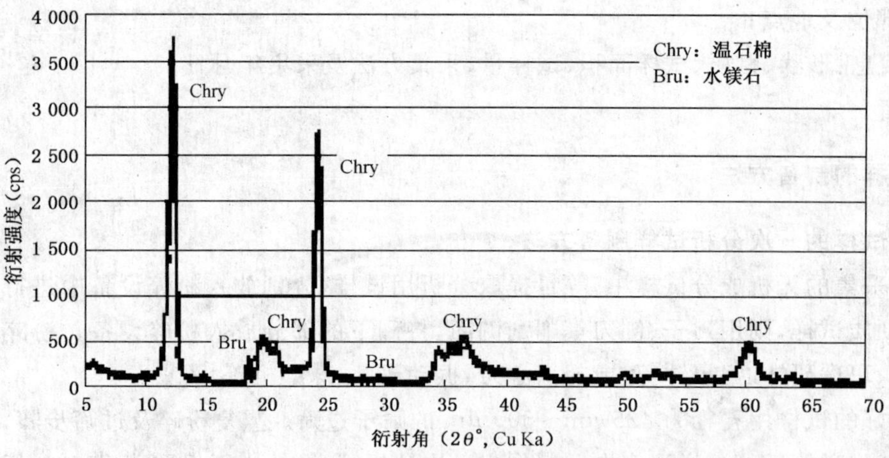

图 4　温石棉 X 射线衍射图

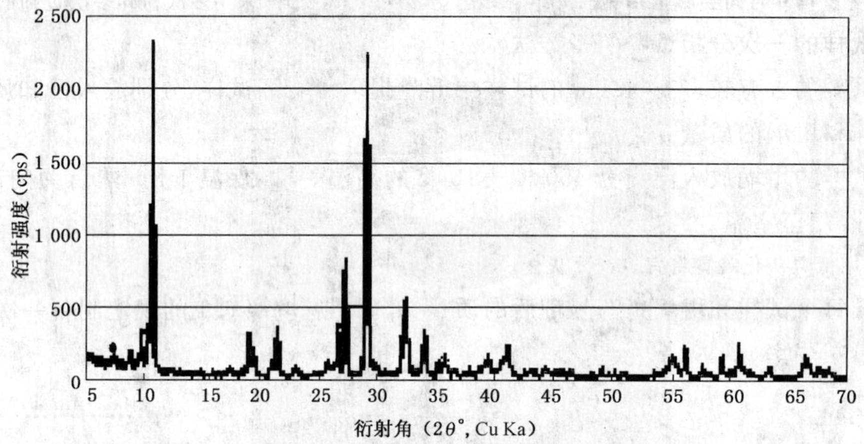

图 5　铁石棉 X 射线衍射图

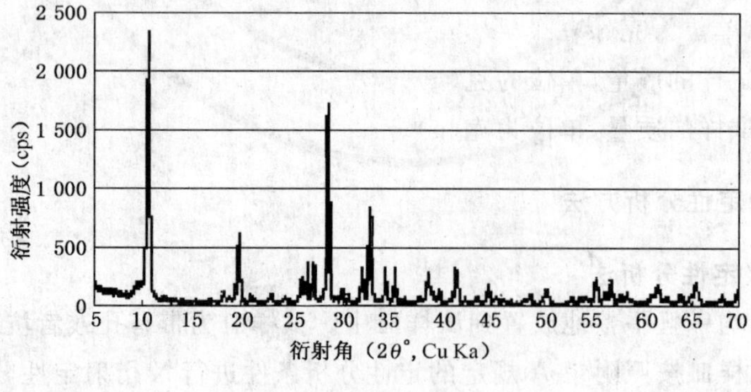

图 6　蓝石棉 X 射线衍射图

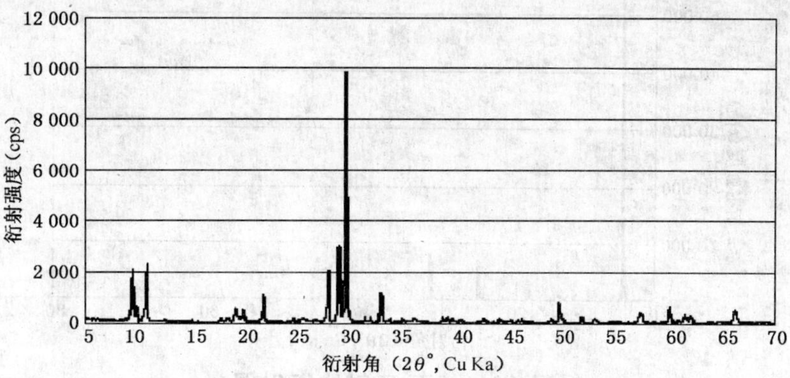

图 7 透闪石/阳起石 X 射线衍射图

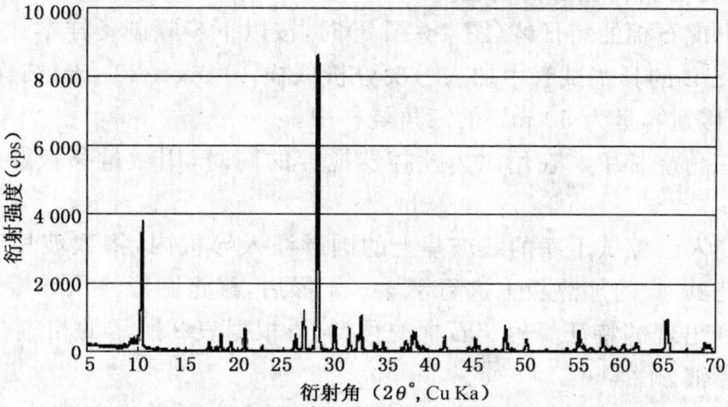

图 8 直闪石 X 射线衍射图

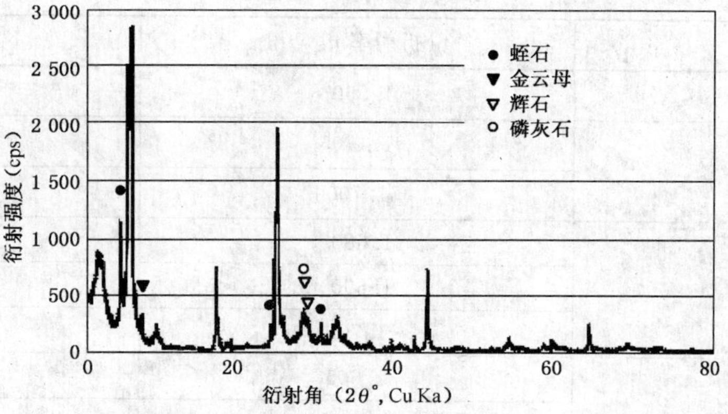

图 9 水黑云母 X 射线衍射图

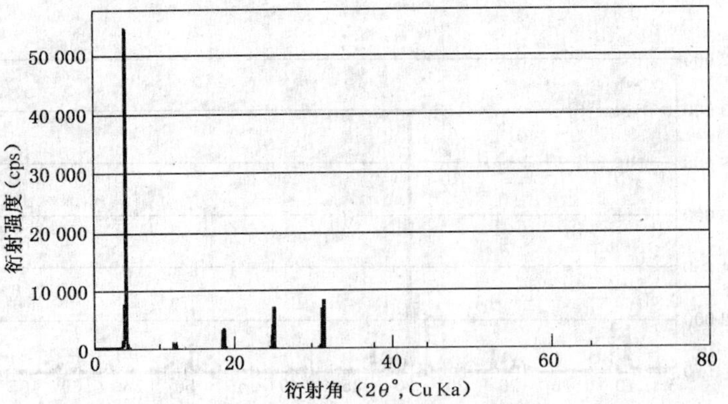

图 10　蛭石 X 射线衍射图

7.2　偏光显微镜定性分析法

7.2.1　样本的制备

7.2.1.1　出现石棉的 X 衍射特征峰的情况

如果在 7.1.3 中出现石棉的特征峰(图 4～图 8)时,按以下步骤制备样本:

a)　在容量为 50 mL 的具塞试管中加入一次分析试样 10 mg～20 mg、纯净水 20 mL～40 mL,剧烈振荡后,转移到容量为 50 mL 的三角烧杯中。

b)　将磁子放入三角烧杯中。在用磁力搅拌器搅拌的同时,用微量移液器吸取样本液体 10 μL～20 μL。

c)　将样本液体滴入已擦拭干净的载玻片上的圆形注入导板内,将载玻片连同圆形注入导板一起置于 100 ℃±10 ℃的加热板上进行干燥。干燥后,移走圆形注入导板。

d)　根据 7.1.3 所出现的特征峰确定石棉的种类,再根据表 2 所示的相应石棉的敏感色,选择合适折射率的浸渍液。

e)　在载玻片上滴上 3 滴～4 滴所选择的浸渍液,然后在上面盖上盖玻片,作为偏光显微镜定性分析的样本。

f)　重复步骤 b)～步骤 e),制备 3 个分析样本。在各自的载玻片上写上分析试样的编号。

表 2　石棉的分散色

石棉种类	折射率 $n_{D,25}$	分散色
温石棉	1.550[b]	红紫～蓝
铁石棉	1.680[b]	粉红
	1.700	蓝
蓝石棉	1.680[b]	大体上(橙)～红褐
	1.690[b]	粉红
	1.700	蓝
透闪石/阳起石[a]	1.605	金黄
	1.620[b]	红紫
	1.640	蓝
直闪石	1.605	金黄
	1.618[b]	红紫
	1.640	蓝

[a] 根据各折射率的分散色来判断是透闪石还是阳起石比较困难,所以在分析上作为同一种类处理。

[b] 表示各石棉敏感色的折射率。

7.2.1.2 没有出现石棉的 X 衍射特征峰的情况

如果 7.1.3 中没有出现石棉的特征峰时,按以下步骤制备样本:

a) 按照 7.2.1.1 步骤 a)~步骤 c)制备好带有样本的载玻片。

b) 根据 5.3 及 7.1 得到的信息,分别从显示表 2 的敏感色折射率($n_{d,25}$=1.550,1.618,1.620,1.680及 1.690 5 种)中选择可能含有的石棉所对应的浸渍液。

另外,如果在显示敏感色折射率的浸渍液中没有检测出石棉,对这个结果进行再确认的时候,选择表 2 中敏感色以外的其他折射率的浸渍液(见 7.2.2.5)。

c) 在载玻片上滴上 3 滴~4 滴所选择的浸渍液,然后在上面盖上盖玻片作为样本。分别制备 3 个这样的样本。在载玻片上写上各分析试样的编号。

7.2.2 测定方法

7.2.2.1 将 7.2.1.1 或 7.2.1.2 制备的样本放到偏光显微镜的载物台上。偏光显微镜的规格应符合附录 B 的规定。

7.2.2.2 在物镜 10 倍下确认粒子是否分散均匀。

7.2.2.3 对于在 7.2.2.2 已确认分散均匀的样本,将物镜调到 40 倍,确认是否存在表 2 的分散色所对应的纤维。

7.2.2.4 在偏光显微镜 10 倍目镜下,移动视野并计数,直至目镜计数器的直径为 100 μm 的圆内存在的所有含有纤维状粒子的合计数达到 1 000 为止,记录显示表 2 的分散色的石棉的种类及粒子数。

注:鉴定分散色时,使用显微镜配套的分析器,如果将分析器旋转 90°以上,可以更容易地确认发色状态。

7.2.2.5 如果在 7.1.3 中出现石棉衍射特征峰,则根据石棉种类分别对 3 个样本进行 7.2.2.1~7.2.2.4的操作。如果在 7.1.3 中没有出现石棉衍射特征峰,则根据可能使用的石棉种类分别对 3 个样本进行 7.2.2.1~7.2.2.4 的操作。如果通过对 7.2.1.2 中显示敏感色折射率的浸渍液进行分析没有检出石棉时,则根据可能存在的石棉的种类,用表 2 所示的敏感色以外的折射率的浸渍液各做 3 个样本,同样进行 7.2.2.1~7.2.2.4 的操作,对这个结果进行再确认。

7.3 以喷涂用蛭石族为对象的定性分析方法

7.3.1 氯化钾处理试样

7.3.1.1 将一次分析试样 1.0 g 放入烧杯,倒入 100 mL 符合 GB 10736 规定的浓度为 1 mol/L 的氯化钾水溶液,并使其均匀分散。

7.3.1.2 在 70 ℃~80 ℃的温度下将烧杯静置 1 h。

7.3.1.3 静置后,用离心分离机使其离心沉淀,采集沉淀物并用蒸馏水将其充分洗净。

7.3.1.4 将此沉淀物放在温度为 100 ℃±10 ℃的干燥设备中充分干燥。

7.3.2 分析方法

7.3.2.1 将在 7.3.1 中得到的经过氯化钾处理的试样均匀地放入试样皿中,且与试样皿的面平齐。

7.3.2.2 将盛有试样的试样皿按表 A.2 规定的条件进行 X 衍射定性分析,观察是否出现如图 4 所示的温石棉或图 7 所示的透闪石/阳起石的衍射特征峰,且衍射角从 2°开始测量。

7.3.2.3 如果出现类似温石棉及透闪石/阳起石的衍射特征峰时,求出经过 7.3.1 处理的 3.1.10 所规定的标准试样与氯化钾处理试样的温石棉及透闪石/阳起石的特征峰面积,判断是否含有温石棉及透闪石/阳起石。

8 是否含有石棉的认定方法

8.1 如果在 X 衍射定性分析结果中,出现了图 4~图 8 所示的石棉衍射特征峰,无论其强弱,只要出现了一个或一个以上特征峰,同时在偏光显微镜的定性分析结果中,三个样本合计 3 000 个粒子中,石棉的纤维状粒子在4个或4个以上,则认为该试样中含有石棉。接着制备第9章所述的二次分析试样或三次分析试样,按第10章进行X衍射定量分析。

8.2 如果在X衍射定性分析结果中,没有出现图4~图8所示的石棉衍射特征峰,但在偏光显微镜的定性分析结果中,三个样本合计3 000个粒子中,石棉的纤维状粒子达到4个或4个以上,则认为该试样中含有石棉。接着制备第9章所述的二次分析试样或三次分析试样,按第10章进行X衍射定量分析。

8.3 如果在X衍射定性分析结果中,虽然出现了图4~图8所示的石棉衍射特征峰,但是在偏光显微镜定性分析结果中,三个样本合计3 000个粒子中,石棉的纤维状粒子不满4个,则按照7.2.2的偏光显微镜定性分析方法再次进行分析。

进行再分析时,以出现衍射波峰的石棉及其他可能使用的石棉作为对象,利用一次分析试样,按照7.2.1.2制成新样本进行分析。

再分析的结果中,如果石棉纤维状粒子仍不满4个,则认为该试样中不含石棉。如果石棉纤维状粒子在4个或4个以上,则认为该试样中含有石棉,按照8.1进行定量分析。

8.4 如果在X衍射定性分析结果中,没有出现图4~图8所示的石棉衍射特征峰,并且偏光显微镜定性分析结果中三个样本合计3 000个粒子中,石棉纤维状粒子不满4个,则认为该试样中不含石棉。

注:与温石棉的X衍射特征峰相同的矿物有蛇纹石(叶蛇纹石,利蛇纹石)、绿泥石及高岭土矿物(高岭石,埃洛石)。与铁石棉及蓝石棉拥有同样X线衍射角度(9°~10°)的有滑石。

8.5 对于喷涂用蛭石族,如果经过氯化钾处理的一次分析试样没有出现石棉的X衍射特征峰或者特征峰的积分强度小于标准试样的积分强度,则认为该试样不含石棉。其他情况都认为该试样中含有石棉。

9 定量用二次分析试样及三次分析试样的制备方法

9.1 二次分析试样的制备方法

9.1.1 首先测量好制备二次分析试样用的直径25 mm的氟树脂胶粘玻璃纤维过滤网(以下简称滤网)的质量和基础标准物质的X射线衍射强度。

9.1.2 将一次分析试样100 mg(M_1)进行精确称量后,放入三角烧杯,加入20%的甲酸20 mL,无尘水40 mL,用超声波洗净器分散1 min。

9.1.3 将三角烧杯放入温度为30 ℃±1 ℃的恒温槽内,搅拌30 s,静置90 s,重复以上操作6次。

9.1.4 用装有直径25 mm的玻璃滤网的抽取过滤装置进行抽取过滤。使用与X射线衍射仪的试样台直径相同的抽取过滤装置及滤网。

注:滤网可以使用银膜过滤网。

9.1.5 干燥后,称量滤网上收集到的试样的质量(M_2),作为二次分析试样。

9.1.6 重复9.1.2~9.1.5步骤,制备另外两个二次分析试样。

9.1.7 进行二次分析试样的制备时,当残渣率(M_2/M_1)超过0.15时,按照9.2制备三次分析试样。

9.2 三次分析试样的制备方法

9.2.1 取9.1制备的二次分析试样10 mg~15 mg,溶解在无尘水中。

9.2.2 用已知质量的氟树脂胶粘玻璃纤维滤网进行抽取过滤,干燥。

9.2.3 干燥后进行称量(M_3),作为三次分析试样。

9.2.4 三次分析试样制备时的注意事项:

——对于将一次分析试样按照6.2.2规定的高温处理条件进行高温处理后质量会减少的无机成分试样,也可以用高温处理后的一次分析试样来制备二次分析试样。

——如果二次分析试样的量不足以用作三次分析试样时,再按照二次分析试样的制备方法在同样条件下将一次分析试样制成二次分析试样，再制备三次分析试样。

10 基于基础标准吸收修正法的X衍射定量分析方法

10.1 标准曲线的绘制

10.1.1 标准曲线Ⅰ法

10.1.1.1 先测量绘制标准曲线时所需的滤网的质量及X射线衍射强度。

10.1.1.2 分别称取石棉标准试样0.1 mg、0.5 mg、1.0 mg、3.0 mg、5.0 mg，装入5个三角烧杯中，在这些三角烧杯中分别加入20%的甲酸0.02 mL、0.1 mL、0.2 mL、0.6 mL、1.0 mL，无尘水0.04 mL、0.2 mL、0.4 mL、1.2 mL、2.0 mL，用超声波洗净器分散1 min。

10.1.1.3 放入温度为30 ℃±1 ℃的恒温槽内，搅拌30 s，静置90 s。重复以上操作6次。

10.1.1.4 用装有直径25 mm的玻璃滤网的抽取过滤装置抽取过滤后的东西作为标准曲线试样。

10.1.1.5 将制备好的各标准曲线试样固定在X衍射分析仪的试样台上，测量基底标准板以及相关X射线衍射强度，按照附录C的基础标准吸收修正法绘制标准曲线。注意金属基底标准板的主衍射强度I^0_{Zn}需在装有滤网的状态下事先测量好。

注：金属基板可以使用锌或铝中的一种。

10.1.2 标准曲线Ⅱ法

10.1.2.1 先测量绘制标准曲线时所需的滤网的质量及X射线衍射强度。

10.1.2.2 精确称量10 mg的石棉标准试样放入500 mL的烧杯中，加入符合HG/T 2892规定的异丙醇100 mL～150 mL搅拌，再用超声波洗净器进行充分分散。然后转移到1 000 mL的烧瓶中，继续加入异丙醇直至满1 000 mL，作为母液。

注：1 mL母液相当于含有0.01 mg试样。

10.1.2.3 用移液管分别从母液中取出5 mL、10 mL、30 mL、50 mL、100 mL的悬浊液各3份，分别放入三角烧杯中。注意取液时应先充分摇晃装有母液的烧瓶，之后马上用移液管吸取。

注：长时间静置的母液中，分散石棉有可能发生沉淀，需要通过目视来判断石棉是否分散均匀。

10.1.2.4 在取出的各溶液中分别加入甲酸0.01 mL、0.02 mL、0.06 mL、0.1 mL、0.2 mL，搅拌1 min。

10.1.2.5 放入温度为30 ℃±1 ℃的恒温槽内，搅拌30 s，静置90 s，重复以上操作6次。

10.1.2.6 用装有直径25 mm的玻璃滤网的抽取过滤装置抽取过滤后的东西作为标准曲线试样。

10.1.2.7 将制备好的各标准曲线试样固定在X衍射分析仪的试样台上，测量基底标准板以及相关X射线衍射强度，按照附录C的基础标准吸收修正法绘制标准曲线。注意金属基底标准板的主衍射强度I^0_{Zn}需在装有滤网的状态下事先测量好。

10.2 定量分析步骤

10.2.1 将按照第9章制备的二次分析试样或三次分析试样固定在粉末X射线衍射仪的试样台上。

10.2.2 在绘制标准曲线相同条件下，测量基底标准板和石棉的X射线衍射强度，通过基础标准吸收修正法进行X衍射分析。

10.2.3 通过10.1绘制的标准曲线计算出相关石棉的质量，求出石棉的含量。

10.2.4 重复10.2.1～10.2.3步骤，再进行另外两个二次分析试样或三次分析试样的测定。

10.3 石棉含量的计算

10.3.1 二次分析试样石棉含量的计算

单个二次分析试样的石棉含量由公式(2)算出，制品中的石棉含量由公式(3)算出。

如果二次分析试样是用按照6.2所述的有机成分试样的一次分析试样的制备方法所制备的，则用量减少率r来修正。

$$C_i = \frac{A_s}{M_1} \times r \times 100 \qquad \cdots\cdots(2)$$

$$C = \frac{C_1 + C_2 + C_3}{3} \qquad \cdots\cdots(3)$$

式中：

C_i——单个试样的石棉含量(质量分数)，%，(C_1、C_2 和 C_3)；

A_s——从标准曲线读取的二次分析试样的石棉质量，单位为毫克(mg)；

M_1——一次分析试样的称量值，单位为毫克(mg)；

r——量减少率，不发生量减少时 $r=1$；

C——制品中石棉的含量(质量分数)，%。

10.3.2 三次分析试样石棉含量的计算

单个三次分析试样的石棉含量由公式(4)算出，制品中石棉含量由公式(3)算出。

如果三次分析试样是用按照6.2所述的高温处理方法制备的二次分析试样所制备的，则用量减少率 r 来修正。

$$C_r = \frac{A_{s1} \times (M_2/M_3)}{M_1} \times r \times 100 \qquad \cdots\cdots(4)$$

式中：

C_r——高温处理过的情况下单个分析试样的石棉含量(质量分数)，%；

A_{s1}——从标准曲线读取的三次分析试样的石棉质量，单位为毫克(mg)；

M_1——一次分析试样的称量值，单位为毫克(mg)；

M_2——二次分析试样的称量值，单位为毫克(mg)；

M_3——三次分析试样的称量值，单位为毫克(mg)；

r——量减少率，不发生量减少时 $r=1$。

10.4 标准曲线的检出下限及定量下限

将绘制标准曲线时制备的最小标准试样(0.01 mg/cm^2～0.1 mg/cm^2)，用粉末X射线衍射仪重复测量10次，求出X射线积分强度的标准偏差。

标准曲线的检出下限由公式(5)算出，定量下限由公式(6)算出。

$$C_k = \frac{\sigma/\alpha}{M_1} \times 100 \qquad \cdots\cdots(5)$$

$$C_t = \frac{3\sigma/\alpha}{M_1} \times 100 \qquad \cdots\cdots(6)$$

式中：

C_k——检出下限，%；

C_t——定量下限，%；

σ——X射线积分强度的标准偏差；

α——标准曲线的斜率；

M_1——一次分析试样的称量值(100 mg)。

11 测试结果报告

报告中应包含以下内容：

a) 试样的采集过程(按照5.3)；

b) 试样的粉碎方法；

c) 使用的测试器材及测试结果，包括：

——粉末 X 射线衍射仪定性分析(包括石棉的种类以及存在与石棉类似的衍射角度的其他结晶质物质);

——偏光显微镜分散染色法定性分析(包括使用的浸渍液及分析室的温度);

——定量分析(包括残渣率及降低残渣率的方法);

d) 测试日期;

e) 测试机构;

f) 本标准编号。

附 录 A
（规范性附录）
测定石棉时的粉末 X 射线衍射仪的技术条件

A.1 定性分析条件

测定石棉时粉末 X 射线衍射仪的定性分析条件应符合表 A.1 规定。也可以通过能够与本装置保持同等检出精度的装置来测试。

表 A.1 粉末 X 射线衍射仪的定性分析条件

设定项目	测试条件
对阴极	铜(Cu)
管电压/kV	40
管电流/mA	30～40
单色化(K_β 线的去除)	Ni 过滤网或石墨单色器
满刻度/cps	1 000～2 000
时间常数/s	1
扫描速度/(°/min)	1～2
发散狭缝/(°)	1
散射狭缝/(°)	1
受光狭缝/mm	0.3
扫描范围(2θ)/(°)	5°～70°

A.2 定量分析条件

测定石棉时粉末 X 射线衍射仪的定量分析条件应符合表 A.2 规定。使用旋转试样台的定量物质的 X 射线衍射积分强度(积分值)定为 2 000 次以上。也可以通过能够与表 A.2 装置保持同等检出精度的装置来测试。

表 A.2 粉末 X 射线衍射仪的定量分析条件

设定项目		测试条件
X 线对阴极		铜(Cu)
管电压/kV		40
管电流/mA		30～40
单色化(K_β 线的去除)		Ni 过滤网或石墨单色器
扫描速度	连续扫描/(°/min)	1/8～1/16
	跳跃扫描	0.02°×10 s～0.02°×20 s
时间常数/s		1
发散狭缝/(°)		1
散射狭缝/(°)		1
受光狭缝/mm		0.3
扫描范围(2θ)/(°)		包括定量衍射线前后 2°～3°左右

附 录 B
（规范性附录）
偏光显微镜的规格

测定制品中是否含有石棉所用的偏光显微镜的规格如下：

a) 备有透射照明光源（卤素 100 W 以上），聚光器带有对应相位差及分散物镜的光圈。

b) 载物台应能安装标准型载玻片一块以上，并能通过移动观察到载玻片的所有位置。

c) 物镜为分散染色体观察用分散物镜，配有 10 倍（开口数 0.25）及 40 倍（开口数 0.75）镜头。

d) 物镜转换器应能同时装上 c)所规定的物镜。

e) 目镜应配有 10 倍或 15 倍镜头，并且配有计数用的目镜计数器（如果是双目镜显微镜，只要其中一个目镜有目镜计数器即可）。

附 录 C
（规范性附录）
石棉相关基础标准吸收修正法

C.1 在装好预定的滤网的状态下，先测好基底标准金属板（锌：Zn）的衍射线强度 I_{Zn}^{0}。

C.2 对于载有堆积了0.05 mg～5 mg石棉的标准曲线用滤网的锌标准板，同样需测量锌（Zn）和定量物质的二个衍射线强度 I_{Zn} 和 I_m。

C.3 装有收集了0.05 mg～5 mg石棉的标准曲线用过滤器的锌标准板的衍射线强度 I_{Zn}，比只装有滤网时有所减少。求出减少率 $T(=I_{Zn}/I_{Zn}^{0})$，根据公式（C.1）算出修正系数 K_f。

$$K_f = \frac{-R_\theta \ln T}{1 - T^{R_\theta}} \qquad \cdots\cdots\cdots\cdots\cdots\cdots(\text{C.1})$$

式中：

R_θ——锌板的衍射角（$\sin\theta_{Zn}$）与定量物质的衍射角（$\sin\theta_m$）的比（$R_\theta = \sin\theta_{Zn}/\sin\theta_m$）。

C.4 堆积有0.05 mg～5 mg石棉的标准曲线用滤网的衍射线强度 I 根据公式（C.2）算出。

$$I = I_m \times K_f \qquad \cdots\cdots\cdots\cdots\cdots\cdots(\text{C.2})$$

式中：

I_m——定量物质的衍射强度。

C.5 以0.05 mg～5 mg的标准曲线石棉量作为横轴，各衍射线强度 I 为纵轴绘制标准曲线。

ICS 43.040.40
Q 69

中华人民共和国国家标准

GB/T 23264—2009

电动自行车用制动衬片总成

Brake lining assembly for electric power assist bicycles

2009-03-09 发布 2009-11-05 实施

中华人民共和国国家质量监督检验检疫总局
中国国家标准化管理委员会 发布

前 言

本标准由中国建筑材料联合会提出。

本标准由全国非金属矿产品及制品标准化技术委员会(SAC/TC 406)归口。

本标准负责起草单位:咸阳非金属矿研究设计院。

本标准参加起草单位:浙江圣联汽摩配件有限公司。

本标准主要起草人:雷建斌、石志刚、胡欣荣、李明、侯立兵。

本标准为首次发布。

电动自行车用制动衬片总成

1 范围

本标准规定了电动自行车用制动衬片总成的术语和定义、分类、要求、试验方法、检验规则、标志、包装、运输和贮存等。

本标准适用于电动自行车用制动衬片总成(以下简称衬片总成)。

2 规范性引用文件

下列文件中的条款通过本标准的引用而成为本标准的条款。凡是注日期的引用文件，其随后所有的修改单(不包括勘误的内容)或修订版均不适用于本标准，然而，鼓励根据本标准达成协议的各方研究是否可使用这些文件的最新版本。凡是不注日期的引用文件，其最新版本适用于本标准。

GB/T 22309 道路车辆 制动衬片 盘式制动块总成和鼓式制动蹄总成剪切强度试验方法(GB/T 22309—2008,ISO 6312:2001,IDT)

JB/T 7498 涂附磨具砂纸

JC/T 1065 定速式摩擦试验机

3 术语和定义

下列术语和定义适用于本标准。

3.1

摩擦系数(μ) coefficient of friction

摩擦力(f)与加在试片上的法向力(F)的比值。

3.2

磨损率(V) wear

衬片总成在规定的条件下体积磨损量与摩擦功的比值。

3.3

剪切强度 chear strength

使衬片总成中的制动衬片与背板完全剪断的力与衬片总成材料的受剪几何面积之比值。

4 分类

衬片总成按用途分为两类，见表1。

表1 衬片总成分类

类 别	用 途
1类	鼓式车闸用
2类	盘式车闸用

5 要求

5.1 外观质量

衬片总成不允许有裂纹、起泡、缺边、掉角、凹凸不平、翘曲、扭曲、分层等影响使用的缺陷。

5.2 尺寸公差

衬片总成的基本尺寸由需方确定，其宽度和厚度的尺寸公差应符合表2的规定。

表2 尺寸公差

单位为毫米

衬片总成		基本尺寸	偏　差
1类	宽度	≤10	±0.15
		>10	±0.20
	厚度	≤5	±0.10
		>5	±0.15
2类	厚度	≤5	±0.10
		>5	±0.15
注：需方有特殊要求时，可不采用此公差。			

5.3 摩擦性能

5.3.1 衬片总成摩擦系数和磨损率，应符合表3～表4的规定。

5.3.2 试验后试片不得出现裂纹、凸起等影响使用的缺陷，试片对圆盘摩擦面不得有明显划伤。

表3 1类衬片总成摩擦性能

项　　目	试验温度		
	100 ℃	150 ℃	200 ℃
摩擦系数(μ)	0.30～0.60	0.25～0.60	0.25～0.60
磨损率(V)/[10^{-7} cm^3/(N·m)]	0～0.50	0～0.75	0～1.00
注：试验温度指试验机圆盘摩擦面温度。			

表4 2类衬片总成摩擦性能

项　　目	试验温度			
	100 ℃	150 ℃	200 ℃	250 ℃
摩擦系数(μ)	0.30～0.60	0.30～0.60	0.25～0.60	0.25～0.60
磨损率(V)/[10^{-7} cm^3/(N·m)]	0～0.50	0～0.75	0～1.00	0～1.50
注：试验温度指试验机圆盘摩擦面温度。				

5.4 剪切强度

粘结制动衬片总成在室温下的剪切强度应不小于3.0 MPa，粘结面积应不小于80%。

6 试验方法

6.1 外观质量检查

外观质量用目测、敲音方法检查。

6.2 尺寸测量

宽度和厚度尺寸用精度0.02 mm的游标卡尺测量。

6.3 摩擦性能试验

6.3.1 试片

6.3.1.1 两个试片从两个衬片总成的摩擦材料上分别制取或按相同工艺采用相同材料进行加工。

6.3.1.2 试片尺寸为25 mm×25 mm，允许偏差为－0.2 mm～0 mm。

6.3.1.3 试片厚度为5 mm～7 mm，两个试片的厚度差在0.2 mm以下。若制品厚度小于5 mm，则按其原厚度。

6.3.2 **设备仪器**

6.3.2.1 定速式摩擦试验机:其性能和精度应符合 JC/T 1065 规定。

6.3.2.2 千分尺:精度 0.01 mm。

6.3.3 **试验条件**

6.3.3.1 试片的压力(法向力)为 0.98 MPa。

6.3.3.2 试验机圆盘材质应符合 JC/T 1065 规定。其表面应用 JB/T 7498 中粒度为 P240 砂纸处理,使圆盘表面无明显划痕、锈蚀和凹坑等缺陷。

6.3.3.3 摩擦方向与衬片总成的摩擦方向相同。

6.3.4 **试验步骤**

6.3.4.1 将两个试片分别装入试验机的两个试片支承臂内。

6.3.4.2 试片在 100 ℃以下进行磨合,至接触面达 95%以上。用精度 0.01 mm 的千分尺测量试片厚度,每个试片测 5 个点,取其算术平均值。厚度测定应待试片冷却至室温后进行。

6.3.4.3 在试验温度 100 ℃时,测定圆盘旋转 5 000 转期间的摩擦力。摩擦试验后按 6.3.4.2 测量试片的厚度。

6.3.4.4 在各个试验温度 150 ℃、200 ℃、250 ℃时,按 6.3.4.3 进行同样试验。1 类衬片总成的最高试验温度为 200 ℃,2 类衬片总成的最高试验温度为 250 ℃。在各个温度试验期间,圆盘温度应在 1 500 转以内升至规定的试验温度。圆盘温度的上升主要靠试片的摩擦热,当在 1 500 转以内达不到规定的试验温度时,可用辅助加热装置。

6.3.4.5 在最高试验温度测定结束后,从最高试验温度起每降 50 ℃时,测定圆盘 1 500 转期间的摩擦力,一直测至 100 ℃。温度从上一阶段下降至下一阶段时应在 500 转以内完成。

6.3.4.6 试验后试片和圆盘摩擦面的外观用目测。

6.3.5 **计算**

6.3.5.1 各个试验温度的摩擦系数按公式(1)计算:

$$\mu = \frac{f}{F} \qquad \cdots\cdots(1)$$

式中:

μ——摩擦系数;

f——摩擦力(总摩擦距离的后半部分摩擦力的平均值),单位为牛顿(N);

F——加在试片上的法向力,单位为牛顿(N)。

6.3.5.2 各个试验温度的磨损率按公式(2)计算:

$$V = \frac{1}{2\pi R} \times \frac{A}{n} \times \frac{d_1 - d_2}{f_m} = 1.06 \times \frac{A}{n} \times \frac{d_1 - d_2}{f_m} \qquad \cdots\cdots(2)$$

式中:

V——磨损率,单位为立方厘米每牛顿米[$cm^3/(N \cdot m)$];

R——试片中心与圆盘旋转轴中心的距离(0.15 m);

n——试验时圆盘的总转数(5 000 转);

A——试片摩擦面的总面积,单位为平方厘米(cm^2);

d_1——试验前试片的平均厚度,单位为厘米(cm);

d_2——试验后试片的平均厚度,单位为厘米(cm);

f_m——试验时总平均摩擦力,单位为牛顿(N)。

6.4 剪切强度试验

剪切强度试验按 GB/T 22309 进行。

7 检验规则

7.1 检验项目

第5章的所有要求均为出厂检验项目。

7.2 组批原则和判定规则

7.2.1 组批原则

以同材质同规格的衬片总成的实际交货量为一批。当批量过大时，也可分成若干小批。

7.2.2 外观和尺寸的判定

在一批衬片总成中采用随机抽样方法，按表5规定进行外观和尺寸的检查和判定。

表5 外观和尺寸抽样数量与判定规则

单位为片

批　量	样本大小	合格判定数	不合格判定数
≤150	8	0	1
151～500	13	1	2
501～1 200	20	1	2
1201～10 000	32	2	3
>10 000	50	3	4

7.2.3 摩擦性能和剪切强度的检查判定

摩擦性能、剪切强度（粘结型）按表6规定随机抽样。摩擦性能每个样本均符合本标准要求，则判定该批产品摩擦性能合格；剪切强度（粘结型）所有样本的算术平均值符合本标准要求，则判定该批产品剪切强度合格。

摩擦性能和剪切强度若有任何一项不合格，再加倍取样对不合格项进行复验，复验结果若符合本标准要求，则仍判定该项目合格；否则判定该批产品该项为不合格。

表6 摩擦性能和剪切强度抽样数量

单位为片

批　量	摩擦性能	剪切强度（粘结型）
≤10 000	2	5
>10 000	4	10

7.2.4 综合判定

所有检验项目全部合格，则判定该批产品合格。若有任何一项不合格，则判定该批产品不合格。

8 标志、包装、运输和贮存

8.1 标志

8.1.1 衬片总成的非工作面上应印有制造厂名或商标。

8.1.2 衬片总成包装箱（盒）的四周侧面应分别印有产品名称、型号规格、制造厂名和/或商标、地址、产品数量、指定摩擦系数、检验包装日期及本标准编号。

8.2 包装

8.2.1 衬片总成应装入清洁干燥、坚固耐用的箱（盒）内。

8.2.2 每个包装箱（盒）内宜装入型号规格相同的衬片总成；当用户需要时，也可装入成套供应的衬片总成。

8.2.3 每个包装箱(盒)内应附有产品合格证。

8.3 运输和贮存

在运输过程中应不使衬片总成受到损坏和被油、水沾污。衬片总成应贮存在通风干燥、地面平坦的室内。

ICS 91.100.40
Q 12

中华人民共和国国家标准

GB/T 23265—2009

水泥混凝土和砂浆用短切玄武岩纤维

Chopped basalt fiber for cement, cement mortar and concrete

2009-03-09 发布　　　　2009-11-05 实施

中华人民共和国国家质量监督检验检疫总局
中国国家标准化管理委员会　发布

前　言

本标准由中国建筑材料联合会提出。

本标准由全国水泥制品标准化技术委员会(SAC/TC 197)归口。

本标准由浙江石金玄武岩纤维有限公司(GBF)、苏州混凝土水泥制品研究院负责起草。

本标准参加起草单位:四川航天拓鑫玄武岩实业有限公司、北京乐宇英泰科技有限公司。

本标准主要起草人:胡显奇、谈永泉、孙伟、陈兴芬、李志业、石钱华、董国义。

本标准为首次发布。

引　言

玄武岩纤维是以天然火山岩为原料生产加工而成的无机纤维，是一种纯天然绿色纤维。玄武岩纤维具有高的拉伸强度、剪切强度和弹性模量、良好的化学稳定性和热稳定性、抗老化耐酸碱、耐高温和低温、绝热和电绝缘、隔音等特性。

水泥混凝土和砂浆用短切玄武岩纤维是由连续玄武岩纤维短切而成的纤维。在水泥混凝土和砂浆中掺加短切玄武岩纤维，可以减少混凝土和砂浆的早期裂缝，提高混凝土和砂浆的防渗、抗裂性能和抗冲击性能、耐腐蚀性、耐久性、降低混凝土的脆度系数，而且施工性能良好，纤维与水泥混凝土或砂浆混合时容易分散，体积稳定、和易性好，因此短切玄武岩纤维对混凝土和砂浆具有良好的抗裂、增韧、增强的作用。目前已广泛应用于我国的水利、交通、军工、建筑等重点工程中，取得了明显的社会和经济效益。

水泥混凝土和砂浆用短切玄武岩纤维

1 范围

本标准规定了水泥混凝土和砂浆用短切玄武岩纤维的术语和定义、分类、要求、试验方法、检验规则、标志、出厂、包装、运输、储存等。

本标准适用于在水泥混凝土或砂浆搅拌之前或拌制过程中加入的、能在水泥混凝土或砂浆中均匀分散、用以改善新拌混凝土和砂浆、硬化混凝土和砂浆性能的、长度小于 50 mm 的短切玄武岩纤维材料。

2 规范性引用文件

下列文件中的条款通过本标准的引用而成为本标准的条款。凡是注日期的引用文件，其随后所有的修改单(不包括勘误的内容)或修订版均不适用于本标准，然而，鼓励根据本标准达成协议的各方研究是否可使用这些文件的最新版本。凡是不注日期的引用文件，其最新版本适用于本标准。

GB 175—2007 通用硅酸盐水泥

GB/T 7690.5—2001 增强材料 纱线试验方法 第 5 部分：玻璃纤维纤维直径的测定

GB 8076－2008 混凝土外加剂

GB/T 14684 建筑用砂

GB/T 14685 建筑用卵石、碎石

GB/T 20310—2006 玻璃纤维无捻粗纱浸胶纱试样的制作和拉伸强度的测定

GB/T 21120—2007 水泥混凝土和砂浆用合成纤维

GB/T 50080 普通混凝土拌合物性能试验方法标准

GB/T 50081 普通混凝土力学性能试验方法标准

CECS 13 钢纤维混凝土试验方法

CECS 38:2004 纤维混凝土结构技术规程

DL/T 5150—2001 水工混凝土试验规程

JC 474—1999 砂浆、混凝土防水剂

JC/T 572—1994 耐碱玻璃纤维无捻粗纱

JGJ 55 普通混凝土配合比设计规程

JGJ 63 混凝土用水标准

JGJ 70 建筑砂浆基本性能试验方法

3 术语和定义

下列术语和定义适用于本标准。

3.1

短切玄武岩纤维 chopped basalt fiber

由相应的玄武岩纤维基材为原料短切而成的长度小于 50 mm，能均匀分散在水泥混凝土或砂浆中的无机矿物纤维(代号为 B)。

3.2

短切玄武岩纤维掺量 dosage of chopped basalt fiber

短切玄武岩纤维掺量是指短切玄武岩纤维在水泥混凝土或砂浆中所占的体积分数或质量分数。

4 分类

4.1 产品分类

短切玄武岩纤维按其纤维类型可分为原丝(S)和加捻合股纱(T)。

按其用途可分为用于混凝土的防裂抗裂纤维(BF)和增韧增强纤维(BZ)、用于砂浆的防裂抗裂纤维(BSF)等。

4.2 规格和尺寸

短切玄武岩纤维的规格和尺寸应分别符合表1的规定。

表1 短切玄武岩纤维的规格和尺寸

纤维类型	公称长度/mm		单丝公称直径/μm
	用于水泥混凝土	用于水泥砂浆	
原丝	15～30	6～15	9～25
加捻合股纱	6～50		7～13
注：经供需双方协商,可生产其他规格及尺寸的短切玄武岩纤维。			

4.3 产品标记

产品标记应由用途、纤维类型、单丝公称直径、公称长度和标准号组成。

示例:单丝公称直径为20 μm、公称长度为25 mm的防裂抗裂短切玄武岩纤维原丝的标记如下:

BF S 20-25 GB/T 23265—2009

5 要求

5.1 原材料要求

生产短切玄武岩纤维的原材料为纯天然无任何添加成分的玄武岩矿石。

5.2 外观及尺寸偏差

5.2.1 短切玄武岩纤维外观色泽应均匀、表面无污染。

5.2.2 短切玄武岩纤维的公称长度和单丝公称直径偏差应在公称值的±10%内。

5.3 性能指标

短切玄武岩纤维的性能指标应符合表2的要求。

表2 短切玄武岩纤维的性能指标

试验项目		用于混凝土的短切玄武岩纤维		用于砂浆的短切玄武岩纤维
		防裂抗裂纤维(BF)	增韧增强纤维(BZ)	防裂抗裂纤维(BSF)
拉伸强度[a]/MPa	≥	1 050	1 250	1 050
弹性模量[a]/GPa	≥	34	40	34
断裂伸长率[a]/%	≤	3.1		
耐碱性能,单丝断裂强度保留率/%	≥	75		
[a] 三项试验值的变异系数不得大于15%。				

5.4 掺短切玄武岩纤维的水泥混凝土和砂浆性能指标

掺短切玄武岩纤维的水泥混凝土或砂浆性能指标应符合表3的要求。

表 3　掺短切玄武岩纤维水泥混凝土或砂浆性能指标

试验项目		用于混凝土的短切玄武岩纤维		用于砂浆的短切玄武岩纤维
		防裂抗裂纤维(BF)	增韧增强纤维(BZ)	防裂抗裂纤维(BSF)
分散性相对误差/%		−10～+10		
混凝土和砂浆裂缝降低系数/%	≥	55		
混凝土抗压强度比/%	≥	95	100	—
砂浆抗压强度比/%	≥	—	—	95
混凝土抗渗性能提高系数[a]/%	≥	30		—
砂浆透水压力比[a]/%	≥	—	—	120
韧性指数(I_5)[a]	≥	—	3	—
混凝土抗冲击性能[a]/%	≥	160	300	—

[a] 为可选项目，由供需双方协商选用。

6　试验方法

6.1　尺寸的检查

6.1.1　长度

在 100 束中随机取 10 束，用分度值为 0.02 mm 的游标卡尺测定每一束的长度，取平均值作为短切玄武岩纤维的测定值。

6.1.2　单丝公称直径

短切玄武岩纤维原丝的单丝公称直径按照 GB/T 7690.5—2001 规定的方法进行测定。

6.2　短切玄武岩纤维的性能指标试验

6.2.1　拉伸强度、弹性模量、断裂伸长率

短切玄武岩纤维的拉伸强度、弹性模量、断裂伸长率按照 GB/T 20310—2006 进行测定。

6.2.2　耐碱性能

短切玄武岩纤维耐碱性能按 JC/T 572—1994 附录 A 规定的方法进行测定。

6.3　掺短切玄武岩纤维水泥混凝土和砂浆性能试验

6.3.1　试验环境

本标准规定之掺玄武岩纤维水泥混凝土和砂浆性能试验项目应在温度为 20 ℃±5 ℃的室内进行。拌合混凝土用原材料应提前运至室内，存放时间不得小于 24 h；需要模拟施工条件下所用的混凝土或砂浆，试验室原材料的温度宜保持与施工现场一致。

6.3.2　试验材料

6.3.2.1　水泥

符合 GB 8076—2008 附录 A 规定的基准水泥。在因故得不到基准水泥时，允许采用符合 GB 175—2007 之规定的 P·O42.5 的水泥。但仲裁仍需用基准水泥。

6.3.2.2　砂

采用细度模数为 2.6～2.9、含泥量(质量分数)小于 1%的中砂，质量符合 GB/T 14684 要求。

6.3.2.3　石子

符合 GB/T 14685 粒径为 5 mm～20 mm。如有争议，以卵石试验结果为准。

6.3.2.4　水

符合 JGJ 63 要求。

6.3.2.5 **外加剂**

符合相应外加剂的标准要求。

6.3.2.6 **短切玄武岩纤维**

需要检测的短切玄武岩纤维。

6.3.2.7 **其他掺合料**

需符合相应的标准要求。

6.3.3 **混凝土和砂浆配合比**

6.3.3.1 **混凝土配合比**

基准混凝土和受检混凝土之配合比按 JGJ 55 进行设计，配合比设计应符合以下规定：

a) 混凝土强度等级为 C30～C40。

b) 使用外加剂及其他混凝土掺合料时，需依据相应标准的要求对混凝土配合比进行调整。

c) 短切玄武岩纤维：按受检产品提供的推荐掺量。

d) 用水量：应使混凝土坍落度达 180 mm±20 mm。

6.3.3.2 **砂浆配合比**

砂浆的质量配合比为：水泥：砂：水＝1：1.5：0.5。

6.3.3.3 **混凝土和砂浆的计量、搅拌**

试验用原材料应称重计量，称量的精确度：水泥、水、外掺料（外加剂和短切玄武岩纤维）为±0.5%；砂、石为±1%。

采用强制式混凝土搅拌机，全部材料及外加剂一次投入，拌合量控制在 10 L～45 L，搅拌 3 min，出料后在铁板上用人工翻拌 2～3 次再行试验。受检混凝土或砂浆的搅拌方式按照受检产品说明书提供的搅拌方法进行。

6.3.4 **试件制作、养护及试验所需试件数量**

6.3.4.1 混凝土试件制作、养护按 GB/T 50081 进行，硬化混凝土或砂浆的标准养护龄期为 28 天。

6.3.4.2 试验项目及所需数量详见表 4。

表 4 试验项目及所需数量

试验项目	短切玄武岩纤维类别	试验类别	试验所需数量			
	BF、BZ、BSF		拌合批数	每批取样数目	掺短切玄武岩纤维混凝土或砂浆总取样数目	基准混凝土或砂浆总取样数目
分散性相对误差	BF、BZ、BSF		3	1次	3次	—
混凝土和砂浆裂缝降低系数	BF、BZ、BSF		2	1次	2次	2次
混凝土抗压强度比	BF、BZ	硬化混凝土或砂浆	3	3块	9块	9块
砂浆抗压强度比	BSF	硬化混凝土或砂浆	3	3块	9块	9块
混凝土抗渗性能提高系数	BF、BZ	硬化混凝土或砂浆	1	6块	6块	6块
砂浆透水压力比	BSF	硬化混凝土或砂浆	1	3块	3块	3块
韧性指数(I_5)	BZ	硬化混凝土或砂浆	3	4块	12块	12块
混凝土抗冲击性能	BF、BZ	硬化混凝土或砂浆	3	8块	24块	24块

注：试验时，检验一种纤维的三批混凝土或砂浆要在同一天完成。

6.4 混凝土或砂浆拌合物

6.4.1 分散性能

按 6.3.3 配制受检混凝土或受检砂浆，分别按 GB/T 50080 和 JGJ 70 表观密度试验或密度试验的方法进行混凝土或砂浆的装料及捣实。

用 75 μm 孔径的方孔筛从受检混凝土或受检砂浆中水洗分离出短切玄武岩纤维，洗净后在 105 ℃±5 ℃温度的烘箱内烘干至恒重，冷却至室温后分别称其质量，精确至 0.01 g。

若三批试验短切玄武岩纤维含量的算术平均值与理论计算值的相对误差小于 10%，则该组试件的分散性能合格。计算如式(1)所示：

$$\beta = \frac{G_1 - G_0}{G_0} \times 100 \qquad \cdots\cdots(1)$$

式中：

β——短切玄武岩纤维分散性能系数，%；

G_0——短切玄武岩纤维含量理论计算值，单位为克(g)；

G_1——三批试验短切玄武岩纤维含量的算术平均值，单位为克(g)。

6.4.2 混凝土和砂浆裂缝降低系数

混凝土和砂浆裂缝降低系数试验按 CECS 38:2004 附录 D 进行。

6.5 硬化混凝土

6.5.1 混凝土抗压强度比

按照 GB/T 21120—2007 中 6.5.1 进行。

6.5.2 砂浆抗压强度比

按照 GB/T 21120—2007 中 6.5.2 进行。

6.5.3 混凝土抗渗性能提高系数

受检混凝土与基准混凝土渗水高度按 DL/T 5150—2001 中 4.22 混凝土相对抗渗性试验进行。混凝土抗渗性能提高系数计算如式(2)所示，结果精确到 1%。

$$\lambda = \frac{D_{m0} - D_{m1}}{D_{m0}} \times 100 \qquad \cdots\cdots(2)$$

式中：

λ——混凝土抗渗性能提高系数，%；

D_{m1}——受检混凝土的渗水高度，单位为毫米(mm)；

D_{m0}——基准混凝土的渗水高度，单位为毫米(mm)。

测量每个试件的平均渗水高度，以一组六个试件的算术平均值作为受检混凝土和基准混凝土的渗水高度。

6.5.4 砂浆透水压力比

透水压力比试验按 JC 474—1999 中 5.2.8 规定的方法进行测定。

6.5.5 韧性指数

韧性指数按 CECS 13 规定的方法进行测定。

6.5.6 混凝土抗冲击性能

混凝土抗冲击性能按照 GB/T 21120—2007 中附录 C 进行测定。

7 检验规则

检验分为出厂检验和型式检验。

7.1 出厂检验

出厂检验项目，根据分类按表2规定的项目进行检验。

7.2 型式检验

型式检验项目包括本标准5.2、表2中的短切玄武岩纤维的性能指标及表3中新拌及硬化混凝土性能指标。有下列情况之一时，应进行型式检验：

a) 新产品或老产品转厂生产的试制定型鉴定；

b) 正式生产后，如材料、工艺有较大改变，可能影响产品性能时；

c) 正常生产时，一年至少进行一次检验；

d) 产品停产半年以上恢复生产时；

e) 出厂检验结果与上次型式检验有较大差异时；

f) 合同规定时；

g) 国家质量监督机构提出进行型式检验要求时。

7.3 组批与抽样

7.3.1 组批

生产厂应根据材料、用途、规格等，将产品组批。每批为10 t，不足10 t也按一个批次计。

7.3.2 抽样及留样

7.3.2.1 以批为单位，每批随机抽取纤维10 kg。

7.3.2.2 每批取得的试样应分为两等份，一份按规定的项目进行试验。另一份要密封保存半年，以备有疑问时提交复验或仲裁。

7.4 判定规则

产品经检验，短切玄武岩纤维的性能指标符合5.2和表2的要求，掺短切玄武岩纤维的新拌及硬化混凝土的各项性能符合表3要求，则判定该批短切玄武岩纤维合格，如不符合上述要求时，则判该批短切玄武岩纤维不合格。

7.5 复验

复验以封存样进行。如使用单位要求现场取样，应事先在供货合同中规定，并在生产和使用单位人员在场的情况下于现场取平均样，复验按照型式检验项目检验。

8 标志、出厂、包装、运输、储存

8.1 标志

所有包装上均应在显著位置注明以下内容：产品名称、规格型号、净质量、生产厂名、厂址、生产日期、执行标准等，如有商标应在产品包装上标明。包装上应特别注明劳动保护提示。

8.2 出厂

凡有下列情况之一者，不得出厂：不合格品、技术文件不全（产品说明书、合格证、检验报告）、包装不符、数量不足、产品受潮。

生产厂应随货提供产品说明书，其内容应包括产品名称及型号、出厂日期、主要特性、适用范围及推荐掺量、储存条件、使用方法及注意事项。

8.3 **包装、运输、储存**

可按单位混凝土或砂浆体积用量进行小袋包装，若干个小袋组合成一个大件包装。

包装应采取避光、密封防潮的措施。运输过程应防止包装损坏。出厂产品在使用前应安置在较为阴凉、干燥的地方，避免与其他易腐蚀的化学产品混放。

ICS 91.100.25
Q 31

中华人民共和国国家标准

GB/T 23266—2009

陶瓷板

Ceramic board

2009-03-09 发布　　　　2009-11-05 实施

中华人民共和国国家质量监督检验检疫总局
中国国家标准化管理委员会　发布

前　言

本标准由中国建筑材料联合会提出。

本标准由全国建筑卫生陶瓷标准化技术委员会(TC 249)归口。

本标准负责起草单位:咸阳陶瓷研究设计院、广东蒙娜丽莎陶瓷有限公司、山东德惠来装饰瓷板有限公司。

本标准参加起草单位:淄博城东企业集团有限公司。

本标准主要起草人:刘幼红、李转、温伟明、张旗康、李育槿、闻万梁、刘一军、陈峰、赵京昌、潘利敏。

本标准为首次发布。

本标准自实施之日起,JC/T 1045—2007《纤维陶瓷板》废止。

本标准的某些内容有可能涉及专利。本标准的发布机构不应承担识别这些专利的责任。

陶　瓷　板

1　范围

本标准规定了陶瓷板的术语和定义、分类、要求、试验方法、检验规则、标志、包装、运输、贮存及使用说明。

本标准适用于建筑物室内外墙地面装饰用陶瓷板。

2　规范性引用文件

下列文件中的条款通过本标准的引用而成为本标准的条款。凡是注日期的引用文件，其随后所有的修改单(不包括勘误的内容)或修订版均不适用于本标准，然而，鼓励根据本标准达成协议的各方研究是否可使用这些文件的最新版本。凡是不注日期的引用文件，其最新版本适用于本标准。

GB/T 3810.2　陶瓷砖试验方法　第2部分：尺寸和表面质量的检验

GB/T 3810.3　陶瓷砖试验方法　第3部分：吸水率、显气孔率、表观相对密度和容重的测定

GB/T 3810.4　陶瓷砖试验方法　第4部分：断裂模数和破坏强度的测定

GB/T 3810.6　陶瓷砖试验方法　第6部分：无釉砖耐磨深度的测定

GB/T 3810.7　陶瓷砖试验方法　第7部分：有釉砖表面耐磨性的测定

GB/T 3810.9　陶瓷砖试验方法　第9部分：抗热震性的测定

GB/T 3810.11　陶瓷砖试验方法　第11部分：有釉砖抗釉裂性的测定

GB/T 3810.12　陶瓷砖试验方法　第12部分：抗冻性的测定

GB/T 3810.13　陶瓷砖试验方法　第13部分：耐化学腐蚀性的测定

GB/T 3810.14　陶瓷砖试验方法　第14部分：耐污染性的测定

GB/T 3810.15　陶瓷砖试验方法　第15部分：有釉砖铅和镉溶出量的测定

GB/T 4100　陶瓷砖

GB 6566　建筑材料放射性核素限量

GB/T 13891　建筑饰面材料镜面光泽度测定方法

3　术语和定义

GB/T 3810.2中确立的以及下列术语和定义适用于本标准。

3.1

陶瓷板　ceramic board

由黏土和其他无机非金属材料经成形、高温烧成等生产工艺制成的板状陶瓷制品。

注：厚度不大于6 mm、上表面面积不小于1.62 m^2。

3.2

弹性限度　springiness limit

从试样背面施压，测得压力棒刚接触试样到试样断裂时压力棒的行程距离。

4　分类

4.1　按吸水率分为：

瓷质板($E \leqslant 0.5\%$)；

炻质板($0.5\% < E \leqslant 10\%$)；

陶质板($E>10\%$)。

4.2 按表面特征分为有釉陶瓷板和无釉陶瓷板。

5 要求

5.1 表面质量

至少95%的陶瓷板其主要区域无明显缺陷。

注:陶瓷板表面的人为装饰效果不能算作缺陷。

5.2 尺寸

产品平均厚度应不大于6 mm;产品的制造尺寸和工作尺寸可由供需双方商定。

工作尺寸的最大允许偏差应符合表1规定。

表1 尺寸最大允许偏差

项　目	允许偏差/mm
长度和宽度	±1.0
厚度	±0.3
对边长度差	≤1.0
对角线长度差	≤1.5

5.3 吸水率

瓷质板吸水率平均值:$E\leqslant 0.5\%$;单值:$E\leqslant 0.6\%$;

炻质板吸水率平均值:$0.5\%<E\leqslant 10.0\%$;单值:$E\leqslant 11.0\%$;

陶质板吸水率平均值:$E>10.0\%$;单值:$E>9.0\%$。

5.4 破坏强度和断裂模数

破坏强度和断裂模数应符合表2的规定。

表2 破坏强度和断裂模数

<table>
<tr><th colspan="2">产品类别</th><th>破坏强度/N</th><th>断裂模数/MPa</th></tr>
<tr><td rowspan="2">瓷质板</td><td>厚度 $d\geqslant 4.0$ mm</td><td>≥800</td><td rowspan="2">平均值≥45
单值≥40</td></tr>
<tr><td>厚度 $d<4.0$ mm</td><td>≥400</td></tr>
<tr><td colspan="2">炻质板</td><td>≥750</td><td>平均值≥40
单值≥35</td></tr>
<tr><td rowspan="2">陶质板</td><td>厚度 $d\geqslant 4.0$ mm</td><td>≥600</td><td>平均值≥40
单值≥35</td></tr>
<tr><td>厚度 $d<4.0$ mm</td><td>≥400</td><td>平均值≥30
单值≥25</td></tr>
</table>

5.5 耐磨性

地面用无釉陶瓷板耐磨损体积不大于150 mm^3;

地面用有釉陶瓷板表面耐磨性应不低于3级(转数750转)。

5.6 抗热震性

经抗热震性试验应无裂纹或剥落。

5.7 抗釉裂性

有釉陶瓷板经抗釉裂性试验后,釉面应无裂纹或剥落。

5.8 抗冻性

用于受冻环境的陶瓷板应进行抗冻试验,经抗冻试验后应无裂纹或剥落。

5.9 **摩擦系数**

用于地面的陶瓷板，制造商应报告产品的摩擦系数和试验方法。

5.10 **光泽度**

抛光瓷质板光泽度不小于55。

注：仅适用于有镜面效果的抛光瓷质板，不包括半抛光和局部抛光的瓷质板。

5.11 **耐化学腐蚀性**

经耐家庭化学试剂和游泳池盐类耐化学腐蚀性试验后，无釉陶瓷板应不低于UB级，有釉陶瓷板应不低于GB级；

制造商应报告产品耐低浓度酸和碱耐化学腐蚀性的级别；

若陶瓷板有可能在受腐蚀环境下使用时，应进行耐高浓度酸和碱的耐化学腐蚀性试验，并报告结果。

5.12 **耐污染性**

有釉陶瓷板经耐污染试验后，应不低于3级，无釉陶瓷板的耐污染性报告等级。

5.13 **釉面铅和镉的溶出量**

有釉陶瓷板用于加工食品的工作台面或墙面，且釉面与食品有可能接触的场所，应报告其釉面铅和镉的表面溶出量。

5.14 **放射性核素限量**

应符合GB 6566的要求。

5.15 **弹性限度**

弹性限度不小于12 mm。

5.16 **防滑坡度**

用于潮湿、赤足行走的浴室、更衣室、洗衣房和卫生间等地面时，陶瓷板的防滑坡度不小于12°。

6 试验方法

用测量值或计算值判定本标准中的极限数值时，采用修约值比较法。

6.1 **试样**

抽取三片整板进行试验并制样；对于因后加工而表面积小于1.62 m^2 的产品，应抽取总面积不小于5.0 m^2 的产品数进行试验并制样，试样数量和制样要求见表3。

表3 试验数量及制样要求

检验项目	样品数量	制样要求
表面质量	3片	—
尺寸	3片	—
吸水率	6块	由3片不同部位各制取2块
破坏强度和断裂模数	6块	由3片不同部位各制取2块
耐磨性	无釉:5块 有釉:11块	由1片上制取所需数量的试样
抗热震性	6块	由3片不同部位各制取2块
抗釉裂性	6块	由3片不同部位各制取2块
抗冻性	6块	由3片不同部位各制取2块
摩擦系数	3块	由3片各制取1块

表 3（续）

检验项目	样品数量	制样要求
光泽度	3 片	—
耐化学腐蚀性	各 3 块 （每种试液）	由 3 片各制取 1 块 无釉陶瓷板试样至少保持一个非切割边
耐污染性	3 块	由 3 片各制取 1 块
铅和镉的溶出量	3 块	由 3 片各制取 1 块
放射性核素限量	2 kg	制成粒度小于 0.16 mm 的粉料
弹性限度	3 块	由 3 片各制取 1 块
防滑坡度	1 块	由 1 片上制取 1 块

6.2 表面质量

将陶瓷板正面用 300 lx 的灯光均匀照射，在垂直距离 1 m 处用肉眼观察被检陶瓷板表面的可见缺陷。

6.3 尺寸偏差

6.3.1 长度、宽度

在离陶瓷板角点 5 mm 处，用精度为 0.5 mm 的直尺或卷尺进行测量，计算对边的平均值与工作尺寸的偏差。

6.3.2 厚度

用精度为 0.02 mm 的游标卡尺，距周边 20 mm 以内，每边取左、中、右三点，测量每一条边的厚度，计算 4 条边的平均值，与工作尺寸的偏差为厚度的偏差值。

6.3.3 对边长度差和对角线长度差

用精度为 0.5 mm 的直尺或卷尺测量对边长度及对角线长度，并分别计算差值。

6.4 吸水率

试样切割成(150 mm～200 mm)×(150 mm～200 mm)，再按 GB/T 3810.3 中真空法进行测定。

6.5 破坏强度与断裂模数

试样切割成(500 mm～520 mm)×(300 mm～320 mm)，再按 GB/T 3810.4 的方法进行检测。

6.6 耐磨性

无釉陶瓷板耐磨损体积按 GB/T 3810.6 的方法进行测定。

有釉陶瓷板表面耐磨性按 GB/T 3810.7 的方法进行测定。

6.7 抗热震性

试样切割成(300 mm～320 mm)×(300 mm～320 mm)，再按照 GB/T 3810.9 中规定的浸没试验方法进行。

6.8 抗釉裂性

试样切割成(200 mm～300 mm)×(200 mm～300 mm)，再按 GB/T 3810.11 的方法进行检测。

6.9 抗冻性

试样切割成(200 mm～300 mm)×(200 mm～300 mm)，再按 GB/T 3810.12 的方法进行检测。

6.10 摩擦系数

按 GB/T 4100 的方法进行测定。

6.11 光泽度

按 GB/T 13891 的方法进行测定。

6.12 耐化学腐蚀性

按 GB/T 3810.13 的方法进行试验。

6.13 耐污染性

按 GB/T 3810.14 的方法进行试验。

6.14 釉面铅和镉的溶出量

按 GB/T 3810.15 的方法进行试验。

6.15 放射性核素限量

按 GB 6566 的规定进行检测。

6.16 弹性限度

试样切割成长 820 mm，宽 100 mm，放入 110 ℃±5 ℃的烘箱中烘干至恒重，然后放在平台上冷却至室温，再将试样置于陶瓷砖抗折试验机的支撑棒上，使釉面向下，试样伸出每根支撑棒外 10 mm。以 1 $N/(mm^2 \cdot s)\pm 0.2\ N/(mm^2 \cdot s)$的速度，压力棒向板的背面中心部位施加压力至试样断裂，测定压力棒刚接触试样至试样断裂的行程。

6.17 防滑坡度

测试装置是一个光滑、抗变形的长 2 000 mm，宽 300 mm 平板，可在 0°～45°间调节，并有安全防护装置。测试时将 1 000 mm×500 mm 的试样放置在平板上，在试样上连续流过浓度为 1 g/L，流量为(6 L±1 L)/min 的中性润湿水溶液。测试者为赤足的成年人(重量在 75 kg±5 kg 范围内)，双脚保持湿润在试样上行走，步幅为半个脚掌，二人各四次进行测试，以测试者能正常行走的坡度极限平均值为最后结果。

7 检验规则

7.1 检验分类

检验分出厂检验和型式检验。

7.1.1 出厂检验

出厂检验项目包括表面质量、尺寸、吸水率、断裂模数与破坏强度。

7.1.2 型式检验

型式检验包括本标准技术要求的全部项目，正常生产条件下，每年至少进行一次。

有下列情况之一时，应进行型式检验：

a) 新产品试制定型鉴定；

b) 生产工艺发生较大改变，可能影响产品性能时；

c) 产品停产半年以上，恢复生产时；

d) 出厂检验结果与上次型式检验结果有较大差异时。

7.2 组批与抽样

7.2.1 组批

按同品种同规格产品进行组批，以 1 500 m^2 为一批，不足 1 500 m^2 仍以一批计。

7.2.2 抽样

随机抽取 3 片产品，对于需加工后交货的产品，应随机抽取总面积应不小于 5 m^2 的样品。

7.3 判定规则

按表 3 所规定的试样数量进行检验，经检验所有项目的所有试样均合格，则该批产品为合格，凡有一项或一项以上不合格，综合判定该批产品为不合格。

8 标志、包装、运输、贮存、使用说明

8.1 标志

出厂产品上应有清晰、牢固的商标。包装箱上应标有生产厂名、厂址、产品名称、类别及吸水率、工作尺寸、数量、批号、执行标准等。

产品出厂时，应提供产品质量合格证。

8.2 包装

符合相关包装标准的要求，应保证产品在搬运中不破损，能承重 15 kN 以上不变形，适当保护，避免损伤产品。

8.3 运输

在搬运时应轻拿轻放，严禁摔、扔，以防破损。在运输和存放时应有防雨设施，严防受潮，防止撞击。

8.4 贮存

产品贮存场地应平整、坚实，按品种、规格、色号采用平放或竖放，产品堆码高度应适当，以免压坏包装箱或产品。

8.5 使用说明

制造商应提供产品使用及施工说明，说明其施工条件、施工方法、使用场所及注意事项等。

ICS 97.220.40
Y 56

中华人民共和国国家标准

GB/T 23267—2009

摩托艇器材使用规范

Motorboat using norm

2009-02-06 发布　　2009-07-01 实施

中华人民共和国国家质量监督检验检疫总局
中国国家标准化管理委员会　发布

前　言

本标准由全国体育用品标准化技术委员会提出并归口。

本标准的附录A为规范性附录。

本标准起草单位：国家体育总局水上运动管理中心、武汉体育学院、中国黄山摩托艇运动学校、浙江胜奇摩托艇有限公司、杭州东瑞船品服务有限公司、宁波金诺阀门有限公司、上海飞豹游艇有限公司。

本标准主要起草人：刘刚、张旦、郑伟涛、石清、彭林武、季东平、张松岳、章莉、郭宝强。

摩托艇器材使用规范

1 范围

本标准规定了摩托艇器材的术语和定义、环保要求、航行范围、驾驶人员要求和标志。

本标准适用于从事竞赛、休闲等活动的水上摩托车、竞赛艇和运动交通艇等具备机械推进动力装置的类似性能的水上运动设备。

2 规范性引用文件

下列文件中的条款通过本标准的引用而成为本标准的条款。凡是注日期的引用文件，其随后所有的修改单(不包括勘误的内容)或修订版均不适用于本标准，然而，鼓励根据本标准达成协议的各方研究是否可使用这些文件的最新版本。凡是不注日期的引用文件，其最新版本适用于本标准。

GB 4303 船用救生衣

GB 5296.1 消费品使用说明 总则

GB 5296.7 消费品使用说明 第7部分:体育器材

GB 17691 车用压燃式、气体燃料点燃式发动机与汽车排气污染物排放限值及测量方法(中国Ⅲ、Ⅳ、Ⅴ阶段)

DIN EN ISO 10087 小艇船体标识编码体系

3 术语和定义

下列术语和定义适用于本标准。

3.1

水上摩托车 water aqua bike

使用手把式操纵，站立或跨骑式的在水上使用的水上动力设备。

3.2

竞赛艇 racing boat

符合中国摩托艇运动协会和国际摩托艇联合会竞赛规则的水上运动设备。

3.3

运动交通艇 sports traffic boat

用于体育竞赛训练、休闲的，艇长在6.5 m以下的在水上使用的水上动力设备。

4 要求

4.1 通用要求

竞赛艇及水上摩托车应遵守中国摩托艇运动协会和国际摩托艇联合会竞赛规则关于器材的相关规定。

4.2 基本要求

4.2.1 艇体外观整洁，连接处牢固，不渗漏。

4.2.2 艇艏设有牢固的牵引装置。

4.3 安全设备

4.3.1 浮力和稳性应符合相关船级社的规范。

4.3.2 摩托艇应配备有效的消防设备，水上摩托车、竞赛艇宜配备有效的消防设备。

4.3.3 座椅应具有一定缓冲功能。

4.3.4 应具有应急控制装置，该装置能够从一般电力分配系统断开所有电源(操纵控制装置应予以保护，以减少误操作的危险)以及停止主机和辅助机械。

4.3.5 停机装置应装有电路断电装置，防水，易插拔且不易脱落。

4.3.6 应设有以视听方法通报故障或不安全状态的报警系统。

4.3.7 燃料箱及燃油管路应坚固并固定牢靠，不应有泄漏、泄露现象。

4.3.8 运动交通艇上应配备救生圈和划水桨，竞赛艇应配备划水桨。

4.4 个人安全装备

4.4.1 应穿着救生衣，救生衣应符合 GB 4303 的规定。

4.4.2 竞赛艇与水上摩托车驾驶员应戴头盔(水上摩托特技花样表演除外)。

5 环保要求

5.1 摩托艇所用的发动机宜符合 GB 17691 的规定。

5.2 摩托艇应配备必要的污油水回收装置、垃圾储集容器。

5.3 摩托艇产生的废弃蓄电池、油类物质、生活垃圾等废弃物应按相关规定进行处理。

6 航行范围

摩托艇可在内河或沿海区域航行，并限制在距岸不超过 5 km，蒲氏风级不超过 6 级，目测浪高不超过 1.5 m 的水域内航行。

7 驾驶人员要求

对驾驶人员的要求遵照附录 A 的规定。

8 标志

8.1 竞赛艇和水上摩托车应遵守中国摩托艇运动协会和国际摩托艇联合会的竞赛规则进行标识。

8.2 摩托艇标识应符合 DIN EN ISO 10087 中的规定。

8.3 摩托艇的铭牌中应包含品名、型号、建造商名称、建造日期、最大引擎功率和最大负载能力。

8.4 警示标识应符合 GB 5296.1、GB 5296.7 的规定。

8.5 艇体显著位置应标识设计水线。

附 录 A
（规范性附录）
摩托艇驾驶人员要求

A.1 通则

A.1.1 理论学习：驾驶人员应当经过专门的理论培训。具备与相应驾驶的摩托艇、航行的水域相适应的专业知识和技能，掌握水上救生和应急反应的基本要求，了解水上交通安全和防治污染环境的管理规定，经过适当期限的操作或模拟培训，通过考试合格。

A.1.2 实践操作：驾驶人员应当经过专门的实践培训。包括在有关的特定类型和型式的艇上和所从事的航线上经过相应的操作任务的实际测试之后，获得驾驶相应的资格。

A.1.3 驾驶娱乐水上摩托车和运动交通艇的驾驶员年龄应在18周岁～65周岁；驾驶竞速水上摩托车和竞赛艇驾驶员年龄应在16周岁～45周岁。

A.1.4 视力、色觉、听力、口头表达、肢体健康等符合航行安全的要求。

A.1.5 游泳距离达到200 m以上(姿势不限)。

A.2 等级培训应至少的项目

A.2.1 艇上所有推进和控制系统，包括通信和航行设备、操纵、电气、液压与气动系统，以及舱底泵和消防泵方面的知识。

A.2.2 控制、操纵和推进系统的故障模式和针对故障采取的正确措施。

A.2.3 艇的操纵特性和限制的操纵条件。

A.2.4 了解和掌握防火与灭火设施和系统的位置及使用。

A.2.5 应急情况下的控制和通信的方法。

A.2.6 至少参加一次应变演习，演习内容应涵盖其要求的知识。

A.3 驾驶人员的适任证书等级

A.3.1 A级摩托艇驾驶证书：驾驶最高时速在100 km/h以上的竞赛艇。

A.3.2 B级摩托艇驾驶证书：驾驶最高时速在100 km/h以下的竞赛艇，以及竞速用水上摩托车。

A.3.3 C级摩托艇驾驶证书：驾驶运动交通艇或娱乐用水上摩托车。

ICS 97.220.40
Y 55

中华人民共和国国家标准

GB/T 23268.1—2009

运动保护装备要求 第1部分:登山动力绳

Specifications for protective equipments for sports—Part 1:Dynamic mountaineering ropes

2009-02-06 发布　　2009-07-01 实施

中华人民共和国国家质量监督检验检疫总局
中国国家标准化管理委员会　发布

前　言

GB/T 23268《运动保护装备要求》分为以下部分：

——第1部分：登山动力绳；

——第2部分：登山静力绳和扁带；

——第3部分：登山头盔；

——第4部分：锁具；

——第5部分：安全带；

……。

本部分为GB/T 23268的第1部分。

本部分非等效采用BS EN 892—2004《登山设备　动力登山绳　安全要求和试验方法》，将有关内容纳入本部分。

本部分由全国体育用品标准化技术委员会提出并归口。

本部分起草单位：国家体育总局登山运动管理中心、北京市劳动保护科学研究所、福建东山县辉永泰有限公司。

本部分主要起草人：李石、杨文芬、刘宏娟、刘文辉、肖义庆、王征、邓保举、姚昆。

运动保护装备要求
第1部分:登山动力绳

1 范围

GB/T 23268 的本部分规定了登山动力绳的术语和定义、要求、测试方法和使用说明。

本部分适用于登山、户外运动中所用的登山动力绳。

2 规范性引用文件

下列文件中的条款通过 GB/T 23268 的本部分的引用而成为本部分的条款。凡是注日期的引用文件,其随后所有的修改单(不包括勘误的内容)或修订版均不适用于本部分,然而,鼓励根据本部分达成协议的各方研究是否可使用这些文件的最新版本。凡是不注日期的引用文件,其最新版本适用于本部分。

GB 5296.7 消费品使用说明 第7部分:体育器材

3 术语和定义

下列术语和定义适用于本部分。

3.1

登山动力绳 dynamic mountaineering rope

具有一定的弹性,能够减缓冲击力、吸收坠落能量,用于登山和户外运动的绳。

3.2

单绳 single rope

可以单根使用的登山动力绳,防止攀登者坠落。

3.3

半绳 half rope

成对使用的登山动力绳,防止先锋攀登者坠落,如图1所示。

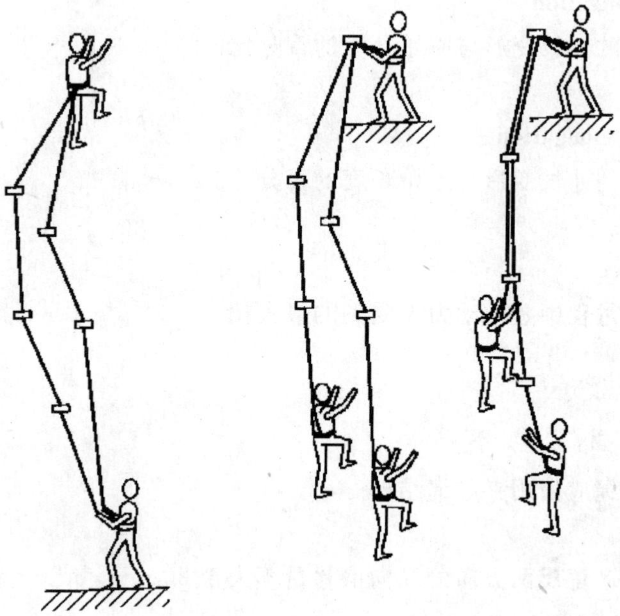

图1 半绳使用示意图

3.4

双绳 twin rope

成对平行使用的登山动力绳,防止攀登者坠落,如图2所示。

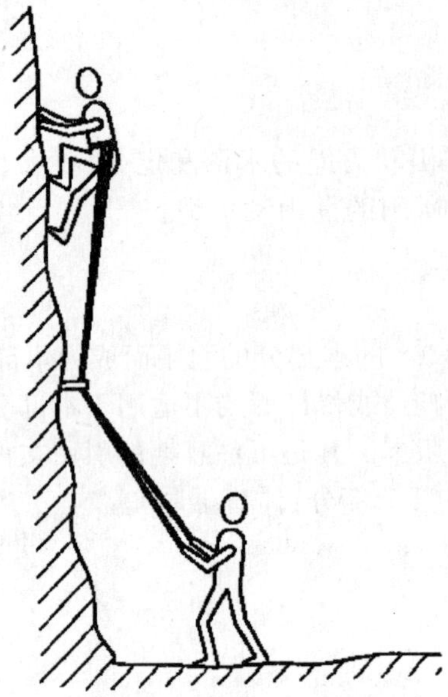

图2 双绳使用示意图

3.5

夹芯绳 kernmantel rope

由绳芯与护套组成的绳。

3.6

静态伸长率 static elongation

受静负荷作用后,试样的伸长变形与原始长度的百分比。

3.7

动态伸长率 dynamic elongation

动态坠落试验后,试样的伸长变形与原始长度的百分比。

3.8

最大冲击力 peak force

测试时,坠落物体坠落过程中登山动力绳受到的最大拉力。

4 要求

4.1 结构

按5.2测试,登山动力绳应使用夹芯绳结构。

4.2 护套滑移

按5.3测试,护套沿绳芯正反两方向的纵向滑移量不大于20 mm,如图3所示。

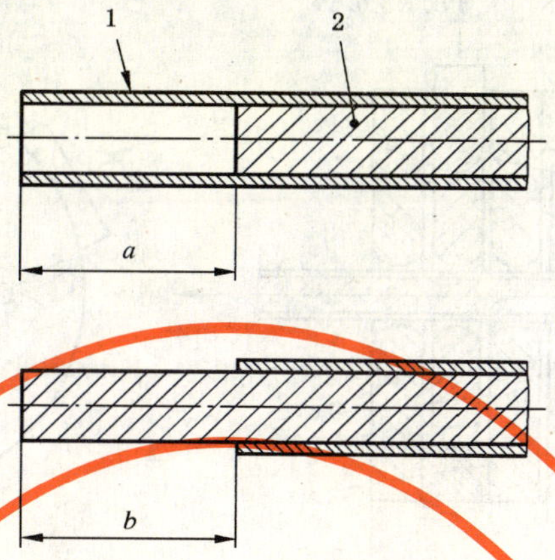

1——护套；

2——绳芯。

a——护套正向滑移量；

b——护套反向滑移量。

图 3 护套滑移

4.3 物理性能

按 5.4 和 5.5 测试，物理性能应符合表 1 要求。

表 1 登山动力绳物理性能要求

类型	物理性能		
	静态伸长率/%	首次坠落动态伸长率/%	首次坠落最大冲击力/kN
单绳	≤10	≤40	≤12
半绳	≤12	≤40	≤8
双绳	≤10	≤40	≤12

4.4 坠落次数

按 5.5 测试，直至试样破断，单绳、半绳坠落次数不少于 5 次，双绳坠落次数不少于 12 次。

5 测试方法

5.1 预处理及测试条件

5.1.1 预处理

将测试样品依次进行下列条件处理：

a) 在 (50±5)℃、相对湿度小于 10%的环境中放置 24 h；

b) 在 (20±2)℃、相对湿度不超过 65%的环境中放置 2 h；

c) 在 (20±2)℃、相对湿度(65±2)%的环境中放置 72 h。

5.1.2 测试条件

在 (23±5)℃温度下进行测试。

5.2 结构测试

将试样切割开，采用目测，观察是否为夹芯绳结构。

5.3 护套滑移测试

5.3.1 测试原理

采用图 4 所示的测试设备，径向力阻止试样移动，摩擦力引起护套与绳芯的相对滑移。

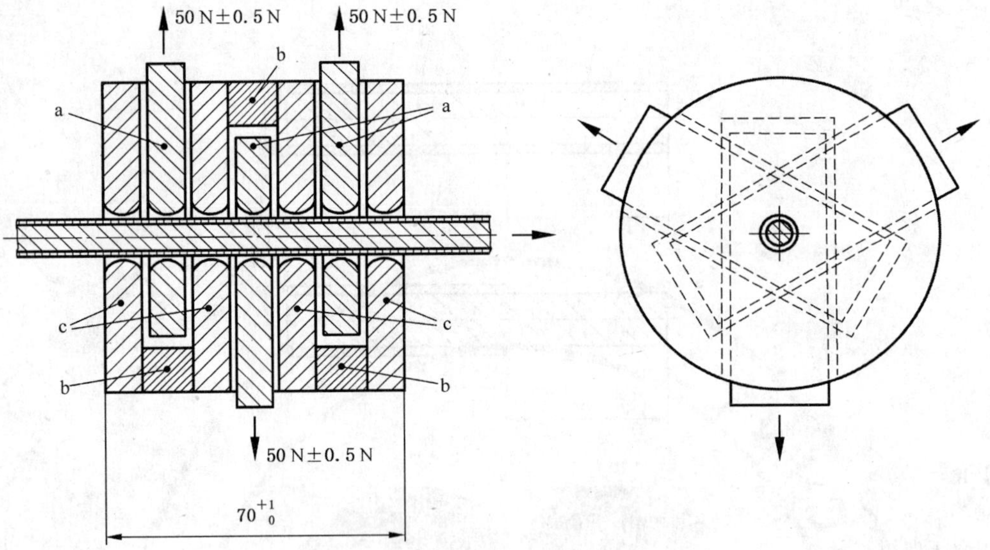

a——3 个活动钢板；

b——间隔垫；

c——4 个固定钢板。

图 4　护套滑移测试设备

5.3.2　试样准备

5.3.2.1　将试样一端的护套和绳芯粘合在一起。

5.3.2.2　从另一端切取(2 250±10)mm 长试样，先在切割位置粘贴 12 mm 宽的胶条，胶条覆盖绳的弧面角度在 150°～180°之间，使用锋利刀具切割，切割后留在试样上的胶条为(8±3)mm，如图 5 所示。

注：使用胶条是为了减小切断面在测试过程中的散开程度，从而避免影响护套相对于绳芯的滑移。

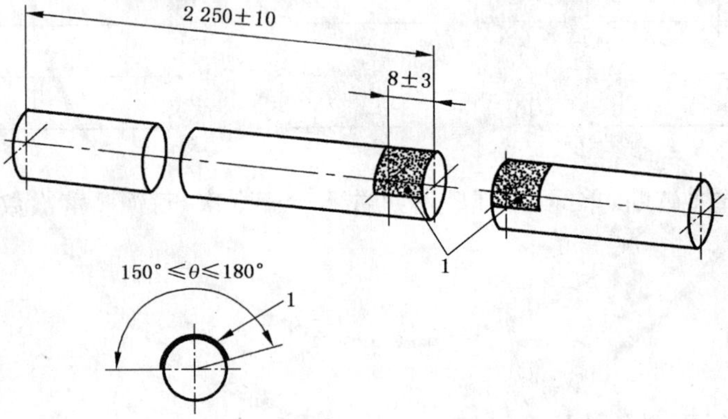

1——胶条。

图 5　护套滑移测试试样切割示意图

5.3.3　测试设备

a)　测试设备应包含 4 个厚 10 mm 的固定钢板，隔开 3 个等距空间，形成相互夹角为 120°的夹缝，使得另外 3 个活动钢板能够沿径向插入(见图 4)；

b)　7 个钢板都开有直径为 12 mm 的孔，孔内表面为半径 5 mm 的半环形，如图 6 所示，表面质量应满足：

——表面粗糙度 R_a 为 0.4 μm；

——表面粗糙度 R_{ymax} 小于或等于 4 μm。

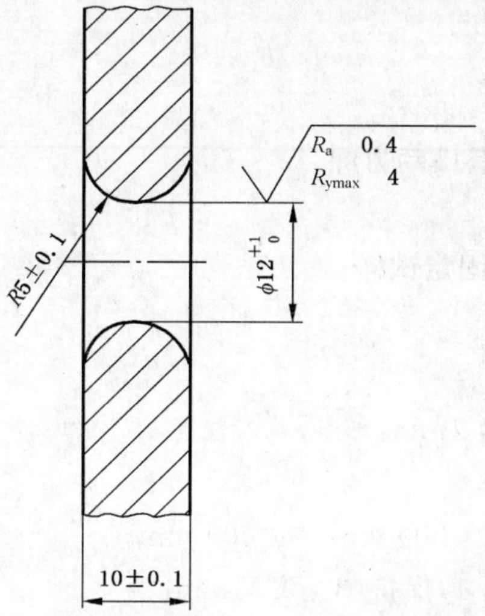

图6　孔板内孔质量要求

c)　活动钢板应有锁死装置，锁死时固定钢板和活动钢板的开口孔沿中心轴线排列。不在锁死位置时，每块活动钢板沿其移动方向对试样施加(50±0.5)N的径向力。试样与测试设备的中心轴线一致，能够沿水平方向正反两方向移动。

5.3.4　测试步骤

5.3.4.1　测试开始时，将活动钢板调整至锁死位置。

5.3.4.2　将试样胶粘的一端插进测试设备，穿出(200±10)mm，如图7所示。确保试样的其他部分不受力，保持水平。

单位为毫米

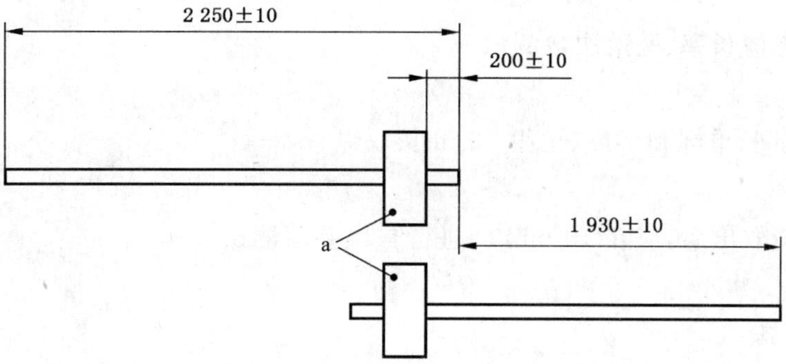

a——活动钢板。

图7　护套滑移测试前后试样位置示意图

5.3.4.3　松开活动钢板，通过每个活动钢板给试样加载(50±0.5)N，以(0.5±0.2)m/s的速率将试样拉出测试设备，拉出部分长(1 930±10)mm。

5.3.4.4　卸载，将活动钢板恢复锁紧位置。拉住试样短端，将试样缓慢拉回测试设备至初始位置。

5.3.4.5　依次重复3次5.3.4.3和5.3.4.4，再操作一次5.3.4.3，当试样还在测试设备中且活动钢板未卸载时，测量露出端护套和绳芯的相对滑移量。

5.3.5 测试结果

记录两个试样的护套滑移量。

5.4 静态伸长率测试

5.4.1 试样数量及长度

截取 2 根至少 1 500 mm 长登山动力绳。

5.4.2 测试设备

a) 测试架:带夹具,可夹持固定试样;

b) 砝码 1:(80±0.1)kg;

砝码 2:(5±0.1)kg;

c) 长度测量设备:能精确至 1mm。

5.4.3 测试步骤

5.4.3.1 夹紧试样,夹持距离为 1 500 mm ~1 600 mm。

5.4.3.2 10 s~15 s 内加载砝码 1,保持(3±0.5)min。

5.4.3.3 卸载,保持(10±0.5)min。

5.4.3.4 10 s~15 s 内加载砝码 2。

5.4.3.5 保持 60 s,在 10 s 内标记(1 000±1)mm 长度。

5.4.3.6 10 s~15 s 内加载砝码 1,保持(60±5)s。

5.4.3.7 10 s 内测量标记间距离,精确至 1 mm。

5.4.4 测试结果

静态伸长率由式(1)计算,精确至 0.1%:

$$A = \frac{l_1 - 1\ 000}{1\ 000} \times 100\% \qquad \cdots\cdots(1)$$

式中:

A——静态伸长率;

l_1——标记间距离。

5.5 最大冲击力、动态伸长率、坠落次数测试

5.5.1 试样

截取 3 根至少 5 m 长单绳和半绳、至少 10 m 长双绳。

5.5.2 测试条件

试样从预处理环境取出后,应在 10 min 内进行首次坠落测试。

5.5.3 测试设备

5.5.3.1 系绳柱和夹具

a) 系绳柱为直径(30±0.1)mm 的钢柱,表面质量应满足:

——表面粗糙度 R_a 小于或等于 0.8 μm;

——表面粗糙度 R_{ymax} 小于或等于 6.3 μm。

b) 系绳柱水平固定,不应有扭转。系绳柱允许两股双绳或一股单绳缠绕 3 圈,并且尽可能短,以保障其刚度;

c) 系绳柱配备钢性夹具,固定绳索自由端,如图 8、图 9 所示。

单位为毫米

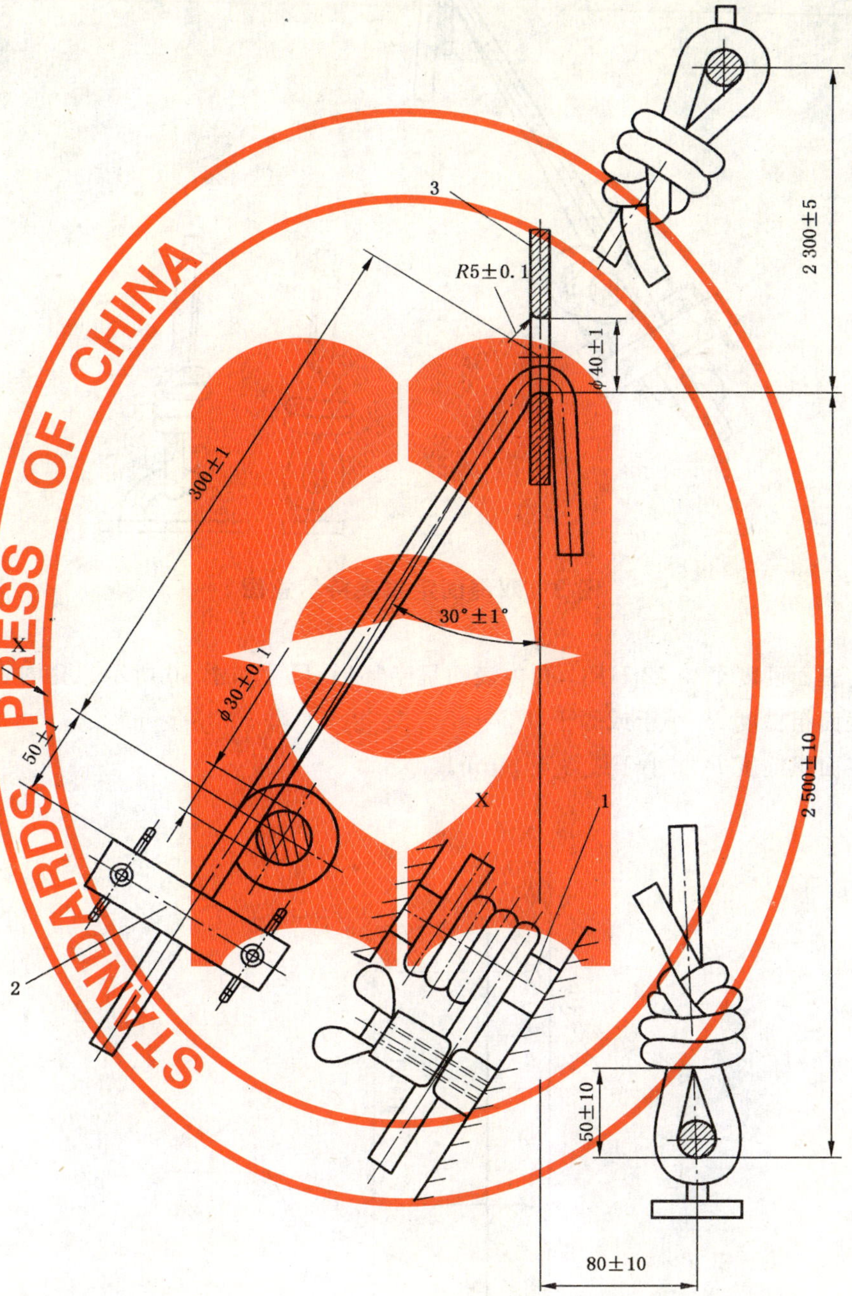

1——系绳柱；

2——夹具；

3——孔板。

图 8　登山动力绳动态测试示意图

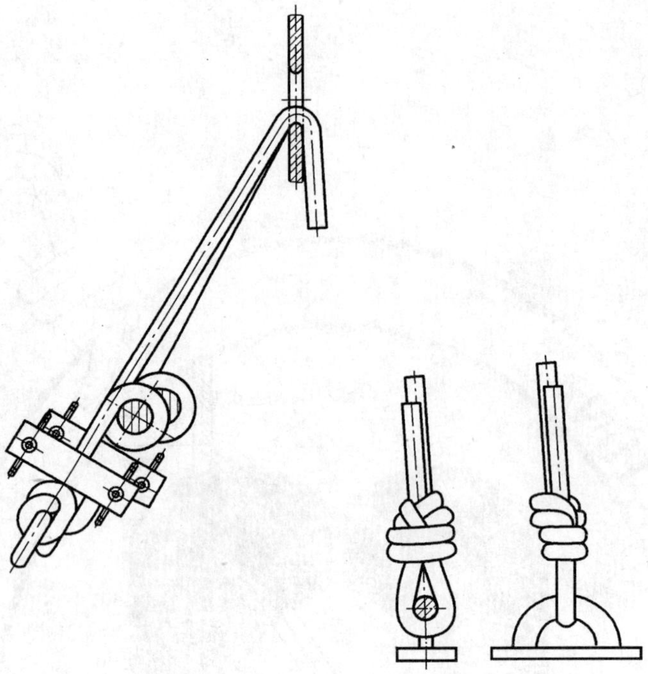

图 9 双绳固定端夹持示意图

5.5.3.2 孔板

a) 孔板的表面硬度至少 52 HRC，孔内表面呈半环形，尺寸如图 10 所示。孔内表面质量应满足：

——表面粗糙度 R_a 小于或等于 0.2 μm；

——表面粗糙度 R_{ymax} 小于或等于 2 μm。

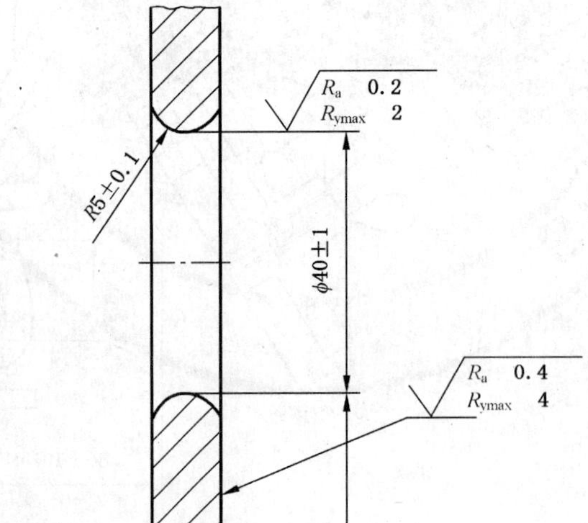

图 10 孔板示意图

b) 孔板垂直安装在测试设备上，如图 8 所示；

c) 孔板下方的表面质量应满足：

——表面粗糙度 R_a 小于或等于 0.4 μm；

——表面粗糙度 R_{ymax} 小于或等于 4 μm。

d) 孔板应满足：将试样一端穿过孔，在钢柱上缠绕 3 圈，固定在夹具上，在试样末固定端垂直向下加载(16±0.5)kN 时，孔板沿 X、Y 和 Z 三个方向的位移均不超过 1 mm。

5.5.3.3 **测试重物和导轨**

a) 测试重物由金属制成，如图 11 所示，沿两个垂直导轨下落。试样受拉时，重物与导轨接触，为了降低测试重物与导轨的摩擦力，重物可带滑轮或球轴承，测试重物与导轨之间的滑动不超过 8 mm；

b) 测试重物(包括挂点、导轨轴承及其他固定装置)质量应满足：

——单绳为(80±0.1)kg；

——半绳为(55±0.1)kg；

——双绳为(80±0.1)kg。

c) 试样末端通过 8 字结(见图 12)与测试重物的挂点相连，挂点可以是吊环螺栓或 U 形螺栓，相关尺寸如图 13 所示；

d) 绳对测试重物的有效作用点(见图 13 中的 X 点)与重物重心间的距离为 A，测试重物与导轨接触的最大尺寸(即重物与导轨最高接触点和最低接触点间距离)为 B，测试重物与导轨接触的最小尺寸为 C，则设计时应满足：A 大于或等于 0.67 B；B 大于或等于 1.10C，如图 11 所示；

e) 坠落过程中，孔板中心线与测试重物挂点间的水平距离为(80±10)mm，如图 8 所示。

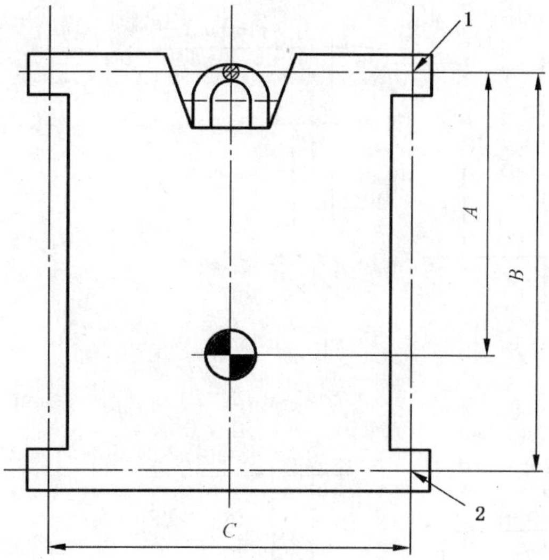

1——重物与导轨上接触点；

2——重物与导轨下接触点。

图 11 测试重物示意图

图 12　8字结示意图

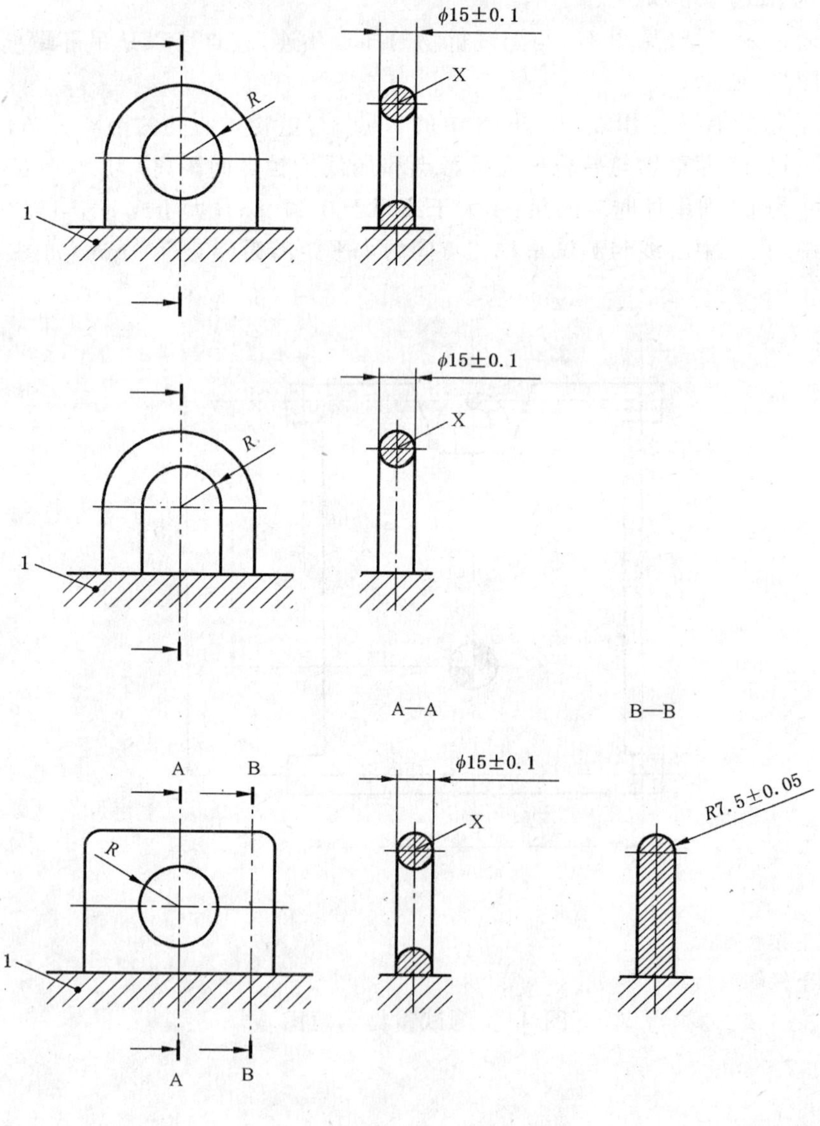

1——测试重物。

R 为 15 mm～20 mm。

图 13　绳与测试重物连接方式示意图

5.5.3.4 冲击力测试仪

测量范围：1.2 kN～20 kN；精度：±1%；最小采样频率：1 kHz。

5.5.3.5 测试设备的检查和校准

除了常规检查和标定之外，测试前和每12个月应进行下列步骤：

5.5.3.5.1 当测试重物坠落(4 500±2)mm时为上计时点，上计时点下方(1 000±2)mm处为下计时点。不连接试样，释放测试重物，通过上计时点和下计时点的时间间隔应为(101±2)ms。

5.5.3.5.2 按5.5.3.2 d)规定的方法对试样的末固定端垂直向下加载，在2 kN～13 kN范围内改变载荷，校准冲击力测试仪。

5.5.3.5.3 增加载荷，校准孔板刚度，应符合5.5.3.2 d)的要求。

5.5.4 测试步骤

5.5.4.1 将试样一端穿过孔板，缠绕系绳柱3圈，用夹具固定(见图8和图9)。

5.5.4.2 将试样另一端与测试重物挂点以8字结相连，8字结形成的环眼长度为(50±10)mm(见图8)。

5.5.4.3 调节夹具，使测试重物挂点的初始位置为孔板内孔下边缘下方2 500 mm处(见图8)。双绳测试时应确保每根绳中张力相等。

5.5.4.4 在夹具处标记绳索(双绳测试时两个夹具处均做标记)。

5.5.4.5 提升重物，使得释放前测试重物挂点的中心在孔板内孔下边缘上方(2 300±5)mm处(见图8)。

5.5.4.6 释放重物。

5.5.4.7 首次坠落时，记录最大冲击力，测量最大伸长量，精确至±5 mm。最大伸长量为测试重物坠落后挂点相对于初始位置的最大位移。

5.5.4.8 每次坠落时，记录重物到达上、下计时点的时间间隔，若超出(121±2)ms，则能量吸收不正确，测试无效，换新试样重新测试。如果该时间间隔重复超出，则需调整测试设备。测试重物从释放前位置坠落(3 000±2)mm时为上计时点，上计时点下方(1 000±2)mm处为下计时点，时间测试精度为1%。

5.5.4.9 每次坠落后，在60 s内完全卸载。

5.5.4.10 同一试样坠落试验间隔时间为(5±0.5)min。

5.5.4.11 继续试验直至试样破断。若试样在绳结处破断，则测试无效，取新试样重新开始测试；再次测试仍在绳结处破断，记录该结果。绳结处破断的测试仅允许重复一次。

5.5.4.12 当试样破断时，检查夹具处绳端是否有滑移，若滑移超出5 mm，则测试无效，取新试样重新开始测试。

5.5.4.13 记录试样没有破断时的坠落次数及绳结处是否破断。

5.5.5 测试结果

a) 对每一有效试样，记录首次坠落时的最大冲击力，精确至0.1 kN；

b) 对每一有效试样，由式(2)计算首次坠落时试样相对于初始长度2 800 mm的动态伸长率，精确至1%：

$$B = \frac{l_2}{2\ 800} \times 100\% \qquad \cdots\cdots(2)$$

式中：

B——动态伸长率；

l_2——最大伸长量。

c) 记录每一有效试样破断前的坠落次数。

6 使用说明

6.1 使用说明应符合 GB 5296.7 的要求。

6.2 登山动力绳的使用说明由永久标识和产品说明组成，绳两端有 30 mm 宽（沿绳的长度方向）的标识。

6.3 标识

a) 产品名称；

b) 商标；

c) 绳长；

d) 绳的直径；

e) 类型图示（见图 14）。

图 14 登山动力绳类型图示

6.4 产品说明

每件登山动力绳应带有一个说明书，内容应包括：

a) 制造厂名、厂址；

b) 生产日期（年、月）；

c) 线密度；

d) 静态伸长率；

e) 动态伸长率；

f) 最大冲击力；

g) 坠落次数；

h) 2 000 mm 长度的护套滑移；

i) 产品标记的说明；

j) 产品的使用方法；

k) 其他配件的选择方法；

l) 维护保养方法；

m) 产品的有效期限；

n) 评价产品有效的方法；

o) 发生严重坠落后不得再使用的警告；

p) 潮湿和结冰环境的影响；

q) 尖锐边缘危险性的说明；

r) 储藏事项及因使用导致的老化状况。

ICS 35.240.30
A 14

中华人民共和国国家标准

GB/T 23269—2009/ISO 10160:1997

信息与文献 开放系统互连 馆际互借应用服务定义

Information and documentation—Open systems interconnection—Interlibrary loan application service definition

(ISO 10160:1997,IDT)

2009-03-13 发布 2009-09-01 实施

中华人民共和国国家质量监督检验检疫总局
中国国家标准化管理委员会 发布

前　言

本标准等同采用国际标准 ISO 10160:1997(第二版)《信息与文献　开放系统互连　馆际互借应用服务定义》。

本标准考虑我国国情,对国际标准 ISO 10160:1997 的中译文做了编辑性修改,技术内容未作变动。

本标准的附录 A 和附录 B 均为资料性附录。

本标准由全国信息与文献标准化技术委员会提出并归口。

本标准起草单位:北京大学图书馆。

本标准主要起草人:朱强、廖三三、卢振波、吴跃、李浩凌、张红扬、沈芸芸。

信息与文献　开放系统互连
馆际互借应用服务定义

1　范围

本标准是由 GB/T 9387 定义的开放系统互连框架中的应用层标准。

本标准定义了馆际互借服务。把馆际互借(ILL)协议与支持远程通信的服务结合起来使用,即可提供馆际互借服务。支持远程通信的服务可以是存储转发报文服务(如面向文本的交换系统标准、GB/T 16284.4 等提供的服务),或者是使用 GB/T 15695 和 GB/T 16688 的直接连接式服务。

本标准并不对个别的应用或产品加以说明,也不强制在单个计算机系统内进行实体与界面的实施。计算机系统是多种多样的,可以是单独的工作站,也可以是主机。本标准意在由图书馆、联合目录中心这样的公用信息机构,以及其他处理文献信息的系统来使用。这些系统可以以下列角色参与馆际互借事务:请求方(如馆际互借请求的提出者)、应答方(如文献资料或信息的提供者)和/或中介(例如代表请求方寻找合适的应答方的代理)。系统支持不同的交互式拓朴结构,这些结构从简单的双向交互到多向交互变化不一。

对此标准并不要求遵守,要求遵守的只是对馆际互借协议的细则说明。

2　规范性引用文件

下列文件中的条款通过本标准的引用而成为本标准的条款。凡是注日期的引用文件,其随后所有的修改单(不包括勘误的内容)或修订版均不适用于本标准,然而,鼓励根据本标准达成协议的各方研究是否可使用这些文件的最新版本。凡是不注日期的引用文件,其最新版本适用于本标准。

GB/T 9387(所有部分)　信息处理系统　开放系统互连　基本参考模型(对应于 ISO/IEC 7498)

GB/T 17176　信息技术　开放系统互连　应用层结构(GB/T 17176—1997,ISO/IEC 9545:1994,IDT)

GB/T 17967　信息技术　开放系统互连　基本参考模型　OSI 服务定义约定(GB/T 17967—2000,ISO/IEC 10731:1994,IDT)

GB/T 23270.1　信息与文献　开放系统互连　馆际互借应用协议　第 1 部分:协议说明书(GB/T 23270.1—2009,ISO 10161-1:1997,IDT)

3　术语和定义

下列术语和定义适用于本标准。

3.1　参考模型定义

本标准以 GB/T 9387 开发的概念为基础,并使用出自 GB/T 9387 的下列术语。在此重复说明这些术语以方便读者理解。

3.1.1

应用实体　application-entity

与开放系统互连模型(OSI)相关的应用处理的各个方面。

3.1.2

应用层　application layer

开放系统互连模型(OSI)的参考模型的第七层即最高层;应用层作为相应的应用进程之间的窗口,

这些应用进程使用OSI来交换有意义的信息。

3.1.3

应用协议数据单元 application-protocol-data-unit

应用协议中详细说明的数据单元，这些数据单元包括应用协议信息，也可能包括应用用户数据。

3.1.4

应用服务 application-service-element

在适当时候使用潜在服务来提供OSI环境能力的部分应用实体。

3.1.5

N层服务 N-service

N层和N之下各层的能力，该能力被提供给位于N层和N+1层边界的(N+1)实体。

注：应用服务并不向更高层实体提供能力，而是向应用进程提供能力。

3.1.6

表示服务 presentation-service

表示层和该层之下各层的能力，该能力被提供给位于表示层和应用层边界的应用实体。

3.2 应用层结构定义

本标准使用由GB/T 17176定义的下列术语。

3.2.1

应用联合 application-association

为了实现两个应用实体调用之间的信息通信和联合操作而建立的合作关系，这种关系通过使用表示服务来交换应用协议控制信息而形成。

3.2.2

应用文本 application-context

由两个应用实体调用共同分享的一套规则，该规则控制它们的行为，以实现它们的协同操作。

注：一个应用文本对于通信的总体领域而言是一个共享的概念表。

3.2.3

应用文本定义 application-context-definition

关于应用文本的描述。

3.2.4

应用实体调用 application-entity-invocation

在支持某应用进程调用的通信需求中对给定应用实体的部分或全部能力的特定利用。

3.2.5

应用进程调用 application-process-invocation

在支持信息处理的特定场合对给定应用进程的部分或全部能力的特定利用。

3.3 服务约定定义

本标准使用由GB/T 17967定义的下列术语。

3.3.1

指示原语 indication primitive

交互的一种表示，服务提供者用它指出：

a) 它主动调用了某个过程，或者；

b) 服务用户在对等服务访问点处已调用了某个过程。

3.3.2

非证实型服务 non-confirmed service

全部(N)服务中的特殊部分，它不导致服务提供者向发起服务的服务用户发出证实信息。

3.3.3

提供者发起型服务　provider-initiated service

由服务提供者而非服务用户发起的全部(N)服务中的特殊部分。

3.3.4

请求原语　request primitive

交互的一种表示,服务用户用它调用某个过程。

3.3.5

服务原语　service primitive

用户和服务提供者直接与实现无关的交互的抽象表示。

3.3.6

服务提供者　service-provider

为对等用户提供服务的所有实体的抽象。

3.3.7

服务用户　service-user

在单个开放系统中通过服务访问点使用服务的实体。

3.4　**馆际互借定义**

3.4.1

书目实体　bibliographic item

图书馆或某个机构收藏的专著、连续出版物、缩微印刷品、胶卷、声像资料和其他信息实物。文献实物可具有多种形式,如图书既可以是印刷型的,也可以是电子型的。

3.4.2

链式馆际互借事务　chained ILL-transaction

馆际互借事务包括三个或多个参与方,如,请求方、应答方和一个或多个中介。每个中介作为中继转发所有馆际互借的信息。

3.4.3

电子传递　electronic delivery

通过电信方式传递被请求文献电子版的服务。

3.4.4

最终应答方　final-responder

提供被请求文献实物的机构。当有必要区分馆际互借事务的应答方和馆际互借子事务的应答方时,就要采用该术语。

3.4.5

馆际互借事务　ILL-transaction

单一的完整的馆际互借周期,包括从馆际互借请求发起直到被请求资料返还为止的过程中的各种行为、服务原语、消息。

3.4.6

馆际互借事务组　ILL-transaction group

由同一请求方启动的一套相关馆际互借事务。

3.4.7

馆际互借事务状态　ILL-transaction state

描述馆际互借事务目前状态的信息。该状态由参加馆际互借事务的请求方状态、应答方状态和所有中介状态组成。

3.4.8

发起请求方　initial-requester

馆际互借事务的发起人或发起机构。当有必要区分馆际互借事务的请求方、馆际互借子事务的请求方时，就要采用该术语。

3.4.9

中介　intermediary

将请求转发给其他的图书馆或机构进行处理，或者向其他应答方发起链式，或分区的子事务的应答方。

3.4.10

文献　item

（参照3.4.1书目实体）

3.4.11

参数　parameter

功能相关的一个或多个数据元集合。

3.4.12

分区馆际互借事务　partitioned ILL-transaction

所有的馆际互借事务包括三个参与方，如请求方、应答方和中介。在处理阶段，中介起到中继转发馆际互借信息的作用；在跟踪阶段，请求方和应答方直接发生交互。

3.4.13

处理阶段　processing phase

从发起请求直到并包括传递被请求的文献实物的馆际互借事务阶段。

3.4.14

请求方　requester

发起馆际互借请求的一方。

3.4.15

应答方　responder

接受馆际互借请求的一方。

3.4.16

简单馆际互借事务　simple ILL-transaction

仅仅包括请求方和应答方两个参与方的馆际互借事务。

3.4.17

子事务　sub-transaction

馆际互借事务的一部分，包括中介和应答方之间的交互或中介之间的交互。

3.4.18

提供者　supplier

提供被请求文献实物的一方。提供者不必是最终应答方。

3.4.19

终结状态　terminal state

不再转变到其他状态的状态。如：提供复制的时候，"已传递"对应答方而言，是终结状态；"已收到"对请求方而言是终结状态；"已取消"对请求方和应答方而言均是终结状态。

3.4.20

跟踪阶段　tracking phase

传递后到接收返还文献实物之间的馆际互借事务阶段，包括续借、逾期和实物返还。

3.4.21

用户 user

(参照 3.3.7 服务用户)

4 缩写词

ACID——原子性、一致性、分离性和持久性

ASE——应用服务元

ASO——应用服务对象

ILL——馆际互借

MOTIS——面向报文的文本交换系统

OSI——开放系统互连模型

5 约定

本标准采用 GB/T 17967 定义的约定。

6 服务模型

6.1 服务用户和服务提供者

馆际互借应用被模式化为应用进程的分布式集合,每一个应用进程位于一个独立的现实开放系统中,如图书馆系统。

每个应用进程有两种功能:本地处理功能和与通信相关的功能,即与开放系统互连模型(OSI)相关的功能。本地处理功能处理诸如数据库管理和报告生成等活动;这些活动均在本标准范围之外。在每个系统内部,和开放系统互连模型(OSI)相关的应用进程方面被称作应用实体。每个应用实体依次包括一个或多个应用服务元(ASE),馆际互借应用服务元是 ASE 中的一种。这些应用服务元向服务用户提供与通信相关的服务。为了做到这一点,它们和其他系统中对等的应用实体的协议进行互换,并利用应用层及其以下各层的支持服务。与其他应用服务元的关系被定义为应用文本定义的一部分。这不在本标准的范围之内。

贯穿所有系统的全套馆际互借应用服务元、支持性应用服务元以及较低层的服务一起,构成馆际互借服务提供者。

6.1.1 服务用户的角色

参加馆际互借活动的服务用户承担请求方、应答方或中介三者之一的角色。

请求方发出馆际互借请求。

应答方接收馆际互借请求,而且是被请求的文献的潜在提供者。

中介是应答方,不过其自身并不能满足馆际互借请求,而是代表请求方,把请求传递给其他的应答方。

被请求文献实物的实际提供者通常是应答方;然而,服务模型允许未收到本标准所定义的馆际互借请求的机构提供被请求的文献实物。例如,仅支持馆际互借邮政和电话请求的机构可以把支持馆际互借电子请求的其他机构作为代表自己的应答方。

6.2 馆际互借事务

馆际互借事务是整个馆际互借周期中一个独立完整的过程,包括各种行为、服务原语,以及涉及从发起馆际互借请求直到被请求资料返还为止的周期结束的消息。本标准采用的“馆际互借事务”这一术语用的是其最普遍的意义,馆际互借事务在时间上可以重叠,如一个给定的开放系统可同时处理多个馆际互借事务。

馆际互借事务可仅由一个请求方发出。

子事务指包括中介和应答方或中介和中介的一套通信活动。子事务和请求方发起的馆际互借事务有关。子事务就其本身而言,并非实际的馆际互借事务。

子事务可仅由一个中介提出。

当馆际互借事务涉及三个参与方或多个参与方时,初始请求方指的是发出馆际互借初始请求的一方。最终应答方指为实现馆际互借事务、馆际互借请求的最终接受者。单个馆际互借事务可以彼此相互联系,例如,请求方和不同应答方直接联系的连续尝试。这些馆际互借事务构成了馆际互借事务组。由发起者决定这些馆际互借事务是否通过馆际互借事务标识符明确地联系起来,例如,这些馆际互借事务组可以做到提供与馆际互借有联系的历史记录和相关步骤。每个馆际互借事务都有一个唯一性的馆际互借事务标识符,该标识符用于标明馆际互借应用实体为该馆际互借事务所保持的状态和其他描述信息。馆际互借事务标识符有以下组成部分:

- 初始请求方标识符:发出馆际互借事务的请求方标识符。
- 馆际互借事务组限定符:区分馆际互借事务组和与初始请求方相关的所有其他活跃的馆际互借事务组的限定符。
- 馆际互借事务限定符:区分馆际互借事务组中某一馆际互借事务与所有其他馆际互借事务的限定符。

每个子事务的馆际互借事务标识符有下列附加成分,它在单个中介中且只有在单个中介中是唯一的。

- 子事务限定符:在由中介发起的馆际互借事务中区分该子事务与所有其他的子事务。

6.3 馆际互借事务类型和拓扑结构

有三种类型的馆际互借事务:简单型、链式型和分区型。

6.3.1 简单型馆际互借事务

简单型馆际互借事务包括请求方和应答方两个积极参与方。请求方和应答方以点到点这种最基本的表现方式交互,如图1所示。

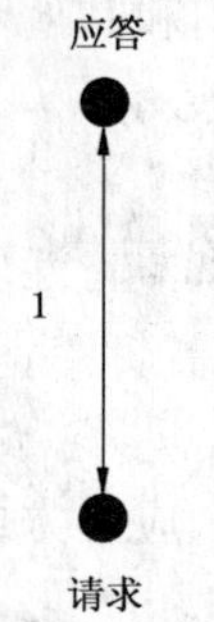

图 例:	●=系统	1,2,3...=交互次序

图1 简单型事务

所有由请求方开始的馆际互借事务都是简单型馆际互借事务。不过,作为馆际互借请求的一部分,请求方可以指明应答方有权将馆际互借的事务类型转变为链式型和分区型。如果应答方确实改变了类型,那么该应答方就转变为中介了。

当应答方不能成功地应答请求时,应答方可提供一系列潜在的应答方帮助请求方。

6.3.2 链式型馆际互借事务

链式型馆际互借事务至少包括三个参与方:请求方、应答方和一个或多个中介。馆际互借请求以链接的方式被一个中介(传递到另外一个中介)传递到应答方,每个中介起到中继转发馆际互借所有信息的作用。请求方和应答方之间没有直接的交互。请求方和第一个中介之间的交互限定了馆际互借的主要事务。中介方和应答方之间的交互形成了一个子事务,每对介入的中介之间的交互亦然。图2a)描述了有两个中介的馆际互借链式事务(因而有两个子事务)。

如果第一个子事务不能响应或满足馆际互借请求，那么中介就可以向另外的应答方发出新的子事务。中介可依次尝试几个潜在的应答方。这就产生了以中介为中心的馆际互借事务星形拓扑结构，如图 2b)所示。

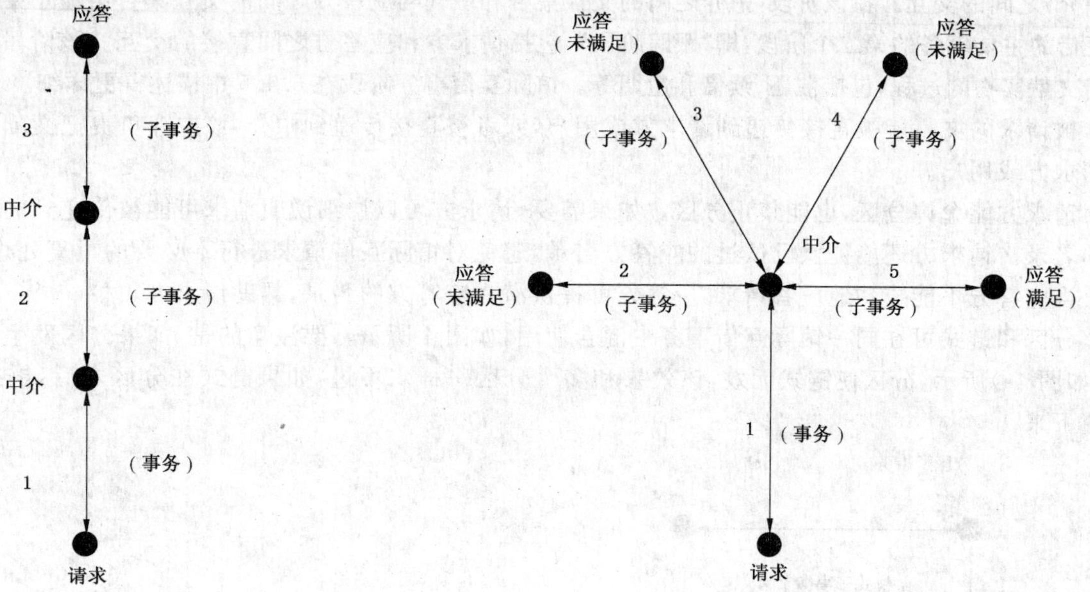

a）带两个中介的链式结构　　　b）星形拓扑结构

图　例：	●＝系统	1,2,3...＝交互次序

图 2　链式型事务

应答方可向中介提供一系列潜在应答方，帮助中介选择。被请求的文献实物既可以直接提供给请求方，也可以传递给一个中介，中介再把它传递给请求方或用户。

请求方可以允许链接也可以禁止链接，如果需要，请求方可以详细说明请求可被链接到的潜在应答方的名录。请求方也可以提供已试过的应答方名录，以确保不对馆际互借请求进行不必要的重复处理。

6.3.3　分区型馆际互借事务

分区型馆际互借事务至少包括三个参与方：请求方、应答方和一个或多个中介。馆际互借请求由中介传递给对中介作出应答的应答方，中介然后对请求方作出应答。在所请求的文献实物被传递，并且请求方收到该文献实物已被传递的通知之后，请求方和应答方之间就可以直接发生所有进一步的交互；中介不再参与馆际互借事务。图 3 描述了馆际互借分区事务。

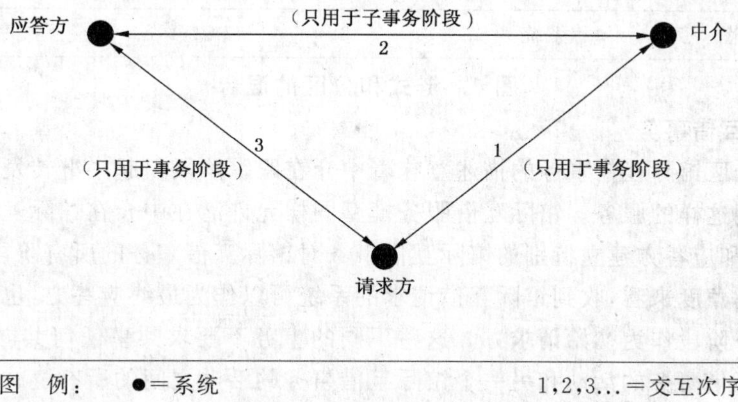

图　例：	●＝系统	1,2,3...＝交互次序

图 3　分区型事务

馆际互借分区型事务的用途体现在下面的情况中：中介作为请求方的代理寻找合适的应答方，但中介对进一步参与馆际互借事务不感兴趣。这在一些联合目录机构很典型。

分区型馆际互借事务被分作两个阶段，第一阶段，即“处理阶段”，包括请求方和应答方(借助一个或多个中介)之间的交互。在该阶段，中介之间的交互集合和中介与应答方之间的交互集合组成了子事务。馆际互借的主要事务的第二个阶段，即“跟踪阶段”，包括请求方和应答方之间直接的交互。该阶段用于跟踪被借文献实物的过程，包括催还、续借和逾期等。馆际互借事务阶段在6.4.5中描述得更详细。

被请求的文献能被直接传递到请求方或用户，或者被直接传递到中介，该中介负责把文献实物传递到请求方或用户。

请求方能允许分区，也能禁止分区。如果需要，请求方可以详细说明请求可能被传递到的潜在应答方的名录。请求方还能提供已试过的应答方名录，避免对馆际互借请求进行不必要的重复处理。

当应答方不能成功地应答请求，应答方可提供潜在应答方的名录，帮助请求方。

分区和链式可在同一馆际互借事务中混合使用，如图4所示。要注意的是，如果分区发生在链式之后，如图4a)所示，分区使链式无效，该效果和多个分区一样。不过，如果链式在分区之后，链式就可以保留下来。

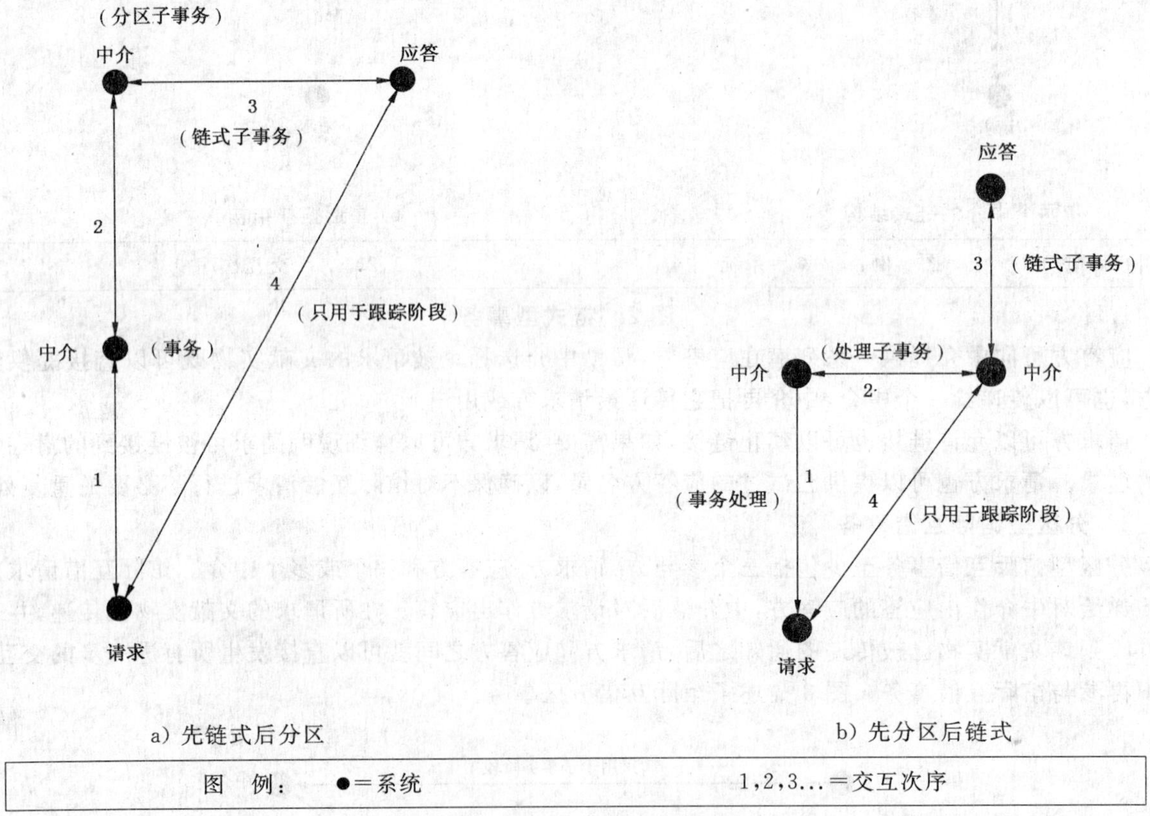

图4　链式和分区的混合

6.3.4　特别的馆际互借事务

前文对链式和分区馆际互借事务的描述意味着中介在跟踪阶段仅起中继转发的作用，例如，它不主动发起任何诸如逾期这样的服务。馆际互借服务模型同样允许潜在中介在馆际互借事务阶段起积极作用，并通过与请求方和应答方建立特别的馆际互借事务对馆际互借事务的所有阶段施加控制。

从初始请求方的角度来看，收到馆际互借请求的系统可以作为最终应答方，也可以在它和最终应答方发起的第二个事务阶段作为初始请求方。这些不同的事务不要求共享任何共同的标识，也不需要同步进行。一个馆际互借事务的活动和另一个馆际互借事务的活动之间的所有链式由双重角色的系统处理并控制。例如，允许该系统还未从应答方接收到逾期的指示就发出逾期请求。使用不同馆际互借事务的制约在于最终应答方提供的所有文献实物必须通过该系统传递和返还。这确保了该系统能够跟踪这两个馆际互借事务的进程,能够到达终结状态。因为这一类操作包括两个不同的馆际互借简单事务,所以该操作没有协议暗含之意,本标准中不再进一步描述。

6.3.5 转发

简单馆际互借事务的一种变形包括一个中介,该中介把馆际互借请求转发到应答方,然后就不再参与馆际互借事务。应答方收到转发过来的请求就直接应答请求方。中介告知请求方转发何时发生。图5a)给出了有关转发的最简单的例子。如果需要,请求方能够允许或者禁止转发,如果需要,还可以给出能够接收转发的潜在应答方名录。请求方同样能提供已尝试过的应答方名录,因而不会对馆际互借请求做出不必要的重复处理。

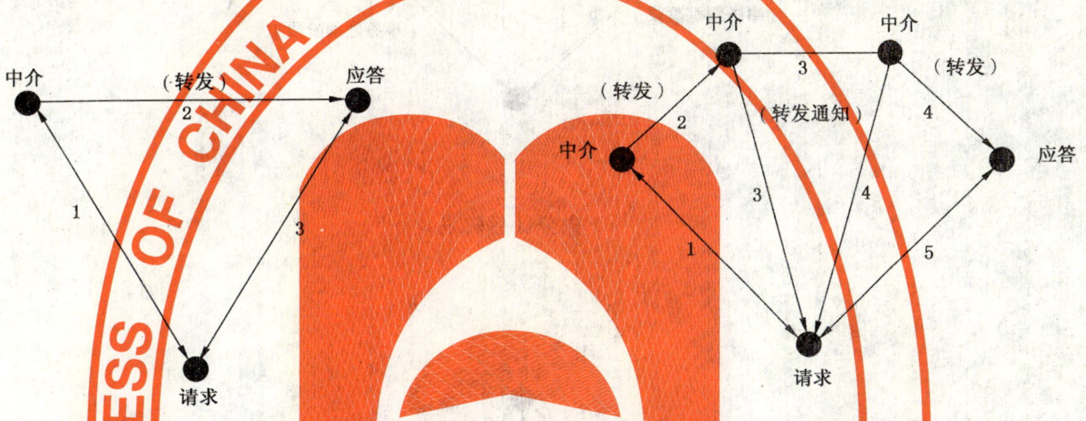

a) 单事件转发　　b) 多事件转发

图　例: ●=系统	1,2,3...=交互次序

图5　带转发的简单事务

当应答方不能成功地应答请求,应答方可以向请求方提供潜在应答方名录,帮助应答方。

链接和转发可在同一馆际互借事务中混合使用,如图6a)和图6b)所示。分区和转发也可在同一馆际互借事务中混合使用,如图7a)和图7b)所示。

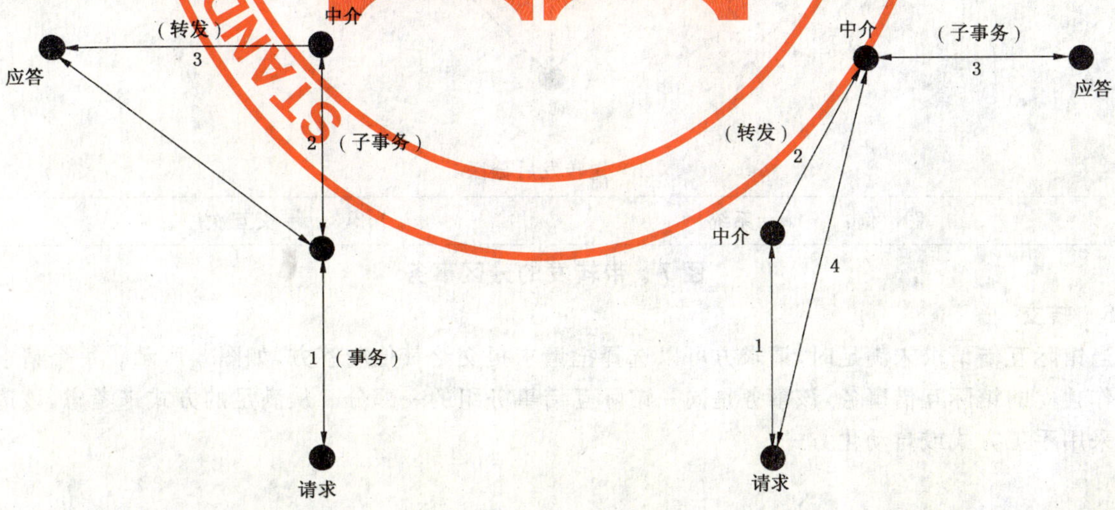

a) 先链式后转发　　b) 先转发后链式

图　例: ●=系统	1,2,3...=交互次序

图6　带转发的链式事务

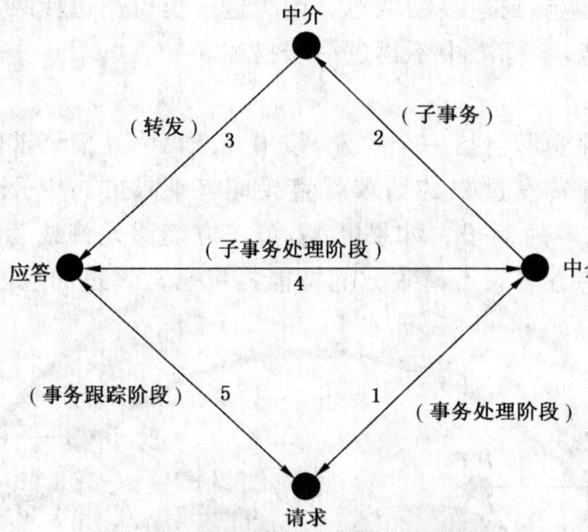

a) 先分区后转发

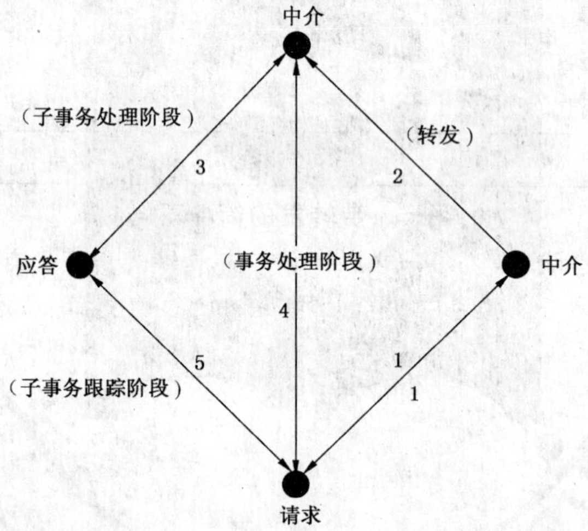

b) 先转发后分区

图　例：	●=系统	1,2,3...=交互次序

图7　带转发的分区事务

6.3.6　转交

当馆际互借请求未满足时，请求方可以选择把请求提交给其他应答方，如图8所示。每个请求提交被认作独立的馆际互借事务，该事务是同一馆际互借事务组的一部分。从满足的方式来考虑，该请求提交可采用手工方式或自动化方式。

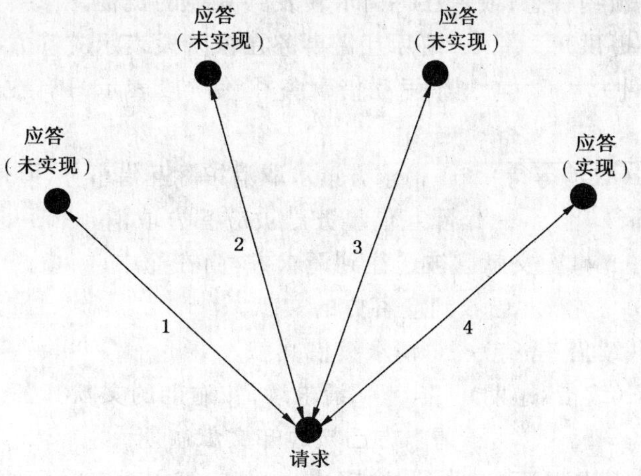

图 例： ●=系统 1,2,3...=交互次序

图 8 事务安排

6.3.7 重试

当馆际互借请求因"重试"、"评估"或"提供出处"而未满足时，馆际互借事务和子事务即终止。请求方或中介可以在合适的时间选择重试请求或向其他地方提出请求。如果重复初始请求，该重试请求则携带重试的标识。"重试"是一项新的事务或子事务，应作为初始请求成为同一馆际互借事务组的一部分。对初始请求而言，"重试"是一项新的馆际互借事务，因而馆际互借事务的限定符必须不同于初始请求中采用的限定符，但是馆际互借事务组的限定符必须一样（以便应答方或中介把重试和先前的馆际互借事务联系在一起）。对中介而言，"重试"是一项新的馆际互借子事务，因而子事务的限定符必须不同于先前请求中的限定符，但是馆际互借事务组限定符和馆际互借事务限定符必须一样（以便应答方和下一个中介把"重试"和先前的子事务联系在一起）。

6.4 馆际互借事务状态

在任何给定的时间，发生在馆际互借服务用户和服务提供者之间的可能的交互由馆际互借事务状态加以控制。

馆际互借事务状态，即描述馆际互借事务状况的信息，结合了和馆际互借事务相关的请求方状态、应答方状态和所有中介的状态。请求方状态、应答方状态和中介状态在馆际互借事务中符合这些终端系统内部的应用实体对馆际互借事务的描述。因为支持系统要求降低功能或减少通信费用，馆际互借协议支持选择性信息。这意味着，对某些交互而言，如"已传递"的请求、"已收到"的请求、"已返还"的请求和"已收登"的请求，信息的发送是可选的，因而一个系统中的服务不一定能获得对应的系统中的一致服务。馆际互借事务中的一个应用实体状态也不一定能从其他应用实体状态推断得出。然而，获得其他应用实体目前状态的服务（例如，"状况查询"和"状况或错误报告"服务）是可行的。要确定什么活动是许可的，对一个应用实体而言，绝无必要知道其他应用实体的状态。事实上，全球性的馆际互借事务状态对控制单个终端系统的行为起不到任何作用。唯有对馆际互借事务状态的本地描述才是重要的。需要注意的是，尽管信息发送对一些服务而言具有选择性，服务本身的实现却是因为本地系统使相应状态得到改变（例如，当接受文献时，本地系统就进入"已收到"状态）。这对于维持和控制馆际互借事务的逻辑顺序是有必要的。

6.4.1 请求方状态

请求方状态是指请求方处理馆际互借事务的状态。它可以是下列状态之一：

IDLE（待处理） 馆际互借事务未开始。

PENDING（等待） 请求方已发出请求，有望从应答方获得文献；或者已收到信息，表示文献将被提供或文献已处于被预约状态;或者已将请求转发到其他的机构。

NOT-SUPPLIED(未提供)　　馆际互借事务在该阶段表示应答方不能满足请求。

CONDITIONAL(条件)　　馆际互借事务在该阶段表示只有在请求方同意达到指定条件下才能实现请求。

CANCEL-PENDING(取消等待)　　请求方请求取消馆际互借事务,但是并未从应答方收到应答。

CANCELLED(已取消)　　馆际互借事务已被应答方取消。

SHIPPED(已传递)　　文献已被送往到请求方,尚在途中。

RECEIVED(已收到)　　已收到应答方的文献。

RENEW/PENDING(续借/等待)　　请求续借文献。

RENEW/OVERDUE(续借/逾期)　　请求续借/逾期的文献。

OVERDUE(逾期)　　请求方已被通知文献逾期。

NOT RECEIVED/OVERDUE(未收到/逾期)　　应答方对未收到的文献发出逾期通知。

RECALL(催还)　　应答方催还文献。

RETURNED(已返还)　　文献被返还到应答方。

LOST(遗失)　　文献遗失。

6.4.2 应答方状态

应答方状态是指应答方处理馆际互借事务的状态。它可以是以下状态之一:

IDLE(待处理)　　应答方未收到请求。

IN-PROCESS(处理)　　应答方已收到请求并对请求加以处理,应答方并未传递文献。

FORWARD(转发)　　请求被转发到其他的机构。

NOT-SUPPLIED(不能被提供)　　应答方用馆际互借应答重试、未满足、提供出处或估价,或者馆际互借事务到期应答请求。

CONDITIONAL(条件)　　只有在请求方同意达到指定条件时才能实现请求。

CANCEL-PENDING(取消等待)　　请求方请求取消馆际互借事务,但是应答方并未应答。

CANCELLED(已取消)　　应答方已取消馆际互借事务。

SHIPPED(已传递)　　文献被传递到请求方。

RENEW/PENDING(续借/等待)　　请求续借文献。

RENEW/OVERDUE(续借/逾期)　　请求续借逾期文献。

OVERDUE(催还)　　应答方催还文献。

CHECKED-IN(已收登)　　应答方从请求方收回文献。

LOST(遗失)　　文献遗失。

注:在此定义的状态是开放系统互连模型(OSI)环境中有意义的状态,如对多个终端系统都有意义。任何实施包括的信息和状态可能比本标准定义的多。例如,如果应答方希望区分未续借的文献和已续借的文献,那么可能需要符合已传递服务状态的"已传递"和"已续借"这两个本地状态。

远程站点并不知道本地实施为了控制已扩大的馆际互借本地事务已把单个"已传递"状态扩大到两个本地状态。状态报告仅提供本标准定义的状态值。

6.4.3 终结状态

对于请求方、应答方和中介而言,存在着某种状态,该状态一经达到,将不能进一步传递特定馆际互借事务。这种状态,即终结状态。

在对应的系统不能获得馆际互借事务信息或该事务信息被删除之前,馆际互借事务通常在终结状态下保持一段时间。这段时间由本地管理决定,或根据实施者之间的协议来决定。要注意的是,对状态查询请求回应的需要和对中继转发信息的6.4.4的需要意味着该段时间的长度应足以允许在最长出借期加上续借期和传递时间后仍然能够获取这些信息。对于不能返还的文献,该段时间足以允许请求方确定收不到所期望的文献,足以允许请求方提出“状态查询”或“遗失”服务。

对请求方而言,终结状态可能是:

——NOT-SUPPLIED

——CANCELLED

——RECEIVED (if a non-returnable item is received)

——RETURNED

——LOST

对应答方而言,终结状态可能是:

——NOT-SUPPLIED

——CANCELLED

——FORWARD

——SHIPPED (if a non-returnable item is shipped)

——CHECKED-IN

——LOST

——对中介而言,终结状态可能是:

——NOT-SUPPLIED

——FORWARD

——CANCELLED

——SHIPPED

对一个特定的馆际互借事务而言,其终结状态依赖于其环境。例如,当提供照相复制时,对应答方而言,“已传递”是终结状态,而对请求方而言“已收到”则是终结状态。

6.4.4 中介状态

参与馆际互借链式或分区事务中的中介既起应答方的作用(在与请求方的交互中),又起请求方的作用(在与应答方的交互中)。中介保持每个交互的各自的状态信息。

中介作为请求方时的终结状态是“已传递”状态。中介作为应答方时,其终结状态也是“已传递”状态。因为中介不可能收到进一步的信息来引起任何随后的转变,所以该状态即为终结状态。为了在中介内部确保达到“已传递”状态,“已传递”信息对馆际互借链式或分区事务具有强制性。馆际互借链式或分区事务中,一旦中介处于终结状态,中介仅把从应答方收到的信息传递给请求方,把从请求方收到的信息传递给应答方。

6.4.5 馆际互借事务阶段

馆际互借事务阶段又有两个阶段:处理阶段和跟踪阶段。处理阶段对于所有馆际互借事务而言,是必须的,而跟踪阶段仅使用于提供可返回文献(如专著)的馆际互借事务。请求方的处理阶段包括所有的事项和活动直到请求方接收被请求文献。该阶段通常以“已收到”状态结束。

应答方的处理阶段包括所有的事项和活动,直到应答方传递被请求文献。该阶段通常以“已传递”状态结束。

对于作为请求方的中介而言,处理阶段包括所有的事项和活动,直到接收“已传递”标识;对于作为应答方的中介而言,处理阶段包括所有的事项,直到发出“已传递”的请求。对于作为请求方的中介和作为应答方的中介而言,处理阶段通常是以“已传递”状态结束的。

跟踪阶段包括传递和接收可返还文献之后的所有事项和活动,包括续借、逾期和文献返还。

7 服务定义

7.1 服务特征

7.1.1 概述

参与馆际互借事务的应用实体之间的交互按照所启动的服务来模式化,由馆际互借应用服务元提供(如请求文献、传递文献等)。

本条款简明地描述了馆际互借各项服务,为7.3各项服务的正式定义作准备。

7.1.2 **馆际互借请求**

该服务允许用户向机构请求文献。如果不能提供文献,应答方可以简单地给予否定的回答,把请求传递到另一个机构,或向另一个应答方发起链式或分区子事务。发起链式或分区子事务是用从初始馆际互借事务标识符导出的标识符来启动馆际互借请求的。

请求方提供的信息包括文献标识信息,如著者和题名、何时何人需要文献、目的地、文献本身或照相复制是否需要。

该服务同样许可请求方请求对费用的估价,包括提供文献、查找文献或文献不能立刻提供时对该文献预约保留的费用。

请求方也能控制使用转发、链式和分区,能提供请求可能被发送到的潜在应答方名录和已联系过的应答方名录。

该服务也允许请求方请求以电子方式传递所需的文献。

7.1.3 **请求转发**

该服务允许应答方把请求转发给应答方选择的或请求方提供的其他机构。

该服务在答复所收到的馆际互借请求时被用来代替馆际互借应答。一旦转发完成,从不改变状态的意义上讲,应答方不再参与任何馆际互借事务。然而,仍可使用某些服务,如状态查询、状态或错误报告和消息。收到被转发的请求的应答方可以应答请求方,或者在许可的情况下,也可以将请求转发到其他的机构。

通常应答方会转发请求,因为这是在向请求方提供服务。例如,本地图书馆把请求发送到地区图书馆,如果该地区图书馆不能提供文献,它将确定被请求文献的出处,然后把请求发送到收藏该文献的图书馆。中介(地区图书馆)随后从馆际互借事务中退出。所有的消息就在初始请求方(本地图书馆)和请求转发到的图书馆之间直接发送。

如果请求方在“馆际互借请求”中已经被请求,该服务就会被阻止。

7.1.4 **转发通知**

该服务允许中介通知请求方,馆际互借请求已被转发以及馆际互借请求被转发到了哪个应答方。

7.1.5 **发送**

该服务有选择性地允许应答方指明被请求文献已发送。该服务也有选择性地允许应答方指明电子版文献已通过相同或不同的通信服务发送。

7.1.6 **馆际互借应答**

该服务允许应答方应答收到的馆际互借请求。

以下对请求的应答是可能的:

——CONDITIONAL(有条件的):被请求是可获得的,但是只有当请求方同意应答中声明的某种出借、发送和知识产权的条件,请求才能得到满足。

——RETRY(重试):被请求的文献目前无法获得,但指明了可能获得该文献的日期。

——UNFILLED(未满足):被请求的文献目前不能通过传递服务或不能在请求方请求的时间获得或发送。

——LOCATIONS-PROVIDED(提供出处):提供收藏该文献的馆址。

——WILL-SUPPLY(可以提供):被请求的文献是可获得的,在可能的情况下将被传递。对传递服务或可提供文献的估计时间可以做为选项给予说明。

——HOLD PLACED(预约保留):被请求的文献不能立刻获得,但是根据请求方的指示,已为请求方设置了保留通知。

——ESTIMATE(估价):为应答估价请求,给出为供应所需文献的估计费用。

7.1.7 **有条件应答**

当馆际互借请求以有条件的状态应答时，该服务允许请求方对强加的条件给予接受应答或拒绝应答。如果请求方的应答是肯定的，馆际互借请求由应答方进一步处理。如果应答是否定的，就不提供文献，馆际互借事务就此结束。

7.1.8 **取消**

该服务允许请求方取消馆际互借事务。

7.1.9 **取消应答**

该服务允许应答方接受或拒绝取消馆际互借事务的请求。如果接受取消馆际互借事务的请求，馆际互借事务就此结束。

7.1.10 **回执**

该服务允许请求方显示已收到的被请求文献的清单。

7.1.11 **催还**

当应答方希望文献立刻返还时，就采用该服务。该服务不允许请求续借文献。

7.1.12 **返还**

该服务允许请求方显示被借出的文献已返还到应答方。

7.1.13 **收登**

该服务允许应答方显示已从请求方收回被借出的文献。

7.1.14 **逾期**

当文献到期，该服务允许应答方通知请求方该文献逾期。该服务可由应答方系统自动启动，或者由处于应答方地位的人员手工启动。请求方被期望返还被借出的文献，或请求续借。

7.1.15 **续借**

该服务允许请求方请求续借被借出的文献。

7.1.16 **续借应答**

该服务允许应答方接收或拒绝续借请求。如果应答方接受了续借请求，应答方也要指定新的到期日。

7.1.17 **遗失通知**

如果请求方(或请求方的一个客户)遗失了借入的文献或在传递中遗失了该文献，该服务即被采用。该服务应该是在文献真正遗失时才启动。如果只是怀疑该文献遗失，则应采用消息服务来通知另一方。

7.1.18 **破损通知**

如果请求方(或请求方的一个客户)损坏了借入的文献，或在传递中损坏了该文献，即采用该服务。发现破损的馆际互借事务参与方应立即通知另一参与方。

7.1.19 **消息**

该服务的基本目的是允许馆际互借用户在任何时间为现行的馆际互借事务发送自由格式的文本信息。这些消息可用做多种目的，通常是用做交换其他服务不能发送的信息。

7.1.20 **状态查询**

该服务允许用户决定馆际互借事务的当前状态。在一个系统内的馆际互借事务状态发生变化，而对应的系统却没有相应变化的情况下，该服务极其有用。该服务允许用户在任何时间查询远程系统的状态，允许用户在需要时采取适当的措施(如取消或跟踪馆际互借事务)。

7.1.21 **状态或错误报告**

该服务允许用户向对应的用户提供状态或错误报告。可在任何时候或在应答状态查询时提供状态信息。该状态报告包括馆际互借事务的当前状态和其他的相关信息。一旦发现问题，服务用户或服务提供者可提出错误报告，拒绝请求。

7.1.22 截止期限

该服务允许服务的提供者把馆际互借事务的截止期限通知给服务用户。

7.2 具体方法和注释

该条款包含了使用GB/T 17967服务约定的定义。该具体方法用下列术语为馆际互借服务提供了一个抽象的、独立实施的定义。

a) 每项服务的基本事件(称作服务原语)。

b) 和每个服务原语相关的参数信息。

c) 这些事件的有效次序之间的关系。

应强调的是该定义只是使用了概念层面上的定义。因而，服务是用没有任何特定语法的抽象方式来描述的。

原语参数的意义已明确说明，但是对于数据元素或数值，并未指出其详细的语法描述，参数序列也未给出其详细的语法描述。

7.3 馆际互借服务

采用的服务类型为非证实服务，或是由提供者发出的。

表1列出了相应服务的服务特征、服务名称和服务类型。该表还显示了非证实服务是具有必备(M)的信息还是具有可选(U)的信息。对于非证实服务而言，相应的协议信息既可以是必备的也可以是可选的。必备的信息指总是由请求原语发出的信息，可选的信息既可以是、也可以不是跟随请求原语而发出的。应用实体在它想要发出可选信息的时候就可以发出，而且在特定情况下，应用实体有义务发送可选信息。馆际互借事务的发起者能通知应答方它能提供什么，它在馆际互借请求中的可选信息方式上需要什么。

“馆际互借请求”能够指出：

a) 请求方是否能够发出“已收到”信息。

b) 请求方是否能够发出“已返还”。

c) 请求方是否需要“已传递”。

d) 请求方是否需要“已收登”。

e) 请求方是否请求“已传递”；该选择只有在上面的选择c)为“否”的时候才有意义。

f) 请求方是否请求“已收登”；该选择只有在上面的选择d)为“否”的时候才有意义。

表1

服务特征	服务	类型	MSG
馆际互借请求	馆际互借请求	非证实	M
请求转发	转发	非证实	M
转发通知	转发通知	提供者发出	M
传递	已传递	非证实	U
馆际互借应答	馆际互借应答	非证实	M
条件应答	条件应答	非证实	M
取消	取消	非证实	M
取消应答	取消应答	非证实	M
回执	已接收	非证实	U
催还	催还	非证实	M
返还	已返还	非证实	U

表 1（续）

服务特征	服　务	类　型	MSG
收登	已收登	非证实	U
逾期	逾期	非证实	M
续借	续借	非证实	M
续借应答	续借应答	非证实	M
遗失通知	被遗失	非证实	M
破损通知	被破损	非证实	M
消息	消息	非证实	M
状态查询	状态查询	非证实	M
状态或差错报告	状态或差错报告	非证实	M
截止期限	截止期限	提供者发出	M
说明： MSG＝协议信息 M＝必备的 U＝可选的			

相应地，“馆际互借应答”和“已传递”能指出：

a) 应答方是否能发出“已传递”；这仅在“馆际互借应答”的前后关系中有意义。在“已传递”服务中，该问题是不言而喻的。

b) 应答方是否能发出“已收登”。

c) 应答方是否需要“已收到”。

d) 应答方是否需要“已返还”。

e) 应答方是否请求“已收到”。该选择只有在上面的选择 c)为“否”的时候才有意义。

f) 应答方是否请求“已返还”。该选择只有在上面的选择 d)为“否”的时候才有意义。

当应答方收到的馆际互借请求指出：

a) 请求方不能发出应答方需要的信息；或者指出

b) 请求方需要应答方不能发出的信息；

应答方可发出“馆际互借应答未满足”。如果应答方选择提供被请求的文献，那么“已收到”和“已返还”信息将不会被发送，在所有不要求信息的情况下，不管是否愿意，信息可以被发送，也可以不被发送。对于馆际互借的链式事务和分区事务而言，被传递的信息必须由最终应答方发送到中介。中介的“已传递”信息回执对于中介在其状态机制中关闭馆际互借事务的处理阶段是有必要的。

对可选信息的发送施加的控制已模式化为服务参数“发送信息”。该参数不是从一个终端传送到另一个终端，而是被本地应用实体用于决定是否发送出可选信息。请求时提供的馆际互借事务标识将对整个事务的周期保持有效，该标识将有助于清楚地标识馆际互借事务。在馆际互借事务完成之后，只有在馆际互借的新旧事务之间混淆的可能性达到可接受的低限时，才能重用特定的馆际互借事务标识。本标准中并未指定该时间段，它有赖于实施的考虑。对于本条款中的每一项服务而言，相关参数是可列的，每个参数反过来可包括许多数据元。须注意的是：参数对于请求(Req)原语和指示(Ind)原语而言都是一样的。参数可以是必备的(M)，可选择的(U)，有条件的(C)，也可以是不能适用的(—)。

条件参数在特定情况下，可以是必备的，也可以是可选的。条件参数具有必备的情况在每项服务的定义部分都作出了详细说明。不能适用的参数和特定的服务原语无关，但是可应用于同一服务的不同的原语。每项服务都包括了对相关参数的描述。

7.3.1 馆际互借请求服务

7.3.1.1 功能

请求方在所有的馆际互借事务中，都采用了此服务，即向某机构请求出借或请求提供文献或文献的一部分的非返还副本。副本既可以用物理介质再现，也可以用电子格式发送。如果应答方收藏有该文献，它就可以发出"有条件的馆际互借应答"或"重试的馆际互借应答"，或它也可以选择提供文献，在每一种情况下，它都可以发出"已传递"或"可以提供的馆际互借应答"。如果应答方没有该文献或选择不提供，它有下列选择：

——把请求转发给其他的应答方(如果请求方允许转发)；

——和其他的应答方发出链式或分区子事务(如果请求方允许)；

——向请求方提供文献的出处；

——馆际互借应答不能被提供(ILL-ANSWER -NOT-SUPPLIED)。

请求方可以请求对提供文献所需费用进行估价，如果不能立刻得到文献，请求方可以对文献请求保留。请求方也可以要求提供详细的"已传递"和"已收登"的信息，以及要求详细说明关于"已收到"和"已返还"信息的条款。

"馆际互借请求"指示服务原语的发生也可以是因为"转发"服务(参见7.3.2)。馆际互借请求的两个指示参数、转发符和转发标记只有当请求已被转发时才出现。

7.3.1.2 参数

表2

参数名称	请求	指示
事务标识	M	M
服务日期和时间	M	M
请求方标识	C	C
应答方标识	C	C
事务类型	U	U
传递地址	U	U
传递服务	U	U
帐户地址	U	U
馆际互借服务类型	M	M
特定应答方服务	U	U
可选请求方信息	M	M
检索类型	U	U
提供介质信息	U	U
保留地点	U	U
用户标识	U	U
文献标识	M	M
附加文献描述	U	U
费用信息	U	U
遵守版权	U	U
第三方信息	C	C
重试标记	U	U
转发标记	—	U
请求方注释信息	U	U
转发注释信息	—	U

注：该服务请求总是产生相应的指示。

7.3.1.2.1 **事务标识**

唯一地标识馆际互借事务或单个中介、子事务范围内的信息。它包括下列组成部分：

——初始请求方标识；

——对相关事务加以限定的馆际互借事务组限定词；

——对与馆际互借事务相关的所有信息加以限定的馆际互借事务限定词；

——子事务限定词(如果该事务是子事务)。

请求方可以提供初始请求方标识、馆际互借事务限定词和馆际互借事务组限定词；中介可以提供初始请求方标识和子事务限定词。

7.3.1.2.2 **服务日期和时间**

发起服务的日期和时间。它包括两个组成部分：

——目前发起服务的日期和时间(必备)；

——发起初始服务的日期和时间(可选)。

可选的组成部分适用于标识可重复的服务请求(参见条款8)。

7.3.1.2.3 **请求方标识**

标识请求方的信息(在馆际互借链式或分区事务中，它标识发出子事务的中介)。它包括下面所述的一个或多个组成部分：

——人或机构符号；

——人名或机构名。

该标识在交互工作域内(如一个国家内部)必须明确。

在使用面向连接的通信时，该参数的使用具有可选性；在使用存贮——转发通信时，则具有必备性。

7.3.1.2.4 **应答方标识**

标识应答方的信息。其组成部分和请求方标识一样(参见7.3.1.2.3)。

在使用面向连接的通信时，该参数的使用具有可选性；在使用存贮转发通信时，则具有必备性。

7.3.1.2.5 **事务类型**

标识馆际互借事务的类型。它具有下列符号值：

——简单(即两方)；

——链式；

——分区。

7.3.1.2.6 **传递地址**

被请求文献被发送的邮址或电子地址。

邮址包括下列所述的一个或多个组成部分：

——人名或机构名；

——扩展的邮政发送地址；

——街道和门牌号；

——邮箱；

——城市；

——地区；

——国家；

——邮编。

电子或系统地址包括下列一个或多个组成部分：

——电信—服务—标识符；

——电信—服务—地址。

“电信—服务—标识符”把电子电信服务从由请求方和应答方任意处理的那些服务中区分出来。如果“电信—服务—地址”是明确的,该标识符可以为空。“电信—服务—地址”为特定的电信服务标识特定的地址。它与被请求文献的发送相关,不会与馆际互借通信中使用的地址产生混淆。

7.3.1.2.7　传递服务

确认传递服务或传送被请求文献的方式。如果需要或请求对文献进行电子传递,该参数可以是按可被支持的优先顺序排列的电子发送服务名录。该名录可包括任何文献类型和电信服务。这些文献类型和电信服务可随后用于文献得电子传递。

对于电子传递而言,参数包括被请求的传递服务和文献类型的机器处理标识或被请求的传递服务和文献类型的可读名称或描述。参数还可以包括被传递文献的名称或编码,以便使被传递文献与馆际互借事务相关联。

7.3.1.2.8　帐户地址

发票将被发送到的邮政地址或电子地址。其组成部分和发送地址一样(参见7.3.1.2.6)。

7.3.1.2.9　馆际互借服务类型

指示需要的馆际互借服务类型。该参数可以是按优先顺序排列的服务名录。下列服务可获支持:

——出借;

——复制/非返还;

——仅提供出处;

——估价;

——特定应答方。

7.3.1.2.10　特定应答方服务

应答方提供的一种服务,该服务对应答方而言是特定的,即本标准未详细说明的服务。

7.3.1.2.11　请求方可选信息

详细说明请求方能否提供“已收到”或“已返还”的可选信息,详细说明应答方是否需要或请求“已传递”或“已收登”信息。

7.3.1.2.12　检索类型

详细说明检索请求。它包括下面所列的一个或多个组成部分:

——服务层;

——在某日期以前需要;

——期满标记;

——期满日期。

7.3.1.2.13　提供介质信息

描述希望被提供文献的介质信息。这可以是按优先顺序排列的介质名录中的,该名录支持的介质如下:

——印刷品;

——照相复制;

——缩微品;

——胶片或录像;

——录音;

——机读;

——其他。

7.3.1.2.14　预约保留

如果请求方不能立刻借阅被请求文献,请求方对被请求文献做出预约保留的指示。

7.3.1.2.15　用户标识

描述请求文献的用户(人或机构)的信息。它包括下面所列的一个或多个组成部分。

——用户名称；

——用户身份；

——用户标识符。

7.3.1.2.16 **文献标识**

包括请求方提供的描述被请求文献的所有文献信息。它包括下面所列的一个或多个组成部分。

——文献类型，是专著、连续出版物或其他；

——收藏的文献介质类型；认为应答方会拥有的文献类型，如印刷型、缩微品、影片或录像、录音、机读或其他；

——索书号；

——著者；

——题名；

——副题名；

——主办单位；

——出版地；

——出版者；

——丛书名或丛书号；

——卷期；

——版本；

——出版日期；

——单行本的出版日期；

——文章著者；

——文章题名；

——页数；

——国家文献号；

——国际标准书号；

——国际连续出版物标准号码；

——系统号；

——附加的号码或字母；

——核对或参考源。

7.3.1.2.17 **附加文献著录**

以机读格式（如 MARC 记录）描述文献的附加信息。这可由初始请求方提供，也可由应答方或中介在以后追加（例如作为文献核查的结果）。

7.3.1.2.18 **费用信息**

与费用相关的信息。它包括下面所列的一个或多个组成部分：

——请求方的帐号；

——可接受的最大费用；

——互惠费用协议的存在；

——付款意愿；

——提供已支付款项信息。

7.3.1.2.19 **遵守版权**

指出请求方需遵守生效的版权规定或法律。

7.3.1.2.20 **第三方信息**

和馆际互借事务相关的信息，不仅仅包括两方，还包括第三方，如与转发、链式和分区相关的信息。

它包括下面所列的一个或多个组成部分：

——转发许可；

——链式许可；

——分区许可；

——改变潜在应答方的名录许可；

——初始请求方的地址；

——指出发送名录是否按优先顺序；

——潜在应答方的名录(发送名录，参见7.3.5.2.9)；

——已试过的应答方名录(已试过名录，参见7.3.5.2.10)。

当发出馆际互借分区子事务的“馆际互借请求”服务时，该参数的使用是必备性的。如果收到的“馆际互借请求”包括“已试过”的名录，当发出馆际互借子事务的馆际互借服务时，该参数的使用也是必备性的。否则，该参数的使用则是可选的。

7.3.1.2.21　重试标志

指出馆际互借事务或子事务是否是以前馆际互借事务的重试。

7.3.1.2.22　转发标志

由服务提供者给出的一种符号，表示已收到的“馆际互借请求”是否是从某中介转发来的。

7.3.1.2.23　请求方注释信息

由请求方提供的附加信息，该信息不能由其他服务原语提供。

7.3.1.2.24　转发方注释信息

中介转发请求时提供的附加信息。该参数并不出现在服务请求上，仅出现在指示上。

7.3.2　转发服务

7.3.2.1　功能

应答方使用该服务把未满足的馆际互借请求转发给其他的机构(如果请求方允许转发)。可通过“发送名录”确定新的应答方，也可由请求方提供不在名录中的应答方。发出转发服务的应答方成为中介，进入终结状态“转发”。请求方接收转发通知，该通知指明请求已被转发和请求已被转发的对象。新应答方收到的“馆际互借请求”提示的转发符设置为“真”。转发中介可以提供附加信息，该信息既能提供给请求方，也可给新应答方。

“转发”对于将处于中介作用的应答方而言是终结状态。在“转发”状态中，仍可使用“转发”、“状态查询”、“状态或错误报告”和“消息”服务。所有其他的服务均为非法的。在以“可以提供”或“预约保留”为应答的馆际互借应答请求之后仍可启动转发请求。除了“转发符号”和“通知符号”外，所有服务参数均和馆际互借请求服务一样。

7.3.2.2　参数

表3

参数名称	请求
事务标识	M
服务日期和时间	M
请求方标识	C
应答方标识	M
事务类型	U
传递地址	U
传递服务	U

表3(续)

参数名称	请求
帐户地址	U
馆际互借服务类型	M
特定应答方服务	U
可选请求方信息	M
检索类型	U
提供介质信息	U
预约保留	U
用户标识	U
文献标识	M
附加文献描述	U
费用信息	U
遵守版权	U
第三方信息	M
重试符	U
请求方注释信息	U
转发方注释信息	U
通知注释信息	U

注:该服务请求总是导致相应的指示。

7.3.2.2.1 应答方标识

标识请求正被转发到的应答方的信息。详情参见7.3.1.2.4。

该参数的使用在所有通信模型中都是必备的。

7.3.2.2.2 转发注释信息

应答方转发请求时,提供给新应答方的附加信息。

7.3.2.2.3 通知注释信息

应答方转发请求时,提供给请求方的附加信息。

7.3.3 "转发通知"服务

7.3.3.1 功能

服务提供者使用该服务,通知请求方请求已被转发及请求已被转发的对象。

7.3.3.2 参数

表4

参数名称	指示
事务标识	M
服务日期和时间	M
请求方标识	C
应答方标识	M
应答方地址	U
中介标识	M
通知注释信息	U

注:该服务请求总是导致相应的指示。

7.3.3.2.1 事务标识

唯一地标识馆际互借事务的信息。详情参见7.3.1.2.1。

7.3.3.2.2 服务日期和时间

发起服务的日期和时间。详情参见7.3.1.2.2。

7.3.3.2.3 请求方标识

标识请求方的信息。详情参见7.3.1.2.3。

当采用面向连接的通信时,该参数的使用是可选的;当采用存贮转发通信时,该参数的使用是必备性的。

7.3.3.2.4 应答方标识

标识已被转发到请求的应答方的信息。详情参见7.3.1.2.4。

该参数的使用在所有通信模型中都是必备性的。

7.3.3.2.5 应答方地址

标识电信服务和地址的信息,通过该电信服务和地址可抵达应答方(请求已被转发到该电信服务和地址)。其组成部分和"传递地址"的电子格式一样(参见7.3.1.2.6)。该信息在无法获得名称地址服务时很有用。

7.3.3.2.6 中介标识

某图书馆或其他机构的标识或名称,该图书馆或机构转发了已收到的请求或与其他应答方启动了链式或分区子事务。其组成部分和请求方标识一样(参见7.3.1.2.3)。

7.3.3.2.7 通知注释信息

应答方转发请求时提供的附加信息。

7.3.4 "已传递"服务

7.3.4.1 功能

该服务被应答方用来记录文献已被传递这个事实。应答方可以指示(为了诊断性目标)它是否能发送"已收登"信息,它是否需要来自请求方的"已收到"或"已返还"信息。如果非返还文献"已传递",该服务导致终结状态(对应答方而言)。对于馆际互借链式和分区事务而言,"应答方地址"、"中介标识"和"事务类型"参数是必备的。他们对于馆际互借简单事务而言,是可选的。如果"用户标识"参数出现在馆际互借初始请求指示上,则是必备的;否则,则是可选的。如果被请求文献的提供者不是应答方,则"提供者标识"参数是必备的;否则,则是可选的。

7.3.4.2 参数

表5

参数名称	请求	指示
事务标识	M	M
服务日期和时间	M	M
请求方标识	C	C
应答方标识	C	C
应答方地址	C	C
中介标识	C	C
提供者标识	C	C
用户标识	C	C
事务类型	C	C
附加文献描述	U	U

表 5（续）

参数名称	请　求	指　示
已传递服务类型	M	M
应答方可选信息	U	U
提供细节	M	M
返回地址	U	U
应答方注	U	U
发送信息	U	—

注：该服务指示，即协议信息，对该服务而言是可选的，但是当请求方请求时，则是必备性的。对于链式和分区事务而言，也是必备性的。

7.3.4.2.1 **事务标识**

唯一地标识馆际互借事务的信息。详情参见 7.3.1.2.1。

7.3.4.2.2 **服务日期和时间**

发起服务的日期和时间。详情参见 7.3.1.2.2。

7.3.4.2.3 **请求方标识**

标识请求方的信息。详情参见 7.3.1.2.3。

当使用面向连接的通信时，该参数的使用是可选的，当使用存贮转发通信时，该参数的使用是必备的。

7.3.4.2.4 **应答方标识**

标识应答方的信息。详情参见 7.3.1.2.4。

当使用面向连接的通信时，该参数的使用是可选的，当使用存贮转发通信时，该参数的使用是必备的。

7.3.4.2.5 **应答方地址**

确认通信服务和地址的信息，通过它可访问应答方。详情参见 7.3.3.2.5。

7.3.4.2.6 **中介标识**

某图书馆或其他机构的标识或名称，该图书馆或机构转发了已收到的请求或与其他应答方启动了链式或分区子事务。详情参见 7.3.3.2.6。

7.3.4.2.7 **提供者标识**

当提供者不同于应答方，标识被请求文献的提供者的信息。其组成部分和请求方标识一样（参见 7.3.1.2.3）。

7.3.4.2.8 **用户标识**

描述请求文献的用户（人或机构）的信息。详情参见 7.3.1.2.15。

7.3.4.2.9 **事务类型**

标识馆际互借事务类型。详情参见 7.3.1.2.5。

7.3.4.2.10 **附加文献描述**

以机读格式（如 MARC 记录）描述文献的附加信息。详情参见 7.3.1.2.17。

7.3.4.2.11 **已传递的服务类型**

指示最终应答方提供的服务的特性。它可以具有为“馆际互借服务类型”（参见 7.3.1.2.9）定义的那些值的一个子集中的一个符号值。如下所示：

——出借；

——复制/非返还。

7.3.4.2.12 **应答方可选信息**

详细说明(为了诊断性的目的)应答方是否能提供“已传递”或“已收登”的可选信息,是否需求来自请求方的“已收到”或“已返回”信息。

7.3.4.2.13 **提供细节**

和文献提供相关的信息。它包括下面所述的一个或多个组成部分：

——被传递日期；

——到期日期(详情参见7.3.13.2.5)；

——应付费单元的数目；

——总费用；

——被传递的条件；

——被传递的途径；

——保险说明(详情参见7.3.11.2.8)；

——返还需要的保险费；

——每个介质(medium)的单元数目。

7.3.4.2.14 **返回地址**

被请求文献被返回的邮址。其组成部分和“发送地址”的邮政形式一样(参见7.3.1.2.6)。

7.3.4.2.15 **应答方注**

应答方提供的附加信息,该附加信息是其他服务原语无法提供的。

7.3.4.2.16 **发送信息**

指示服务启动者关于可选信息发送的愿望。当该参数的符号值为真,实施支持可选信息发送时,和该服务相关的可选信息就被发送,否则就不能发送。

注：该参数是理论上的服务参数,不能产生正传送的数值。

7.3.5 **馆际互借应答服务**

7.3.5.1 **功能**

应答方发起该服务是为了向请求方发送“条件”应答、“重试”应答、“未满足”应答、“提供出处”应答、“可以提供”应答、“预约保留”应答,或者是“估价”应答。

“结果解释”参数中的信息将根据“事务结果”中的数值来变化。如果事务的结果等于“重试”、“未满足”、“可以提供”或“预约保留”,该参数的使用是可选的。如果事务的结果等于“条件”、“提供出处”或“估价”,该参数的使用则是必备的。

用“条件”的结果指示如果达到某种条件,就可能满足请求。要求请求方应答条件回答。可以有选择地提供应答日期。

用“重试”的结果指示现在无法获得文献,但以后可以获得。请求方被请求重试一次,但是并不强制请求方这样做,也并不保证这样的努力会成功。可以有选择地提供请求方重试之后的日期。

用“未满足”的结果指示不能满足请求,请求导致事务的终止。

用“提供出处”的结果提供出处信息,导致事务的终止。

不需要把“可以提供”的结果发送到请求方。在启动“已传递”服务之前就料到保留时,可以启动“可以提供”。该结果反映了应答方打算提供文献,但是该结果并不是许诺。

“预约保留”结果表示当文献可用来出借时,有提供文献的打算。用“估价”的结果则表示提供被请求的服务的费用导致事务的终止。

当结果是“可以提供”或“预约保留”时,可以启动随之而来的“馆际互借应答”请求。这些请求表示不同的结果。事实上,“可以提供”和“预约保留”结果可被认为是临时性的应答,这些应答易于修改。例如,具有可以提供结果的馆际互借应答可以由一个具有未满足结果的馆际互借应答跟随。当结果是提供出处时,须提供出处信息,在应答“事务结果”的其他数值时,也可包括出处信息。

应答方可以指示(为了诊断性的目的)它是否能发送“已传递”或“已收登”信息,它是否向请求方请求“已收到”和“已返还”信息。

7.3.5.2 **参数**

表 6

参数名称	请求	指示
事务标识	M	M
服务日期和时间	M	M
请求方标识	C	C
应答方标识	C	C
事务结果	M	M
结果解释	C	C
特定应答方结果	U	U
附加文献描述	U	U
发送名录	U	U
已试过的名录	U	U
应答方可选信息	U	U
应答方注	U	U

注:该项服务请求总是导致相应的指示。

7.3.5.2.1 **事务标识**

唯一地标识馆际互借事务的信息。详情参见 7.3.1.2.1。

7.3.5.2.2 **服务日期和时间**

发起服务的日期和时间。详情参见 7.3.1.2.2。

7.3.5.2.3 **请求方标识**

标识请求方的信息。详情参见 7.3.1.2.3。

当使用面向连接的通信时,该参数的使用是可选的;当使用存储转发通信时,该参数的使用则是必备的。

7.3.5.2.4 **应答方标识**

标识应答方的信息。详情参见 7.3.1.2.4。

当使用面向连接的通信时,该参数的使用是可选的;当使用存储转发通信时,该参数的使用则是必备的。

7.3.5.2.5 **事务结果**

标识馆际互借应答的结果状态。它可以具有下面所列的一个符号值:

——条件;

——重试;

——未满足;

——提供出处;

——可以提供;

——预约保留;

——估价。

7.3.5.2.6 **结果解释**

和馆际互借请求的各种结果相关的信息,如文献不可获得的原因、出借条件、条件应答回答的日期、重试日期，位置和费用估价。

如果“事务结果”的参数值为“重试”、“未满足”、“可以提供”或“预约保留”，该参数是可选的。如果“事务结果”的参数值为“条件”、“提供出处”或“估价”，该参数则是必备的。

7.3.5.2.7 **特定应答方的结果**

用作应答馆际互借请求的原因，该馆际互借请求对于应答方（如本标准未详细说明的）而言是特定的。该原因可以被“结果解释”参数传递的标准化结果中的一个结果代替或补充（参见 7.3.5.2.6）。

7.3.5.2.8 **附加文献描述**

可用机读格式（如 MARC 记录）描述的文献的附加信息。详情参见 7.3.1.2.17。

7.3.5.2.9 **发送名录**

转发、链式或分区事务的潜在应答方名录。名录中的每个项包括下列组成部分：

——应答方标识；

——如果可获得，请求方交由应答方处理的帐号；

——应答方的系统地址。

7.3.5.2.10 **已试过的名录**

已经被联系过但是不能提供被请求文献的机构名录。该名录中的每一项是应答方的标识，其组成部分和请求方标识一样（参见 7.3.1.2.3）。

7.3.5.2.11 **应答方可选信息**

详细说明（为了诊断的目标）应答方是否能提供“已传递”或“已收登”的可选信息和是否向请求方请求“已收到”或“已返还”信息。

7.3.5.2.12 **应答方注**

应答方能够提供，而其他服务原语不能提供的附加信息。

7.3.6 **条件应答服务**

7.3.6.1 **功能**

该服务被请求方用作回答结果值为“条件”的馆际互借应答信息。如果应答是肯定的，馆际互借事务返回待处理状态。如果应答是否定的，馆际互借事务则进入不被提供状态。

7.3.6.2 **参数**

表 7

参数名称	请　求	指　示
事务标识	M	M
服务日期和时间	M	M
请求方标识	C	C
应答方标识	C	C
应答	M	M
请求方注释信息	U	U

注：该项服务请求总是导致相应的指示。

7.3.6.2.1 **事务标识**

唯一地标识馆际互借事务的信息。详情参见 7.3.1.2.1。

7.3.6.2.2 **服务日期和时间**

发起服务的日期和时间。详情参见 7.3.1.2.2。

7.3.6.2.3 **请求方标识**

标识请求方的信息。详情参见 7.3.1.2.3。

当使用面向连接的通信时，该参数的使用是可选的；当使用存储转发通信时，该参数的使用是必备的。

7.3.6.2.4 应答方标识

标识应答方的信息。详情参见7.3.1.2.4。

当使用面向连接的通信时，该参数的使用是可选的；当使用存储转发通信时，该参数的使用是必备的。

7.3.6.2.5 应答

对请求条件的响应。它的值为"是"或"否"。

7.3.6.2.6 请求方注释信息

请求方提供，而服务原语的其他项不能提供的附加信息。

7.3.7 取消服务

7.3.7.1 功能

该服务被请求方用来请求取消未完成的"馆际互借请求"。在发出"馆际互借请求"之后的任何时间都可以发出该服务，直到收到下列回复之一："未满足"、"重试"、"估价"、"提供出处"状态下的馆际互借应答；"已传递"的信息；或文献本身。应答方被期望通过"取消应答"服务对取消请求做以应答，除非已提供了置应答方于终结状态或"已传递"状态的应答。

7.3.7.2 参数

表8

参数名称	请求	指示
事务标识	M	M
服务日期和时间	M	M
应答方标识	C	C
请求方注释信息	U	U

注：该项服务请求总是导致相应的指示。

7.3.7.2.1 事务标识

唯一地标识馆际互借事务的信息。详情参见7.3.1.2.1。

7.3.7.2.2 服务日期和时间

发起服务的日期和时间，详情参见7.3.1.2.2。

7.3.7.2.3 请求方标识

标识请求方的信息。详情参见7.3.1.2.3。

7.3.7.2.4 应答方标识

标识应答方的信息。详情参见7.3.1.2.4。

当使用面向连接的通信时，该参数的使用是可选的；当使用存储转发通信时，该参数的使用是必备的。

7.3.7.2.5 请求方注释信息

请求方提供，而服务原语中的其他项不能提供的附加信息。

7.3.8 取消应答服务

7.3.8.1 功能

该服务被应答方用来应答取消请求。如果应答方还未引起结果为"未满足"、"重试"、"估价"或"提供出处"的馆际互借应答服务，也未引起"已传递"或"已转发"服务，则须引起该服务。应答方的回答可以为"是"或"否"。只有当收到的取消应答的回答为"是"时，请求方才认为事务为"已取消"。如果回答为"否"，则馆际互借事务继续，好象未曾收到取消请求。

7.3.8.2 **参数**

表 9

参数名称	请　求	指　示
事务标识	M	M
服务日期和时间	M	M
请求方标识	C	C
应答方标识	C	C
应答	M	M
应答方注	U	U

7.3.8.2.1 **事务标识**

7.3.8.2.2 **服务日期和时间**

7.3.8.2.3 **请求方标识**

标识请求方的信息。详情参见 7.3.1.2.3。

当使用面向连接的通信时,该参数的使用是可选的;当使用存储转发通信时,该参数的使用是必备的。

7.3.8.2.4 **应答方标识**

标识应答方的信息。详情参见 7.3.1.2.4。

当使用面向连接的通信时,该参数的使用是可选的;当使用存储转发通信时,该参数的使用是必备的。

7.3.8.2.5 **应答**

指示应答方是否接受取消馆际互借事务,可以采用值"是"或"否"。

7.3.8.2.6 **应答方注**

应答方提供,而其他服务原语不能提供的附加信息。

7.3.9 **已收到服务**

7.3.9.1 **功能**

该服务被请求方用来记录文献已被接收的事实。如果收到非返回文献,该服务导致对请求方而言的终结状态。

7.3.9.2 **参数**

表 10

参数名称	请　求	指　示
事务标识	M	M
服务日期和时间	M	M
请求方标识	C	C
应答方标识	C	C
提供者标识	C	C
附加文献描述	U	U
已收到日期	M	M
已传递的服务类型	M	M
请求方注释信息	U	U
发送信息	U	U

注:该服务指示,即协议信息对该服务而言是可选的,但是当应答方请求时,该服务指示则是必备的。

7.3.9.2.1 **事务标识**

唯一地标识馆际互借事务的信息。详情参见7.3.1.2.1.1。

7.3.9.2.2 **服务日期和时间**

发起服务的日期和时间,详情参见7.3.1.2.2。

7.3.9.2.3 **请求方标识**

标识请求方的信息。详情参见7.3.1.2.3。

当使用面向连接的通信时,该参数的使用是可选的;当使用存储转发通信时,该参数的使用是必备的。

7.3.9.2.4 **应答方标识**

标识应答方的信息。参见7.3.1.2.4。

当使用面向连接的通信时,该参数的使用是可选的;当使用存储转发通信时,该参数的使用是必备的。

7.3.9.2.5 **提供者标识**

标识被请求文献的提供者的信息,详情参见7.3.4.2.7。

7.3.9.2.6 **附加文献描述**

描述以机读格式(如MARC记录)再现的文献的附加信息。详情参见7.3.1.2.17。

7.3.9.2.7 **已收到的日期**

请求方收到出借文献的日期。

7.3.9.2.8 **已传递的服务类型**

指示最终应答方提供的服务特性。详情参见7.3.4.2.11。

7.3.9.2.9 **请求方注释信息**

请求方提供,而其他服务原语不能提供的附加信息。

7.3.9.2.10 **发送信息**

指示服务用户关于发送可选信息的愿望。详情参见7.3.4.2.16。

7.3.10 **催还服务**

7.3.10.1 **功能**

该服务被应答方用来请求立刻返还被借出的文献。收到催还服务指示之后,就不再允许续借服务请求。

7.3.10.2 **参数**

表11

参数名称	请求	指示
事务标识	M	M
服务日期和时间	M	M
请求方标识	C	C
应答方标识	C	C
应答方注释信息	U	U

注:该项服务请求总是导致相应的指示。

7.3.10.2.1 **事务标识**

唯一地标识馆际互借事务的信息。详情参见7.3.1.2.1。

7.3.10.2.2 **服务日期和时间**

发起服务的日期和时间。详情参见7.3.1.2.2。

7.3.10.2.3 请求方标识

标识请求方的信息。详情参见7.3.1.2.3。

7.3.10.2.4 应答方标识

标识应答方的信息。详情参见7.3.1.2.4。

当使用面向连接的通信时,该参数的使用是可选的;当使用存储转发通信时,该参数的使用是必备的。

7.3.10.2.5 应答方注释信息

应答方提供的附加信息,该附加信息是其他服务原语无法提供的。

7.3.11 已返还服务

7.3.11.1 功能

该服务被请求方用来记录被借出的文献已被传递回应答方的事实。对请求方而言,该服务导致终结状态。

7.3.11.2 参数

表12

参数名称	请求	指示
事务标识	M	M
服务日期和时间	M	M
请求方标识	C	C
应答方标识	C	C
附加文献描述	U	U
被返回的日期	M	M
被返回的途径	U	U
保险说明	U	U
请求方注释信息	U	U
发送信息	U	—

注:该服务指示,即对该服务而言协议信息是可选的,但当应答方请求时则是必备的。

7.3.11.2.1 事务标识

唯一地标识馆际互借事务的信息。详情参见7.3.1.2.1。

7.3.11.2.2 服务日期和时间

发起服务的日期和时间,详情参见7.3.1.2.2。

7.3.11.2.3 请求方标识

标识请求方的信息。详情参见7.3.1.2.3。

7.3.11.2.4 应答方标识

标识应答方的信息。详情参见7.3.1.2.4。

当使用面向连接的通信时,该参数的使用是可选的;当使用存储转发通信时,该参数的使用是必备的。

7.3.11.2.5 附加文献描述

描述以机读格式(如MARC记录)再现的文献的附加信息。详情参见7.3.1.2.17。

7.3.11.2.6 返还日期

请求方返还借出文献的日期。

7.3.11.2.7 返还途径

请求方返还文献所使用的传递服务或方式的名称或代码。

7.3.11.2.8 保险说明

防止文献遗失或破损而购买的保险金额的说明。

7.3.11.2.9 请求方注释信息

请求方提供，而服务原语的其他项不能提供的附加信息。

7.3.11.2.10 发送信息

给出服务用户关于可选信息发送的愿望。详情参见7.3.4.2.16。

7.3.12 已收登服务

7.3.12.1 功能

该服务被应答方用来记录已从请求方收回被借出文献的事实。在跟踪阶段遇到馆际互借事务问题时，该服务可以使馆际互借事务转为终结状态。当该服务用于使馆际互借事务转为终结状态时，被借出的文献应当被认为是已被报帐，但不必一定已返回到应答方的馆藏。对应答方而言，该服务导致终结状态。

7.3.12.2 参数

表 13

参数名称	请求	指示
事务标识	M	M
服务日期和时间	M	M
请求方标识	C	C
应答方标识	C	C
已收登日期	M	M
应答方注	U	U
发送信息	U	—

注：该服务指示，即协议信息对该服务而言是可选的，但是当请求方请求时，该服务指示则是必备的。

7.3.12.2.1 事务标识

唯一地标识馆际互借事务的信息。详情参见7.3.1.2.1。

7.3.12.2.2 服务日期和时间

发起服务的日期和时间，详情参见7.3.1.2.2。

7.3.12.2.3 请求方标识

标识请求方的信息。详情参见7.3.1.2.3。

7.3.12.2.4 应答方标识

标识应答方的信息。详情参见7.3.1.2.4。

当使用面向连接的通信时，该参数的使用是可选的；当使用存储转发通信时，该参数的使用是必备的。

7.3.12.2.5 已收登日期

应答方收回被借出文献的日期。

7.3.12.2.6 应答方注

应答方提供的附加信息，该附加信息是其他服务原语无法提供的。

7.3.12.2.7 发送信息

指示服务发起者关于可选信息发送的愿望。详情参见7.3.1.2.16。

7.3.13 逾期服务

7.3.13.1 功能

该服务被应答方用来通知请求方被借出的文献现已到期；请求方被期望返还文献或请求续借。

7.3.13.2 参数

表 14

参数名称	请　求	指　示
事务标识	M	M
服务日期和时间	M	M
请求方标识	C	C
应答方标识	C	C
限定日期	M	M
应答方注	U	U

注：该服务请求总是导致相应的指示。

7.3.13.2.1 事务标识

唯一地标识馆际互借事务的信息。详见7.3.1.2.1。

7.3.13.2.2 服务日期和时间

发起服务的日期和时间。详见7.3.1.2.2。

7.3.13.2.3 请求方标识

标识请求方的信息。详见7.3.1.2.3。

当使用面向连接的通信时，该参数的使用是可选的；当使用存储转发通信时，该参数的使用是必备的。

7.3.13.2.4 应答方标识

标识应答方的信息。详见7.3.1.2.4。

当使用面向连接的通信时，该参数的使用是可选的；当使用存储转发通信时，该参数的使用是必备的。

7.3.13.2.5 到期日期

借阅文献必须返还给应答方的日期。此条至少包括下列两项之一：

——返还日期字段；

——采用"YES"或"NO"以示能否续借。

7.3.13.2.6 应答方注

应答方提供的，而其他服务原语不能提供的附加信息。

7.3.14 续借服务

7.3.14.1 功能

请求方利用此项服务请求续借借阅文献。只有在应答方表明借阅文献可续借时，才能要求续借。但是，在借阅文献不能续借时要求续借，也不为错。

7.3.14.2 参数

表 15

参数名称	请　求	指　示
事务标识	M	M
服务日期和时间	M	M
请求方标识	C	C
应答方标识	C	C
要求返还日期	U	U
请求方注释信息	U	U

注：该项服务要求总是导致相应的指示。

7.3.14.2.1 **事务标识**

唯一地标识馆际互借事务的信息。详见7.3.1.2.1。

7.3.14.2.2 **服务日期和时间**

发起服务的日期和时间。详见7.3.1.2.2。

7.3.14.2.3 **请求方标识**

标识请求方的信息。详见7.3.1.2.3。

当使用面向连接的通信时，该参数的使用是可选的；当使用存储转发通信时，该参数的使用是必备的。

7.3.14.2.4 **应答方标识**

标识应答方的信息。详见7.3.1.2.4。

当使用面向连接的通信时，该参数的使用是可选的；当使用存储转发通信时，该参数的使用是必备的。

7.3.14.2.5 **期望的到期日期**

续借文献的建议返还日期。

7.3.14.2.6 **应答方注释信息**

应答方提供，而其他服务原语不能提供的附加信息。

7.3.15 **“续借——应答”服务**

7.3.15.1 **功能**

这项服务被应答方用来应答一项续借请求，可以是“是”或“否”。“返还日期”参数在肯定应答时可选用。借阅文献的返还日期在此前提下将被确定。否则，现有的返还日期仍将有效。

7.3.15.2 **参数**

表16

参数名称	请求	指示
事务标识	M	M
服务日期和时间	M	M
请求方标识	C	C
应答方标识	C	C
应答	M	M
返还日期	C	C
应答方注释信息	U	U

注：该项服务要求总是导致相应的指示。

7.3.15.2.1 **事务标识**

唯一地标识馆际互借事务的信息。详见7.3.1.2.1。

7.3.15.2.2 **服务日期和时间**

发起服务的日期和时间。详见7.3.1.2.2。

7.3.15.2.3 **请求方标识**

标识请求方的信息。详见7.3.1.2.3。

当使用面向连接的通信时，该参数的使用是可选的；当使用存储转发通信时，该参数的使用是必备的。

7.3.15.2.4 **应答方标识**

标识应答方的信息。详见7.3.1.2.4。

当使用面向连接的通信时，该参数的使用是可选的；当使用存储转发通信时，该参数的使用是必备的。

7.3.15.2.5　应答

表明续借请求是否已被允许。用“是”或“否”表示。详见7.3.13.2.5。

7.3.15.2.6　到期

借阅文献应被返还的日期。

7.3.15.2.7　应答方注释信息

应答方提供，而其他服务原语不能提供的附加信息。

7.3.16　遗失服务

7.3.16.1　功能

这项服务被请求方或应答方用来表明需求文献已遗失。只有当需求文献真正遗失时，才使用这项服务。如果无法确定遗失文献是否能找到，则应当使用“消息”服务。对于请求方和应答方来说，这项服务即进入终结状态。

7.3.16.2　参数

表17

参数名称	请求	指示
事务标识	M	M
服务日期和时间	M	M
请求方标识	C	C
应答方标识	C	C
注释信息	U	U

注：该项服务要求总是导致相应的指示。

7.3.16.2.1　事务标识

标识馆际互借事务的唯一信息。详见7.3.1.2.1。

7.3.16.2.2　服务日期和时间

发起服务的日期和时间。详见7.3.1.2.2。

7.3.16.2.3　请求方标识

标识请求方的信息。详见7.3.1.2.3。

当使用面向连接的通信时，该参数的使用是可选的；当使用存储转发通信时，该参数的使用是必备的。

7.3.16.2.4　应答方标识

标识应答方的信息。详见7.3.1.2.4。

当使用面向连接的通信时，该参数的使用是可选的；当使用存储转发通信时，该参数的使用是必备的。

7.3.16.2.5　注释信息

应答方提供，而其他服务原语不能提供的附加信息。

7.3.17　破损服务

7.3.17.1　功能

这项服务为请求方或应答方用来表明借阅文献已被损坏。这项服务并不影响馆际互借处理状态。

7.3.17.2 参数

表 18

参数名称	请求	指示
事务标识	M	M
服务日期和时间	M	M
请求方标识	C	C
应答方标识	C	C
破损详情	U	U
注释信息	U	U

注：该项服务要求总是导致相应的指示。

7.3.17.2.1 事务标识

唯一地标识馆际互借事务的信息。详见 7.3.1.2.1。

7.3.17.2.2 服务日期和时间

发起服务的日期和时间。详见 7.3.1.2.2。

7.3.17.2.3 请求方标识

表示请求方的信息。详见 7.3.1.2.3。

当使用面向连接的通信时，该参数的使用是可选的；当使用存储转发通信时，该参数的使用是必备的。

7.3.17.2.4 应答方标识

标识应答方的信息。详见 7.3.1.2.4。

当使用面向连接的通信时，该参数的使用是可选的；当使用存储转发通信时，该参数的使用是必备的。

7.3.17.2.5 破损详情

关于借阅文献(实物或电子形式)是全部还是部分损坏的详情的信息。这一信息可为机读或人工识别，或两者兼有的信息。

7.3.17.2.6 注释信息

在其他服务原语中不能提供的附加信息。

7.3.18 消息服务

7.3.18.1 功能

请求方或应答方使用这一服务就进行中的馆际互借事务传递形式自由的、通常不为其他服务所运载的文本信息。这项服务可随时为请求方或应答方使用，而且并不影响馆际互借事务状态。

7.3.18.2 参数

表 19

参数名称	请求	指示
事务标识	M	M
服务日期与时间	M	M
请求方标识	C	C
应答方标识	C	C
注释信息	M	M

注：该项服务要求总是导致相应的指示。

7.3.18.2.1 **事务标识**

唯一地标识馆际互借事务的信息。详见7.3.1.2.1。

7.3.18.2.2 **服务日期和时间**

发起服务的日期和时间。详见7.3.1.2.2。

7.3.18.2.3 **请求方标识**

标识请求方的信息。详见7.3.1.2.3。

当使用面向连接的通信时，该参数的使用是可选的；当使用存储转发通信时，该参数的使用是必备的。

7.3.18.2.4 **应答方标识**

标识应答方的信息。详见7.3.1.2.4。

当使用面向连接的通信时，该参数的使用是可选的；当使用存储转发通信时，该参数的使用是必备的。

7.3.18.2.5 **注释信息**

在其他服务原语中不能提供的附加信息。

7.3.19 状态查询服务

7.3.19.1 **功能**

此项服务为请求方或应答方用来查询馆际互借事务的当前进展情况。这里的"事务标识"是指一正在进行之中的、需其状态报告的馆际互借事务的标识。这项服务可随时为请求方或应答方使用，且不影响馆际互借事务状态。此项服务意在端对端状态查询，即请求方向应答方查询或应答方向请求方查询。这项服务不包括向中介者提供状态信息。

7.3.19.2 **参数**

表20

参数名称	请求	指示
事务标识	M	M
服务日期和时间	M	M
请求方标识	C	C
应答方标识	C	C
注释信息	U	U

注：该项服务要求总是导致相应的指示。

7.3.19.2.1 **事务标识**

唯一地标识馆际互借事务的信息。详见7.3.1.2.1。

7.3.19.2.2 **服务日期和时间**

发起服务的日期和时间。详见7.3.1.2.2。

7.3.19.2.3 **请求方标识**

标识请求方的信息。详见7.3.1.2.3。

当使用面向连接的通信时，该参数的使用是可选的；当使用存储转发通信时，该参数的使用是必备的。

7.3.19.2.4 **应答方标识**

标识应答方的信息。详见7.3.1.2.4。

当使用面向连接的通信时，该参数的使用是可选的；当使用存储转发通信时，该参数的使用是必备的。

7.3.19.2.5　**注释信息**

在其他服务原语中不能提供的附加信息。

7.3.20　**状态或错误报告服务**

7.3.20.1　**功能**

这项服务使得用户能够向其他用户提供状态或错误、或两者兼而有之的信息。状态报告可随时或应状态查询而提供。错误报告可由服务的用户或服务提供者在发现问题时发出，以回绝某一服务要求。这项服务可由请求方或应答方随时应用，且不影响馆际互借事务状态。

7.3.20.2　**参数**

表 21

参数名称	请　求	指　示
事务标识	M	M
服务日期和时间	M	M
请求方标识	C	C
应答方标识	C	C
无报告原因	C	C
状态报告	U	U
错误报告	U	U
注释信息	U	U

注：该项服务要求总是导致相应的指示。

7.3.20.2.1　**事务标识**

唯一地标识馆际互借事务的信息。详见 7.3.1.2.1。

7.3.20.2.2　**服务日期和时间**

发起服务的日期和时间。详见 7.3.1.2.2。

7.3.20.2.3　**请求方标识**

标识请求方的信息。详见 7.3.1.2.3。

当使用面向连接的通信时，该参数的使用是可选的；当使用存储转发通信时，该参数的使用是必备的。

7.3.20.2.4　**应答方标识**

标识应答方的信息。详见 7.3.1.2.4。

当使用面向连接的通信时，该参数的使用是可选的；当使用存储转发通信时，该参数的使用是必备的。

7.3.20.2.5　**无报告原因**

关于是暂时还是永久不能提供需求文献的指示。使用此参数的条件是“状态报告”和“错误报告”两项均为空白。

7.3.20.2.6　**状态报告**

此项参数包括确切的馆际互借历史和进行状态的信息，这些信息用来跟踪馆际互借事件进展，有助于确认与这一事件相关的参考条目的性质。这一参数有如下内容：

——请求方发出馆际互借要求的日期；

——借阅文献的作者；

——文献题名；

——篇目作者；

——篇目名；

——最近状态变化日期；

——最近启动的服务；

——最近服务的启动者；

——所传递的服务类型；

——事务结果；

——最近一次服务所含附注；

——提供者状态报告:为应答申请表内容而做的关于馆际互借现状的详细说明。这一信息为负责维护馆际互借状态的服务提供者提供。

7.3.20.2.7 **错误报告**

这一参数包括所发现错误的性质的确切信息,它含有下列项目:

——相互关系信息,它用来把错误报告与和报告相关的服务需求相联系。

——来源,它指明错误报告的最初来源,需用任一项馆际互借服务用户或服务提供者数值。

——用户错误报告,当来源是馆际互借用户时即被提供。它详细说明查出问题的性质并提供其他解释信息(如果有的话):

- 已传递的
- 中介问题:可能是如下原因:
  - 未能向前传递:说明由于通信问题,一中介未能按要求传递。
- 安全问题:可能的原因在这一国际标准范围之外。
- 不能履行;可能的原因为:
  - 关闭:说明由于一些技术问题用户暂时不能考虑新的要求。
  - 资源局限:说明由于资源局限用户不能行使所要求的服务。
  - 其他。

——提供者错误报告;当来源是馆际互借服务提供者时提供。它详述查出问题的性质和原因(如果有的话):

- 一般问题;可能的原因如下:
  - 未能识别信息;
  - 未能识别数据类型;
  - 劣质结构的信息;
  - 协议版本不支持;
  - 其他。
- 事务标识问题;可能的原因如下:
  - 重复的事务标识,如:从同一请求方处收到的原始需求的重复值;
  - 无效事务标识,如,未具个人或学术机构代号;或者未具个人或学术机构名;
  - 不可识别的事务标识(不能提出馆际互借请求);
- 被禁的状态转换;当收到的原始指示无效时,此种问题就会发生。错误报告有如下内容:
  - 服务类型:确认被拒原始指示的类型;
  - 现在状态:确认接收者的现存状态;

用户错误报告和提供者错误报告是无关联的。

7.3.20.2.8 **注释信息**

在其他服务原语中不能提供的附加信息。

7.3.21 **截止期限服务**

7.3.21.1 **功能**

这项服务为服务提供者用来通知馆际互借的用户已到期。执行这项服务有两个条件,一是馆际互借请求中附有详细的截止日期；二是(在“应答”或“传递”表上的)截止日期前应答方无应答。如在附条件结果的馆际互借应答服务中规定的应答日期前无“条件应答”收到，那么，这项服务也会启动。这一服务使得馆际互借事务进入不工作状态。

7.3.21.2　**参数**

表 22

参　数　名	指　示
事务标识	M
服务日期和时间	M
请求方标识	C
应答方标识	C

注：请求方和应答方服务用户都收到原始指示。

7.3.21.2.1　**事务标识**

唯一地标识馆际互借事务的信息。详见 7.3.1.2.1。

7.3.21.2.2　**服务日期和时间**

发起服务的日期和时间。详见 7.3.1.2.2。

7.3.21.2.3　**请求方标识**

标识请求方的信息。详见 7.3.1.2.3。

当使用面向连接的通信时，该参数的使用是可选的；当使用存储转发通信时，该参数的使用是必备的。

7.3.21.2.4　**应答方标识**

标识应答方的信息。详见 7.3.1.2.4。

当使用面向连接的通信时，该参数的使用是可选的；当使用存储转发通信时，该参数的使用是必备的。

8　原语顺序

这一条款为请求方、应答方和中介定义原语的有效顺序。这一顺序主要通过运用状态转换的图表来获得。

8.1　重现遗失信息和纠正错序信息

馆际互借服务可重现遗失或错序的信息。

8.1.1　遗失信息

重现遗失信息主要通过两条途径实现：

a)　通过运用最新用户的始发请求的能力；这使用户对下列两种情形产生应激反应：一是执行的馆际互借事务无显著进展；二是发现有通信问题。

注：需要重复服务时，操作人员需介入以做出决定。

b)　在缺乏明细信息时仍保证馆际互借事务的进展。例如，提供者提供需求件并不一定需要馆际互借应答服务和传递服务的明示。收到借阅文献即表明馆际互借事务进展顺利。因此，在传递过程中遗失馆际互借应答和传递服务信息并非紧要。

8.1.2　错序信息

纠正错序信息可通过：

a)　提供其他途径以利馆际互借事务进行。例如，应答方可从“条件”状态转换到“取消等待”状态。这一过程既可由于取消指示的原因而直接进行，也可先基于收到“条件应答”指示回到“等待”状态，然后再到“取消等待”状态这样间接地进行。如果请求方发送一“条件应答”信息，回答是肯定的;随即又发送“取消”信息,应答方应转换到“取消等待”状态,无论前一信息如何指示。

b) 以基础协议机制查出错序信息。按此方式,如甲信息在乙信息之前发出,但在乙信息之后收到,那么,协议机就不改变状态,但要传递信息的内容给用户,以防后到的信息仍对用户来说有意义。这种情形不为错误,无错误报告反馈给启动者。

8.2 状态转换

图 9～图 14 为状态转换图表,它表明服务用户所见的有效的状态转换,以及何种事件引起状态转换。这些图表表明,在服务用户与服务提供者之间只有可见的交互被允许。而且,上述图表代表一个馆际互借事件,虽然服务提供者可以支持多件同时发生的馆际互借事件。

状态转换图 9 和图 10 表明借阅可返还文献事件中请求方和应答方有效状态,例如,馆际互借服务类型为“借出”。

图 11 和图 12 表明与一个复本/不可返还文献的请求相应状态转换。

注:为可返还以及不可返还文献所用的不同的状态转换图表,是一简明便利的标记方式,它增进了展示的清晰度。

至于其他服务类型,如估价或保存,图 11 或图 12 都适用。

图 13 和图 14 分别表明在请求方和应答方之间的中介有效状态。这些图表适用于馆际互借请求的所有类型。

在这些状态转换图表中,状态转换旁边的数字指明何种事件能造成转换。根据如下的条例,三种类型的服务事件被陈述:

a) 无附加标记的数字表明一件原始事务。一个原始请求或指示可以是及时的;如,它发生在一馆际互借事务正常的过程之中,并引起一个状态变化。或者,一个原始指示事件可以是非及时的,例如,在行使导致指示的服务请求之后的事件推进了状态转换。非及时的指示事件不会引起状态转换。一个非及时的指示事件的例子是,在文献被收到以及“已收到”的服务行使后,请求方才收到“可以提供”馆际互借应答的指示。

b) 数字上标有 * 号的,表明一项服务是先前一项相同类型服务的重复。

c) 数字上标有两个 * * 号的,表明一项服务事件可能是原始的,也可能是重复的。

为了尽量简单明了,这些图表并不包括下列类型的交互,这些交互并不引起状态转换:

a) 与“消息”、“状态请求”和“状态或错误报告”服务有关的事件;

b) 错序信息指示,例如:被内在通信服务以错误顺序传递的信息。例如,一应答方可启动一“已传递”的请求和随后的催还请求。如相应的信息错序传递,请求方在作了适当的状态转换以应答催还指示后,将收到错序的“已传递”指示。

c) 无序应答的重复指示,如:“馆际互借应答”(未满足的,可以提供,重试,估价,提供地址,或预约保留),转发通知,已传递,条件应答,取消应答,已收到,已返还,已收登,续借应答,遗失,破损等。

附录 A 包括时间顺序图表,它表明一些事件可能的顺序,这些事件涉及请求方和应答方的服务用户以及服务的提供者。

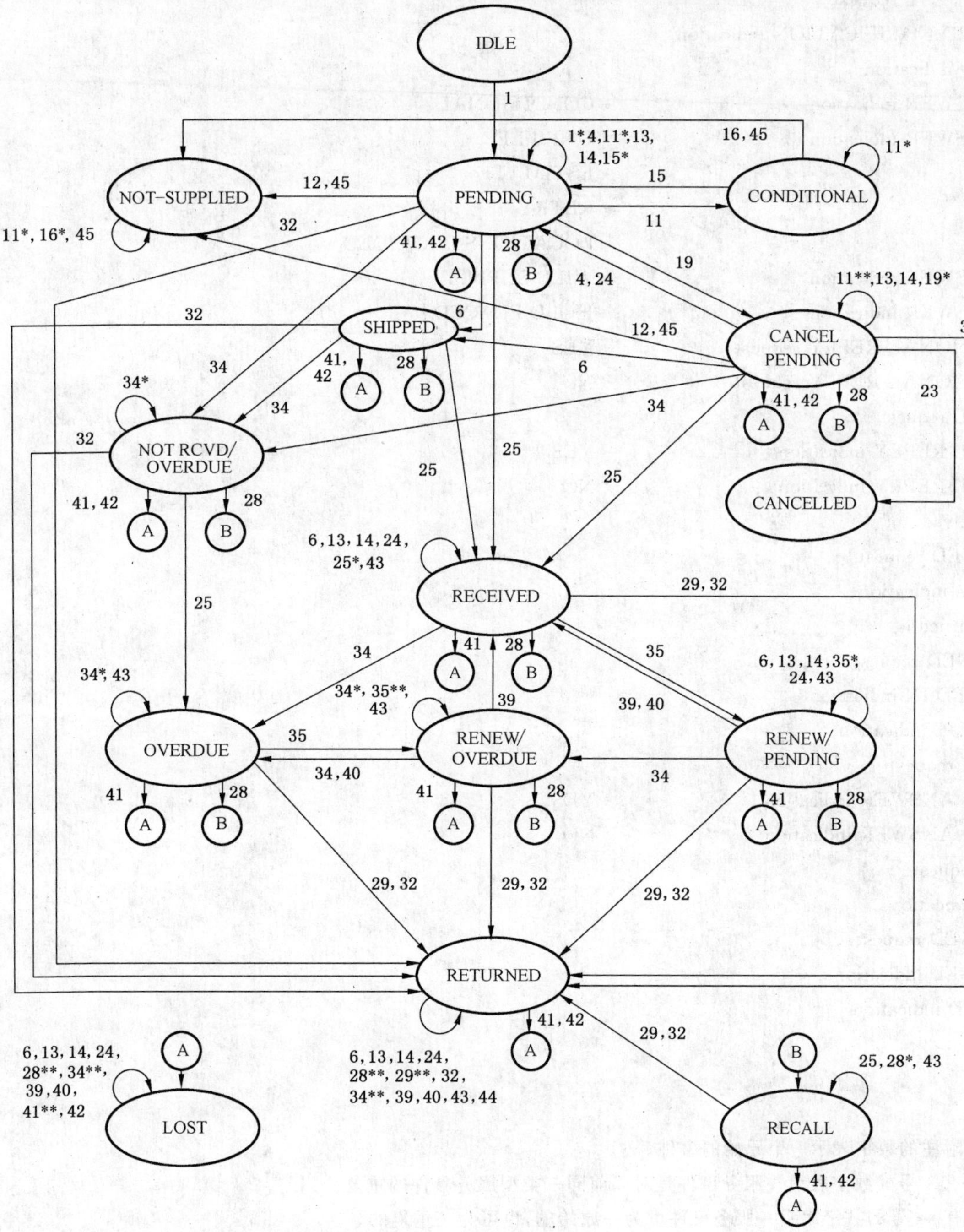

图 9　请求方状态转换:涉及可返还文献的馆际互借事务(限于序列事件)

服务原语代码

1 ILL-REQUEST request	
4 FORWARD-NOTIFICATION indication	
6 SHIPPED indication	
11 ILL-ANSWER indication	- CONDITIONAL
12 ILL-ANSWER indication	- UNFILLED
	- ESTIMATE
	- RETRY
	- LOCATIONS-PROVIDED
13 ILL-ANSWER indication	- WILL-SUPPLY
14 ILL-ANSWER indication	- HOLD-PLACED
15 CONDITIONAL-REPLY request	- YES
16 CONDITIONAL-REPLY request	- NO
19 CANCEL request	
23 CANCEL-REPLY indication	- YES
24 CANCEL-REPLY indication	- NO
25 item received RECEIVED request	
28 RECALL indication	
29 item returned RETURNED request	
32 CHECKED-IN indication	
34 OVERDUE indication	
35 RENEW request	
39 RENEW-ANSWER indication	- YES
40 RENEW-ANSWER indication	- NO
41 LOST request	
42 LOST indication	
43 DAMAGED request	
44 DAMAGED indication	
45 EXPIRED indication	

图例

a) 无附注的数字表示一个原始的事件。

b) 附有 * 号的数字表示一服务事件是对以前同一类型服务事件的重复。

c) 附有 ** 号的数字表示一服务事件可为一原始的,也可为一重复的。

图 9 (续)

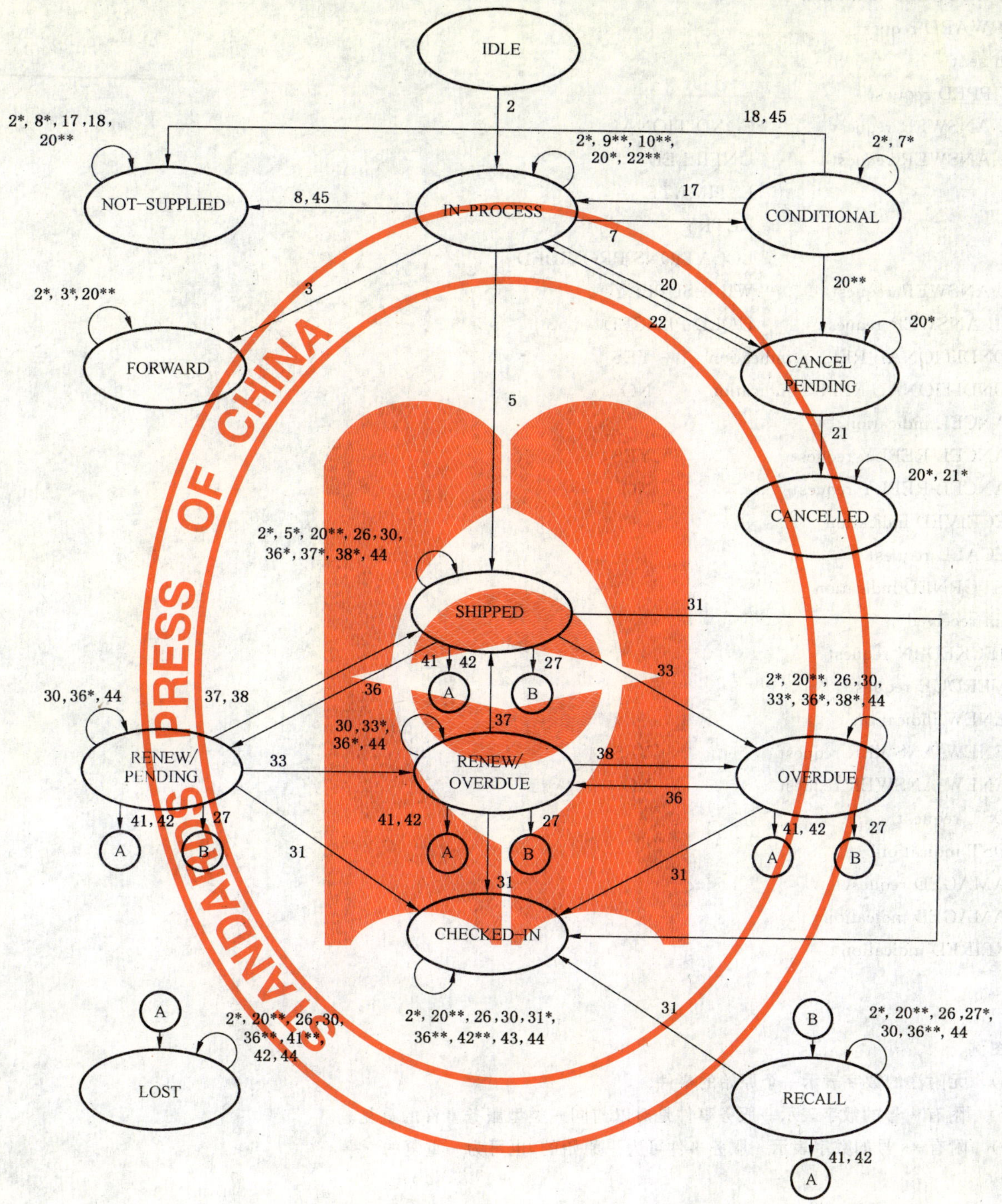

图 10　应答方状态转换:可返还文献(限于序列事件)

服务原语代码

2 ILL-REQUEST indication
3 FORWARD request
5 item sent
SHIPPED request
7 ILL-ANSWER request - CONDITIONAL
8 ILL-ANSWER request - UNFILLED
- ESTIMATE
- RETRY
- LOCATIONS-PROVIDED
9 ILL-ANSWER request - WILL-SUPPLY
10 ILL-ANSWER request - HOLD PLACED
17 CONDITIONAL-REPLY indication - YES
18 CONDITIONAL-REPLY indication - NO
20 CANCEL indication
21 CANCEL-REPLY request - YES
22 CANCEL-REPLY request - NO
26 RECEIVED indication
27 RECALL request
30 RETURNED indication
31 item received
CHECKED-IN request
33 OVERDUE request
36 RENEW indication
37 RENEW-ANSWER request - YES
38 RENEW-ANSWER request - NO
41 LOST request
42 LOST indication
43 DAMAGED request
44 DAMAGED indication
45 EXPIRED indication

图例

a) 无附注的数字表示一个原始的事件。

b) 附有 * 号的数字表示一服务事件是对以前同一类型服务事件的重复。

c) 附有 ** 号的数字表示一服务事件可为一原始的,也可为一重复的。

图 10(续)

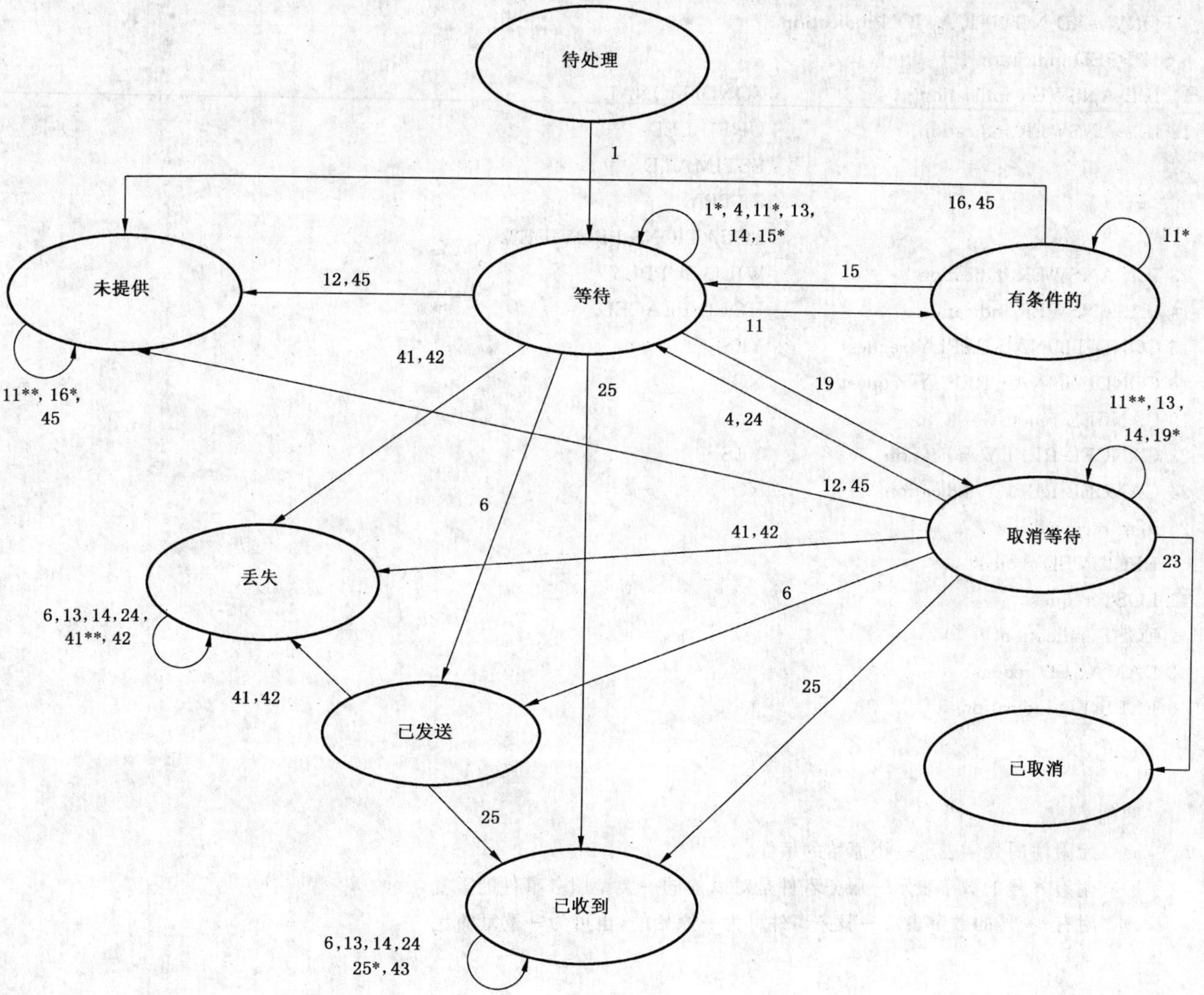

图 11　请求方状态转换:涉及可返还文献的馆际互借事务(限于序列事件)

服务原语代码

1 ILL-REQUEST request	
4 FORWARD-NOTIFICATION indication	
6 SHIPPED indication	
11 ILL-ANSWER indication	- CONDITIONAL
12 ILL-ANSWER indication	- UNFILLED
	- ESTIMATE
	- RETRY
	- LOCATIONS-PROVIDED
13 ILL-ANSWER indication	- WILL-SUPPLY
14 ILL-ANSWER indication	- HOLD PLACED
15 CONDITIONAL-REPLY request	- YES
16 CONDITIONAL-REPLY request	- NO
19 CANCEL request	
23 CANCEL-REPLY indication	- YES
24 CANCEL-REPLY indication	- NO
25 item received RECEIVED request	
41 LOST request	
42 LOST indication	
43 DAMAGED request	
45 EXPIRED indication	

图例

a) 无附注的数字表示一个原始的事件。

b) 附有 * 号的数字表示一服务事件是对以前同一类型服务事件的重复。

c) 附有 ** 号的数字表示一服务事件可为一原始的,也可为一重复的。

图 11(续)

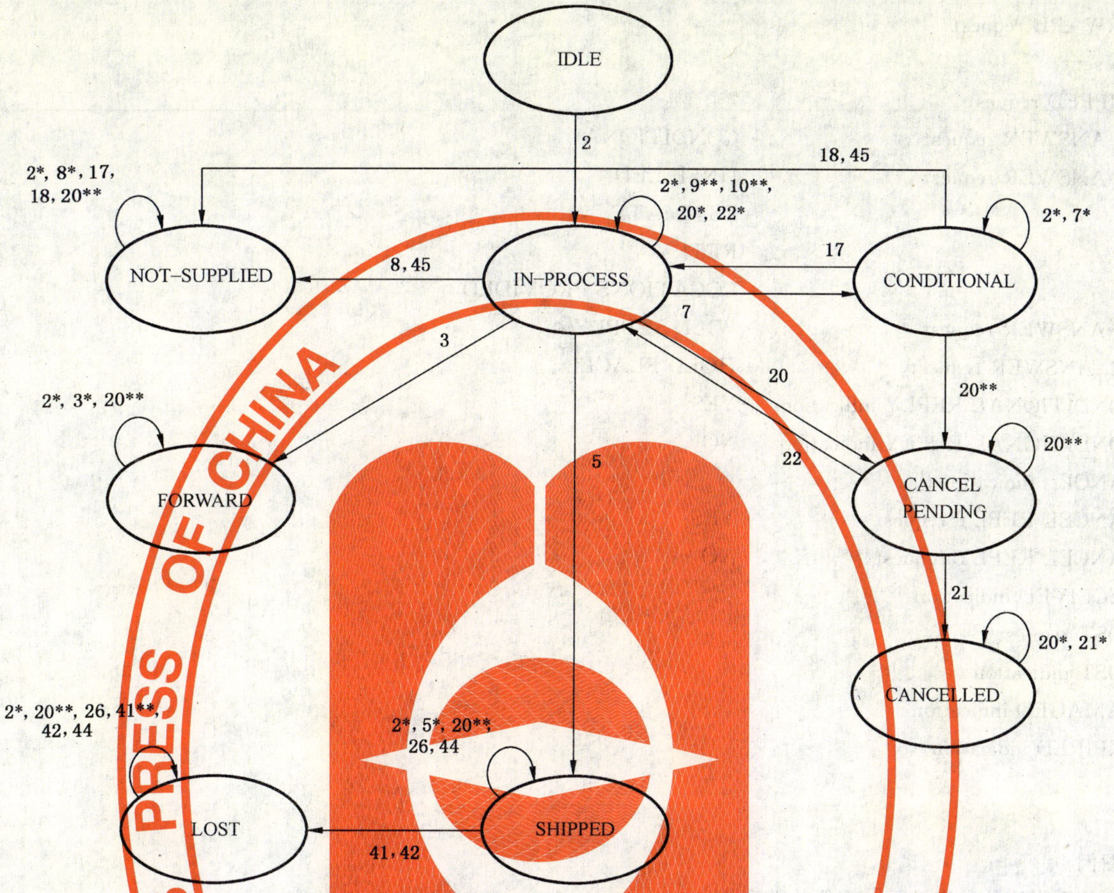

图 12 应答方状态转换:涉及不可返还文献的馆际互借事务(限于序列事件)

服务原语代码	
2 ILL-REQUEST indication	
3 FORWARD request	
5 item sent	
SHIPPED request	
7 ILL-ANSWER request	- CONDITIONAL
8 ILL-ANSWER request	- UNFILLED
	- ESTIMATE
	- RETRY
	- LOCATIONS-PROVIDED
9 ILL-ANSWER request	- WILL-SUPPLY
10 ILL-ANSWER request	- HOLD PLACED
17 CONDITIONAL-REPLY indication	- YES
18 CONDITIONAL-REPLY indication	- NO
20 CANCEL indication	
21 CANCEL-REPLY request	- YES
22 CANCEL-REPLY request	- NO
26 RECEIVED indication	
41 LOST request	
42 LOST indication	
44 DAMAGED indication	
45 EXPIRED indication	

图例

a) 无附注的数字表示一个原始的事件。

b) 附有 * 号的数字表示一服务事件是对以前同一类型服务事件的重复。

c) 附有 ** 号的数字表示一服务事件可为一原始的，也可为一重复的。

图 12（续）

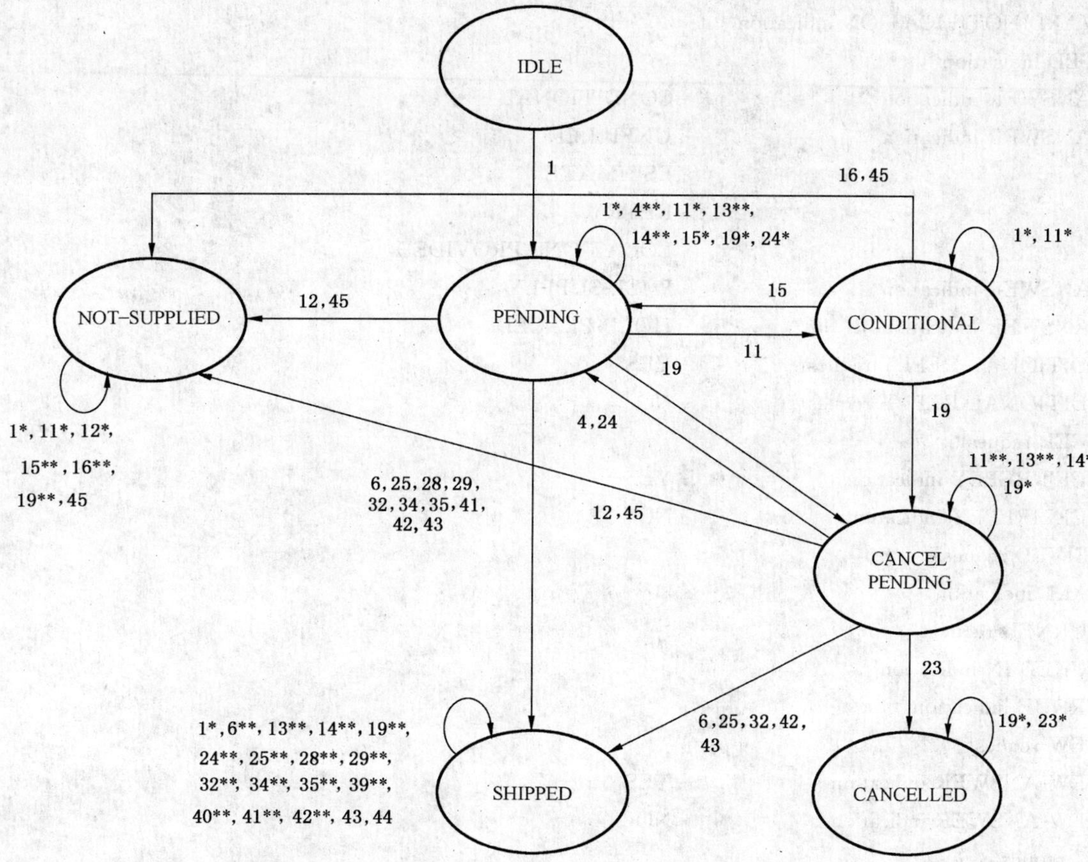

图 13　中介状态转换:请求方的作用(限于顺序事件)

服务原语代码

1 ILL-REQUEST request	
4 FORWARD-NOTIFICATION indication	
6 SHIPPED indication	
11 ILL-ANSWER indication	- CONDITIONAL
12 ILL-ANSWER indication	- UNFILLED
	- ESTIMATE
	- RETRY
	- LOCATIONS-PROVIDED
13 ILL-ANSWER indication	- WILL-SUPPLY
14 ILL-ANSWER indication	- HOLD-PLACED
15 CONDITIONAL-REPLY request	- YES
16 CONDITIONAL-REPLY request	- NO
19 CANCEL request	
23 CANCEL-REPLY indication	- YES
24 CANCEL-REPLY indication	- NO
25 RECEIVED request	
28 RECALL indication	
29 RETURNED request	
32 CHECKED-IN indication	
34 OVERDUE indication	
35 RENEW request	
39 RENEW-ANSWER indication	- YES
40 RENEW-ANSWER indication	- NO
41 LOST request	
42 LOST indication	
43 DAMAGED request	
44 DAMAGED indication	
45 EXPIRED indication	

图例

a) 无附注的数字表示一个原始的事件。

b) 附有 * 号的数字表示一服务事件是对以前同一类型服务事件的重复。

c) 附有 ** 号的数字表示一服务事件可为一原始的,也可为一重复的。

图 13(续)

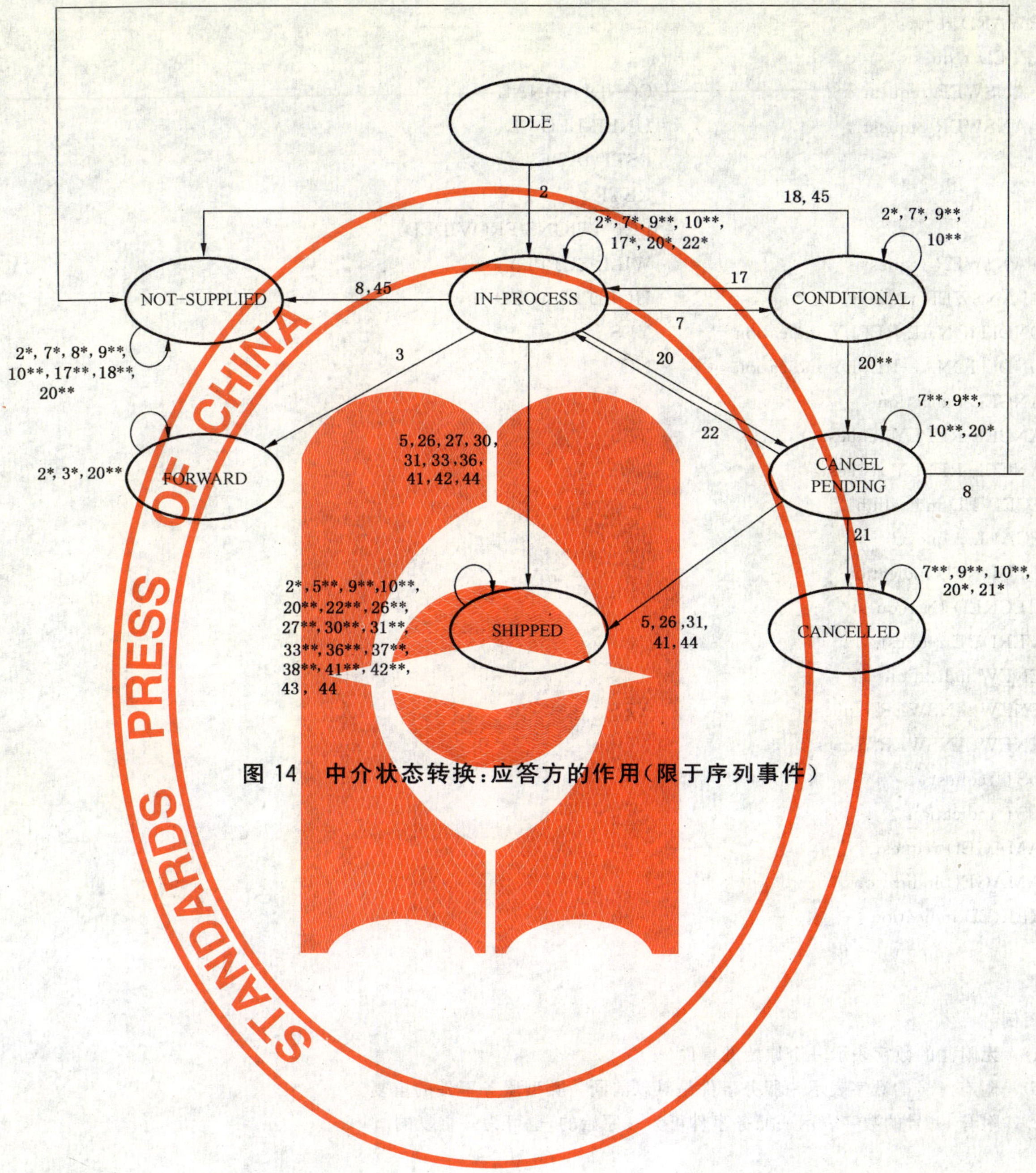

图 14 中介状态转换:应答方的作用(限于序列事件)

服务原语代码

2 ILL-REQUEST indication	
3 FORWARD request	
5 SHIPPED request	
7 ILL-ANSWER request	- CONDITIONAL
8 ILL-ANSWER request	- UNFILLED
	- ESTIMATE
	- RETRY
	- LOCATIONS-PROVIDED
9 ILL-ANSWER request	- WILL-SUPPLY
10 ILL-ANSWER request	- HOLD PLACED
17 CONDITIONAL-REPLY indication	- YES
18 CONDITIONAL-REPLY indication	- NO
20 CANCEL indication	
21 CANCEL-REPLY request	- YES
22 CANCEL-REPLY request	- NO
26 RECEIVED indication	
27 RECALL request	
30 RETURNED indication	
31 CHECKED-IN request	
33 OVERDUE request	
36 RENEW indication	
37 RENEW-ANSWER request	- YES
38 RENEW-ANSWER request	- NO
41 LOST request	
42 LOST indication	
43 DAMAGED request	
44 DAMAGED indication	
45 EXPIRED indication	

图例

a) 无附注的数字表示一个原始的事件。

b) 附有 * 号的数字表示一服务事件是对以前同一类型服务事件的重复。

c) 附有 ** 号的数字表示一服务事件可为一原始的,也可为一重复的。

图 14(续)

8.3 附加排序规则

1) 在馆际互借事务启动之前(即:在一馆际互借请求发出或收到之前),它便是“等待”状态。唯一有效的信息是“馆际互借请求”。

2) 在馆际互借中一旦无更多的服务需要行使,便是终结状态之一。当地馆际互借的结束步骤并不是本标准的一部分。

3) 所有的状态都可应用于涉及返还文献(例如一本书)的馆际互借事件。对于请求方来说,这种馆际互借事件,可能的终结状态为“不能被提供”、“已取消”、“已返还”和“遗失”。对于回复者来说,可能的终结状态为“不能被提供”、“已取消”、“已转发”、“已收登”和“遗失”。

4) 对于涉及不可返还文献的馆际互借事件例如复印件或微缩件来说,“逾期”、“已返还”、“催还”

以及“已收登”状态并不实用。此种馆际互借事件，对于请求方来说，可能的终结状态为“不能被提供”、“已取消”、“已收到”和“遗失”；而对于应答方来说，可能的终结状态为“不能被提供”、“已取消”、“转发”、“已传递”以及“遗失”。

5) 一些请求服务的原始事务，如：已发送、注销、已收到以及已返还，与可选信息有关，因此，可能并非带来相应的原语指示服务。

6) “已收到”和“已返还”信息（请求或指示）不引起状态变化。

7) 对于请求方来说，涉及可返还文献的馆际互借事件的最小规模的交互为：

——“馆际互借请求”请求

——“已收到”请求

——“已返还”请求

8) 对于应答方来说，涉及可返还文献的馆际互借事件的最小规模的交互为：

——“馆际互借请求”指示

——“已传递”请求

——“已收登”请求

9) 对于请求方来说，涉及不可返还文献的馆际互借事件的最小规模的交互为：

——“馆际互借请求”请求

——“已收到”请求

10) 对于应答方来说，涉及不可返还文献的馆际互借事件的最小规模的交互为：

——“馆际互借请求”指示

——“已传递”请求

11) “状态查询”、“状态或错误报告”和“消息”服务可在任何时间、任何状态被启动。它们不引起任何状态转换。

12) “状态或错误报告”服务可用来应答状态查询，它也可以自我服务。

13) 一旦应答方已将一项请求转发至另一协作单位，那么，有效的服务仅剩下：“已转发”、“状态查询”、“状态或错误报告”以及“消息”等项服务。

14) 为支持服务要求以重复某些服务，某些如逾期，以及为使由诸如信息遗失、信息讹误、收到错误信息或其他服务用户未能及时应答等原因造成的状态恢复正常，某些服务请求可能会重复。

这些重复服务请求为以下内容规定：原始请求的日期和时间，以及作为服务日期和时间参数部分的重复请求的日期和时间。除了“注”的参数可能变化，其他的服务参数仍保持原样。

除下列服务外，其他服务都可重复：

——消息；

——状态查询；

——状态或错误报告；

——破损。

为行使上述各项服务，多重服务可被启动，但每一项这种服务都被考虑为一项新服务，原始服务的日期和时间并不被提供。

由于最初改变始发“应用-实物-行使”状态的请求，由请求方或提供者提出的重复服务请求只有在无事件发生时才被允许。在这种状态变化之前，请求可以重复多遍。

对于中介来说，服务请求可在其他服务请求启动之前重复（除了上列各项不能重复的服务）。因此，甚至在来临事件已经为中介引起状态变化的情况下，这一中介仍可重复服务请求。

对于应用整体始发的请求，重复服务请求并不引起状态转换。它们只是使得相应的信息再次发送。在接收端，如果应用整体不能接收前面的信息，它将把重复信息作为一个原始事件处理。否则，它将只是生成用户指示而不改变状态。例如，如果请求方接收不到馆际互借应答信息，或已经接受到这一信息，但由于设备或通信问题，信息内容改变，应答方可再发送这一信息。

15) 对于一个具体事件来说，在由相同成员（请求方、应答方、中介）运作的服务中，“服务和时间”值的参数必须唯一。

16) 服务提供者明示于接收者：指示是重复的，错序的，或者在它们有效的时间后发生（例如，它们被后发的事件超过）。这样做是为了防止遗漏一些含有有用的信息的指示。这样的指示并不引起状态转换。

对于那些期待应答的服务指示，例如：“馆际互借请求”、“有条件的馆际互借应答”、“续借”、“逾期”、“取消”和“催还”，接收者应对指示作应答，如已作应答，可重复早先的应答。这种重复可防止原始应答遗失。

17) 如请求方从应答方处接收到一个意外信息，如：“应答方标识”参数确认一个系统而不是请求最早被送达处，并且“中介”参数未现，无“转发通知”指示被收到，那么，请求方会把这种情形作为默许的转发。如请求方已发给原始应答方一项期待应答的请求，如：一个“取消”请求，如这一请求从已接收到的信息来看仍然合适的话，这一请求应为新应答方重复。

18) 一旦应答方收到一项取消指示，除下列情形外，必须以取消应答请求答复：应答方已发出“已传递”请求、“转发”请求或以“估价”、“重试”或“提供地址”为结果的馆际互借应答请求，这样，“取消”指示就可忽略，无“取消应答”请求发出。请求已发出的服务应重复以防原始信息未被请求方收到。

19) 对于链式或分区馆际互借事务，必须维持两套馆际互借事件状态信息：一套为与请求方有关的交互，另一套为与应答方有关的交互。对于与请求方有关的交互，中介充当了应答方的角色。它的终结状态是“已传递”、“转发取消”和“不能被提供”。对于与应答方有关的交互，中介起着请求方的作用。它的终结状态为“已传递”、“已取消”和“不能被提供”。

20) 对于分区馆际互借事件的中介来说，在图14中确认的并在“已传递”状态发生的事件都不应发生。这些事件仅可应用于链式馆际互借状态。

附　录　A
（资料性附录）
时间顺序图

时间顺序图用于说明交互序列是如何在时间上相关的。

时间顺序图指出：

1）　从请求方和应答方的不同角度说明事件顺序；

2）　在适当处表明在请求方和应答方之间的事件顺序。

每一图解被两条垂直线分成三列。中间一列表示服务提供者，旁边两列表示两个服务用户。垂直线表示服务用户和服务提供者的概念分界。

在每一分界内的事件序列沿代表时间流逝的直线排列，时间自上而下递增。

代表服务用户区的箭头表示原语的传播方向（即传向或来自服务用户），并可能包含服务用户和服务提供者之间的内在信息流控制。

在时间直线之间的带角度的虚线箭头强调存在于两个用户提供者界面之间的必要的顺序关系。如无此箭头，则表明在两直线上的两点之间，没有特定的时间顺序。

启动每一原语而导致的状态在括号中表明。

时间顺序图 A.1 描述对需返还文献实体的一次简单借阅所要求的交互的最小数值。无选项指示原语显示。

时间顺序图 A.2 描述同样的馆际互借事件，但带有选项指示原语（已传递、已收到、已返还、已注销）。

时间顺序图 A.3 描述在续借之后发生的馆际互借请求。无选项指示原语显示。

时间顺序图 A.4 表示提供无需返还复印件的馆际互借的交互，包括选项指示原语。

时间顺序图 A.5 描述遭到几次冲突的“馆际互借请求”。在文献传递之后，应答方收到“取消”指示，“续借”信息和“逾期”信息在传递过程中交错，在文献返还之后，请求方收到逾期信息。

时间顺序图 A.6 用于“状态查询”和“状态或错误报告”。

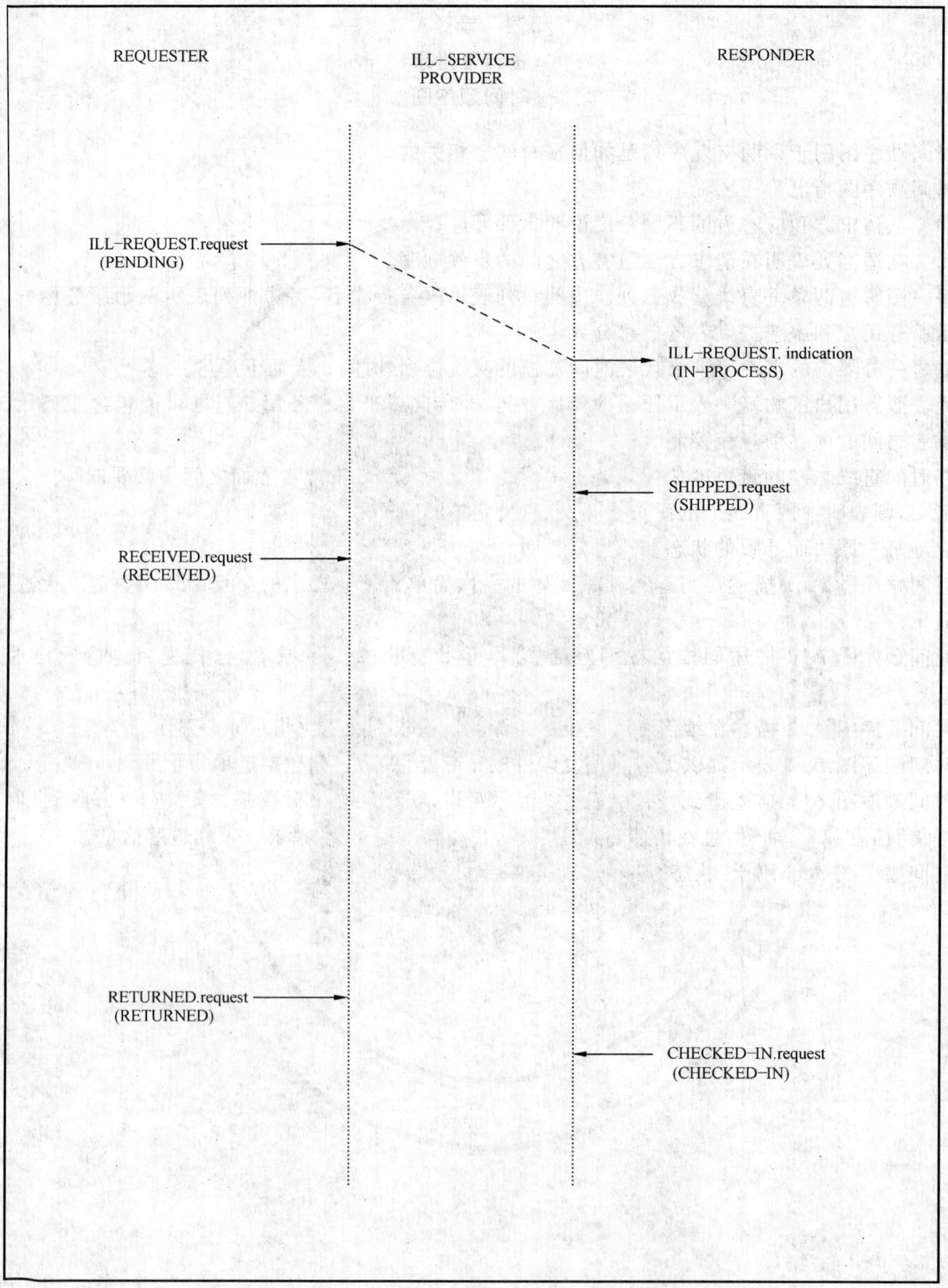

图 A.1 用于需返还文献实体借阅的时间顺序图(最少的交互-无选项指示)

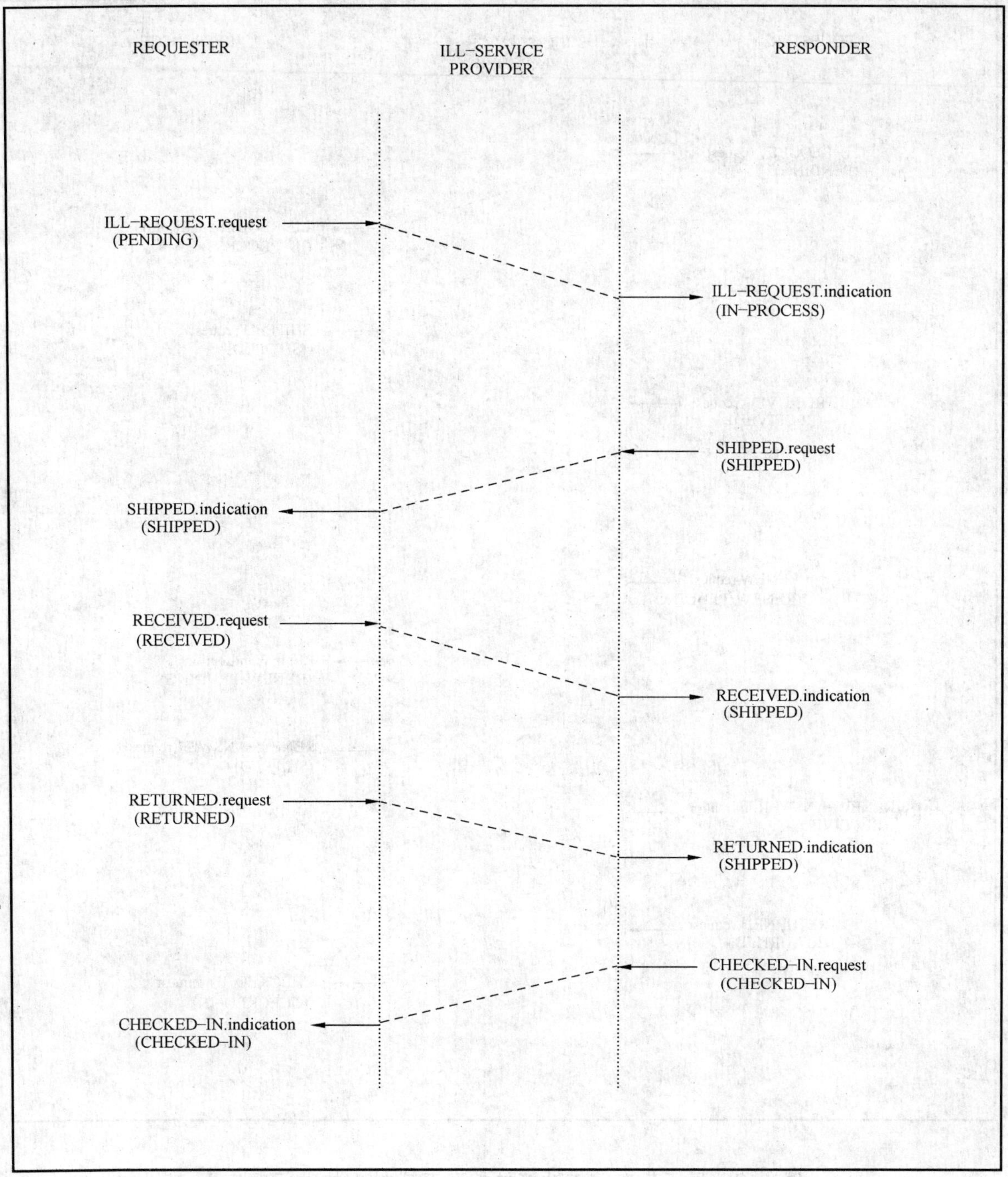

图 A.2 用于需返还文献实体借阅的时间顺序图(包括选项指示原语)

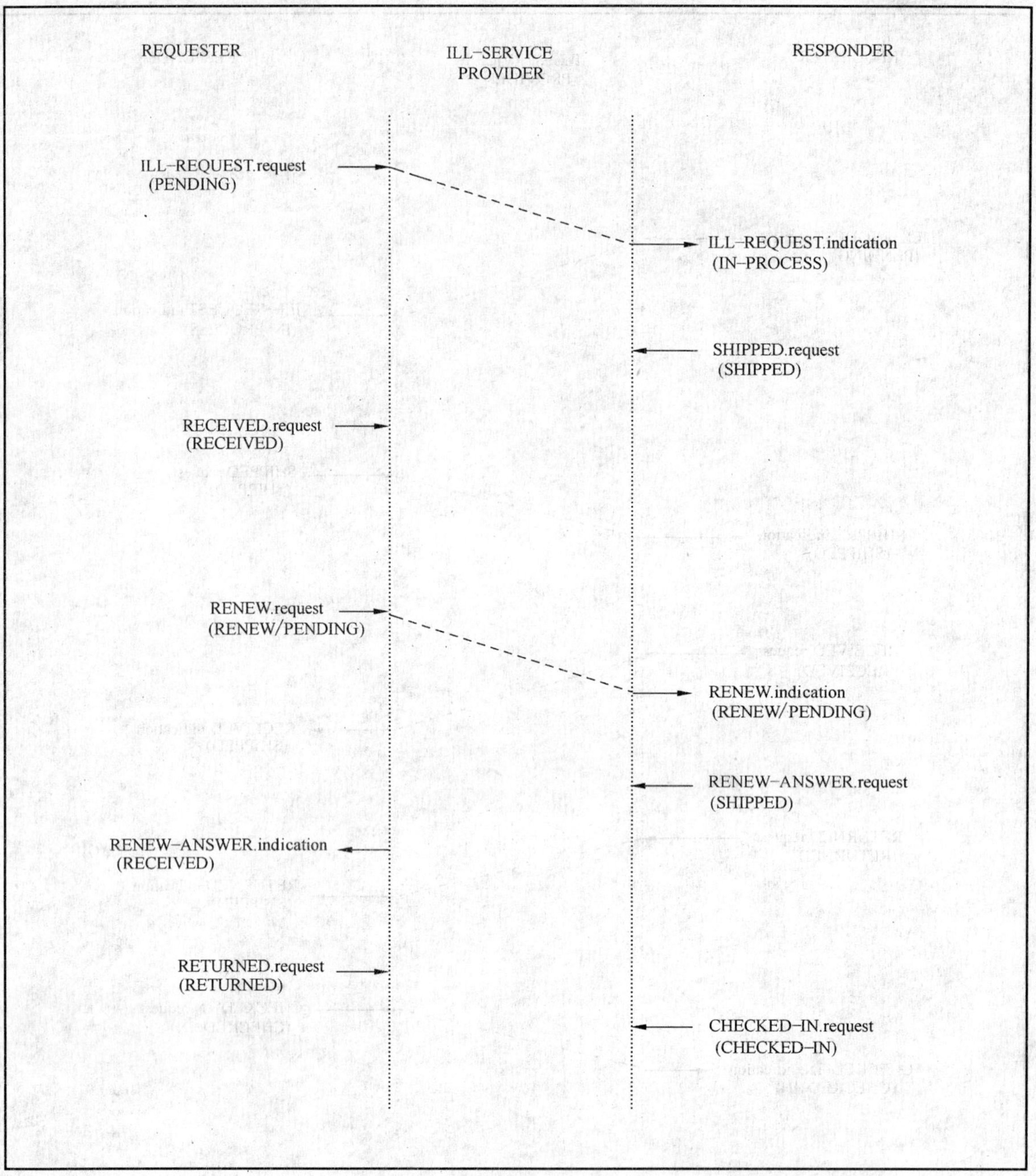

图 A.3　用于带有续借功能的馆际互借处理的时间顺序图

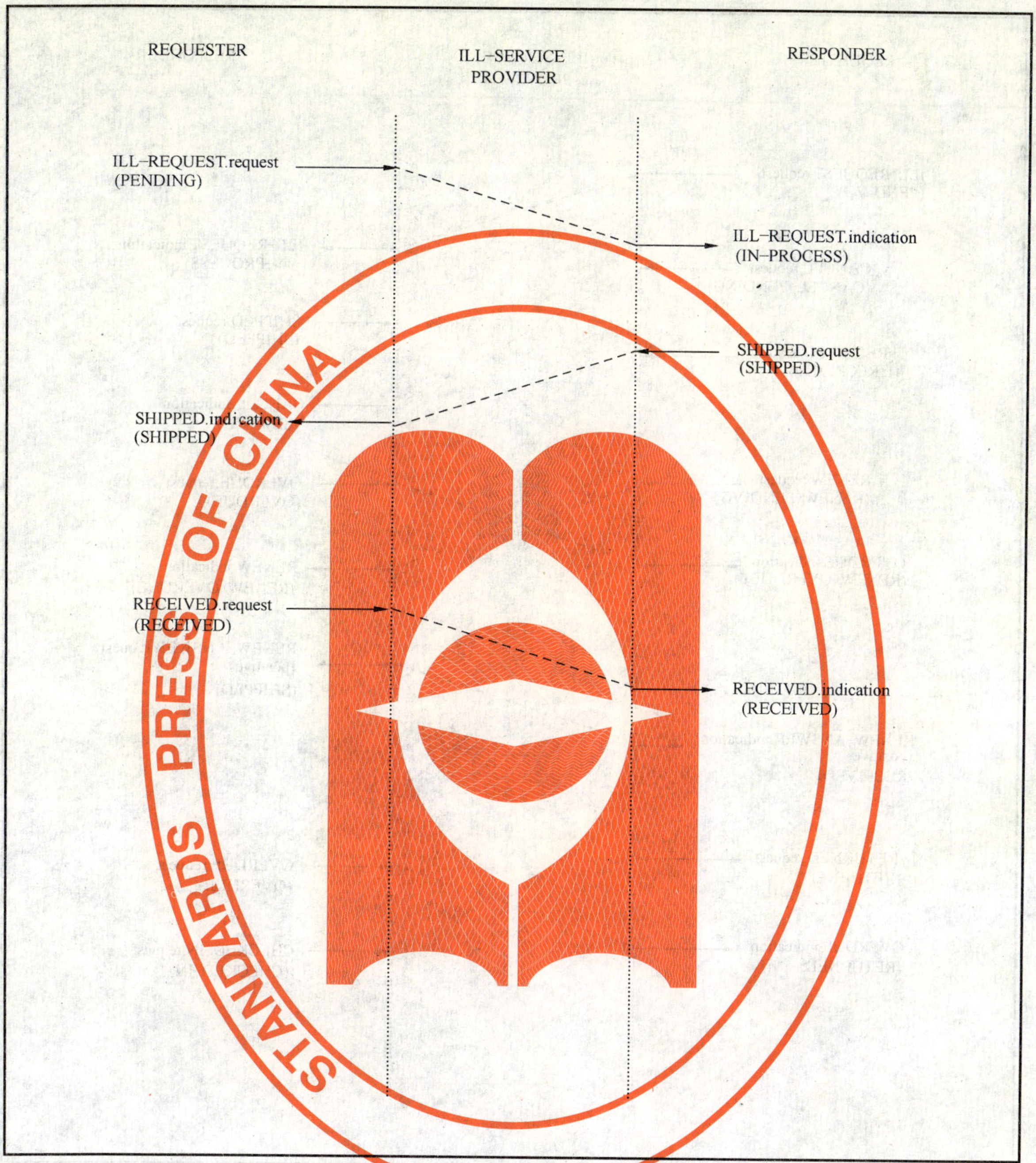

图 A.4　用于提供复印资料的馆际互借处理的时间顺序图

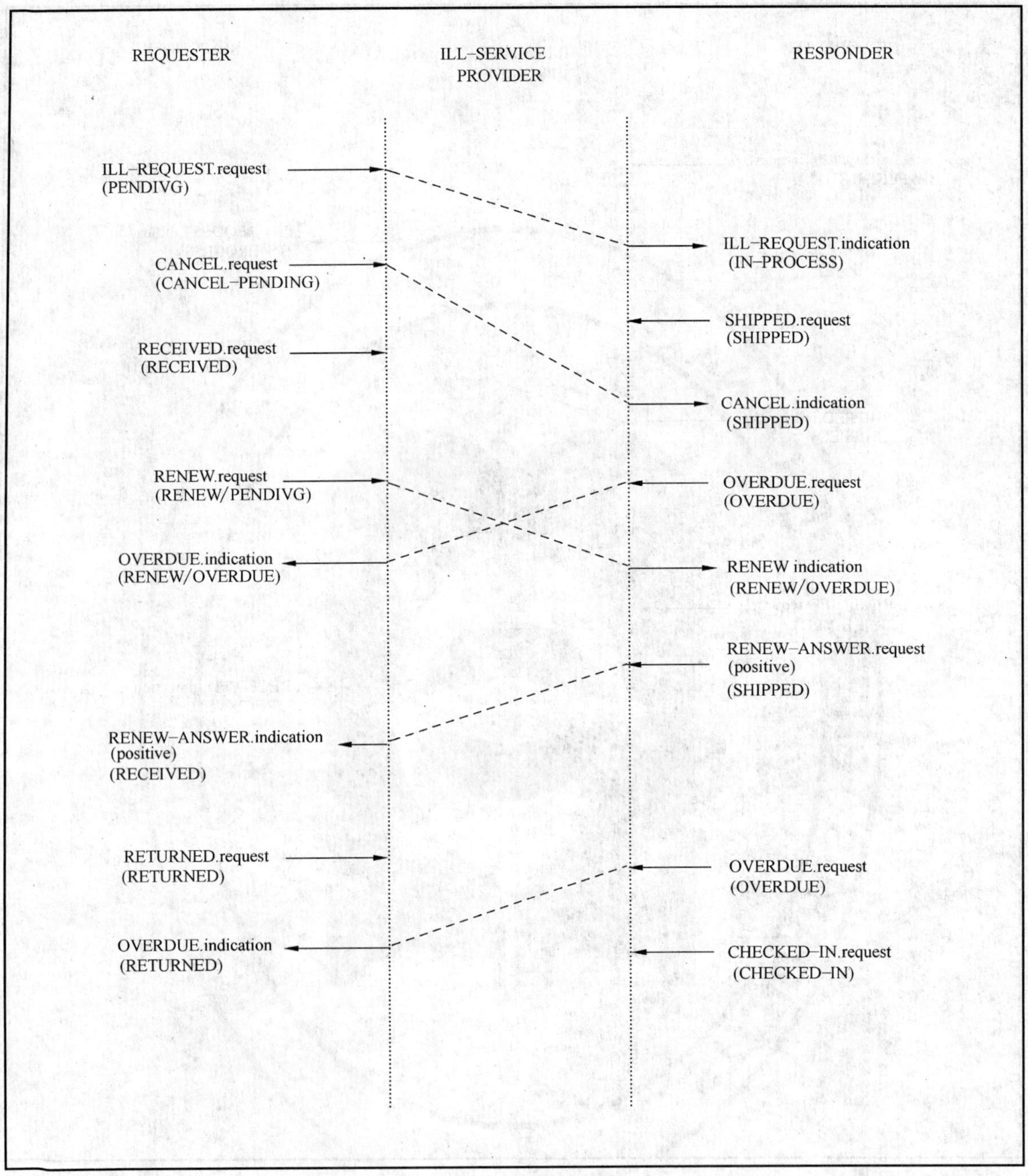

图 A.5　用于带有冲突的馆际互借处理的时间顺序图

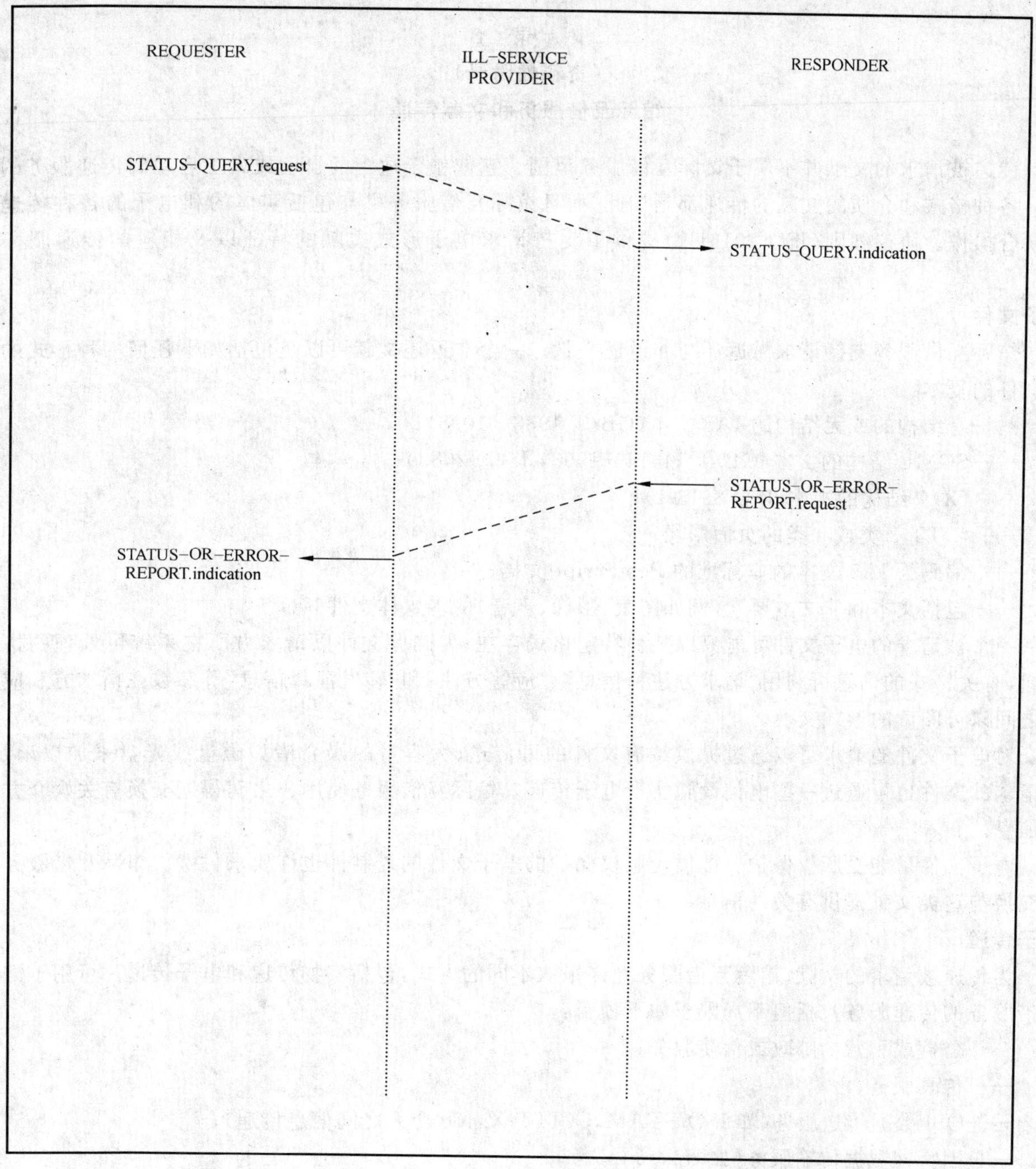

图 A.6 用于状态查询的时间顺序图

附 录 B
（资料性附录）
馆际互借服务和文献传递

传递被请求的文献并不属于馆际互借服务范围。它依赖于适当的自动或人工启动的传递服务的介入。各种格式和介质的文献的传递都是如此，而且馆际互借服务可与包括实体的和电子的各种传递服务联合操作。协议细则（ISO 10161-1）提供了支持请求电子形式文献的特征以及相应的传递服务的规定。

电子文件

馆际互借服务支持请求需返还与非返还文献。一个非返还文献可以是包括如下任何一种形式的电子文件的复本：

——有结构的或无结构的 IA5 文本（GB/T 1988—1998）；

——SGML 结构的文本（GB/T 14814—1993，ISO 12083）；

——ODA 结构的文本（ISO 8613-1）；

——CITT 3 类或 4 类的页面影像；

——编码为 IA5 文本的非标准的 PostScript 文档；

——包括文本和非文本要素（例如图表、影像、声音）的多媒体文件。

一个被请求的电子文件可能只以某种特定格式存在；为确保文件以请求方所在系统可处理的格式传递，有关格式的信息可利用“请求方注释信息”、“应答方注”和“转发注释信息”等参数在请求方和应答方之间以可阅读的形式交换。

对电子文件的请求可以通过提供载有文件的可传送、大容量的媒介诸如磁盘或光盘来加以满足。被请求的文件也可通过一些电信设施实现电子传递。馆际互借服务使用户之间得以交换有关媒介方面的信息。

电子文件可能受版权保护。提供受版权保护的电子文件的复制件也许要求付费。馆际互借服务允许交换与这类文献提供有关的信息。

电子传递

为传递被请求的文献，馆际互借服务允许采取不同的方式，包括实物传递和电子传递。可用于馆际互借服务的传递服务包括但不局限于如下项目：

——公营或私营的邮政或信使服务；

——传真服务；

——OSI 数据传送服务（如 ISO FTAM，CCITT X. 400 个人之间信息传递）；

——因特网数据传输服务（如 ftp，smtp）。

纸型文献如书籍和复印件一般通过实物传递服务传递，有形介质上的电子文件也是如此。利用实物传递服务通常需要在馆际互借请求的接收和被请求文献的传递之间进行人工干预，而这意味着在馆际互借处理和传递服务之间不存在可机器处理的连接。

电子传递指通过基于电信的数据传输服务传递电子文献；它并不意味着电子文件作为用户数据以馆际互借 APDU 形式被打包传递；但电子文件的传递可与馆际互借 APDU 的传递紧密同步，如二者都为大规模数据传输协议的同一 APDU 携带时那样。大规模数据传输协议可从一使用馆际互借服务的操作中人工或非人工启动。

当采用人工干预时，操作员只需启动适当的电子传递服务如传真服务或大规模数据传输服务如 FTAM 或 FTP。当传递机制需要自动启动而不要人工干预时，则必须在馆际互借处理和传递服务之间提供机器可处理的连接。在得到机器可处理的必要的信息之后，馆际互借服务允许上述可机器处理的连接运行。每一电子传递服务都有其独特的处理所携带的大容量用户数据(如:电子文件)的结构和编码的方法。关于FTAM文件类型、X.400 IPM主体-配件类型的规格和注册反映了这些大容量数据携带者处理用户数据的方式。但是,本馆际互借标准不包含这些文献类型定义及其注册和分配的标识。

为了在全自动的环境中满足电子文献的馆际互借请求,馆际互借服务和电子文献传递服务的协同操作可在馆际互借标准以外的一些适当的应用服务细则中规定。

错误和破损报告

当由于启动传递服务失败而使文献的馆际互借请求不能得到满足时,要根据传递服务被启动的方式报告错误。如果传递服务通过操作员干预而启动,传递服务的错误状况就可由操作员传递给馆际互借请求方,可以通过启动馆际互借状态或错误报告服务来做到。

如果传递服务是电子的,并且自动启动,传递服务的错误报告就被映射到馆际互借服务的错误报告机制。该映射原则上可在上述某个应用服务细则中为协同使用馆际互借与传递服务所做的说明来定义。

电子传递过程可能引起所传递文献的损坏或毁坏。请求方启动的损坏服务告知应答方损坏的性质。并且,如果设置合适,可启动部分或整个文件的再传递,直至满意的副本送达为止。

参 考 文 献

[1] GB/T 1988—1998 信息技术 信息交换用七位编码字符集

[2] GB/T 19688.1—2005 信息与文献 书目数据元目录 第一部分:互借应用

[3] ISO 8613-1:1994 信息技术 开放文件结构和互换格式:前言和总则

[4] GB/T 16688—2008 信息技术 开放系统互连 联系控制服务元素服务定义

[5] GB/T 15695—1995 信息处理系统 开放系统互连 面向连接的表示服务定义

[6] GB/T 14814—1993 信息处理 文本和办公系统 标准通用置标语言(SGML)

[7] GB/T 17176—1997 信息技术 开放系统互连 应用层结构

[8] GB/T 16284.4—1996 信息技术 文本通信 面向信报的文本交换系统 第4部分:抽象服务定义和规程

[9] GB/T 17173.2—1997 信息技术 开放系统互连 分布式事务处理 第2部分:OSI TP服务

[10] GB/T 17173.3—1997 信息技术 开放系统互连 分布式事务处理 第3部分:协议规范

[11] ISO 12083:1994 信息和文献 电子文稿准备和标记